主编

周　莉　孙祖越

食蟹猴生殖与发育
毒理学

REPRODUCTIVE AND DEVELOPMENTAL
TOXICOLOGY
ON MACACA FASCICULARIS

上海科学技术出版社

图书在版编目（CIP）数据

食蟹猴生殖与发育毒理学 / 周莉，孙祖越主编.
上海 ：上海科学技术出版社，2024. 7. -- ISBN 978-7
-5478-6677-1

Ⅰ. Q959.848；R99

中国国家版本馆CIP数据核字第2024MQ6769号

食蟹猴生殖与发育毒理学

主编　周　莉　孙祖越

上海世纪出版（集团）有限公司
上 海 科 学 技 术 出 版 社　出版、发行

（上海市闵行区号景路 159 弄 A 座 9F - 10F）
邮政编码 201101　　www.sstp.cn
山东韵杰文化科技有限公司印刷
开本 889×1194　1/16　印张 26.75
字数 850 千字
2024 年 7 月第 1 版　2024 年 7 月第 1 次印刷
ISBN 978 - 7 - 5478 - 6677 - 1/R·3039
定价：389.00 元

_____

内容提要

　　本书重点阐述食蟹猴生殖与发育毒理学基础理论知识、相关毒性研究及研究进展，内容包括食蟹猴的种属介绍、生殖系统解剖及组织学、生殖生理学、发育特点、与人类的相似性、动物福利管理、食蟹猴生殖与发育毒理学研究的常见技术和方法，以及食蟹猴重复给药毒性试验中的生育力评价研究、食蟹猴胚胎-胎仔发育毒性伴随毒代动力学研究及增强的围产期发育毒性伴随毒代动力学研究、幼年食蟹猴发育毒理学评价等。通过经典案例来评估受试物是否透过食蟹猴血睾屏障、胎盘屏障和血乳屏障，并对上述研究进行方法学的建立、开发和验证。附录部分不仅收录了食蟹猴相关生理学背景数据，而且首次展示了130余幅主编实验室自行制备的胚胎、胎仔、骨骼、内脏和骨密度等正常图和畸形图，以及妊娠子宫和胎仔的B超图片，资料宝贵，指导作用突出。

　　本书基于国家"重大新药创制"科技重大专项"十三五"计划项目的研究成果，具有较高的学术价值，可以为从事药物开发人员及生殖与发育毒性研究人员提供重要指导与参考。

主编简介

    周　莉　医学博士,研究员,湖北天勤生物科技股份有限公司执行副总裁兼武汉分公司总经理,药物临床前研究与安全性评价湖北省工程研究中心负责人。

    主要从事药物毒理学研究及非临床安全性评价工作。

    主要社会兼职有中国毒理学会生殖毒理专业委员会主任委员、中国实验动物学会实验动物与毒理学专业委员会主任委员、国家药品监督管理局(NMPA)审核查验中心 GLP 认证专家和药物审评中心审评专家、中国合格评定国家认可委员会(CNAS)GLP 检查专家、中国毒理学会生物技术药物毒理与安全性评价专业委员会常务委员、中国毒理学会常务理事、中国实验动物学会理事等,共 20 项学术职务。

    主持或负责 300 多项新药非临床安全性评价项目和申报工作,近百个新药已通过 NMPA 评审,获得临床批件/临床许可或新药证书,10 余个评价的新药获 FDA 及 TGA 临床许可;主持或参与国家级和部委级课题 10 项;曾主持"上海市妇幼用药非临床评价专业技术服务平台";作为副组长和子任务负责人,曾主持"重大新药创制"科技重大专项"十三五"计划项目"药物非临床生殖与发育毒理学关键技术的建立及应用",以及"重大新药创制"科技重大专项"十二五"计划项目"建立符合国际新药研究规范的临床前安全评价技术平台";目前主持"武汉市妇幼用药临床前研究中试平台"和"武汉市药物科临床研究与安全性评价中试平台"工作。

    主编出版专著 6 部,参编 5 部。

孙祖越 理学博士，上海市生物医药技术研究院首席科学家，二级研究员，复旦大学博士生导师，2006—2021年任中国生育调节药物毒理检测中心主任。全国优秀科技工作者，享受国务院政府特殊津贴专家，荣获中共上海市组织部、上海市人力资源和社会保障局授予的"上海领军人才"称号。

近20年来，带领中国生育调节药物毒理检测中心，主持国家"重大新药创制"科技重大专项"十二五"和"十三五"研究课题。带领该中心荣获国家重大新药创制科技重大专项实施管理办公室授予的"药物安全性评价示范平台"称号（全国仅5家），被上海市科学技术委员会评定"上海市男性生殖与泌尿疾病药物非临床评价专业技术服务平台"和"上海市妇幼用药非临床评价专业技术服务平台"，并主持这三个平台工作。该中心还是中国毒理学会生殖毒理专业委员会依托单位，现已成为全国最有特色的药物非临床安全性评价中心。

担任中国毒理学会第六、第七两届副理事长，中国毒理学会青年委员会第一届和第二届主任委员、生殖毒理专业委员会名誉主任委员、中药与天然药物毒理专业委员会副主任委员，国家药品监督管理局GLP检查员及药品审评专家等职。

主要从事药物生殖药理毒理学和药物非临床安全性评价工作，主持完成科研项目共271项，其中国家和省部级项目19项。荣获上海市科学技术进步奖二等奖1项、三等奖1项，中国实验动物学会科学技术奖二等奖1项，华夏医学科技奖二等奖1项，中国药学会科技进步奖三等奖1项，中国高新技术、新产品博览会科技新产品银奖1项。申请科技专利39项，其中已授权27项、发明专利9项，转让或授权使用6项；发表论文484篇；主编学术专著9部，参编4部。

编写人员

主 编

周 莉 孙祖越

编 委

周 莉 上海市生物医药技术研究院
（现工作单位：湖北天勤生物科技股份有限公司）

孙祖越 上海市生物医药技术研究院

崔艳君 湖北天勤生物科技股份有限公司

贾玉玲 上海市生物医药技术研究院

田义超 湖北天勤生物科技股份有限公司

庞 聪 湖北天勤生物科技股份有限公司

毛闪闪 湖北天勤生物科技股份有限公司

陆国才 湖北天勤生物科技股份有限公司

周 文 湖北天勤生物科技股份有限公司

王 春 湖北天勤生物科技股份有限公司

李兴霞 湖北天勤生物科技股份有限公司

方 攀 湖北天勤生物科技股份有限公司

许 旭 湖北天勤生物科技股份有限公司

宗 英 湖北天勤生物科技股份有限公司

杨冬华 湖北天勤生物科技股份有限公司

郭 隽 上海市生物医药技术研究院

许 丽 上海市生物医药技术研究院

陈丽芬 上海市生物医药技术研究院

周娴颖 上海市生物医药技术研究院

马爱翠　上海市生物医药技术研究院

曹　敏　湖北天勤生物科技股份有限公司

龚夏实　湖北天勤生物科技股份有限公司

王欣然　香港科技大学

孙得淼　香港科技大学

绘　图

徐斯翀　侯祎雯

前　言

　　食蟹猴生殖与发育毒理学是一门研究受试物作用于食蟹猴所产生的生殖与发育毒性及其作用机制的科学,包括食蟹猴精卵形成、排卵、交配、射精、合子形成、着床、妊娠、分娩和哺乳等过程,以及从生殖细胞分化到整个细胞生长、从胚胎细胞发育到个体器官形成、从亲体繁殖能力到后代生殖功能(其间涉及亲代和子代生殖系统器官结构、生理和生化功能、遗传和生殖特征)等方面的生殖与发育毒理学研究。

　　经典的药物生殖与发育毒理学研究主要包括生育力与早期胚胎发育(fertility and early embryonic development,FEED)毒性试验、胚胎-胎仔发育(embryo-fetal development, EFD)毒性试验和围产期发育(pre-and postnatal development,PPND)毒性试验等。食蟹猴生殖与发育毒理学研究是毒理学的重要分支之一,其研究目的是通过食蟹猴毒理学试验反映受试物对食蟹猴生殖功能和发育过程的影响,进而预测其可能对人类生殖细胞、受孕、妊娠、分娩和哺乳等亲代生殖功能的影响,以及对子代胚胎-胎仔发育和出生后发育产生的不良影响。

　　在国家"重大新药创制"科技重大专项"十三五"计划的支持下,我们在湖北天勤生物科技股份有限公司武汉分公司的良好实验室规范(GLP)设施上,建立了"湖北非人灵长类动物生殖与发育毒性研究平台",完成了食蟹猴生殖与发育毒性平台的体系建设和验证工作,并开展了多个伴随食蟹猴重复给药毒性试验(性成熟)的生育力评价研究,以及某单抗给予食蟹猴伴随的血睾屏障、胎盘屏障和血乳屏障的 EFD 试验和增强的围产期发育(enhanced PPND,ePPND)毒性试验。此外,我们在传承前辈的理论与技术过程中,学习了不少国内外药物生殖与发育毒理学的前沿理论、技术和方法并运用于实际工作。于是,我们萌生了编写一部相关专著的构思,借此总结我们在药物生殖与发育毒理学领域多年的研究成果和工作经验。

　　本书是在遵循国家药品监督管理局《药品注册现场核查管理规定》《药品注册管理办法》《药物非临床研究质量管理规范》《药物生殖毒性研究技术指导原则》及 ICH《S5(R3):人用药品生殖与发育毒性检测》等药物研发指导原则的基础上,针对从事食蟹猴生殖与发育毒理学研究、新药安全性评价人员及药物研发者的实际需求进行编写,将药物生殖与发育毒理学研究内容,尽可能完整、规范地展示于食蟹猴生殖与发育毒性伴随毒代动力学试验中。希望本书能够促进本领域工作人员了解食蟹猴药物生殖与发育毒理学研究理论,并掌握其技术规范和操作方法。如果读者能从本书中获得一些帮助,对我们来说便是极大的鼓舞。

考虑到隐私和保密的需要,我们对在本实验室开展的食蟹猴生殖与发育毒性研究中所涉及的药物名称和其他敏感信息进行了处理。例如,将药物名称等用"AAA、BBB 或 CCC"等代替,对于公司名称、机构代码甚至研究日期等用"×××"进行代替。这样的处理不会影响研究内容的真实性、规范性和科学性。

由于我们的专业水平有限,书中难免会出现一些差错,恳请读者批评指正!

周　莉　孙祖越

2024 年 6 月 6 日

目　录

第九章
食蟹猴生殖与发育毒理学研究常见技术和方法 227

第十章
食蟹猴生殖与发育毒理学研究案例 245

第十一章
食蟹猴生殖与发育毒理学研究进展 319

附录 361

第一章

食蟹猴种属介绍

第一节　非人灵长类动物简介

非人灵长类（non-human primate，NHP）动物可能是历史上最早有记录的应用于科学研究的动物种属之一。非人灵长类动物系统发育和生理特征与人类非常相似，在生物医学、行为和进化研究领域发挥着重要作用，因而成为独特的、有科学研究价值的实验动物模型。

非人灵长类的独特之处在于它们并非驯养物种，即便是那些专门为实验研究而饲养的非人灵长类动物，也与其远古祖先相差不大。这一点使得研究者在使用这些动物进行实验时，能够更好地理解其生物学特性。在神经科学领域，这种理解对于研究神经系统的结构和功能及相关疾病的机制是不可或缺的。

对于非人灵长类动物的饲养和研究人员来说，了解这些动物生活的自然环境至关重要。即使在实验室中饲养，它们仍然带有着自然环境对其生物进化和发展的影响。因此，为了更好地理解实验结果，饲养者需要考虑这些动物在野外的生存环境，以及它们在实验室环境中可能表现出的行为变化。

非人灵长类动物原产于非洲、亚洲、南欧（西班牙）、南美洲和中美洲，其栖息地分布于热带雨林到半干旱的热带草原和沙漠草原。虽然非人灵长类动物主要在热带地区发现，但其中有两个种属，即恒河猴（Rhesus macaque）及日本猕猴（Japanese macaque），分别在中国的北京和日本本州岛的北部地区也有发现。

新大陆猴分布在中美洲和南美洲，由四个灵长类动物科组成，分别是：卷尾猴科（Cebidae）、青猴科（Aotidae）、蛛猴科（Atelidae）、僧面猴科（Pitheciidae）。与旧大陆猴相比，新大陆猴的体型较小，两性性别差异较小；缺乏颊囊；可以相对的大脚趾；缺乏坐骨胼胝体；树栖。

东半球非洲和亚洲的旧大陆猴均属于猴科（Cercopithecidae），可以进一步细分为两个不同的亚科，即猕猴亚科（Cercopithecinae）和疣猴亚科（Colobinae）。东半球旧大陆猴展现出与新大陆猴明显的生理和行为差异。它们通常体型较大，雌雄之间体型差异显著，且多数种属具备颊囊用于储存食物。手足结构灵活，允许对生的大脚趾和拇指，提供强大的抓握能力，适应树栖或在复杂环境中觅食。坐骨胼胝体的存在为它们提供了在不同环境中坐卧的支持。这些猴既可树栖也可陆生，展现出生态适应性的多样性。能够通过膳食中的维生素 D_2 满足生理需求，突显了其对多样食物来源的适应能力。这一系列特征共同描绘了东半球旧大陆猴独特而多样的生物学特性，为科学家深入研究灵长类动物的生态学、行为学和进化学提供了丰富的素材。

简单概述一下非人灵长类动物学家经常使用的几个描述或对非人灵长类动物分类的通用术语。

● 新大陆猴（new world monkey）：描述或分类南美洲和中美洲的灵长类动物。

● 旧大陆猴（old world monkey）：描述在非洲和亚洲发现的灵长类动物。

● 原猴类（prosimian）：描述或分类链猴亚目中的灵长类动物，如狐猴和懒猴。"原猴"一词的意思是"在猴之前（before monkeys）"，反映了它们在灵长类目中的原始系统发育地位。

● 猴（monkey）：描述除原猴类和猿以外的所有灵长类种属。

● 猿猴（simian）：描述或分类猴和猿。

● 大型类人猿（great ape）：描述或分类所有人类科的非人灵长类动物，包括黑猩猩、猩猩和大猩猩。类人猿与猴的不同之处在于它们没有尾巴，并且能够两足行走。

● 小型类人猿（lesser ape）：描述或分类猴科所有的灵长类动物，包括长臂猿和暹罗猴。小型类人猿比大型类人猿小，树栖，没有尾巴，被认为是真正的臂部动物。

● 猕猴（macaque）：描述所有属于猕猴属的灵长类动物，包括恒河猴和食蟹猴。

● 狒狒（baboon）：描述所有属于狒狒属的灵长类动物。

● 毛猴（callitrichid）：用于描述或分类毛猴亚科的灵长类动物，包括狨猴和绢毛猴。

● 狨猴（marmoset）：描述或分组卡利特狨猴亚科狨猴属和节尾狨属的灵长类动物。

● 绢毛猴（tamarin）：描述或归类在红毛猴亚科的柽柳猴属和狮面狨属的灵长类动物。

第二节 猕猴属动物概况

(一) 猕猴属基本情况

猕猴属动物是旧大陆猴中种属十分丰富、适应能力最强的一个种群。它们是除人类外分布最广泛的灵长类动物分类群。目前存在的猕猴属动物总共有22种,其中巴巴利猕猴(Barbary macaques,又称地中海猕猴)主要分布在非洲西北部,包括摩洛哥和阿尔及利亚,以及直布罗陀地区(很可能是由人类引入的)。另外,剩下的21个猕猴属种属广泛分布在南亚、东亚和东南亚的多个地区,形成了多样的生态系统。它们甚至跨越了华莱士线(Wallace's line),在苏拉威西岛和帝汶岛生活了下来。化石证据进一步表明,在上新世-更新世时期(Pliocene-Pleistocene period),猕猴属动物的历史分布范围可能会更广,遍布欧亚大陆的大部分地区。它们的分布范围涵盖了多种生态环境,从而为科学家提供了独特的研究对象,以深入了解灵长类动物在不同地域和生态环境中的进化和适应策略。

猕猴(macaque)这个名字源自葡萄牙语macaco(a),而macaco又起源于西非菲奥特语里的单词(ma)kaku,意思是"猴子"。猕猴属动物是中型灵长类动物,雌性猕猴属动物体重3~11 kg,雄性猕猴属动物体重5~18 kg,不同种属间体重差异明显。然而,相较于近亲的狒狒属和山魈属,猕猴属动物的两性差异并不显著。基本上,猕猴属动物主要分布在热带地区,但其分布范围相当广泛,从南部的帝汶岛一直延伸到日本本州岛北部。这一特点使得猕猴属动物成为适应不同气候和环境的灵长类动物。其覆盖的纬度梯度之大,展现了对各种生态系统的适应能力。包括了从热带岛屿到温带地区的广泛分布,为科学家提供了研究动物生态学和生理学时空变化的宝贵机会。

众所周知,日本本州岛的中部山脉有一种"雪猴"(日本猕猴),它们冬天会泡温泉取暖;除此之外,大多数猕猴属动物还是生活在印度次大陆、东南亚和巽他古陆的各种热带森林及其他更开阔的热带栖息地。猕猴属动物主要为树栖,其中有几个种属已经演变成为半陆栖,并为了适应陆地生活产生了一系列生理结构上的变化。

猕猴属动物展现出多样化的适应性特征,其身体结构和生活习性在一定程度上反映了其栖息地和食性的差异。相比之下,树栖猴通常具有后肢相对较长的特征,配以长尾,这使它们更容易在细树枝上保持平衡。而猕猴属动物的前肢和后肢几乎等长,使得它们在陆地上的运动更为省力。此外,猕猴属动物的尾巴相对较短,与同地域分布的叶猴相比较短。这种尾巴长度的变化可能反映了它们在不同环境中的生态适应,同时也可能与它们的运动方式和生活习性有关。

食性方面,猕猴属动物主要以水果为食,但根据生态环境,它们的饮食范围广泛,包括植物其他部分如叶子、花、种子、树皮、芽和地衣。此外,它们还摄取一些无脊椎动物,如昆虫和甲壳纲动物,以及小型脊椎动物,如鸟类、爬行动物和小型哺乳动物,甚至包括蛋等。

在生殖方面,猕猴属动物中的一些种属表现出雌性在排卵期时阴部产生雌激素依赖性肿胀或性皮肤变红的现象,这些变化往往是排卵的迹象。

猕猴属动物通常是群居动物,生活在中等或较大的社会群体中,包括若干成年雄性和雌性猕猴属动物及其后代。这种社会性生活方式为它们提供了协同合作、繁衍生息和生存的优势。这些特征共同构成了猕猴属动物的生态学和行为学特性,为科学家深入研究灵长类动物的社会结构和生态适应性提供了有用的证据。

雌性大多具有较强恋家性,而雄性则会在成年后离开它们出生的群体。群体中,雌性生活在亲属社会关系网中,且雌性和雄性都表现出很强的等级制度,这往往会影响它们对资源及交配伴侣的获取。

猕猴属动物的生态位(指生物在生态系统中所处的地位和角色,包括其对环境的适应、资源利用和对其他生物的影响)十分多元化;部分种属表现出明显的生态可塑性。因此,我们常常能够观察到某些种属与人类的生活紧密相连,可以充分利用人类自愿或非自愿提供的资源。

虽然部分猕猴属动物在某些地区似乎看起来数量庞大,但实际上大多数猕猴属动物的生存前景并不乐观。根据世界自然保护联盟的濒危种属红色名录来看,22种猕猴属动物中有2种为极危、5种濒危、8种易危、2 种低危、5 种无危。其中,低危种属包括两种最常用于生物医学研究的猕猴属动物即恒河猴和食蟹猴,同时这也是分布最广泛的两个种属。

然而,遗传学研究明确指出,这两个猕猴属种的种内变异性极高,且可能存在多个(亚)种。因此,对各(亚)种的保护状态进行全新评估显得非常必要。此外,恒河猴和食蟹猴的遗传宗谱也呈现明显差异,这可能会对它们在生物医学研究中的应用产生影响。深入了解猕猴属之间和种属内部的遗传多样性模式对于生物医学研究具有重要意义。我们也不应忽视猕猴属这些分类学、生态学、生理学和遗传学上的显著差异。总之,猕猴并非单一的猕猴,同样,恒河猴和食蟹猴也都具有各自独特的特征和复杂性。

(二)猕猴在灵长类动物中的系统发育特点

猕猴属是猴科(旧大陆猴)的主要谱系之一。猴科是猴总科中唯一尚存的科,与人型总科(人和猿)共同构成了狭鼻小目。因此,除了大型类人猿(黑猩猩、大猩猩、红毛猩猩)和小型类人猿(长臂猿)外,旧大陆猴是现存与我们最接近的动物。

根据化石遗骸和遗传数据分析,大约在 3 200 万年前,猴总科和人型总科走向了不同的分支。与此相对比,猕猴、松鼠猴和夜猴等广泛应用于生物医学研究的种属属于阔鼻下目(新大陆猴),它们大约在 4 600 万年前从狭鼻小目中分离出来。与新大陆猴相比,旧大陆猴不仅与人类亲缘性更高,而且在生理学、解剖学、遗传学、生理反应和行为方面也更接近人类。因此,旧大陆猴被视为生物医学研究和药物安全性评价的首选模型。旧大陆猴科包括 23 个属,159 个现存种,是迄今为止种类最多的灵长类动物科。基于解剖学、形态学和生理学上的差异(关系到是叶食性还是果食性),猴科分成了两个亚科:以叶子为主要食物的食叶猴(疣猴亚科)和以果实为主要食物的颊囊猴(猕猴亚科)。

颊囊猴主要分布在非洲,而在亚洲仅有猕猴具有颊囊。基于解剖学、形态学、行为学和遗传学的差异,颊囊猴可以进一步划分为狒狒族和长尾猴族。狒狒族,包括猕猴、狒狒、白眉猴和其他相关种属,更适合陆地生活,体格更为健壮。与之相对,长尾猴族一般具有较小的体型和更细长的身材,主要以树栖为主,较少有陆生种属。其中非洲绿猴(绿猴属)广泛应用于生物医学研究。狒狒族中猕猴和狒狒都是生物医学研究的重要模型,用于猴免疫缺陷病毒研究、药物安全性研究及风险评估和异种器官移植。

(三)猕猴属的进化史

猕猴属包含 22 个种和 37 个分类单位,是旧大陆猴属中最多样化的属之一。学者将猕猴划分为多个种属群,但在过去的 50 年里,有关种属群数量和构成的说法不一。根据最近的报道,将猕猴划分为 7 个种属群可能更能全面反映猕猴的进化历史。这 7 个种属群中,有 3 个是单型种属群,即每个种群仅包含一个种属(地中海猕猴种群、短尾猴种群和食蟹猕猴种群),还有 4 个多型种属群,即一个组内包含多个种属(狮尾猴种群、苏拉威西猴种群、斯里兰卡猕猴种群和恒河猕猴种群)。这一新的分类体系有望更准确地揭示猕猴在漫长的进化过程中的多样性和分歧。

地中海猕猴种群中仅包括分布在非洲西北部和直布罗陀的巴巴利猕猴。与此不同,其他种群源自非洲,大约在 550 万年前从地中海猕猴中分离出来,随后迁移到亚洲。这一分离和迁徙的过程突显了猕猴在地理上的多样性和演化历程,为科学家深入研究猕猴属动物的进化和适应性提供了有趣的线索。

大约在 450 万年前,现存亚洲猕猴的祖先最初分成了两个主要分支。第一个分支包括狮尾猴种群和苏拉威西猴种群,也可选择将这两个种群合并为一个,甚至和地中海猕猴放在同一种群。第二个分支涵盖其余种属群(短尾猴种群、食蟹猴种群、斯里兰卡猕猴种群、恒河猕猴种群)。早期认知将恒河猕猴种群的种属划入了食蟹猕猴种群中,而短尾猴被划入了斯里兰卡猕猴种群或食蟹猕猴种群。

大约 300 万年前狮尾猴种群从苏拉威西猴种群分离。狮尾猴种群有 5 个种属:来自印度南部的狮尾猴(*Macaca silenus*)、来自巽他古陆的巽他豚尾猴(*Macaca nemestrina*,也称南豚尾猴)、来自广阔东南亚大陆的北豚尾猴(*Macaca leonina*)、来自西比路岛的西比路猴(*Macaca siberu*)及来自西普拉岛和南北巴盖岛的巴盖猕猴(*Macaca pagensis*)。

直到最近,人们才将北豚尾猴、西比路猴和巴盖猕猴这三个种属认定为南豚尾猴的亚种。然而,明打威群岛的巴盖猕猴似乎呈现出并系的现象,即猕猴与种属群中的其他成员形成姊妹谱系,而并不包括全部同一共同祖先的后裔。因此,有人认为明打威群岛可能是更新世时期的雨林避难所,种属群内的现存成员都可能起源于这个时期。在这个种属群内,狮尾猴、北豚尾猴、西比路猴及南豚尾猴都源自同一个祖先。这一演化关系的解析为我们提供了更深入了解猕猴属动物在不同地理和生态环境中的分化和适应性演化历程。

有趣的是,来自婆罗洲的南豚尾猕猴与苏拉威西猕猴具有明显的集群关系,遗传数据表明苏门答腊岛和马来西亚半岛上的同种动物有所关联,提示远古南豚尾猕猴与远古苏拉威西猕猴发生过杂交。

200万～300万年前,苏拉威西猕猴的祖先入侵苏拉威西岛,并迅速分化为6个邻域种属(黑冠猕猴、浅黑猕猴、黑克猕猴、通金猕猴、灰肢猕猴和穿靴猕猴)。由于分化速度较快,这6个种属之间的系统发生关系仍存在许多未解之谜。几乎在两个种属所有的接触区域,自然杂交的频率似乎相对较高。这表明种属之间的交叉可能涉及到一些复杂的遗传和生态因素,为科学家提出更多问题,需要进一步研究以解开这些谜题。

在第二个主要分支中,斯里兰卡猕猴大约在350万年前首次分化。斯里兰卡猕猴包括5个种属,即斯里兰卡的斯里兰卡猕猴、印度南部的冠毛猕猴、印度安得拉邦的藏南猕猴和中国的藏酋猴,以及广泛分布于西至尼泊尔、东至越南北部地带的熊猴。

短尾猴种属群只有短尾猴一个种属,其广泛分布于东南亚。短尾猴很可能是斯里兰卡猕猴种群和恒河猴种群祖先之间产生的杂交种属。遗传数据表明短尾猴和恒河猴种属群具有关联性。在将短尾猴划分为斯里兰卡猕猴种群的过程中,Y染色体数据提供了强有力的证据支持这一分类。

常染色体序列数据和逆转座子整合的研究提示,两个亲本谱系之间存在一个中间位置。此外,短尾猴中发现的几个形态学特征同时在斯里兰卡猕猴种群或恒河猴种群中可见。这种观察结果表明短尾猴在形态学上可能共享一些特征,既与斯里兰卡猕猴种群相似,又与恒河猴种群相似。这些结果也为理解这些猕猴属动物之间复杂关系提供了更多线索,同时也凸显了形态学、遗传学和分子生物学等多方面数据整合对于揭示种属演化历史的重要性。因此,目前有说服力的证据表明,具有嵌合基因组的短尾猴确实是双向杂交的产物。

恒河猴种属群由3个种属构成:日本猕猴、中国台湾猕猴和恒河猴。恒河猴是所有猕猴中分布最广的一种,从西部的阿富汗到中国东部都可以见到它们的身影。尽管已经对很多亚种进行了描述,在最近的分类中,恒河猴被认定为单型,这主要是由于其种内分类混杂并伴随着数据缺失。这意味着在当前的系统学分类中,认为恒河猴属于同一种属,没有对其内部进行亚种或其他进一步的分类。然而,这样的分类可能随着新的数据和研究成果而发生变化,特别是在解决数据缺失和混杂的问题方面。根据分子生物学数据表明,中国台湾猕猴和日本猕猴起源于恒河猴西部种群,100万年前上升的海平面扰乱了这些恒河猴同大陆恒河猴的基因流动,最终导致日本和中国台湾两地的异地种分化。相比之下,西部和东部恒河猕猴种群之间的基因流动一直持续到了约16万年前。

第三节　食蟹猴种属特性

食蟹猴(*Macaca fascicularis*),又名爪哇猴(*Wacaca fascicularis*)、食蟹猕猴、长尾猕猴,为猕猴属(*Macaca* spp.)动物分类中的一种。食蟹猴与人类在生物学和行为学特征方面高度相似,遗传物质同源性高度相似,与人类一样具备发达的中枢神经系统等组织结构;此外,还具有与人类相似的消化、循环和呼吸系统,是研究人类健康和疾病的理想动物模型。食蟹猴已经成为药理学和毒理学研究中的标准的猕猴模型,被用于糖尿病、心血管疾病和传染病等研究。

(一)亚种分化

食蟹猴种属群为单型种群(Monotypic species group),仅包含食蟹猴一个种属。属哺乳纲、灵长目、类人猿亚目(Anthropiedea)、狭鼻猴附目(Catarhini)、猕猴亚科(cercopithecinae)、猕猴属(*Macaca*)食蟹猴。食蟹猴存在高度的多样性,其分布区域较广,根据皮毛颜色差异,人们将食蟹猴分成了10个亚种(表1-3-1)。

表1-3-1 食蟹猴的亚种分类

序号	中文名称	学名
1	食蟹猴缅甸亚种	*Macaca fascicularis aurea*
2	食蟹猴泰国亚种	*Macaca fascicularis atriceps*
3	食蟹猴指名亚种	*Macaca fascicularis fascicularis*
4	食蟹猴越南亚种	*Macaca fascicularis condorensis*
5	食蟹猴爪哇亚种	*Macaca fascicularis karimondjawae*
6	食蟹猴锡默卢亚种	*Macaca fascicularis fusca*

续　表

序号	中文名称	学　名
7	食蟹猴菲律宾亚种	*Macaca fascicularis philippinensis*
8	食蟹猴苏门答腊亚种	*Macaca fascicularis lasiae*
9	食蟹猴尼科巴亚种	*Macaca fascicularis umbrosa*
10	食蟹猴婆罗洲亚种	*Macaca fascicularis tua*

(二) 形态特征

食蟹猴与恒河猴同属猕猴属,且均为最常见的非人灵长类实验动物,但在体型上比恒河猴略小,其身长一般不超过 50 cm(通常 40～47 cm),尾长为头和体长的 1～1.5 倍,头上有小而尖的头毛或灰色腮胡须(图1-3-1)。在所有猕猴种属中,它们的尾巴最长,而且它们经常在水里和水下寻找食物,包括甲壳纲动物(如螃蟹和贝类)。

图 1-3-1　食蟹猴,头上有小而尖的头毛或灰色腮胡须

食蟹猴主要通过声音和视觉方法进行交流。视觉方法对近距离动物之间的交流至关重要,包括面部表情、身体姿势和手势。这些特征帮助它们在社交互动中传递信息,维护社会结构,以及进行沟通。

食蟹猴体型中等,具有明显的性别二态性,最明显的差异可见于雄性动物较大的身体、吻部(上颌骨和下颌骨)和犬齿大小。食蟹猴头骨增大,枕骨孔向下定向,以适应躯干直立;鼻子的长度缩短,眼眶靠近,面朝前,导致视野重叠,或双目视觉,因此深度感知更好。其眼眶骨骼完整。食蟹猴的大脑中,大脑皮质和小脑不断发育,这与视觉和触觉敏锐度有关。

食蟹猴的脊椎关节连接使得背部大部分旋转运动发生在胸椎区,而大部分弯曲运动发生在腰椎区。其有尾巴并可卷曲,这在运动中发挥着重要作用。四肢的多功能性使食蟹猴能够进行更广泛的活动和功能

性使用。前肢在解剖学和功能上更接近人类的手臂,具有完整的肩带,包括发达的锁骨和肩胛骨,桡骨和尺骨发达且分开。这些特征及前肢的关节结构赋予了肩膀和前臂相当大的活动范围,对于运动、抓握、进食、梳理及栖息地活动至关重要。

与此同时,食蟹猴的后肢骨盆带更类似其他四足动物,而不是人类短而宽的两足骨盆带。胫骨和腓骨独立发育,形状与人类相似,这些特征及髌骨的形状都使得食蟹猴的后肢在结构上更接近人类。这些解剖学特征有助于食蟹猴在其生态环境中进行各种动作和行为。食蟹猴通常前肢和后肢长度大致相等。食蟹猴的手和脚都有明显的抓握性,也就是说,它们的手和脚能够抓住、握住和(或)操控物体。食蟹猴的拇指和大脚趾在功能上是对生的,即拇指或大脚趾可以触摸同一只手或脚上的其他手指或脚趾,其手指上都有指甲。

雄性食蟹猴都有发育良好的阴囊,睾丸位于阴囊内。骨盆坐骨结节上的皮肤被称为坐骨胼胝体的胼胝样结构覆盖(图1-3-2),坐骨胼胝体是食蟹猴特有的生理结构,通常被认为与其坐姿有关。坐骨胼胝体是一种坐骨部位的骨性增生,形成坐垫状的结构,存在于食蟹猴的坐骨骨头上。

图 1-3-2　食蟹猴骨盆坐骨结节上的皮肤被坐骨胼胝体(胼胝样结构)覆盖

食蟹猴通常在树上或地面上采用坐姿,用以进食、休息或社交。坐骨胼胝体的存在可能提供了额外的支持,使得食蟹猴在坐姿时能够更加舒适地支撑身体重量。这样的适应性结构有助于它们在其自然环境中更

有效地进行各种行为。

尽管野外环境影响季节性繁育,但食蟹猴有全年繁殖的趋势,雌性食蟹猴是单胎子宫,通常只生一胎。食蟹猴的生殖特征显示出一些独特的生命周期特点。它们具有较长的妊娠期,意味着怀孕的持续时间相对较长。此外,产后时期(从出生到青春期),食蟹猴的发育过程往往会延长。这一现象可能是为了适应其社会技能的发展,因为食蟹猴在社会中需要进行复杂的学习。在青春期,食蟹猴通常会经历明显的生长发育突然增长阶段。这是一个关键的发育时期,标志着个体进入成年阶段,同时伴随着身体形态、生理和行为的显著变化。这个阶段对于食蟹猴的社交和繁殖行为可能具有重要的意义,因为它们需要发展出适应社会和生存需求的成熟的行为能力。

食蟹猴的感官世界非常像人类,使用的感知能力和相关的交流信号在食蟹猴与环境及其他食蟹猴和人类互动方面发挥着重要作用。对于这些感官系统和相关的交流信号的基本理解,在针对这些复杂动物的管理中至关重要。视觉是食蟹猴的主要感官,食蟹猴的眼睛是向前的,视野重叠,这有助于双目视觉和良好的深度感知。这种视觉模式使食蟹猴能够在视觉上定位捕食者,在复杂的森林环境中快速移动,熟练地操控植物材料,捕捉快速移动的昆虫和小型哺乳动物。

食蟹猴拥有出色的色觉,能够识别成熟的水果和嫩叶,同时也具备辨别性皮肤颜色变化的性接受能力。与人类一样,食蟹猴的视觉世界是三色的,能够看到绿色、蓝色和红色,这使它们在寻找食物和识别社交信号时具备很高的准确性。此外,食蟹猴还具有发达的嗅觉,这在辨别和选择食物及社会行为中发挥着重要作用。其良好的味觉让它们更倾向于选择甜味食物,确保所选食物的口感美味,尤其对于成熟的水果而言。

在听觉方面,食蟹猴的听觉频率上限为 40～42 kHz,超过了人类听觉范围。这使得它们能够听到一些人类听不到的声音,包括实验室环境中产生的超声波。这些优越的感知能力帮助食蟹猴更好地适应其自然环境,并在不同的生存挑战中更有效地寻找食物和进行社交互动。

食蟹猴的皮肤和皮下组织中具有各种各样的感觉受体,能够对触摸、热、冷、压力和疼痛有反应。因此,他们会根据这些感觉做出行为选择,包括如何与环境互动。此外,在食蟹猴中,触摸或触觉交互是一种重要的交流方式。

交流在食蟹猴社会的功能中发挥着重要作用,包括群体内和群体间的相互作用,在迁徙中保持群体凝聚力,以及识别捕食者和食物资源。食蟹猴使用各种方式进行交流,包括气味、发声、触摸和视觉信号。研究自然环境中食蟹猴的交流和行为活动意义重大,食蟹猴的交流信号通常是具有特定的关联性的,而不仅仅是对一类事件或信号的简单、可预测的响应。因此,不仅要考虑信号本身,还要考虑该信号发生的环境。

一个典型的例子是"互相理毛行为"或"社交性理毛行为",这种行为兼具卫生功能和社交功能,可以反映和(或)与不同类型的事件相关。从卫生功能来看,互相理毛行为在清除动物毛皮中的污垢、碎屑和体外寄生虫方面起着重要作用。在猕猴的社交互动中,互相理毛被视为一种重要的社交行为,它可能与多种情境和社会关系有关。"互相理毛行为"可能在群体中表达社会结构和组织,同时也可能是群体不同等级动物之间建立和维持社交纽带的一种方式,并作为一种攻击后和解的方法。互相理毛行为与内啡肽的释放有关,内啡肽可以降低心率和焦虑,对理毛者和被理毛者都有镇静作用,这种行为在食蟹猴的社会和行为互动中起着重要作用。这种行为可能在不同的情境下发生,包括表达亲密关系、缓解紧张氛围、强化社会纽带及建立社会等级。因此,深入了解互相理毛行为发生的背景和环境,对于理解猕猴社交行为的动态和复杂性具有重要意义。这种行为可能是猕猴社会沟通的一部分,提供了一种在各种社交情境下进行信息交流的方式。

在某一种情况下,互相理毛行为可能表明两种动物放松,并以积极的方式互动;然而,在另一种情况下,互相理毛行为可能表明发生了侵略行为,并与释放紧张气氛有关。此外,食蟹猴之间的交流可能涉及一种以上的交流方式,也就是说,食蟹猴可能会使用伴随着恐怖表情的尖叫来表达恐惧。

通过发声而使用声音是食蟹猴之间交流的重要方法。食蟹猴的发声信号是先天的,并且是该种属特有的。食蟹猴发出的声音包括咕噜声、吠声、咕咕声和尖叫声,图 1-3-3 为正在尖叫的食蟹猴。它们会发出互相联系的声音,以保持群体团结。这些叫声被认为是"长通话"(long calls),由多个不同的声脉冲或音节组成。许多食蟹猴在发现食物时使用声音进行交流。当它们发现低质量的食物来源时,可能会发出咕噜咕

图 1-3-3　食蟹猴的尖叫

噜的声音,而当它们找到高质量的食物来源时,可能会产生和谐、高扬的颤音。

这种声音交流可能在猕猴社交群体中起到多种作用。首先,通过发出特定的声音,食蟹猴可以向群体中的其他成员传达食物的品质信息。这有助于社交群体内的信息共享,让其他成员能够迅速了解食物的可用性和价值。其次,通过不同的声音表达,食蟹猴可能能够调整社交群体内的行为,例如吸引其他成员前来共享食物或维持社会秩序。这种声音交流可能是食蟹猴社交系统中的一种重要沟通方式,有助于群体协作和资源的有效利用。食蟹猴也会在捕食者面前发出声音信号来发出警报,每一个警报声都会引起群体内动物的不同反应。

虽然食蟹猴的面部表情可能与人类的面部表情相似,但其含义可能会大不相同。例如恐惧的咧嘴笑/鬼脸、哈欠和凝视。恐惧的鬼脸是食蟹猴非常常见的表情,由牙齿咬合在一起或微微张开,嘴唇收缩。这种面部表情看起来有点像人类的微笑,可能会被误解为快乐的标志;而事实上,动物正在传达恐惧和(或)焦虑。

打哈欠是食蟹猴常见的一种面部表情,它可能具有非社交性意义,如人类所见的疲劳;也可能具有社会性意义,如威胁。为解释哈欠的含义,需要考虑面部表情发生的背景及嘴唇缩回露出犬齿的程度。研究表明,在圈养食蟹猴中,非社交性哈欠占所有哈欠的90%。这种哈欠在所有年龄和性别的动物中都能观察到,表明它可能与一般的生理或行为状态有关。相对

而言,社交性哈欠的频率要低得多,约占哈欠的10%,主要由成年雄性表达。这种社交性哈欠可能与社会性互动、威胁行为或其他群体关系有关。

人类经常出于兴趣盯着一个物体看;然而,食蟹猴可能张着嘴或不张嘴盯着看,作为一种威胁或攻击的标志。从事灵长类动物饲养或长久工作的人员应该避免与食蟹猴的眼神直接对视,因为这可能会被动物视为一种威胁。姿势也可以在动物之间的交流中发挥重要作用。食蟹猴中常见的身体顺从姿势被称为"展示",处于顺从地位的动物抬起尾巴,向占主导地位的动物暴露("展示")其后端/臀部和生殖器。使用这样的身体姿势可以缓解两个动物之间紧张的氛围。食蟹猴的另一种攻击性的身体姿势,如毛发竖立、动物身体僵硬,并向攻击性的动物或对象靠拢。这种咄咄逼人的姿势使动物看起来比实际更大,而且经常伴随着侵略性的面部表情。经常与食蟹猴打交道的动物护理人员应该对表示攻击和顺从行为的常见信号有基本的了解。这种理解是工作人员和食蟹猴互动的重要工具,使动物护理人员在提供关于群体和成对居住的食蟹猴的社会互动方面的反馈发挥重要作用。

(三) 分布范围(包括地理分布和生态分布)

食蟹猴 10 个亚种中有 7 个都生活在小岛上,只有 3 种分布跨度相对较大,分别是食蟹猴指名亚种、食蟹猴菲律宾亚种和食蟹猴缅甸亚种。实际上分布最广的就是指名亚种,食蟹猴这个种属绝大部分的分布范围都是指名亚种贡献的(越南南部、柬埔寨、泰国南部;南至马来半岛、苏门答腊岛、婆罗洲、爪哇岛和巴厘岛;东至帝汶岛,以及菲律宾群岛的南部岛屿)。因此,食蟹猴指名亚种内部(遗传)变异性高也不足为奇,这也解释了为什么对于用于生物医学和实验研究的动物来说,其地理来源会如此重要。在食蟹猴指名亚种中,亚洲大陆种和巽他种存在巨大的基因差异,而在苏门答腊种中可观察到其与这两个谱系的联系。食蟹猴除了在当地种群表现出遗传性变异外,遗传学证据还揭示亚洲大陆的食蟹猴受到了恒河猕猴的基因渗入。亚洲大陆的食蟹猴中有大约 30%的基因组来自恒河猴。

这种古老的基因流动往往呈现单向性,即从恒河猴渗入到食蟹猴,而反向并不成立。即便在今天,恒河猴和食蟹猴的基因流动区域仍然广泛,跨越越南、老挝、泰国,甚至可能扩展至缅甸。

中国和越南大部分繁殖中心的初代食蟹猴可能来自经过恒河猕猴基因渗入的亚洲大陆种群,而那些来

自印度尼西亚的食蟹猕猴（来自苏门答腊岛的除外）很可能是"纯种"的土著食蟹猴。然而由于印度尼西亚境内食蟹猴分布广泛，特别是由于某些岛屿种群具有隔绝性，其内部的遗传变异也很明显。虽然食蟹猴在菲律宾有两个亚种（食蟹猴菲律宾亚种和食蟹猴指名亚种），但人们一般都将它们统称为"菲律宾长尾猕猴"或菲律宾食蟹猴。菲律宾食蟹猴的育种者很可能杂交过这两个亚种，导致这两者的分类学和遗传多样性混杂。相比之下，毛里求斯食蟹猴的种群特征保留较好，具有同质性。毛里求斯食蟹猴种群起源于 16 世纪或 17 世纪来到该地的若干初代个体（很可能是来自苏门答腊岛）。

（四）栖息环境

食蟹猴主要生活在树上，遍布世界和东南亚岛屿，包括孟加拉国南部、缅甸、泰国、马来西亚、印度尼西亚、新加坡、老挝、柬埔寨、越南、文莱和菲律宾。在东南亚之外，毛里求斯岛也有它们的足迹。食蟹猴栖息在海拔高达 6 000 英尺的原始森林、次生林、海岸森林、红树林、沼泽和河边森林中。尽管它们喜欢靠近水源的森林地区，但它们也在靠近人类的次生林中活动。

（五）生活习性

食蟹猴被认为是果食性猴，它们的大部分食物来自野外成熟的多果肉水果。它们还食用昆虫、茎、叶、花、种子、草、蘑菇、鸟蛋、树皮、青蛙和无脊椎动物，如虾、蛤蜊、螃蟹和章鱼等。生活在人类居住地附近的食蟹猴会吃庄稼，并向人类乞讨食物。

（六）繁殖方式

食蟹猴一般生活在由 8～30 只动物组成的多雄/多雌群体中。雌性留在它们出生的群体中，并在母系亲属关系的基础上形成优势等级。雌性在群体中的地位在其一生中保持相对稳定，并遗传给雌性后代。

在食蟹猴社会中，雄性在 4.5～6 岁通常会离开它们的出生群，加入另一个群体。这种迁徙行为可能会发生多次，雄性在一生中可能会在不同的群体间移动，寻找适合的交配机会。在新群体中，雄性会表现出一定的社会行为和等级结构。

雄性食蟹猴在新群体中展现出明显的社交等级，其中级别最高的雄性通常更容易接近具有生殖能力的雌性。这种社交等级可能通过竞争、威胁和友好互动等方式建立，最终形成一个群体内部的社会层次。这种社交结构对于雄性获得繁殖权利和提高繁殖成功的机会都具有重要意义。

雄性的等级地位是一个动态的过程，当一个占统治地位的雄性被另一个雄性取代时，等级地位会随着时间而变化。食蟹猴的交配季节多发生在秋天，雌性食蟹猴的孕期一般为 6～7 个月，每胎产 1 仔，仔猴主要由母猴照顾。

（七）种群现状

食蟹猴作为生物医学研究的重要资源，广泛用于药理学、毒理学等领域。尤其目前在生物制品非临床研究方面使用极为频繁，如抗体药、疫苗等的安全性评价、药效及药代动力学研究等。

当前，我国食蟹猴驯养繁殖进入快速发展阶段，食蟹猴的驯养繁殖种群数量不断增长，目前已经初具规模，为大量新药的非临床研究提供了保障，取得了显著的社会与经济效益。前期由于各种原因，在食蟹猴保护、驯养繁殖、经营和进出口等方面均出现了一些新的挑战，主要包括各个环节的技术力量薄弱、经营模式较为单一及发展后劲出现不足等。个别养殖基地养殖条件较为落后，食蟹猴的品质无法得到有力保障。

随着我国新药准入制度与国际接轨，大量药物，尤其是一些生物制品，在上市前必须进行非人灵长类相关种属动物的非临床评价研究。食蟹猴市场需求的扩大也催生了国内食蟹猴养殖业的蓬勃发展。为了提高食蟹猴的质量，同时加大对笼养食蟹猴的繁殖学研究是不可或缺的。

全球生物医药科学研究每年需要的食蟹猴数量很大，其中最主要的输入国是美国。在 2020 年后，由于疫苗、生物制药及抗体药的研发火热，国内对食蟹猴的需求量激增，一般而言，3 岁以上的食蟹猴才能用于新药的研发，国外食蟹猴进出口通道关闭，导致了"一猴难求"。由于食蟹猴的价格出现井喷式增长，目前一些食蟹猴养殖机构实行有猴就卖的策略，甚至种猴一并卖掉，导致目前我国食蟹猴群体数量锐减，群体偏向老龄化，同时雄猴偏多，这也导致食蟹猴的出栏率持续走低，食蟹猴的供给进一步下降，价格持续保持较高水平。

评估食蟹猴种群现状及保护食蟹猴资源，其野生种群数量也一直是人们关注的重要问题，但基于野生种群数据可获得性难度大，尤其是一些国家缺乏可信的统计数据，故很难对全球食蟹猴种群的现状进行较为全面的评估。对于食蟹猴资源的保护和管理不应仅仅在于立法和执法这些过程，还需要对食蟹猴的种群结构、社会结构、年龄结构、栖息地和保护措施进行有效的动态监测，最终达到科学保护和持续利用食蟹猴资源的目的。

(八) 保护级别

我国将食蟹猴列入国家二级保护动物、《国家重点保护野生动物名录》(表 1 - 3 - 2)和《中国濒危动物红皮书》易危种属。食蟹猴亦受孟加拉国野生生物(保护)法案、印度野生生物(保护)法案、尼泊尔国家公园及野生生物保护法案所保护,现受我国《野生动物保护条例》及《动植物(濒危种属保护)条例》保护。同时食蟹猴被列入《世界自然保护联盟》(IUCN)2008 年濒危种属红色名录——低危(LC),亦被列入《濒危野生动植种属国际贸易公约》。

表 1 - 3 - 2 《国家重点保护野生动物名录》中食蟹猴保护级别

中 文 名	学 名	保护级别	备 注
脊索动物门	Chordata		
哺乳纲	Mammalia		
灵长目	Primates		
懒猴科	Lorisidac		
蜂猴	*Nycticebus bengalensis*	一级	
倭蜂猴	*Nycticebus pygmaeus*	一级	
猴科	Cercopithecidae		
短尾猴	*Macaca arctoides*	二级	
熊猴	*Macaca assamensis*	二级	
台湾猴	*Macaca cyclopis*	一级	
北豚尾猴	*Macaca leonina*	一级	原名"豚尾猴"
白颊猕猴	*Macaca leucogenys*	二级	
猕猴	*Macaca mulatta*	二级	
藏南猕猴	*Macaca munzala*	二级	
藏酋猴	*Macaca thibetana*	二级	
喜山长尾叶猴	*Semnopithecus schistaceus*	一级	
印支灰叶猴	*Trachypithecus crepusculus*	一级	
黑叶猴	*Trachypithecus francoisi*	一级	
菲氏叶猴	*Trachypithecus phayrei*	一级	
戴帽叶猴	*Trachypithecus pileatus*	一级	
白头叶猴	*Trachypithecus leucocephalus*	一级	
肖氏乌叶猴	*Trachypithecus shortridgei*	一级	
滇金丝猴	*Rhinopithecus bieti*	一级	
黔金丝猴	*Rhinopithecus brelichi*	一级	
川金丝猴	*Rhinopithecus roxellana*	一级	
怒江金丝猴	*Rhinopithecus strykeri*	一级	

作为国家二级保护动物,食蟹猴从生产、购买、运输和使用均需要国家行政部门的严格监督审批。以省级科研单位办理食蟹猴运输批文为例,首先科研单位必须具备省级科学技术厅颁发的《实验动物使用许可证》,该使用许可证必须涵盖非人灵长类动物。其次,在使用食蟹猴之前,必须与动物生产厂家签订食蟹猴

购买合同,并向政府相关的性质主管部门提交《野生动物保护管理行政许可事项申请表》及涉及的具体内容,以书面文件的形式上缴至省级林业行政主管部门。其中,科研单位所在区、市一级的林业行政主管部门审核后完成相应的行文,上缴至省级林业行政主管部门。在通过一级一级的主管部门审核后,将由省级林业局颁发准予《行政许可决定书》,准许科研机构可在省级食蟹猴生产厂家购买并运输动物。如食蟹猴生产厂家在省级以外的区域,需要以同样的流程获得该省林业局颁发准予《行政许可决定书》方可运输食蟹猴。《行政许可决定书》均有有效期的规定,每个省有效期各不相同,从1个月至6个月不等,运输时需主要关注运输时间在有效期内。

食蟹猴以其独特的特征和广泛的分布而备受关注。这一中型灵长类动物以其长而有力的尾巴、发达的臀部坐骨胼胝体及相对小巧的体型而著称。其适应性强,不仅在陆地上灵活奔跑,还能在水中寻找食物,展现了多样的生态角色。

食蟹猴为医学研究提供了极具价值的实验模型。在生物医学领域,特别是药物研发和疾病研究中,食蟹猴作为实验对象发挥着重要作用。这使得对其自然栖息地的保护与管理尤为紧迫。

展望未来,全球社会需要加强协作,通过科学研究与保护计划,促进食蟹猴的种群健康与稳定。同时,加强对其在医学领域的应用价值的认知,致力于推动对这一种属的全面保护,以促进生物多样性的可持续发展。

(田义超)

参考文献

［1］ 王宏,付学魏,陈智岗,等.昆明地区恒河猴、食蟹猴种群繁殖规律和繁殖性能研究［J］.中国比较医学杂志,2017,27(7):34-39.

［2］ Sibbal L R. Nonhuman primates:a critical role in current disease research［J］. ILAR,2001,42(2):74-84.

［3］ Kalin N H. Nonhuman primate models to study anxiety,emotion regulation,and psychopathology［J］. Ann NY Acad Sci,2003,1008:189-200.

［4］ Liang Bin. Progress on nonhuman primate models of diabetes mellitus［J］. Zoological Research,2011,32(1):911-996.

［5］ Guangmei Yan,Guojie Zhang,Xiaodong Fang,et al. Genome sequencing and comparison of two nonhuman primate animal models,the cynomolgus and Chinese rhesus macaques［J］. Nature Biotechology,2011,29(11):1019-1025.

［6］ Bolton I D. Basic physiology of Macaca fascicularis. In the nonhuman primate in nonclinical drug safety development and safety assessment［C］. Waltham,MA:Academic Press,2015.

［7］ Buck W R. Comparative physiology,growth,and development. In the nonhuman primate in nonclinical drug development and safety assessment［C］. Waltham,MA:Academic Press,2015.

［8］ Fortman J D,Hewett T A,Bennett B T. Important biological features. In the laboratory nonhuman primate［C］. Boca Raton,FL:CRC Press,2002.

［9］ Ghazanfar A A,Cohen Y E. Primate communication:evolution. In encyclopedia of neuroscience［C］. Oxford,UK:Elsevier Press,2009.

［10］ Groves C P. Order primates. In mammal species of the world:a taxonomic and geographic reference［C］. Baltimore,MD:John Hopkins University Press,2005.

［11］ Gruete C C,Bissonette A,Isler K,et al. Grooming and group cohesion in primates:implications for the evolution of language［J］. Evol Hum Behav,2013,34(1):61-8.

［12］ Harding J D. Progress in genetics and genomics in nonhuman primates［J］. ILAR J,2013,54:77-81.

［13］ Honess P. Behavior and enrichment of long-tailed (cynomolgus) macaques (Macaca fascicularis)［C］. Wilmington,MA:Charles River Laboratories,2013.

［14］ Johnson D O,Johnson D K,Whitney R A. History of the use of nonhuman primates in biomedical research［C］. Waltham,MA:Academic Press,2012.

［15］ Jennings M,Prescott M J. Refinements in husbandry,care and common procedures for non-human primates:ninth report of the BVAAWF/FRAME/RSPCA/UFAW Joint Working Group on Refinement［J］. Lab Anim,2009,43(Suppl1):1-47.

［16］ Surridge A K,Osorio D,Mundy N I. Evolution and selection of trichromatic vision in primates［J］. Trends Ecol Evol,2003,18:198-205.

［17］ Tardif S,Carville A,Elmore D,et al. Reproduction and breeding of nonhuman primates［C］. Waltham,MA:Academic Press,2012.

［18］ Turnquist J E,Minugh-Purvis N. Functional morphology［C］. Waltham,MA:Academic Press,2012.

［19］ Williams L E,Berstein I S. Study of nonhuman primate social behavior［C］. Waltham,MA:Academic Press,2012.

［20］ Wolfensohn S. Old world monkeys［C］. Oxford,UK:Wiley-Blackwell,2010.

［21］ Zuberbuhler K. Primate communication［J］. Nat Educ Knowledge,2012,3(10):83.

第二章

食蟹猴生殖系统解剖及组织学

生殖系统是生物机体内与生殖功能密切相关的器官总称,分为雌性和雄性两种。雌、雄性生殖系统不仅解剖和组织学结构各异,其功能也各不相同,不同实验动物种属生殖系统构成略有差异。现将食蟹猴雌、雄生殖系统的解剖和组织学结构分述如下。

第一节　雄性生殖系统

非人灵长类动物的雄性生殖系统与人类高度类似,雄性生殖系统包括内生殖器和外生殖器,其主要功能是产生精子和分泌雄激素。内生殖器由睾丸、输送系统(附睾、输精管和射精管)和附属性腺(精囊腺和前列腺等)组成。外生殖器包括阴囊和阴茎。

(一) 睾丸

成年动物睾丸位于耻骨联合下方阴囊内,左右各一,其主要功能是产生精子和分泌雄激素。在大多数哺乳动物种属中,睾丸在胎儿或新生儿期从腹部下降到阴囊。食蟹猴睾丸位置根据动物年龄不断变化。非人灵长类动物睾丸下降发生在出生时,然而,出生后不久,睾丸上升到腹股沟管,随后进入出生后的回归阶段。在 3 岁左右,睾丸再次下降,同时大小也增加(图 2 - 1 - 1)。

食蟹猴睾丸(图 2 - 1 - 2)外观呈椭圆形,表面为被膜,由外向内包括鞘膜脏层、白膜和血管膜。鞘膜脏层与阴囊内的鞘膜壁层之间形成狭窄的鞘膜腔,内含少量液体,起润滑作用。深部为白膜,由致密结缔组织构

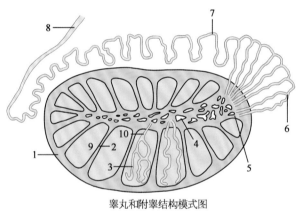

睾丸和附睾结构模式图

1. 白膜　2. 睾丸间隔　3. 生精小管　4. 睾丸网
5. 睾丸纵隔　6. 输出小管　7. 附睾管　8. 输精管
9. 睾丸小叶　10. 直精小管

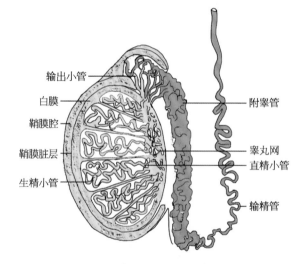

输出小管
白膜
鞘膜腔
鞘膜脏层
生精小管
附睾管
睾丸网
直精小管
输精管

图 2 - 1 - 1　食蟹猴及人睾丸和附睾模式图(左图为食蟹猴,右图为人)

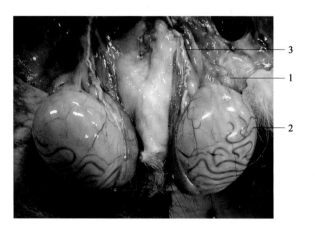

图 2 - 1 - 2　食蟹猴(5 岁)睾丸和附睾腹面观(左)和背面观(右)。1. 附睾;2. 睾丸;3. 输精管

成,含有大量胶原纤维和成纤维细胞,白膜呈放射状深入睾丸实质形成睾丸纵隔,将睾丸实质分隔成多个锥形小叶,每个小叶内含有弯曲细长的生精小管,生精小管在近睾丸纵隔深处变为短而直的直精小管,直精小管进入睾丸纵隔相互吻合形成睾丸网。人类的睾丸网主要位于睾丸后缘,大鼠和小鼠的睾丸网比较表浅,直接位于白膜下,食蟹猴和犬的睾丸网位于睾丸纵隔内(图2-1-1、图2-1-3、图2-1-4),其血管膜薄、疏松,含丰富血管,与睾丸实质紧密相连,深入生精小管间。生精小管之间为疏松结缔组织,称为睾丸间质。睾丸小叶结构存在动物种属差异,犬和猴有明显的纵隔和小叶结构,纵隔内有直精小管和睾丸网,大鼠和小鼠睾丸内没有纵隔和小叶结构,直精小管和睾丸网位于睾丸背内侧。

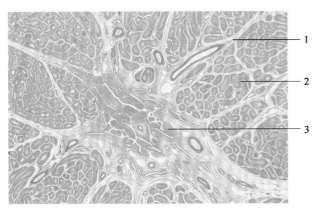

图2-1-3　食蟹猴(4岁)睾丸纵隔、睾丸小叶和睾丸网(HE染色,×200)。1. 睾丸纵隔;2. 睾丸小叶;3. 睾丸网

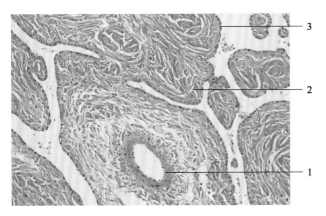

图2-1-4　食蟹猴(4岁)睾丸网(HE染色,×200)。1. 睾丸纵隔中的血管;2. 睾丸纵隔内的结缔组织;3. 睾丸网(单层立方上皮)

睾丸的实质成分为生精小管(图2-1-5和图2-1-6),管腔被覆生殖上皮,生殖上皮由生精细胞和支持细胞构成,其中生精细胞可以不断增殖并分化形成成熟精子,支持细胞分布在生精细胞之间,不能增殖,具有支持、分泌、营养和吞噬作用,并接受生殖

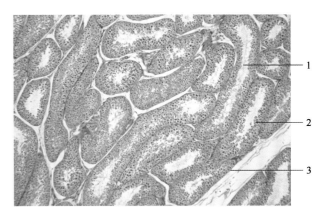

图2-1-5　食蟹猴(5岁)睾丸(HE染色,×100)。1. 睾丸生精小管管腔;2. 睾丸生精小管生殖上皮;3. 生精小管基底膜

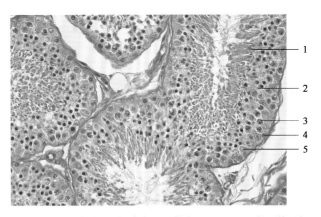

图2-1-6　食蟹猴(5岁)睾丸(HE染色,×400)。1. 长形精子细胞;2. 圆形精子细胞;3. 精母细胞;4. 精原细胞;5. 支持细胞

激素的调节。

不同发育阶段的生精细胞分层排列,从生精小管基层到管腔,依次为精原细胞、初级精母细胞、次级精母细胞、精子细胞和精子(图2-1-7),食蟹猴精子细胞形状可以分为14型,生精上皮周期分为12期。粗线精母细胞新一代精子的出现(第1步)被用来定义第一个形态阶段(第Ⅰ期),次级精母细胞的产生和分裂被定义为生精周期的最后阶段(第Ⅻ期),食蟹猴的精子发生时间(从精原细胞到完全发育的细长精子细胞)为42天,包含12个形态阶段精原上皮的一个周期的持续时间约为10.5天。精子的12个不同形态阶段和14个发育步骤见图2-1-8。

所有哺乳动物的精子生成过程基本上是相同的,包括前体干细胞(精原细胞)的连续分裂与成熟,之后进入减数分裂(精母细胞),在这里它们要经历DNA复制和减数分裂以形成单倍体生精细胞(精子细胞)。这些细胞经历了一个复杂的形态变化过程,从具有正常外观的细胞(圆形精子细胞)转变为扁的具有头、体和尾的鞭子样细胞(长形精子细胞)。成熟的精子细胞从生精上皮释放(排精),并在生精小

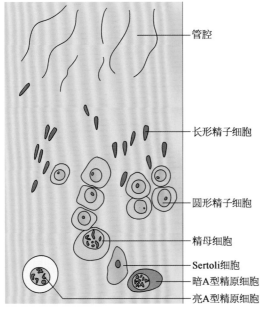

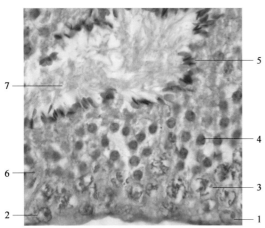

图 2-1-7 成熟食蟹猴正常睾丸的横截面，展示精子发生过程中存在的不同细胞类型(上图为示意图；下图为 PAS 染色，×1 000)。从基底膜到管腔，可见精细胞[A 型精原细胞的 2 种亚型，即暗 A 型精原细胞(1)和亮 A 型精原细胞(2)]，精母细胞(3)，圆形精子细胞(4)，长形精子细胞(5)，以及 Sertoli 细胞(6)，其细胞核大、细长、靠近基底膜，其细胞质向生精小管腔(7)延伸，与其他细胞类型密切接触

管中被转运到睾丸网的收集池，进而通过输出小管进入附睾。整个过程在不同种属间是相同的，只是不同细胞类型的细微特征、过程动力学及调节通路略有不同。

不同类型的生精细胞(精原细胞、精母细胞和精子细胞)在生精小管内以一种非常规则、分层的方式排列。它们在结构和代谢上受到体细胞即 Sertoli 细胞支持，后者以光镜下不易分辨的胞质突起完全包绕着每个生精细胞。Sertoli 细胞排列于生精小管内基膜上，贯穿整个生精上皮，细胞之间有紧密连接，将生精小管分隔成近腔小室和基底小室，是构成血睾屏障的主要结构。具有形成并维持生精微环境，为生精细胞

提供支持和营养的作用。当生精细胞从生精小管缺失，仅留下 Sertoli 细胞衬覆生精小管时，Sertoli 细胞的真实范围会变得更明显。生精细胞以高度受控的方式进行精子生成，在任何一个曲细精管中总有四代生精细胞以相互完全同步的方式发育着。

1. 细胞类型和阶段的主要特征 生精周期分为早期阶段Ⅰ～Ⅵ期及晚期阶段Ⅶ～Ⅻ期。食蟹猴生精周期各个阶段的细胞，包含精原细胞(暗 A 型精原细胞、亮 A 型精原细胞、B 型精原细胞)、初级精母细胞及 1～14 步精子细胞。生精周期早期阶段可见到 2 代精子细胞(即圆形和长形精子细胞)，晚期阶段仅可见 1 代精子细胞(即圆形或长形精子细胞)。

精原细胞：精原细胞根据其分化和发育状况分为 A 型和 B 型。

A 型精原细胞：这种细胞与基底膜密切相关，存在于所有阶段，但数量很少。细胞核含有精细的颗粒染色质和 1 个或 2 个核仁。A 型精原细胞可分为两种类型，暗 A 型精原细胞(type A dark，Ad)和亮 A 型精原细胞(type A pale，Ap)。Ad 精原细胞，有丝分裂静止，被认为是储备干细胞，Ap 精原细胞有丝分裂活跃，自我更新并产生第一代分化的 B 型精原细胞。两种 A 型精原细胞的区分基于染色、核密度、核尺寸(约 $6.4~\mu m$ 和 $8.4~\mu m$)和 PAS 阳性物质的细胞质含量，暗 A 型精原细胞 PAS 阳性物质含量较多。亮 A 型精原细胞的有丝分裂发生在Ⅶ、Ⅷ和Ⅸ期。

B 型精原细胞：B 型精原细胞是主要的祖细胞。这种细胞的特征是细胞核中包含着位于中心的核仁及沿核膜分布的深染的染色质团块或颗粒。根据这些特征，可以将其与 A 型精原细胞区分开来。B 型精原细胞在一个生精周期内经历 4 次有丝分裂，有 4 代分化，分别为 B1、B2、B3、B4，并且每经历一次有丝分裂，细胞数量翻倍。B1 的有丝分裂主要发生在Ⅸ期，B2 在Ⅻ期，B3 在Ⅱ期，B4 在Ⅳ期。通过常规染色方法很难区分它们。

初级精母细胞：初级精母细胞分为细线前期(preleptotene，PL)、细线期(leptotene，L)、偶线期(zygotene，Z)和粗线期(pachytene，P)。新形成的二倍体细线前期精母细胞的细胞核与 B 型精原细胞无法区分。然而，当染色体在细线前期复制形成四倍体细胞时，这些精母细胞的细胞核以线状染色质团为特征，随着减数分裂前期的发育，染色质团逐渐变厚和致密。

粗线期精母细胞：这些细胞在第Ⅻ期由偶线期精母细胞发育而来。它们比其他精母细胞更靠近管状

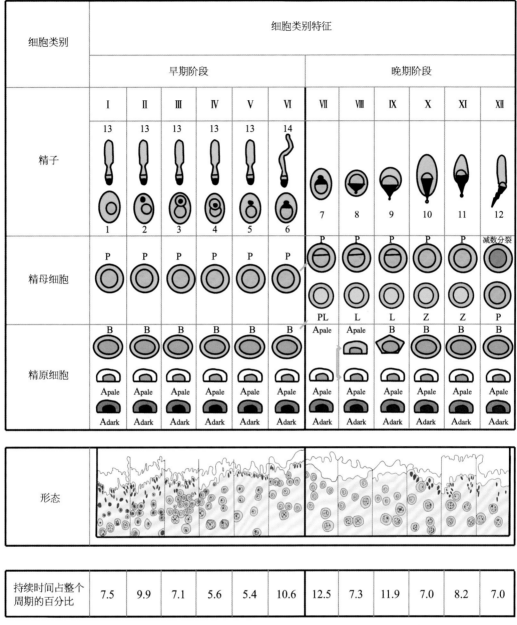

细胞类别	细胞类别特征											
	早期阶段						晚期阶段					
	Ⅰ	Ⅱ	Ⅲ	Ⅳ	Ⅴ	Ⅵ	Ⅶ	Ⅷ	Ⅸ	Ⅹ	Ⅺ	Ⅻ
持续时间占整个周期的百分比	7.5	9.9	7.1	5.6	5.4	10.6	12.5	7.3	11.9	7.0	8.2	7.0

图 2-1-8　食蟹猴生精周期的各个阶段,在周期图中细胞从左侧开始至右侧精子排出完成结束,包含精原细胞、初级精母细胞(PL、L、Z、P)及1～14步精子细胞。数字Ⅰ～Ⅻ代表12个形态阶段。数字1～14是指精子发育的不同步骤。生精周期分为早期阶段Ⅰ～Ⅵ期,有2代精子;晚期阶段Ⅶ～Ⅻ期,只有1代精子。图最下面一行给出了一个完整生精周期中每个阶段的持续时间(以一个周期长度的百分比表示)。Adark,暗A型精原细胞;Apale,亮A型精原细胞;B,B型精原细胞;PL,细线前期初级精母细胞;L,细线期初级精母细胞;Z,偶线期初级精母细胞;P,粗线期初级精母细胞

腔,并含有一个大的圆形细胞核,染色质排列成粗绳状,核仁大而暗。随着四倍体细胞通过粗线期,精母细胞的大小逐渐扩大。经过一个非常短暂的二倍体和终变期后,它们经历第一次减数分裂形成二倍体次级精母细胞,然后快速进入第二次减数分化形成单倍体精子细胞。

精子细胞:在第Ⅻ期次级精母细胞第二次分裂后,精子细胞发育。减数分裂是第Ⅻ期特有的,易于识别。1～14步精子细胞,精子细胞发育的前8个步骤

由顶体细节识别。顶体只能通过 PAS 染色后进行观察,即使通过 PAS 染色,顶体前颗粒和早期顶体帽等结构仍然很小,很难在常规切片中观察到。后7个步骤可通过精子细胞形状进行区分,流程见图2-1-9。

2. 精子分期　具体如下。

Ⅰ期:存在第1步圆形精子细胞(图2-1-10),因为前顶体颗粒不可见而缺乏明显特征。在此阶段也存在细长精子细胞,即第13步精子细胞,它们是扁平的,有桨状核,部分被顶体系统(融合的头帽和顶体)覆盖。

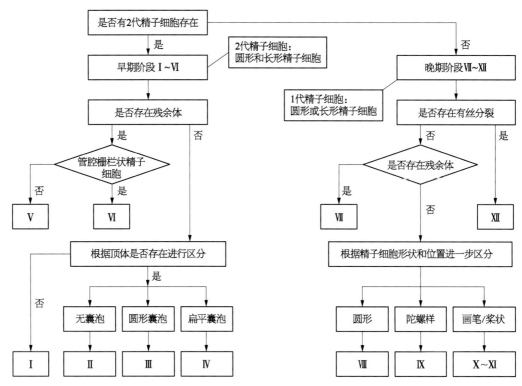

图 2-1-9　在 PAS 染色横断面上快速确定食蟹猴精子发育阶段的决策树

这些细胞是完全浓缩和暗色的。顶端变圆,精子细胞排列成束。第 13 步精子细胞几乎是精子细胞发育的最后一步,通常出现在Ⅰ期至Ⅴ期。

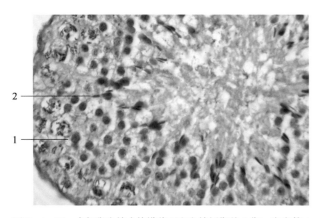

图 2-1-10　食蟹猴生精小管横截面中生精周期的Ⅰ期。存在第 1 步圆形精子细胞,无可见的前顶体颗粒;也存在第 13 步细长精子细胞(PAS 染色,×1 000)。1. 第 1 步精子细胞;2. 第 13 步精子细胞

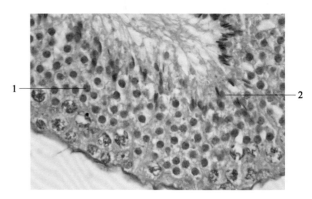

图 2-1-11　食蟹猴生精小管横截面中生精周期的Ⅱ期。存在第 2 步圆形精子细胞,可见前顶体小泡和第 13 步细长精子细胞(PAS 染色,×1 000)。1. 第 2 步精子细胞;2. 第 13 步精子细胞

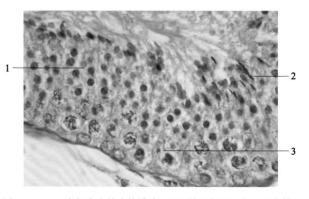

图 2-1-12　食蟹猴生精小管横截面中生精周期的Ⅲ期。存在第 3 步圆形精子细胞,其顶体囊泡含有黏附在核膜上的小颗粒;仍存在第 13 步细长精子细胞(PAS 染色,×1 000)。1. 第 3 步精子细胞;2. 第 13 步精子细胞;3. 支持细胞

　　Ⅱ期:第 2 步圆形精子细胞(图 2-1-11)在该阶段可观察到初始形成的原顶体囊,囊内可见前顶体粒。这些小的原顶体囊融合成含有一个融合颗粒的单个大囊泡,囊泡与细胞核接触。突出的高尔基复合体是相对较大的胞质内嗜酸性结构。第 13 步精子细胞,即伸长的精子细胞仍然存在,但其束状排列松散。

　　Ⅲ期:第 3 步圆形精子细胞可见附着于核膜的顶体泡(图 2-1-12)。仍存在第 13 步精子细胞。

Ⅳ期：第 4 步圆形精子细胞显示顶体小泡，在核表面变平（图 2-1-13），形成头盖状结构。存在第 13 步细长的精子细胞。

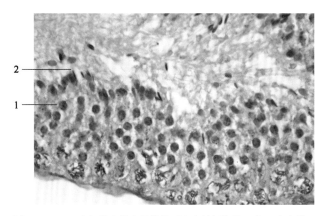

图 2-1-13　食蟹猴生精小管横截面中生精周期的Ⅳ期。存在第 4 步的圆形精子细胞（顶体囊泡变平）和第 13 步的精子细胞（PAS 染色，×1 000）。1. 第 4 步精子细胞；2. 第 13 步精子细胞

Ⅴ期：第 5 步圆形精子细胞中，顶体颗粒开始扩散到核膜上，形成一个小的顶盖（图 2-1-14）。在这个阶段，第 13 步精子细胞已经开始挤压细胞质的一部分，这部分细胞质是可见的小的细胞残余物，即生精细胞残余体（另见Ⅵ期、Ⅶ期）。

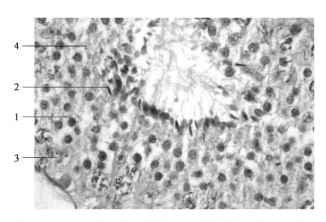

图 2-1-14　食蟹猴生精小管横截面中生精周期的Ⅴ期。存在第 5 步圆形精子细胞（顶体头帽小）及第 13 步细长精子细胞和少量残余体（PAS 染色，×1 000）。1. 第 5 步精子细胞；2. 第 13 步精子细胞；3. 支持细胞；4. 残余体

Ⅵ期：第 6 步圆形精子细胞，顶体顶盖覆盖了核表面的 1/4。在这个阶段可以看到第 14 步细长的精子细胞，它们代表完全发育的精子从睾丸中释放。残余体是该阶段的一个突出特征（图 2-1-15）。

Ⅶ期：第 7 步圆形精子细胞中，顶体顶盖延伸至其最大值，覆盖核表面的 1/3。第 14 步细长的精子细胞释放到管腔中（精子化）。从这个阶段开始，只存在 1 代精子细胞。残余体在管腔空间的边界处仍然清晰

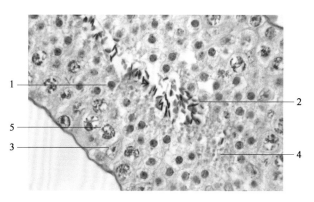

图 2-1-15　食蟹猴生精小管横截面中生精周期的Ⅵ期。存在第 6 步圆形精子细胞（顶体顶盖覆盖核表面的 1/4）及细长的第 14 步精子细胞和丰富的残余体（PAS 染色，×1 000）。1. 第 6 步精子细胞；2. 第 14 步精子细胞；3. 支持细胞；4. 残余体；5. 粗线期精母细胞

可见（图 2-1-16）。其结局，它们要么通过管腔挤出，要么被支持细胞吞噬。

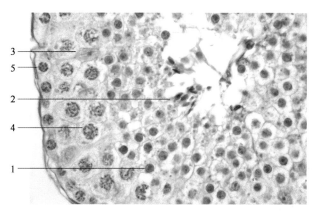

图 2-1-16　食蟹猴生精小管横截面中生精周期的Ⅶ期。存有第 7 步圆形精子细胞，其顶体顶盖覆盖核表面的 1/3，仍有一些残余体（PAS 染色，×1 000）。1. 第 7 步精子细胞；2. 第 14 步精子细胞及残余体；3. 支持细胞；4. 粗线期精母细胞；5. B 型精原细胞

Ⅷ期：第 8 步精子细胞中，顶体头盖朝向基膜（图 2-1-17）。在这一阶段，精子细胞仍然是圆形的。

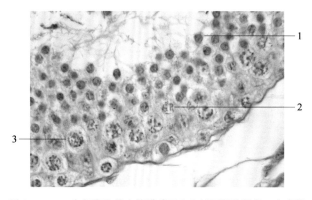

图 2-1-17　食蟹猴生精小管横截面中生精周期的Ⅷ期。存有第 8 步圆形精子细胞，其具有朝向基膜的透明顶盖（PAS 染色，×1 000）。1. 第 8 步精子细胞；2. 细线期精母细胞；3. 粗线期精母细胞

Ⅸ期：第9步精子细胞的细胞核拉长，被顶体头盖覆盖的部分呈圆锥形，呈陀螺样（图2-1-18）。

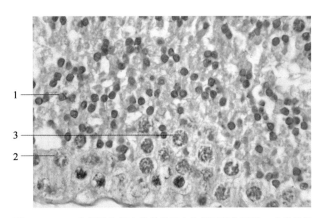

图2-1-18 食蟹猴生精小管横截面中生精周期的Ⅸ期。出现具有陀螺样形状的第9步精子细胞（PAS染色，×1000）。1. 第9步精子细胞；2. 细线期精母细胞；3. 粗线期精母细胞

Ⅹ期：第10步精子细胞的细胞核继续伸长，顶端变得明显尖锐（图2-1-19）。

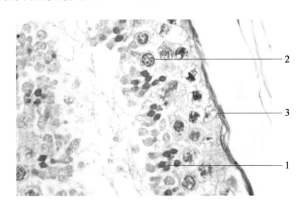

图2-1-19 食蟹猴生精小管横截面中生精周期的Ⅹ期。第10步精子细胞：出现具有清晰尖端的细长精子细胞（PAS染色，×1000）。1. 第10步精子细胞；2. 粗线期精母细胞。3. 支持细胞

Ⅺ期：第11步精子细胞中，细胞核进一步拉长，并显著变平，形成画笔/桨状（图2-1-20）。

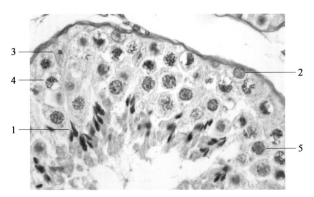

图2-1-20 食蟹猴生精小管横截面中生精周期的Ⅺ期。出现第11步细长精子细胞，其细胞核呈画笔状/桨状（PAS染色，×1000）。1. 第11步精子细胞；2. Ap精原细胞；3. 支持细胞；4. 偶线期精母细胞；5. 粗线期精母细胞

Ⅻ期：第12步精子细胞中，完成核扁平化。顶点变圆，精母细胞的减数分裂是这一阶段的特征（图2-1-21，如减数分裂图所示），是后续第1步精子细胞形成的初始过程。

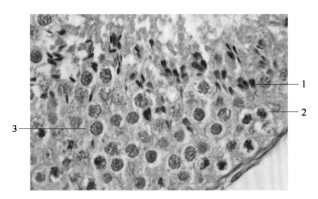

图2-1-21 食蟹猴生精小管横截面中生精周期的Ⅻ期。可见第12步精子细胞：可见具有画笔/桨状核和减数分裂（PAS染色，×1000）。1. 第12步精子细胞；2. 有丝分裂；3. 粗线期精母细胞

睾丸间质为生精小管之间的疏松结缔组织，除间质细胞外，还有吞噬细胞、肌样细胞、血管和淋巴管等（图2-1-22）。间质毛细血管内皮细胞有孔，间质液中含有丰富的蛋白等营养物质。生精上皮通过渗透作用从间质中吸取营养。

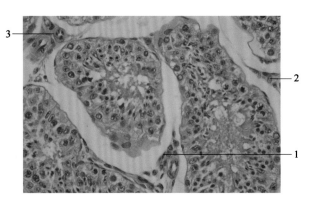

图2-1-22 食蟹猴（4岁）睾丸间质（HE染色，×400）。1. 间质细胞；2. 肌样细胞；3. 血管

食蟹猴的间质细胞（Leydig cell，LC）散在均匀分布在生精小管之间的睾丸间质中。间质细胞体积大，圆形或多边形，细胞核圆形，位于细胞中央，细胞质呈强嗜酸性，胞质富含滑面内质网和线粒体。间质细胞分泌雄激素，促进精子发生、雄性生殖器官的发育与分化。通常巨噬细胞/吞噬细胞可能占成年小鼠和大鼠间质细胞群的25%，普遍认为它们是由循环血液中的单核细胞产生的，另外一种可能是由少数在发育早期迁移到睾丸中的祖细胞或原始细胞产生。在成熟睾丸中，巨噬细胞影响睾丸间质细胞的类固醇生成，分泌25-羟基胆固醇，后者由成年期Leydig细胞获得并用于睾酮合成。

哺乳动物睾丸的 Leydig 细胞结构存在种属间差异,文献将哺乳动物睾丸间质组织分为 3 种主要类别:第一类是 Leydig 细胞体积小(占睾丸总体积的 1%～5%),间质结缔组织最少,但管周淋巴组织较多,以大鼠、小鼠及豚鼠为代表;第二类是 Leydig 细胞群广泛分布于疏松结缔组织内,代表动物种属为非人灵长类及人类;第三类 Leydig 细胞密集排列,几乎充满间质成分,伴有疏松淋巴管及少量间质组织,代表动物种属为猪及小型猪。人类 Leydig 细胞的胞质内可见特征性的蛋白晶体(Reinke 晶体),实验动物中不常见类似结构。

3. 未成熟和青春期前睾丸的特征　未成熟睾丸的特征是仅存在支持细胞和未分化的精原细胞。生精小管横切面直径小,主要是管状管腔狭窄。睾丸重量低,精原细胞(Ad 和 Ap)通常位于基底膜上,但有时也位于脐带中心区域。直到青春期前,睾丸重量和生精小管直径缓慢增加。青春期前的睾丸生长迅速,管腔直径增大。第一代 B 型精原细胞出现,B1 至 B4 精原细胞的连续有丝分裂可产生 16 个精母细胞。精原细胞有丝分裂活动标志精子发生开始。未成熟睾丸显微镜下观察生精小管内充满了支持细胞和一些精原细胞,在青春期前的睾丸可以发现更多的细胞类型,如支持细胞、精原细胞(A 型和 B 型)、粗线期精母细胞和一些圆形精母细胞(比成熟睾丸少得多),细长的精子尚未出现。

这一时期的睾丸形态在同一年龄的动物之间具有很明显的个体差异。一些动物中,睾丸显示出完整的精子发生,直至成熟精子,而在另一些动物,精子发生可能是不完整的。即使在一个睾丸内,精子发育完全的区域、生殖细胞部分缺失的区域和生殖细胞较少的区域也会出现相当大的差异。青春期前后的睾丸中,精子发生仍可能不理想(缺乏某些生殖细胞群),退化的生殖细胞脱落进入管腔内可能是正常现象。

(二) 附睾

食蟹猴附睾解剖学及位置与其他常见实验动物类似,为 2 个豆芽状结构附着在睾丸表面,连接睾丸与输精管,解剖学上分为附睾头、附睾体及附睾尾三部分(图 2-1-23 和图 2-1-24)。其中附睾头呈半月形,由来自睾丸的输出小管和附睾管组成;附睾体狭细,为储存精子并使之获得运动能力的部位,由附睾管组成;附睾尾呈棒槌状,解剖学上与输精管相连,组织学上亦是由附睾管组成。

附睾是精子储存和成熟的场所,附睾管上皮细胞具有吸收和分泌功能,可分泌多种糖蛋白、类固醇和磷脂类物质,有助于精子成熟。此外,附睾上皮可吞噬残

图 2-1-23　食蟹猴(5 岁)睾丸、附睾及输精管大体照片。1. 睾丸;2. 附睾头部;3. 附睾体部;4. 附睾尾部;5. 输精管

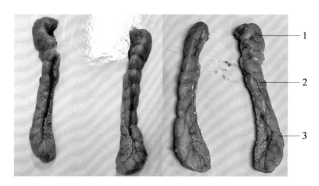

图 2-1-24　食蟹猴(5 岁)附睾大体照片,左为背面观,右为腹面观。1. 头部;2. 体部;3. 尾部

余体和变性的精子。

输出小管被覆单层立方至假复层柱状上皮,有一个多层平滑肌细胞和弹性纤维包裹。输出小管内未吸收的液体,大部分由头部附睾管吸收。附睾管上皮由假复层柱状上皮覆盖,由主细胞和基细胞组成。基底细胞矮小、圆形或椭圆形,靠近基底膜,一般认为是贮备细胞。主细胞呈高柱状,表面有粗而长的微绒毛和静纤毛,具有分泌和吸收功能。从附睾头端至尾端,附睾管管壁和平滑肌逐渐增厚,主细胞和静纤毛高度逐渐降低,管腔逐渐变大(图 2-1-25～图 2-1-28)。

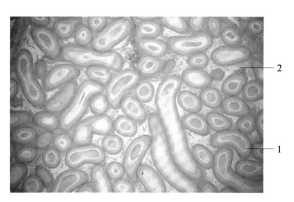

图 2-1-25　食蟹猴(5 岁)附睾、附睾管及间质构成(HE 染色,×40)。1. 附睾管;2. 附睾间质

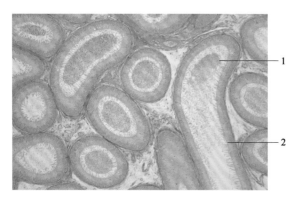

图 2-1-26　食蟹猴(5 岁)附睾,附睾管上皮由假复层柱状上皮覆盖,由主细胞和基细胞组成,附睾管腔内可见大量的精子(HE 染色,×100)。1. 管腔内的精子;2. 假复层柱状上皮

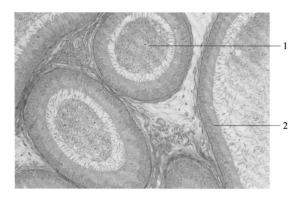

图 2-1-27　食蟹猴(5 岁)附睾,附睾管上皮由假复层柱状上皮覆盖,由主细胞和基细胞组成,附睾管腔内可见大量的精子(HE 染色,×200)。1. 精子;2. 附睾上皮,假复层上皮

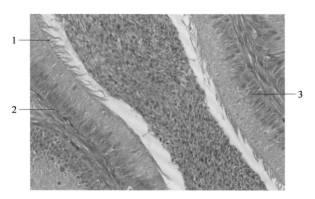

图 2-1-28　食蟹猴(5 岁)附睾,主细胞呈高柱状,靠近基底部的基细胞矮小,圆形或椭圆形,两者共同构成附睾上皮,上皮表面可见微绒毛,粗而长和静纤毛(HE 染色,×400)。1. 微绒毛;2. 基细胞;3. 主细胞

(三) 输精管

输精管是延续附睾管的肌性管道,连接于尿道。大动物的输精管末端膨大,形成输精管壶腹。精囊腺和前列腺分泌物排入输精管壶腹,进而进入尿道。尿道贯穿于阴茎的全长,将尿液和精液排到体外。

输精管管壁由黏膜、肌层和外膜组成,具有发达的肌层,有助于排精功能。黏膜形成不规则的纵行皱褶,黏膜上皮为单层或假复层柱状上皮细胞。肌层包括内

纵、中环、外纵的三层,内层较薄,中层最厚。外膜为疏松结缔组织,富含血管和神经。

(四) 精囊腺

精囊腺位于膀胱后方、前列腺上方,为双角状的囊状器官。其功能主要是分泌果糖、前列腺素及蛋白质等物质,组成精液,其中果糖为精子的运动提高能量。

精囊腺主要包括黏膜层和肌层。黏膜层上皮为单层柱状或假复层柱状上皮,由主细胞和基细胞组成,固有层为结缔组织,含少量成纤维细胞、中等量的胶原纤维和网状纤维、大量弹性纤维及丰富的血管;肌层主要为内层排列不规则的环形与斜形和外层纵行的平滑肌组织;外膜为薄层疏松结缔组织,其中含有小的神经节(图 2-1-29 和图 2-1-30)。

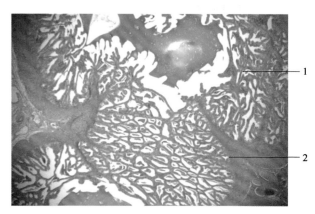

图 2-1-29　食蟹猴(5 岁)精囊腺,由黏膜层、肌层和外膜构成(HE 染色,×40)。1. 黏膜层;2. 肌层

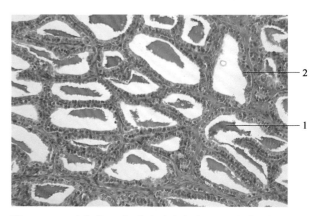

图 2-1-30　食蟹猴(5 岁)精囊腺腺腔黏膜上皮为单层柱状上皮(HE 染色,×200)。1. 精囊腺腺腔内分泌物;2. 精囊腺腺腔上皮

(五) 前列腺

呈栗形,上端紧接膀胱底,下端位于尿生殖膈上,上下端之间为前列腺体部。动物种属不同,前列腺可形成独立的腺体或围绕着尿道弥散分布,腺体的导管贯穿尿道壁,进入尿道。犬、猴和大鼠的前列腺能够成独立的腺体,其中猴和大鼠的前列腺包绕着尿道,犬的

尿道偏于前列腺背侧面。前列腺的被膜和支架组织自外向内可分为血管层、纤维层和肌层三层,被膜的结缔组织和平滑肌深入实质将其分为数叶,并形成腺体周围的基质(图2-1-31~图2-1-33)。

图2-1-31　食蟹猴(5岁)前列腺、精囊腺及输精管大体照片,左为背面观,右为腹面观。1.输精管;2.精囊腺;3.前列腺

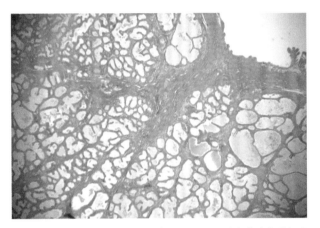

图2-1-32　食蟹猴(5岁)前列腺,由大小不一的复管泡状腺组成(HE染色,×40)

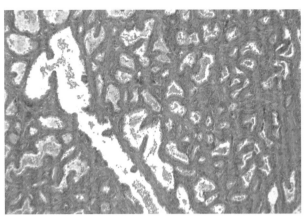

图2-1-33　食蟹猴(5岁)前列腺,由大小不一的复管泡状腺组成(HE染色,×100)

腺组织主要由大小不一的复管泡状腺组成,为浆液型管泡状腺,分泌液富含蛋白水解酶和酸性磷酸酶,腺腔内可见粉染蛋白样凝固体。

(六)尿道球腺

尿道球腺位于尿道膜部外侧、尿道球后上方、直肠两侧。其分泌物参与组成精液,为射出精液的最初部分,润滑尿道。猴无尿道球腺。

(七)阴茎

阴茎位于阴囊的前方,起始于坐骨弓,包裹于包皮内。其结构由皮肤及皮下疏松结缔组织包绕两个阴茎海绵体和一个尿道海绵体构成。皮肤结构真皮中含有散在的平滑肌束,无皮下脂肪,缺少毛发,汗腺发达,皮肤下方为疏松结缔组织,内含较多神经束和血管,被膜下为致密结缔组织,形成白膜,阴茎海绵体白膜发达,尿道海绵体的白膜比较薄弱。

第二节　雌性生殖系统

雌性生殖系统主要包括内生殖器官、外生殖器和其他相关器官。内生殖器官由阴道、子宫、输卵管及卵巢组成;外生殖器包括阴阜、大阴唇、小阴唇、阴蒂和阴道前庭等(图2-2-1)。

(一)卵巢

食蟹猴卵巢是成对器官,位于肾脏下方、骨盆前口的两侧。由于食蟹猴是单侧循环排卵,故经常可见到一侧体积相较于另一侧体积有较大的变化,有时可见到表面排卵形成的小凸起。

卵巢主要的功能是产生卵子,并分泌雌激素和孕激素。卵巢通常分为皮质、髓质和被膜。食蟹猴卵巢皮

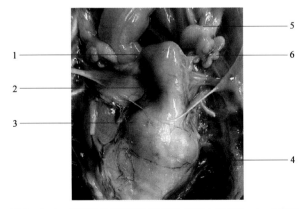

图2-2-1　食蟹猴(3岁)卵巢、输卵管、子宫大体照片。1.子宫底部;2.子宫体部;3.子宫颈部;4.阴道穹窿;5.卵巢;6.输卵管

质和髓质分界明显。被膜又称为白膜,为一纤维结缔组织,被膜表面被覆单层扁平、立方或柱状的间皮细胞,食蟹猴卵巢被膜不明显。皮质含有各发育阶段的生殖细胞、卵泡和卵泡间结缔组织。髓质位于卵巢中央,由结缔组织构成,含有间质细胞、血管、淋巴管和神经分布。

卵泡是构成卵巢的主要成分,卵泡的发育成熟是一个连续的过程,通常分为原始卵泡、初级卵泡、次级卵泡和成熟卵泡。通常每个卵泡含一个卵母细胞,但偶尔食蟹猴的单个卵泡内可见多个卵母细胞(图2-2-2~图2-2-4)。

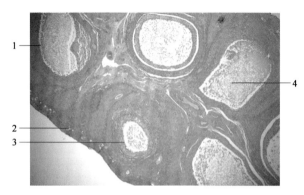

图2-2-2 食蟹猴(3岁)卵巢,可见发育过程中各种类型卵泡及排卵后形成的黄体(HE染色,×40)。1. 成熟卵泡;2. 原始卵泡;3. 黄体;4. 闭锁卵泡

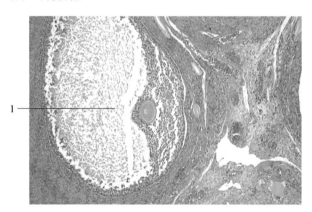

图2-2-3 食蟹猴(3岁)卵巢,可见发育过程中成熟卵泡(HE染色,×100)。1. 发育过程中成熟卵泡

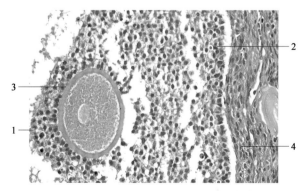

图2-2-4 食蟹猴(3岁)卵巢,可见发育过程中成熟卵泡(HE染色,×400)。1. 卵丘;2. 颗粒层;3. 透明带;4. 卵泡膜

原始卵泡:原始卵泡处于静止状态,数量多,体积小,位于卵巢皮质的浅层。形态学结构主要为卵母细胞位于中央,由一单层扁平卵泡细胞包围,卵母细胞核大而圆,核仁明显、染色质稀疏、胞质弱嗜酸性,卵泡细胞则扁平、体积小,胞核扁圆、深染,与周围结缔组织之间有基底膜,但不明显。

初级卵泡:初级卵泡由单层至多层立方形或柱状卵泡细胞围成,近基底膜的卵泡细胞呈立方形或柱状。初级卵母细胞体积增大,核仁深染。初级卵母细胞与卵泡细胞间出现一层均质状嗜酸性的透明带,卵泡膜的内层开始形成。在卵泡细胞间未出现液腔的生长卵泡均称为初级卵泡。

次级卵泡:卵泡进一步发育,卵母细胞的体积达到最大。卵泡细胞分裂增殖至多层,卵泡细胞间出现一个或多个不规则的卵泡腔状结构,腔内含有卵泡液。随着卵泡腔的增大,卵母细胞位于卵泡腔的一侧。透明袋明显,出现放射冠。邻近透明带的一层卵泡细胞呈柱状,放射状排列在初级卵母细胞周围,形成放射冠。卵泡腔周围的卵泡细胞排列密集,呈颗粒状,称颗粒层。紧邻基底膜的颗粒细胞呈柱状,与基底膜垂直。颗粒细胞层没有血管分布,卵泡和卵母细胞通过颗粒细胞的间隙渗透而获得营养。卵泡基底膜周围的结缔组织内的梭形细胞也增殖分化,形成卵泡膜。卵泡膜分为内外两层,内膜层膜明显,外膜层膜开始形成。

成熟卵泡:卵泡体积达到最大,出现中央窦和卵丘,卵泡壁隆起突向卵巢表面。卵泡液剧增,多个卵泡腔汇合形成单个腔隙,称为中央窦,颗粒层变薄。卵丘内有初级卵母细胞、透明带和放射冠。卵泡膜的内膜层和外膜层进一步分化,两者之间无明显界限。内膜层含有较多的卵圆形或多角形内膜细胞、毛细血管、成纤维细胞和胶原纤维等。内膜层和颗粒层之间有明显的基底膜。外膜层细胞成分少、纤维较多、有少量平滑肌,外膜层与周围卵巢间质融合。

闭锁卵泡:每个性周期都会有多个原始卵泡生长发育,但通常只有少数卵泡发育成熟并排卵,故绝大多数卵泡在发育过程中出现变性退化,形成闭锁卵泡。退化可见于卵泡发育的任何阶段。原始卵泡和初级卵泡闭锁时,卵母细胞和卵泡细胞发生变性、萎缩和凋亡。卵泡形态不规则,最后消失或钙化。次级卵泡和成熟卵泡闭锁时,卵泡壁塌陷,透明袋皱缩消失,卵母细胞也变性消失。闭锁卵泡中可能出现变性的卵母细胞、卵泡细胞、成纤维细胞、结缔组织和钙化灶等。

黄体:排卵后残留于卵巢内的卵泡壁连同壁上的

血管一起向卵泡腔塌陷,在黄体生成素的作用下逐渐发育成一个体积较大、含丰富血管的内分泌细胞团,肉眼观呈黄色,称为黄体。由颗粒层卵泡细胞衍化来的黄体细胞占多数,细胞体积大,呈多角形,胞质染色浅,细胞中有脂滴,为颗粒黄体细胞,位于黄体中央,主要分泌孕酮和松弛素;由卵泡膜细胞衍化来的黄体细胞较小,呈圆形或多角形,染色较深,数量较少,为膜黄体细胞,位于黄体周边,膜黄体细胞主要分泌雌激素。卵泡膜的血管和淋巴管也逐渐增生,在黄体内形成丰富的血管和淋巴管网。如卵细胞受精,在胎盘绒毛膜促性腺激素的作用下,黄体继续发育增大,直到妊娠完成。如卵细胞未受精,黄体细胞变性、坏死,由巨噬细胞吞噬消化,黄体退化。结缔组织逐渐增生,取代黄体,变成白色瘢痕组织,肉眼呈白色。部分黄体细胞可能分化为间质细胞(图 2-2-5 和图 2-2-6)。

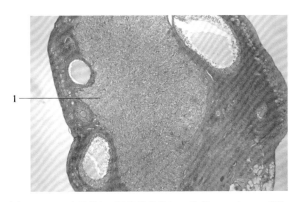

图 2-2-5　食蟹猴(3 岁)卵巢黄体(HE 染色,×40)。1. 黄体

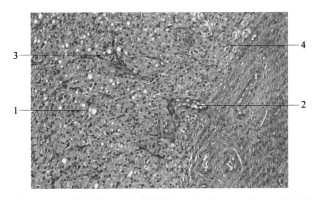

图 2-2-6　食蟹猴(3 岁)卵巢黄体(HE 染色,×200)。1. 颗粒黄体细胞;2. 血管;3. 纤维结缔组织;4. 膜黄体细胞

(二) 输卵管

输卵管(oviduct)是一个肌性管道,主要功能是运输卵子和提供受精的微环境。解剖学结构通常分为伞部、壶腹部、峡部和子宫部。伞部起始于卵巢,与腹腔相通。

管壁由黏膜层、肌层和浆膜层组成(图 2-2-7 和

图 2-2-8)。黏膜层形成许多纵行和分支的皱襞,管腔横切面不规则。黏膜层由疏松结缔组织固有层和单层柱状上皮形成。上皮由分泌细胞和纤毛细胞构成。漏斗部和壶腹部的纤毛细胞丰富。纤毛向子宫方向摆动,有助于卵子向子宫方向运送。分泌细胞散在纤毛细胞之间,细胞游离缘有微绒毛。分泌细胞以顶浆分泌方式将其分泌物释放到黏膜表面,形成输卵管液,营养卵细胞。肌层为内环和外纵的平滑肌纤维。浆膜层由间皮和疏松结缔组织构成,富含血管。

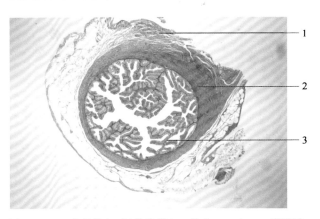

图 2-2-7　食蟹猴(3 岁)输卵管(HE 染色,×40)。1. 浆膜层;2. 肌层;3. 黏膜层

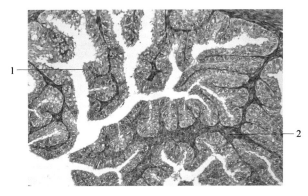

图 2-2-8　食蟹猴(3 岁)输卵管黏膜层,由疏松结缔组织固有层和单层柱状上皮形成,上皮由分泌细胞和纤毛细胞构成(HE 染色,×200)。1. 单层柱状上皮;2. 固有层

(三) 子宫

子宫(uterus)为肌性腔状器官,是胎儿发育的场所。食蟹猴子宫呈梨形,分为子宫颈和子宫体。子宫壁可分为内膜、肌层和外膜(图 2-2-9～图 2-2-12)。子宫内膜层由单层柱状上皮和固有层组成。腺上皮主要是分泌细胞,顶浆分泌。固有层含有丰富的子宫腺、血管、淋巴管、神经和基质细胞。子宫腺为单管状腺,起始端与内膜上皮相延续,末端有分支。固有层内的基质细胞呈梭形或星形,胞质少,胞核大而圆,分泌胶原蛋白,类似成纤维细胞。基底细胞分化程度较低,

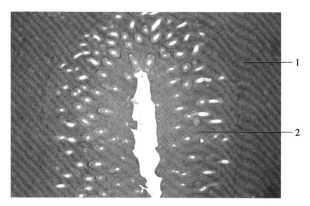

图 2-2-9　食蟹猴(3.5 岁)子宫,分为内膜、肌层和外膜(HE 染色,×40)。1. 子宫肌层;2. 子宫内膜

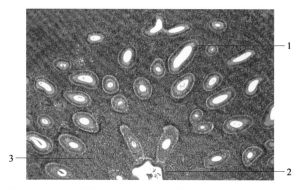

图 2-2-10　食蟹猴(3.5 岁)子宫内膜,固有层含有丰富的子宫腺,子宫腺为单管状腺,起始端与内膜上皮相延续,末端有分支。固有层内的基质细胞呈梭形或星形,胞质少,胞核大而圆(HE 染色,×100)。1. 子宫腺;2. 子宫内膜上皮;3. 固有层基质细胞

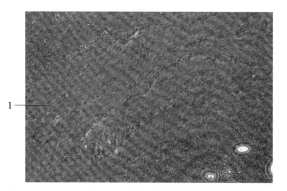

图 2-2-11　食蟹猴(3.5 岁)子宫肌层(HE 染色,×100)。1. 肌层,分为内环、外纵、中斜

图 2-2-12　食蟹猴(3.5 岁)子宫肌层及外膜(HE 染色,×100)。1. 外膜,较薄的一层;2. 肌层

随妊娠及性周期变化而增生与分化。

子宫肌层厚,与输卵管、阴道的肌层相延续。肌层可分为外纵、内环或中斜等层,分界不明显。肌层结缔组织有未分化的间充质细胞,妊娠时可分化为平滑肌细胞,并增生肥大。孕酮可促使平滑肌细胞体积增大,并抑制平滑肌收缩。雌激素可促使平滑肌细胞增殖,增加细胞数量。分娩后,子宫平滑肌细胞逐渐萎缩,变小或凋亡,结缔组织也被降解吸收,子宫恢复原状。

食蟹猴子宫黏膜分为浅表的功能层和深部的基底层。子宫动脉进入子宫壁肌层后,分支进入子宫内膜,形成螺旋动脉。螺旋动脉在子宫内膜功能层浅层形成毛细血管网和毛细血管窦,然后汇入相应静脉。螺旋动脉对性激素的刺激敏感,参与子宫内膜的周期性变化。

食蟹猴子宫黏膜的周期性变化可分为增生期、分泌期和月经期三个阶段。

增生期也称卵泡期,此期主要受雌激素的影响。卵泡发育和成熟,卵泡颗粒细胞分泌雌激素。在雌激素作用下,子宫黏膜上皮增生,子宫内膜增生和重建。子宫腺增生增多,早期腺腔大而直,逐渐弯曲或呈螺旋状。子宫内膜上皮和腺上皮呈假复层柱状,上皮细胞和间质细胞分裂象明显。

分泌期也称黄体期,此期主要受孕激素影响。卵泡排卵,黄体形成,黄体细胞分泌孕酮。在孕酮和雌激素作用下,子宫黏膜继续增生和变厚。子宫腺腔扩大弯曲,腺腔纵切面呈锯齿状,充盈黏液性分泌物。黏膜上皮细胞肥大,呈柱状,无明显的细胞分裂象,顶端胞质不规则。偶尔可见核上和核下的胞质均有糖原积聚和脂肪滴,呈空泡状。间质细胞肥大,间质细胞分裂象消失。

月经期即黄体退化期。如果卵子未受精,黄体发生变性萎缩,卵巢雌激素和孕酮的分泌水平下降。子宫黏膜动脉收缩,黏膜表面发生缺血、坏死和脱落,黏膜变薄。

子宫颈(cervix)由外膜、肌层和黏膜组成。外膜为纤维性结缔组织。肌层平滑肌间有丰富的结缔组织。食蟹猴子宫颈的黏膜有丰富的子宫颈腺和分支管状腺,分泌黏液。黏膜上皮细胞为单层柱状,由大量分泌细胞及少量基底细胞组成。基底细胞散在于柱状细胞和基底膜之间,细胞体积小,分化程度低,有增殖修复功能。在宫颈外口,单层柱状上皮移行为复层扁平上皮,可见黏液分泌细胞和复层扁平上皮的混合结构。子宫颈黏膜层的周期性形态变化不太明显(图 2-2-13和图 2-2-14)。

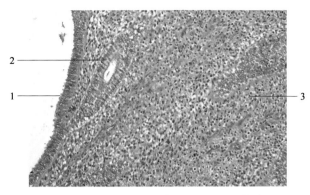

图 2-2-13 食蟹猴(3.5 岁)子宫颈黏膜层(HE 染色,×200)。1. 单层柱状黏膜上皮;2. 子宫颈腺;3. 纤维结缔组织

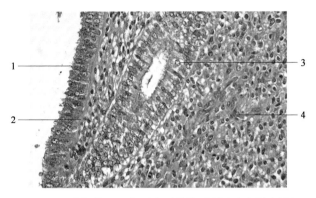

图 2-2-14 食蟹猴(3.5 岁)子宫颈黏膜,内膜上皮和固有层(HE 染色,×400)。1. 单层柱状黏膜上皮;2. 柱状上皮基底膜;3. 子宫颈腺;4. 结缔组织中的毛细血管

(四)阴道

阴道(vagina)是一个纤维和肌性管道。阴道由外膜层、肌层及黏膜层组成。黏膜层由复层扁平上皮覆盖,固有层由纤维弹性结缔组织组成,没有腺体结构。肌层由交叉的平滑肌纤维束组成。外膜层由致密结缔组织构成,并与周围其他结构延续(图 2-2-15 和图 2-2-16)。

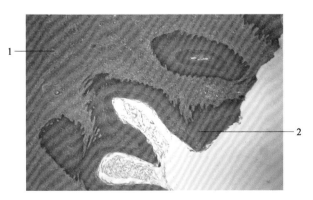

图 2-2-15 食蟹猴(3.5 岁)阴道由外膜层、肌层及黏膜层组成(HE 染色,×40)。1. 肌层;2. 黏膜层

食蟹猴阴道上皮随性周期的变化而变化,可通过阴道上皮组织切片和分泌物涂片来鉴别食蟹猴的发情周期。

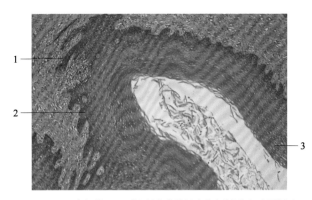

图 2-2-16 食蟹猴(3.5 岁)阴道黏膜层由复层鳞状上皮覆盖(HE 染色,×100)。1. 基底层细胞;2. 棘细胞层;3. 角化层

(五)乳腺

乳腺(mammary gland)位置及数量因动物种类不同而异。猴仅有一对乳腺,大鼠有 6 对,小鼠有 5 对,犬有 5 对或 6 对。乳腺为外胚层分化的复管泡状腺,属于汗腺的衍生物,为哺乳动物特有的组织。性成熟期雌性动物的乳腺组织发达,产生乳汁。雄性动物的乳腺组织不发达,仅有少量腺体组织存在。

乳腺由腺泡、导管和乳头组成,间质中的脂肪组织较啮齿类动物少(图 2-2-17~图 2-2-20)。腺泡分

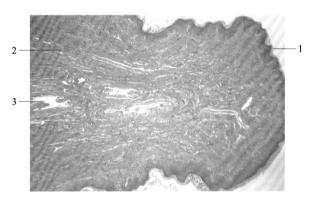

图 2-2-17 食蟹猴(3 岁)乳头(HE 染色,×40)。1. 乳头上皮,2. 结缔组织;3. 乳头下的乳腺导管

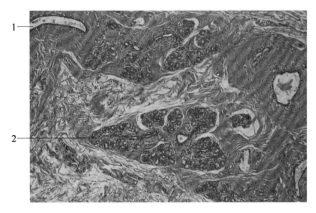

图 2-2-18 雌性食蟹猴(3.5 岁)乳头下乳腺腺体组织,乳腺组织发达,可见散在复管泡状腺泡及导管结构(HE 染色,×100)。1. 复管泡状腺泡;2. 导管结构

泌乳汁,由单层立方上皮组成,细胞分泌后变扁平。各级乳腺导管覆有单层或假双层立方或柱状上皮细胞。腺泡和腺导管上皮细胞与基底膜之间有肌上皮样细胞。肌上皮样细胞收缩可以促进乳汁排泌,还可分泌产生基底膜成分。主导管和乳头管覆有复层扁平上皮。

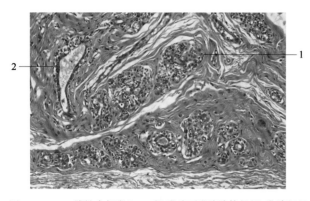

图 2-2-19 雌性食蟹猴(3.5 岁)乳头下乳腺腺体组织,乳腺组织发达,可见散在复管泡状腺泡及导管结构(HE 染色,×200)。1. 乳腺复管泡状腺泡;2. 导管结构

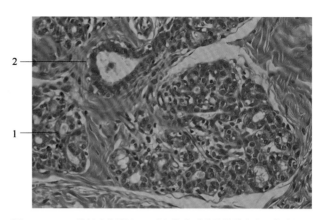

图 2-2-20 雌性食蟹猴(3.5 岁)乳头下乳腺腺体组织,乳腺组织发达,可见散在复管泡状腺泡及导管结构(HE 染色,×400)。1. 乳腺复管泡状腺泡;2. 导管结构

(崔艳君)

参考文献

［1］ 李宪堂,K Nasir Khan,John E Burkhardt.实验动物功能性组织学图谱［M］.北京：北京科学出版社,2018.
［2］ 秦川,邓巍,徐艳峰.实验动物比较组织学彩色图谱［M］.北京：北京科学出版社,2017.
［3］ 高英茂,李和,李继承,等.组织学与胚胎学［M］.北京：人民卫生出版社,2015.
［4］ 岑小波,胡春燕,杜艳春,等.非人灵长类组织病理学图谱［M］.北京：人民卫生出版社,2011.
［5］ Pritam S Sahota,James A Popp,Jerry F. Hardisty.毒性病理学非临床安全性评价［M］.吕建军,王和枚,刘克剑,等主译.北京：北京科学技术出版社,2018.
［6］ Peter Graves.临床前毒性试验的组织病理学-药物安全性评价中的解释与相关性［M］.王和枚,吕建军,乔俊文等主译.北京：北京科学技术

出版社,2018.
［7］ Henriette C Dreef, Eric Van Esch, Eveline P C T DE Rijk. Spermatogenesis in the cynomolgus monkey (Macaca fascicularis): a practical guide for routine morphological staging［J］. Toxicologic Pathology, 2007(35): 395-404.
［8］ Terje Svingen, Peter Koopman. Building the mammalian testis: origins, differentiation, and assembly of the component cell populations ［J］. Genes & Development. 2013, 27: 2409-2426. http://www.genesdev.org/cgi/doi/10.1101/gad.228080.113.
［9］ Fawcett Don W, Neaves William B, Flores Martha N. Comparative observations on intertubular lymphatics and the organization of the interstitial tissue of the mammalian testis［J］. Biology of Reproduction, 1973, 9: 500-532.

第三章

食蟹猴生殖生理学

本章主要介绍食蟹猴外貌特征、正常的生殖生理学背景、性别确定、生殖周期、内分泌系统、性皮肤、卵子发生、卵巢和卵泡发育、排卵、精液、精子形态、获能和受精植入、胎盘和胚胎发育、妊娠诊断和分娩等相关内容。

第一节　食蟹猴外貌特征

食蟹猴的外貌特征为其毛色呈黄、灰、褐不等，从灰棕色至红棕色；腹毛及四肢内侧毛色浅白，冠毛后披；耳直立目色黑；鼻子平坦，鼻孔很窄；脸部两侧有发达的颊囊（图 3-1-1～图 3-1-4）。表 3-1-1 和表 3-1-2 中提供了常见非人灵长类种属生物学的基本信息。

图 3-1-1　雌性食蟹猴 3.5 周岁外貌

图 3-1-2　雄性食蟹猴 3.5 周岁外貌

图 3-1-3　雄性食蟹猴 2 月龄外貌

图 3-1-4　雄性食蟹猴 4 月龄外貌

表 3-1-1　非人灵长类正常生殖生理学数据

性成熟参数	普通狨猴(CM)[a, b]	绒顶怪柳猴(CT)[c, d]	松鼠猴(SM)[e, f]	猫头鹰猴(OM)[e, f]
雌性(年)	1.5~2.0	1.5~2.0	2.5~3.5	2.0~2.5
雄性(年)	1.5~2.0	1.5~2.0	3.5~5.0	2.0~2.5
月经周期(天)	28	21	6~12	16
妊娠期(天)	148	184	150	133
出生体重(g)	25~35	36~52	95~122	90~105
每胎产仔数	2~5	1~3	1	1

续 表

性成熟参数	普通狨猴(CM)[a, b]	绒顶怪柳猴(CT)[c, d]	松鼠猴(SM)[e, f]	猫头鹰猴(OM)[e, f]
产后发情期(天)	9~11	17~19	—	—
食用固体食物的年龄(周)	4	4	4~6	5
离乳年龄(天)	60~90	60~90	90~120	120~150
生育间隔(月)	0.5	0.6	1.0	0.75

注：[a] Mätz-Rensing and Korte (2015)；[b] Buck (2015)；[c] Ziegler (1987)；[d] Poole et al. (1999)；[e] Magden et al. (2015)；[f] Tradif et al. (2015)。(引自：Fortman JD, Hewett TA, Halliday LC. The laboratory nonhuam primate[M]. CRC Press，2017.)

表 3-1-2 非人灵长类正常生殖生理和生物学数据

性成熟参数	恒河猴(RH)[a, b]	食蟹猴(CN)[a, d]	狒狒(BA)[a, e]	非洲绿猴(AGM)[e, f]
雌性(年)	3.0~5.0	3.0~4.0	4.0~5.0	3.0
雄性(年)	4.0~6.0	4.0~5.0	5.0~7.0	5.0~6.0

续 表

性成熟参数	恒河猴(RH)[a, b]	食蟹猴(CN)[a, d]	狒狒(BA)[a, e]	非洲绿猴(AGM)[e, f]
季节性繁殖者	是	否	否	否
月经周期(天)	26~30	28~32	30~37	30~32
月经期(天)	4.6	1.0~5.0	1.0~6.0	2.5~5.0
妊娠期(天)	165~175	155~165	173~193	157~167
出生体重(kg)	0.40~0.55	0.36~0.40	0.87~0.94	0.32~0.36
食用固体食物的年龄(月)	1.5~3.0	1.0	3.0~6.0	—
离乳年龄(月)	7~14	12	6~15	8
生育间隔(年)	1.0	1.1	1.5~2.0	1.0

注：[a] Fortman et al. (2002)；[b] Lewis and Prognay (2015)；[c] Wolfensohn (2010)；[d] Tardif et al. (2012)；[e] Magden et al. (2015). [f] Seier (2005). (引自：Fortman JD, Hewett TA, Halliday LC. The laboratory nonhuam primate[M]. CRC Press，2017.)

第二节 性别确定和生殖周期

(一) 性别确定

除了非人灵长类动物某些固有的性别特征外，成年非人灵长类动物的性别确定可以通过观察外生殖器进行区分。雄性有突出的阴茎和下垂的阴囊，而且在大多数种属中，阴囊位于阴茎的后面(图 3-2-1)。雌性则有外阴，且肛门与生殖器的距离比雄性短(图 3-2-2)。但是有一些种属外生殖器和年龄相关的变化会使初级观察者很难正确地确定某些非人灵长类动物的性别。

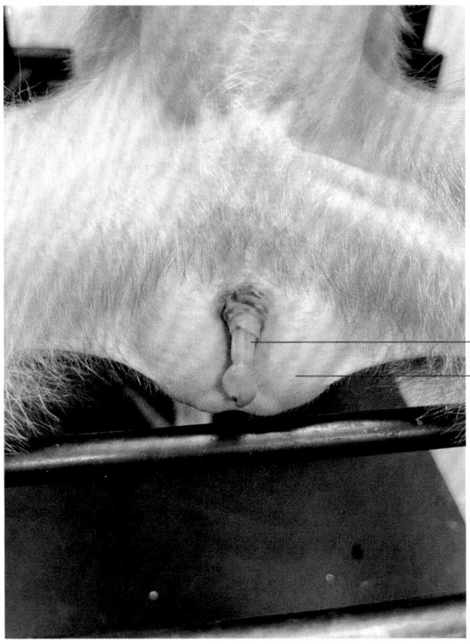

图 3-2-1 雄性食蟹猴外生殖器。1. 阴茎；2. 阴囊

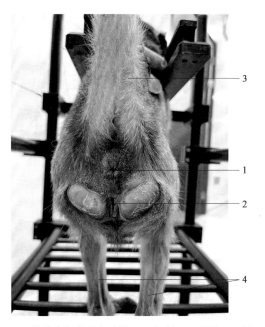

图 3-2-2 雌性食蟹猴外生殖器。1. 肛门；2. 外阴；3. 尾巴；4. 后肢

为了正确区分非人灵长类动物的性别,需要注意以下几点。

不同种属雌性的阴唇褶和阴蒂的大小有很大的差异,特别是在美洲种属之间。最典型的是蜘蛛猴,成年雌性的阴蒂比成年雄性的阴茎更突出和下垂。通过检查会阴是否有阴囊,可以将具有细长生殖器的成年雌性与雄性区分开来。

很难辨别新生/年幼的狨猴、绢毛猴和松鼠猴的性别,因为雌性和雄性的外生殖器大小相似,雌性存在假阴囊或阴部垫。为了正确识别这些年幼动物的性别,可将外生殖器分开,使其显示圆形的包皮开口(雄性)或裂口状的阴道开口(雌性)。

在所有非人灵长类动物中,睾丸在出生之前或出生后不久就会进入阴囊。睾丸初次下降后,在青春期之前的这段时间,睾丸是否留在阴囊中,在不同种属之间存在相当大的差异。许多种属中,睾丸重新回到腹股沟管或腹部,直到青春期时才再次进入阴囊。这可能会使幼龄非人灵长类动物的性别辨认变得更加困难。在常见的种属中,睾丸下降的最终年龄:狨猴,8~11个月;恒河猴,大约3周岁;食蟹猴和狒狒,大约4周岁。

(二)生殖周期

非人灵长类动物的生殖周期及其出现的季节性因种属而异。美洲种属不会有月经,因此其生殖周期称为发情周期,即从一个发情期开始到下一个发情期开始的时间。雌性的生殖周期是从性接受到即将排卵的时间。在预测排卵时,通常雌性狨猴在外表、行为和阴道细胞学方面并没有表现出明显的变化。

狨猴由于在圈养的一年中会循环交配和繁殖幼仔,故不认为是季节性繁殖者(seasonal breeders)。而且,狨猴有产后发情和相对较短的妊娠期,通常每年会分娩2次。

雌性松鼠猴通常不会表现出与发情相关的典型行为变化,但是可通过阴道细胞学的变化确定排卵。新

繁殖的幼仔一般出现在交配季节的约5个月后,确切地说,它们有3个月的交配期,北半球的交配季节通常发生在12月至次年3月之间,大多数幼仔出生时间在5月至8月之间。随着繁殖季节的开始,雄性和雌性松鼠猴的体重都会增加(雄性增幅高达15%)。在繁殖季节开始时,雄性体内出现的其他身体变化,包括躯干增宽、睾丸增大及精子发生增加。这些变化被称为"肥男"状况,并与雄激素水平的增加有关。在繁殖季节会看到一些行为变化,包括减少攻击性反应、增加性互动、暴露或检查生殖器,以及交配等,而在非繁殖季节,雄性和雌性松鼠猴之间的性互动通常并不常见。

无法看到雌性夜猴的外生殖器或阴道细胞学的特有变化,因此无法确定是否排卵。夜猴在整个发情周期中都会交配,圈养的夜猴全年都会进行繁殖和分娩活动,但在野外,这些行为一般具有季节性。

东半球的种属(如狒狒和猕猴)表现出真正的月经周期,因为子宫壁的内膜会经历周期性的脱落。月经周期时间是从这一次月经的第一天开始,到下一个月经周期的第一天;月经周期的第一天通常是指月经来潮的第一天。月经的开始可通过肉眼检查外生殖器或阴道拭子来确定。因种属和动物个体差异,月经的持续时间和数量可能不同。例如,狒狒的月经就很明显,而非洲绿猴的月经很少,通常情况下,只能通过阴道拭子才能检测到。月经周期一般为4~5周,在排卵期和月经周期中期,发生的交配数量会有所增加。

猕猴的繁殖季节各不相同。恒河猴是具有独特分娩季节的季节性繁殖者。食蟹猴和狒狒则全年交配并繁殖。非洲绿猴在野外表现出繁殖季节性,然而,圈养时它们则全年繁殖。北美恒河猴的繁殖季节通常发生在10月至次年2月之间,而生育高峰期则发生在3月至7月。虽然恒河猴在非繁殖季节不会排卵,但它们确实持续有月经。繁殖季节以外的月经周期往往比繁殖季节的月经周期更不规律。

第三节　内分泌系统及其功能调节

社会性行为(the sociosexual behaviour)与雌性的卵巢周期有关。激素对性欲产生影响,雄性对雌性的性要求与排卵有关。Dixson认为性功能是增强雌性性吸引力的一种直接刺激。这种吸引力是基于激素的变化,如性皮肤反映了雌激素和孕激素水平的变化。

"下丘脑-垂体-卵巢-子宫轴"这一术语将雌性生殖中的调节机制进行了很好的描述。交配对象、压力和光照等外界因素会影响促性腺激素释放激素(GnRH)的分泌模式,从而诱发垂体分泌促性腺激素(Gn),如卵泡刺激素(FSH)和黄体生成素(LH)由

GnRH 的分泌控制。GnRH 刺激卵巢内的类固醇和其他激素,诱导卵泡生长、排卵和 LH 形成。可以在体液和分泌物中检测典型激素,以预估卵泡周期,如排卵期和黄体期。

1. 主要激素 卵巢相关的主要激素有雌激素(E)、孕酮(P)、松弛素(RLN)、生长激素(GH)、前列腺素(PG)和抑制素(INH)。雌激素主要由排卵前的卵泡在卵泡期分泌,并在排卵前后达到最高的血浆水平。这些改变会引起行为变化、阴道上皮细胞、肛周皮肤颜色和皮肤肿胀。总之,雌激素引起的所有变化都可使雌性对雄性更具吸引力。然而,当黄体期孕酮水平升高时,雌性的感知能力却会下降,这表明孕酮对受孕行为的发生会产生负面影响。在美洲种属中,可通过给予孕酮直接抑制性活动。雌激素能刺激 LH 的分泌,两者在排卵期前后均达到峰值,随后下降。可以通过测定排卵前血液或尿液中雌二醇(E_2)和 LH 的升高来确定排卵。这有助于协助非人灵长类动物的常规饲养管理、辅助生殖和妊娠等。

在人类和大多数狭鼻属(因其鼻中隔狭窄,鼻孔开向下方,故名。曾被称为类人猿亚目或猿猴亚目),排卵前尿液或血清中的雌激素水平明显升高。但是由于代谢途径的时间滞后,很难通过尿液样本来确定非常准确的排卵时间。然而,狨猴的血液检测结果或皮肤肿胀表现中没有明显的雌激素模式,也没有明显的阴道细胞学改变。预测排卵的敏感指标是尿液中的雌激素代谢物(如可用于确定周期状态的雌酮-3-硫酸酯)。也可以直接测定结合雌激素。不过需联合分析肌酐的变化,以弥补尿浓度和尿量的影响。

2. 激素检测 通过对尿液或粪便的激素分析,可以对人工圈养和野生非人灵长类动物的受孕和非受孕时的卵巢周期进行无创监测。为了能更好地解释得到的结果,需要有尿代谢产物、代谢途径及变化之间的时间关系的信息。

通过检测血液中具有免疫活性的 E1C、17β-雌二醇和孕二醇可以实现对受孕和非受孕卵巢周期的无创监测。血液中的激素检测需要使用采血器具刺入动物身体以采集血液样本,然后检测并分析激素结果。一般情况下,激素分析主要用于周期监测,除绒毛膜促性腺激素(CG)或松弛素等妊娠标志物外,其他单个激素结果不足以为周期监测提供充足的数据。

排卵后会形成新的黄体,这些黄体会产生黄体期的主要激素孕酮,因此,孕酮是排卵和黄体化发生的良好监测指标。可以通过绒毛膜促性腺激素或松弛素的存在来证实黄体期和早期妊娠。松弛素由子宫和胎盘产生,在着床期和妊娠早期,松弛素和绒毛膜促性腺激素水平明显升高,成为早期妊娠标志物。在狨猴和阔鼻猴的血清样本中可以检测到两种激素,并且一种激素的结果就可以提供个体灵长类动物妊娠状态的信息。在正常妊娠和妊娠停止时,松弛素的含量是有所不同的,相比于正常妊娠,妊娠停止时的松弛素含量的下降会来得更晚一些。因此,松弛素是胎盘状况和胎儿健康的监测指标之一。通常情况下,松弛素血清浓度可提供妊娠病理和生理信息。

3. 激素和社会地位 非人灵长类动物的社会地位与激素的变化相关。非人灵长类动物中,如果 LH 的分泌减少,明显是由于缺乏脉冲性的 LH 分泌,由于下丘脑 GnRH 的内源性分泌,会抑制雌性垂体 LH 的分泌,从而降低垂体对 GnRH 的反应。例如,从非人灵长类群体中去除一些个体,将会导致雌性血浆 LH 的快速升高,并导致其排卵。通常,阔鼻猴(新大陆猴,因在美洲新大陆被发现而得名)可以同时出现生理和行为障碍,从而导致对雌性繁殖能力的最大限度的社会控制。一项关于狨猴的研究中,群体中的雌性确实出现了排卵,但由于某个体雌性处于领袖地位,会导致没有其他的雌性怀孕,这种社会性的压制在狒狒中也很常见。

在处于从属地位的雌性灵长类动物中,血浆催乳素或皮质醇水平升高也与生殖功能受到抑制有关。然而,某些雌性生殖条件与皮质醇水平反应有关。例如,给予外源性雌激素会导致人类皮质醇升高,排卵期皮质醇水平升高也可以作为人类和狨猴排卵的预测指标。

4. 胎儿内分泌学 研究表明,在妊娠 100 天的恒河猴雄性胎儿中,下丘脑-垂体-睾丸轴就开始发挥作用。在胎儿性腺切除的研究中证明,正在发育的雄性恒河猴胎儿中,睾酮(T)或其代谢物双氢睾酮(DHT)同样可以对 LH 的分泌进行反馈调节。研究还显示了此调节作用的持续时间,例如,妊娠 60 天时,雄性恒河猴胎儿脐动脉血浆睾酮值平均为 2 100 pg/mL;妊娠 100 天时,下降到 1 000 pg/mL,然后在妊娠 160 天升高到大约 1 500 pg/mL。妊娠约 45 天和 60 天时,从雄性恒河猴身上采集的睾丸组织能够将^{14}C 孕烯醇酮转化为睾酮和雄烯二酮。雄性恒河猴胎仔的血浆睾酮和雄烯二酮水平在胎龄 100 天至 120 天,从 66 ng/100 mL 降至 43 ng/100 mL,妊娠 150 天时达到 140 ng/100 mL。出生前胎儿睾丸分泌的雄激素影响着附睾管的发育,妊娠 130 天时,附睾上皮几乎没有分化。此时雄激素的分泌诱导细胞分化,使其与成年细胞相似,包括附睾体和尾部的静纤毛细胞。当出生后雄激素水平下降时,上皮细胞则退回到未分化状态,直到青春期雄激素增加。

5. 新生和幼猴的内分泌学 新生恒河猴的雄激素水平在出生后急剧下降,青春期之前持续降低。据报道,幼年恒河猴的 FSH 水平为 2.4 ng/mL±0.8 ng/mL,青春期雄性为 6.4 ng/mL±1.8 ng/mL,成年雄性为 16.1 ng/mL±1.8 ng/mL,在青春期之前未检测到雄性的 LH,但在青春期却上升到 16.2 ng/mL±3.1 ng/mL。幼年非洲绿猴的 GnRH 分泌与 LH 分泌相关,但这种反应与猴的年龄有关,睾丸激素持续分泌,直到产生成熟精子。1.5~2.5 岁的雄性食蟹猴血浆抑制素和雄激素结合蛋白(一种由支持细胞分泌的蛋白)显著低于成年雄猴。恒河猴在一周龄时可检测出抑制素 B,抑制素 B 水平随着新生猴血浆 FSH 的增加而增加,然后会持续下降,但直到 1 岁时仍然在可检测的水平。成年雄性的数值则高于 1 岁前的任何数值。

第四节 性 皮 肤

许多亚非欧的非人灵长类动物都有性皮肤。性皮肤通常与动物的会阴区有关,此处的皮肤会随着激素的波动而发生变化。不同种属在月经周期中性激素的变化可能会导致性皮肤的颜色和反应存在明显不同。下面描述了一些不同种属的差异。

雌性食蟹猴的性皮肤位于尾部的基部。该处组织在月经周期的中期(接近排卵期)出现轻度肿胀。

雌性恒河猴的性皮肤在青春期会发生一系列变化,性皮肤通常涉及动物的会阴和后腿的尾端,也可能出现在动物腹部的尾端和动物的额头。动物腿部的尾端外侧的性皮肤可能出现皱褶。当动物进入青春期时,会阴部和腿后部的皮肤会发生肿胀。当肿胀消退时,此处皮肤会呈现红色。成年动物的这种皮肤的颜色会随着动物月经周期的激素波动而改变,在月经来潮期间最苍白。也有一些动物,在接近排卵时,性皮肤会变得轻微肿胀。

狒狒和黑猩猩的性皮肤会发生非常显著的变化。这些种属中,性皮肤的大小会表现出明显的周期性变化,这与月经周期的各个阶段有关。接近月经开始时,动物的会阴部是平坦的,而接近排卵期时,动物的皮肤会变得非常肿胀,而且,在接近排卵期(最大肿胀)时,会阴部的皮肤会显得光滑、有光泽,并呈深红色(图 3-4-1)。可根据性皮肤的周期性变化来估计这些种属的排卵时间。

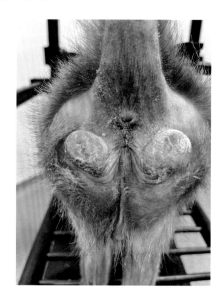

图 3-4-1 食蟹猴接近月经的会阴皮肤

雌性食蟹猴的性皮肤是红色的,位于尾部的基部。该处组织会出现轻度至明显的肿胀。

非洲绿猴缺乏性皮肤,并且没有与月经周期相关的周期性性皮肤肿胀。

第五节 卵子发生、卵泡发育和排卵

剑桥大学的沃尔特·希普(Walter Heape,1855—1929 年)被誉为现代生殖生物学之父。他的主要工作是在兔模型上证明了卵子和胚胎的产生,甚至运用胚胎移植技术产生存活的后代。希普周游世界到印度时,他对恒河猴产生了研究兴趣,并把其中的 5 只带回了他在英国的家里。接下来,他研究了它们的月经周期,并将恒河猴与已知的人类生殖信息进行了比较,发表了这一研究领域首篇科学报告。

随后,1933 年 Hartman 进行的研究证明,恒河猴在 28 天月经周期的第 13 天排卵。接着,他在 1945 年的研究发现交配的最佳时间是在第 11 天或第 12 天。Hartman 基于这些研究提出的"精子获能时期(capacitation time)"的概念直到 1951 年,才为人所知。

直到 1960 年前后,很多学者在恒河猴身上进行了多项的研究,虽然恒河猴存在明显的季节性排卵等问题,但在恒河猴身上积累了非常充足的背景信息,这些背景信息为利用该种属作为人类受精和早期胚胎发生的模型提供了坚实的基础。20 世纪 70 年代后期,印度禁止恒河猴出口,这导致研究者需要使用其他非人灵长类动物作为人类研究的模型。如今,食蟹猴和长尾猕猴已经逐步取代了恒河猴开展大部分研究。

尽管在各种研究中使用非人灵长类动物的数量有所下降,但仍有大量非人灵长类动物用于实验,包括一些亚非欧种属(恒河猴、食蟹猴、长尾猕猴、狒狒和非洲绿猴)和猿类(黑猩猩)、原猴(狐猴和丛林猴)和美洲种属(松鼠猴、狨猴和绢毛猴)。目前,很多濒危种属不再被用作人类研究的动物模型。多年来,非人灵长类动物的繁殖育种,尤其是有规律性交配的育种,为人类提供了大量非人灵长类动物发情和月经周期相关的信息。

1981 年 diZerega 和 Hodgson 及 1982 年 Hodgson 等学者定义了优势卵泡(dominant follicle)的选择及其排卵的内分泌过程。猕猴的研究证实卵泡发育是在排卵之前进行的。20 世纪 60 年代腹腔镜检查手段的重大进展,使用非人灵长类动物模型研究人类发育过程变得非常有价值。

(一)卵子和卵泡形态

随着排卵期的临近,优势卵泡从卵巢表面突出,血管增加。卵泡结构主要是充满液体的空腔,以及腔内排列着的颗粒状细胞。这些细胞最终会在排卵后转化为黄体细胞。在卵泡的底部是一个小的卵丘细胞基座,即卵丘,从卵泡壁伸出,卵丘细胞围绕着卵子。卵细胞的基本组成是:① 松散堆积在一起的大颗粒细胞层;② 卵泡内紧贴卵子的一层小颗粒细胞;③ 直接围绕卵细胞的糖蛋白层,后者被称为透明带。结构如图 3-5-1 所示。排卵时,卵子被排出卵泡,卵丘细胞通过位于输卵管末端纤毛的波动作用促进卵子获能。内分泌系统控制着这些过程,包括卵泡的发育、卵子的获能、纤毛的生长影响卵子的运输和女性生殖道的肌肉活动。

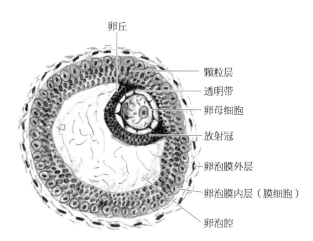

图 3-5-1 灵长类卵泡结构图

(二)排卵前卵巢上皮的活动

腹腔镜的使用可以精确地观察到滤泡表面的变化。以食蟹猴和松鼠猴为研究对象,可以发现排卵前 24～36 h 内卵泡形态的变化。这些变化发生在一个固定的时间段,使得预测的自然排卵时间更加合理与准确。Weick 等研究了猕猴排卵相关的内分泌变化,即 LH 的分泌会形成一个连续、对称的峰值,最大血浆浓度 42～81 ng/mL;FSH 有着相似的分泌过程,峰值水平在 67～230 ng/mL,且与 LH 峰值同时出现,或在其后 3 h 出现。这些波动性分泌过程的平均持续时间约为 50 h。雌二醇浓度在 LH 达峰前 9～15 h 达到高峰,伴随着雌二醇浓度的增加,血浆 LH 浓度也将明显增加。血浆孕酮和睾酮浓度很低(低于 0.1 ng/mL),直到 LH 升高之后至少 15 h,或者在雌二醇峰值后 6～9 h 才可检测到。LH 达峰后 6 h 内出现一个小的孕酮浓度峰值,之后孕酮浓度持续下降约 18 h,然后开始大幅度上升(与黄体分泌有关),激素周期变化趋势如图 3-5-2 所示。排卵的最早时间,一般出现在 LH 达峰后 28 h 左右。

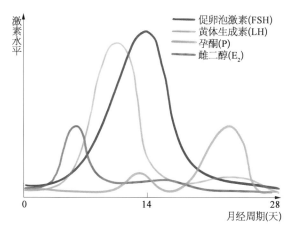

图 3-5-2 猕猴月经周期中激素水平变化

选择适宜的动物模型进行研究时,需要综合不同种属间繁殖信息的差异。考虑到月经周期及与人类的进化关系,越来越多的非人灵长类动物作为人类研究模型。这些理论基础在许多研究领域都具有价值,但也有一些例外。例如,与人类相比,非人灵长类动物的着床位置比较表浅。为寻找更为合适的模型,研究人员也可能会选择豚鼠来研究着床。并不是所有的非人灵长类动物都有月经(许多美洲非人灵长类动物没有),而有些种属具有异常活跃的黄体。虽然许多非人灵长类动物的月经周期的时长和特征都与人类相似,但绝大多数非人灵长类动物的妊娠期较短,而且许多的非人灵长类动物表现出季节性反应,这种情况在人类是没有的。开展此类研究时,需要充分了解这些差异,不仅非人灵长类动物与人类比较,非人灵长类动物种属之间的比较也是如此。通常,恒河猴是人类生殖研究中最常见的非人灵长类动物模型。但是这个种属在夏季会经历一段不排卵期,有时被称为"夏季不育",这使得它并不太适合用于排卵研究,而猕猴(如食蟹猴、残尾猕猴或长尾猕猴)全年都有排卵和怀孕,相比之下,猕猴更适合用于排卵研究。

在排卵前两天,卵巢表面会呈现出卵泡发育的部位,整个该部位会出现肿胀和变黑,卵巢体积增大约35%。在排卵之前的 30 h 内,卵泡表面出现星状血管,至排卵前 8~10 h,血管变得更加突出,卵泡锥体或柱头出现。此时,输卵管膜移动包裹着正在发育的卵泡,并准备从卵巢表面排卵。排卵前 2~3 h,卵泡底部颜色会变浅,这可能表明排卵前 LH 和孕酮开始分泌。对食蟹猴78次实际排卵的观察发现,其中有 19 次的排卵时间可以在 24 h 内确定。

松鼠猴中也观察到类似的血管模式,但是不同的是,排卵之前卵泡底部有更为广泛的出血。因此,很难观察到分散的血管模式。在夜猴(婴猴)中,卵泡在卵巢表面形成非常明显的突起,可以在卵泡底部观察到卵泡血管,偶尔会在卵泡顶端附近出现。与食蟹猴相比,在松鼠猴或夜猴中,不会出现明显的透明区域(柱头)。在日本猕猴、狒狒和黑猩猩中,有着基本相似的卵泡发育模式。在卷尾猴体内,在排卵前 24 h 左右明显出现星状血管,与此同时,雌二醇的浓度达峰,孕酮的浓度也略有增加。

研究报道,排卵前 10 h,随着雌二醇的减少和孕酮的增加,卵泡呈圆锥形,卵泡壁出血。排卵特点是输卵管绒毛与卵泡表面紧密黏附,并保持至少 2 h。

非人灵长类动物排卵前卵泡直径因体型而异。人类的卵泡直径大约是 10 mm。其他非人灵长类动物为:大猩猩 7 mm;恒河猴 6.3~6.6 mm;狒狒 6 mm;长臂猿 5~6 mm;美洲猴 5~6 mm。在所有这些种属中,有着相似的颗粒细胞数量,滤泡大小的差异主要是由于液体分泌到囊腔导致。滤泡的膜内层深度通常是 2~4 个细胞。整个卵巢的大小一般与身体大小成正比。有例外的是阔鼻猴,表现出不寻常的滤泡发育,其特征是滤泡壁内陷或折叠到滤泡囊内。

外源性的类固醇给药通常用于刺激和模拟正常生殖周期。在大多数猕猴种属中,外源性雌二醇导致 LH 升高,血清孕酮水平在 LH 激增开始后,以及 LH 达峰前数小时出现升高。在大多数猕猴中,FSH 在 LH 达峰后 2~3 天出现二次高峰。第二次 FSH 激增的意义尚不确定,但它可能会增强排卵后孕激素和雌激素的合成。

(三)排卵

多年来,人们使用多种方式来诱导排卵。使用类固醇药物来改变月经周期,通常是促性腺激素(LH 和 FSH)或相关化合物[孕马血清(PMS)、人类绝经期促性腺激素(hMG)、人绒毛膜促性腺激素(hCG)和各种释放因子或合成化合物]诱导卵子/卵泡成熟和排卵。食蟹猴服用 0.5 mg/d 的孕酮可以阻止其排卵,并有效地阻止 LH 达峰和排卵。这是某些实验室或圈养的种属同步生殖周期的基本原理,这对人类"避孕药"的开发至关重要。当停止使用孕酮并注射雌二醇时,动物的 LH 水平和排卵率会明显上升。

几种非人灵长类动物对促排卵疗法有季节性反应。例如,恒河猴对排卵有明显的季节性影响,在育种计划或基本生殖现象的研究中需加以考虑。而松鼠猴的季节性反应更为明显。当动物接受连续 5 天给予 5 mg 孕酮的排卵方案,然后连续 4 天给予 1 mg FSH 和一次注射 hCG 时,季节性反应会自然发生。但是在北半球,这种方法在 7 月、8 月和 9 月却不起作用。这种季节性反应需要通过各种技术来克服,要更好地模仿自然循环,需要循序渐进。在 FSH - hCG 治疗之前,雌二醇和孕酮预处理可提高排卵率。或者,仅仅将 FSH 水平从 1 mg/d 增加到 2 mg/d,或者从 4 天增加到 5 天,就会导致更高的排卵率。

研究人员从各种圈养动物的体内提取出促性腺激素,然后使用在非人灵长类动物身上,用来诱导其排卵,并取得不同程度的效果。其中 LH 诱导的排卵具有种属特异性要求,各种来源的 FSH 可以用来刺激非人灵长类卵泡生长。因此,许多用于非人灵长类动物的激素,要么来自灵长类动物,要么由现代工艺合成产生。对于灵长类动物来说,使用最常见的是 FSH,来源是 hMG 或来自人类或非人灵长类动物的垂体化合物。hCG 最常用来诱导排卵。此外,氯米芬柠檬酸盐,一种增加内源性 FSH 释放的非甾体雌激素化合物,用于人类和非人灵长类动物,但应用这种化合物很难控制排卵的准确时间。食蟹猴可以采用增加 hMG 水平的"阶梯"疗法,密切监测尿液雌激素水平。一旦雌激素分泌达到正常排卵前水平(7 mg 左右),持续 24 h,就可以停止 hMG 治疗,让雌激素水平下降。然后单次注射 500 IU hCG 促排卵。诱导这种卵泡发育所需 hMG 的剂量因动物而异。狒狒 hMG - hCG 的方案通常只产生一次排卵,但也有一些研究报告表明,增加 hCG 水平会导致多次排卵。

过度使用促性腺激素和相关药物可导致抗体反应,降低药物的价值,或在某些情况下,可能使动物在以后的处理中无效果。这在孕马血清的使用中最为明显。这种化合物可导致许多动物种属的"超排卵"(产生超过正常数量的卵子/胚胎),但只在有限次数的处理时有效。除非在一次试验后预期会对动物进行处死,否则不应使用。对于其他化合物,建议进行初步实验,以确定最低有效剂量(minimal effective dose, MED),以促进卵泡生长和排卵。例如,在松鼠猴身上,使用的 FSH 剂量约为每天 1 mg,连续 4 天。对于松鼠猴的 hCG,MED 在 100～250 IU。在绵羊中,临床上通常使用 1 500～2 000 IU,MED 大约是 100 IU。有趣的是,在人类体外受精过程中,通常会给予 5 000～10 000 IU 的 hCG,大约是一头牛排卵所需量的 7 倍。如果给予兔过量的 hCG 用于诱导排卵,则会有 9.7% 的概率导致在第 6 天时,胚泡被鉴定出染色体缺陷。研究表明,过度使用促性腺激素可能是有害的。LH 释放激素(LHRH)或 GnRH 用在许多非人灵长类动物和人类中,会引发 LH 反应。导致雌性胎儿、幼儿和青春期前的动物可以释放 LH 来应对 LHRH。在黑猩猩身上,LHRH 拮抗剂可以像在人类身上一样阻止促性腺激素的释放。

第六节　精液特征、精子形态和活力

通常情况下,雄性非人灵长类动物(NHP)与人类雄性生殖系统的肉眼病理学和组织病理学相似。例如,绿猴的性腺体细胞指数(性腺占身体重量的比例)为 0.36,与其他非人灵长类动物类似。人类睾丸的平均重量约为 16 g 或 32 g。70 kg 男性的性腺指数仅为 0.04,比 NHP 低约 10 倍。已经在几种 NHP 中探究了生精小管的外部形态和组织细胞学,认为与人类的相似度很高。人类精原上皮的精子发生呈螺旋波状。在美洲灵长类动物和欧亚非人灵长类动物中,精子发生表现出类似的螺旋波,但在不同种属的非人灵长类动物中略有改变。Weinbauer 认为,普通猕猴因为睾丸组织与人类的相似性,可以为人类精子发生的实验研究提供一种新的动物模型。以此看出,美洲灵长类动物可能是人类的相关模型。

NHP 和人类的精子在附睾中的成熟过程基本一致。有关精子沿附睾运动发育的组织学数据表明,在 NHP 和人类中精子运动和成熟具有相似性。此外,来自精子头部的运动能力可忽略不计,没有前向运动。相反,精子体的部分表现出高度的运动性,并且随着精子通过附睾尾,这种运动性会继续提高。

总之,从大体解剖学及组织学角度来看,雄性 NHP 与人类的生殖系统十分相似。主要的区别在于,与人类相比,NHP 动物(如恒河猴)的每日精子产生量更大,更有效。

1. 精液获取及精液特征　对精液质量和生育能力的定义,以及深入理解精液样本的状态对相关研究起着至关重要的作用。NHP 的精液分析应使用与人类精液分析相似的标准进行,最好使用国际公认的方法,然后可以将构建的背景信息与生育状况联合分析。在这方面,为确定某个特定 NHP 的生育状况,可采用的最好方法是,它在一个种群中(已被证明可以育有下一代)与几个不同的雌性交配。然后将精液参数与人类进行比较,用以建立相关模型。

在大多数情况下,人类通过手动获得精液,在某些特殊情况下,如脊柱损伤时,则通过直肠探针电刺激或者阴茎振动刺激获得。直肠探针电刺激和阴茎振动刺激是获得射精的两种主要方法。虽然阴茎振动刺激是一种更人性化的收集 NHP 精液的方法,并且可能产生更高质量的精液,但这些方法的成功与否通常取决于操作者。通常,在氯胺酮麻醉下,使用直肠探针电刺激可以从黑尾猴获得高质量的精液样本。

NHP 的精液一般由两个主要部分组成，液体部分和凝块。凝块液化过程非常缓慢，但它在体外不会完全液化。可以使用胰蛋白酶来充分液化凝块成分，用以准确测定精子浓度。此外，在 Eagle 培养基中加入 1% 的链霉蛋白酶，可成功地使卷尾猴精液凝块液化，与正常交配后阴道内的精子相比，体内精子一般不会受到此影响。

尽管人类和 NHP 的精液黏稠度不同，但也有许多相似之处。Harrison 研究了食蟹猴和恒河猴的精液参数，Kraemer 和 Vera Cruz、Bornman 等在狒狒中进行了类似的研究。在豚尾狒狒研究中，只需要对程序进行微小的修改即可应用人类精子成像方法进行其精液质量评估。Valerio 和 Dalgard 首次报道了绿猴的精液特征。Seier 等学者通过电刺激方法对 47 只绿猴的 91 次射精的精液特征进行了深入研究，并建立了 10 只育龄雄性（已证实为"父亲"）及生育能力未知的绿猴的精子图。Hiyaoka 和 Cho 发明了人工对阴茎操作使绿猴射精的方法，精液量、精子密度和活动精子百分比的检测结果均在 Seier 等学者使用直肠探针电刺激所检测的各种指标的范围内。

表 3-6-1 为根据世界卫生组织（WHO）标准，将一些 NHP 种属的精液特征与人类最低标准进行比较。其中一些结果进行了量化，显示了一些具有代表性的 NHP 和人类的典型精液参数。其中的种属代表了主要的 NHP 种属。表中有猴、狒狒和代表美洲灵长类动物的猿，分别代表了美洲和亚非欧灵长类动物。在大多情况下，精液参数在体积、活动精子百分比、pH 和活力方面结果相似。NHP 的精子浓度一般高于人类，正常形态的精子比例也是如此。表 3-6-1 中精子浓度的平均值仅作为参考，因为在不同情况下，包括人类都有很大的变化范围。

2. 精子活力分析　人类精子最常见的异常形态是无定形精子，即头部形状不均匀。相比之下，大多数 NHP 中很少见到精子头部异常，中间部分的异常更为常见。此外，各种 NHP 和人类的平均精子活力百分比都在一个非常狭窄的范围内。

在大多数哺乳动物中，特别是人类，精子活力量化方面已经取得了很好的进展。有研究报道计算机辅助精子活力分析（CASA）已应用于非人灵长类动物精液分析。也有一些研究是主观评价精子活力，这可能导致实验室间结果差异很大。NHP 精子正常定向运动的标准确定显得尤其重要，它不仅可以为特定种属的精子活力提供准确的基础数据，而且与精液的物理和生化参数联合分析，有助于确定生育能力评估的分界点。这在精子获能、男性生育能力评估、避孕和生殖毒理学研究方面的应用尤其重要。表 3-6-2 展示了人类和非人灵长类动物（绿猴）CASA 的一些参数比较。结果表明，NHP 与人类有着很大的相似度。食蟹猴和黑猩猩的 CASA 数据与绿猴相似。

表 3-6-1　NHP 种属的精液特征与人类最低标准的比较

精液参数	松鼠猴[a]	绿猴[b]	狒狒[c]	黑猩猩[d]	人类[e]
体积（mL）	0.2～1.5	0.86	几滴	1.1	>2.5
pH	—	7.6	—	—	>7.0
正常形态学（%）	—	98（头部） 92（中部） 70（尾部）	50		>30
精子密度（×10⁶/mL）	205.9	280.5	204.8	548	>20（8～200）
运动活力（%）	52	55	60.9	30	60
前向运动（%）	—	52	4.2		>25%
活率（%）		78	65		>60

注：[a] Hendrickx and Dukelow，1998；[b] Seier et al. 1989；[c] Bornman et al. 1988；[d] Hendrickx and Dukelow，1998；[e] = WHO，2000。引自：Sonia Wolfe-Coote. The Laboratory Primate［M］. British Library Cataloguing Publication Data，2005

表 3-6-2　精子活力定量参数（均值±SD）

精子活力参数	绿猴		人类	
	精液中	Ham F10 中	精液中	Ham F10 中
曲线运动速度（μm/s）	109.8±7.3	164.4±4.4	92.3±3.3	145±13.2
直线运动（%）	61.4±4.5	76±1.95	59.4±2.9	24±3.5
精子头摆幅（μm）	4.6±0.21	4.66±0.15	4.7±0.21	8.5±0.8

注：引自：Sonia Wolfe-Coote. The Laboratory Primate［M］. British Library Cataloguing Publication Data，2005

射精精子在精浆和 Ham F10 培养基中 36℃浸泡约 10 min 后，精子活力参数如表 3-6-2 所示，当精子在培养基中孵育较短时间后，精子游动速度增加。在人类中，直线运动降低、精子头摆幅增加。正常情况下，可育精液样本中，超过 20% 的人类精子在孵育后的 1～3 h 内变得极度活跃（游动速度非常快的精子）。过度激活是一个重要的参数，表明精子获能正在发生。如果精子未获能，则精子不能进行顶体反应，这是受精的先决条件。在猕猴精子中已经发现了过度激活现象。已经证明绿猴精子在能化介质(如人类输卵管液)中会被过度激活,这个研究结果已经应用于体外研究和人类临床研究中,包括体外授精(IVF)、配子输卵管内移植(GIFT)和子宫内授精(IUI)。

精子活力、功能和受精能力的测试,如低渗透膨胀试验(HOS)、宫颈黏膜渗透试验、顶体反应和精子半透明带结合试验是人类精液分析的重要辅助手段,这些方法很少应用在 NHP 中。然而,Lohiya 等 2002 年在叶猴精子的生育研究中成功地完成了 HOS。Mdhluli 等进一步表明了花生凝集素标记(PNA)的四个分类,显示了人类顶体反应的各个阶段,夜猴也有相同的分类。Hewitson 和 Schatten 等利用恒河猴配对表明,通过体外受精和胞质内精子注射(ICSI),恒河猴受精过程中的细胞结构与人类受精过程非常

相似。的确,非人灵长类配对可能有助于确定实验安全性,改进当前的繁殖策略,开发新技术。此外,Sutovsky 等认为恒河猴和人类受精的相似性为研究人类生殖的细胞和分子生物学基础提供了一个系统模型。

NHP 模型的结果显示,进行临床研究时一定要非常谨慎,如 ICSI。研究表明,恒河猴精子与外源 DNA 结合,在 ICSI 中保留其完整的生殖能力。然而,也有人担心 ICSI 在理论上有可能传播传染性物质。此外,通过 ICSI 受精的恒河猴受精卵可能会核重构异常,导致精子的非同步染色质去浓缩,引起 DNA 合成的延迟。这引起了人们对 ICSI 手术可能在 DNA 去浓缩过程中导致染色质损伤的关注。认为在全球接受这种和其他辅助生殖新方法之前,设计优化的非临床评估的必要性。

第七节　繁殖体系、妊娠和分娩

1. 繁殖体系　多种繁殖体系用于繁殖非人灵长类动物,以进行生物医学研究。所采用的繁殖体系取决于种属、设施、空间限制、劳动限制、生产需求及研究项目的需求等。

通常圈养猕猴的交配体系是一雌一雄或小群体,其中有一个繁殖的雌性及它的伴侣和后代。换句话说,包括雄性和年长后代在内的家庭成员参与了后代的饲养。这种方式也称合作繁育,也称为合作抚养。

夜猴是一夫一妻制,夜猴的配对方式是一雌一雄。一夫一妻制组成了一个小群体,这个群体由成年的繁殖猴和最多 3 个婴猴和幼猴组成。饲养中,主要由成年雄性夜猴来照顾婴猴,雌性夜猴只是给婴猴哺乳。因为领土意识,需要通过物理隔离将成对的猕猴或夜猴与其他繁殖对分开。

松鼠猴很容易适应各种生活环境。出于繁殖目的,松鼠猴可以组成小或大的群体,每 12～16 只雌性和 1～2 只雄性。

美洲食蟹猴、恒河猴和狒狒等物种在自由放养的环境(畜栏和岛屿)和大型野外笼子或圈养笼中以多雄/多雌群体进行良好的繁殖。单雄多雌在较小的室内或室外围栏中繁殖效果最好。首先按照 1∶(10～12)的雄雌比配对,然后根据种属的需要,以及圈养笼大小和配置调整比例。非洲绿猴在一个雄性和 2～6

个雌性配对时,繁殖效果更好。

为了支持特定的研究项目,一些美洲种属进行交配后,雌雄分开饲养,只有在雌性排卵期合笼饲养几天。随着超声诊断预测胎儿生长的方法建立,非人灵长类动物的交配已经逐渐不需要在特定时间段进行。

确定恒河猴和食蟹猴最佳交配时间(排卵期)的方法,是根据最近 3 个月经周期计算平均月经周期长度,然后除以 2 减去 3。从计算得出的交配日期开始,雌雄一起合笼交配 2～3 天。需要注意的是,在非繁殖季节,恒河猴月经周期的并不规律。

对于狒狒而言,根据最近 3 个月经周期计算得出最佳交配时间,性皮肤消肿的平均天数减去 3。由于狒狒通常在性皮肤消肿前 1～2 天排卵,所以从计算得出的交配日期开始,雌雄合笼交配 3～4 天。

2. 妊娠诊断　在实验室环境中,确定妊娠最常用的方法是触诊和超声检查。触诊技术已被广泛应用于确定各种种属的妊娠情况。有经验的研究人员在雌性妊娠第 4 周或第 5 周时,就可以通过尾腹部触诊 4～5 mm 的部位(子宫)来确定猕猴、猫头鹰猴和松鼠猴是否妊娠。此外,通常使用人工触诊技术来预估这些种属的胎龄和分娩日期。

在美洲种属中,可以在妊娠中期至晚期进行腹部触诊来确定是否妊娠;但是,在妊娠早期,建议使用双

手直肠触诊来确定妊娠。有经验的研究人员可以在猕猴和狒狒妊娠的第16天时确定妊娠。

近年来,超声诊断已成为促进非人灵长类动物繁殖的重要工具。超声检查可分别早在妊娠第14天和第18天用于确定恒河猴、食蟹猴和狒狒的妊娠情况,恒河猴和食蟹猴在妊娠第21~25天,橄榄狒狒在妊娠第27天,首次发现胚胎心脏跳动。超声检查可以早在松鼠猴妊娠第25天和狨猴第30天来确定妊娠。而且在松鼠猴和狨猴妊娠第39天,就可以很容易地检测到心脏跳动,因此,超声诊断的用途远远超出了对妊娠的诊断。诊断超声还可用于确定胎儿生存能力、估计胎儿年龄、评估胎儿发育、确定胎盘位置、诊断子宫内膜异位症等生殖疾病,并支持各种研究项目。

3. 分娩 非人灵长类动物有着非常相似的分娩行为。据报道,亚非欧种属在分娩前的行为变化包括坐立不安、饮食和睡眠习惯的改变、尿频和触摸生殖器。通常,非人灵长类动物在夜间或清晨以蹲姿或直立姿势生下一个新生仔猴。

如果白天出现分娩的迹象出现,可能表明分娩有问题,应该咨询兽医。顺利的分娩通常持续1~4 h,绝大多数幼仔都是头部先分娩。舔舐或清洁幼仔是许多种属的常见行为,胎盘的啃噬也是如此。美洲种属的母猴会帮助仔猴找到乳头;而狨猴和松鼠猴的母猴很少会帮助自己产下的仔猴找乳头。

(周　文)

参考文献

[1] Chan A W, Luetjens C M, Dominko T, et al. Foreign DNA transmission by ICSI: injection of spermatozoa bound with exogenous DNA results in embryonic GFP expression and live rhesus monkey births[J]. Molecular human reproduction, 2000 (1), 6: 26-33.

[2] Dunbar R I. Ecological modelling in an evolutionary context[J]. Folia Primatol (Basel), 2008, 53(1-4): 235-246.

[3] Fortman, Jeffrey D. The Laboratory Nonhuman Primate[M]. CRC Press, 2017.

[4] G van der Horst, Seier J, Mdhluli M C. Subhuman primates as models for the development of male contraceptives [J]. Gynecologic & Obstetric Investigation, 2004, 57(1): 15-17.

[5] Gwathmey T, Blackmore P F, Mahony M C. Progesterone-induced calcium influx in cynomolgus monkey (Macaca fascicularis) spermatozoa[J]. Journal of Andrology, 2000, 21(4): 534-540.

[6] Hewitson L, Simerly C, Dominko T, et al. Cellular and molecular events after in vitro fertilization and intracytoplasmic sperm injection [J]. 2000, 53(1): 95-104.

[7] Hiyaoka A, Cho F, A method for collecting semen by fingers in the African green monkey (Cercopithecus aethiops) and properties of the semen collected [J]. Jikken Dobutsu Experimental Animals, 1990, 39(1): 121.

[8] Horst G V D, Seier J V, Spinks A C, et al. The maturation of sperm motility in the epididymis and vas deferens of the vervet monkey, Cercopithecus aethiops[J]. International Journal of Andrology, 2010, 22(3): 197-207.

[9] Hubrecht R, Kirkwood J, Hubrecht R, et al. The UFAW Handbook on the Care and Management of Laboratory and Other Research Animals[M]. Wiley-Blackwell, 2010.

[10] Millar M R, Sharpe R M, Weinbauer G F, et al. Marmoset spermatogenesis: organizational similarities to the human[J]. International Journal of Andrology, 2010, 23(5): 266-277.

[11] Lohiya N K, Manivannan B, Mishra P K, et al. Chloroform extract of Carica papaya seeds induces long-term reversible azoospermia in langur monkey[J]. Asian J Androl, 2002, 4(1): 10.

[12] Seier J V, Horst G V, Laubscher R. Abnormal morphology of vervet monkey sperm[J]. Journal of Medical Primatology, 2011, 25(6): 397-403.

[13] Tardif S, Carville A, Elmore D, et al. Reproduction and Breeding of Nonhuman Primates[M]. Elsevier, 2012.

[14] Tichelaar H Y, van Jaarsveld P J, Smuts C M, et al. Plasma and red blood cell total phospholipid fatty acid status of nonpregnant female Vervet monkeys (Cercopithecus aethiops) on a high carbohydrate maintenance diet[J]. Journal of Medical Primatology, 2011, 27(5): 240-243.

[15] Weinbauer G. Testosterone-induced inhibition of spermatogenesis is more closely related to suppression of FSH than to testicular androgen levels in the cynomolgus monkey model (Macaca fascicularis)[J]. Journal of Endocrinology, 2001, 168(1): 25-38.

[16] Wolfecoote Sonia. The laboratory primate[J]. Journal of Physics D Applied Physics, 2005, 33(23): 3083.

第四章

食蟹猴发育学

旧大陆猴分布在非洲和亚洲,往往比新世界猴体型大,许多旧大陆猴主要生活在陆地上,而非树上。在生物医学研究中最常用的旧大陆猴属于猴科,包括猕猴、狒狒、长臂猿和白眉猴。非人灵长类(non-human primate,NHP)动物中,猕猴的地理分布最广。北美的非临床试验设施中,旧大陆猴(主要是食蟹猴或恒河猴)往往是首选的 NHP 模型。

人类使用非人灵长类进行研究的历史已有几十年,其中,猕猴和食蟹猴是目前比较常用的灵长类动物。食蟹猴和恒河猴同属猕猴属,该种属动物的生殖生理和胚胎发育特征都与人类十分类似。食蟹猴和恒河猴的胚胎和胎仔发育过程十分相似,因此两者的背景数据通常可以通用。同时,它们的生殖器官和生殖方式与人类高度相似,具有类似于人类的梨形子宫、卵巢和输卵管等结构,以及相似的月经周期,是研究人类生殖发育的重要模型。

另一方面,灵长类动物与人类在代谢系统、神经系统和大脑结构的高度相似性,使它成为研究人类疾病尤其是神经系统疾病的理想模型动物,正被广泛应用于生物医学领域研究当中,成为连接基础研究与临床转化应用的桥梁。

与其他哺乳动物一样,NHP 动物的早期发育起始于受精卵,精子和卵子结合后,首先形成具有全能性的合子,合子基因组开始重编程过程,胚胎随着细胞不断地增殖和分化,最终发展为具有 200 多种细胞类型的动物个体。胚胎从受精卵到囊胚植入子宫内膜之前的发育过程称为着床前发育,灵长类(人或猴)的这个过程通常需要 6~7 天,在此期间胚胎会发生一系列重要的生物学事件,如母源 - 合子转化(maternal-zygotic transformation,MZT)、合子基因组激活(zygotic genome activation,ZGA),以及细胞谱系分化、胚层分化等。受精后的发育也是合子基因组再次程序化的过程,依赖于卵母细胞携带的母源物质和合子基因组的时序性表达,并且受到一系列复杂的分子机制的指导。通过 DNA、组蛋白甲基化/去甲基化、基因印迹等表观修饰机制等来确保基因的正常表达。

在生命科学发展史上,对于哺乳动物胚胎早期发育的研究一直备受关注,但是,一直到研究出可靠的体外培养和胚胎操作的方法,哺乳动物发育生物学才作为一门学科而蓬勃发展起来。在早期阶段,胚胎的体外研究主要依赖于胚胎形态学和体外培养条件的建立,如体外受精、生殖细胞和胚胎冷冻保存等。随着先进成像技术和基因组测序技术的发展,人类才逐渐在分子水平对哺乳动物着床前胚胎的发育有了更清晰的认识。

第一节　食蟹猴宫内发育过程及其特点

(一) 食蟹猴早期胚胎发育

1. 配子形成　原始生殖细胞(primordial germ cells,PGC)的发育和分化标志着配子的起源,也是有性生殖所必需的。在哺乳动物胚胎发育过程中,PGC 的发育起始于外胚层,随后迁移到发育中的生殖嵴,迁移到达胚胎性腺时会经历性别的特异性分化,从而成为配子(雌性卵母细胞或雄性精子)前体。原始生殖细胞的性别决定与其自身的性染色体无关,最终发育成的配子类型(卵细胞或精子)是由其所处的性腺环境决定。含 XY 性染色体的性腺体细胞表达 SRY(Y 染色体性别决定基因)和 SOX9(转录因子 SOX9 蛋白抗体),这两个基因的表达诱导生殖细胞向雄性配子(精子)发育。如果没有 SRY 基因的表达,则生殖细胞向雌性配子(卵子)发育。

雌性原始生殖细胞在正在发育的卵巢中经过几次有丝分裂后进入减数分裂Ⅰ期,并发育为初级卵母细胞,然后在出生后发育成原始卵泡。对于雄性动物,原始生殖细胞在正在发育的睾丸中继续增殖并逐渐分化形成精原细胞,同时体细胞也不断分裂增殖,精原细胞被体细胞包围形成生精小管索。直到青春期到来,原始生殖细胞才开始进一步发育。

(1) 雌性配子形成(卵发育):灵长类动物配子由原始生殖细胞发育而来,原始生殖细胞形成于胎儿发育早期,起源于胚胎卵黄囊壁,并逐渐迁移到性腺区。雌性动物在胚胎发育第 6 周,卵黄囊壁进入卵巢,分化为卵原细胞,并被一层扁平的上皮细胞覆盖。这种细胞被称为滤泡细胞,来源于卵巢的基质细胞或上皮细胞。卵原细胞被滤泡细胞包裹,形成原始卵泡。此时卵泡内的卵母细胞为单核,核仁有明显偏心性。单层的滤泡细胞之间相互连接形成丛簇,形成单叶初级卵泡,滤泡细胞此时也称颗粒细胞。初级卵母细胞和它的颗粒细胞分泌一种糖蛋白物质,在两者中间形成一层厚厚的膜,即透明带,从而将卵母细胞与颗粒细胞分开(图 4 - 1 - 1)。

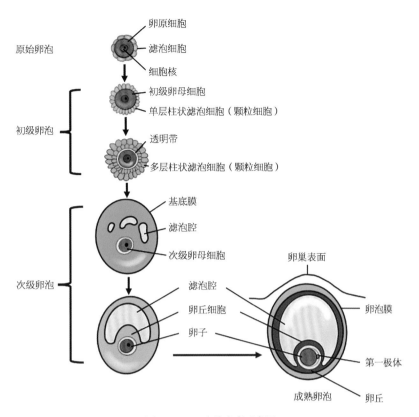

图4-1-1　卵泡发育示意图

卵泡的早期发育受激素的影响不明显,但随着青春期的临近,卵泡的持续成熟依赖于促性腺激素卵泡刺激素(FSH)的作用,此时的滤泡细胞表面已经具备FSH受体,当血源性的FSH被"绑定"到FSH受体之上,受到刺激的滤泡细胞会产生少量雌激素。卵泡进一步发育的最明显迹象是滤泡腔的形成:卵泡中多层的颗粒细胞之间开始出现充满液体的小腔,这些小腔逐渐融合在一起称为一个大腔,这个过程的卵泡称为次级卵泡。此后卵腔逐渐增大,将卵母细胞推向卵泡一侧,卵母细胞周围包裹的颗粒细胞此时称为卵丘细胞。当卵泡扩张时,围绕颗粒细胞的卵巢基质细胞形成一层卵泡内膜,在膜外,一些纤维组织被压缩成另一层膜,称为外膜。此时卵泡已经完全成熟,被称为成熟卵泡(也称赫拉夫卵泡或囊状卵泡)。

卵母细胞的成熟过程如图4-1-2所示。哺乳动物的雌性生殖细胞在胎儿阶段发育并停留在第1次减数分裂之前。在性成熟的雌性动物卵巢周期中,初级卵母细胞完成第1次减数分裂,形成次级卵母细胞并排出第一极体。次级卵母细胞进入第2次减数分裂期,染色体在中期排列时发生排卵,此时细胞周期停留在第2次减数分裂期,直至受精发生。受精时,卵母细胞完成第2次减数分裂,形成成熟卵母细胞并排出第二极体。

卵母细胞形成的过程中,胞质内大部分的mRNA

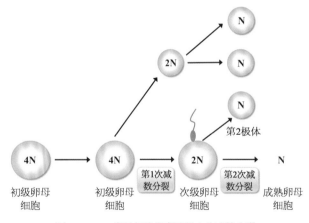

图4-1-2　卵母细胞发育过程中的减数分裂

具有翻译功能,也有部分mRNA不进行翻译,在卵母细胞形成后期和胚胎早期,卵母细胞通过精准添加多聚A激活翻译。

(2)雄性配子形成(精子发生):非人灵长类雄性个体的配子发生通常分为三个阶段:精原细胞发生、减数分裂和精子发生。在胎儿时期,卵黄囊壁在胚胎发育第6周到达睾丸组织,之后休眠直到青春期。在青春期,原始生殖细胞分化为A型精原细胞。A型精原细胞进行不对称有丝分裂,其中一个保留A型精原细胞的特性,从而维持生殖干细胞数量,另一个形成B型精原细胞,进入精子分化途径(图4-1-3)。在维甲

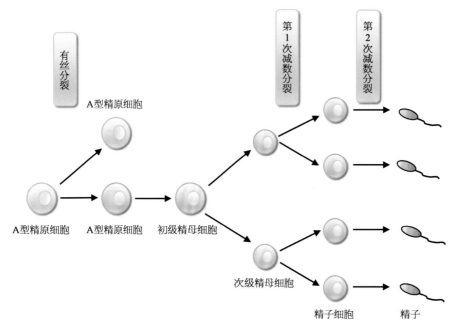

图 4-1-3　精子发生。过程：A 型精原细胞通过有丝分裂成为 1 个 B 型精原细胞和 1 个 A 型精原细胞，其中 B 型精原细胞进一步发育为初级精母细胞，初级精母细胞经过 2 次减数分裂最终发育为 4 个成熟精子

酸(维生素 A 的衍生物)刺激下，B 型精母细胞进入减数分裂Ⅰ期，DNA 复制形成初级精母细胞，减数分裂Ⅰ期会持续较长时间，其中分裂期前期大约持续 24 天(如人类)，按照不同的发育阶段又分为细线期、偶线期、粗线期、双线期和终变期，在此期间父源和母源遗传物质发生交换重组。初级精母细胞完成减数分裂Ⅰ期后形成两个次级精母细胞，并通过细胞质桥连接，次级精母细胞立即进入并完成减数分裂Ⅱ期，形成精子细胞，由于第 2 次减数分裂不需要 DNA 复制和染色体重组，因此持续时间较短(如人类大约需要 5 h)。精子细胞形成之后会经历一系列形态变化形成精子，精子首先进入生精小管管腔，后进入附属性腺并逐渐发育为成熟精子。

2. 受精　哺乳动物的受精过程发生在雌性个体的输卵管壶腹部，精子与减数分裂Ⅱ中期的卵母细胞透明带结合引发顶体反应，释放顶体酶。在顶体酶的辅助下，精子穿透透明带。透明带被穿透后会引起卵母细胞的皮质反应，从而改变卵母细胞的膜电位，使透明带上其他的精子受体失活，避免多精受精现象发生。进入透明带的精子与卵母细胞膜融合，精子的细胞核内容物进入卵母细胞胞质。精子核结构进一步形成雄原核的前体，而尾部和线粒体退化。受精卵内的线粒体来源于母体即卵母细胞，然而由于卵母细胞在减数分裂过程中失去中心粒，因此合子的建立依赖于精子的中心粒。在此过程中，次级卵母细胞完成第二次减数分裂，形成成熟的卵子，同时排出第 1、2 极体，胞内

的细胞核发育为雌原核。当雌雄原核融合后，即完成受精过程，形成合子，受精卵进入卵裂阶段(图 4-1-4)。

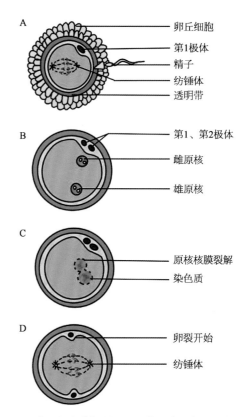

图 4-1-4　卵母细胞受精过程。A. 精子穿过卵丘细胞及透明带进入卵胞质后，卵母细胞开始第 2 次减数分裂；B. 受精后，卵母细胞排出第 2 极体，雌、雄原核形成；C. 雌、雄原核相互靠近并融合，形成二倍体原核；D. 受精卵开始第 1 次有丝分裂

3. 卵裂 卵裂指受精卵在发育过程中经历的一系列有丝分裂,通过这一过程,卵细胞会将大量的卵质分配到若干个小的细胞中。动物界的卵裂有多种类型,灵长类是次生少卵黄,卵裂类型为全裂,即每次减数分裂都是由 1 个细胞变为 2 个。卵裂过程的一个特征是异步分裂,即一个细胞与其他细胞之间的分裂时间会有所区别,因此在某些时期一个胚胎中总卵裂细胞数量可能为奇数。卵裂时,细胞体积不会增加,而是将受精卵的卵质不断分配到子细胞中。相比其他发育阶段,卵裂期细胞数目的增加速度要快得多,这种分裂的结果是核与细胞质的比例迅速增加,然而每个卵裂细胞在分裂过程中所分配到的卵质并不均匀,各个卵裂球的核有可能处于不同的细胞质环境,从而造成后续的细胞命运差异。

经过三轮卵裂之后的胚胎,进入到 8 细胞阶段,目前已经证实灵长类胚胎合子基因的激活发生在 8 细胞期前后。此时,另一个重要的变化是卵裂细胞开始发生致密化,即卵裂细胞相互靠近并形成更为紧密的细胞连接。从形态上看,卵裂细胞之间被互相压缩,边界变得模糊从而形成一个细胞团球体,细胞与透明带之间的间隙变大。这是因为发生致密化时卵裂细胞的基底面和顶面的质膜开始产生差异,外层基底膜通过紧密连接、间隙连接及上皮 Ca^{2+} 依赖性黏附分子(E-cadherin)的定位,从而区别于顶面质膜,这些连接使得卵裂细胞向中心收缩。这一过程的发生同时伴随着质膜硬度的变化和细胞骨架成分及分布方向的变化。与此同时,细胞出现极化,卵裂细胞已经开始向滋养外胚层和内细胞团两个方向分化(图 4-1-5)。

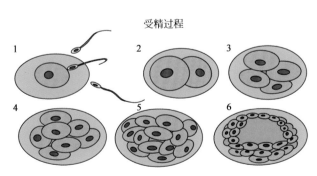

图 4-1-5 猕猴植入前胚胎发育过程。1. 精卵结合;2. 2 细胞期;3. 4 细胞期;4. 8 细胞期;5. 桑椹胚;6. 扩张囊胚

4. 囊胚形成 桑葚胚阶段开始,液体逐渐进入细胞团内部形成胚胎中空的囊胚腔。此时细胞分化为两大类:内部紧密压缩的一小团细胞称为内细胞团,此部分细胞最终将发育成胎儿;外部的细胞团形成一个由单层细胞组成的球状结构,称为滋养层,此部分细胞将发育为胎盘。囊胚腔形成的主要原因是 Na^+ 被主动运输到胚胎中央,渗透压的变化导致水分进入胚胎中央而形成腔体。囊胚腔的形成及扩张对胚胎孵化和后续发育至关重要,囊胚腔中的液体含有影响内细胞团增殖和分化所需的各种因子,这些因子将影响胚胎着床后各个胚层的形成。

胚胎一直被包裹在透明带内,直至囊胚形成后的 1~2 天,囊胚腔会迅速扩张。胚胎在此过程中进入子宫中,囊胚腔的扩张使透明带变薄。同时,滋养外胚层细胞产生的蛋白水解酶消化了部分透明带,使透明带出现缺口,囊胚开始从中脱离出来,这一过程称为囊胚孵化。

5. 植入 孵化后的囊胚与子宫相应部位的内膜接触并发生植入(也称着床),这是囊胚后期的胚胎在子宫内进一步发育、移动并与子宫壁接触附着的过程。在雌性动物月经周期的分泌期,卵巢的黄体细胞分泌孕酮,促使子宫内膜发生反应,对异物刺激和压迫高度敏感,为接收胚胎做准备。着床后由母体子宫向胎儿提供营养物质,使胚胎顺利进行组织分化、器官形成,并最终发育成胎儿。因此,着床是胚胎与母体建立相互连接的重要阶段。

根据胚胎与子宫连接的紧密程度,高等哺乳动物的胚胎植入可分为三种类型:表面植入、偏心植入及壁内植入。表面植入指滋养层细胞仅与母体子宫上皮接触而不嵌入子宫内膜深处,真兽亚纲中的牛、羊、猫、犬和猪等动物属于这个类型。偏心植入指滋养外胚层及内部的体壁中胚层在局部形成突起,嵌入子宫内膜褶皱,啮齿类动物如小鼠和大鼠均属于这一类型。灵长类的胚胎植入属于壁内植入,又称为完全间质植入,是指囊胚孵化之后,以内细胞团的部分与子宫上皮接触,滋养层细胞将子宫上皮溶解,胚泡完全植入黏膜固有层的浅层中。浅层又叫功能层,由海绵层和致密层组成。胚泡侵入后,滋养外胚层细胞分裂变大,成为多核巨细胞,在核胞体形成后,余下的滋养外胚层细胞成为细胞滋养层。

(二)食蟹猴各器官发育形成

表 4-1-1 汇总了食蟹猴宫内发育关键时间点。

食蟹猴的月经周期与人类相似,约 28 天。精子发生的持续时间为 40~46 天,而人类为 64~74 天。人类和食蟹猴的器官发生也很相似(妊娠 20~50 天)。在器官发生之后,食蟹猴经历一个相对于人类更快速的发育,在出生时,食蟹猴或许比人类发育得更完善。

表 4-1-1 食蟹猴宫内发育关键时间点

序号	发育事件		食 蟹 猴
1		着床	GD_9
2		原始胚条	GD_{17}
3	胚胎大体发育	10 体节	GD_{23}
4		下肢芽	GD_{28}
5		前爪线	GD_{35}
6		腭褶合	GD_{46}
7		神经板	GD_{20}
8		神经孔闭合	GD_{25-27}
9	神经系统	三脑泡	GD_{25}
10		大脑半球	GD_{29}
11		小脑	GD_{36}
12		嗅球	GD_{38}
13		视泡形成	GD_{23}
14		晶状体分离	GD_{32}
15	眼和耳	视神经纤维	GD_{39}
16		耳蜗出现	GD_{37}
17		视囊软骨	GD_{42}
18		心管融合	GD_{22}
19		S 形心脏	GD_{25}
20	心脏和大动脉	心脏发生分隔	GD_{28}
21		卵圆孔	GD_{34}
22		心脏躯干分隔完成	GD_{36}
23		主动脉弓动脉形成	GD_{22-30}
24		肠道	前肠：$GD_{20.5}$；后肠：—
25		膜穿孔	口腔：GD_{27-28}；肛门：—
26	胃肠道系统	肝脏	肝原基：GD_{24-26}；上皮索：—
27		胆囊	GD_{28-29}
28		胃形成	GD_{28-29}
29		脐疝	开始：GD_{33-34}；减少：GD_{47-48}
30	肾	后肾	GD_{38-39}
31	脾	脾脏划分	GD_{80}
32		胸腺原基	GD_{35}
33		妊娠期	GD_{167}
34	分娩	饮食	出生（GD_{167}）
35		味觉	出生（GD_{167}）

注：食蟹猴和恒河猴的胚胎和胎仔发育过程十分相似，因此两者的背景数据通常可以通用。GD，妊娠天数

食蟹猴的淋巴器官系统和淋巴细胞解剖区划分显示出在妊娠中期（GD_{65}）开始发育，并在妊娠早期呈现出成体形态。胎儿在 GD_{100} 时其形态和骨骼发育已足够完善。

通过 5 167 例对照组的妊娠研究数据，证实食蟹猴的妊娠期约为 160 天（134~184 天）。

1. 胚胎期　胚胎期是主要器官形成的时期。食蟹猴的胚胎期为妊娠第 20~50 天，据估计人类的胚胎期为妊娠第 20~56 天。

胚胎期是细胞快速分裂的时期，包括细胞分化和器官发育形成。人类和食蟹猴器官发生的顺序和时间非常相似。由于快速发育发生在器官发生期间，这一时期极容易受到致畸剂的影响，可能导致严重的先天性畸形。

心血管系统是胚胎发育和发挥功能的第一个主要系统。人类和食蟹猴的胚胎心跳早在妊娠第 22 天就可以通过超声检查检测到。在主要器官发生期结束时，人类和食蟹猴的胚胎顶臀长约 30 mm，重约 8 g，具有明显的人类（或 NHP）特征。此时，所有主要器官都已就位。

2. 胎儿期　胎儿期开始于器官发生末期（人类第 8 周，食蟹猴第 7 周），以硬腭闭合为标志。在早期胎儿时期，骨骼出现初级骨化中心，早期生殖器出现，红细胞从肝脏转移到脾脏，尿液开始形成。这个初始阶段之后是骨骼快速骨化和性别分化的时期。在食蟹猴中，一些器官系统的发育在胎儿时期相对于人类来说是加速的（表 4-1-2）。

表 4-1-2 食蟹猴和人出生后关键发育事件时间点

器官系统	食蟹猴	人
肾脏	出生时	出生时
肺脏	出生时	2~8 岁
心脏	出生时	出生时
骨骼		
二次骨化中心出现	出生~出生后 6 个月	6 个月~12 岁
骺融合	5~9 岁	11~20 岁
生殖系统		
青春期	3~6 岁	8~14 岁
免疫系统		
脾脏及淋巴结	出生时	出生时
免疫能力	出生~出生后 3 个月	出生~出生后 3 个月
中枢神经系统		
运动发育	出生 7 周	9~13 个月

		续　表
器官系统	食蟹猴	人
精细动作发育/灵敏性	出生后6个月	1.5～13岁
感觉和反射发育	出生～1岁	出生～1岁
认知发育	3周～3岁	1个月～9岁
沟通	出生～1岁	出生～2岁

肺：食蟹猴的肺在胎儿时期成熟，以适应气体交换。细支气管和肺泡分开，血管化程度增加。

肾：食蟹猴的肾在胎儿期发育完成。人类和食蟹猴的免疫系统的发育似乎是相似的。将人类与食蟹猴的免疫系统发育情况占整个妊娠期的百分比进行比较时，也可以证实这一点。在胎儿时期，免疫器官内的各种免疫细胞数量增加，细胞逐渐聚集，以抵达其最终的解剖学位置。已经证明食蟹猴胎儿在 GD_{70} 有细胞产生 IgG、IgM 和 IgA。胃肠道的细胞分泌 IgG 和 IgA，而胸腺和脾脏的细胞分泌 IgM。

在胚胎、胎儿和新生儿阶段，胎儿继续快速生长。胚胎发生期（器官发生）通常被认为是着床（外胚层神经板的形成）和硬腭闭合之间的时间间隔（表4-1-3）。

表4-1-3　从胚胎内细胞团的原代胚层发育成各种器官

内胚层	中胚层	外胚层
肝脏	脊椎	脑
胰腺	肌肉	脊髓
浆液腺、黏液腺和胃腺	皮肤、骨骼和软骨	垂体
消化管上皮、呼吸系统、膀胱	结缔组织、血管	神经嵴细胞、视网膜和晶状体
甲状腺	泌尿和生殖器官	肾上腺髓质
甲状旁腺	肾上腺皮质、脾脏、淋巴结的上皮	牙釉质
胰岛	—	口腔、鼻腔、嗅觉、生殖器和肛门的上皮
胸腺小体	—	皮肤及其衍生物的上皮——毛发、指甲、汗腺、皮脂腺和乳腺

3. 脾脏发育　GD_{65} 时，大量的淋巴细胞开始分化，伴随着越来越多的淋巴组织分区，分别为特定的 T 细胞区和 B 细胞区，GD_{80} 时，出现外周淋巴器官。GD_{75} 时，胚胎脾脏中存在比例较大的淋巴细胞是 $CD20^+$ B 细胞，T 细胞数很低。GD_{145} 时，白髓与红髓的比例为 1∶1，与成熟的灵长类脾脏相似。GD_{80} 时，大量的 B 细胞和 T 细胞散布在淋巴结。在发育的 GD_{145}，B 细胞滤泡区和 T 细胞副皮质区扩大。GD_{80} 时小肠固有膜中存在大量的 $CD20^+$ B 细胞和 $CD3^+$ T 细胞。胎儿发育的后期阶段（在 GD_{100}～GD_{145}），淋巴聚集的方向为 B 细胞朝向管腔侧和 T 细胞在对侧的肌层。

4. 胸腺发育　受胸腺上皮细胞的影响，胸腺淋巴细胞表达 T 细胞受体（TcR），经过一系列的选择，消除自身反应性细胞，并最终迁移出表达的 TcR 组织和一套特异性膜糖蛋白，以确定表型和预测这些细胞的功能。在这些重要阶段的 T 细胞发育受到干扰可以改变"自我"与"非自我"识别的进化，导致自身免疫性疾病或增加感染的易感性。在所有脊椎动物性成熟后胸腺细胞会迅速产生。

1975 年 Tanimura 和 Tanioka 报道，已证明胎儿胸腺组织在狝猴的发育。胸腺原基从咽囊分离，在 GD_{37-48} 增殖。这些研究表明，淋巴因子的分化发生在 GD_{50-73} 的胸腺内，胎儿淋巴系统的成熟发生在 $GD_{100-133}$。2002 年，同一实验室的 Hendrickx 报道采用食蟹猴进行的研究表明，胸腺的皮质和髓质在 GD_{65} 可区分，胎儿胸腺的所有区域，大多数的胸腺细胞为 $CD3^+$，而 $CD20^+$ B 细胞分散在皮髓质交界处。$GD_{100-145}$ 胎仔中，髓质和髓质交界处 $CD20^+$ B 细胞增加，而在整个妊娠期的 $CD3^+$ 胸腺细胞数量保持一致。在同一研究中，流式细胞仪分析淋巴细胞亚群表明，在 GD_{80-145} 之间单阳性胸腺细胞（$CD4^+$/$CD8^-$ 和 $CD4^-$/$CD8^+$）略有增加和双阳性胸腺细胞（$CD4^+$/$CD8^+$）略有下降（86%～76%）。

（贾玉玲）

第二节　食蟹猴宫外发育过程及特点

食蟹猴出生时的肺相比人类成熟。人类超过 85% 的肺泡是在出生后发育的，直到 2～8 岁左右肺才完全成熟（表4-1-2）。食蟹猴出生时的中枢神经系统（central nervous system，CNS）功能发育的几个最常用的检测终点发育的也更完善。

人类和食蟹猴出生后肾脏和心脏的发育似乎非常

相似。肾发生在出生时即已经完成,出生后肾功能成熟,肾小球滤过率和集中能力增加。食蟹猴从出生后第 4 周到第 39 周,除了 γ 谷氨酰基转移酶的变化和血液尿素氮的增加外,临床病理学参数在这段时间内几乎保持不变,表明新生猕猴肾脏功能早期发育良好。对于人类来说,肾脏在 1 岁之前一直处于功能发育阶段。

出生后,食蟹猴和人类继续经历生长和成熟的主要器官系统是骨骼的生长、中枢神经系统功能的发育、免疫能力的获得和性成熟。

骨骼发育始于出生前初级骨化中心的出现,并在出生后持续,直至次级骨化中心的出现及骨骺生长板上的纵向骨生长,当骨骼发育到成年大小时,生长板最终融合。出生时,猴比人类有更多的骨化中心。据估计,食蟹猴出生时的骨龄与 5～6 岁的人类相似,出生后 6 个月以内的骨龄与 7 岁的人类相似。不同骨骼的生长板融合随年龄和性别的不同而不同,但食蟹猴大约在 5～9 岁。

出生后,食蟹猴生殖系统的发育与人类相似,其特征是围产期生殖相关激素开始分泌,随后生殖内分泌系统暂停,直到青春期开始。雌性食蟹猴的性成熟时间为 3～4 岁,雄性食蟹猴的性成熟时间为 4～6 岁。

食蟹猴和人类出生后免疫系统的发育是相似的。非人灵长类动物出生时的免疫系统比啮齿类动物成熟,在出生后即获得了免疫能力。出生时人类和食蟹猴新生儿的血清中 IgG 浓度较高,而 IgM 和 IgA 浓度较低。新生儿血清中 IgG 主要来源于母体,出生后 IgM 和 IgA 水平逐渐升高。出生后的前 6 个月,由于母体产生的抗体被清除,IgG 的浓度会下降,之后随着婴儿自己开始产生 IgG,浓度会增加。食蟹猴宫外发育关键时间点见表 4-2-1。

表 4-2-1 食蟹猴宫外发育关键时间点

序号		发 育 事 件	食 蟹 猴
1		达到成年体型	恒河猴 8 岁,黑猩猩 11 岁左右
2		P450 酶	在子宫内发育,胎儿早期的肝脏和肾上腺中检测到
3	脑	达成年脑重量	7 岁左右
4		小脑外颗粒层	2～3 个月消失
5	脑功能性神经指标	脑的性别分化	雄性睾酮高峰发生在出生后 2 周内
6		完全成熟的前额叶皮质(突触发生和髓鞘形成)	青春期或成年早期,4～7 岁

续 表

序号		发 育 事 件	食 蟹 猴
7		出生后神经发育	出生后齿状脑回神经发育达 20%;神经发育随着年龄增长放缓,但有少量贯穿一生。小脑在出生后 2～3 个月完成发育
8	神经发育和突触形成	整个大脑突触形成的高峰	GD_{40}～PND_{61}
9		突触持续时间	突触形成持续到出生后的前 2 个月,之后慢慢减少
10		突触的修剪	幼年早期的突触数量是增加的,青春期达到平稳,然后因突触修剪降低到成年水平。在青春期前,突触的数目达到了峰值,比成年多 40%

注:PND,出生后天数

本节将详细介绍食蟹猴神经系统、骨骼系统及牙齿萌出的发育。

(一) 神经系统

关于脑发育,恒河猴的生长高峰呈现在出生前,而大鼠和人类的生长高峰出现在出生后。然而,食蟹猴与人类更相似的一个重要领域是突触发生模式。这种模式是非人灵长类动物大脑皮质特有的。突触形成主要经历三个时期:突触快速生长期、突触形成平台期和突触数量减少并被重组的倒退期。人类大脑皮质中,一个 2 岁孩子拥有的突触大约是一个成年人的 2 倍。突触增殖和分支在 3 岁时达到顶峰,但在 15～16 岁时,一半的突触会消失。非人灵长类动物也表现出类似的突触发生模式。

本部分重点关注食蟹猴中枢神经系统发育的行为检测,但不包括神经解剖学或神经化学方面的内容。人们普遍认为发育中的神经系统在性质上不同于成人的系统。人类的中枢神经系统相对晚熟,即出生时不具备发育成熟的中枢神经系统所有的功能,而是出生后有一个相当长的发育期,人类中枢神经系统出生后必须经过相当长的发育阶段才能达到成年的成熟状态。

食蟹猴 CNS 的成熟过程分为 8 个方面:① 运动发育;② 精细动作发育;③ 感觉和反射发育;④ 认知发育;⑤ 沟通;⑥ 社交游戏;⑦ 恐惧反应的发育;⑧ 睡眠周期的发育。下面将从这几个方面详细介绍。

1. 运动发育 婴猴在出生后的前 3 天内依赖母亲是正常的。之后不久,婴猴可以通过伸展它的手臂和头部将自己胸部撑起离开地面。令人惊讶的是,婴猴在出生后 4 天可以四肢着地。大约 3 周龄(在某些情况下早在第一周结束时也会达到)，躯干的位置变得更加与地面平行(即更像成年)。7 周龄时就可观察到幼猴双足站立。幼猴在水平面(即地面)和垂直面(即攀爬和跳跃)都能产生运动能力。在出生的前 2 周内，通过四肢的伸出或抓牢，以向外伸展的位置水平面前进(即远离身体中线延伸的四肢)。5~11 周龄时，四肢的伸展变得更加夸张，与成年状态相比，膝盖相对延伸。膝关节的屈曲、伸展和四肢的内收(即向身体中线延伸的四肢)开始于第 7 周，但直到大约 12 周龄时才能够观察到动作的一致性。

食蟹猴婴猴在 2 日龄时就开始具备攀爬的能力。但是到第 1 周和第 5 周结束时，退步或掉头返回的能力才分别开始显现。即使是最喜欢冒险的食蟹猴，也要到 5 周龄时才会尝试跳跃。

出生 4 周龄时食蟹猴婴猴可以在尾部的帮助下用两只脚蹲下来。

人类、大鼠、犬和非人灵长类动物中，运动能力都在出生后才发育(表 4-2-2)，大鼠、犬和人类中，似乎有一个更渐进的喙尾成熟过程，导致肩膀高于骨盆。相比之下，非人灵长类动物在出生后比人类发育更快。因此，在幼龄动物毒性研究中，可对大鼠、犬和 NHP 的运动发育状况进行评估。然而，在 NHP 种属上的研究需要仔细设计，以适应运动功能的快速发育。

表 4-2-2　运动发育

能力	人	大鼠	犬	NHP(恒河猴)
爬行	PND_{270} (约 9 个月)	$PND_3 \sim$ PND_{12}	$PND_4 \sim$ PND_{20}	$PND_4 \sim$ PND_{49}
行走	PND_{396} (约 13 个月)	$PND_{12} \sim$ PND_{16}	$PND_{20} \sim$ PND_{28}	PND_{49}

2. 精细动作发育　非人灵长类动物在出生后表现出相当快速的精细运动和灵巧性的发育。食蟹猴新生儿的个体发育，如手指相对独立运动，需要具有功能的皮质-运动神经元进一步发育和连接。虽然皮质脊髓纤维在出生前即到达脊髓的各个层次，中间区域的脊髓灰质可能有实质的神经支配，但在出生时与运动神经核相关的重要皮质-运动神经元连接并不存在。

食蟹猴在 3 月龄左右出现相对独立的手指运动。此后，皮质脊髓系统的解剖学和生理学发育都持续着相当长的过程，这通常与运动技能的成熟相一致。在有功能的皮层-运动神经元连接构建良好之前，并没有观察到精细的手指运动，皮质脊髓系统的生理特性的

快速变化与精确握持成熟的时期(3~6 个月)相一致。然而，在检测灵活性的相关功能指标成熟后，皮质脊髓发育仍然持续很长时间，并且这些变化可能有助于提高手部任务的速度和协调性。

6 月龄时成年猴中所有基本的操作在幼龄猴中均已出现。在前 8 周，经常发生的动作是和缓的，包括持续的视觉定向和目标接触。之后的动作则更加有力，如抓取动作。从出生至 6 月龄期间，活动率明显增加。前 8 周到后 8 周的活动增加可能是由于警觉和活跃时间的增加、在母猴怀抱里花费的时间减少、姿势控制和耐力改善及独立运动的开始。形式的变化主要归因于姿势因素和神经肌肉发育，导致在第 5 和第 6 个月龄时出现瞄准和控制运动更加精确。

婴猴的精细运动能力发育迅速。14 周龄时，婴猴表现出良好的精细运动能力，包括手到嘴的协调，双手的协调(使用一只手提起透明烧杯并将其倒置，同时另一只手取回任务奖励品)及手指与拇指相对立。由于出生时运动系统的成熟度不同，这些结果可能无法轻易推广到人类身上。新生婴猴在运动功能上比人类新生儿更发达。例如，猴出生后几天就会爬。

精细运动和灵巧度的发育通常是长期的(表 4-2-3)。人类新生儿不具备进行精细手指运动的能力，而且这些能力在出生后的几个月内可能不会出现。例如，精确的协调如抓取和举起物体可能要到出生的第二个 10 年才会完全成熟。尽管灵长类动物比人类发育得快很多，但人类和非人灵长类动物的精细运动活动的出生后发育遵循类似的模式。

表 4-2-3　精细运动发育与灵活性

精细动作发育	出生后能力出现大致时间
人	
握持反射	PND<2 个月
理解能力	5~9 个月
精密抓握	1.5~13 岁
大鼠	
精细动作发育	$PND_2 \sim PND_{32}$
NHP	
精细动作发育	11 周
精密紧握	3~6 个月
操控	6 个月

3. 感觉和反射发育　各种感觉系统是按顺序发育的。在许多种属中，听觉系统的功能先于视觉系统。

此外,触觉和嗅觉的功能通常先于听觉系统。对各种感觉模式的条件反应以相同的顺序发育,即条件反射通常在嗅觉出现,然后在听觉,最后在视觉上出现。虽然电生理学和组织学研究工具在确定功能性感觉系统的启动方面非常有用,但感觉功能的重要性最终与被检测为感觉运动反射的行为有关。遗憾的是,这种方法的局限性在于感觉运动系统的发育需要依赖于运动系统和感觉系统的成熟。因此,并不是所有情况下都能将一个特定感官系统的发育与运动系统的发育完全分开。

非人灵长类动物中存在这样一种趋势,即那些达到较高功能水平的种属具有较长的幼年期,幼年生长期的持续时间,树鼩到成年约需 18 个月,甚至更长的如食蟹猴需 2～3 年和大猩猩需 8 年。食蟹猴婴儿在出生时表现出觅食反射,在 PND_4 时出现峰值,PND_{10} 消失。出生时即会其他反应包括手和脚的抓握和紧握。从出生开始,如果将背侧向下放置婴猴,会迅速向右转,以实现腹侧接触。

在出生时躯体感觉系统就是有功能的;幼年猴在出生时对针刺有反应。虽然这些系统在出生时即有功能,但它们在发育过程中仍然可以被细化。例如,在出生后第 10 周时婴猴就可达到成年阈值水平,且能够区分质地和大小的差异,这表明触觉感官系统虽然在出生时起作用,但在出生后仍会继续发育。非人灵长类动物在出生时可观察到听觉反应,表明功能性听觉感觉系统在出生前即发育,而在 PND_{10} 时,婴猴对突然发出的声音表现出惊吓反应。

人类在出生时可以用眼睛追踪母亲,出生后的几天内即可以跟踪一个移动的物体,PND_{13} 时,可定位到一个小物体。出生时食蟹猴视网膜图像聚焦良好,出生后第 9 周可迅速达到成人水平。

大鼠、犬和非人灵长类动物的感觉和反射系统的发育顺序与人类婴儿的发育顺序相似。例如,新生动物的味觉系统对于选择性摄取很重要,嗅觉和味觉是最早开发的两个感觉系统。人类和大鼠的行为反应表明在出生时就存在功能性的味觉和嗅觉系统,并且嗅觉可能在子宫内发挥功能。虽然感觉系统和反射系统的发育顺序可能相似,但某些系统相对于出生发育的时间有所不同。一般来说,大鼠、犬和人类在出生后往往发育缓慢,并且有一个明确的新生儿期,在此期间,它们需要依靠母亲的庇护和提供食物。相比之下,非人灵长类动物在出生时往往发育得更好。例如,在出生时猴的触觉、听觉和视觉系统比人类或大鼠更发达。这可能反映了非人灵长类动物出生后快速发育的必要性。出生后 3 个月内,食蟹猴婴猴从完全依赖母亲的状态发展到相对独立的状态。

尽管非人灵长类动物在反射和感觉行为方面是早熟的,但除了视力和味觉外,所有常见的实验室种属(如大鼠和犬)在出生时都相对发达。因此,对幼龄毒性研究中躯体感觉发育的评估提供的参考价值有限,因为这些系统在人类妊娠期间完全发育(表 4-2-4)。

表 4-2-4　各个种属的感觉与反射发育时间表

活 动	人	大鼠	犬	NHP
饮食/站立	出生时	出生时	出生时	出生时
平面翻正		$PND_1 \sim PND_{11}$	—	出生时
抓取/紧握	出生～2 个月	—	—	出生时
定向	—	$PND_9 \sim PND_{11}$	—	3 周
空中翻正		$PND_{15} \sim PND_{18}$		5 周
嗅觉	—	出生时	出生时	
味觉	出生时	出生时	出生时	出生时
触觉	出生时	触须反应 $PND_{12.5}$;疼痛反应 PND_{21};甩尾 $PND_{10} \sim PND_{25}$	本体感觉 PND_1;感受气流 PND_{10};疼痛 $PND_1 \sim PND_{18}$;成年疼痛反应 PND_{21}	针刺感觉于出生(GD_{167});成熟于 10 周
听觉	出生	听觉惊吓反应(ASR)PND_{12};抑制 ASR 于 $PND_{21} \sim PND_{42}$	ASR 于 $PND_{19} \sim PND_{25}$	听觉出生;ASR 于 $PND_{14} \sim PND_{25}$
视觉	视觉追踪于出生时;感知力于 2 个月内成熟;敏锐力于 4～6 个月成熟	趋光反应 PND_5;睁眼 $PND_{14} \sim PND_{16}$;视觉定位 PND_{17}	视觉定位 $PND_{21} \sim PND_{25}$	视觉追踪于出生时;视觉定位 PND_{13};敏锐力于前 2 个月有所改善,1 岁时成熟

4. 认知发育 许多种属中,有一些学习能力在生命早期出现,如经典的条件反射。然而,更复杂的学习能力(如延迟反应或空间学习)的获得是循序渐进的,并且随着动物的发育而逐步提高。习得反应在许多种属的社会互动、个体发育中也起着重要作用,包括游戏行为发育和对陌生人的恐惧。此外,正常的睡眠觉醒节奏也在出生后早期发育成熟。

1959 年,Harlow 等评估了恒河猴学习能力的发育情况。从出生第 3 天开始进行条件性回避任务。婴猴在连续 5 天的测试中有所改善(即学习能力提升)。但是,当在 23 日龄时进行记忆测试时,显示出相当程度的学习丢失。

两组新生猕猴(第一组在出生时开始训练,第二组在出生第 11 天开始训练)接受黑白辨别任务训练,即物体辨别。新生婴猴学习这项任务很快。在从出生开始训练的组中,从 9 日龄开始达到 90% 的准确度。第二组因在出生后的前 10 天爬上两个灰色斜坡中的任何一个而获得了奖励。第 11 天,黑色和白色斜坡被替换。到第二个测试日(即第 12 天),这些婴猴均可以进行辨别。有意思的是,在反向辨别任务中,当第一次进行反向辨别任务时,婴猴犯了很多错误,表现出严重的情绪障碍(如犹豫、发声、排尿和排便)。尽管 11 日龄的婴猴可以解决黑白辨别任务,但解决三角圈辨别问题的能力需要 CNS 更加成熟。20~30 日龄婴猴可能需要 150~200 次试验来完成三角圈的辨别任务。恒河猴在 30、60、90、120、150 和 366 日龄中评估了更复杂的物体鉴别能力的发育(即颜色、形式、大小和材料不同的 3D 物体)。动物进行 25 次/天测试,每周 5 天,持续 4 周。连续 10 次正确反应所需的试验次数随着年龄的增加而降低,并且在 120~150 日龄接近成年猴的表现。

在延迟响应任务中,首先向动物展示食物奖励,然后在延迟期间将其隐藏在两个相同容器中的一个之下。恒河猴在 60、90、120 或 150 日龄开始测试。随着时间的推移,所有四组都表现出越来越强的解决延迟响应任务的能力。然而,Harlow 指出,解决延迟反应问题的能力在 125~135 日龄的动物中比在 60~90 日龄时更好。此外,在 200~250 日龄的猴中,有一半动物在这项任务中表现得很完美。显然,解决延迟响应问题的能力比解决对象识别任务的能力成熟得晚。

至目前为止,通过猴的数据可以得出两个结论。首先,某些学习能力在猴的生命早期即会出现,如条件回避或黑白辨别。而解决问题的能力可能早在 1 日龄就存在,并且在几日龄之内,表现从偶然水平变为接近

100% 的准确度。第二,某些更复杂的学习能力的发育是渐进的、逐步提高的,如延迟反应学习和一些辨别学习任务(如颜色、图案或形状辨别)。值得注意是,对复杂任务(如延迟响应任务)进行大量的早期培训并不能促进任务完成率,是否能够成功完成任务与年龄有关。也就是说,即使幼小的动物比年龄大的动物训练得更广泛,它们的表现也不如年龄大的猴。

大鼠、犬、猴和人类婴儿的学习能力在发育过程中会发生变化。在所有被评估的种属中,调节反射行为的能力在学习行为反应之前就出现了。研究认为,行为发育的顺序反映了身体尾侧至喙侧成熟的顺序。众所周知,皮质下结构足以支持巴甫洛夫(Pavlovian)条件反射的许多实例,并且感觉系统的较低中心足以支持原始反射行为。较高的学习中心(如海马和前额皮质)是获得更复杂行为所必需的。因此,在所有常见的实验室种属中,对幼年毒性研究中,认知功能的评估可以提供对这些系统成熟的个体发育深入的了解(表 4 - 2 - 5)。与成年相比,新生和幼年动物学习特定任务所需的时间通常更长。此外,学习该任务的准确性通常不等于成年。这意味着即使在幼年时期可以完成任务,但它绝不是在学习功能上成熟,即尚不足以达到成年的表现水平。最后,注意学习和记忆与上述许多感觉系统的成熟密切相关。

表 4 - 2 - 5 认知发育

学 习 任 务	出生后获得能力的大致年龄
人	
经典条件反射	20~30 天
操作性条件反射	2~18 月龄
长期记忆	13~20 月龄
隐性学习	<5 岁
显性学习	5~9 岁
大鼠	
奖赏性学习	PND_1
联想性学习	PND_2~PND_8
主动回避	PND_9~PND_{12}
被动回避	PND_{10}~PND_{21}
顺序学习(Biel 迷宫)	PND_{17}~PND_{23}
近端暗示学习(Morris 水迷宫)	PND_{17}
空间学习(Morris 水迷宫)	PND_{35}~PND_{40}

续 表

学 习 任 务	出生后获得能力的大致年龄
犬	
联想性学习	$PND_1 \sim PND_6$
视觉辨别	5～16 周
延迟反应	12～16 周
NHP	
条件性回避反射	$PND_3 \sim PND_8$
黑白辨别	$PND_9 \sim PND_{12}$
颜色、图案或形状辨别	$PND_{20} \sim PND_{150}$
延迟反应	PND_{60}（基本型）；$PND_{125} \sim PND_{135}$（改善型）；$PND_{200} \sim PND_{250}$（完美型）

5. 沟通　在食蟹猴中有 3 种不同的情感发声：玩叫声、恐惧痛苦哭泣和食物满足感。情感发声在出生后的前 6 个月占主导地位，并且以单一音节或短语的形式发出。6 月龄后，单音节和双音节发音的数量明显增加，并且在音高、音色和音调上都有所不同。相似音高的声音以不同的方式组合在一起，以便在实验室中根据特定的情况改变短语。在出生第一年里，短语的数量增加到 4 个或 5 个，但是从来没有像成年时听到的那样，增加到 7 个或 8 个。

大鼠和犬（及某种程度上非人灵长类动物）的幼年毒性研究中，对于沟通发育的评估不太可能提供重要的见解，因为这些种属中的交流似乎主要是表达痛苦（表 4-2-6）。而在人类语言的发育是中枢神经系统成熟的一个重要组成部分。

表 4-2-6　沟通交流发育

沟 通 交 流	出生后获得能力的大致年龄
人	
对"咕咕"声音的回应	2 月龄
牙牙学语	8 月龄
模仿声音	9～10 月龄
可理解或说 2～3 个有意义的词	12 月龄
开始组词	21～24 月龄
大鼠	
超声叫声	$PND_7 \sim PND_9$
超声叫声（最大）	PND_{13}

续 表

沟 通 交 流	出生后获得能力的大致年龄
犬	
哀叫	3～3.5 周
抱怨叫	4～5 周
NHP	
情绪声音（1 个或 2 个音节）	0～6 个月
情绪声音（3 个、4 个或 5 个音节）	6 个月～1 岁

6. 社交游戏　社交游戏是个体获取其社交环境信息的手段之一。通过与同伴一起玩耍，个体学习社会交流、社会支配和社会融合的规范，在这种情况下，错误表现通常既没有厌恶也没有致命的后果。

食蟹猴的游戏行为有两种形式：动作游戏和社交游戏。只要幼猴能够很容易地移动（即会重复一些动作，如跳跃、跑步和攀爬）即可完成游戏行为。大约 4 周龄时，可以在钢丝网上弹跳。社交游戏大约在 5 周龄时开始，躲避和追逐那些允许在房间里自由奔跑的年长猴。尽管在自己的笼子里有足够的食物，但大约 6 周龄的婴猴开始从另一只猴笼里偷食物，而从另一只猴笼里偷食物是成年猴的一种公认的行为。在 7～9 周龄时，婴猴会张开双臂靠近对方，然后轻轻拍打对方，预示着开始粗暴地滚动和撕咬。在幼年食蟹猴中，雄性猴通常比雌性猴更喜欢激烈的摔跤和假咬。

幼龄毒性研究中社会游戏发育的评估可能提供一些见解，所有常见实验室种属（如大鼠、犬和 NHP）的社会性游戏发育出生后发育（表 4-2-7）。在常规的筛选研究中，对社交游戏发育的评估方法比较复杂，因为跨种属的方法不容易比较。

表 4-2-7　社会性游戏

社 会 游 戏	出生后获得能力的大致年龄
人	40 周～1 岁
大鼠	$PND_{14} \sim PND_{28}$
犬	3～5 周
NHP	5～9 周

7. 恐惧反应的发育　大约 2.5 月龄时，与母猴分离的婴猴会变得烦躁不安，发出频繁的痛苦叫声，并表现出明显的促肾上腺皮质激素反应增加。同时，婴猴也开始表现出对有威胁含义的图片、奇怪的物体和这个年龄段遇到的新鲜事物表现出恐惧反应。如果一个

人进入一个笼养猴的房间,动物则会变得沉默和僵住,这都是对不熟悉的恐惧的迹象。

已经有大量的工作研究与恐惧发育有关的中枢神经系统反应。僵住反应似乎受到γ氨基丁酸系统的影响,而痛苦叫声受到阿片类系统的影响。前扣带皮质和杏仁核都具有高密度的阿片受体,它们都与痛苦呼叫有关。2.5月龄时,双侧杏仁核的消融明显减少了对出现新情况的恐惧反应。动物对于不熟悉的地方会表现出恐惧,离开熟悉的笼子而进入陌生的笼子,对照动物所需要的时间是杏仁核受损动物的3倍。杏仁核切除的猴对着表达恐惧的猴脸照片也表现出明显较少的恐惧反应。

杏仁核与动物情绪和种属特定的社会行为有关。成年动物的杏仁核参与确定物体或生物体是否具有潜在危险性。如果检测到危险,它会协调各种其他大脑区域以产生典型的回避反应,得以避免危险。因此,杏仁核有助于了解环境中的危险。对2周龄的食蟹猴进行选择性的杏仁核损伤,6~8个月龄时对其进行测试发现,该食蟹猴对新物体(如橡皮蛇)的恐惧程度降低。在社交活动中,相比于未受伤的对照组,神经受损的动物表现出更多的恐惧行为。以上研究表明,新生儿杏仁核损伤使介导社会恐惧的系统与介导对无生命物体恐惧的系统相分离。因此,发育早期的杏仁核损伤对社会行为的影响与成年期产生的损伤不同,通过减少对无生命物体的恐惧并增加社会行为过程中的恐惧。

恐惧反应发育的评估对幼龄动物毒性研究可能提供一些参考,因在所有常见实验室种属中恐惧反应的发育是在出生后(表4-2-8)。评估恐惧反应发育的方法并未广泛应用于筛选毒性研究。

表4-2-8 恐惧反应

恐 惧 反 应	出生后获得能力的大致年龄
人	7~9个月
大鼠	$PND_{20} \sim PND_{30}$
犬	3~7周
NHP	2.5~4个月

8. 睡眠周期的发育 睡眠觉醒周期在许多种属中是后天形成的,通常认为是认知能力发育的关键行为。与成年猴的睡眠/觉醒模式相比,幼猴不太明确。28日龄时,新生猴晚上的睡眠频率已经比白天高。尽管在出生后即可发生成年样睡眠觉醒周期,但利用睡眠

觉醒周期作为幼龄毒性研究中的一种方法提供的见解非常有限,因为其发展情况尚不清楚(表4-2-9)。

表4-2-9 睡眠-觉醒周期

"半成年式"睡眠-觉醒周期	出生后获得能力的大致年龄
人	3~15个月
大鼠	$PND_{15} \sim PND_{23}$
犬	2~4周
NHP	2~8天

(二)骨骼系统

骨骼是一种动态结缔组织,所有种属出生后的骨骼发育都反映了它在体内的多重任务。所有哺乳动物的骨骼具有两大功能:作为运动器械的一部分提供机械支持,并确保身体重要器官所处的环境安全。此外,骨骼作为钙和磷的储存,还参与了与矿物质稳态相关的代谢通路。在骨吸收(自分泌、旁分泌和内分泌)过程中,骨基质也是通过局部和系统释放出的生长因子和细胞因子的储存库。骨骼为骨髓提供安全稳定的环境。

出生后,骨骼生长的重要特征在不同类型的骨骼中体现。本节讨论的重点是上肢骨(肱骨,非承重骨)、下肢骨(股骨,承重骨)和颅面部骨(下颌骨,间歇性机械负荷的非承重骨)的出生后生长发育情况。

在研究恒河猴次级骨化中心出现和融合的时间时,会注意到出生时猴的骨化中心比人类多。一般来说,新生恒河猴的骨骼骨化类似于一个5~6岁的人类。雄性和雌性恒河猴的四肢骨化完成分别需要5.25年和6.5年。

黑猩猩出生后长骨和短骨中心的骨化时间比人类早12~20个月。

1. 肱骨 雄性恒河猴出生时,肱骨近端骨骺中存在两个独立的骨化中心。在肱骨远端的骨骺区域,出生时存在一个次级骨化中心。在出生后的第1个月,另外两个中心在肱骨远端发育。出生后9个月,肱骨近端和远端骨骺的不同中心在各自的区域内形成单个的次级骨化中心。

雄雌猕猴近端骨骺与骨干的融合,分别发生在6岁和4.75~5.5岁。雄性猴出生骨干远端骨骺的联合发生在3.4~4.5岁。在出生后约2年内,雌猴远端骨骺发生融合。

表4-2-10显示了恒河猴和食蟹猴肱骨骨骺的出现和融合时间。

表 4-2-10　恒河猴和食蟹猴次级骨化中心和骨骺出现及融合时间

骨　骼	雄　性		雌　性	
	次级骨化中心出现时间	骨骺融合时间	次级骨化中心出现时间	骨骺融合时间
恒河猴				
肱骨				
近端骺	出生	4～6 岁	出生	4～5.25 岁
远端骺	出生～1 个月	2 岁	出生	1.75～2 岁
股骨				
近端骺				
小转子	6 个月	2.75～3.75 岁	6 个月	—
头	出生	3～3.75 岁	出生	2.25～3.25 岁
内上髁	—	3～3.75 岁		2.25～2.5 岁
远端骺	出生	4～5.75 岁	出生	3.25～4.25 岁
食蟹猴				
肱骨				
近端骺	<5 个月	6 岁	<4 个月	4.75～5.5 岁
远端骺	<5 个月	3.4～4.5 岁	<4 个月	2.25 岁
股骨				
近端骺	<5 个月	6 岁	<4 个月	4.75 岁
远端骺	<5 个月	5.25 岁	<4 个月	4.75 岁

2. 股骨　恒河猴在出生时,股骨头中存在骨骺骨化中心。股骨远端的骨骺骨化中心也在出生时就存在。此外,出生后 6 个月时,次级骨化中心在股骨小粗隆中发育。

在雄性猕猴中,股骨近端和远端骨骺的融合分别发生在 6 岁和 5.25 岁左右。雌性猕猴股骨近端和远端骨骺的融合发生在 4.75 岁。

恒河猴和食蟹猴股骨骺出现融合的时间如表4-2-10 所示。

3. 下颌骨　猴下颌骨的出生后生长期间,由于从婴儿期到成年期的生长和重塑过程,发生了下颌骨整体尺寸的大幅增加。基本上在出生后发育期间,灵长类动物下颌骨的所有表面都会发生骨骼生长。

下面的讨论主要来自 1975 年 McNamara 和Graber 等进行的一项研究,该研究主要是研究了恒河猴出生后下颌骨的发育情况。在这项研究中,对 4 组(不同年龄的)猴进行了连续 6 个月的评估。研究对象包括 5.5～7 月龄的婴猴、18～24 月龄的幼年猴、45～54 月龄的青春期猴和 72 月龄的成年猴。

恒河猴的下颌骨在婴儿期增长最快。下颌髁突在幼年猴时期生长速度最快,随着动物的衰老,其生长速度也依次减慢。具体来说,在 6 个月的试验观察期间,婴猴、幼猴、青少年猴和成年猴的髁突分别为5.92 mm、4.47 mm、3.00 mm 和 1.07 mm。

在出生后发育过程中,骨沉积沿支后缘发生,骨吸收沿支前缘发生。在婴猴(5.5～13 月龄)中,分支的宽度增加幅度最大。与年龄超过 18 月龄的动物相比,婴猴下颌分支的后缘骨沉积量是前缘骨沉积量的 4 倍。随着动物衰老,支侧后缘骨沉积减少。成年猴下颌支的宽度变化较小。此外,骨沉积沿髁突后缘发生。

在婴猴、幼年猴和青春期动物中,可见下颌角的重塑;然而,成年猴未见下颌角的重塑。在 6 个月的试验观察期间,幼猴的下颌角变化最大。在 6 个月的观察期间,婴猴、幼年猴和青春期猴的下颌角平均降低了6.2°、2.4°和 1.7°。

(三) 牙齿萌出

和其他哺乳动物一样,食蟹猴有两组牙齿,即 20颗乳齿和 32 颗恒牙:第一组被称为乳牙或乳牙列,它先于第二组牙齿的出现;第二组牙齿被称为恒牙或第二齿列。这些牙齿是异形齿,它们的形状因其不同的功能而变化,如切割、刺穿和研磨。不同的牙齿类型命名,从前中线到后线,四种类型的牙齿是门牙、犬齿、前臼齿和臼齿,分别表示为 I(incisors)、C(canines)、P(premolar)和 M(molars)。需要注意的是,臼齿只存在于非人灵长类动物的恒齿列中。恒牙用大写字母表示,表示该牙齿类型的牙齿位置的数字通常跟在字母名称之后。例如,永久门牙缩写为 I,从中线向后编号,I1 为中门牙,I2 为侧门牙。乳牙通常用小写字母表示,前面是"d",后面是代表牙齿的数字顺序,例如 d1和 d2 分别指乳中切牙和侧切牙。

每个种属都有一个独特的发育模式,牙齿的形成和爆发有一个特定的顺序和特定的时间表。牙冠总是在牙根延伸之前形成。在非人灵长类动物中,牙冠形成的时间有相当大的差异,喷发的顺序和时间表也是如此。在恒牙取代乳牙之前,乳牙的牙根会被吸收,乳牙的牙冠会被替换的乳牙挤出。一般来说,咬合对牙齿(上和下)或多或少同时爆发。牙根生长时就会出现牙萌出。

在许多(但不是所有)非人灵长类种属中,前磨牙是第一批长出的恒齿。它们在乳牙被替换之前爆发,通常与离乳有关。人类和许多类人猿的第三磨牙是最后才长出来的。但是,这在非人灵长类动物中并不普遍。在具有强烈牙齿二型性的种属中,可能有明显的"双模性",雄性比雌性成熟得晚。这将影响出牙年龄,特别是永久的犬齿。

牙齿保存着自身发育的不可磨灭的记录,这可以从牙釉质的微观结构中读取。釉质基质形成的破坏会导致釉质缺损或发生发育不全。一旦牙冠完全成形,它们就不能改变形状,除非发生破损和磨损。不同种属的牙齿在牙釉质相对厚度和牙釉质棱柱结构上存在差异,这种差异可能会影响牙齿的功能寿命。在一些种属中,即使在野生环境中,正常情况下,颊牙冠在个体的一生中也会磨损到牙根。随着牙釉质的磨损和牙本质的暴露,第一层牙本质会被第二层牙本质取代,从而延长牙齿的功能寿命。

约在 5 月龄时,食蟹猴乳齿全部出齐,4.5 岁时乳齿全被恒齿替换。通常,雄猴到 6.5 岁左右出齐恒齿,而雌猴要到 7 岁左右。此后,随着动物年龄的增长,各类牙齿的齿面会受到不同程度的磨损。

1. 乳齿齿序与年龄 食蟹猴首先出现的乳齿是下颌和上合的正中门齿(I1),而后是侧门齿(I2)。雄性在出生 22 日龄左右萌出 4 颗门齿,45 天萌出 8 颗门齿。乳犬齿和第 1 前臼齿出牙时间顺序不规则。通常,雄性在出生后 72 天左右萌出乳犬齿和第 1 乳前臼齿;雌性相应为 78 日龄和 75 日龄左右。

食蟹猴在出生第 4 个月才开始出现下颌第 2 前臼齿,雌猴出牙时间平均为 139 天,最早是 105 天,最迟是 228 天;上颌第 2 前臼齿出牙的相应时间为 154 天、120 天和大于 260 天。雄猴下颌第 2 臼齿出牙平均时间为 147 天,最早是 105 天,最迟是 245 天;上颌第 2 臼齿出牙的相应时间为 152 天、120 天和大于 260 天。

通常,食蟹猴出生后 5 个月出齐乳齿。此后有 8～20 个月的间歇期,即 1 岁 3 个月至 2 岁才开始换牙,萌出下颌和上颌第 1 对恒臼齿。

乳齿出牙的一般规律是同类牙齿在左右两侧几乎同时出现,但有时稍有差异,或左先于右,或右先于左若干天。另外,门齿和第 2 臼齿通常是下颌先于上颌若干天,而犬齿和第 1 臼齿则是上颌先于下颌若干天。

2. 齿序 2 - 1 - 2 - 1 的萌出 在食蟹猴恒齿齿列中,首先出现的是下颌第 1 臼齿,接着是上颌第一臼齿,约在 2 岁 6 月龄时,食蟹猴便先后脱落下颌和上颌乳门齿而生出恒齿,通常是下颌门齿比上颌门齿先萌出 1～2 个月。这是恒齿出牙的第二个时期。

3. 齿序 2 - 1 - 2 - 2 的恒齿萌出和三个时期 食蟹猴通常在 3 岁半左右萌出第 2 臼齿(M2),下颌第 2 臼齿比上颌的先萌出 1～2 个月,这是恒齿萌出的第三个时期。至此,齿列已由 2 - 1 - 2 - 1 变为 2 - 1 - 2 - 2。恒齿萌出的第四个时期是乳犬齿和前臼齿脱落更替为恒齿,这个时期的期限较长,而且犬齿和前臼齿更替为恒齿的时间顺序不明显。据 Hurme 等研究,雌猴在 4 岁左右乳齿全被恒齿替换,雄猴则在 4 岁 5 个月左右。

4. 第 3 臼齿的萌出 食蟹猴在出齐 2 - 1 - 2 - 2 恒齿齿列后,通常雄猴要停滞 20 个月,雌猴停滞 30 个月左右才开始出现下颌第 3 臼齿,而上颌第 3 臼齿迟 3～6 个月,甚至更久才萌出。这样,雄猴平均 6.5 岁左右才出齐一套恒齿,而雌猴则在 7 岁左右。

（贾玉玲）

第三节 食蟹猴青春期发育特点

获得成熟的生殖功能是生物体一生中最重要、最复杂的一系列发育过程之一。青春期的发育是一个动态的过程,涉及发育相关指标的重叠和生理的平衡,在个体水平上可发生高度的可变性。

(一) 术语定义

青春期本身有很多因素和相互依赖的过程,是一个长期的过程,不会以稳定的速度发生。

有些人将青春期定义为人类第一次月经来潮结束,但在这之后,重要的器官系统仍然会持续发育,而第一次月经来潮通常与第一次排卵并不同步;而且,繁殖能力在这个时期还没有建立起来。文献中,毒理学家和病理学家之间,如何定义和区分青春期和性成熟会有一些分歧。美国韦氏辞典释义如下。

青春期：① 以生殖器官成熟、第二性征发育为标志、第一次能够有性生殖的状态或时期,在人类和高等灵长类动物中以第一次出现月经;② 人类男孩青春期的年龄在13～16岁,女孩在11～14岁,通常情况下男生在14岁和女生在12岁为青春期。

性成熟:足够成年或发育到可以生育的阶段(即后代)。

美国韦氏辞典中对青春期和性成熟的定义造成了这些术语在使用中潜在的混淆,因为两者都将繁殖能力作为定义的特征。近年对青春期的定义也可能有助于理解对性成熟的定义,即"从童年到成年的过渡时期,成年特征、第二性特征和繁殖能力的出现被认为是这个时期的结束"。

青春期一词被认为是从童年到成年(或不成熟到成熟)过渡的一段时间,性成熟被认为是能够可靠地进行繁殖的状态(意味着建立了正常的功能性卵巢周期)。当然,值得注意的是,即使在成年期,也不是所有

的女性都能一直保持规律的生理周期。因此,在本书中,青春期是指在神经内分泌改变时开始的,神经内分泌改变驱动青春期的生理变化,以大多数雌性建立功能正常的卵巢周期和所有生殖组织的身体发育完成为青春期结束。

(二) 雌性青春期发育

雌性生殖系统出生后发育的关键形态学和功能特征的种属比较见表4-3-1,并在图4-3-1中进行了概述。包括雌性生殖系统从青春期到性成熟的过渡及到生殖衰退/更年期的各个方面。

由于所涉及的过程和事件的顺序在不同种属之间可能不同,故这种比较具有一定的挑战。仅仅是用大致的描述给一个事件指定一个特殊的平均年龄。表4-3-1给出了雌性卵巢生殖周期的类型和时间的种属比较。

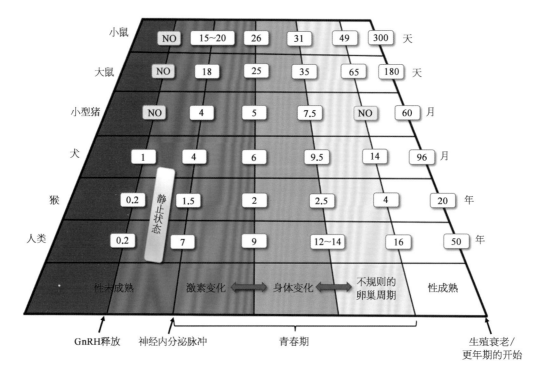

图4-3-1 雌性生殖系统发育时间的种属比较。注:为了能够在不同种属之间进行比较,对发育的具体特点及里程碑的定义应该比一般途径获知的更加精确。但应该明确,上述所有的比较都不是精确的,只是提供了事件的顺序和时间的粗略估计。还需要注意的是,青春期是一个持续的过程,并不是这幅图所蕴含的一系列既定事件,这幅图是根据 Buelke-Sam(2003)的图表改编的。这些里程碑事件中有几个是发生在同一段时间内,并涉及重叠。此外,不同的文献之间存在差异,可能是由于品系、种群或动物个体之间的差异及采用的检测方法不同造成的。NO,不确定

表4-3-1 雌性生殖系统出生后发育过程中形态和功能事件各个种属间比较

指 标	NHP 动物	犬	大鼠	人	其 他
青春期					
青春期的神经内分泌起始	20～24个月(恒河猴)	<4个月	在 PND_{20} 之前	10岁	小鼠 PND_{15}～PND_{20}
阴道张开	出生前	PND_{21}	PND_{30}～PND_{36}(SD)	出生前	小鼠(CD-1) PND_{26},兔 PND_{29}

续　表

指　标		NHP 动物	犬	大鼠	人	其　他
卵巢性激素：雌二醇水平升高		2.5～3 岁	7～10 个月	—		小鼠(C57BL)PND$_{28}$
HPG 轴建立，即卵巢周期开始		18 个月～2.5 岁，初潮	12 个月	PND$_{30}$ 首次动情周期	12～14 岁，初潮	—
排卵周期的开始，即第一次排卵		2.5～4 岁	6～14 个月	PND$_{33}$～PND$_{46}$	初潮后的 6 个月	—
胸部发育	乳房：青春期胸部发育的开始	第一次月经初潮之前(恒河猴)；发情期的第一个周期	—	PND$_{25}$	9～12 岁	—
	胸部发育完全	—	—	PND$_{45}$～PND$_{55}$	15 岁	—
性成熟						
可繁殖或正常排卵周期的开始		3～5 岁	12～24 个月	PND$_{65}$	16～19 岁	小型猪 6.5～7.5 个月，兔 4～5 个月
生殖衰退或更年期		20～30 岁，更年期	—	4～5 个月(SD)	50 岁，更年期	小鼠>10 个月，兔 1～3 年

表 4 - 3 - 2　各个种属间雌性生殖卵巢周期类型和发育时间的比较

种属	周期类型	周期长度	周期开始时年龄(参数)	第一次排卵的年龄	正常周期开始时的年龄	周期检测方法
大鼠	多排卵动情周期	4～5 天	PND$_{30}$	PND$_{33}$～PND$_{46}$	PND$_{65}$	阴道灌洗细胞学检查
小鼠	多排卵动情周期	4～5 天	CD - 1：PND$_{27}$	CD - 1：PND$_{35}$	PND$_{49}$	阴道灌洗细胞学检查
犬	多排卵动情周期	5～7 个月	PNM$_{6.5-14}$	12 个月(8～16 个月)	—	会阴肿胀和阴道出血，激素和阴道细胞学检查
小型猪	多排卵动情周期	21 天	4～6 个月	6.5～7.5 个月	阴道涂片细胞学
食蟹猴	单排卵月经周期	28～32 天	18 个月	2.5～3 岁	3～4 岁	每日阴道拭子和激素
人	单排卵月经周期	28 天	12～14 岁	初潮后 6 个月	初潮后 5 年内	阴道出血

1. 雌性生殖系统发育的内分泌学

(1) 生命早期和静止期的神经内分泌系统：最初，促性腺激素释放激素(GnRH)的分泌体系在胎儿/新生儿发育的特异性时期发育并具有短暂的活跃期。NHP 动物中，最初的分泌活动发生在婴儿早期(有时被称为雄性的小青春期)。与雄性相比，新生的雌性猴的 GnRH 脉冲发生器无法产生像成年猴一样的GnRH 释放频率。虽然在雌性胎儿/新生儿年龄阶段建立了一个强有力的搏动模式，但模式较慢。

之后，幼年期有一个休息的静止期，随后重新开始，标志着青春期的开始，这被比作神经生物学的制动和释放。相比雄性，这一静止期在雌性猴中并不明显。GnRH 分泌系统的低活性水平贯穿于整个幼儿时期，尽管还没有被完全理解清楚。

(2) 青春期的神经内分泌系统：下丘脑负责产生间歇 GnRH 放电的"GnRH 脉冲发生器"，是青春期开始所必需的。非人灵长类动物中，青春期是现有的静止 GnRH 脉冲发生器系统的二次激活。因为 GnRH神经元的合成能力不受青春期的限制，GnRH 的内源性分泌在发育更早期已经出现；经过一段时间的静止，甚至在非人灵长类动物中会这种静止持续几年，因此青春期可以被视为 GnRH 分泌的再次激活。

从神经生物学的角度来看，青春期具有控制GnRH 释放的神经系统变化的功能。青春期时段不仅仅是实际年龄的数值，还会影响 GnRH 分泌网络的神经递质及神经调节系统传递有关代谢状态、能量储存和体细胞发育等信息。对许多种属来说，还传递有关季节和社会环境的信息。因此，在大多数种属中，个体之间青春期的开始和发育存在很大差异，尤其在 NHP 和人类，这一点上尤其值得注意。此外，进一步的证据表明，雄性和雌性的特定信号通路是不同的。

青春期 GnRH 分泌的激活，需要突触和星形胶质调节系统的协调激活。这一过程的关键是使用谷氨酸、转移蛋白和 γ 氨基丁酸作为神经递质的神经元系统。星形胶质细胞通过生长因子启动的通路促进 GnRH 分泌，这些生长因子直接或间接作用于 GnRH 神经元，刺激神经分泌。研究表明，影响刺激 GnRH 释放的神经元转录活性的表观遗传调控在青春期时段上发挥着基本作用。

（3）青春期下丘脑-垂体-卵巢轴的建立：雌性哺乳动物在青春期开始时，HPG 轴被激活，导致 GnRH 释放。这反过来又激活 LH 释放及垂体促性腺激素在第一次排卵前激增。作为对促性腺激素的反应，卵巢开始产生类固醇，这标志着青春期卵巢成熟的开始。Morohashi 等描述了雌性哺乳动物性腺的两步性分化过程。第一步，不依赖于类固醇，涉及胎儿卵巢中的颗粒和膜细胞的分化；第二步，卵巢开始产生较高浓度的雌二醇（E_2），这在成熟卵巢后期对卵巢的功能至关重要，同时诱导性腺外组织，如内外生殖器、大脑、肌肉和乳腺等表型。性腺功能初现或卵巢功能的开始，以卵巢产生 E_2 的能力为标志，直到青春期时才明显。这与雄性形成了鲜明的对比，雄性的胚胎性腺会产生相当数量的雄激素。

人类和 NHP，最终建立了一个负反馈和正反馈回路网络来完成 HPG 轴。卵巢周期的开始伴随着一个强大的 HPG 轴的建立，并标志着激素调控波动的开始，向内分泌反应性组织发出同步信号。通常情况下，在所有组织同步并建立一个正常的生殖周期模式之前，需要几个周期。

2. 雌性生殖系统发育的形态学研究

（1）青春期的生理特征：据报道 NHP 初潮发生在 2.5～3 岁，而达到更规律的月经周期可能要到接近 4 岁时才会发生。这种模式与人类相似，在月经出血后出现长时间无排卵是正常的。

（2）卵巢出生后的发育

卵泡成熟：在胚胎发育过程中，原始生殖细胞从卵黄囊迁移到性腺嵴，并填充性腺。这些原始生殖细胞变成卵原细胞，并开始聚集排列，称为生殖细胞巢。经过多轮有丝分裂后，卵原细胞进入减数分裂，初级卵母细胞停滞在发育的二倍体阶段。生殖细胞巢最终分解并个体化，形成原始卵泡。

在新生 NHP 中，卵巢由皮层内密集的原始卵泡组

成。仔细观察，卵原细胞仍然很明显，可以观察到有丝分裂。卵原细胞可以单独观察，也可以作为生殖细胞巢的一部分。在 6 月龄的食蟹猴身上仍然可以观察到卵原细胞有丝分裂，在 10 个月大的恒河猴身上也有报道。卵泡的发育开始缓慢，到 6 月龄的时候通常会出现窦腔卵泡。在非临床幼龄动物毒性研究中，许多 NHP 还未完全成熟，因此卵巢内常见许多小到中等大小的卵泡，伴有不同程度的闭锁，以及不活跃的子宫内膜。在评估这个年龄段的 NHP 时，了解这些正常的发育特征是至关重要的。此外，在年轻的猕猴卵巢经常可以看到大量的卵泡。

当 NHP 接近青春期时，会有持续的卵泡发育，因为这些卵泡产生雌激素，所以在显微镜下看到青春期动物子宫内膜鳞和基质破裂出血、宫颈内鳞状化生和（或）阴道角化。常见的是类似的变化模式伴随着黄体残体。虽然这表示至少有一次排卵的证据，但并不表明性成熟，更有可能反映了年轻 NHP 都存在上述长时间的无排卵期。

此外，NHP 会有无排卵性出血，因此不要混淆子宫内膜出血和月经期子宫内膜出血。无排卵周期将具有不活跃的子宫内膜，具有简单的腺体，可能有不同数量的浅表出血，但最重要的是不会有新的黄体生成。相比之下，月经期的子宫内膜厚，腺体呈复杂的囊状，出血更明显，基质破裂及新生成的黄体，可能会出现退行性变化。因为出血可能是无排卵周期的一部分，临床出血事件的存在并不一定意味着排卵已经发生。

（3）出生后乳房和乳腺的发育：猕猴的乳头发育也很独特，比达到正常的月经周期早几个月。乳腺是一个复杂的分泌器官，由几种不同类型的细胞组成：构成乳腺导管网络的上皮细胞、构成脂肪垫的脂肪细胞、构成血管的血管内皮细胞、基质细胞（包括成纤维细胞）及各种免疫细胞。

3. 雌性生殖系统发育的功能方面

（1）首次排卵：首次排卵通常标志着卵巢发育的结束，因为卵巢应该具有完全的激素功能，并获得了释放卵母细胞的能力。在技术上，首次排卵也可以标志着繁殖能力，但繁殖也依赖其他生殖组织的成熟以实现适宜的着床和支持妊娠，所以性成熟不能仅通过首次排卵来假设（或检测）。唯一有信心检测性成熟年龄（定义为繁殖能力）的方法是将雄性和雌性集体安置，并监测第一次怀孕的情况。

（2）达到正常排卵周期：在大多数哺乳动物种属中，雌性的生殖功能是周期性循环的。大多数雌性获

得生殖能力与首次排卵有关,这也是性成熟的决定性事件,因为首次排卵通常是雌性生殖周期的起始事件。然而,大多数种属雌性的早期生殖周期是不规律的,从首次排卵到建立正常的生殖周期之间需要有一段时间。雌性的单排卵月经周期在青春期后期才有规律,尽管首次排卵或月经发生在青春期早期。食蟹猴是用于毒性试验的标准 NHP 种属,具有单排卵月经周期;一般来说,月经周期与人类相同,30 天左右。

4. 实验动物雌性出生后生殖发育的评价

(1)在体观察:根据种属的不同,采用不同终点来评估雌性生殖发育。NHP 的月经周期很容易通过每日阴道拭子的检测来统计。此外,可以监测与月经周期同步的激素情况,这项工作烦琐复杂,需要精心的研究设计。在啮齿类动物研究中,典型的设计是检测 F1 代的功能参数,如青春期和生育能力,但在 NHP 中并不实用,因为(食蟹猴)性成熟为 3~6 年,跟踪 F1 到性成熟,F2 代的出生需要 4~8 年。

NHP 从外表可以观察到的性发育里程碑、初潮和生殖周期循环开始,但这之间是脱节的。随着初潮发生,2~3 岁时,这种脱节更加明显;而第一次排卵和规律的月经周期往往发生在数月至数年后。在非人灵长类动物中,第二性征表现为乳头体积增加,由于阴道张开(vaginal opening,VO),其长度的增加而使得肛门生殖器距离缩短,青春期雌性猴出现肿胀和发红。

(2)生殖系统组织学评价:青春期动物的组织学特征不容易定义,这与未成熟动物和成熟动物之间的特征重叠有关。确定雌性动物不成熟的关键组织学特征包括无排卵证据和无月经周期开始的证据。青春期动物的组织学特征通常包括以下一种或两种:排卵的证据和(或)月经周期开始的证据。由于这一年龄组的多变性,加上青春期的临床标志和月经周期开始之间

的脱节,研究者经常使用“围青春期”这个术语来强调青春期是一个时间窗口,而不是一个事件,以避免对定义的混淆。例如,NHP 可能有出血的临床证据,在临床上被认为是青春期甚至是成熟的,但组织学上可能没有排卵的证据,在这些情况下,“围青春期”一词似乎弥合了这些差异。

确定某一动物性成熟的关键组织学特征包括多次排卵证据和当前月经周期的证据。在大鼠、小鼠和猪中观察这两个标准相对容易,因为一旦建立了循环,循环的证据就很明显,这与 NHP、犬和兔的情况不同。由于 NHP 在成熟动物中无排卵周期的发生率相对较高,监测月经周期的证据并不总是可靠的。虽然年龄未被推荐作为性成熟的独立决定因素,但在这些无排卵的 NHP 中,年龄可能有助于作为证据的一部分,来决定一个给定动物处于青春期还是性成熟。

(三)雄性青春期发育

雄性青春期通常仅由大体解剖变化来定义,如包皮分离(preputial separation,PPS)。然而,其他可能根据组织学变化(如附睾中的精子)或激素变化来定义。最重要的是,发育是一个持续的过程,不被认为是一系列确定的事件。正因为如此,很难准确地确定不同发育阶段的确切时间。

种属之间的比较是困难的,因为不同的种属使用不同的发育阶段方案。NHP 分为 6 个发育阶段(1~6 阶段),而大鼠分为 4 个阶段(从新生儿到围青春期),猪分为 3 个阶段(不成熟、围青春期/过渡和成熟)。此外,这些阶段方案不是针对任何一个系统,因此,可能无法对应雄性生殖道的总体或微观变化。例如,人类婴儿期和儿童期的发育阶段与睾丸形态变化并不密切相关,因为睾丸处于静止状态。表 4-3-3 总结发生在各种属与人类的主要形态学和内分泌事件。

表 4-3-3 雄性生殖系统发育过程中形态和内分泌各种属比较

指 标	食蟹猴	犬	大 鼠	人
妊娠长度	164 天(食蟹猴); 143~153 天(狨猴)	63 天	21 天	39 周
性分化	—	35~36 天	GD_{12}	GW_7
睾酮产生	—	—	$GD_{14.5} \sim GD_{15.5}$ 开始,GD_{18} 达峰	GW_8 开始,$GW_{11} \sim GW_{14}$ 达峰
LH 开始产生	—	—	$GD_{17.5}$	GW_{12}
HPG 轴建立	—	—	GD_{19}	GW_{12}
促性腺激素控制睾丸建立	$>GD_{80}$(恒河猴)	—	PND_{10}	hCG:GW_7; LH:$>GW_{20}$

续 表

指 标	食蟹猴	犬	大鼠	人
性原细胞有丝分裂中断	—		有，GD_{18} 至出生，持续至 PND_3	无
MPW	$GW_7 \sim GW_{15}$（猕猴）；$GD_{35} \sim GD_{90}$（食蟹猴）	—	$GD_{15.5} \sim GD_{17.5}$	$GW_9 \sim GW_{14}$
雄：雌 AGD 最大	—	—	出生	$GW_{17} \sim GW_{20}$
睾丸下降	出生时	开始：PND_3 或 PND_4；完成：5~6 周龄	第一阶段：GD_{19} 第二阶段：PND_{15}	第一阶段：GW_{15} 第二阶段：$GW_{25} \sim GW_{35}$
包皮分离	2.53 岁（恒河猴）	PND_{51}	43 天	9 个月~3 岁
MB	—	—	$GD_{18} \sim PND_{10}$	围产期（具体开始/结束未知）
微青春期	<4 个月	—	0~6 h	3~6 个月
发育阶段	新生儿：0~1 个月 婴儿：1~12 个月 儿童：12~24 个月 青春期：2~5 岁	新生儿：0~3 周 婴儿：3~6 周 儿童：6~24 周 青春期：24~37 周	新生儿：0~PND_7 婴儿：$PND_8 \sim PND_{20}$ 儿童：$PND_{21} \sim PND_{32}$ 青春期：$PND_{33} \sim PND_{60}$	新生儿：0~28 天 婴儿：28 天~2 岁 儿童：2~11 岁 青春期：11~14 岁
精原细胞/支持细胞增殖	—	18~20 周	$PND_5 \sim PND_{15}$	9~11 岁
BTB 形成和精母细胞分化开始	—	20 周	PND_{18}	12~13 岁
休眠	4~11 个月（猕猴）；<38 个月（食蟹猴）	3~18 周	无	3~9 岁
睾丸成熟	小叶-小叶型	扩散型	扩散型	小叶-小叶型
附睾成熟	—	—	未分化：0~PND_{14} 分化：$PND_{15} \sim PND_{44}$ 扩张：>PND_{44}	—
前列腺	出生后开始分泌	出生后开始分泌	开始分泌：PND_{15} 达成年组织学特征：PND_{28}	开始分泌：$GW_{15} \sim GW_{18}$

注：MPW，雄性化编程窗；MB，微青春期

1. 睾丸　所有哺乳动物睾丸成熟的基本顺序包括（按时间顺序）：出生前形成含有生殖腺细胞的精索；性腺细胞向精原细胞转化；支持细胞和精原细胞大量增殖；支持细胞成熟和血睾屏障（BTB）形成；精母细胞发育（即减数分裂）；精子发生（形成圆形和细长的精子细胞）。在食蟹猴中，睾丸成熟的时间持续数月。

NHP 中睾丸在出生前和出生后发育更类似于人类：与人类一样的静止期；睾丸以类似于人类的小叶-小叶模式发育；围产期细胞增殖没有停止；出生前性腺发育依赖于 hCG 和 LH。在恒河猴中，GD_{80} 睾丸受垂体促性腺激素控制。

Weinbauer 等报道食蟹猴的发育阶段分为新生儿（0~1 个月）、婴猴（1~12 个月）、幼猴（12~24 个月）和青春期（2~5 岁）。但与人类一样，这些阶段普遍存在

于多个器官系统中，与睾丸微观发育无明显相关性。无法将这些短暂的发育阶段与睾丸的微观变化紧密地联系在一起，这是与早期阶段发生的静止期及动物间的可变性相关。与大鼠和人类使用的这种时间分期方案不同，猴睾丸的显微镜评估是基于 1 级（未成熟）至 6 级（成年）方案。为了将大鼠和 NHP 进行比较，表 4-3-4 比较了食蟹猴不同等级的显微结果与大鼠时间发育阶段的显微结果。

表 4-3-4　食蟹猴和大鼠睾丸发育阶段比较

发育阶段（食蟹猴）和等级范围	大致发育月龄	食蟹猴显微特征	"大鼠"相同的发育阶段睾丸的特点
未成熟（1 级）	0~38	无内腔	新生儿和婴儿
青春期前（2 级）	38~43	内腔和早期精子形成	幼龄

续　表

发育阶段(食蟹猴)和等级范围	大致发育月龄	食蟹猴显微特征	"大鼠"相同的发育阶段睾丸的特点
青春期开始(3级)	44~76	存在圆形和拉长的精子细胞	青春期周围(早期)
青春期(4级)		在一些小管中形成精子,在附睾中有少量到中度精子形成	青春期周围(晚期)
成年早期(5级)		整个睾丸中形成精子和在附睾中存在丰富的精子	成年

表 4-3-4 中,有两点需要注意。首先,食蟹猴的年龄并不能告知睾丸发育的等级或阶段;其次,NHP 中长达 38 个月的时期(相当于大鼠的新生儿期和婴儿期)可能包括静止期。并未查阅到有文献讨论食蟹猴在出生的前 38 个月中促性腺激素的概况。食蟹猴的静止期并没有受到足够的关注。部分原因在于,大多数关于食蟹猴的研究集中在性成熟的时间上。因为理想的非临床毒性研究需要对性成熟的雄性进行检查。因此,新生儿期、婴儿期或静止期的微观细节在很大程度上被忽略了。

食蟹猴睾丸发育有广泛的可变性:一只 4 岁食蟹猴的睾丸可以处于从 1 级(未成熟)到 6 级(成年)的任何阶段。此外,还存在种属间(恒河猴、绒猴和食蟹猴)和品系变异(毛里求斯猴和亚洲食蟹猴)。这些变化及一个小叶的成熟,应该可以解释文献中关于成熟阶段和时间看似不同的报道。

在 NHP 中,体重和青春期之间有密切的联系。经确定,如果 5 岁以上且体重不低于 5 kg,或者单个睾丸重量超过 8 g,那么大多数食蟹猴都处于青春期(4 级)。Smedley 等于 2002 年报告了类似的发现,如果体重至少 5.3 kg,年龄至少 5.5 岁,则 90% 的雄性食蟹猴将达到性成熟。

食蟹猴性成熟的时间有一定的品系差异。毛里求斯食蟹猴性成熟比亚洲大陆猕猴早 2 年。毛里求斯猴是比亚洲大陆食蟹猴更大的动物,他们有体积更大的睾丸。

2. 输精管　输精管是附睾的延续,是一种肌肉管道,负责将精子从附睾输送到射精管(图 4-3-2)。它起源于中肾管(或 Wolffian 管),与附睾和精囊的起源相同。与附睾和精囊一样,睾酮是其发育所必需的,而输精管发育不全可能发生在出生前暴露于抗雄激素如邻苯二甲酸盐或 AR 拮抗剂如氟他胺之后。

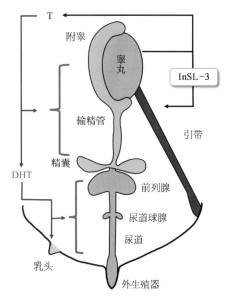

图 4-3-2　激素对雄性生殖系统发育的调控。该图显示了雄性生殖道的主要组成部分,以及胚胎起源和每个组织结构的主要激素调控。中肾管(或 Wolffian 管)来源的组织结构包括附睾、输精管和精囊,主要依赖于胎儿间质细胞在 MPW(雄性化编程窗口)期间产生的睾酮。依赖双氢睾酮的组织结构,如前列腺、尿道球腺和包皮/阴茎等,由泌尿生殖窦发育而来,除此之外,双氢睾酮还控制胎儿时期乳头的退化。睾丸下降是通过引带的形态改变发生的,而第一阶段经腹部的下降期主要依赖于胎儿间质细胞产生的胰岛素样因子(InSL-3)

3. 精囊　精囊的发育略落后于前列腺。精囊从 Wolffian 管发育而来,并依赖于睾酮的发育(图 4-3-2)。食蟹猴的精囊腔狭窄,内衬扁平上皮细胞,1~3 级(未成熟、青春期前和青春期开始)黏膜上皮简单折叠。只有当动物达到 4 级(青春期)时,腔内的分泌物积累增加,上皮细胞层进一步发育和折叠。

4. 前列腺　在胚胎学上,前列腺由内胚层的泌尿生殖窦发育而来(图 4-3-2)。这与精囊、附睾和输精管形成对比,后者由中胚层的 Wolffian 管发育而来。与雄性生殖道的其他组织相比,前列腺的这种来源可能导致了较高的发病率和异常生长。负责前列腺发育的主要雄激素是双氢睾酮;然而,睾酮和雌激素也发挥一定的作用。在早期分化过程中,前列腺发育中的基质细胞表达 α-ER,腺上皮表达 β-ER。

人类和实验室动物前列腺的外部大体分叶和显微镜分叶是不同的,表 4-3-5 总结了这些解剖学差异。

食蟹猴的前列腺与人类相似,但在不成熟阶段(1级)没有腺腔,在青春期前阶段(2级)早期腺腔形成,青春期开始(3级)完全形成腔。之后达到形态成熟(4级)。在接近青春期时,前列腺和精囊的重量会激增。因此,与大鼠相比,食蟹猴前列腺的成熟过程与人类更相似,因为直到出生后才可分泌前列腺液。

表 4-3-5　前列腺/精囊的解剖学特征比较

指标	人/NHP	大、小鼠	兔	犬
前列腺	3 区[a]： ● 1 个中央区 ● 2 个分叶	3 对分叶（总共 6 个）： ● 背 侧 叶（凝固腺） ● 腹侧叶 ● 背外侧叶	4 叶： ● 背侧叶 ● 2 个分叶 ● 背外侧	2 对分叶（总共 4 个）： ● 背侧叶分叶
前列腺的大体分叶	无	有（轻度）	有（轻度）	有（侧叶之间）
精囊腺	有	有	无	无

注：[a] 出生前，人类在妊娠 20 周（GW_{20}）之前有 5 个解剖叶，2 个叶退化，出生时只剩下 3 个；人类前列腺在出生前具有分泌功能，不像大鼠、NHP 和犬的前列腺在出生后才具有分泌功能

5. 尿道球腺　尿道球腺起源于泌尿生殖窦，与产生前列腺、膀胱和尿道的结构相同（图 4-3-2）。这个腺体也被称为 Cowper 腺，是一个豌豆形状的外分泌腺，位于尿道附近。它的主要功能是分泌润滑黏液。这些腺体是依赖雄激素的组织，需要双氢睾酮来完成发育。然而，类似氟他胺这样的 AR 阻滞剂会改变双氢睾酮介导的尿道球腺的生长，正如氟他胺对其他双氢睾酮依赖的组织一样。

6. 雄性化编程窗（MPW）　MPW 是出生前早期发育的敏感时期，它启动并"控制"了雄性内外生殖器和会阴的适当发育和生长。正是在 MPW 期间，雄激素水平的紊乱会导致睾丸发育不良综合征（testicular dysgenesis syndrome，TDS），包括阴茎畸形（即尿道下裂）、隐睾、睾丸变小、精子量减少、青春期阴茎变小、睾酮水平降低、前列腺变小和 AGD 降低等变化。

"性别分化"和"雄性化"是有区分的。性别分化发生在雄性化之前，是可识别睾丸形成和胎儿性别，可以在形态学上区分为雄性的时期。雄性化是指胎儿（具有内分泌功能的睾丸）在表型上转变为雄性的后续过程。雄性化不仅包括米勒管（Mullerian duct）在抗米勒管激素作用下的初始退化，还包括内部（附睾、输精管、精囊和前列腺）和外部（阴茎、阴囊和会阴）生殖器的分化。邻苯二甲酸盐、杀虫剂和治疗药物（如类固醇激素、他汀类药物和格列酮）可能会抑制 MPW 期间睾酮的产生，从而导致 TDS，因此，近年来 MPW 受到了相当多的关注。

在 NHP 中确定 MPW 的研究很少。在食蟹猴中，生精小管在孕周 GW_{7-9} 形成，这表明 MPW 在此时期或不久发生（约 GW_{8-9}；孕期 164 天或 5.5 个月）。食蟹猴 MPW 的时间点被研究证实。

7. 外生殖器　雄性外生殖器包括阴茎和阴囊，它们的正常发育和生长取决于 MPW 期间雄激素的适当暴露，以及青春期雄激素的持续暴露。DHT 是一种由睾酮在 5α-还原酶作用下生成的雄激素，是控制外生殖器分化和生长的主要雄激素（图 4-3-2）。虽然出生或青春期阴茎小可能表明 MPW 后雄激素暴露不足，在 MPW 期间雄激素暴露不足会有更可怕的后果，并导致更严重的外生殖器表型变化。在 NHP 妊娠早期到中期，阴茎在 MPW 期间发育。GD_{39-90} 是恒河猴 Wolffian 管雄性化时间。

在出生前早期给予非那雄胺（一种抑制剂将睾酮转化为 DHT 的关键的 5α-还原酶的药物）会导致阴茎变小和阴囊发育不良，这表明睾酮和 DHT 在雄性外生殖器的雄性化过程中都起着关键作用。在妊娠早期（妊娠期 GD_{35-70}）给予氟他胺（一种 AR 阻断剂）而不是妊娠中期（妊娠期 $GD_{115-155}$）也会产生同样的影响。在妊娠早期（GD_{39-90}）暴露高剂量的睾酮，雌性胎儿在出生时表现出完全的雄性化。而在妊娠后期（$GD_{115-139}$）暴露于相同的处理时，雌性胎儿发育正常，强调了 MPW 对雄激素的敏感性及其对外生殖器发育的影响。

8. 睾丸下降　隐睾通过颅悬韧带与横膈膜相连。韧带退化，腹股沟固有带（连接睾丸和小腹的腹股沟阴囊尾韧带）同时增大。当腹膜变宽时，腹膜逐渐变短，使睾丸进入阴囊。

睾丸下降有不同的控制机制，取决于它是在较早的腹部阶段还是在较晚的腹股沟阴囊阶段。经腹部下降是由 InSL-3 和胎儿间质细胞产生的雄激素控制的（图 4-3-2）。但是睾丸腹股沟区域则需要一个较厚且弹性较差的腹股沟腺，而邻近的器官如肾脏则允许向前背方向移动。腹股沟阴囊下降由雄激素控制，并受 HPG 轴控制。这些雄激素通过生殖股神经控制降钙素基因相关肽的释放，而生殖股神经则帮助睾丸将睾丸引导至阴囊。

第一或第二阶段睾丸下降失败都会导致先天性隐睾症。MPW 期间的内分泌紊乱是隐睾症的一个原因，其他原因包括原发性激素缺乏、控制第二下降阶段的 HPG 轴功能失调，或者可能是由于解剖缺陷。

与人类一样，食蟹猴的睾丸下降发生在妊娠末期的出生前。然而，出生后不久，睾丸就会升回腹股沟管。在大约 3 岁的时候，睾丸再次下降，同时体积也增加了。

9. 大脑雄性化　在非人灵长类动物中，大脑雄性

化发生在妊娠后期,但确切的时间和多长时间还不清楚。

10. 微青春期 微青春期(MB)是新生儿期以 GnRH、血清 LH 和血清睾酮短暂激增为特征的时期。它是由母体性激素突然降低触发的,刺激新生儿的促性腺激素水平。孕晚期的雄性胎儿会暴露在高浓度的雄激素(来自睾丸)和雌激素(来自胎盘)中,出生时母体激素突然减少,新生儿的 HPG 轴在母体雌激素的抑制作用下被释放。微青春期对正常的精子发生和内外生殖器的成熟也很重要。

在 NHP 中发现了微青春期,在出生后的前 4 个月睾酮激增很明显。虽然研究有限,但在猕猴的这种微青春期和性相关行为之间并没有明显的联系。然而,微青春期激素激增对雄性猴的正常精子发生和睾丸发育很重要。

11. 下丘脑-垂体-性腺轴(HPG 轴) HPG 轴控制着性成熟及从幼年向成年状态的转变。HPG 轴的组成部分包括下丘脑弓状核内的 GnRH、垂体促性腺激素(LH、FSH 和催乳素)和睾丸促性腺激素反应元件(Leydig 细胞和 Sertoli 细胞)释放的类固醇激素(主要是雄激素)。HPG 轴的基本发生机制在大多数种属中是保守的。HPG 是在出生前形成的,但直到青春期开始时才发育成熟。

HPG 轴的成熟可以分为三个步骤。首先是其组成部分的形成,这通常发生在所有种属出生之前。第二种是性腺诱导的大脑雄性化,在此期间,下丘脑被编程成具有强直搏动的雄性 HPG 轴;第三个是下丘脑神经胶质网络在青春期前的生化/表型成熟。

NHP 中 HPG 轴的成熟发生在青春期开始之前。然而,绒猴 HPG 轴和内分泌调节的一些具体特征有所不同。绒猴的垂体不产生 LH,但会在垂体产生绒毛膜促性腺激素(βCG)的 b 亚基,而 βCG 是绒猴体内唯一具有黄体生成素活性的促性腺激素。外源性 GnRH 不能提高绒猴体内促性腺激素水平或睾酮水平;垂体卡介苗与睾酮水平无直接关系;睾酮的产生显然受到 βCG 水平以外事件的调节;而性激素结合球蛋白对睾酮的亲和力较低。这种结合球蛋白的低亲和力可能部分解释了绒猴出生后发育特征中不稳定的睾酮水平。绒猴体内的睾酮水平相对较高:通常为 $20\sim40$ ng/dL,而旧世界猴的睾酮水平为 $3\sim9$ ng/dL,人类的睾酮水平为 10 ng/dL。虽然绒猴 HPG 轴的细节还不完全清楚,但在其性成熟的 70 周龄时,有高 βCG 和高睾酮水平。

(贾玉玲)

第四节 食蟹猴出生缺陷

非人灵长类动物一直是评价化学品和药物等诱导畸形(如神经节缺陷)的常用动物模型。动物中这些自发畸形的报告对于确定特定种属中异常状况背景的发生率、维持健康生物群体及评估试验结果都很重要。由于 NHP 具有较低的出生缺陷背景发生率(<1%),因此,常常会采用致畸物作为阳性对照诱导以建立非人灵长类动物致畸模型。

(一)沙利度胺

沙利度胺(thalidomide)是一个众所周知可导致胎儿畸形的药物。该药 20 世纪 50 年代最先在德国上市,作为镇静剂和止吐药,主要用于治疗妊娠恶心、呕吐,因其疗效显著,不良反应轻且少,而迅速在全球广泛使用。但是在短短的几年里,全球发生了极其罕见的上万例海豹肢畸形儿,调查研究发现,导致这些畸形儿的罪魁祸首就是当时风靡全球的沙利度胺。沙利度胺引起的畸形包括肢体缺陷,面部血管瘤,食管和十二指肠闭锁,法式四联征,肾小球、肾发育不全,异常外耳和颅神经异常,人类致畸敏感期为 GD_{21-36}。

关于沙利度胺致畸机制还在不断的探索中,但科学家已用该药物在非人灵长类动物体内模拟出与人类似的畸形。1972 年,Tanimura T 将沙利度胺 20 mg/kg,于 GD_{24-26} 给予恒河猴、日本猕猴孕猴,均可引起两种品系所有新生仔猴出现典型的上肢畸形、骨骼畸形。1972 年、1973 年、1978 年和 1985 年,Hendrickx AG、Newman LM 等发表多篇文献,将 10 mg/kg 或 30 mg/kg 沙利度胺于 GD_{24-30} 或 GD_{25/28} 单次口服给予食蟹猴、非洲绿猴和顶冠猕猴,也可以引起上述畸形变化。国内也有相关文献报道,2012 年,袁芳、常艳等将沙利度胺 20 mg/kg,于 GD_{26-32} 或 GD_{26-50} 给予食蟹猴,成功获得阳性结果。

(二)环磷酰胺

环磷酰胺(cyclophosphamide,CPA)是临床上常用的一种抗肿瘤药物和免疫抑制剂,也是研究最多的化学致畸剂之一,背景资料较多。临床零星病例报告和大病例系列病例均表明,产前早期暴露于 CPA 的婴儿经常患有环磷酰胺胚胎病,具体表现为:胎龄小,颅面畸形,包括眼部畸形、腭裂/唇裂、脑积水、小头畸形、低位小眼症、听力障碍、颅骨前突和面部不对称,还观察到肢体缺损,如桡骨、尺骨和胫骨发育不全,手和足的指骨缺损及椎骨融合等。

CPA 经常用于致畸、致突变研究,是大鼠、家兔生殖毒性试验最常用的阳性致畸药物,而用于非人灵长类动物致畸模型的报道较少。

1979 年,McClure HM 等将 CPA 2.5 mg/kg、5 mg/kg、7 mg/kg、10 mg/kg、15 mg/kg 和 20 mg/kg 于 GD_{25-43} 的不同时间段肌内注射 53 只恒河猴孕猴,16 只胎仔正常,21 只宫内死胎或流产,16 只出现畸形,其中畸形主要为唇裂/腭裂、颅面畸形、脑膜脑膨出、尾巴弯曲及其他骨骼异常(表 4-4-1)。试验结果表明 CPA 5～10 mg/kg 给予恒河猴孕猴,早期(GD_{27-29})给予 CPA 动物较容易出现唇裂、腭裂、眼球发育异常;GD_{32-36} 给药,较容易出现颅面畸形、前颅骨发育不良和脑膜脑膨出。

表 4-4-1　环磷酰胺诱导恒河猴颅面发育异常的试验

| CPA 剂量 (mg/kg) | 动物数量 ($n=53$) | 畸　形 | | | | | | 死　胎 | 正　常 |
		数量及畸形率(%)	唇/腭裂	颅面畸形	脑膜膨出	其　他	尾巴弯曲		
2.5	3	—	—	—	—	—	—	—	3
5	7	1(14)	1	—	—	—	—	4	2
7	12	3(25)	1	2	—	—	—	7	2
10	24	12(50)	4	4	3	1	2	5	5
15	3	—	—	—	—	—	—	1	2
20	4	—	—	—	—	—	—	4	

2000 年,Wei X 等选用该造模方式,将 CPA 7.5 mg/kg、10 mg/kg 于 GD_{27-29} 肌内注射恒河猴和食蟹猴孕猴,在环磷酰胺诱导唇裂、腭裂模型上成功探索了非人灵长类上侧切牙和前颌的起源与发展。

(三)维 A 酸类

维生素 A 和类视黄醇具有广泛的药理学作用,但同时也是典型的可引起多种动物种属畸形的药物。第一代维 A 酸类药物包括全反式维 A 酸和 13-顺式维 A 酸。全反式维 A 酸是体内维生素 A 的代谢中间产物,主要影响骨的生长和促进上皮细胞增生、分化、角质溶解等代谢作用。13-顺式维 A 酸通常是通过异构化为全反式维 A 酸发挥作用。

口服维 A 酸对实验动物(包括小鼠、大鼠、兔和猴等)和人都有很强的致畸作用。一系列动物实验研究显示,维 A 酸在不同的孕期给予不同的剂量可引起各种各样的发育畸形,如在器官形成期早期给予该药物,可引起中枢神经系统和心血管系统异常;器官形成期稍晚期给药,常会引起肢体、泌尿生殖系统及上腭畸形,称为 RAS 综合征。与实验动物相比,13-顺式维 A 酸对人类的致畸危害更严重。在人体内,13-顺式维 A 酸的无意暴露可引起颅面、心脏、胸腺、中枢神经结构异常,常见的畸形有小耳或先天缺失、小颌畸形、腭裂、外耳和听道缺损、面部畸形、心脏及主动脉弓畸形、胸腺发育不良、小头畸形、脑积水、视网膜/视神经等。

全反式维 A 酸和 13-顺式维 A 酸的生物活性存在很大差异。13-顺式维 A 酸不与细胞内维 A 酸结合蛋白及维 A 酸受体结合,而全反式与前两者结合。全反式和 13-顺式维 A 酸都可以发生异构化。全反式维 A 酸与细胞核结合受限制,组织分布广泛,胎盘转运活跃,人体内半衰期约 1 h。13-顺式维 A 酸可广泛与细胞核结合,但组织分布和胎盘转运受限,人体内半衰期可长达 16 h。13-顺式维 A 酸致畸性在人与动物存在较大种属差异,敏感程度为人类＞猴＞兔＞大鼠和小鼠,人体每日致畸剂量为 1 mg/kg,猴为 5 mg/kg,大鼠为 75 mg/kg。人类的高敏感性可能与该药物较慢的清除速率,低水平的葡萄糖醛酸化(解毒过程),缺乏与细胞内维 A 酸结合蛋白和维 A 酸受体的结合,但易与细胞核结合,并连续不断地异构成为全反式维 A 酸等因素有关。两种不同形式的维 A 酸在非人灵长类动物胚胎-胎仔发育毒性试验总结如表 4-4-2、表 4-4-3 所示。

表 4-4-2 13-顺式维 A 酸致畸剂量、给药时间相关试验结果汇总

	Hendrickx, Korte, and Hummler, 1998			Korte, Hummler, and Hummler, 1993		Hummler, et al. 1990				Fantel, et al. 1976
每日给药剂量（mg/kg）	2.5	2.5	2.5	2.5	2.5	2、10、25	2.5	2.5	2.5	10
给药时间及给药频率	GD$_{12-27}$，每天 1 次	GD$_{20-27}$，每天 1 次；GD$_{28-30}$，每天 2 次	GD$_{26-27}$，每天 2 次	GD$_{16-25}$，每天 1 次；GD$_{26-27}$，每天 2 次，	GD$_{10-20}$，每天 1 次；GD$_{21-24}$，每天 2 次	GD$_{18-28}$，每天 1 次	GD$_{21-24}$，每天 2 次	GD2_{5-27}，每天 2 次	GD$_{10-25}$，每天 1 次；GD$_{26-27}$，每天 2 次	GD2_{2-44}，每天 1 次
动物	食蟹猴			食蟹猴		食蟹猴				卷尾猴
母体毒性	无			无		体重及摄食量下降、腹泻	无	无	无	无
胚胎/胎仔死亡率（%，死亡胚胎或胎仔数/妊娠母体数）	45(5/11)	20(1/5)	0(0/5)	31(4/13)	18(2/11)	40(4/10)、43(3/7)、100(5/5)	60(3/5)	20(1/5)	22(2/9)	
畸形（%）										
外耳	50(3/6)	50(2/4)	0	67(6/9)	56(5/9)	0	0		71(5/7)	66.3(7/11)
颧骨	50(3/6)	0	0	11(1/9)	67(6/9)	0	0	0	59(4/7)	18.1(2/11)
下颌骨	33(2/6)	0	0	0	11(1/9)	0	0	0	57(4/7)	81.8(9/11)
上腭	0	0	0	0	0	0	0	0	0	66.3(7/11)
胸腺发育不良	0	0	0	0	0	0	0	0	57(4/7)	0
心脏畸形	17(1/6)	0	0	0	22(2/9)	0	0	0	29(2/7)	9.1(1/11)
小脑蚓部发育不良	33(2/6)	50(2/4)	0	22(2/9)	0	0	0	0	29(2/7)	
泌尿生殖系统发育不良	0	0	0	0	0	0	0	0	0	9.1(1/11)

表 4-4-3 全反式维 A 酸致畸剂量、给药时间相关试验结果汇总

	Hendrickx, Hummler, 1992	Hendrickx et al. 1980	Fantel et al. 1977	Wilson, 1974
每日给药剂量（mg/kg）	5、10、20	20~40	7.5~10	10~80
给药时间及给药频率	GD$_{10-20}$，每天 1 次；GD$_{21-24}$，每天 2 次	GD$_{17-45}$（4~8 天）	GD$_{18-44}$	GD$_{20-46}$
动物	食蟹猴	恒河猴	卷尾猴	恒河猴
母体毒性	10 mg/kg、20 mg/kg：体重下降、胃肠道毒性、面部病变	面部病变	未见报道	未见报道
胚胎/胎仔死亡率（%，死亡胚胎或胎仔数/妊娠母体数）	5 mg/kg：22(2/9) 10 mg/kg：50(3/6) 20 mg/kg：100(1/1)	未报道	存在	存在
畸形（%）				
外耳	67(2/3)	存在	存在	存在

	Hendrickx, Hummler, 1992	Hendrickx et al. 1980	Fantel et al. 1977	Wilson, 1974
颧骨	33(1/3)	0	0	0
下颌骨	67(2/3)	存在	存在	0
上腭	33(1/3)	存在	存在	存在
胸腺发育不良	0	存在	0	存在
心脏畸形	0	0	存在	
小脑蚓部发育不良	0	存在	0	存在

另有研究表明,较小剂量 13 -顺式维 A 酸每日 2.5 mg/kg,每日 1 次,在器官形成敏感期(如 GD_{12-27})给药也可引起胚胎-胎仔畸形,实验结果显示食蟹猴后脑神经嵴迁移发生于 $GD_{26/27}$ 之前。维 A 酸引起的特征性外耳畸形,药物在器官形成期之前早期暴露(GD_{18} 或 GD_{20} 之后暴露未见此种畸形)及长时间暴露(如 GD_{12-27})至关重要;药物的早期暴露(GD_{16} 之前)同样对内耳畸形的形成有重要作用,与 GD_{10} 给予维 A 酸相比,GD_{16} 开始给予此药,内耳畸形未见或发生率很低(59%~67% vs 11%);小脑蚓部发育障碍需要从 GD_{24} 之后开始给药;GD_{20-30} 为前肢发育期。Rainhart Korte 等发现食蟹猴器官发育敏感期:颅面骨骼及心脏为 GD_{10-24};胸腺及大脑为 GD_{24} 以后;外耳为 GD_{16-24};此外,外耳畸形似乎是 13 -顺式维 A 酸致畸性的特征性表现及胚胎毒性严重程度的标志物。

(四) 丙戊酸

丙戊酸类药物自 1967 年起投入法国市场,广泛用于治疗成人和儿童癫痫及躁郁症。法国国家药品与健康产品安全局等机构分析数据后发现,孕妇服用丙戊酸类药物治疗癫痫或躁郁症,生下婴儿出现先天畸形的风险分别比正常人高出 4 倍和 2 倍。

1986 年,Terryl J. Mast 等将丙戊酸 20 mg/kg、200 mg/kg 于 GD_{21-50}、600 mg/kg 于 GD_{21-30} 给予 11 只恒河猴,600 mg/kg 组引起所有动物(3/3)死胎,并均可见到颅面和骨骼畸形;200 mg/kg 组引起 3/5 动物死胎,2/5 胎仔可见畸形;20 mg/kg 组引起 2/3 胎仔未见异常,1/3 胎仔可见畸形。1988 年,Hendrickx AG 将丙戊酸 20 mg/kg、75 mg/kg、100 mg/kg、150 mg/kg、200 mg/kg 于 GD_{21-50}、450 mg/kg、600 mg/kg 于 GD_{20-23} 给予 33 只恒河猴孕猴,出现跟剂量相关的发育毒性,如胚胎及胎儿死亡、宫内发育迟缓、颅面及骨骼畸形,其中 20 mg/kg、75 mg/kg 剂量组畸形率少见,仅有个别动物(1/3)可见颅面异常形状或伴有耳低位;

200 mg/kg 剂量组畸形发生率最多,最常见的畸形为指骨发育不良(9/9),下颌骨发育不良(4/9),长骨畸形(3/9),椎骨融合或只见一半(3/9);450 mg/kg、600 mg/kg 于 GD_{20-23} 给予未见长骨、指骨畸形,较多见颅面畸形(1/1,1/2)和椎骨、肋骨发育不良(1/1,2/2)。

(五) 皮质类固醇

皮质类固醇的应用广泛,所以很早就有此类药物的致畸性研究。Walker 等检测了 6 种激素类药物,致畸性程度不一,其中氟羟氢化泼尼松致畸性最强。Hendrickx 利用 3 种不同的非人灵长类品系:冠毛猕猴、恒河猴、狒狒检测了该药物(15~20 mg/kg、3~28 mg/kg、1~14 mg/kg、3~19 mg/kg 于 GD_{41-44}、GD_{37-48}、GD_{37-44}、GD_{50-133} 肌内注射给药)的致畸作用。研究表明,氟羟氢化泼尼松可引起口腔颅面畸形(前额突出、囟门增宽、腭裂等)、胸腺发育不良、肌肉畸形、肾上腺发育不良、肾脏发育畸形,其中口腔颅面发育畸形和胸腺发育不良发生率最高。此外,三种动物均可见较严重的生长发育迟缓,体重和身长降低 30%~40%。

曲安奈德(TA)属曲安西龙的衍生物,为一种强效的糖皮质激素,具有明显的抗过敏作用,可明显减轻过敏性鼻炎的鼻腔症状,该药物在鼠、家兔及猴体内均有致畸性,研究者将由该种药物引起的畸形称为 TA 综合征。Hendrickx 发现,曲安奈德 10~20 mg/kg、10~15 mg/kg、5~10 mg/kg 于 GD_{21-43}(1 天、3 天或 5 天)给予恒河猴、冠毛猕猴、狒狒,三种种属均可见中枢神经系统畸形和头骨畸形,畸形程度和发生率随着给药剂量和给药天数增多而加重,研究中发现 GD_{23-31} 为神经管闭合,中脑吻端分界、原始丘板和两个中脑神经节发育的关键期。10 mg/kg 于 GD_{23-31} 肌内注射给予孕猴(单次给药或多次给药,最多连续 5 天),可引起恒河猴脑脊髓膜突出、脑水肿等中枢神经系统畸形。

(六) 性激素类药物

醋酸甲羟孕酮(MPA),20 mg/kg 或 100 mg/kg 于

$GD_{27±2}$ 单次给予食蟹猴，均可引起仔猴外生殖器发育畸形，雌性仔猴表现为局部或完全阴唇融合，阴蒂肥大，雄性仔猴表现为阴茎短小、阴囊肿胀或可见尿道下裂。

己酸羟孕酮（HPC）单独或联合戊酸雌二醇以人用剂量 $0.1~10$ 倍人等效剂量于 GD_{20-146} 期间，每 7 天为一个给药周期，肌内注射给予食蟹猴和恒河猴，可引起胚胎死亡，但未见致畸作用。

非那雄胺每日 2 mg/kg 于 GD_{20-100} 口服给予 12 只孕猴可引起雄性仔猴出现尿道下裂、粘连龟头、小阴囊、小阴茎等畸形，雌性仔猴未见发育畸形；非那雄胺每日 8 ng、80 ng、800 ng 于 GD_{20-100} 静脉注射给予 32 只孕猴，未见雌性和雄性仔猴发育畸形。

（贾玉玲　崔艳君）

参考文献

［1］崔艳君，田义超，周莉，等.非人灵长类动物胚胎-胎仔毒性实验阳性药物的选择［J］.中国新药杂志，2021，30（14）：1266 - 1273.

［2］康宇.非人灵长类早期胚胎发育与疾病模型研究［D］.昆明理工大学，2020. DOI：10.27200/d.cnki.gkmlu.2020.000323.

［3］曾中兴，白寿昌，陈元霖.猕猴（Macaca mulatta）的齿序、年龄和个体发育的关系［J］.兽类学报，1984，4（2）：81 - 87.

［4］曾中兴，白寿昌，钱锐，等.猕猴乳齿的发育［J］.动物学杂志，1980，4：14 - 16.

［5］Anonymous. Thalidomide Teratogenic Effects Linked to Degradation of SALL4: After 60 years, researchers have now shed light on the mechanism underlying thalidomide's devastating teratogenic effects ［J］. Am J Med Genet A. 2018，176（12）：2538 - 2539.

［6］Buse E，Zöller M，Van Esch E. The macaque ovary, with special reference to the cynomolgus macaque（Macaca fascicularis）［J］. Toxicologic Pathology，2008，36（7 suppl）：24S - 66S.

［7］Bussiere J L，Moffat G，Zhou L，et al. Assessment of menstrual cycle length in cynomolgus monkeys as a female fertility endpoint of a biopharmaceutical in a 6 month toxicity study［J］. Regulatory Toxicology and Pharmacology，2013，66（3）：269 - 278.

［8］Chandolia R K，Luetjens C M，Wistuba J，et al. Changes in endocrine profile and reproductive organs during puberty in the male marmoset monkey（Callithrix jacchus）［J］. Reproduction，2006，132（2）：355 - 363.

［9］Chellman G J，Bussiere J L，Makori N，et al. Developmental and reproductive toxicology studies in nonhuman primates［J］. Birth Defects Research Part B: Developmental and Reproductive Toxicology，2009，86（6）：446 - 462.

［10］Cheung C C，Thornton J E，Kuijper J L，et al. Leptin is a metabolic gate for the onset of puberty in the female rat［J］. Endocrinology，1997，138（2）：855 - 858.

［11］Cline J M，Wood C E. The mammary glands of macaques［J］. Toxicologic pathology，2008，36（7 suppl）：130S - 141S.

［12］De Silva N K，Tschirhart J. Puberty-defining normal and understanding abnormal［J］. Current Treatment Options in Pediatrics，2016，2（3）：121 - 130.

［13］Derelanko M J，Hollinger M A. Handbook of toxicology［M］. CRC press，2001：364.

［14］Dreef H C，Van Esch E，De Rijk E P C T. Spermatogenesis in the cynomolgus monkey（Macaca fascicularis）: a practical guide for routine morphological staging［J］. Toxicologic pathology，2007，35（3）：395 - 404.

［15］Ebling F J P. The neuroendocrine timing of puberty［J］. Reproduction，2005，129（6）：675 - 683.

［16］Fantel A G，Shepard T H，Newell-Morris L L，et al. Teratogenic effects of retinoic acid in pigtail monkeys（Macaca nemestrina）I General features［J］. Teratology，1977，15（1）：65 - 71.

［17］Fukuda S，Matsuoka O. Comparative studies on maturation process of secondary ossification centers of long bones in the mouse, rat, dog and monkey［J］. Experimental Animals，1980，29（3）：317 - 326.

［18］Golub M S，Eisele J H，Donald J M. Effect of intrapartum meperidine on the behavioral consequences of neonatal oxygen deprivation in rhesus monkey infants ［J］. Developmental pharmacology and therapeutics，1991，16：231 - 240.

［19］Golub M S，Hogrefe C E，Germann S L，et al. Effects of exogenous estrogenic agents on pubertal growth and reproductive system maturation in female rhesus monkeys［J］. Toxicological Sciences，2003，74（1）：103 - 113.

［20］Golub M S. Use of monkey neonatal neurobehavioral test batteries in safety testing protocols［J］. Neurotoxicology and teratology，1990，12（5）：537 - 541.

［21］Gray Jr L E，Furr J，Tatum-Gibbs K R，et al. Establishing the "biological relevance" of dipentyl- phthalate reductions in fetal rat testosterone production and plasma and testis testosterone levels［J］. Toxicological Sciences，2016，149（1）：178 - 191.

［22］Halpern W G，Ameri M，Bowman C J，et al. Scientific and regulatory policy committee points to consider review: inclusion of reproductive and pathology end points for assessment of reproductive and developmental toxicity in pharmaceutical drug development ［J］. Toxicologic pathology，2016，44（6）：789 - 809.

［23］Haruyama E，Suda M，Ayukawa Y，et al. Testicular development in cynomolgus monkeys［J］. Toxicologic pathology，2012，40（6）：935 - 942.

［24］Heinz Nau. Teratogenicity of isotretinoin revisited: Species variation and the role of all-trans-retinoic acid［J］. Journal of the American Academy of Dermatology，2001，45（5）：S183 - 187.

［25］Hendrickx A G，Peterson P E，Rowland J R，Tarantal A F. Early embryonic sensitivity to cyclophosphamide in long-tailed monkeys（Macaca fascicularis）［J］. Teratology，1991，43：445.

［26］Hendrickx A G，Peterson P，Hartmann D，et al. Vitamin A teratogenicity and risk assessment in the macaque retinoid model［J］. Reproductive Toxicology，2000，14（4）：311 - 323.

［27］Herman R A，Jones B，Mann D R，et al. Timing of prenatal androgen exposure: anatomical and endocrine effects on juvenile male and female rhesus monkeys［J］. Hormones and behavior，2000，38（1）：52 - 66.

［28］Herschkowitz N，Kagan J，Zilles K. Neurobiological bases of behavioral development in the first year［J］. Neuropediatrics，1997，28（06）：296 - 306.

［29］Hurd P L，Vaillancourt K L，Dinsdale N L. Aggression, digit ratio and variation in androgen receptor and monoamine oxidase a genes in men［J］. Behavior genetics，2011，41（4）：543 - 556.

［30］Hutson J M，Li R，Southwell B R，et al. Germ cell development in the postnatal testis: the key to prevent malignancy in cryptorchidism? ［J］. Frontiers in endocrinology，2013，3：176.

［31］Hutson J M，Southwell B R，Li R，et al. The regulation of testicular descent and the effects of cryptorchidism［J］. Endocrine Reviews，2013，34（5）：725 - 752.

［32］Jenkins M K，Schwartz R H，Pardoll D M. Effects of cyclosporine A on T cell development and clonal deletion. Science，1988，241：1655 - 1658.

［33］ Johnson K J, Heger N E, Boekelheide K. Of mice and men (and rats): phthalate-induced fetal testis endocrine disruption is species-dependent[J]. Toxicological Sciences, 2012, 129(2): 235 – 248.

［34］ Laffan S B, Posobiec L M, Uhl J E, et al. Species comparison of postnatal development of the female reproductive system[J]. Birth defects research, 2018, 110(3): 163 – 189.

［35］ Luetjens C M, Weinbauer G F, Wistuba J. Primate spermatogenesis: new insights into comparative testicular organisation, spermatogenic efficiency and endocrine control [J]. Biological Reviews, 2005, 80(3): 475 – 488.

［36］ Luetjens C M, Weinbauer G F. Functional assessment of sexual maturity in male macaques (Macaca fascicularis)[J]. Regulatory Toxicology and Pharmacology, 2012, 63(3): 391 – 400.

［37］ Martin P L, Weinbauer G F. Developmental toxicity testing of biopharmaceuticals in nonhuman primates: previous experience and future directions[J]. International journal of toxicology, 2010, 29(6): 552 – 568.

［38］ McIntyre B S, Barlow N J, Foster P M D. Androgen-mediated development in male rat offspring exposed to flutamide in utero: permanence and correlation of early postnatal changes in anogenital distance and nipple retention with malformations in androgen-dependent tissues[J]. Toxicological Sciences, 2001, 62(2): 236 – 249.

［39］ McKinnell C, Mitchell R T, Morris K, et al. Perinatal germ cell development and differentiation in the male marmoset (Callithrix jacchus): similarities with the human and differences from the rat[J]. Human Reproduction, 2013, 28(4): 886 – 896.

［40］ Morohashi K, Baba T, Tanaka M. Steroid hormones and the development of reproductive organs[J]. Sexual development, 2013, 7 (1 – 3): 61 – 79.

［41］ Muller T, Simoni M, Pekel E, et al. Chorionic gonadotrophin beta subunit mRNA but not luteinising hormone beta subunit mRNA is expressed in the pituitary of the common marmoset (Callithrix jacchus)[J]. Journal of molecular endocrinology, 2004, 32(1): 115 – 128.

［42］ Nau H, Blaner W J, eds. Retinoids: the biochemical and molecular action of vitamin A and retinoids[M]. Handbook of experimental pharmacology, 1999, Vol 139.

［43］ Ojeda S R, Roth C, Mungenast A, et al. Neuroendocrine mechanisms controlling female puberty: new approaches, new concepts [J]. International Journal of Andrology, 2006, 29(1): 256 – 263.

［44］ Olivier E, Edgley S A, Armand J, et al. An electrophysiological study of the postnatal development of the corticospinal system in the macaque monkey[J]. Journal of Neuroscience, 1997, 17(1): 267 – 276.

［45］ Pasterski V, Acerini C L, Dunger D B, et al. Postnatal penile growth concurrent with mini-puberty predicts later sex-typed play behavior: Evidence for neurobehavioral effects of the postnatal androgen surge in typically developing boys[J]. Hormones and Behavior, 2015, 69: 98 – 105.

［46］ Pepling M E. Follicular assembly: mechanisms of action [J]. Reproduction, 2012, 143(2): 139 – 149.

［47］ Picut C A, Ziejewski M K, Stanislaus D. Comparative aspects of pre- and postnatal development of the male reproductive system[J]. Birth defects research, 2018, 110(3): 190 – 227.

［48］ Plant T M. Neurobiological bases underlying the control of the onset of puberty in the rhesus monkey: a representative higher primate[J]. Frontiers in Neuroendocrinology, 2001, 22(2): 107 – 139.

［49］ Prahalada S, Carroad E, Cukierski M, et al. Embryotoxicity of a single dose of medroxyprogesterone acetate (MPA) and maternal serum MPA concentrations in cynomolgus monkey (Macaca fascicularis)[J]. Teratology, 1985, 32(3): 421 – 432.

［50］ Prahalada S, Tarantal A F, Harris G S, et al. Effects of Finasteride, a Type 2 5 – Alpha Reductase Inhibitor, on Fetal Development in the Rhesus Monkey (Macaca mulatta)[J]. Teratology, 1997, 55 (2): 119 – 131.

［51］ Prins G S, Birch L. Neonatal estrogen exposure up-regulates estrogen receptor expression in the developing and adult rat prostate lobes[J]. Endocrinology, 1997, 138(5): 1801 – 1809.

［52］ Rainhart Korte, Hans Hummler, Andrew G. Hendrickx. Importance of early exposure to 13-cis retinoic Acid to induce teratogenicity in the cynomolgus monkey[J]. Teratology, 1993, 47: 37 – 45.

［53］ Rengasamy P. Congenital malformations attributed to prenatal exposure to cyclophosphamide[J]. Anti-Cancer Agents in Medicinal Chemistry, 2017; 17(9): 1211 – 1227.

［54］ Scott H M, Mason J I, Sharpe R M. Steroidogenesis in the fetal testis and its susceptibility to disruption by exogenous compounds [J]. Endocrine Reviews, 2009, 30(7): 883 – 925.

［55］ Sharma D K, Mehrotra T N, Pandher K. Comparative histological study of the prostate in rat, rabbit, dog and Man[J]. Journal of the Anatomical Society of India, 2008, 57(2): 124 – 130.

［56］ Smedley J V, Bailey S A, Perry R W, et al. Methods for predicting sexual maturity in male cynomolgus macaques on the basis of age, body weight, and histologic evaluation of the testes[J]. Contemp Top Lab Anim Sci, 2002, 41(5): 18 – 20.

［57］ Vidal J D. The impact of age on the female reproductive system: a pathologist's perspective[J]. Toxicologic pathology, 2017, 45(1): 206 – 215.

［58］ Wear H M, McPike M J, Watanabe K H. From primordial germ cells to primordial follicles: a review and visual representation of early ovarian development in mice[J]. Journal of Ovarian Research, 2016, 9(1): 1 – 11.

［59］ Wei X, Senders C, Owiti G O, et al. The origin and development of the upper lateral incisor and premaxilla in normal and cleft lip/palate monkeys induced with cyclophosphamide[J]. Cleft Palate Craniofac J, 2000, 37(6): 571 – 583.

［60］ Weinbauer G F, Chellman G J, Rasmussen A D, et al. Use of primate pediatric model [J]. Pediatric Nonclinical Drug Testing: Pediatric Nonclinical Drug Testing: Principles, Requirements, and Practices, 2012: 255 – 279.

［61］ Weinbauer G F, Fuchs A, Niehaus M, et al. The enhanced pre-and postnatal study for nonhuman primates: update and perspectives[J]. Birth Defects Research Part C: Embryo Today: Reviews, 2011, 93 (4): 324 – 333.

［62］ Weinbauer G F, Niehoff M, Niehaus M, et al. Physiology and endocrinology of the ovarian cycle in macaques [J]. Toxicologic pathology, 2008, 36(7 suppl): 7S – 23S.

［63］ Wistuba J, Schrod A, Greve B, et al. Organization of seminiferous epithelium in primates: relationship to spermatogenic efficiency, phylogeny, and mating system[J]. Biology of Reproduction, 2003, 69 (2): 582 – 591.

［64］ Wood S L, Beyer B K, Cappon G D. Species comparison of postnatal CNS development: functional measures[J]. Birth Defects Research Part B: Developmental and Reproductive Toxicology, 2003, 68(5): 391 – 407.

［65］ Yamaguchi K, Harada S, Kanemaru N, et al. Age-related alteration of taste bud distribution in the common marmoset[J]. Chemical Senses, 2001, 26(1): 1 – 6.

第五章

食蟹猴与人类的相似性

食蟹猴为昼行性四足树栖物种,全年皆可繁殖,夏末和秋季为繁殖高峰期。食蟹猴为单胎繁殖,在自然条件下双胎妊娠或双胎分娩极其罕见。食蟹猴的妊娠率、幼仔出生率和存活率均较低,胚胎着床前和出生前胎儿丢失率较高。食蟹猴中很难进行批量化的同步繁殖。目前已有辅助生殖技术,即通过体外受精和胚胎移植来提高食蟹猴及其他非人灵长类物种繁殖量,但是这项技术依然面临很多挑战,包括对合适精子、卵母细胞、胚胎和代孕猴的选择,以及如何提高较低的幼仔出生率和存活率,甚至是对猴生殖与发育毒性研究结果的干扰等。

食蟹猴的体型大小和身体特征(如皮肤和毛发颜色、面部和鼻子)呈两性差异(见表5-1-2)。雌性食蟹猴有性皮肤,会在排卵期肿胀变红,不过这一点恒河猴会表现得更为明显,另外,性皮肤红肿并不是判断周期阶段的可靠指标。

第一节　器官发育的时间节点

(一) 出生后生命阶段

哺乳动物的发育具有严格程序性和高度规律性。从妊娠到出生后早期,多个器官系统会同时出现形态上和功能上的发育。通常来说,动物成熟的定义就是性成熟,但是实际上其他器官系统的成熟时间线也各不相同。胎儿时期和出生后早期是器官系统发育的关键时期,这一阶段出现不利于器官系统发育的情况可能会影响终身。

已有研究报道人类和动物器官系统在寿命范围内的发育差异。例如,食蟹猴出生后前3~6个月的器官系统发育水平相当于人类1~2岁。了解器官系统的比较生物学和窗口期,以及不同物种之间的年龄相关性,对于生物医学研究和非临床安全性评价研究至关重要。

非人灵长类(NHP)动物是最接近人类系统发生的物种,尤其是猿和猕猴属。恒河猴是20世纪生物医学研究中我国使用最多的非人灵长类物种。有关恒河猴的生物医学信息经常会外推到食蟹猴身上。但由于1978年以来恒河猴进出口受限,食蟹猴就成了生物医学研究和非临床安全性评价中最常用的非人灵长类物种。食蟹猴是高靶向生物技术药物非临床安全性评价研究中最具药理及代谢相关性的动物模型。食蟹猴模型的年龄选择,需要与拟定人类群体年龄相近的器官发育敏感期或目标窗口期保持一致。在非临床安全性评价研究中,监管机构通常会给出具体的食蟹猴推荐使用的年龄范围。本节总结了食蟹猴的关键生物学数据及与年龄相关的器官系统发育(表5-1-1和表5-1-2)。

表5-1-1　人类和食蟹猴器官发育与年龄对应关系

器官/系统	种属	新生儿	婴儿	离乳/学步	幼年/儿童	青春期/青少年	性成熟/成年
	人	<1个月	1~6个月	约2岁	≥2岁,且<11岁	11~15岁	>18岁
	猴	<1个月	1~3个月	约6个月	≥1岁,且<3岁	3~4岁	>4岁
中枢神经系统	人	发育关键期				发育活跃期	
	猴	发育关键期	发育活跃期				缓慢生长和完善期
骨骼系统	人		发育关键期			发育活跃期	
	猴		发育活跃期			缓慢生长和完善期	
免疫系统	人	发育关键期			发育活跃期		缓慢生长和完善期
	猴						
肝胆系统	人	发育关键期			缓慢生长和完善期		结构和功能双成熟
	猴						
心血管系统	人	发育关键期	发育活跃期		缓慢生长和完善期		结构和功能双成熟
	猴						

续　表

器官/系统	种属	新生儿	婴儿	离乳/学步	幼年/儿童	青春期/青少年	性成熟/成年
	人	<1个月	1~6个月	约2岁	≥2岁,且<11岁	11~15岁	>18岁
	猴	<1个月	1~3个月	约6个月	≥1岁,且<3岁	3~4岁	>4岁
肾	人	发育关键期	发育活跃期	缓慢生长和完善期		结构和功能双成熟	
	猴						
胃肠	人	发育关键期	发育活跃期	缓慢生长和完善期		结构和功能双成熟	
	猴	发育活跃期		缓慢生长和完善期		结构和功能双成熟	
肺系统	人	发育关键期	发育活跃期		缓慢生长和完善期	结构和功能双成熟	
	猴	发育活跃期	缓慢生长和完善期			结构和功能双成熟	
造血系统	人	发育活跃期		缓慢生长和完善期		缓慢生长、结构和功能趋于成熟	结构和功能双成熟
	猴					结构和功能双成熟	
内分泌系统	人	发育活跃期		发育活跃期		发育活跃期	缓慢生长和完善期
	猴	发育活跃期		缓慢生长和完善期			
生殖系统卵巢和睾丸	人	发育活跃期		缓慢生长和完善期		发育关键期	发育活跃期
	猴	发育活跃期				发育活跃期	缓慢生长和完善期

表 5-1-2　食蟹猴的关键特征和脏器系统发育年龄

基因	染色体数:42 与人类平均序列一致性:92.4%~93% 总基因组长度:2.85 Gb 线粒体基因组:16 571碱基对
栖息地	森林、红树林、沼泽及河岸森林
饮食	植物:果实、种子、芽、叶、植物和农作物 动物食物:昆虫、青蛙和螃蟹
身体特征	头顶尖尖的头冠;颊囊 雌性有胡须,雄性有脸颊胡须和小胡子 长尾:43~65 cm(雄性)、40~55 cm(雌性)
寿命	平均:25~30年 最长:35~37年
社会	组织:多雄性和多雌性社会群体 群体规模:10~100只,平均为20~30只 雄性主导——影响小于恒河猴和其他猕猴物种
行为	昼行性,树栖
运动	运动:7周大 四足蹦跳(可达5 m),优秀的游泳和跳跃能力
体重	出生体重:平均350 g(325~375 g) 毛里求斯雄猴:7~8岁达体重峰值7.9 kg 毛里求斯雌猴:7~8岁达体重峰值5.5 kg 毛里求斯猴:2岁出现明显体重性别差异 亚洲雄猴:14~15岁达体重峰值8.4 kg 亚洲雌猴:12~13岁达体重峰值5.0 kg 亚洲猴:4岁出现明显体重性别差异
中枢神经系统	大脑:出生时为70%成年大小,3个月大时接近成年大小 脑:2岁进入成年形态 血脑屏障成熟:4.5岁 精细运动/灵巧:6个月大 感觉和反射:0~12个月大 认识发展:3周大3岁 皮质脊髓轴突髓鞘形成:3岁
内分泌系统	雄性微小青春期:1~4个月大 肾上腺机能初现:在食蟹猴中不易检测
雌性生殖系统	月经初潮:2~4岁 青春期开始:2~3岁 性成熟:3.3~4.1岁 繁殖:全年,北半球7月至11月活跃 卵巢周期:30.4天±4.7天(19~69天) 初次分娩:平均5.1~5.4岁(4~7.7岁) 妊娠期:160天(134~184天) 自然出生率:53% 后代:单胎 离乳:10~14个月,但在大多数封闭设施中为6个月 繁殖高峰:8~20岁 绝经期:20~25岁
雄性生殖系统	青春期开始:3~4岁 初精(精液中精子):毛里求斯雄猴2.8岁,亚洲雄猴3.9岁 雄性成熟(睾丸精子发生):毛里求斯雄猴5.5岁,亚洲雄猴6.7岁

续　表

免疫系统	胸腺、脾脏及淋巴结：6月龄结构成熟 脾脏重量：3岁达到峰值 胸腺重量：峰值<3岁 外周血淋巴细胞计数：2岁达到成年水平 血清 IgG、IgM 和 IgA：分别在 4~5岁、5~6岁和5岁时稳定
骨架	生长板：妊娠20周至出生后6个月 雌性骨骺融合：平均5.75岁 雄性骨骺融合：平均6.5岁 腰椎骨量：9岁达密度峰值（雌性）
牙齿	乳牙萌出（开始至完成）：14~198天 恒牙萌出（开始至完成）：1.4~5.8岁 牙齿：共32颗牙齿，齿式为 2-1-2-3
消化道	出生时结构发育完成
肝胆系统	肝胆结构：约6月龄 肝细胞色素 P450 系统：3岁
造血系统	血常规分析物：1~2岁时与成年一致
肺	出生时结构发育完成 最大肺容量：4~5岁

人类和动物出生后的生命史可根据其突出的身体特征、发育里程碑和生理功能分为若干阶段，即新生儿、婴儿、幼年、青少年和成年期。而动物生命阶段划分总是会在不同程度上套用对人类的划分和命名方法，随意性较大。由于物种内或物种间个体器官系统发育各有不同，所以文献中对动物每一生命阶段的命名和衡量标准也是千差万别。通常很难在人类、动物或动物各物种间进行直接比较。

食蟹猴的新生儿时期（<1月龄）是中枢神经、免疫、肝胆、心血管和肾脏系统的发育关键期，也是其他器官系统的发育活跃期（表5-1-1）。新生食蟹猴头部比例较大，四肢较长，且出生时发育已较为完善，警觉、活跃并能做出抓握动作。

刚出生时，新生食蟹猴的大脑体积大约是成年的70%，并在出生后3个月内接近成年大脑大小。新生食蟹猴出生时皮肤颜色为黑色，出生后的发育期转为灰色，成熟期变为红棕色。

婴儿期（1~6个月）是免疫和肝胆系统的发育关键期，也是其他器官系统的发育活跃期（表5-1-1）。食蟹猴的婴儿期从1个月到1.5岁不等。

10~14月龄时食蟹猴进入自然离乳阶段，但在大多数封闭饲养设施中，婴儿期食蟹猴可能在3月龄时就已开始食用固体食物，6月龄时已离乳。食蟹猴婴儿期器官系统发育活跃，包括乳牙萌出和面部特征发育。

食蟹猴幼年期（7个月至<3岁）中枢神经、骨骼和免疫系统发育活跃，其他器官系统进入缓慢生长和完善期；四肢变长，恒牙开始萌出，颅缝开始闭合。

食蟹猴青少年期或青春期（3~4岁）是走向性成熟的发育活跃期，内分泌活动增强（表5-1-1）。食蟹猴在青春期开始时和青春期期间个体差异巨大，此时两性差异出现，第二性征开始发育。一般来说，雌性比雄性更早达到生殖成熟。

食蟹猴青春期阶段强烈的内分泌活动也会影响肌肉骨骼、神经、免疫和其他器官系统的发育。肺、胃肠、肾和造血系统已经完全发育成熟，中枢神经系统和免疫系统正在快速发育。

成年食蟹猴可进一步再细分为青壮猴、中年猴和老年猴。青壮猴（4~7岁）为从性成熟到骨骼成熟的时期。青壮猴在缓慢生长和完善期后已具备所有器官系统的全部功能，包括牙齿萌出、肢体长度和体型（表5-1-2）。中年猴（8~20岁）在很多年中都能保持形态发育完善和功能活跃。食蟹猴繁殖功能的巅峰期在8~20岁，雌猴20至25岁出现绝经。中年猴开始进入衰老过程，如年龄相关胸腺萎缩和组织炎症细胞浸润。老年猴（>20岁）体重开始下降，繁殖能力下降，并且各器官系统出现衰老变化。

食蟹猴的平均寿命为25~30年，已有报告显示最长寿命为35~37年。遗传、营养、社会和其他环境因素均会影响食蟹猴的发育、成熟和寿命。

（二）器官系统发育

ICH 药物安全性评价指导原则对毒理学研究中常用动物物种的器官系统发育关键阶段做出了概述（表5-1-1）。器官系统发育的时间节点和持续时间可分为4个阶段：结构和功能关键性成长和发育、生长活跃和（或）功能成熟、缓慢持续生长和（或）完善及结构和功能成熟。每个器官系统都有各自的关键发育时间线。部分器官系统可能有多个发育窗口期，如内分泌系统和生殖系统。通常来说，器官系统的复杂程度会影响发育的持续时间和过程。

虽然食蟹猴和人类有很多共同的关键出生后发育过程和发育关键阶段，但与人类相比，食蟹猴的部分器官发育系统出生时就表现得更早熟，其中包括中枢神经、骨骼、呼吸和胃肠系统（表5-1-1）。食蟹猴在出生时大部分的器官系统已具备结构和功能的关键性能力，或是在出生后的前3~6个月迅速发育。但所有器官系统仍会持续发育、完善和扩大，直到完全成熟。通常食蟹猴呼吸、胃肠、肾脏和造血系统在3岁左右成熟。雌性食蟹猴生殖系统、心血管和肝胆系统在 4 岁完全成熟;雄性食蟹猴生殖系统、中枢神经、骨骼、免疫和内分泌系统在 5～9 岁完全成熟。在生物医学研究或非临床安全性评价中使用食蟹猴模型时,对比食蟹猴和人类之间的生物学和器官发育时期至关重要。

1. 神经系统　出生时,食蟹猴的中枢神经系统(CNS)比人类发达(表 5-1-1 和表 5-1-2)。在出生前和新生儿时期,食蟹猴的初级神经结构和功能已基本发育完全,但中枢神经系统仍会活跃发育至 3～4 岁。一些复杂的神经元回路或功能可能 5 岁以后才能发育成熟。

中枢神经系统的发育具有层级性,首先从初级结构和功能区开始,再发育复杂的高级关联区,包括神经发生和神经元迁移、突触发生、髓鞘形成和血脑屏障关闭。发育速度和成熟年龄因不同的神经递质类型和传导系统而异,如血清素(又称 5-羟色胺)和去甲肾上腺素系统。总的来说,出生时,食蟹猴的触觉、听觉和视觉系统均强于人类。但是人类的动作和灵巧性发育要比食蟹猴快。

食蟹猴出生时的新生大脑为成年大小的 70% 左右,并在出生后约 3 个月基本达到成年大小,尽管这时新生猴的体重仅为成年的 1/8。妊娠(GD)70～150 天时,食蟹猴的大脑皮质发生改变,从缺脑回结构转变为多脑回结构。额叶区皮质向颞顶枕区内折而形成了脑沟回。额枕长度、大脑宽度和主要初级脑沟长度在出生后 3 个月达到成年猴水平,并在性成熟后缓慢下降。雄性 2 岁之前脑沟长度不对称性发育达到成年猴水平。

食蟹猴从出生到 3 岁期间,认知和运动功能迅速发育。海马体在全生命周期持续产生神经元,这些神经元可能会涉及多种认知功能,包括学习和记忆功能。海马体的认知功能和神经发生随着年龄增长而逐渐减弱,22 岁时会明显下降。

新生食蟹猴大脑皮质起源皮质脊髓投射的一般模式与成熟体类似。在出生后的前 8 个月里,皮质脊髓神经元及投射发生了实质性的成熟改变。出生后投射到对侧脊髓的皮质脊髓神经元减少,且其余侧支退化。多个皮质脊髓投射的脑解剖变化都与动手灵活性获得有关。

髓鞘和神经胶质出生时即存在,并在出生后扩大。大约 3 岁时脊髓的皮质脊髓轴突髓鞘完全形成。新生食蟹猴约 11 月龄时皮质脊髓神经元的最快传导速度达到成年水平。皮质脊髓神经元在脊髓中的传导速度

随着年龄增长而缓慢增加。3 月龄时手臂和手部肌肉的短潜伏期肌电图反应开始发育。

出生时,血脑屏障的功能已成熟,只不过其通透性会持续完善直至成年。对亚洲食蟹猴新生猴(1 日龄)、幼年猴(16 月龄)和成年猴(51 月龄)的屏障膜蛋白表达进行定量后(包括转运蛋白、受体蛋白和连接蛋白),在成年猴中可检测到 ATP 结合盒转运蛋白(MDR1)、乳腺癌耐药蛋白(BCRP)、多药耐药蛋白 4(MRP4)、6 类溶质载体转运蛋白(SCL)、2 类连接蛋白和 2 类受体蛋白。BCRP 和 Na^+-K^+-ATP 酶的表达随年龄增加而增加,而 GLUT3/14 和 MCT1(单羧酸转运蛋白-1)的表达随年龄增加而下降。新生食蟹猴和成体食蟹猴的 MDR1 表达相似,这将有助于我们理解和预测药物在不同年龄段的食蟹猴大脑中的分布情况。

2. 内分泌系统　食蟹猴和人类的内分泌器官系统发育相似(表 5-1-1 和表 5-1-2)。食蟹猴在出生前内分泌器官结构和功能已发育良好;出生后 3 个月内发育活跃期结束,但仍可能持续缓慢生长并完善直到青春期和成熟(5～6 岁)。

食蟹猴的脑垂体能启动并协调其他关键神经内分泌活动,如下丘脑-脑垂体-性腺(HPG)轴(图 5-1-1)。人类一生中 HPG 轴会激活 3 次。第一次发生在妊娠中期的胎儿,这可能是决定性别的重要因素。第二次发生在男孩出生后的前 6 个月,和女孩出生后的 6 个月至 2 年内,可能具有调节早期生殖器官发育的作用。第三次发生在青春期开始。人类出生后第二次短暂激活 HPG 轴的时期也叫微青春期。包括啮齿动物和非人灵长类动物在内的物种中都有关于微青春期的描述;非人灵长类动物出生约 4 个月时进入微青春期。

食蟹猴出生后的前 1～4 个月血浆中可检测到高水平的睾酮、5α-双氢睾酮和(或)雌二醇-17β,对应人类的微青春期。

食蟹猴可能在 4 岁前机体就已完全发挥 HPG 轴的功能。雌激素受体(ER)和孕激素受体(PR)在雌性下丘脑青春期前神经元中呈弱表达;但在青春期的中期神经元(48～52 个月)和成年神经元中大量表达。ER 表达神经元在视上核和室旁核大量分布,PR 表达神经元则主要分布在室旁核和乳头体。下丘脑的 ER 和 PR 表达模式与青春期 HPG 轴激活及类固醇激素血浆水平相关。人类和旧大陆非人灵长类动物的肾上腺与其他哺乳动物物种大有不同。人类和旧大陆非人灵长类动物的肾上腺网状带会产生雄激素前体脱氢表

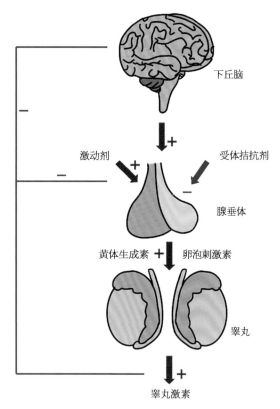

图 5-1-1　下丘脑-脑垂体-性腺(HPG)轴

雄酮及其硫酸盐形式,占雌性血浆雄激素总量的 50%以上。

出生后前几个月,脱氢表雄酮水平达到最高,随后下降并保持稳定,直到青春期再次下降。5 岁左右食蟹猴的脱氢表雄酮水平约为新生猴的 28%。食蟹猴(特别是切除了卵巢的食蟹猴)肾上腺产生的雄激素也许可以对背景激素水平的潜在物种差异做出解释。

食蟹猴 3~6 月龄时(肾上腺功能初现阶段)肾上腺皮质的网状带增大,然而很难检测到食蟹猴的肾上腺功能初现阶段。食蟹猴的性腺内分泌功能在青春期显著增长。雄性食蟹猴血浆中睾酮和 5α-双氢睾酮(DHT)在 3.5 岁时达到成年水平,4~6 岁左右进入稳定平台期。新生猴(0~4 月龄)的睾酮和 DHT 水平较高,这是一种激活睾丸合成活动的微青春期样反应。婴猴/幼年猴(5~29 月龄)的睾酮和 DHT 水平较低,并在青春期猴时期(2.5~3.5 岁)出现水平波动。青春期期间(3.6 岁),睾酮和 DHT 水平伴随细胞减数分裂开始及精子发生而上升。DHT 水平在 4~5 岁达峰,睾酮水平在 5~6 岁左右达峰。出生后至前 3 个月雌二醇-17β 水平较高,随后下降并保持稳定,进入青春期时(2.2~2.5 岁)再次上升。

3. 生殖系统　食蟹猴和人类的生殖器官系统发育相似(表 5-1-1 和表 5-1-2)。食蟹猴出生前睾丸

已经下降,生殖器官结构已发育良好。HPG 轴激活后新生儿的发育活跃期随之结束。多种环境因素都可能影响生殖器官系统的发育和功能,如营养和社会互动。

根据卵巢周期和睾丸精子发生的微观形态学,可判断出雌性食蟹猴的性成熟年龄为 3.3~4.1 岁,毛里求斯雄性为 5.5 岁,亚洲雄性为 6.7 岁。但因动物来源、遗传背景和环境因素的不同,已报告的食蟹猴性成熟年龄又各有差异。毛里求斯雄性食蟹猴(平均 4.6 岁)比亚洲雄性食蟹猴(平均 6.5 岁)提前近 2 年性成熟。

雌性阴道拭子中呈现月经和雄性精液中出现精子可作为性成熟的证据。年龄、体重、睾丸体积、精液分析、月经周期和(或)性激素均可用于成熟度评估。由于食蟹猴进入青春期的时间不同,且青春期持续时间很长,所以单靠年龄或体重无法准确判断出食蟹猴的性成熟状态。虽然卵巢周期、睾丸精子发生和其他生殖组织改变的镜下评估可给出定论,但这是回顾性研究。因此在评估性成熟程度时应通过证据权重法整合所有可用信息。

精液中是否存在精子是判断雄性性成熟的可靠临床微创标志。当镜下组织学评估和精液分析不可用时,可通过年龄、体重、睾丸大小和血清睾酮水平联合判断雄性的性成熟状态。青春期早期在睾酮和卵泡刺激素(FSH)的影响下出现精子发生。根据精液样本中的精子分析,毛里求斯雄性食蟹猴可能在 2.8 岁初次分泌精子,亚洲雄性食蟹猴则可能发生在 3.9 岁。

米勒管抑制物(MIS)、睾酮和 FSH 等激素在雄性器官发育中扮演着重要角色。支持细胞分泌的血清 MIS 对雌性生殖道和雄性米勒管的发育具有抑制作用。食蟹猴的血清 MIS 水平在新生猴和婴猴(出生后最初的几个月)时期最高,并在走向成年(7~8 岁)的年龄增长过程中呈反比线性下降,表明支持细胞的 MIS 表达下降具有年龄相关性。

睾丸组织学是评估性成熟的金标准,但这仅作为回顾性研究。从组织学来看,睾丸出生时由精原细胞、支持细胞和睾丸间质细胞组成,无精母细胞或精子细胞。最初的或围青春期精子发生的特征就是存在精原细胞丝分裂活动,存在早期精母细胞且生精小管管腔形成。若在附睾尾部的大多数生精小管中均可观察到成熟的精子细胞及残余体,则认为精子形成完全。理想情况下,雄性性成熟的标志为完全性的精子发生和副性腺完全发育。

镜下组织学特点显示毛里求斯食蟹猴的睾丸在

4.5～5.2 岁成熟,可信限范围为 3.0～6.8 岁。如果希望确保雄性性成熟的概率达到 90%,则毛里求斯食蟹猴至少应为 5.5 岁、亚洲食蟹猴至少应为 6.7 岁。毛里求斯食蟹猴睾丸成熟要早于亚洲食蟹猴(4.6 岁±0.7 岁对比 6.5 岁±1.3 岁)。

雄性食蟹猴睾丸支持细胞的反应存在年龄相关差异。相比于青春期前的支持细胞,以及采用原代支持细胞培养而成熟的支持细胞,青春期支持细胞中的 FSH 结合、反应程度和睾酮转化雌二醇能力要明显更高。

雌性性成熟的标志是出现月经出血(表 5-1-2)。阴道涂片是一种很容易确认雌性性成熟,以及月经周期的可靠微创方法。为明确月经周期正常,应至少观察两个连续周期。

有报道雌性食蟹猴 2～3 岁出现月经初潮,4 岁月经周期规律。少部分雌性在 18～21 月龄前出现月经初潮以及随后的月经周期,60% 的雌性 2.3～2.5 岁前开始,85% 的雌性 3.3～3.5 岁前开始,90% 以上亚洲雌性食蟹猴 4 岁前开始。月经初潮与月经周期伴随血浆雌二醇和黄体酮水平的升高。

还有研究认为,月经初潮的平均年龄为 3.3 岁。规律性月经周期和初次妊娠的平均年龄分别为 4.1 岁和 5.4 岁。月经初潮到月经规律的间期约为 9 个月,月经规律到初次妊娠的间期为 2.2 年。

虽然说卵巢周期(卵泡、卵母细胞和黄体)和生殖道周期性腺体/上皮改变的组织学评估十分可信,但属于回顾性研究。食蟹猴初次排卵后围青春期期间的月经持续时间及周期可能是不规律的,所以未成熟和成熟动物之间的组织学特征存在差异,且有可能重叠。理想情况下,雌性性成熟的标志为排卵(多个周期的黄体)及生殖道完全发育的组织学表现。

食蟹猴从 3～6 月龄开始,卵巢出现卵泡发育和闭锁。食蟹猴发育成熟后平均月经周期为 30.4 天±4.7 天,阈值范围为 19～69 天。卵泡期持续 12～14 天,排卵前期持续约 3 天,黄体期持续 14～16 天。

卵巢周期中卵巢和子宫出现形态及重量变化;卵泡期早期卵巢和子宫重量最轻,黄体期早期最重。雌性食蟹猴的卵巢和子宫重量在 5.0～5.5 岁达到峰值。

4. 骨骼系统　出生时,食蟹猴的骨骼发育较人类已经是完善的(表 5-1-1 和表 5-1-2)。其在出生前已完成骨骼关键发育阶段,出生后 5～6 个月出现生长板。从出生到大约 3 岁都是骨骼的活跃发育期,随后

持续缓慢生长直到生长板闭合。骨体积、骨小梁数量和厚度、骨形成和代谢活动在 3～4 岁时达峰。

食蟹猴胎儿从妊娠 8 周起可见骨影像学图像,妊娠 9 周起可见股骨和腓骨影像学图像。妊娠 10～12 周,胎儿骨骼快速生长和延长。妊娠 15～20 周大部分长骨出现次级骨化中心。

雄性生长板 6.5 岁闭合,雌性 5.8 岁闭合,纵向骨随之停止生长。食蟹猴出生后,雄性的主要长骨在前 5 个月出现骨骺生长板,雌性则是前 4～6 个月。

雄性和雌性的腓骨远端生长板分别出现在出生后第 12 个月和第 13 个月。至于主要长骨生长板闭合的平均年龄,雄性为 5.4 岁(3.4～6.5 岁),雌性为 4.7 岁(2.3～5.8 岁)。总的来说,雌性 5.8 岁时、雄性 6.5 岁时所有长骨的骨骺生长板完全闭合。雌性食蟹猴的腰椎椎体矿物质密度可能在 9 岁时达峰。腰椎骨矿物质含量或密度在青壮成年猴时期(<6.5 岁)持续增加,中年猴时期(6.5～10.5 岁)稳定,老年猴时期(>10.5 岁)下降。骨骼生长速度在 10～22 岁稳定,随后下降。

5. 免疫系统　食蟹猴和人类的免疫系统发育里程碑相似(表 5-1-1 和表 5-1-2)。食蟹猴的免疫系统在出生前已经历过关键发育阶段,并在新生期和婴猴期环境的抗原影响下明显扩展。食蟹猴胎儿时期,妊娠 100 天,胸腺和外周淋巴器官可见所有主要免疫细胞系(T 细胞、B 细胞和 NK 细胞)。出生后前 3～5 年,免疫系统继续活跃发育,伴随次级免疫组织细胞增多、记忆功能发育、免疫活性细胞表型和功能改变及免疫球蛋白的循环(如 IgG、IgM 和 IgA)。部分淋巴细胞亚群比率和表型与年龄相关的完善可持续长达 9～10 年。

食蟹猴妊娠 35 天可见胸腺,妊娠 50 天首次出现淋巴细胞样细胞,妊娠 70 天皮髓质分界、胸腺小体前体和 CD3$^+$ 阳性 T 淋巴细胞明显。妊娠 100 天之前,除部分 B 细胞和 T 细胞前体(如 CD34$^+$ 阳性细胞和 CD117$^+$ 阳性细胞)和树突状细胞前体(如 CD35$^+$ 阳性细胞)外,所有可见于成年胸腺的细胞群都已在胎儿胸腺中发育。

食蟹猴 3 岁后,胸腺重量和皮质与髓质比率呈年龄相关的明显下降。食蟹猴 7～15 岁胸腺显著退化。食蟹猴 7 岁时出现胸腺退化,伴随外周 CD4$^+$ CD8$^+$ 双阳性 T 细胞爆发式增长及 CD28$^+$ T 细胞减少。受环境应激源影响,胸腺退化可能会变得更复杂。

因此,在缺乏其他相关信息的情况下,胸腺重量和

形态并非是免疫调节或免疫毒性的可靠指标。

食蟹猴出生时脾脏、淋巴结和其他外周淋巴组织已发育成熟，并继续发育形态特征及功能活动。出生后3~6个月在外部抗原影响下，生发中心开始发育，以响应外部刺激。妊娠40天脾脏原基明显。妊娠125天发育的脾脏结构和红白髓分界。雄性和雌性3~15岁时脾脏重量达峰并保持稳定。不同年龄组和性别组之间，初级滤泡和次级滤泡数量、B细胞滤泡数量、动脉周围淋巴鞘及B细胞和T细胞密度没有差异。妊娠50天形成淋巴结基质，且人类白细胞DR抗原（HLA-DR$^+$）细胞出现，随后包膜和被膜下淋巴窦结构分化。

食蟹猴的主要淋巴细胞亚群和T细胞表型比例可观察到年龄相关改变。在一批1月龄至31岁的亚洲食蟹猴中，外周血淋巴细胞中CD20$^+$B细胞比例可持续下降至5岁，5岁后保持稳定。食蟹猴出生后的前5年时间里CD16$^+$NK细胞比例逐渐上升，并在4~10岁达峰，而CD3$^+$T细胞比例在整个生命周期都相对稳定。食蟹猴5岁后，CD4$^-$CD8$^+$T细胞的CD28表达呈显著年龄相关下降。

妊娠92天开始，可检测到食蟹猴的IgG和IgM水平。出生时血清IgG水平较高，IgM和IgA水平较低。由于经过胎盘转移，所以认为出生前的IgG水平来源于母体；因为IgM不具备胎盘渗透性，故认为来源于胎儿。食蟹猴婴猴出生后4周内可自行产生IgG。出生后3个月可检测到T细胞依赖性抗体反应。总体而言，食蟹猴的血清免疫球蛋白含量在2~3岁时较低，并在4~5岁逐渐上升。血清IgG、IgM和IgA水平分别在4~5岁、5~6岁和5岁时逐渐上升并达到平台期。

6. 造血系统　食蟹猴和人类在出生时造血作用已具备形态学和功能能力（表5-1-1和表5-1-2）。妊娠14~21天期间，食蟹猴造血干细胞分化，并在妊娠14~35天前迁移到肝脏、胸腺和其他肝外部位。妊娠60~85天骨髓分化。1~2岁时，血液学分析值达到成年水平。但部分外周血免疫细胞持续分化，包括成年期的CD4/CD8 T细胞比率变化和淋巴细胞亚群改变。

食蟹猴血液学分析物值在1~2岁达到成年水平，2~3岁后稳定。一批日本出生和饲养的食蟹猴中，1日龄和11月龄的红细胞计数相当。1~7日龄猴中，可观察到血细胞比容（HCT）、平均红细胞体积（MCV）和血红蛋白浓度（Hb）较高，随后持续下降至3

月龄。3月龄后HCT、MCV和Hb上升，并在11月龄时达到成年水平。出生时总白细胞计数较高，并在3日龄时下降至最低水平，随后逐渐爬升并于4月龄左右达到成年水平。食蟹猴中性粒细胞核分叶突出，且从1~18岁分叶数量无性别或年龄相关差异。

2~10岁毛里求斯食蟹猴中，凝血指标测量和血小板计数没有年龄或性别相关差异。毛里求斯食蟹猴和亚洲食蟹猴之间血小板计数和凝血指标分析值相似。4~7岁亚洲雄性食蟹猴中，Ⅴ因子、Ⅸ因子、Ⅺ因子及S蛋白活性呈年龄相关增加。

亚洲食蟹猴A、B、AB和O型血占比分别在15.6%、33.3%、44.2%和6.9%左右。

7. 消化系统　几乎没有关于食蟹猴胃肠道系统的发育信息的报道。出生时恒河猴的胃肠道发育较人类完善，而猕猴和人类的肝胆发育相当（表5-1-1和表5-1-2）。出生后增加的饮食复杂性及异生物质的处置能力会驱动胃肠道和肝胆发育。

猕猴出生时胃肠道已大体具有功能，但第一年仍会根据饮食变化和饮食复杂性不断调整适应，直到3岁时发育成熟。出生前胃肠道已完成关键发育，出生后1~3个月由初乳促进肠道成熟和生长，此时为消化系统发育的活跃期。6月龄离乳后建立酸化、微生物集群、胃肠动力和其他适应性消化及运输功能。幼年期受饮食复杂性影响，胃肠道消化功能和吸收能力进一步增强。

食蟹猴出生时肝胆结构发育良好，代谢功能逐步提高。新生期食蟹猴胆汁产生和胆汁清除之间过渡完成。婴猴期代谢和消除能力增强，并在整个青少年时期不断完善。出生后前3~6个月为肝胆关键发育期，随后肝胆持续完善并扩张，直到3~4岁时发育成熟。

食蟹猴胎儿中大部分细胞色素P450酶（CYP）表达较低，但在出生后显著增强。CYP2A23、CYP2A24、CYP2B6、CYP2C9、CYP2C19、CYP2C76、CYP2D17、CYP2E1、CYP3A4和CYP3A5在胎儿肝脏中的表达水平很低，但在出生后大幅增高。CYP2C8在胎儿时期和出生后的肝脏表达水平相当。CYP3A7在胎儿肝脏中表达较低，但在出生后明显上升。总体而言，肝脏CYP含量或活性在3岁时达到成年水平，并在12~32岁逐步下降。

8. 肺部　出生时食蟹猴的肺部结构发育较人类完善（表5-1-1和表5-1-2）。食蟹猴在出生前已完成肺部关键发育，其发育活跃期主要在新生儿时期。

食蟹猴出生时肺部已经结构成熟,并持续生长至 3 岁时功能成熟。食蟹猴出生时肺泡成熟且气道完整,出生后持续生长并完善。新生和成年食蟹猴的呼吸细支气管和肺泡管总数相当。出生后已有的气道和肺泡的分化及生长主要表现在体积扩张。食蟹猴肺容积在 4～5 岁时达峰。

9. 心血管系统 关于食蟹猴心血管系统发育的相关信息几乎没有文献报道。恒河猴和人类具有相同的心血管发育里程碑(表 5-1-1 和表 5-1-2)。关键发育期出现在胎儿期和新生期,在婴猴期发育比较活跃。新生期出现关键的生理转变,如肺部和全身的血管阻力。出生后前 3～6 个月持续出现适应性心肌和血管变化及心肌细胞扩张,并继续缓慢生长和完善直到 4 岁时发育成熟。

年长的雌性食蟹猴中可观察到 QT 间期和自主神经系统活动具有年龄相关差异。老年食蟹猴(25.1 岁 ± 1.1 岁)的 QT 间期短于年轻食蟹猴(4.4 岁 ± 0.2 岁)。

心电图功率谱分析揭示年长食蟹猴和年轻食蟹猴的自主神经系统活动存在差异。

10. 泌尿系统 关于食蟹猴泌尿系统发育的相关信息几乎没有文献报道。恒河猴和人类的肾脏发育里程碑相似(表 5-1-1 和表 5-1-2)。发育的关键期和活跃期出现在新生阶段和婴猴阶段。出生时已经完成肾的发生。出生后前 6 个月肾小球滤过率和肾小管浓缩功能进行性增强。出生后前两年内肾小管生长并完善功能、红细胞生成素发育且血管紧张素轴发育成熟。2～3 岁时肾脏功能完全成熟。

食蟹猴的大多数器官系统生来就比人类成熟。每个器官系统都有自己独特且敏感的发育时期或时间线。许多与年龄相关的因素都会导致药物疗效和毒性特征的差异,如药理靶点的个体发育、器官系统功能、靶细胞分化和增生、身体组成和代谢酶特征。理解器官发育和年龄相关性是评估患者人群中药物暴露相关人体风险的关键环节。

进行非临床安全评估时,动物年龄的选择应使用"证据权重"方法进行评估,例如药物形态、靶点选择性和敏感性、靶器官的发生学及靶器官毒性的敏感窗口、临床适应证、给药持续时间和患者人群等因素。食蟹猴 2～3 岁对应于人类女性的围青春期和男性的青春期前。通常至少 3 岁及以上食蟹猴适用于且常用于一般毒性研究,可支持制药行业的首次人体临床试验。

第二节 生殖系统内分泌学

目前用于研究人类疾病的动物模型多种多样,其中啮齿类动物和基因敲除动物较多。由于啮齿类动物易于繁殖、易于饲养并且生命周期极短,因此该类动物模型广受欢迎。需要灵长类动物模型的主要原因是非人灵长类动物在遗传和生理上与人类具有更多的相似性,研究非人灵长类动物可以了解人类生理学的基础。而在非人灵长类动物中,对食蟹猴的需求尤其大,目前人工繁殖的食蟹猴数量无法满足现有需求。

一、雌性食蟹猴生殖系统与人类女性生殖系统的比较

用于人类女性生殖系统的模型必须与人类女性生理特点有所关联,包括生育和不孕、排卵、着床、分娩、哺乳、闭经、衰老、基因和内分泌学等。正常人类女性的生殖系统包括卵巢、输卵管、子宫和阴道等,雌性食蟹猴和其他灵长类动物的生殖系统与人类非常相似,故可作为研究人类生殖机制研究的重要模型。

雌性食蟹猴具有梨形的单子宫,月经周期较为固定,即在生殖季节中每间隔 24～32 天就会从阴道排出脱落的子宫内膜组织和少量血液,同时具备胎盘形成的过程等。下面主要介绍雌性食蟹猴生殖器官的基本解剖结构和内分泌学,同时比较人类女性生殖系统与食蟹猴之间的种属差异及这些差异可能对动物模型产生的影响。

(一) 食蟹猴生殖基础理论

生殖研究需要动物模型的原因在于生殖基因会从一代转移到下一代,所以生育会对后代产生长期影响。在整个育龄期,女性会经历周期性的卵巢变化、妊娠和哺乳,直到育龄期结束进入绝经期。妊娠结果受配对年龄、群体组成、群体内社会地位、营养状况、体重、外部因素(如噪声和干扰等)和压力的影响。

非人灵长类动物的性周期是指达到性成熟年龄的雌性在非妊娠状态时,其卵巢活动的周期性的变化,即

卵泡的生长发育成熟、排卵、黄体形成与退化等过程引起子宫内膜的周期性变化,并周而复始地进行这种生理活动的过程。人类和一些非人灵长类动物的性周期又称为月经周期,即在卵巢黄体退化后,增生的子宫内膜脱落,并伴随着出血,因而造成阴道流血现象。

不同属之间和同种属内部不同个体之间,确实会在周期长短和月经量上存在差异。卵巢周期的差异大多体现在卵泡期。卵巢周期的长短对雌性生殖率有着非同一般的影响,包括产后闭经时长、受孕前周期数、孕期时长和季节性繁殖(表5-2-1)。对于存在季节性繁殖的种属,其季节性通常与一系列内分泌和环境因素有关,如食物资源等。雌性食蟹猴为自发排卵,无需通过交配诱导。雌性食蟹猴每一个月经周期仅排出一个卵泡,单胎分娩。自发排卵的种属通常具有高度发达的社会体系,雄性与雌性可定期互动,提供受精机会。从中可看出在食蟹猴的繁殖中,社会行为具有极高的重要性。

表5-2-1 人类女性与雌性食蟹猴常见生殖信号

生殖相关信号	食蟹猴	人类女性
成年雌性体重	3～7 kg	50～70 kg
季节性	有	无
世代间隔(青春期年龄)	4～6 年	>14 年
卵巢周期持续时间	28 天	28 天
妊娠期	165 天	9 个月
无排卵哺乳期	1 年	3～6 个月
胎儿数量(胎)/年	1	1

月经周期几乎不存在外部标志,也没有皮肤肿胀的现象。至于产生月经的原因,Strassmann 认为有以下三个假说。第一种假说,认为月经是为了抵御精子传播病原体;第二种假说认为月经传递生育的信号;还有一个假说,认为子宫内膜的周期性循环能够节省能量,阴道出血只是一个副作用,因为身体无法有效地再吸收过多的血液。但上述假说目前仍需要更多研究支持。

(二)生育

1. **性成熟初期** 影响生育能力的因素有很多,但基因和环境因素的相互作用是进入性成熟的关键因素,人类女性和雌性食蟹猴的性成熟时期存在一些差异。食蟹猕猴的51.6个月,狩猎采集型的人类时代,月经初潮年龄为 16.9 岁,而西欧人的月经初潮年为

10.5～15.5 岁。DiZerega 和 Hodgen 一项有关非人灵长类动物的人类卵巢周期模型文献综述指出,圈养的恒河猴和食蟹猴的卵泡发生与人类女性的月经/卵巢周期基本一致。Zeleznik 在其对人类和非人灵长类动物的卵泡生长研究中也得到了相似的结论。

2. **妊娠期** 对女性来说,为了保障胎儿的良好发育,相较于未受孕雌性,妊娠意味着要付出时间上和精力上的巨大代价,妊娠哺乳动物对能量和食物摄入量的需求高出 17%～32%。食蟹猴妊娠时长为 100～200 天,类人猿为 210～260 天。如果雌性食蟹猴的饮食中获取的蛋白质或矿物质有限,则对胎儿生长速度有较大影响,例如食果或食叶的食蟹猴,大多数水果和树叶的可利用蛋白质含量都较低。除着床或受精延迟等,食蟹猴胎儿的生长速度比其他哺乳动物慢76%。大部分灵长类动物都为单胎分娩(只有狨属和柽柳猴属多为双胞胎),且新生儿体重与母体体重呈现高度相关。

3. **发情期与月经期** 一直以来,有很多关于雌性食蟹猴发情期与月经期的讨论,其中有一个关键讨论点,认为非人灵长类动物的性接受度相对独立,不受激素控制,因此可能并不存在发情期。Martin 等学者建议在自然条件下将其称为妊娠周期,因为长时间的发情周期代表着交配失败。Martin 还认为,月经期指的是子宫血液的规律性排出,发情期则是规律但极其短暂的对性高度接受的时段。

(三)生殖活动的行为表现

Beach 等学者将雌性食蟹猴的性行为分为三个阶段:性吸引、性感知和性接受。性吸引是指雌性生殖器外观和气味,在卵巢激素作用下对雄性产生性刺激的非行为性影响。性感知是指雌性为吸引和支持与雄性性行为而表现出的性邀请和亲和行为。部分性感知的行为并非是单纯源于性邀请,例如雌性食蟹猴咂嘴不仅是性感知行为,还可以用作吸引幼猴注意。同样,很多食蟹猴四足站立和骑跨动作只是为了凸显地位。性接受是雌性对雄性的接受,并通过阴道射精进行交配。

1. **外观体征** 雌性食蟹猴都会出现周期性的彩色肿胀,这也就是所谓的性皮肤。大部分种属的性皮肤都表现在肛门生殖器区域,雌性食蟹猴的臀部、肩膀和额头上会出现皲性肿胀,相较于年轻雌性食蟹猴,年长雌性的性皮肤呈深红色。受雌激素水平影响,肿胀颜色会由粉变红。卵泡期性皮肤肿胀,颜色加深;黄体期肿胀减轻,颜色消退。这些由雌激素介导的改变也

会对动物行为产生影响,如运动活动增加、摄食量减少、动物暴躁、出现性感知行为。阴道细胞变化和皮肤肿胀也是由雌激素诱发的。

Dixson 指出,视觉交流在猴的生殖行为中发挥着非常重要的作用,是雌性灵长类动物常用的性感知姿态,通常会与特定的面部表情相结合。卵巢周期内性吸引和性感知会有所改变,而且在灵长类种属中存在极大差异。很多雌性灵长类动物的性吸引既包括行为线索也包括非行为线索,如视觉或化学线索。

在交配前和交配期间,部分雌性动物可观察到行为改变和生理反应。行为改变包括雌性食蟹猴出现摇头、回头看骑跨雄性并抓住骑跨雄性的腿。生理反应包括子宫、阴道、肛门和盆腔肌肉收缩,心率和呼吸频率加快,以及阴道分泌物增加。生殖行为主要发生在排卵期,是神经内分泌和内分泌变化的结果。

2. 群体避孕 动物行为也可能对生殖产生负面影响。通常一个群体中只会有一只雌性作为主要繁育者,其他非繁殖者则充当群体从属者和协助者。群体抑制依赖于动物行为,其主要作用就是避孕,不过内分泌指标并不会受抑制。

3. 性高潮 长期以来人们都忽视了非人灵长类的性高潮反应。特殊情况下,非人灵长类雌性可能会经历性高潮。雌性动物交配时发生性高潮的概率参差不齐,而我们对动物产生性高潮的原因知之甚少。性高潮与雌性动物年龄或群体主导地位无关,但和更长的交配时间、更多的骑跨和抽送次数有关。在对雌性交配过程中所经历的物理刺激水平进行统计控制后,可发现交配时,如雄性地位较高而雌性地位较低,雌性出现性高潮的频率最高;交配时如雄性地位较低而雌性地位较高时,雌性出现性高潮的频率最低。由此可以得出结论,性高潮阈值控制的机制对于社会性的刺激更为敏感,而受生理限制较少。

（四）生殖与内分泌

社会性行为与雌性的卵巢周期相互关联。激素会影响性感知,并且雄性对雌性的性引诱也与排卵有关。Dixson 猜想性感知的能力作为一种直接刺激能够增强雌性的性吸引力。性吸引力基于激素水平变化,例如性皮肤就是对雌激素和孕激素水平的反映。雄性食蟹猴会研究雌性身体,通过雌性尿液信息判断雌性卵巢/激素状况,从而了解雌性可能产生较高的繁殖成功率。

下丘脑-垂体-卵巢-子宫轴这个术语很好地描述出了雌性生殖的层次结构。外界因素,如交配对象、压力或光照等,会影响促性腺激素释放因子的分泌模式,从而诱导垂体分泌促性腺激素。促性腺激素 FSH 和 LH 由促性腺激素释放激素（GnRH）的脉冲式分泌控制,GnRH 刺激卵巢内的类固醇和其他激素,并诱导卵泡生长、排卵和黄体生成。卵巢周期的特点是具有典型的卵泡期和黄体期激素,并且可以在体液和分泌物中确定。

1. 主要激素 卵巢的主要激素为雌激素、黄体酮、松弛素、生长激素、前列腺素和抑制素。雌激素主要在卵泡期由排卵前卵泡分泌,并在排卵前后达到最大血浆水平。雌激素会引起动物行为、阴道上皮、肛周皮肤颜色的改变及皮肤肿胀。总的来说,所有雌激素诱导的变化都会使雌性对于雄性来说更具性吸引力。然而在黄体期,黄体酮水平上升时雌性的性感知却会下降,这表明黄体酮对动物的性感知行为具有负面影响。这一阶段也与雄性动物射精频率的明显下降有关。在阔鼻猴目中,孕激素可以直接抑制性感知行为的发生。

雌激素与 LH 分泌呈正相关,且两者都会在排卵前后达峰,随后下降。通过检测血液或尿液中的雌二醇和 LH 在排卵前的升高水平（E_2 + LH）可判断是否为排卵期。这一点在一般灵长类动物饲养管理、辅助生殖妊娠期中非常重要。

人类和食蟹猴,排卵前会检测到尿液或血清中的雌激素明显升高,不过还是很难通过尿液样本获得准确的排卵时间。这是因为代谢途径存在一定滞后性。此外,需要联合分析肌酐,以弥补尿液浓度和体积的变化。

2. 激素检测 通过分析尿液或粪便激素对圈养/野生食蟹猴受孕/非受孕状态卵巢周期进行无创监测。不过这类分析需要用到尿液代谢产物、代谢途径和变化指标时间关系的信息,以便诠释所获结果。对受孕和非受孕状态卵巢周期的无创监测,可采用非侵入式操作,即通过检测尿液和粪便中具有免疫活性的雌酮结合物（E1C）、雌二醇-17β、孕二醇、LH 和黄体酮来实现。亦可检测血液激素水平,直接进行激素分析而无需代谢产物信息。但需要采集血液样本。

激素分析主要用于监测卵巢周期,且单个样本无法提供必要的信息,除非是绒毛膜促性腺激素（CG）或松弛素（RLX）等妊娠标志物。

排卵后会形成新的黄体,黄体会产生黄体期的主要激素——黄体酮,因此黄体酮是判断排卵和黄体形成的良好指标。同时也可以通过松弛素或绒毛膜促性腺激素判断黄体期和妊娠早期。松弛素由子宫和胎盘产生,着床和妊娠早期松弛素和绒毛膜促性腺激素水平会明显升高,因此这两个指标是妊娠早期的标志物。这两种激素均可在新大陆猴和旧大陆猴血清样本中测得,且单个样本就可提供非人灵长类动物妊娠状态的个体信息。正常妊娠和妊娠失败的松弛素含量有所不同,若是妊娠失败,黄体酮下降期会来得更迟。因此,松弛素是胎盘状况和胎儿健康的重要指标。总而言之,松弛素的血清浓度提供了有关妊娠的病理和生理信息。

3. 激素与群体地位　激素变化还可揭示群体地位。在非周期性、处于从属地位的猕猴属中,由于明显缺乏脉冲式促性腺激素分泌,会减少促性腺激素的分泌。似乎是受到了下丘脑内源性分泌 GnRH 的抑制。从属地位的雌性会抑制垂体分泌 LH,且垂体对 GnRH 的反应下降。但这种情况可能很快就会因动物在群体中的地位而发生扭转。例如,将从属地位的雌性从群体中移出后,该雌性的血浆 LH 会迅速升高,从而导致排卵发生。

血浆中催乳素或皮质醇水平升高也与从属地位的非人灵长类雌性的生殖功能抑制有关。众所周知,皮质醇水平会受特定雌性生殖条件的影响,例如,外源性雌激素治疗会导致人体皮质醇升高。排卵期皮质醇水平升高也可作为人体的排卵预测指标。

(五) 影响生殖的外部因素

1. 群体制度　食蟹猴的群体制度和行为存在高度分化。食蟹猴的群体制度差异与群体内部幼仔的个体发育需求密切相关。诸如捕食与觅食竞争等因素均无法解释幼仔发育差异及亚成年生长速率差异。

2. 营养　长期或严重营养不良会抑制生殖激素的分泌。研究表明动物发生营养不良的时期可能非常短暂,且代谢信号与热量的摄入量有关,与营养不良的时间长短无关。也与体重或组分的变化、特定营养素的摄入、血糖、胰岛素水平、食物的味道或气味,或进食的物理过程无关。

显然,食物摄入能够刺激生殖轴的活动是一项进化优势。当有足够的食物资源提供时,生育能力会迅速达到最大值。对人类而言,饮食习惯能够获得更多更丰富的营养物质,从而与是否容易妊娠和分娩有着重要的关系,仅以农业种植为基础饮食的生活习惯则容易导致分娩困难。目前尚无证据表明短期禁食导致生殖激素的迅速抑制会导致不孕症。营养不良会阻断下丘脑发生器,并抑制 LH 脉冲。对雌性哺乳动物来

说,哺乳是一项极其耗能的活动。随着幼仔成长,总能量需求不断增加,哺乳的预期成本也会不断上涨。Lee 指出,母体需要衡量出需求与婴儿需要之间的关系,以调整哺乳频率进而改变其生育能力。正如不同种属的雌性灵长类动物有着不同的妊娠策略,营养摄入质量也会影响哺乳期乳汁的产出,因此母体为此的付出成本也不能一概而论。

3. 出生性别比　关于性别研究,一直以来会产生一些疑问,如父体、母体是如何分配对于雄性幼仔和雌性幼仔所进行的资源投入,母体如果倾向于偏袒某个性别是否会有明显的证据,是否会受母体的身体状况影响等,现存的关于出生性别比(BSR)的研究得出了各种各样的结论,这些结论甚至在进化论的论点上相互矛盾。研究结论差异如此之大,表明不论母体在群体内的地位高低,包括种群密度、成年的性别比例和交配竞争在内的一系列因素都会影响出生性别比。目前尚不清楚影响出生性别比的生理机制,因此认为出生性别比与母系等级无关的零假设,仍然是目前最合理的解释。由于母体状况、出生性别比和母体照料之间没有相关性,因此研究者可能是忽略了某些其他关联因素,又或者是特定的种属或种群需要有其他可替代的适应性解释。

4. 疾病　已知性传播疾病(sexually transmitted diseases,STD)可存在于野生和家养动物中。Lockhart 及其同事曾报道在 27 目宿主种属中发现了超 200 种性传播寄生虫。宿主种属可通过免疫防御和行为模式来抵御性传播疾病。Donovan 指出,虽然人类能够运用行为防御策略来避免性传播疾病,但人类仍不能控制性病的传播。然而,我们对于动物减少性传播疾病风险的行为防御措施却知之甚少。对比试验显示,动物并不会通过检查生殖器的方式来判断或避开感染性病的个体。检查生殖器的行为多见于雄性,而且与是否滥交无关。滥交现象较多的灵长类种属不太会在交配后自行清洁生殖器,这类雄性或雌性也不太会在交配后即刻排尿(也就是冲洗尿道和生殖器周围区域的微生物)。而交配前防御性传播疾病的行为举措,如选择交配对象,不太可能会完全生效。

(六) 不孕

1. 周期和卵泡　不孕症的一些主要问题,如周期不规律和排卵停止,是研究人类不孕的关注点。灵长类动物的月经周期可能并不规律,卵泡期尤其容易受外部环境影响。例如与种群隔离的雌性东非狒狒往往卵泡期会更长,Rowell 在一项关于东非狒狒的实验中

观察得出,影响周期长短的是社群变化而非社群背景。雌性灵长类动物的受孕窗口期很短。未受孕的雌性在一整季都会处于非周期性状态。

在繁殖季以外的时间里,食蟹猴可能会出现无排卵和周期不规律的现象,伴随促性腺激素和雌二醇分泌不足。这表明环境效果(如光照、温度和营养)会影响下丘脑-垂体轴,并最终使动物产生病理改变。

外部因素诱发的未破裂卵泡黄素化综合征(LUF)似乎与人类女性自发性的未破裂卵泡黄素化综合征相似,这表明在研究未破裂卵泡黄素化综合征女性不孕方面可能存在一个有用模型。Koering 对灵长类动物卵泡成熟和堵塞的形态学关系发表完整的综述,而 Gore 等则提供了表明优势卵泡如何排卵的模型。

2. 多囊卵巢综合征 目前国内外已建立了非人灵长类动物的多囊卵巢模型。在动物妊娠期间 FSH 水平与卵泡早期水平相似,且 FSH 可能会促使卵泡在妊娠期继续生长。高水平的雌激素并不会抑制 FSH 分泌,卵巢组织学显示在妊娠期间卵泡和黄体仍会广泛生长。卵巢的窦前卵泡、小腔卵泡和中格拉夫卵泡数量较多。部分卵泡为囊肿和闭锁卵泡,卵巢类似人体的多囊卵巢综合征。

3. 着床与流产 着床失败和妊娠早期的流产是人类生育研究中的重要课题。为了研究这些问题,需要建立一个与人类受精卵着床类型及黄体功能相似的动物模型。在比较不同动物的受孕率和受孕效率时,研究者应谨慎挑选试验种属,非人灵长类动物是最接近这种模型的种属,食蟹猴和人类的数据相似。

4. 群体避孕 社会避孕通常会导致主导地位的雌性比从属地位的雌性拥有更多的后代。一旦群体抑制不复存在,雌性个体就会出现周期性变化,但如果随后该雌性再度处于群体中的从属地位,周期便会停止。群体抑制现象与体重较轻,或血液中皮质醇或催乳素水平较高都无关。由于下丘脑 GnRH 水平低,所以腺垂体促性腺激素刺激不足,导致群体抑制现象的产生。

5. 衰老 繁殖能力随年龄增加而下降,普通雌性繁殖最多后代的巅峰年龄在 4.5~6.4 岁。初次繁殖年龄与成熟年龄密切相关,不同种属存在差异。猴的卵巢功能在 21~25 岁出现下滑,伴随繁殖季节血浆 LH 轻微上升。大约在 27 岁进入绝经期。衰老猴的下丘脑-垂体-卵巢活动减少,并导致类固醇和肽激素浓度下降、卵泡凋亡指数上升及规律性周期减少。在围绝经期个体中可见卵泡期延长、孕二醇-3-葡萄糖醛酸动力学规律缺失。绝经后的个体无月经,尿液中共轭雌激素水平低。同时在猴进入 30 岁后卵巢功能下降,与人类女性绝经过渡期的月经和激素模式一致。

食蟹猴和人类女性卵巢螺旋动脉老化会导致卵巢形态学发生改变。由此引起的螺旋动脉血流变化可能会影响卵巢的绝经期。衰老卵巢会丧失对交感神经和血管活性肠肽(VIP)的神经支配,表明食蟹猴卵巢功能随年龄下降与神经内分泌系统支配能力的下降有关。Pavelka 和 Fcdigan 将绝经期视作是一种生活史特征而非内分泌学特征,他们的研究比较的是人类和非人灵长类的寿命长短而非预期寿命。

(七)总结

为了研究人类生殖及其相关领域,如干细胞研究及其可能的应用,迫切需要使用非人灵长类动物模型来研究生理学并开发必要的治疗方法。然而每一种模型都有其优势和局限性,所以在呈现数据并应用到人体时应给予阐明。理想状况是能使用多种不同的非人灵长类动物模型,但模型所使用的非人灵长类动物的种属和数量选择往往取决于成本和可用性。

非人灵长类动物与人类女性的生殖和生育能力既有相似之处,也有不同之处。不管是人类还是非人灵长类动物,营养是影响生殖各方面的关键因素之一,特别是在生育、妊娠和哺乳阶段。环境因素(如外源性雌激素)及其对生育能力的影响是人类生殖研究的热点。月经、性高潮、绝经期和出生性别比背后的原因也在人类研究中引发了激烈讨论,也许会从非人灵长动物身上找到这类问题的答案。避孕可能是灵长类动物社会行为和社会变化的结果,这也许会为研究人类不孕症提供更多思路。同样,衰老也是人类生育研究的一个关键话题,目前还有很多有关新型辅助生殖方法和克隆的热议。性传播疾病是对生殖健康的主要威胁,会对生育能力和一般健康产生影响,研究灵长类动物性传播疾病可能有助于开发有用模型。最后,很多非人灵长类动物成熟期较早而繁殖周期较短,因为相比人类受试者,可以研究更多的生殖周期,且更快地产生结果。

二、雄性食蟹猴生殖系统与人类男性生殖系统的比较

与雌性食蟹猴相似,雄性食蟹猴在生殖系统解剖学和生理学上与人类男性具有许多相似之处。本部分

将介绍雄性食蟹猴作为模拟人类男性生殖系统模型的主要特征,包括雄性食蟹猴生殖器官的基本解剖结构和内分泌学,同时比较人类男性生殖系统模型与食蟹猴种属之间的差异及这些差异可能对模型产生的影响。

(一) 雄性生殖的调控因素

1. 内分泌系统概述　了解下丘脑-垂体-睾丸轴的功能是理解雄性灵长类生殖机制的关键。这些组织的相互关系对睾丸的内分泌和外分泌功能至关重要。简言之,GnRH 是一种由下丘脑合成的十肽,通过垂体柄内的门脉血管以脉冲形式分泌到腺垂体。在腺垂体,促性腺激素细胞被促性腺释放激素刺激,分泌 LH 和 FSH。这些激素进入全身循环,LH 刺激睾丸间质中的间质细胞分泌睾酮。在食蟹猴间质细胞上证明有 LH 受体,并且 GnRH 被证明能刺激雄性食蟹猴中 LH 的分泌。FSH 刺激生精小管中支持细胞分泌雄激素结合蛋白(ABP)、抑制素和激活素。下丘脑中脉冲发生器控制 GnRH 脉冲的频率和幅度。研究还发现,在具有季节性繁殖期的食蟹猴中,GnRH 脉冲的频率在非繁殖期和繁殖期之间没有变化,但脉冲幅度在繁殖期增加。

下丘脑-垂体-睾丸轴在两个水平上有反馈控制,以维持睾酮分泌。来自睾丸间质细胞的睾酮对下丘脑具有负反馈,以降低 GnRH 脉冲的幅度和频率。通过芳香化酶从睾酮转化而来的雌二醇对腺垂体具有负反馈,使促性腺激素细胞对 GnRH 刺激不敏感。通过这两个过程减少 LH 的分泌量,从而降低睾酮水平。来自支持细胞的抑制素和激活素分别对腺垂体产生负反馈和正反馈,以维持 FSH 水平。

2. 胎儿期内分泌学　研究表明,在雄性食蟹猴胎儿中,下丘脑-垂体-睾丸轴早在妊娠 100 天就有功能。去性腺胎儿研究证明,睾酮或其代谢物双氢睾酮对发育中的雄性食蟹猴胎儿的 LH 反馈调节同样充分。胎儿附睾导管在孕期的发育是对睾丸分泌的雄激素的一种反应。在妊娠 130 天前,附睾立方上皮几乎没有分化。此时,雄性激素的分泌诱导细胞分化,使其类似于成人中发现的细胞,包括附睾体部和尾部的固纤毛细胞。雄激素水平在出生后下降时,上皮细胞退化到未分化状态,直到青春期雄激素增加。

3. 新生期及幼年期内分泌学　食蟹猴的雄激素水平在出生后急剧下降,并在青春期前持续保持低水平。1.5~2.5 岁雄性食蟹猴的血浆抑制素和雄激素结合蛋白(一种由支持细胞分泌的蛋白)明显少于成年

雄性。青春期前睾丸的静止状态是由于腺垂体 FSH 和 LH 分泌有限所致。促性腺激素的这种限制是由在这个发育阶段下丘脑的 GnRH 的脉动分泌中断引起的。刺激幼猴下丘脑内的 GnRH 神经元确实会导致性早熟的发生。下丘脑-垂体-间质细胞轴被充分激活,精子开始产生。上述发现表明青春期猴的限制因素是对控制 GnRH 脉冲发生器的神经元的刺激。随着青春期的临近,GnRH 脉冲发生器被重新激活,导致促性腺激素水平升高、生长速度加快、生殖系统充分发育。同时,血液中瘦素水平也会增加。已经证明瘦素可能是触发青春期开始信号的说法是不正确的,但预示着一种可能性,即如果其他关键控制机制都在运作,青春期仍可以继续。

4. 成年期内分泌学　成年人类和雄性食蟹猴的 GnRH 分泌于下丘脑,刺激腺垂体细胞分泌 LH 和 FSH。LH 刺激位于睾丸间质的睾丸间质细胞分泌睾酮,FSH 刺激参与精子发生的生精小管支持细胞。任何激素如果对特定的组织产生影响,组织中就必须有特定的激素受体。在食蟹猴中进行的一项研究发现,[125]I 标记的 FSH 与该物种睾丸匀浆的特定部分结合没有差异。睾酮水平对 LH 和 FSH 的释放有明显调节作用,这是对成年食蟹猴 GnRH 脉冲频率变化的反应。LH 对 GnRH 的反应不受脉冲频率的影响,而 FSH 在血浆水平较低时反应频率较慢。

5. 抑制素　雄性食蟹猴睾丸支持细胞中发现了抑制素-βB 亚基肽及其 mRNA,由于抑制素 B 的分泌受到促性腺激素的刺激,并且考虑到抑制素 B、LH 和 FSH 从出生到成年的平行浓度,认为 LH 及 FSH 在该调节中的作用是非常重要的。LH 的作用可能是间接的,并通过睾酮对抑制素-βB 基因的表达来介导。

6. 睾丸　睾丸间质细胞产生的睾酮扩散到全身循环和生精小管。Dierschkc 等于 1975 发表的一份研究中提供了该扩散机制的证据,通过这种机制,流入睾丸的血液中睾酮浓度明显高于股动脉的血液。同时从远端睾丸动脉和股动脉采集血液,睾酮水平分别为 5.10 ng/mL ± 1.15 ng/mL 和 4.47 ng/mL ± 1.00 ng/mL。这表明睾酮从静脉丛系局部转移到睾丸动脉。

7. 副生殖腺　精子通过输精管离开睾丸,进入附睾,附睾由三个形态和功能不同的部分组成。这些功能差异与精子的成熟有关。精子依次通过附睾头、附睾体和附睾尾,然后进入输精管。食蟹猴精子在细胞质液滴的位置上存在形态上的差异。从头部到体部到

尾部,精子稳定地呈现出一个更远端的细胞质滴。当检测其运动性时,头部精子未正常移动,体部精子移动时间短暂,而尾部精子则表现出较好的持续移动性。5α-还原酶是将睾酮转化为双氢睾酮(DHT)的酶,DHT是一种生物活性更高的雄激素形式。精子在通过附睾过程中发生的成熟变化发生在头部和附睾体中,尾端的精子完全成熟并能够受精。

雄性生殖道的两个副性腺参与精液的产生,它们是精囊和前列腺。在指狐猴中,无精囊参与。灵长类动物精囊的大小差异较大。前列腺可能对DHT有反应,这是负责胎儿器官分化的激素。睾酮可能通过靶组织中的5α-还原酶转化为DHT。前列腺对锌的摄取会影响睾酮水平。

(二)影响雄性生殖的因素

1. 季节性　关于季节性对雄性食蟹猴繁殖的影响,已经进行了一些研究,但数量有限。而且一些研究是在不同于其自然栖息地的环境条件下对圈养种群进行的。然而,在不同条件下,一些物种在许多与繁殖相关的参数上表现出明确的季节模式。影响这些模式的因素可能包括温度、光照、湿度和食物来源。季节性定义的一个问题来自观察指标,即某些物种在所有月份都会有一些子代出生,但大多数子代出生发生在有限的时间内。正因为如此,有报道称一个物种的出生季节是季节性的,也有报道称是非季节性的。

2. 生精　生精的过程可理解为三个连续的阶段:① 干细胞再生;② 生殖细胞增殖;③ 精细胞形成,或精细胞成熟为精子。随着青春期的结束,精子发生过程开始发挥作用。食蟹猴中,第一批精母细胞出现在3~4岁时,此时体重为3.24 kg±0.15 kg;在3.6~4.3岁,体重为3.5~3.8 kg时,生精过程结束。

3. 干细胞再生　干细胞或精原细胞是生殖细胞系的起点。所有精子都来源于这些干细胞。它们是通过有丝分裂复制的二倍体未分化细胞。一般认为,高等灵长类有两种类型的干细胞:暗型A(Ad)精原细胞和浅型(Ap)精原细胞。一般认为Ad精原细胞提供了干细胞的储备群体,Ap精原细胞主动分裂并形成再生干细胞。这些细胞通过有丝分裂而分裂,产生两个相同的子细胞。在恒河猴中,首次复制后10.5天,一半细胞将自我复制,另一半将产生B型精原细胞,即第一代分化精原细胞。这一过程被称为生精周期。

4. 生殖细胞增殖　在旧大陆猴中,这些B型精原细胞经历3次有丝分裂,产生B2、B3和B4精原细胞

的连续世代。B4精母细胞经过另一次有丝分裂产生初级精母细胞。这些初级精母细胞在第一次减数分裂后再次进行减数分裂,产生次级精母细胞,第二次分裂后产生精子细胞。因此,每个初级精母细胞最终产生4个单倍体精子细胞。

生精的最后阶段是精子细胞向高分化、可受精的成熟精子的形态变化。这些变化包括大部分细胞质的丢失、包含线粒体的中间部分的发育、尾部的形成和顶体帽的形成。印度的一项研究表明,灵长类的FSH在促进定量精子的发生及调节生精中发挥关键作用。

5. 生精周期　食蟹猴Ap精原细胞周期有新的B型精原细胞连续产生。由于生精小管的任一部分都不同步,因此生精过程是连续的。食蟹猴青春期的开始与支持细胞的快速和大量增加有关,随后是精原干细胞的扩增。睾丸的生精能力取决于Ap精原细胞的数量,而Ap精原细胞的数量又依赖于不断扩大的支持细胞群,因为每个支持细胞只能支持有限数量的生殖细胞。

人类的B型精原细胞只有一代,但生精周期约为74天。食蟹猴生精周期为10.16天±0.44天。

6. 生精激素控制　FSH和LH在生精启动和维持中的作用尚未被严格定义。生精启动可能不需要FSH的参与,一些研究表明LH可以维持生精。然而,人们认识到,在正常的生理环境中,FSH和LH的存在可能是用来刺激相应的组织,使雄性生精量达到最大值。

向成年猴给予FSH后刺激精子发生。基于A型精原细胞的增加,给予FSH后,食蟹猴对药物的反应大于猕猴的药物反应。食蟹猴两种类型的A型精原细胞在出生时就已经存在,而B型精原细胞在出生后第一年年底出现。在青春期,这些精原细胞开始分化,出现大量的精母细胞和精细胞。

采用3只成年雄性食蟹猴研究轻度睾丸高温对于生精影响的研究。将包含睾丸的阴囊用43℃水浴浸泡,每天1次,每次30 min,连续6天。2周后,所有猴子的血清抑制素B水平均下降。2只猴在6周或8周时出现无精子现象,第3只猴的精子数量仅达到试验前的10%。首次处理后12周完全恢复。研究发现,该种属猴的生精效率较高,其中初级精母细胞向精细胞转化率为3.94±0.19,最大理论值为4。

7. 受精

(1) 精子趋化性:在精子使卵子受精结合之前,它

必须承担到达输卵管的艰巨任务。事实上,卵母细胞可以释放吸引精子的信号,这一事实在具有体外受精的海洋物种(如海胆)中已得到充分证明。然而,在哺乳动物中寻找精子趋化性的证据、检测信号的性质及它们所引发的方式,已经有的证据显示要困难得多。卵泡液是第一批在体外显示出趋化特性的化合物之一,因为试图将趋化性与其他因素引起的精子积聚区分开来存在相当的困难,所以这些早期观察其实并未得出结论。

随着人类精子细胞嗅觉受体的发现,哺乳动物趋化性的概念得到了新的支持。嗅觉受体蛋白不仅存在于人类睾丸组织中,而且也存在于成熟犬的精子膜中。Spehr 等报道从人类睾丸组织中克隆了气味受体 hOR17-4,它属于近 1 000 个嗅觉受体家族,主要表达于鼻的感觉神经元。通过该基因在人类肾细胞系中的异源表达,可以鉴定出几种激动剂。对叔丁基苯丙醛就是其中之一,不仅能够诱导精子的趋化行为,还能够产生一些通常与体内精子形成相关的 Ca^{2+} 变化。

(2) 精子获能与过动现象:20 世纪 50 年代之前,使用射精精子进行卵母细胞体外受精的尝试几乎都没有成功过。1951 年,Austin 和 Chang 两个团队几乎同时发现,精子必须在雌性生殖道中停留一段时间,才能使卵母细胞受精。在此期间精子发生的变化称为获能。获能似乎仅限于哺乳动物,是一种"启动",允许精子快速进行必要的改变,以使卵母细胞受精。获能不伴有可见的形态变化。然而,膜表面抗原的组成发生了改变,包括表面涂层蛋白 ESP13.2 的耗竭。2003 年 Yudin 在恒河猴中发现,这一过程会改变膜磷脂,增加细胞内 Ca^{2+}。食蟹猴精子的获能可通过接触环核苷酸类似物 dbcAMP 和咖啡因在体外诱导。一项研究结果表明,食蟹猴精子暴露于这些物质会导致精子尾部蛋白酪氨酸磷酸化增加,这可能是该物种中与获能相关的运动性变化的介导因素之一。这些运动性的改变被称为过动现象,由 Yanagimachi 首次提出。其他可能调节这种过动现象的因素包括 cAMP 水平的增加及鞭毛细胞内 Ca^{2+} 水平的变化。过动现象产生的目的很可能是帮助精子穿透输卵管黏液及卵丘细胞基质。在体内过动现象和获能是否偶合的问题仍然还没有解决。大量采用精子的研究表明,至少在体外,这两个过程可以不偶合。但是在人类似乎只有获能精子对卵泡液有趋化反应。

(3) 精子与透明带结合:卵母细胞被大量卵丘细胞包围,卵丘细胞嵌入富含透明质酸和各种蛋白质的细胞外基质中。精子在膜结合透明质酸酶的帮助下通过该基质。Lin 和 Cherr 等在食蟹猴精子中已经证实了其中一种名为 PH-20 基质的存在。

卵母细胞透明带含有三种糖蛋白,ZP1、ZP2 和 ZP3(或 ZPA、ZPB 和 ZPC),它们对精子的结合至关重要。已在包括食蟹猴和狒狒在内的多种物种中克隆了这些基因编码,并在食蟹猴卵母细胞透明带上进行组织化学定位。与透明带的结合可分为两个阶段完成,一个是最初的松散结合,然后是更紧密的结合。从小鼠实验中获得的证据表明,ZP3 是主要负责精子细胞结合和顶体反应诱导的蛋白质,而 ZP1 则作为次级受体。所有三种 ZP 同源物都已在冠毛猕猴中克隆,最近的一项研究将来自冠毛猕猴的重组 ZP 蛋白用于精子结合试验,同样表明 ZP3 同系物是获能精子的主要受体。

一些位于 ZP3 上的单糖被认为是结合表位,包括甘露糖、α 半乳糖和 β-N-乙酰氨基葡萄糖。上述结论大部分证据来源于在体外竞争性试验中合成低聚糖的使用,在基础结合性研究中允许这类使用,但并不意味体内 ZP3 单糖与试验密切相关。

相反,非人灵长类动物中,精子膜上介导精子与 ZP3 结合的受体仍有待于鉴定。Jansen 等已从小鼠或猪精子中分离出几种可能的受体,包括透明带粘连蛋白、前顶体蛋白和精子粘连蛋白。研究最广泛的受体是 β-1,4-半乳糖基转移酶。对基因工程小鼠的研究中,支持其在精子结合中的作用,其中 β1 受体的过度产生导致与 ZP3 的结合增加。然而,β-1,4-半乳糖基转移酶可能会与其他分子共同作用,因为抑制了 β-1,4-半乳糖基转移酶表达的雄性小鼠仍然能够繁殖,尽管它们表现出精子结合特性的改变及穿过卵透明带更加缓慢。

(4) 顶体反应:当精子与透明带接触时会发生形态上的变化,称为顶体反应。顶体是位于精子细胞前部的一个大的分泌囊泡,被膜包围,含有多种酶,包括透明质酸酶和顶体酶。在顶体反应期间,顶体膜通过与覆盖的精子质膜融合,从而发生形态变化,导致顶体酶的释放。精子内触发顶体反应的分子事件尚不清楚。然而,有证据表明,ZP3 结合激活了两个机制,一个导致通道打开,产生短暂的 Ca^{2+} 内流,另一个导致内部 pH 升高。这两种机制似乎都是细胞内 Ca^{2+} 池中持续释放 Ca^{2+} 所必需的条件。顶体反应还导致顶体酶的释放和激活,顶体酶是一种蛋白水解酶,很可能是参与透明带消化的酶之一,有助于将精子运输到卵黄周隙中。

虽然这一领域的大部分工作是在实验室中常用的动物种属或人类的精子中进行的,但顶体反应过程中释放的一些酶是从包括食蟹猴、恒河猴和黑猩猩等非人灵长类动物中分离出来的。

(5)卵精融合与卵母细胞激活:成熟的哺乳动物卵母细胞停滞在第二减数分裂中期(M II)。成熟促进因子(MPF)是一种由 p34cdc2 激酶和细胞周期蛋白 B 组成的蛋白质复合物。MPF 的主要功能是促进纺锤体生长、染色质凝聚和核膜分解。MPF 的活性似乎取决于细胞抑制因子(CSF)的存在,而 CSF 又需要两个基因调节活性,即 c-mos 原癌基因和 Emi1 基因。

穿透透明带后,精子通常沿着精子头部的赤道段进入卵黄周隙并与卵细胞膜结合。结合是由卵子膜蛋白复合物介导的,可能包括与精子上互补膜分子结合的整合素。与精子的融合导致卵母细胞中 Ca^{2+} 振荡增加,进而触发位于卵母细胞膜下方的皮质颗粒释放酶。这些酶被释放到卵黄周隙,在卵黄周隙引起透明带的变化,从而阻止精子进一步通过。精子结合引发 Ca^{2+} 反应的确切机制尚不清楚,但有强有力的证据表明,触发因素是精子释放到卵母细胞细胞质中的某种因素。这一点得到研究结果的支持,将恒河猴精子提取物注射到卵母细胞中时,可以引发与受精期间观察到的相似钙振荡。

精子和卵母细胞融合后,精子头部发生缩合,在此过程中,用于紧密"包裹"其染色体的一些蛋白质被卵母细胞衍生的组蛋白取代。随后形成原核膜和雄性原核。随着精子尾部进入卵母细胞,精子衍生的线粒体在精子发生过程中被泛素标签标记,被卵母细胞衍生因子选择性地降解,包括恒河猴在内的几个种属中均已观察到这一现象。

卵母细胞中的 Ca^{2+} 振荡是如何"转化"为激活过程中所能观察到的一系列形态变化的,这在很大程度上仍然是未知的。值得注意的是,在这种情况下,精子诱导的 Ca^{2+} 振荡数量及幅度似乎能够对激活过程中发生的大多数(如果不是全部)事件的开始、完成和时间顺序进行差异化调节。Ca^{2+} 信号的一个介导因子是 Ca^{2+}/钙调素依赖性激酶 II(CaMK II)。研究已经表明,Ca^{2+} 振荡会导致 CaMK II 短暂增加,而相反,CaMK II 抑制卵母细胞激活。CaMK II 可能参与多种靶点的调控,包括细胞周期蛋白降解、促分泌蛋白和卵母细胞钙通道的调控。

卵母细胞激活的一个重要结果是通过降解其细胞周期蛋白 B 亚单位使 MPF 失活。类似地,丝裂原活化蛋白激酶(MAP)的活性被失活,MAP 参与调节细胞周期并负责维持染色质处于浓缩状态。这两个环节都是卵母细胞恢复减数分裂所必需的。

在卵母细胞激活期间,卵母细胞进入第二阶段,在该阶段,第二级体被挤压,使卵母细胞成为单倍体。原核膜围绕染色体,促使雌性原核形成。雄性和雌性来源的 DNA 复制同步发生,原核膜消失,合子启动第一次有丝分裂细胞分裂。

原核迁移和适当量染色体分离取决于中心粒的存在及功能。在大多数哺乳动物中(除了大鼠和可能的其他啮齿动物外),中心粒细胞似乎仅由精子贡献,而卵母细胞仅含有基本的类似结构。中心粒最初形成引导雌性原核走向雄性原核所必需的精星体。它在原核阶段复制,随后组织有丝分裂及在纺锤体双极的形成。在人类中,中心粒缺陷与精子活力降低和胚胎发育停滞有关。

(6)体外受精:尽管早期实验中的体外受精成功率通常较低,但在非人灵长类动物中,体外受精已成功应用于多种物种,包括松鼠猴、恒河猴、食蟹猴、猪尾猕猴、狒狒、狨猴、黑猩猩和低地大猩猩。随后,有几项研究证明了冷冻保存后胚胎的活力。将经过冻融的恒河猴早期胚胎移植到 4 个受体中,分别产生了 1 对和 3 对双胞胎(其中 1 对死胎)。类似地,在囊胚阶段进行玻璃化冷冻后,将胚胎移植到 3 个受体中,产生了 1 对恒河猴双胞胎。

在卵母细胞和胚胎操作后,恒河猴后代的产生也有新的发现。一般说来,虽然这种操作降低了胚胎的存活能力,并显著延缓其发育能力,但有证据表明,通过各种操作技术仍旧可以获得胎儿。例如,Meng 等研究指出分别将恒河猴胚胎白细胞核移植到去核卵母细胞及将胚胎移植到 9 个受体中,有两个新生胎儿产出。同样,Chan 等在胚胎分离后,试图产生相同的动物(1 后代/13 受体),胞质内注射携带外源 DNA 的精子(1 后代/7 受体)及反转录病毒基因转移(3 后代/20 受体,其中 1 个基因产生改变)。

(7)衰老:目前尚未无对雄性食蟹猴衰老进行的明确的纵向研究。但对其他种属有少量报道,如黑猩猩的衰老,与睾酮和血浆蛋白特异性结合的降低有关。然而,对雄性恒河猴的研究发现,衰老雄性的性表现降低与游离或结合血清睾酮水平无关。

(田义超)

参考文献

［1］ Abbott D，Bird I. Nonhuman primates as models for human adrenal androgen production：function and dysfunction［J］. Reviews in Endocrine & Metabolic Disorders，2009，10（1）：33 - 42.

［2］ Aizawa K，Ageyama N，Yokoyama C，et al. Age-dependent alteration in hippocampal neurogenesis correlates with learning performance of macaque monkeys［J］. Experimental Animals，2009，58（4）：403 - 407.

［3］ Akahori M，Takatori A，Kawamura S，et al. No regional differences of cytochrome p450 expression in the liver of cynomolgus monkeys（Macaca fascicularis）［J］. Experimental Animals，2005，54（2）：131 - 136.

［4］ Bonhomme M，Blancher A，Cuartero S，et al. Origin and number of founders in an introduced insular primate：estimation from nuclear genetic data［J］. Molecular Ecology，2008，17（4）：1009 - 1019.

［5］ Buse E，Habermann G，Vogel F. Thymus development in Macaca fascicularis（Cynomolgus monkey）：an approach for toxicology and embryology［J］. Journal of Molecular Histology，2006，37（3 - 4）：161 - 170.

［6］ Buse E. Development of the immune system in the cynomolgus monkey：the appropriate model in human targeted toxicology？［J］. Journal of Immunotoxicology，2005，2（4）：211 - 216.

［7］ Camus S M J，Rochais C，Blois-Heulin C，et al. Depressive-like behavioral profiles in captive-bred single- and socially-housed rhesus and cynomolgus macaques：a species comparison［J］. Frontiers in Behavioral Neuroscience，2014，8：47.

［8］ Camus S，Rochais C，Blois-Heulin C，et al. Depressive-like behavioral profiles in captive-bred single- and socially-housed rhesus and cynomolgus macaques：a species comparison［J］. Frontiers in Behavioral Neuroscience，2014，8.

［9］ Chamanza R，Naylor S，Gregori M，et al. The influence of geographical origin，age，sex，and animal husbandry on the spontaneous histopathology of laboratory cynomolgus macaques（Macaca Fascicularis）：a contemporary global and multisite review of historical control Data［J］. Toxicologic Pathology，2022，50（5）：607 - 627.

［10］ Chiarelli B. Some new data on the chromosomes of Catarrhina.［J］. Experientia，1962，18：405 - 406.

［11］ Choi K，Chang J，Lee M-J，et al. Reference values of hematology，biochemistry，and blood type in cynomolgus monkeys from cambodia origin［J］. Laboratory animal research，2016，32（1）：46 - 55.

［12］ Dang D C，Meusy-Dessolle N. Quantitative study of testis histology and plasma androgens at onset of spermatogenesis in the prepuberal laboratory-born macaque（Macaca fascicularis）［J］. Archives of Andrology，1984，12 Suppl：43 - 51.

［13］ Dewi F，Wood C，Lees C，et al. Dietary soy effects on mammary gland development during the pubertal transition in nonhuman primates［J］. Cancer Prevention Research，2013，6（8）：832 - 842.

［14］ Drevon-Gaillot E，Perron-Lepage M，Clement C，et al. A review of background findings in cynomolgus monkeys（Macaca fascicularis）from three different geographical origins［J］. Experimental and Toxicologic Pathology，2006，58（2 - 3）：77 - 88.

［15］ Goldsmith P C，Boggan J E，Thind K K. Estrogen and progesterone receptor expression in neuroendocrine and related neurons of the pubertal female monkey hypothalamus［J］. Neuroendocrinology，1997，65（5）：325 - 34.

［16］ Haruyama E，Ayukawa Y，Kamura K，et al. Morphometric examination for development of reproductive organs in male cynomolgus monkeys［J］. Toxicologic Pathology，2012，40（6）：918 - 925.

［17］ Hendrie T A，Peterson P E，Short J J，et al. Frequency of prenatal loss in a macaque breeding colony［J］. American Journal of Primatology，1996，40（1）：41 - 53.

［18］ Hislop A，Howard S，Fairweather D V. Morphometric studies on the structural development of the lung in Macaca fascicularis during fetal and postnatal life［J］. Journal of Anatomy，1984，138（Pt 1）：95 - 112.

［19］ ICH. S11：Nonclinical safety testing in support of development of paediatric pharmaceuticals.［EB/OL］.（2020 - 04 - 14）. https://database. ich. org/sites/default/files/S11_Step4_FinalGuideline_2020_0310. pdf.

［20］ Ise R，Kondo S，Kato H，et al. Expression of cytochromes P450 in fetal，infant，and juvenile liver of cynomolgus macaques［J］. Drug Metabolism and Pharmacokinetics，2011，26（6）：621 - 626.

［21］ Ishizaka T，Yoshimatsu Y，Ozawa M，et al. Age-related differences of QT interval and autonomic nervous system activity in female cynomolgus monkeys［J］. Journal of Pharmacological and Toxicological Methods，2009，60（3）：288 - 295.

［22］ Ito K，Uchida Y，Ohtsuki S，et al. Quantitative membrane protein expression at the blood-brain barrier of adult and younger cynomolgus monkeys［J］. Journal of Pharmaceutical Sciences，2011，100（9）：3939 - 3950.

［23］ Jarvis P，Srivastav S，Vogelwedde E，et al. The cynomolgus monkey as a model for developmental toxicity studies：variability of pregnancy losses，statistical power estimates，and group size considerations［J］. Birth Defects Research Part B-Developmental and Reproductive Toxicology，2010，89（3）：175 - 187.

［24］ Kanthaswamy S，Ng J，Trask J，et al. The genetic composition of populations of cynomolgus macaques（Macaca fascicularis）used in biomedical research［J］. Journal of Medical Primatology，2013，42（3）：120 - 131.

［25］ Kobayashi M，Koyama T，Yasutomi Y，et al. Relationship between menarche and fertility in long-tailed macaques（Macaca fascicularis）［J］. Journal of Reproduction and Development，2018，64（4）：337 - 342.

［26］ Koyanagi T，Nakanishi Y，Murayama N，et al. Age-related changes of hepatic clearances of cytochrome P450 probes，midazolam and R-/S-warfarin in combination with caffeine，omeprazole and metoprolol in cynomolgus monkeys using in vitro-in vivo correlation［J］. Xenobiotica，2015，45（4）：312 - 321.

［27］ Kozlosky J，Mysore J，Clark S，et al. Comparison of physiologic and pharmacologic parameters in Asian and mauritius cynomolgus macaques［J］. Regulatory Toxicology and Pharmacology，2015，73（1）：27 - 42.

［28］ Lee M M，Gustafson M L，Ukiyama E，et al. Developmental changes in mullerian inhibiting substance in the cynomolgus monkey，Macaca fascicularis［J］. The Journal of Clinical Endocrinology and Metabolism，1994，78（3）：615 - 621.

［29］ Lee W-W，Nam K-H，Terao K，et al. Age-related increase of peripheral CD4[+] CD8[+] double-positive T lymphocytes in cynomolgus monkeys：longitudinal study in relation to thymic involution［J］. Immunology，2003，109（2）：217 - 225.

［30］ Lees C J，Ramsay H. Histomorphometry and bone biomarkers in cynomolgus females：a study in young，mature，and old monkeys［J］. Bone，1999，24（1）：25 - 28.

［31］ Li R，Wang H，Yang L，et al. The whole mitochondrial genome of the Cynomolgus macaque（Macaca fascicularis）［J］. Mitochondrial DNA，2015，26（2）：284 - 286.

［32］ Li X，Li D，Biddle K，et al. Age- and sex-related changes in body weights and clinical pathology analytes in cynomolgus monkeys（Macaca Fascicularis）of Mauritius origin［J］. Veterinary Clinical Pathology，2022，51（3）：356 - 375.

［33］ Liedigk R，Kolleck J，Böker K O，et al. Mitogenomic phylogeny of the common long-tailed macaque（Macaca fascicularis fascicularis）［J］. BMC Genomics，2015，16（1）：222.

［34］ Lucaccioni L，Trevisani V，Boncompagni A，et al. Minipuberty：

Looking Back to Understand Moving Forward［J］. Frontiers in Pediatrics，2020，8：612235.

［35］ Luetjens C，Weinbauer G. Functional assessment of sexual maturity in male macaques（Macaca fascicularis）［J］. Regulatory Toxicology and Pharmacology，2012，63（3）：391 - 400.

［36］ Marshall G R，Wickings E J，Nieschlag E. Testosterone can initiate spermatogenesis in an immature nonhuman primate，Macaca fascicularis.［J］. Endocrinology，1984，114（6）：2228 - 2233.

［37］ Mecklenburg L，Luetjens C，Weinbauer G. Toxicologic pathology forum * ：opinion on sexual maturity and fertility assessment in long-tailed macaques（Macaca fascicularis）in nonclinical safety studies［J］. Toxicologic Pathology，2019，47（4）：444 - 460.

［38］ Meusy-Dessolle N，Dang D C. Plasma concentrations of testosterone，dihydrotestosterone，delta 4-androstenedione，dehydroepiandrosterone and oestradiol-17 beta in the crab-eating monkey（Macaca fascicularis）from birth to adulthood［J］. Journal of Reproduction and Fertility，1985，74（2）：347 - 359.

［39］ Mirsky M，Portugal S，Pisharath H，et al. Utility of orchidometric parameters for assessing sexual maturation in male cynomolgus macaques（Macaca fascicularis）［J］. Comparative Medicine，2016，66（6）：480 - 488.

［40］ Nakamura S，Nakayama H，Goto N，et al. Histopathological studies of senile plaques and cerebral amyloidosis in cynomolgus monkeys［J］. Journal of Medical Primatology，1998，27（5）：244 - 252.

［41］ Nam K H，Akari H，Terao K，et al. Age-dependent remodeling of peripheral blood CD4$^+$ CD8$^+$ T lymphocytes in cynomolgus monkeys［J］. Developmental and Comparative Immunology，1998，22（2）：239 - 248.

［42］ Nam K H，Akari H，Terao K，et al. Age-related changes in major lymphocyte subsets in cynomolgus monkeys［J］. Experimental Animals，1998，47（3）：159 - 166.

［43］ Niehoff M，Bergmann M，Weinbauer G. Effects of social housing of sexually mature male cynomolgus monkeys during general and reproductive toxicity evaluation［J］. Reproductive Toxicology，2010，29（1）：57 - 67.

［44］ Ogawa L M，Vallender E J. Genetic substructure in cynomolgus macaques（Macaca fascicularis）on the island of Mauritius［J］. BMC Genomics，2014，15（1）：748.

［45］ Olivier E，Edgley S A，Armand J，et al. An electrophysiological study of the postnatal development of the corticospinal system in the macaque monkey［J］. The Journal of Neuroscience：the Official Journal of the Society for Neuroscience，1997，17（1）：267 - 276.

［46］ Picut C，Ziejewski M，Stanislaus D. Comparative aspects of pre- and postnatal development of the male reproductive system［J］. Birth Defects Research，2018，110（3）：190 - 227.

［47］ Prescott M，Nixon M，Farningham D，et al. Laboratory macaques：When to wean？［J］. Applied Animal Behaviour Science，2012，137（3 - 4）：194 - 207.

［48］ Rhu J，Lee K W，Kim K S，et al. Coagulation biomarkers in healthy male Cynomolgus macaque monkeys（Macaca fascicularis）［J］. Xenotransplantation，2019，26（1）：e12457.

［49］ Sakamoto K，Sawada K，Fukunishi K，et al. Postnatal change in sulcal length asymmetry in cerebrum of cynomolgus monkeys（Macaca fascicularis）［J］. Anatomical Record-Advances in Integrative Anatomy and Evolutionary Biology，2014，297（2）：200 - 207.

［50］ Sawada K，Fukunishi K，Kashima M，et al. Fetal gyrification in cynomolgus monkeys：a concept of developmental stages of gyrification［J］. Anatomical Record-Advances in Integrative Anatomy and Evolutionary Biology，2012，295（7）：1065 - 1074.

［51］ Schmitt G，Parrott N，Prinssen E，et al. The great barrier belief：The blood-brain barrier and considerations for juvenile toxicity studies［J］. Reproductive Toxicology（Elmsford，N. Y.），2017，72：129 - 135.

［52］ Skaggs H，Chellman G，Collinge M，et al. Comparison of immune system development in nonclinical species and humans：Closing information gaps for immunotoxicity testing and human translatability［J］. Reproductive Toxicology，2019，89：178 - 188.

［53］ Smedley J V，Bailey S A，Perry R W，et al. Methods for predicting sexual maturity in male cynomolgus macaques on the basis of age，body weight，and histologic evaluation of the testes［J］. Contemporary Topics in Laboratory Animal Science，2002，41（5）：18 - 20.

［54］ Snyder P，Everds N，Craven W，et al. Maturity-related variability of the thymus in cynomolgus monkeys（Macaca fasciculata）［J］. Toxicologic Pathology，2016，44（6）：874 - 891.

［55］ Spoor M，Radi Z，Dunstan R. Characterization of age- and gender-related changes in the spleen and thymus from control cynomolgus macaques used in toxicity studies［J］. Toxicologic Pathology，2008，36（5）：695 - 704.

［56］ Sun Q，Dong J，Yang W，et al. Efficient reproduction of cynomolgus monkey using pronuclear embryo transfer technique［J］. Proceedings of the National Academy of Sciences of the United States of America，2008，105（35）：12956 - 12960.

［57］ Tosi A，Coke C. Comparative phylogenetics offer new insights into the biogeographic history of Macaca fascicularis and the origin of the Mauritian macaques［J］. Molecular Phylogenetics and Evolution，2007，42（2）：498 - 504.

［58］ Vaidyanathan A，McKeever K，Anand B，et al. Developmental immunotoxicology assessment of rituximab in cynomolgus monkeys［J］. Toxicological Sciences，2011，119（1）：116 - 125.

［59］ Van Esch E，Cline J，Buse E，et al. Summary comparison of female reproductive system in human and the cynomolgus monkey（Macaca fascicularis）［J］. Toxicologic Pathology，2008，36（7）：171S - 172S.

［60］ van Noordwijk M A，van Schaik C P. The effects of dominance rank and group size on female lifetime reproductive success in wild long-tailed macaques，Macaca fascicularis［J］. Primates：Journal of Primatology，1999，40（1）：105 - 130.

［61］ Vidal J，Bhaskaran M，Carsillo M，et al. Spontaneous findings in the reproductive system of sexually mature male cynomolgus macaques［J］. Toxicologic Pathology，2022，50（5）：660 - 678.

［62］ Vidal J，Colman K，Bhaskaran M，et al. Scientific and regulatory policy committee best practices * ：documentation of sexual maturity by microscopic Evaluation in nonclinical safety studies［J］. Toxicologic Pathology，2021，49（5）：977 - 989.

［63］ Vidal J. The impact of age on the female reproductive system：a pathologist's perspective［J］. Toxicologic Pathology，2017，45（1）：206 - 215.

［64］ Walthall K，Cappon G，Hurtt M，et al. Postnatal development of the gastrointestinal system：a species comparison［J］. Birth Defects Research Part B-Developmental and Reproductive Toxicology，2005，74（2）：132 - 156.

［65］ Weinbauer G，Niehoff M，Niehaus M，et al. Physiology and endocrinology of the ovarian cycle in macaques［J］. Toxicologic Pathology，2008，36（7）：7S - 23S.

［66］ Xiantang Li，Rosemary Santos，Jan E. Bernal，et al. Biology and postnatal development of organ systems of cynomolgus monkeys（Macaca fascicularis）［J］. Med Primatol. 2023；52（1）：64 - 78.

［67］ Xie L，Zhou Q，Liu S，et al. Normal thoracic radiographic appearance of the cynomolgus monkey（Macaca fascicularis）［J］. Plos One，2014，9（1）：e84599.

［68］ Yan G，Zhang G，Fang X，et al. Genome sequencing and comparison of two nonhuman primate animal models，the cynomolgus and Chinese rhesus macaques.［J］. Nature Biotechnology，2011，29（11）：1019 - 1023.

［69］ Zoetis T，Hurtt M E. Species comparison of anatomical and functional renal development［J］. Birth Defects Research. Part B，Developmental and Reproductive Toxicology，2003，68（2）：111 - 120.

［70］ Zoetis T，Hurtt M E. Species comparison of lung development［J］. Birth Defects Research. Part B，Developmental and Reproductive Toxicology，2003，68（2）：121 - 124.

第六章

食蟹猴福利管理

第一节　动物福利的概念及内容

在明确动物福利定义之前,有必要先明确"动物"和"福利"两个的概念。

(一) 概念

在动物福利全球宣言中,动物被明确定义为一切能感知疼痛和痛苦的非人类生物,包括哺乳类、鸟类、爬行类、两栖类、鱼类和无脊椎动物。这一广泛而全面的定义旨在保护各类动物免受不必要的痛苦和苦难。

"福利"一词则被定义为满足动物物质、行为和心理需求的程度。这意味着动物福利的考量不仅包括基本的生存需求,还关注它们的行为表现和心理状态。通过提供适当的环境、饲养和医疗护理,旨在确保动物能够体验到生理和心理上的良好状态。

这样的定义为动物福利设定了更全面的标准,鼓励社会更加关注并采取措施,以确保人类与动物之间的互动和关系都能够最大限度地满足动物的各类需求。

(二) 概念的起源

人类在进行实验动物生产活动和动物实验时不可避免地要求实验动物忍受一定程度的恐惧和疼痛等,但实验动物同人类一样是血肉之躯,同样有感知、恐惧和情感的需要。而实验动物是经人工培育或驯养的,相对于人来说,实验动物是一个"弱势群体"。因此,人类进行实验动物科学研究时应顾及实验动物的福利问题。

动物福利概念最早起源于18世纪初的英国,认为动物之间的残忍和人类对待动物的残忍不同,动物之间的残忍是为了生存,而人类对动物的残忍却并非必要。

18世纪末到19世纪初,英国兴起了一场道德改良运动,倡导禁止残忍对待动物,认为这违背怜悯原则。另外,"天赋权利"等概念为后来英国的《动物福利法及修正案》奠定了深刻的思想基础。这些运动和概念共同构成了对待动物更加慎重和怜悯的立场,为后来的动物保护法律和伦理准则的形成奠定了基础。

(三) 定义

动物福利有许多定义,经常被引用的定义是世界动物卫生组织的定义——"动物福利是指动物的身体和心理健康,如果一只动物身体健康,可以自由地表达自然行为,没有痛苦,处于积极的幸福状态,那么它的福利可以被描述为良好或高"。

动物福利的概念包括三个要素:动物的正常生物功能(这意味着确保动物健康营养)、它们的情绪状态(包括没有负面情绪,如疼痛、压力和慢性恐惧),以及它们表达某些正常行为的能力。

(四) 动物福利内容

关于动物福利内容,较公认的是由英国农场动物福利协会提出的五大自由(5F)。即① 享有不受饥渴的自由;② 享有生活舒适的自由;③ 享有不受痛苦伤害或疾病的自由;④ 享有不受恐惧和悲伤的自由;⑤ 享有表达天性的自由。

对于实验动物的福利,国际社会普遍接受的是3R原则,即替代(replacement)、优化(refinement)和减少(reduction)。3R概念最早是由 William Moy Stratton Russell 和 Rex Leonard Burch 于1959年在其《人道主义实验技术原理》一书中提出。多年以来,3R原则已经成为国际上科研工作者在科学实验时所广泛接受的准则。

(1) 替代:是指避免使用动物的方法,包括两个主要方面:绝对替代和相对替代。绝对替代是指使用无生命的替代品,如利用计算机系统来代替动物进行实验。这种方法完全消除了对动物的需求,同时仍能满足实验或测试的目的。相对替代则是指使用进化程度较低的脊椎动物代替高等脊椎动物,以减轻对动物的实验压力。

(2) 优化:是指对在确保实验科学目的的前提下,最大程度减少使用动物的数量,避免不必要的重复实验,改善饲养管理和动物实验程序以达到增进动物福利或最大限度地减少或消除疼痛和痛苦的目的。

(3) 减少:涉及使用一些策略,即使用较少的动物获取相对等的信息或在用给定数量的动物获得最大信息。

第二节　国内外动物福利的发展状况

目前,我国国内涉及动物福利的相关法律、法规主要是针对野生动物、农场动物及实验动物,但没有专门针对动物福利的法律。其他国家和地区,如欧盟、英国、美国及德国等则设有专门保护动物福利的法律、法规。国内涉及动物福利的法规见表6-2-1。

表6-2-1　国内涉及动物福利的相关法律和法规

序号	名　称	保护对象	批准时间	最近一次修订时间
1	《中华人民共和国野生动物保护法》	野生动物	1988年11月8日	2022年12月30日
2	《中华人民共和国陆生野生动物保护实施条例》	陆生野生动物	1992年2月12日	2016年2月6日
3	《中华人民共和国水生野生动物保护实施条例》	水生野生动物	1993年9月17日	2013年12月7日
4	《国家重点保护野生动物名录》	重点保护野生动物	1988年12月10日	2021年1月4日
5	《中华人民共和国动物防疫法》	家畜家禽和人工饲养、捕获的其他动物	1997年7月3日	2021年1月22日
6	《动物检疫管理办法》	家畜家禽和人工饲养、捕获的其他动物	2022年8月22日	—
7	《实验动物管理条例》	实验动物	1988年10月31日	2017年3月1日
8	《关于善待实验动物的指导性意见》	实验动物	2006年9月30日	2017年3月1日
9	《药物非临床研究质量管理规范》	实验动物	2017年6月20日	2017年9月1日
10	《实验动物福利伦理审查指南》（GB/T 35892-2018）	实验动物	2018年2月6日	2018年2月6日

（一）国内实验动物福利现状

20世纪80年代,在改革开放与科学技术大力发展的背景下,我国实验动物学界及相关领域的科技工作者呼吁成立中国实验动物专业学术团体。由此,

1987年4月,国家科学技术委员会批准成立中国实验动物学会。同年,该学会加入中国科学技术协会。并在国家科学技术委员会和实验动物研究所的指导下,分别以国家代表和科学家代表身份加入国际实验动物科学理事会（ICLAS）。1988年国务院批准《实验动物管理条例》,该条例对实验动物的饲育管理、检疫和传染病控制、实验动物使用、进出口管理、人员要求及奖惩方面提出了明确要求。之后分别在2011年、2013年和2017年修改了3次。目前,《实验动物管理条例》明确了我国实行实验动物质量监督和质量合格认证制度,规范实验动物饲养、检疫、应用、进出口和实验动物工作,特别强调从事实验动物工作的人员必须爱护实验动物,不能骚扰或虐待。1989年,颁布《野生动物保护法》,后又颁布了《动物检疫管理办法》和《国内贸易部饲料管理办法》等一系列法律法规。

21世纪以来,3R原则和5F原则思想在我国学术界迅速普及。

2006年,科技部为了加强实验动物管理工作,首次将3R原则写入《关于善待实验动物的指导性意见》,对实验动物饲育管理、引用过程、运输过程提出了明确的善待实验动物的指导性意见,并对善待实验动物给出了具体的相关措施。同时,要求利用实验动物进行研究的科研项目要制订科学、合理、可行的实施方案。该方案只有经实验动物管理委员会（或实验动物道德委员会、实验动物伦理委员会等）批准后,才能组织实施。对于虐待实验动物的行为,明确指出:情节较轻者,由所在单位进行批评教育,限期改正;情节较重或屡教不改者,应离开实验动物工作岗位;因管理不妥屡次发生虐待实验动物事件的单位,将吊销单位实验动物生产许可证或实验动物使用许可证。

2017年,在药物临床前安全评价领域,国家食品药品监督管理总局（现国家药品监督管理局,NMPA）在《药物非临床质量管理规范》中明确规定,实验动物的使用应当关注动物福利,遵循"减少、替代和优化"的原则,实验方案实施前应当获得"动物管理使用委员会"（IACUC）的批准。

2018 年 GB/T 35892－2018《实验动物　福利伦理审查指南》再次将 3R 和 5F 原则写进了标准,规定了在实验动物生产、运输和使用过程中福利伦理审查和管理的要求,包括审查机构、审查原则、审查内容、审查程序、审查规则和档案管理。

(二) 国外实验动物福利现状

1. 欧盟　自 1822 年英国国会通过理查德·马丁提出的《禁止虐待家畜法案》以来,在西欧各国保护动物理念已有 200 年历史。目前世界上已有 100 多个国家建立了完善的动物福利法规,WTO 规则中也加入了动物福利相关的条款。

1986 年,欧盟通过《用于实验和其他科学目的的脊椎动物保护欧洲公约》(简称《公约》),对实验动物的饲养设施、实验细节、管理要求等各方面均做了规定。其成员国以《公约》为基本框架,制定了本国的法律,如英国 1986 年颁布的《动物(科学程序)法》和荷兰的《动物实验法》等都具有各自的代表性和突破性。

2013 年,欧盟 27 国正式实施了新的保护实验动物指令 2010/63/EU,取代适用了 26 年之久的 86/609/EEC 指令,该指令首次将 3R 原则写入法律,被认为是现代动物福利法律的全新开始。新法规修订体现了以"3R"为中心的原则,涉及动物试验的伦理评估和建立持续的伦理审核制度、非人灵长类动物的使用、加强法规的透明度和执行力及加强成员国之间动物伦理的合作等内容,是其修订的亮点。欧盟新指令在更高的动物福利水平统一了成员国的立场,为在世界范围内推行动物福利价值标准起到了先导作用。

2. 美国　1966 年 8 月 24 日美国签署《动物福利法》(AWA),规范了在研究、教学、测试、展览、运输和经销中对待动物的方式。自 1966 年首次通过以来,AWA 已经过多次修订。1986 年,为了维护实验动物福利,美国政府重新修订了《人道管理和使用实验动物的公共卫生服务政策》,并签署了《美国政府关于在测试、科研和培训中使用和管理脊椎动物的准则》。该《准则》规定了研究人员的职责,他们使用动物进行的各项活动,都必须接受研究机构的动物管理使用委员会(IACUC)的监管。

3. 民间组织　一些民间动物保护组织也在为维护动物福利发挥着重要作用,如国际爱护动物基金会、英国防止虐待动物协会、世界动物保护协会、美国防止虐待动物协会等。

(三) 国际实验动物评估和认可协会(AAALAC)

国际实验动物评估和认可协会于 1965 年成立于美国,是一家民间、非营利的国际认可机构。

AAALAC 主要致力于实验动物管理与使用的评估和认证,以达到在研究过程中维护动物福利、保障人员安全的目的。AAALAC 认可已成为实验动物质量、福利和生物安全的象征,是国际前沿生物医学研究的质量标志,并成为参与国际交流、科研合作和竞争的重要基础条件。鉴于此,为了保证动物实验的质量并推动科研的发展,美国食品药品管理局(FDA)和欧盟强力推荐在取得 AAALAC 认可的实验室开展动物实验。

AAALAC 认可的审查范围包括评估实验动物管理和使用计划的各个方面。根据 AAALAC 的定义,实验动物管理和使用计划是机构在研究、教育、测试或饲养中涉及实验动物管理和使用的各种程序及总体表现,主要包括(但不局限于)以下几方面。

(1) 实验动物管理与使用计划:包含研究机构内所有对动物的健康和福利有直接影响的活动,如动物及兽医护理、政策和规程、人员和计划的管理及监督、职业健康与安全、IACUC 功能,以及动物设施的设计和运行管理。

(2) 动物环境、饲养及其管理:动物设施的合理营造和管理对于维护动物福利,保证工作人员的健康和安全及保证科研数据、教学或试验的品质都是至关重要的。完善的管理计划可以为不同物种(品种或品系)的动物提供合理的环境和栖居场所,并考虑动物生理及行为需要,使其可以顺利生长、发育成熟及繁殖,从而保证动物的健康和福利。

(3) 兽医护理:是动物管理与使用计划的基础部分。兽医的首要职责是提供兽医护理并监督研究、实验、教学和生产过程中的动物福利。完善的兽医护理包括对以下各项的有效管理:① 动物采购和运输;② 预防医学(包括隔离检疫、动物生物安全和监测);③ 临床疾病、伤残或相关健康问题;④ 与研究方案相关的疾病、伤残或其他后遗症的护理;⑤ 外科和手术期间护理;⑥ 疼痛和痛苦控制;⑦ 麻醉和镇痛;⑧ 安乐死术。

(4) 实验动物设施的总体规划:设施的规划、设计和建造及完善的管理,是保证良好的动物管理与使用的关键要素,有利于其高效、经济和安全地营运。

第三节　食蟹猴动物福利管理

随着我国实验食蟹猴饲养和使用数量的增加,食蟹猴在饲养及实验过程中的动物福利也越来越多地受到研究人员的关注。实验动物的健康成长不仅可以提高动物的品质,还为动物实验的顺利进行提供保障。因此,从事实验食蟹猴饲养、实验工作的机构,不仅要按照国际惯例要求进行动物福利管理,还要鼓励饲养管理工作人员多从食蟹猴的自然生活习性考虑,营造出享有动物福利的管理理念。

一、饲养环境要求

从事实验食蟹猴饲养、实验工作的机构应有规划性以保证和维持所有硬件设施的性能正常。

人工饲养食蟹猴分为群养和笼养,群养房间又可以分为育成猴房和繁殖猴房。每间育成猴房里放入离乳后的同性别幼猴,进行育成;繁殖猴房里可以在一间笼舍内放入达到交配年龄的 10 只左右的母猴和 1 只雄猴进行饲养,让其进行自由交配繁衍后代,每年可根据繁殖情况确定是否更换雄猴。群养和笼养各有其优点,群养能使食蟹猴有更大的活动空间,而笼养能减小食蟹猴受外伤的可能性,也更便于管理。在群养的笼子里可以放一些小球,或者做一个秋千供食蟹猴玩耍。小球必须无毒且不易被食蟹猴咬坏,秋千和小球要进行常规消毒。笼养的笼具应选用无毒、耐腐蚀、耐高温、易清洗、易消毒灭菌的耐用材料制成,笼具的内外边角均应圆滑、无锐口。

食蟹猴作为实验动物,不同等级有不同的环境要求,《实验动物环境及设施》(GB 14925 - 2023)对饲育环境的主要要求如下。

1. 环境指标　在饲养猴房间里设置供暖系统和排风系统。对于普通级食蟹猴,要求的普通环境指标:温度范围为 16～28℃,最大日温差为 4℃,相对湿度 30%～70%,最小换气次数为 8 次/h,动物笼具周边处气流速度≤0.2 m/s,氨浓度≤14 mg/m³,噪声≤60 dB(A),最低工作照度 150 lx,动物照度 100～200 lx,昼夜明暗交替时间 12 h/12 h 或 14 h/10 h。全光谱的室内照明可促进实验动物维生素 D_3 的合成和吸收。

对于 SPF 级食蟹猴,要求的屏障环境指标:温度范围为 20～26℃,最大日温差为 4℃,相对湿度 30%～70%,最小换气次数为 15 次/h,动物笼具周边处气流速度≤0.2 m/s,与相通房间的最小静压差为 10 Pa,空气洁净度为 7 级,沉降菌最大平均浓度为 3 CFU/0.5 h·Φ90 mm 平皿,氨浓度≤14 mg/m³,噪声≤60 dB(A),最低工作照度 150 lx,动物照度 100～200 lx,昼夜明暗交替时间 12 h/12 h 或 14 h/10 h。

对于隔离环境条件要求,与屏障环境指标对比,区别在于最小换气次数为 50 次/h,与隔离设备内外的最小静压差为 50 Pa,无动物时不得检出沉降菌。

要随时关注饲养环境的温度、湿度,以便及时采取相应的应对措施。在冬季供暖时,需要及时检查供暖设备的运行情况,一旦发现温度过低(低于 14℃时),要及时进行修理维护。可使用温度传感器(图 6-3-1)在温度低于设定参数时识别并触发警报。

图 6-3-1　温度显示屏

幼小的、年轻的、毛发稀疏的,或有疾病的非人灵长类动物应该远离通风口,以避免受凉。无论是自然照明还是人工照明,都应该有足够的照明亮度,以便对动物进行充分的检查和管理。

2. 房间设计　饲养猴房间的光源应该是嵌入天花板或墙壁的(图 6-3-2)。所有房间的地板应该适当向排水管处倾斜,排水管需要位于方便维护的地方,同时应避免堵塞。地面应平整、方便清洁,如遇湿应防滑、地表面应不透水。房间、走廊、电梯及动物房间有笼子的地方,其墙壁和门应该有适当高度的保险杠,以防止推车或笼子等设备移动对墙壁造成损坏。停电的情况下,应设置备用电源或备用发电机(图 6-3-3),以维持安全的环境条件。

3. 饮水　通常,通过自动供水系统或水瓶连续供水给试验动物,如果不能保证持续提供水,动物必须每天 2 次获得饮用水。如果由自动系统提供水,饲养人员必须定期检查供水设备的功能。除此之外,应有水

图6-3-2 嵌入式照明灯

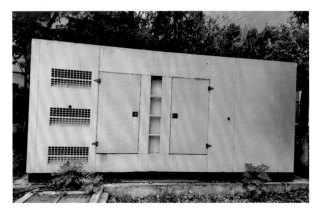

图6-3-3 柴油发电机

质检测记录。

普通环境的动物饮水应符合《生活饮用水卫生标准》(GB 5749-2022)的要求,屏障环境和隔离环境的动物饮水还应达到无菌要求。

GB 5749-2022对生活饮用水要求为:① 生活饮用水中不应含有病原微生物;② 生活饮用水中化学物质不应危害人体健康;③ 生活饮用水中放射性物质不应危害人体健康;④ 生活饮用水的感官性状良好;⑤ 生活饮用水应经消毒处理。

4. 笼具　笼具应符合实验动物的生理、健康及福利要求,应使用无毒、无害、无放射性的材料。成品应耐腐蚀、耐高温、耐高压、耐冲击和易清洗。不锈钢(304型)通常用于较小的笼子。不锈钢非常耐用。铝有时会被使用,特别是对于更大的笼子,以减少重量。

笼具可以悬挂在移动架上,或安装在有支架的墙上,废弃物落入地板或落入笼具下面的槽或托盘中。

笼具的内外边角均应圆滑、无锐口和毛刺,内部无尖锐的突起,动物不易噬咬、咀嚼。笼具应能避免动物

身体或四肢伸出,门或盖有防备装置,能防止动物自行打开或发生意外伤害、逃逸。

食蟹猴笼具的大小最低要求为:猴体重小于4 kg的,笼底面积最低为0.5 m²,笼高最低为0.8 m;猴体重4~8 kg,笼底面积最低为0.6 m²,笼高最低为0.85 m;猴体重大于8 kg,笼底面积最低为1.1 m²,笼高最低为0.9 m。对于群养动物需要更大的饲养空间(图6-3-4)。

图6-3-4 食蟹猴单养笼具

5. 空间要求　建议非人类灵长类动物成对或成群居住的最小空间见表6-3-1。

表6-3-1 非人灵长类动物成对或成群饲养的最小空间

动物	体重 (kg)	地板面积 (m²)	高 (cm)	说明
猴(包括狒狒)				笼具高度应足够满足动物站在地面可舒服地直立。狒狒、帕塔斯猴和其他长足种类可能比其他种类需要的高度更高,就像长尾动物和其他卷尾动物一样。对于悬臂动物,笼子的高度应该是这样的,当动物完全伸展时,它可以从笼子的天花板上荡下来,而脚不会碰到地板。笼具设计应增强长臂运动
组1	1.5	0.20	76.2	
组2	3.0	0.28	76.2	
组3	10	0.40	76.2	
组4	15	0.56	81.3	
组5	20	0.74	91.4	
组6	25	0.93	116.8	
组7	30	1.40	116.8	
组8	>30	≥2.32	152.4	

6. 环境卫生　必须每天清除室内主要的排泄物和食物垃圾。室内笼子(或主要围栏),包括食物和饮水容器,至少每2周进行一次彻底的清洗。在动物房间内清洗或将笼子运送至笼子清洗设备之前,必须将动物从笼子中移走。

二、营养膳食要求

对于规模饲养的食蟹猴，一般每天3餐(2餐主食1餐副食)，有时还可以喂些花生米当作零食，主食一般以糕类为宜。7:30左右可以给它们喂第一餐主食，10:00左右可以喂一些蔬菜或水果(图6-3-5)，比如卷心菜、青菜、萝卜和苹果等；16:00左右可以喂最后一餐主食。刚离乳的育成猴可增加一餐全脂牛奶，连

续供给7天左右，具体天数视其吃料的情况而定。

天然食材建议储存在温度低于21℃，以及相对湿度低于50%的环境中。灵长类动物每天会消耗相当于其体重3%～5%(干重)的食物，但仍有会有很多的浪费。每天多次少量喂食可以减少浪费，并更接近于野生动物的喂养模式。群养的动物最好配备多个间隔良好的喂食器，以使得所有动物每天都能有足够的食物以获得足够的营养。所有非人类灵长类动物都需要维生素C(抗坏血酸)。

维持饲料是指适用于生长、繁殖阶段以外或成年动物的饲料。生长、繁殖饲料是指适用于生长、妊娠和哺乳期动物的饲料。作为实验动物，食蟹猴一般给予配合饲料。《实验动物配合饲料营养成分》(GB 14924.3-2010)对于猴配合饲料常规营养指标、氨基酸指标、维生素指标、常量矿物质和微量矿物质指标进行了规定(表6-3-2)。食蟹猴所食饲料应该是新鲜、无杂质、无异味、无霉变、无发酵、无虫蛀及无鼠咬的饲料；饲料中不得掺入抗生素、驱虫剂、防腐剂、色素、促生长剂、激素等药物及添加剂；不得使用发霉、变质或被农药及其他有毒有害物质污染的饲料原料。

图6-3-5　食蟹猴进食

表6-3-2　猴配合饲料成分表(每千克饲粮含量)

常规营养成分	维持饲料	生长、繁殖饲料	氨基酸	维持饲料	生长、繁殖饲料	维生素*	维持饲料	生长、繁殖饲料	常量矿物质和微量矿物质#	维持饲料	生长、繁殖饲料
水分和其他挥发性物质(g)	≤100	≤100	赖氨酸(g)	≥8.5	≥12.0	维生素A(IU)	≥10 000	≥15 000	镁(g)	≥1.0	≥1.5
粗蛋白(g)	≥160	≥210	蛋氨酸+胱氨酸(g)	≥6.0	≥7.9	维生素D(IU)	≥2 200	≥2 200	钾(g)	≥7	≥8
粗脂肪(g)	≥40	≥50	精氨酸(g)	≥9.9	≥12.9	维生素E(IU)	≥55	≥65	钠(g)	≥3.0	≥4.0
粗纤维(g)	≤40	≤40	组氨酸(g)	≥4.4	≥4.8	维生素K(mg)	≥1.0	≥1.0	铁(mg)	≥120	≥180
粗灰分(g)	≤70	≤70	色氨酸(g)	≥2.3	≥2.7	维生素B_1(mg)	≥4	≥16	锰(mg)	≥40	≥60
钙(g)	8～12	10～14	苯丙氨酸+酪氨酸(g)	≥13.1	≥15.4	维生素B_2(mg)	≥5	≥16	铜(mg)	≥13	≥16
总磷(g)	6～8	7～10	苏氨酸(g)	≥6.3	≥7.9	维生素B_6(mg)	≥5	≥13	锌(mg)	≥110	≥140
钙:总磷	1.2:1～1.5:1	1.2:1～1.5:1	亮氨酸(g)	≥13.5	≥15.9	烟酸(mg)	≥50	≥60	碘(mg)	≥0.5	≥0.8
			异亮氨酸(g)	≥97.2	≥8.2	泛酸(mg)	≥13	≥42	硒(mg)	0.1～0.2	0.1～0.2
			缬氨酸(g)	≥49.0	≥10.9	叶酸(mg)	≥0.20	≥2.00			
						生物素(mg)	≥0.10	≥0.40			
						维生素B_{12}(mg)	≥0.030	≥0.050			
						胆碱(mg)	≥1 300	≥1 500			
						维生素C(mg)	≥1 700	≥2 000			

注：* 配合饲料维生素含量最高上限为下限值的2倍；# 配合饲料矿物质含量最高上限为下限值的2倍

三、种群管理

需要注意种群大小、遗传多样性及繁殖要求,准确记录个体和群体繁殖记录有助于种群管理和进行实验动物选择。遗传分析可用于鉴定等位基因和追踪动物系谱。

1. 动物的永久标识方法　永久性的识别方法包括文身和微芯片植入,考虑成本,一般使用文身识别的方法较多。文身和植入微芯片的主要缺点是很难或不可远距离阅读。此外,文身会褪色,尤其是在生长中的动物身上。微芯片植入的缺点是可能会从植入部位移动,需要专用的扫描仪来读取芯片,价格较贵。除了距离限制,金属笼也会有干扰。

2. 临时的标识方法　临时识别方法包括染发剂染色、剪发和系上识别标签的颈圈(图6-3-6),这三种方法的优点是都可以远距离识别动物,缺点是必须要按季节更换染发剂;修剪毛发也是短期识别方法,如果动物的毛发较少,可能会影响识别;带有标识的项圈可能会丢失或污损,有可能对动物构成危险。

图6-3-6　戴有项圈标识牌的食蟹猴

3. 记录　动物种群管理需要良好的记录,一般包括个体和群体及相关记录,此外,还包括相关法规符合性记录。对记录的使用需要遵循相应的规范或标准,相应的培训,包括记录方法、存储监管、记录审查有助于记录信息的质量。

(1) 个体动物医疗记录:兽医应参与建立、审查和监督医疗和动物使用记录,这些记录至少应包含以下信息。

1) 动物的种类、唯一标识、性别、出生日期或取得日期、来源、地理来源和最终处置日期。

2) 结核菌素筛选试验的日期和结果,体重和身体状况评分测量的日期,以及动物健康和实验历史的总结。

3) 如果动物因医疗原因有活动或居住限制,兽医应将这些记录在健康记录中。

4) 所有动物健康记录必须保存至动物最终处置或死亡后一年。

5) 转移动物的记录要求全面,以便接收设施能够继续提供足够的兽医护理。这些信息包括但不限于个体的病史、任何慢性或正在进行的医疗或行为问题的信息,以及有关最新预防医疗程序的详细信息。那些先前进行过涉及重大手术的实验使用的动物应附有必要的信息。

(2) 种群/群落/繁殖记录

1) 社会等级记录是群居动物的重要组成部分,以保持稳定的社会等级。

2) 特定的无病原体群落记录、定期筛查评估群体记录和手术或麻醉程序的群体记录,需要与相应的个体记录对应。

3) 育种动物的记录可能包含繁殖指数和遗传分析,以方便育种配对选择。

(3) 镇静、麻醉及围手术期护理记录

1) 动物或群体识别及程序实施日期。

2) 给药信息:包括药物及剂量、给药途径、时间和给药人的身份。

3) 手术程序描述和外科医生。

4) 麻醉监测日志。

5) 应对在麻醉和恢复期间意外事件所采取的行动及执行时间、动物反应、操作人员身份。

6) 疼痛和痛苦评估。

7) 为减轻疼痛和痛苦所采取的措施,包括非药物干预,以及对这些措施的反应。

8) 从镇静或麻醉或安乐死中恢复的时间和观察人的身份。

(4) 实验诱发疾病/研究记录

1) 由实验诱发的疾病的临床记录不一定需要记录在医疗记录中,只要研究记录很容易被兽医工作人员审查。一些临床相关的实验数据应包括在病历中。

2) IACUC和主治兽医应知晓研究记录访问方法。

(5) 机构记录保存

1) 通常需要制作反映动物使用情况的定期报告。

2）计算机化的系统有助于信息记录及报告生成。

4. 运输

（1）非人类灵长类动物的运输需要遵守相关要求，如美国《动物福利法案》中公布的标准，以及适用于州际和国际动物运输的相关标准。

（2）国际航空运输协会发布了国际运输活体动物条例，其中涉及的项目包括装运板条箱的详细规格、将动物装运与其他货物隔离、为人员安全处理装载的板条箱及许多其他要求。

（3）进出口文件，如濒危野生动植物国际贸易公约许可证及美国鱼类和野生动物管理局许可证。

（4）运输箱：运输箱（图6-3-7）通常由供应商提供，材质包括木质和铝制，前者通常是一次性的而后者可重复使用。箱体必须足够大，能让动物坐下和躺下，要提供食物和水。国际航空运输协会要求必须使用板条箱，食物和水容器应该固定在板条箱外面。板条箱上需要有喂食和给水的说明，说明动物最后一次提供食物和水的时间（不少于装运前4 h），并且必须每12 h提供一次水。

图6-3-7 食蟹猴运输箱

四、检验检疫要求

饲养过程中要做好食蟹猴麻疹疫苗的接种工作。食蟹猴的一生中需要接种1次麻疹疫苗，一般在6月龄的时候就可以进行了。方法是皮内注射麻疹疫苗0.5 mL，一般在手臂上进行，注射1个月后，随机取样抽血进行血清学检查，观察其体内抗体是否达标，若不达标，还需要进行补种。

按照《实验动物微生物学等级及监测》（GB 14922.2-2011）和《实验动物寄生虫学等级及监测》（GB 14922.1-2001）要求，猴相应检验检疫项目如下。

1. 病原菌 ① 普通猴及无特定病原体猴病原菌必检项目，包括：沙门菌阴性、皮肤病原真菌阴性、志贺菌阴性、结核分枝杆菌阴性；② 无特定病原体猴病原菌必要时检测项目（可以免疫），包括小肠结肠炎耶尔森菌和空肠弯曲杆菌。

2. 病毒 ① 普通猴病毒必检项目，包括猕猴疱疹病毒1型（B病毒）；② 无特定病原体猴病毒必检项目，包括猕猴疱疹病毒1型（B病毒）、猴逆转D型病毒（不免疫）、猴免疫缺陷病毒（不免疫）、猴T细胞趋向性病毒I型（不免疫）、猴痘病毒（不免疫）。

3. 寄生虫 ① 普通猴寄生虫必检项目，包括体外寄生虫（节肢动物）阴性、弓形虫阴性；② 无特定病原体猴寄生虫必检项目，包括体外寄生虫（节肢动物）阴性、弓形虫阴性、全部蠕虫阴性、溶组织内阿米巴阴性、疟原虫阴性、鞭毛虫阴性。

五、防病治病要求

健康、良好的动物是保证科学研究的先决条件。食蟹猴的生产和使用机构需要一定数量的、具有资质的兽医以满足动物福利保障的需求。兽医应熟悉研究机构中用于研究、教学、试验或生产计划中所用到动物的用途，并具有查看医疗记录和实验性治疗记录的权限。

在食蟹猴的饲养过程中，对其疾病的预防和治疗相当重要。清洁的生活环境能降低食蟹猴疾病的发生率，因此对猴舍每天进行冲洗是必要的，一般情况下每周常规消毒1～2次，可采用喷雾或食醋熏蒸等方式，遇到重大疫情时可酌情增加消毒的密度。要适时轮换使用消毒药，提高消毒效果。群养的食蟹猴更易发生外伤，所以每天都要进行特别观察，及时发现及时治疗。腹泻和肺炎是最常见的疾病，此外还有咬伤、关节炎、脱肛和难产等。

1. 食蟹猴医疗管理 对于有关动物健康、行为和福利的任何异常或问题，发现人有责任及时、准确地报告这些问题。兽医或其指派人员会根据严重程度进行应客观地评估并做出最合适的决定和行动。

对于研究计划中的动物，兽医或其指派人员应该尽一切努力与专题负责人或项目总监来讨论任何问题，从而共同决定一个最合适的治疗或行动方案；对于经常出现的健康状况需要有快速处理方法，可以建立标准操作程序（SOP），涉及实验中动物经常出现或比较显著的健康问题，应该传达到IACUC，并对所有治疗及结果进行记录。

在正常工作期间及非工作时间,均必须有应急兽医护理的方案。这个方案必须确保动物饲养员及研究人员能够及时地汇报动物的受伤、疾病或者死亡情况,兽医或其指派人员必须能够快速而有效地评估动物的病情,对动物进行治疗、调查意外死亡动物或建议实行安乐死等。在处理紧急健康问题时,若专题负责人(如研究人员)不在场或研究人员与兽医人员在疾病治疗上无法达成共识时,则必须由高级管理部门和 IACUC 授权的人员,如机构负责人或主治兽医,对动物进行医疗、从实验中移走该动物、制订恰当的方法以减轻动物的剧烈疼痛或痛苦及在必要时执行安乐死等。

2. 减少恐惧和应激反应 恐惧和应激反应会导致动物生病,严重的可能造成动物死亡,因此要求最大限度地确保动物心理健康,体现 AAALAC 原则,以及尽可能减少实验操作对动物的影响;需要对动物进行充分的训练,以确保实验操作顺利进行。训练包括但并不限于:所有动物在进入实验前,在适应期间完成保定及实验所需操作的动物训练。例如,食蟹猴训练主要包括笼具适应性训练、捕猴杆和徒手保定训练及猴椅的保定训练、采血、灌胃和注射给药训练,以及其他特殊训练如遥测、心电和马甲适应训练等。

营养状态直接影响动物的生长、抗病和抵抗环境应激的能力,在保证食蟹猴足够的饲料和饮水外,还需提供适量水果满足其生理需求。

3. 常规检疫 食蟹猴一般每年进行 2 次检疫,包括结核菌素检查、体外驱虫和体内驱虫 3 个项目。

平日要对食蟹猴进行微生物、病毒和寄生虫的检测。在食蟹猴微生物检查中必检的微生物有结核分枝杆菌、沙门菌、志贺菌和皮肤病原真菌,必检的病毒有 B 病毒,必检的寄生虫有弓形虫和体外寄生虫(节肢动物)。

食蟹猴结核分枝杆菌检测的方法是将结核菌素 0.1 mL 注射于上眼睑皮内,分别于注射后 24 h、48 h 和 72 h 观察。凡判定为可疑反应的猴,于 25～30 天进行复检,如果结果仍为可疑反应,经 25～30 天再进行复检。3 次试验中,1 次"±"或"+"、2 次"-"时,判为"-";2 次以上"±"时,判为"±";1 次"-"或"±"、2 次"+"时,判为"+"。结核病检疫每年 2 次,通常在春、秋季进行。操作时可交替注射食蟹猴的左右眼皮。结核病检疫观察结果判定标准见表6-3-3。

表 6-3-3　TB 检疫观察结果判定标准

标准	现象
+++	肿胀严重甚至合眼闭合,有明显的眼眦,常在数天后破溃,1 周内不恢复
++	肿胀明显,上眼睑发红,2 只眼明显不一样,72 h 后逐渐消退
+	肿胀不明显,发红涉及整个上眼睑,48 h 明显,72 h 后消退
±	无肿胀,注射部位轻度发红,48 h 消退
-	眼睑无任何反应,与未注射前一样

对食蟹猴进行沙门菌和志贺菌检测时,可用灭菌棉签插入肛门掏取粪样,在培养基上进行菌体分离培养。皮肤病原真菌检测时,可取食蟹猴的皮毛、鳞屑直接检查或处理之后用培养基培养,完成鉴定结果。

根据免疫学原理检测 B 病毒,采用 B 病毒抗原检测食蟹猴血清中的 B 病毒抗体。采用酶联免疫吸附试验(ELISA)或间接免疫荧光法(IFA)进行血清学检测。对于阳性检测结果,选用同一种方法或另一种方法重试,如仍为阳性则判定为阳性。

体外寄生虫的检测原理是在寄生部位取样,用显微镜观察,直接查找虫体或虫卵,取样之前可以用肉眼或借助放大镜对食蟹猴体表进行仔细观察。体外寄生虫感染严重时,可引起食蟹猴脱毛、毛发粗糙,甚至出现由搔痒引起的溃疡、结痂。检查时应尤其注意易感染部位,如耳根、颈后、眼周、背部、臀部及腹股沟等处。用梳子梳理动物毛发可发现蚤、虱和螨等节肢类动物。

弓形虫检测方法有 2 种,分别是间接血凝法(IHA)和 IFA。用一种方法检测待检样品,出现可疑或阳性时应选用同一或另一种方法重试,重复检测阳性则为阳性。

每年对普通级群养动物进行 1～2 次驱虫,每年进行 2 次检疫大普查,必要时可进行抽样检查。

食蟹猴引进、出口时的隔离检疫需建造专门的检疫房,检疫房里全部以笼养方式进行。引进、出口食蟹猴前需隔离饲养 3 个月,但出口隔离的饲养期有时也根据出口的要求而定。引进或出口的每只食蟹猴均要进行结核检疫,要求微生物、病毒和寄生虫的检测全部为阴性,结核试验呈阳性的动物一律处死,并予以焚烧。对进场食蟹猴进行适应性的隔离饲养,每隔 15 天进行 1 次结核检疫和体内外寄生虫的驱虫工作,每次检疫观察 3 天。适应性饲养期应达到 60 天以上在此期间应至少进行 3 次以上检疫。检疫适应期过后的食蟹猴,应根据检疫结果证实其不携带传染性疾病,方可正常饲养或出口。

4. 免疫接种　食蟹猴的一生中需要接种1次麻疹疫苗,一般可以在6月龄的时候进行。方法是皮内注射麻疹疫苗0.5 mL,一般在手臂上进行,注射1个月后,随机取样抽血进行血清学检查,观察其体内抗体是否达标,若不达标,还需要进行补种。

5. 疾病治疗　对所有动物都应由受过培训、熟悉疾病症候的人员观察其发病、外伤或异常行为等病候。通常应逐日进行观察,有时可能需要更频繁地观察。例如,在动物手术后的康复期、发病时、肢体残损时,或当动物处于实验终点时,应依靠专业判断能力来确保动物观察的频率和性质,而尽量减少对个别动物的伤害。

对食蟹猴疾病预防重于治疗。在饲养食蟹猴的过程中,观察食蟹猴的健康状况是至关重要的。每天的观察包括外伤、精神状态、食欲、粪便、呼吸情况、皮肤状况等多个方面。外伤是食蟹猴之间斗争不可避免的结果,及时发现并治疗外伤是防止感染的关键,避免病情进一步恶化。

特别要关注食蟹猴的呼吸状况,尤其是发热、感冒等可能导致肺炎的情况,对离乳前的幼猴要格外留意。保持环境的清洁和干燥,提供适宜的温度,有助于预防感染和呼吸道疾病。

此外,长期处于阴暗潮湿环境中或创伤感染可能引起关节炎,因此要确保饲养环境的干燥和清洁。对于因受伤导致活动减少的食蟹猴,要特别留意肌肉萎缩的情况,提供适当的治疗和关心。

通过细致入微的观察和及时的治疗,可以维护食蟹猴的健康,确保它们在良好的生理和心理状态下生活。

对于疾病的监视和诊断,需要采取合理的方法以确保及时有效的兽医护理。任何出现意外死亡、发病、痛苦或其他异常症状的动物都应当及时报告和进行检查,以便及时采取适当的医疗措施。

在发现动物呈现接触传染性疾病症状时,应当立即将其隔离,避免传播给同群的健康动物。如果有已知或怀疑所有动物都受到传染因子的影响,如结核分枝杆菌,应当全群进行完整的诊断、治疗和控制。

一旦发生传染病,应当采取措施控制传染源,切断传播途径,并保护易感动物。对于病死的动物,要按照国家相关法规进行妥善处理,隔离患病动物,对场地和用具进行消毒。此外,整群食蟹猴都应进行紧急的疫苗免疫接种或药物预防,以降低疾病的传播风险。

6. 人道终点　对于人道终点,这里引用美国灵长类动物兽医协会(APV)《生物医学研究中非人灵长类动物的人道终点指南》的建议。

(1) APV强烈建议研究机构制订人道终点指南,并实施动物监测参数,以预防或减轻非人灵长类的疼痛和痛苦。APV还支持成立生活质量(QOL)委员会,以密切监测因疾病或研究终点而面临死亡风险的动物的行为和临床状况。

(2) 濒死状态表示动物处于极度虚弱的状态和极度痛苦之中。应避免将濒死状态和死亡作为研究终点(除非没有其他选择),否则必须有科学依据并得到IACUC的批准。除非有科学依据并得到IACUC的批准,否则所有濒死的非人灵长类都应立即由兽医进行评估并实施安乐死。

(3) 兽医有权对任何已经濒死或已达到IACUC协议批准的人道终点的动物实施安乐死。在采取任何行动之前,兽医应尽一切实际努力与研究团队讨论他们的关注点。根据9 CFR § 2.33(a)(2)主治兽医有适当的权力确保提供适当的兽医护理,并监督动物护理和使用的其他方面的充分性。因此,当通过专业的判断认为有必要时,兽医有权出于人道原因对动物实施安乐死。

(4) 对于研究方案,研究人员必须为所有使用非人灵长类的研究建立明确定义的人道终点标准,并且这些标准必须事先得到IACUC的批准。终点应由研究团队与兽医、动物护理人员和行为工作人员合作开发。应尽可能使用替代终点,例如使用各种成像方式或分子生物标志物开发的终点,以尽量减少动物的疼痛和痛苦。

(5) NHP是坚韧的动物,经常会掩盖疼痛。因此研究和动物护理人员必须熟悉正常的NHP行为和生理学,他们应该接受训练,以识别行为和临床状况的变化,以便能够有效地识别经历疼痛或痛苦的动物。所有意见都应记录在案并可供审查。

(6) 人性化终点评分表是一种有价值的工具,可用于监测和记录预测临床状况变化的行为和生理参数。终点评估表或其他类似形式的文件应可供审查,应明确说明在达到人道终点时应制定的程序,并应列出紧急联系信息。

用于人道终点确定的标准示例如下。

1) 体重减轻的特定百分比(如降低20%,或身体状况评分<2分/5分)。

2) 特定持续时间的无反应性厌食(如连续4天伴有显著体重减轻)。

3）持续腹泻或呕吐对治疗无反应。

4）无反应的躯体疾病（如器官衰竭、呼吸窘迫、脓毒症）。

5）严重体温过低或体温过高对纠正措施无反应。

6）继发于药物/手术干预或其他实验性操作的严重并发症，对纠正措施无反应。

7）严重的自残行为，无法通过行为干预、药物治疗和（或）研究取消来控制。

7. 灾害应对计划　有护理动物的计划，包括防止动物疼痛、痛苦和死亡。有对无法转移或保护的动物实施安乐死的能力和程序。有不同权限的动物管理和护理的人员。

8. 饲养环境的多样性　饲养环境的多样性，也称为环境丰富，定义较多，旨在对动物笼具或环境进行精心的改善，以达到提高实验动物福利的目的。其中包括增进环境丰富度以促进动物特定行为习惯的表达，也包括为了减少一些特定的异常行为而改善环境。

在任何情况下，环境丰富计划不得危及动物健康，也不得影响动物实验。如玩具本身的安全性，数量不够可能导致争斗，玩具有可能传播疾病，破损玩具可阻塞地漏，赏赐食物可能导致的营养失衡，含植物雌激素的饲料对生殖实验的影响等。

环境丰富的种类：

（1）社会性：即成群或成对地饲养动物，减少异常行为。

（2）物理性：如提供栖木、平台、"房屋"、玩具和其他可供探索或操纵的物件（图6-3-8）。

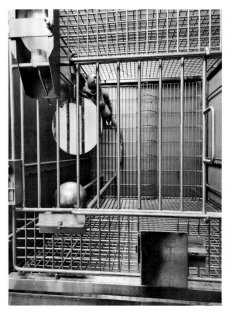

图6-3-8　食蟹猴笼内玩具空心金属球及金属镜

（3）食物：如提供新颖的食物或增加觅食时间的物体。

（4）感官：听觉丰富通常由音乐或自然栖息地的声音组成，它们也可用于掩盖其他假设会造成应激的声音/噪声。视觉丰富可以包括电视或视频，如放映动画、动物世界等。

（5）训练：为动物提供获得身体和（或）精神刺激的机会，包括身体活动和认知任务，其中一种形式是积极强化训练。

一定程度上，动物的异常行为可以通过环境丰富来进行缓解或预防，如对于自咬行为，可提供供其咬玩的玩具；对于拔毛行为，可提供摘捡的物体；对于刻板行为，可提供阻止该类行为的物件，如觅食板等。

六、生殖与发育毒理学研究中的食蟹猴福利

（一）ICH指导原则相关的动物福利

按照人用药品技术要求国际协调理事会（ICH）发布的《人用药品生殖与发育毒性检测》，即S5（R3），生殖与发育毒性（DART）研究在适当的情况下，所进行的一组试验应包含对一个完整生命周期（即从第一代的受孕至下一代的受孕）的观察，并可检测即时和潜在的不良影响。一般评估生殖的下列阶段：① 从交配前至受孕（成年雄性和雌性生殖功能、配子的发育和成熟、交配行为、受精）；② 从受孕至着床（成年雌性生殖功能、着床前发育、着床）；③ 从着床至硬腭闭合（成年雌性生殖功能、胚胎发育、主要器官形成）；④ 从硬腭闭合至妊娠结束（成年雌性生殖功能、胎仔发育和生长、器官发育和生长）；⑤ 从出生至离乳（分娩和哺乳、新生幼仔对宫外生活的适应性、离乳前发育和生长）；⑥ 从离乳至性成熟（离乳后发育和生长、适应独立生活、青春期开始和达到完全性功能、对第二代的影响）。

应评估对所有阶段的风险，除非该阶段与拟用人群无关。虽然在药物开发过程中的试验进行时间取决于试验受试人群和药物开发阶段，但是单个试验所涵盖的阶段由申请人自行决定。

为支持临床开发，这些阶段通常采用3种体内试验进行评估：① 生育力与早期胚胎发育试验（阶段A和B）；② 两种种属的胚胎-胎仔发育试验（阶段C和D）；③ 围产期发育试验（阶段C至F）。

以上是ICH对DART试验的一般要求，使用NHP，如食蟹猴进行DART试验时，必须充分考虑动物福利的3R原则。

1. 替代

（1）重复给药毒性试验替代生育力试验：如果在给药期限至少 3 个月以上的重复给药毒性试验中对生殖组织进行组织病理学检查，可作为生育力评估的一种替代方法。这种方法应包括对雌性和雄性动物的生殖器官进行详细全面的组织病理学检查。这样的试验要求试验开始时动物应达到性成熟。因为这些资料仅能提供生殖组织结构方面的信息，不能进行生育力的功能性评估，故不是总能预测对生育力和早期胚胎发育的影响。

（2）使用 ePPND 替代 EFD：对于生物制品，在 NHP 是唯一的相关种属的情况下，可以进行 ePPND 毒性试验来替代 EFD 试验。

（3）使用啮齿类和兔替代 NHP：当临床候选药物在啮齿类动物和兔中均具有药理学活性时，可以使用两个种属进行 EFD 试验，而不应该选择 NHP。

（4）使用替代模型替代 NHP：ICH 生物制品的临床前安全评价导则 ICH S6（R1）指出，当临床候选药物只在 NHP 上具有药理学活性时，在 NHP 中进行临床候选药物试验是首选做法。如果可以提供充分的科学合理性，则可以使用替代模型替换 NHP。

（5）非 GLP 试验替代 GLP 试验：如果一个非 GLP 试验确定了相关的 DART 风险，则不需要在 GLP 条件下重复试验以确认该发现。相关风险是指发生于预期的临床暴露或接近预期的临床暴露时的风险，且具有很可能会转化为人类风险的性质。

2. 减少

使用食蟹猴进行 DART 研究，需要在充分考虑科学性的基础上进行设计，减少使用试验动物数量及不必要的操作。

（1）不必进行 FEED 试验：在替代部分已经说明，在重复给药毒性试验替代生育力试验，因此不需要再使用 NHP 进行单独的生育力试验，因为使用 NHP 进行阶段 A 的试验是不切实际的，同样，阶段 B 也不进行评估。

（2）不必进行 F 阶段试验：阶段 F 需要对从离乳到性成熟的新生儿进行评估，由于食蟹猴的性成熟年龄在 3～4 岁，故从时间上和经济上可以不进行 F 段试验，这样也减少了对动物的操作，保障了动物福利。

（3）ePPND 和 EFD 研究中剂量、组别和动物数量设置：有时候不认为 NHP 中的 DART 研究是安全评价研究，而被认为是一种危险识别；因此，如何选择剂量水平要有科学依据，如 ICH S6，剂量选择通常是由一般毒性研究或剂量范围探索试验决定的。因为许多生物制品，即使暴露在远高于人类剂量的环境中也不会引起母体毒性，故需要考虑减少不必要的过高剂量的设置，以免因动物给药量过高所可能引起的动物福利问题。

ePPND 和 EFD 研究中有可能使用一个对照组和一个剂量组进行这些研究。

EFD 研究和 ePPND 研究，在 ICH S5（R3）中认为每组 16 只就可以。

3. 优化

食蟹猴 DART 试验设计必须遵循个案原则，要充分根据受试物的特点，充分评估和利用临床前及临床现有资料，科学合理的设计试验方案，保证动物福利。

（二）其他条例相关的动物福利

2010 年 9 月 22 日欧盟理事会发布了《关于保护用于科学目的的动物的条例》，该条例指出哺乳动物在胎儿发育期的最后 1/3 期间，如果经历疼痛、痛苦的风险增加，可能对其随后的发育会产生负面影响。科学证据还表明，如果允许发育状态超过其发育期的前 2/3，则在早期发育阶段对胚胎和胎儿进行的试验可能会导致疼痛、痛苦或持久的伤害。

虽然希望通过其他的、不需要使用活体动物的方法替代活体动物试验，但使用活体动物仍然是保护人类和动物健康及环境的必要条件。然而，该条例代表了向着实现最终目标迈出重要一步，即在科学可行的情况下，尽快完全替代活体动物的试验以用于科学和教育目的。为此，寻求促进替代方法的进步，以及寻求确保对仍需要在实验中使用的动物提供高水平的保护。应根据不断发展的科学和动物保护措施定期审查本条例。

出于科学目的对活体动物的护理和使用，受到国际公认的替代、减少和改进原则的约束。为确保在欧盟内部饲养、照料和使用动物的方式与欧盟以外、适用的其他国际和国家标准一致，应系统地考虑替代、减少和细化的原则执行本条例。在选择方法时，应通过严格的要求以使用替代方法来执行替换、减少和细化的原则。如果联盟立法不承认替代方法，则可以通过采用其他方法和实施试验策略来减少使用的动物数量，以及体外和其他可以减少和改进动物使用的方法。

动物具有必须尊重的本身价值。对于在手术中使用动物，公众也存在伦理问题。因此，动物应始终被视为有知觉的动物，它们在试验中的使用，应仅限于最终可能有益于人类或动物健康或环境的领域。只有在没有非动物替代品的情况下，才应考虑将动物用于科学或教育目的。应禁止在联盟权限范围内的其他领域将动物用于科学试验。

试验方法的选择和使用的种属，对动物的使用数量和福利都有直接影响。因此，应确保选能够提供最令人满意的结果，并可能导致最小的疼痛和痛苦的方法。应该采用最少数量的动物，提供可靠的结果，并要求使用最适合外推到目标种属的疼痛、痛苦或持久伤害能力最低的种属。

所选择的方法应尽可能避免以死亡为终点，因为在死亡前的一段时间内经历了严重的痛苦。在可能的情况下，应该用更人道的终点代替，使用确定即将死亡的临床症状，从而使动物在没有任何进一步痛苦的情况下被处死。

使用不适当的方法处死动物，会给动物带来巨大的疼痛和痛苦。执行此操作的人员的能力水平同样重要。因此，只能由有能力的人使用适合于该种属的方法处死。

根据以上条例，我们提出在生殖与发育毒理学研究中的食蟹猴福利的相关参考。

（1）在实验中非必要不使用非人灵长类动物：啮齿动物已成为研究人体生理功能、代谢变化和病理变化的极好模型。对黑猩猩在生物医学和行为研究中的必要性评估得出结论：目前在生物医学研究中使用黑猩猩大多是不必要的。英国的评估报告得出类似的结论，认为为满足科学的目标，灵长类并非不可缺少的，并建议对非人灵长类研究的评估应基于科学价值、医学或其他受益的可能性、其他办法的可获得性及动物所受痛苦的概率和程度。"高保真度"的概念主要基于推理而不是科学支持的经验事实。但到目前为止，很少有关于使用非人类灵长类动物的科学价值的详细调查和评估。如果评估得出结论认为在生物医学和行为研究中没有必要或极少使用非人灵长类动物，则非人灵长类动物研究是不符合道德标准的。

（2）在实验过程中减少对动物造成的不必要的痛苦：出于实验目的，研究性的灵长类动物可能会接受外科手术和其他侵入性试验操作，也可能会定期接受兽医护理，这些都可能会导致疼痛。由于需要在科学成果（即与受试物或模型的镇痛作用及未缓解的疼痛的混杂影响）和动物福利（即尽量减少疼痛和痛苦的伦理责任）之间取得平衡。

标准的给药方法是通过药理学试验，以评估受试物或模型的镇痛作用，同时最大限度地减少动物的疼痛和痛苦，履行伦理责任。这涉及仔细权衡不同因素，包括药物的疗效、潜在的副作用，以及对动物的影响。

在进行治疗试验时，科学研究的准确性和可靠性与对动物的关切和保护应该同等重要。因此，科研人员需要在实验设计和执行中充分考虑动物的福祉，采取措施来最大限度地减少动物的疼痛和痛苦。这可能包括采用适当的镇痛方法、监测动物的生理和行为指标，以及确保在实验结束后提供适当的康复和关爱。这一平衡的取舍旨在确保科研成果的可信度，同时尽量保障动物的福祉。

大多数疼痛治疗属于以下类别之一：阿片类药物和非甾体抗炎药。阿片类药物通常用于治疗试验用灵长类动物的中度至重度预期疼痛。最常用的阿片类药物是丁丙诺啡、氢吗啡酮、芬太尼和曲马朵。有研究结果表明，芬太尼和丁丙诺啡贴片在临床时间内达到最低治疗水平，被认为是食蟹猴疼痛处理的可行选择。非甾体抗炎药（NSAID）常用于治疗灵长类动物的轻度至中度疼痛，或作为多模式治疗方案的一部分进行添加。通常，非甾体抗炎药作用于环氧合酶1（COX-1）和COX-2受体以控制炎症反应并提供镇痛作用。

治疗动物疼痛的目标是在不引起大量不良反应的情况下，创造一个平衡的状态，尽量减少疼痛。各类治疗性镇痛药物具有不同的作用机制、化学结构和配方pH，因此都存在副作用。在处理动物疼痛时，了解这些副作用至关重要，可用于辨识并相应地调整治疗方法，确保不达到中毒水平。从研究角度来看，了解不良反应有助于区分镇痛效果与受试物效果或研究结果。然而，关于灵长类动物的镇痛不良反应的研究目前仍然非常有限。例如，阿片类药物是一类强效药物，其治疗的安全性窗口较窄，需要谨慎使用，且必须为每个个体动物计算适当剂量。阿片类药物可能导致呼吸抑制、心动过缓，高剂量或经静脉注射给药时还可能引起高血压。因此，在使用治疗性镇痛药物时，除了关注其镇痛效果，也要注意潜在的副作用。在实验结束后，需要妥善处置使用过的实验用猴。

欧美国家在实验动物终点和实施安乐死方面已经建立了完整的理论体系。我国监管标准体系的建立尚处于起步阶段，需要尽快完善。以下列出其他国家与国际组织的安乐死规定，以供参考。

1）经济合作与发展组织：经济合作与发展组织（OECD）于2000年发布的《应用临床体征识别、评估安全性评价中动物实验仁慈终点的指南》适用于所有毒理学动物试验中使用的哺乳动物。该指南提出,仁慈处死动物需要根据动物正在承受疼痛和痛苦的程度来决定。对动物是否在承受疼痛和痛苦的观察指标及动物正在承受疼痛和痛苦的表现进行了详细说明。濒死和临近死亡的动物和正在遭受严重疼痛和痛苦的动物应进行安乐死。指南中安乐死方法,主要介绍了物理学方法、注射法、吸入法、混合法等。犬、猫、猪和猴等大型动物处死时一般选择注射法。

2）欧盟:2013年1月欧盟实施了新的保护试验用动物指令2010/63/EU,新指令规定了强制性人道处死动物的内容,并列出了不同实验动物进行仁慈处死的具体建议。

3）美国:美国国家科学院发布的《实验动物管理和使用指南》(第八版)对动物仁慈终点判定及安乐死的时机、方法选择、评价都做了详细介绍。指南中规定,实验方案中应该包括执行安乐死的标准,比如身体或行为缺陷等级、肿瘤大小等。当实验结束,镇静剂、止痛剂及其他方法无法减轻实验动物疼痛忧虑时,才能进行安乐死。执行安乐死时药剂和方法的选择取决于动物种类和实验目的。一般来说,吸入性或非吸入性安乐死药剂优于物理安乐死(如颈椎脱白法、斩首、穿透式击杆法)。评价安乐死方法是否妥当,应该考虑几方面:使动物在无痛苦、无焦虑或短暂痛苦的状态下失去意识或死亡的能力,可靠性,不可逆性,引导动物丧失意识的时间,种类和年龄限制,与研究目标一致性,工作人员的安全及对它们情绪的影响。

4）加拿大:1998年,加拿大动物保护协会(CCAC)发布了《研究、教学和检测中选择实验动物仁慈终点指南》,为用于生物医学研究、教学及试验中动物疼痛及痛苦终点的选择进行规范,并指出动物使用的优化是一个渐进过程,需要不断寻找更为人道的动物实验终点,而将动物使用过程中其经历的痛苦最小化。指南主要对如何确定仁慈终点进行了详细介绍,并对啮齿类动物单克隆抗体制备、癌症研究、毒理学研究和毒性测试、疼痛研究、传染病研究和疫苗试验等研究中仁慈终点的确定给予指导意见。指南给出了选择合适仁慈终点的推荐程序:使用评分法,对动物身体状况进行评估,所得分数意味着动物偏离正常状态的程度,可看作是动物疼痛和痛苦的增加。

（3）在实验过程调节非人灵长类动物的情绪及减少其压力:越来越多的证据表明,很大一部分用于研究的哺乳动物,尤其是啮齿类动物,会由于它们的生活条件而感受到心理压力。压力通常定义为导致大脑指令身体做出改变以适应一种新的或过高的要求,并且该个体认为这种要求将超出其能提供的个人资源的状态。对此做出的响应是压力激素传导到身体的每个部位,改变每个器官和生物化学功能,并且对新陈代谢、生长和生殖都产生广泛的影响。

通常,实验动物的生活环境在光线、温度和湿度等方面有良好的控制,但是在动物生活的设施内还是有许多没有得到控制的噪声的来源,其中大部分来自人类的活动。这包括高压水龙头、笼子清洗设备、空调及加热器,门、手推车和可移动椅子及钥匙发出的噪声等。

啮齿类动物对这些噪声尤其敏感,研究显示这种敏感性并不会像预期的那样随着时间的推移而有所减弱。这些噪声会改变啮齿类动物的行为,甚至对它们的健康产生负面的影响。然而,令人惊讶的是,许多科学家并不清楚动物生活设施内巨大的噪声,会对研究结果及得出的数据产生影响。

除了噪声问题,供研究的动物通常被关在很小的笼子里,四周没有像轮子、架子或管子这样可以充实它们生活的装置。这些装置可以使动物在某种程度上控制它们生活的环境,比如通过移动到笼子的另一层或躲起来以逃避生活在同一只笼子内的其他动物的攻击。通常,研究者不愿意在动物笼子里放置这些东西,因为可能其他研究者并没有这样做。然而,对环境严格的标准化,特别是如果它导致了周围环境物品的贫乏,最终可能会使得研究增加一定的风险,也就是说取得的结果只是特定于一组狭窄的条件范围,而无法与其他广泛的研究者所的研究结果进行对比。

如果动物在压力下生存,会永久性地增加它们体内压力激素的浓度,降低性激素浓度及损害免疫系统。这些不可控制的变量,可能会使得动物不再适合进行科学研究。为了确保进行良好的科学研究,除非需要研究的特定结果,用于研究的动物应该是健康的且表现出正常的行为。研究者通常忽视环境因素对实验数据的影响,并声称这些作用可以"忽略不计",因为他们控制的动物都被圈养在同样的条件下。但是从这些实验中得出的结论只是对于特定的、处于压力下的动物而言,可能无法地推断到健康的动物身上。

在科学研究中,确保使用健康、表现正常行为的动物是至关重要的。环境因素的忽视可能导致实验数据的不准确性,以及对特定条件下动物的结论可能无法泛化到更广泛的情境。因此,研究者应该努力最大限度地减少动物的压力和负担,以确保得到更具可靠性和广泛适用性的科研结果。此外,更多的关注和研究也应该致力于理解环境因素对动物研究的潜在影响,以更全面地考虑这些因素在科学实验中的作用。

可以采取一些措施以改善独居棕色卷尾猴在运输中的压力感知及提升其心理健康。Boinski 等的研究表明,这类动物在获得丰富觅食的环境中表现出更积极的应对压力的行为和生理反应。因此,在运输途中为动物提供多样化的水果和蔬菜,能够有效降低它们对运输过程的压力感知。

有关食蟹猴的研究数据也显示,它们在运输过程中同样经历着一定的压力。为了缓解这种压力,建议在运输中采用成对安置和运输的方式,确保它们在从

繁殖设施到最终目的地的过程中能够保持成对状态。这一措施有助于减轻运输过程中的压力,促进食蟹猴的心理健康。

一般认为,对于独居的恒河猴,引入同性伴侣可以改善其福利。然而,实验室中恒河猴种群的异质性存在于多种因素,且几乎没有文献直接评估这些因素对动物成对居住效益的影响。致力于研究圈养灵长类动物福利的学者们普遍达成共识,认为群居是促进实验室灵长类动物心理健康和行为指标的有效手段。最终的研究结果也有助于支持这一观点。

(杨冬华　王欣然　孙得森)

参考文献

［1］陆佳峰,马永双,高慧,等.中国动物福利现状分析及立法建议[J].中国畜牧杂志,2022,58(7):63-67.

［2］刘欢,白素英,李晓平,等.实验猕猴和食蟹猴规模化饲养管理[J].野生动物,2010,31(1):3-5.

［3］郑维君,张龙生,王少东.药物安全评价中食蟹猴的训练[J].中国药理学与毒理学杂志,2013,27(3):490-491.

［4］雷瑞鹏,邱仁宗.非人灵长类动物实验的伦理问题[J].科学与社会,2018,8(2):74-88.

［5］National Research Council. Guide for the Care and Use of Laboratory Animals［M］. Eighth Edition. Washington DC: The National Academies Press,2011.

［6］Carlsson H E, Schapiro S J, Farah I, et al. Use of primates in research: a global overview[J]. Am J Primatol, 2004, 63(4): 225-237.

［7］Lloyd M H, Foden B W, Wolfensohn S E. Refinement: promoting the three Rs in practice[J]. Laboratory Animals. 2008;42(3):284-293.

［8］Smith A A, Halliday L C, Lindeblad M O, et al. Evaluation of analgesic patches in cynomolgus macaques (*Macaca fascicularis*)[J]. J Am Assoc Lab Anim Sci, 2019, 58(3): 356-361.

［9］Salyards G W, Lemoy M J, Knych H K, et al. Pharmacokinetics of a novel, transdermal fentanyl solution in rhesus macaques (*Macaca mulatta*)[J]. J Am Assoc Lab Anim Sci, 2017, 56(4): 443-451.

［10］Deschamps J Y, Gaulier J M, Podevin G, et al. Fatal overdose after ingestion of a transdermal fentanyl patch in two non-human primates [J]. Vet Anaesth Analg, 2012, 39(6): 653-656.

［11］Boinski S, Swing S P, Gross T S, et al. Environmental enrichment of brown capuchins (Cebus apella): behavioral and plasma and fecal cortisol measures of effectiveness[J]. Am J Primatol, 1999, 48(1): 49-68.

［12］Baker K C, Bloomsmith M A, Oettinger B, et al. Benefits of pair housing are consistent across a diverse population of rhesus macaques [J]. Appl Anim Behav Sci, 2012, 137(3-4): 148-156.

第七章

食蟹猴生殖调节技术及应用

第一节 雄性食蟹猴生育调节技术

食蟹猴被列为濒危物种,受到《濒危野生动植物物种国际贸易公约》的二级保护。这意味着在利用这些动物进行研究时,我们必须更加关注其繁殖和保种工作。由于食蟹猴属于濒危物种,野外种群数量相对较少。通过在实验室中促进食蟹猴的繁殖,有助于保持其种群的健康和多样性,从而在一定程度上缓解濒危状况。成功在实验室中繁殖食蟹猴有助于减少对野外种群的依赖。这有助于减缓野外个体捕捉和采集的压力,从而保护其天然栖息地。成功繁殖的食蟹猴能够提供更长时间的研究数据,对于长期实验、遗传研究和代际研究至关重要,有助于更深入地理解生物医学问题。通过重视食蟹猴的生殖繁殖,不仅可以确保有足够数量的动物进行研究,还能保持其种群的遗传多样性,从而促进更广泛、更可靠的科学发现。

因此,对非人灵长类动物,尤其是对于濒危物种如食蟹猴,强调繁殖的重要性是确保生物医学研究可持续性和伦理性的关键一环。通过合理管理和保护这些动物的繁殖,我们不仅能推动科学进步,还能在保护物种多样性和生态平衡方面发挥积极作用。

(一) 保育与繁殖技术

1. 繁殖环境 为了保障食蟹猴的生产繁殖健康,建议在饲养区设计中采用开放式环境,满足其基本生活需求。室内温度应维持在 15~35℃,确保在超出范围时采取适当的温控措施。同时,需符合 GB 14925 标准中有关噪声、照度和氨气浓度的技术指标,以创造适宜的环境条件。空气净化措施应当有效实施,保持繁殖环境清洁。定期清理饲养区,防控传染病的发生。重要的是提供清洁的饮水和适当的饮食,确保食蟹猴获得充足的营养。这样的全面管理和控制有助于提高食蟹猴的生产繁殖效率,创造一个有利于其健康繁殖的生态环境(表 7-1-1)。

表 7-1-1 实验猴生产环境的分类

环境分类		使用功能	适用动物等级
普通环境	—	生产、检疫、实验	普通级
屏障环境	正压	生产、检疫、实验	SPF 级
	负压	检疫、实验	SPF 级

2. 饲养条件

(1) 饲养栏:饲养食蟹猴时,饲养栏的设计应确保足够的空间,以满足它们攀爬和运动的自然需求。总地板面积应根据猴群的数量确定,确保每只猴的饲养面积不小于 1 m²,同时饲养栏的高度应大于 2.2 m。这样的设计旨在提供充足的活动空间,使食蟹猴能够展开自己的自然行为,促进其身体和心理的健康。

(2) 饲养笼:应选用无毒、耐冲洗、耐高温、易消毒灭菌的材料制作饲养笼。单养饲养笼的最小面积符合表 7-1-2 要求。

表 7-1-2 单养饲养笼最小面积

体重(kg)	最小地板面积(m²/只)	笼高度(m)
<4	0.5	≥0.8
4~8	0.6	≥0.85
>8	0.9	≥1.1

(3) 食槽:在食蟹猴的饲养过程中,应选择无毒、耐冲洗、耐高温且易于消毒灭菌的材料来制作食槽。食槽最好设计为内外两部分,饲养员在栏舍外添加饲料,而动物在栏舍内抓取采食。这种设计有助于确保动物获取充足的食物,同时防止它们从食槽内逃逸。选择符合要求的材料,不仅有助于保持食槽的卫生和清洁,还能够提高饲养效率,确保食蟹猴的饮食健康。

(4) 饮水装置:饲养室中建议设置动物自动饮水器,以确保食蟹猴随时能够获得清洁、新鲜的水源。饮水器的长径应与地面平行,水流速度和安装高度需要根据实验猴的年龄和体型来调整。通常情况下,离乳婴猴的饮水器应比成年猴的饮水器低 20 cm,并且水流速度较慢,以适应年龄较小的猴群。

当选择地表水或地下水作为水源时,应采取适当的水处理措施,确保水质符合 GB 5479 的要求。这样可以避免水源中的污染物对食蟹猴的健康产生负面影响,保障其饮水安全。通过科学合理的饮水器设计和水质管理,能够提供适宜的饮水环境,有助于维持食蟹猴的良好健康状态。

(5) 污水处理:对于饲养室中产生的污水,其主要来源包括动物的粪尿、剩余饲料、栏舍及笼器具洗刷用水,以及含有少量消毒液和工作人员生活用水等。为有效处理这些污水,建议建立一个相对独立的污水初级处理系统,一般包括以下处理环节。

1）生物降解池:用于进行生物降解过程,通过微生物的作用将有机废物分解为更简单的物质。这有助于降低有机物的含量,提高污水的可处理性。

2）化学处理池:在生物降解之后,可以使用化学处理来进一步净化污水。这可能包括添加化学药剂,以去除残留的有机和无机污染物。

3）沉淀池:用于沉淀悬浮物和固体颗粒,以减少悬浮物对水体的污染。沉淀池有助于分离污水中的固体废物,提高后续处理的效果。

4）污水处理站:最终的处理站将经过初级处理的污水进行进一步净化,确保排放到环境中的水质符合相关标准。这可能包括过滤、氧化等工艺。

通过这一系统的设计和实施,可以有效地处理饲养室产生的污水,减少对环境的不良影响。同时,定期监测和维护这个污水处理系统,以确保其正常运行和高效处理污水的能力。

（6）用于配种的雄性食蟹猴外貌:食蟹猴的毛色呈黄、灰、褐不等,范围从灰棕色到红棕色。腹部毛发和四肢内侧的毛色较为浅白。冠毛后披和面部呈棕灰色,具有带状的须毛。眼围皮肤裸露,眼睑上侧有白色的三角区域。耳朵直立,眼睛为黑色。

鼻子是平坦的,鼻孔较窄。这些特征共同构成了食蟹猴的独特外貌,每一项都对其在自然环境中适应和生存起着重要的作用。

（7）适配年龄:被选作种猴的雄性食蟹猴应达到性成熟阶段,通常适配年龄为5～7岁。它们表现出正常的遗精现象,即在性活跃时产生精液并迅速凝结成白色块状物。这些特征是选择种猴的重要标准,有助于确保繁殖健康和繁衍后代的成功。

（8）体型与外观:用于配种的雄性猴应具备体型和外观的良好特征。其头颈部、躯干、四肢及其他部位的外观应整体匀称,体型健壮、匀称、成熟,四肢粗壮、肌肉结实。被毛应该浓密、平滑且有光泽,分布均匀。头顶不应有辐射状旋毛或冠毛。此外,这些雄性猴不应具有视力障碍、智力障碍或行动障碍。上述特征的描述有助于确保选取适合繁殖的雄性猴,提高繁殖成功率,保障后代的健康。通过对体型、外观和行为的全面考察,可以更好地筛选出具备繁殖潜力的个体,促进繁殖工作的有效进行。

（9）体格与精神状态:雄猴被选作种猴时,其需要满足一系列健康和行为方面的标准。具体特征如下。

1）精神状态良好:雄猴应表现出良好的精神状态,双目有神、活泼好动,反应灵敏。

2）正常行为表现:在笼外观察时,雄猴不应有异常的行为表现,如性情暴躁、攻击性、刻板行为或异常嗜好等。

3）生长发育正常:雄猴的生长发育应良好,无不良遗传性状表现,没有肢体残缺和功能障碍,也无明显外伤和大手术的痕迹。

4）良好的牙齿状况:雄猴的牙齿应生长发育良好,无蛀牙,具备犬齿,并且不能有过度修剪的迹象。

5）无皮肤疾病:雄猴不应患有皮肤疾病,保持皮肤的健康状态。

6）睾丸发育正常:雄猴的双侧睾丸应发育良好、饱满、对称,无疝气,睾丸长×宽应大于或等于$7.0\ cm^2$。

7）无生殖器疾病:雄猴不应患有生殖器疾病,且不应有其他影响交配的健康问题。

8）无其他健康问题:雄猴近期不应患有其他影响健康的临床疾病,如肠炎、肺炎或传染性疾病等。

以上标准有助于确保选取健康、适宜进行繁殖的雄性猴,为种群的繁衍和管理提供基础支持。

（10）遗传背景:动物个体信息的完整性对于繁殖和养护管理至关重要。以下是一份包含完整遗传谱系和相关护理信息的示例。

动物个体信息:
- 品种:食蟹猴
- 个体编号:A001
- 性别:雄性
- 出生日期:2020年05月15日

遗传谱系:
- 父亲:B002(出生于2018年,个体编号B002)
- 祖父:C003(出生于2016年,个体编号C003)
- 祖母:C004(出生于2017年,个体编号C004)

- 母亲:B001(出生于2019年,个体编号B001)
- 祖父:C005(出生于2015年,个体编号C005)
- 祖母:C006(出生于2016年,个体编号C006)

日常检疫及兽医护理:
- 最近一次兽医检查:2022年01月10日
- 体重:10 kg
- 一般健康状况:良好
- 其他:无异常发现
- 最近一次疫苗接种:2022年01月05日
- 疫苗类型:×××疫苗
- 疫苗批次:ABC123
- 最近一次牙齿检查:2022年01月15日
- 牙齿状况:正常,无蛀牙
- 牙齿修剪:无

- 饮食：
  　主要食物：水果、蔬菜、专业配方饲料
  　饮水情况：正常
- 行为观察：
  　活泼好动，社交性强
  　未观察到异常行为

以上的详细记录有助于全面了解动物的健康状况、遗传背景及接受的护理和医疗服务。这些信息对于科学研究、繁殖管理和保健计划都至关重要。

（11）微生物学质量要求：B 病毒、STL 病毒、SR 病毒、SI 病毒和 SP 病毒检测结果均为阴性；结核菌、沙门菌、志贺菌、小肠结肠炎耶尔森菌和空肠弯曲杆菌检测结果均为阴性；体内外均无寄生虫，如节肢动物、弓形虫、蠕虫等。

（12）疫苗接种：应接种麻疹疫苗，可接种卡介苗。

3. 配种方式　食蟹猴是全年发情的动物，适合进行自由交配和定时交配，并在必要时可以采用辅助生殖技术。在组群过程中，需要特别注意新组成的人工群体的性格是否和谐。雄雌之间的不和、互相追咬等行为很容易导致猴受伤，从而影响繁殖活动。因此，组群初期需要注重个体间关系的稳定性和协调性。

对于那些性情粗暴、穷追乱咬及性欲差的猴，在及时调整组合的同时，应将原本属于同一群体的猴重新放在一起，以确保配种过程的顺利进行。维持群体的平衡和和谐关系对于成功的繁殖至关重要。配种通常有以下四种方式。

（1）配对笼养：雄、雌猴在平时严格分开饲养，仅在雌猴发情配种期间，按照原定的选种计划，将雌猴移至专用猴笼内，与特定的雄猴进行交配。一个月后，若观察到雌猴仍有月经到来的迹象，则会更换另一只雄猴进行交配。通常在雌猴月经后的第 11～17 天，选择性皮肤肿胀最为明显的时候，将雄猴与雌猴放在一起进行合笼交配。

这种配种方式的设计旨在确保雌猴在发情期间能够与合适的雄猴进行交配，提高繁殖的成功率。定期更换配种雄猴有助于避免适应不良和提高交配效果。此外，选择雌猴月经后的具体时段进行交配，尤其是在性皮肤肿胀最为显著的阶段，有助于精确控制繁殖的时机。这样的策略有助于优化繁殖管理，提高配种的效率。

（2）一雄多雌式群养：将 1 只成年种雄猴和 4～8 只雌猴一同放养，实行自然交配进行繁殖，对幼仔进行定期捕捉并进行离乳饲养。在组群过程中，需要密切观察个体之间的相互共处情况，对于不能和平共处的动物应及时进行调整。特别是对于繁殖力较低的种猴，尤其是雄猴，应当及时进行淘汰。

这种放养方式的目的是通过自然交配来实现繁殖，同时对幼仔进行合理管理和离乳饲养。通过密切观察个体之间的相处情况，可以及时调整组群结构，确保动物之间的和谐共处。对于繁殖力较低的个体，特别是雄猴，采取淘汰措施有助于提高整体繁殖效益。这样的管理策略旨在保障繁殖过程的顺利进行，同时最大限度地促进种群的健康和繁荣。

（3）多雄多雌式群养：将种雄猴和雌猴的比例设定为 1∶（4～8）进行组群，根据饲养间的面积，可灵活选择 2～3 只种雄猴，并根据比例合理组群雌猴。在组群时，种雄猴可以自由选择搭配，这有助于提高整体的繁殖率。

这种组群策略的设计考虑到了种雄猴和雌猴之间的配比关系，以及饲养空间的限制。通过允许种雄猴自由选配，可以促进更自然、和谐的群体结构，从而提高繁殖效益。这种组合方式旨在最大限度地模拟自然繁殖条件，创造出良好的繁殖环境，使种群能够更好地适应饲养环境，提高繁殖的成功率。

（4）人工授精：采用非自然交配的方式，通过将精子输送到雌猴生殖道中来实现雌猴的受孕。这种方法通常是通过人工授精或其他辅助生殖技术来完成的，以确保在控制的环境下实现繁殖目标。这样的方法在科研、繁殖计划或疾病控制等方面都能发挥重要作用，确保繁殖的有效性和可控性。

4. 不同地区食蟹猴种群繁殖规律和繁殖性能研究　2012 年初，王宏等开始组建昆明地区的食蟹猴种群，其中包括 120 只雄猴和 780 只雌猴。在接下来的一整年中，也就是 2013 年 1 月至 12 月，他们对食蟹猴的繁殖规律进行了观察和记录，并对繁殖性能进行了详细的统计分析。研究结果显示，食蟹猴种群的产仔没有明显的季节性变化，这提示科研工作者可以全年开展食蟹猴生殖生物学的相关科学研究。食蟹猴种群的妊娠率、繁殖率和仔猴成活率分别为 78.98%、74.87% 和 94.81%。此外，雌猴的月经周期和妊娠期分别为 29.35 天 ± 3.05 天和 157.93 天 ± 5.42 天，而仔猴的平均出生体重和幼猴的平均离乳体重分别为 314.33 g ± 61.18 g 和 1 013.50 g ± 115.50 g。

孙兆增等于 2004 年底开始在北京室内建立了雌性食蟹猴的生产繁殖种群，该群包括 20 只雄猴和 140 只雌猴。每个室内饲养单元内含有 2 只雄猴和 14 只雌猴,采用多雄多雌自由交配的方式进行繁殖。研究结果显示,室内饲养的食蟹猴繁殖活动没有明显的季节性。在 2005 年 4 月到 2008 年 3 月的为期 3 年的观察期间,雌猴的平均妊娠率和产仔率分别为 74.0% 和 59.7%。平均月经周期为 28.5 天 ±3.3 天,平均妊娠期为 167 天 ±12 天,而仔猴的平均出生体重为 350 g ± 120 g。这些观察结果为室内饲养食蟹猴的繁殖特性提供了重要的数据,对相关研究提供了基础信息。

黄国峰等在广东省开平市的郊区采用小群配种繁殖法进行食蟹猴的繁育。在这种方法中,参与配种的雌猴和雄猴按照雌雄 8∶1 的比例进行合群饲养。通过对 1998—2000 年连续 3 年进行的统计记录发现,雌猴的平均妊娠期为 163 天 ±12 天,平均繁殖率和仔猴成活率分别为 77.5% 和 89.9%。仔猴的出生重量约为 250 g 左右,变动范围在 200～400 g 之间。这些仔猴在生长发育方面表现正常,生理指标和遗传状况保持稳定。这项研究为食蟹猴繁殖管理提供了有益的信息,并展示了小群配种繁殖法在该地区的可行性。

(二)精子采集方法

目前,用于实验的非人灵长类动物的精子采集方法主要包括离体附睾释放精子、诱导排精法和电刺激采精法。离体附睾释放精子的方法操作相对简单,但具有损伤性,属一次性操作,通常用于正常或非正常原因死亡的非人灵长类动物的精子采集。诱导排精法通过模拟雌性阴道刺激阴茎获得精液,包括假阴道法、手握法和筒握法。这种方法的优点在于操作方便,设备简单,但也存在精液被污染和受低温打击的不良影响。相比前两种方法,电刺激采精是对非人灵长类动物进行人工采精最为便捷、高效和安全的方法。鉴于动物福利的考虑,目前电刺激采精是国内外应用最广泛、认可度最高的精液采集方法。

以上不同的精子采集方法为科研工作者提供了多样选择,以便根据实验的具体需求和动物福利的考虑来制定合适的采集方案。随着科技的不断进步,可能会有更先进的技术和方法应用于非人灵长类动物的繁殖研究中。

电刺激采精法可分为直肠探子法和阴茎电刺激采精两种。

1. 直肠探子法　直肠探子法通过将棒状电极探头(一般镶嵌有 1 对或 3 根电极条)插入动物直肠中,刺激输精管壶腹部和附近的生殖腺,使低级反应中枢兴奋,进而诱导输精管收缩,将附睾内精子和腺体分泌的精液排出。使用氯胺酮(3～4 mg/kg)进行肌内注射,使动物进入麻醉状态。待动物完全麻醉后,分别从肘关节处和踝关节处向外侧方向轻柔地固定雄猴在手术台上。随后,用洁净的温水(37℃)进行灌肠,以排出直肠内的宿便,并清洗阴囊、肛门及阴茎周围的体毛。使用 Lane Pulsator Ⅳ 直肠电采精仪为例,先在直肠探头(直径 10 mm)上涂抹石蜡油或凡士林,然后插入直肠内深 40～70 mm。打开电源开关,电压从 0～48 V 逐步升高,有节奏地刺激,每次刺激持续 3～5 s,并间歇 2～4 s。通过调整探头插入位置,以获得最显著的刺激效果。通常,进行 5～10 轮刺激即可成功收集到精液。

2. 阴茎电刺激采精法　阴茎电刺激采精法与直肠探子法原理相似,不同之处在于脉冲直接刺激阴茎的龟头部及根部,通过一定周期的诱导可有效提高成功率。为避免直接将金属电极接触动物阴茎容易灼伤阴茎表皮,Sarason 等采用非金属电极替代金属电极,将成年雄性食蟹猴捆绑于椅子上进行采精操作。结果显示使用非金属电极不仅可获得高质量的精子,同时最大限度减少对食蟹猴等宝贵动物种群的不利影响。电压是影响电刺激采精效果的主要电参数。电压过低可能无法产生足够的刺激效果,而电压过高则可能对动物造成伤害。由于电刺激设备种类繁多,再加上不同动物种类和个体的差异,因此无法将电压参数设定为一个固定数值。在进行电刺激采精操作前,通常需要进行预实验。这个过程涉及从较低的电压开始逐步增加电压,以找到最适宜的电压水平。通过预实验,可以根据具体情况调整电压,确保在操作中既能获得有效的采精效果,又能最大限度地降低对动物的潜在伤害。

根据广西大学动物繁殖研究所黎宗强等的研究,食蟹猴阴茎电刺激采精的操作方法如下:采用上海嘉龙教学仪器厂生产的 JL-C4 型电子刺激器作为采精电刺激发生器。阴茎电极器采用普通电线铜丝自制。

(1)非麻醉保定方法:两名饲养员协作,将食蟹猴四肢稳固抓住,确保动物生殖器完全暴露,并适时进行安抚以维持其情绪稳定。一名操作人员负责清洁阴茎、安置电极,另一名操作人员则负责接收精液、调整和开启刺激器。使用生理盐水湿毛巾或纱布擦拭食蟹猴阴茎部,旨在清洁阴部并提高导电性能。将两电极器分别固定于食蟹猴阴茎体的龟头部和根部(图 7-1-1)。通电后,逐渐从低到高调整刺激器参数。试验波宽固定为 10 ms,每次刺激时间 1～10 s,总共进行 4 轮刺激,每轮刺激均包括两次电刺激。第一轮电刺激参数为：电压 32 V，频率 25 Hz，刺激时间 1～10 s。每次刺激时间不超过 10 s。若 10 s 内未能排精，可暂停 1～2 min 后进行第 2 次刺激。如果两次刺激均未成功，进入第二轮电刺激参数调整，以此类推。第二轮电刺激参数为电压 40 V，频率 25 Hz；第三轮为电压 48 V，频率 30 Hz；第四轮为电压 56 V，频率 30 Hz。在第四轮刺激中，可以多次重复刺激，直至实现射精。采精频率限定为每周最多 2 次，确保动物得到适当的营养补充。

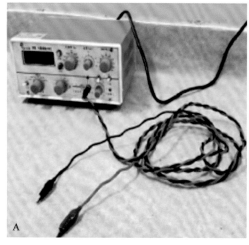

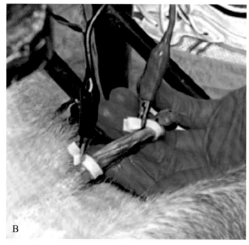

图 7-1-1　A. 电刺激仪；B. 阴茎电刺激采精

（2）麻醉保定方法：使用氯胺酮（3.0 mg/kg 或 1.5～2.0 mg/kg）对雄猴进行肌内注射麻醉，将其仰卧固定于试验台上，随后采用与非麻醉保定方法相同的电刺激参数和程序进行采精试验。

值得注意的是，并非每只动物都能适应电刺激采精。如果在多次尝试中未能成功，可能需要更换动物。此外，在动物射精的同时，神经通路也参与膀胱功能活动，因此，在进行非人灵长类动物电刺激采精时，常会发生尿液污染精液的现象。尿液中的氨对精子活力有

不利影响。如前所述，采精过程中不使用麻醉剂也可以降低尿液污染的可能。

影响食蟹猴电刺激采精效果的因素很多。除了上述主要因素外，动物的营养状况、环境条件及饲养管理水平高低等也会影响效果。因此，改善相应的环境和饲养条件将有助于提高采集精液的数量和质量。

（三）精液冷冻保存

食蟹猴人工授精作为辅助生殖技术已经广泛应用于食蟹猴繁殖过程中。人工授精的前提条件是建立一个优良的精子库，因此，高效的精子采集和冷冻方法对于食蟹猴的生殖繁殖及保存优良资源的遗传基因具有重要意义。

1. 冷冻保存的原理　在足够时间的低温条件下，细胞通常经历一系列的变化。首先，细胞降温会导致凝固和非损伤性结冰，使细胞进入休眠状态。随着周围环境温度的下降，在细胞冷冻的过程中，细胞外液中的电解质溶剂首先形成微小的颗粒状冰晶。细胞外液的减少导致细胞脱水，形成脱水状态；同时，电解质浓度升高，细胞外液渗透压增加，细胞内液的渗透压失去平衡，水分子从渗透压较低的细胞内液通过细胞膜流向渗透压较高的细胞外液，导致细胞整体脱水和皱缩。

在冷冻过程中，细胞外液形成的冰晶不良地导热，起到隔热作用，保护细胞免受外界冷源的影响。然而，冷冻过程中渗透压的梯度变化可能导致细胞脱水和皱缩，从而对细胞造成损伤。这种损伤可能导致细胞代谢速率降至最低。

足够时间的低温条件同样适用于精子细胞。在这种条件下，精子细胞经历降温、凝固和非损伤性结冰，抑制了精子细胞的新陈代谢，使得精子细胞内的分子运动减缓或停滞，从而实现了休眠状态。这种降低细胞代谢的状态使得精子细胞能够长时间存储，达到了精子细胞长期贮存的目的。

早在 1940 年，Phillips 就发现卵黄具有抗休克的功能。随后，英国生物学家 Polge 等在研究中意外地发现，将精子保存在含有甘油的溶液中，并在 -70℃ 的条件下保存，经过复苏后可以获得存活的精子。这一发现促使了精子冷冻保存研究的广泛展开。随着科学技术的进步，精子的冷冻保存技术在动物繁殖学和医学生殖医学领域取得了显著的成就。

2. 细胞冷冻损伤　冷冻的降温速度决定了冰晶在细胞外液还是在内外液同时形成冰晶。Mazur 等科学家在研究中提出了细胞冷冻损伤的"两因素"假说，

即冷冻降温时,细胞外溶液中的水分逐渐结冰,导致未冻结水中溶质浓度慢慢升高,溶液的渗透压逐渐升高,引起细胞脱水。然而,如果降温速率过慢,会导致细胞外环境溶质浓度和渗透压剧烈升高,pH发生改变,细胞长时间处于这种非正常生理环境中,从而受到"溶液损伤"(solution damage)。相反,如果降温速率过快,细胞外溶液形成大量冰晶,但由于细胞膜的渗透率有限,细胞内的水分未能及时渗透到细胞外,导致过冷时在细胞内形成冰晶,可能造成细胞死亡,破坏细胞内的超微结构,引发精子的"胞内冰晶损伤"(intracellular ice formation damage)。此外,过慢冷冻时细胞脱水和过快冷冻时细胞膜破裂也是导致细胞冷冻损伤和死亡的重要原因。

在细胞冷冻保存中,采取一系列措施以减轻冷冻过程可能引起的细胞损伤是至关重要的。添加保护剂,如葡萄糖、甘油和乙二醇等渗透保护剂,能够维持细胞内外的渗透平衡,减缓细胞脱水速度,从而减轻冻结对细胞结构的不良影响。进行逐步的预冷处理有助于减缓细胞内外液之间的温度梯度,减小冰晶的形成速度,降低对细胞的机械性损伤。控制冷冻速率至关重要,采用较快的冷冻速率有助于减少冰晶的形成,减轻对细胞的损伤。在解冻过程中采用逐步升温或特定解冻方案,有助于最大限度地减少解冻引起的细胞损伤。使用专业设计的低温冷冻机能更好地控制整个冷冻过程,确保细胞在冷冻和解冻的过程中受到最小的机械性和温度性损伤。这些策略的应用有望提高细胞冷冻保存的效果,特别是在精子等重要细胞的长期保存和应用中,具有广泛的应用前景。

3. 冷冻保护剂 为确保精子在解冻后仍能保持较高活力,必须应对冷冻和解冻过程对精子的潜在伤害。在这方面,向稀释液中添加冷冻保护剂是一种既经济又高效的方法。冷冻保护剂的作用是降低细胞内液形成冰晶的程度,有效防止快速冷冻对精子造成的伤害,并稀释细胞外液中的溶质,以防止慢速冷冻造成的损伤。这些保护剂需同时具备无细胞毒性和高水溶性的特征。渗透性保护剂,如甘油和二甲基亚砜,以及非渗透性保护剂,如卵黄、葡萄糖和乳糖等,都是常见的冷冻保护剂。

冷冻介质的选择是至关重要的一步,常用的冷冻介质中包括含有甘油或乙二醇的液体。这些物质有助于减缓细胞的冻结过程,从而减轻对细胞的损伤。甘油或乙二醇的添加能有效防止细胞在冷冻过程中由于结冰而受到的机械性损伤。此外,冷冻速率对于精子

冷冻保存的成功同样至关重要。采用液氮或液氩等极低温度的介质,可确保快速而均匀的冷冻速率,从而减少冰晶的形成,降低对细胞结构的损害。

冷冻后的保存条件对于精子的存活和质量也是至关重要的。精子通常保存在极低温的液氮罐中,以确保细胞在长时间内保持稳定。解冻是精子从冷冻状态中恢复的关键步骤,需要特别小心。过快或不均匀的解冻过程可能对精子造成额外的损伤。因此,在控制的条件下进行解冻,以确保精子的尽可能高的存活率。精子的冷冻保存技术在人类和动物的繁殖医学领域得到了广泛应用。在动物繁殖学中,这一技术被广泛用于改良家畜和保存珍稀物种的遗传资源。这些策略的应用有望提高精子冷冻保存的效果,为繁殖医学和动物遗传资源保护提供更多可能性。

4. 精子冷冻保存的方法 食蟹猴精子冷冻保存的详细方法可参考Sankai等所提出的用于冷冻保存食蟹猴精子的方法,以及Si等研究组所建立的猕猴精子冷冻保存的方法,具体如下。

(1)冷冻前处理:在进行精子冷冻前,需要经过一系列的预处理步骤,包括稀释、预冷平衡和分装等阶段。精液由精子和精清组成,后者对精子具有一定的保护作用,但这种保护在温度发生变化时相对有限。因此,在采集精液后,及时的保温十分重要。在冷冻之前,还需要对精液进行适当的稀释。精液在冷冻保护剂中进行稀释,其主要目的是在降温、冷冻和解冻的过程中有效地保护精子,避免受到低温损伤。稀释的程度对精液的冷冻效果有着重要的影响,而稀释液则需要具备合适的pH、缓冲性、渗透压及冷冻保护剂等基本特征。精液冷平衡是指通过缓慢冷却的方式,使得各种成分在渗透平衡上缓慢达到稳定,同时为精子提供适应温度变化的过程,以减少由冷打击引起的潜在危害。

(2)冷冻稀释液TTE的成分和配制:精子冷冻稀释液的成分可参考Sankai等用于冷冻保存食蟹猴精子的方法。首先,将称取的各成分溶解于Milli-Q水中,并定容后,将溶液置于室温下,以$7\,000\times g$的速率进行离心1 h,以去除卵黄颗粒。随后,收集上清液,并使用NaOH或HCl调节pH至7.2。最后,将调节后的上清液分装并储存在-80℃冰箱中待用。在进行实验前,可将冷冻稀释液放置于37℃水浴中解冻,然后按比例加入不同浓度的甘油,制成适用于食蟹猴精子冷冻的稀释液。精子稀释液成分见表7-1-3。

表 7-1-3　食蟹猴精子冷冻稀释液 TTE 成分表

成　　分	浓度（g/100 mL）
三羟甲基氨基甲烷盐酸盐（Tris-HCl）	0.2
Tris 乙磺酸	1.2
葡萄糖	2
乳糖	2
棉子糖	0.2
蛋黄	20%（V/V）
青霉素	0.006 3
链霉素	0.005

（3）精子冷冻方法：精子冷冻采用液氮蒸汽作为制冻剂，液氮作为储存剂，主要有以下两种冷冻类型。

1）常规冷冻法：通过将添加保护剂的精液混合物悬吊在液氮蒸汽中，或者逐渐降低精液混合液容器悬吊在液氮蒸汽中的高度，以确保精液混合物距离液氮液面一定高度。接着，将容器完全浸入液氮中进行储存。

2）定向冷冻法：首先，将稀释的精液装入冷冻玻璃管中，然后将玻璃管放入定向冷冻仪内。在定向冷冻仪的操作中，玻璃管以 1.5 mm/s 的速度从 A 舱（4℃）向左移动到 B 舱（-50℃），最后，玻璃管进入 -70℃ 的收集舱中。最终，冷冻玻璃管被放入液氮中保存，实现精液的冷冻储存。

精子冷冻降温至储藏的过程中，必须通过表 7-1-4 所示的温度变化阶段。

表 7-1-4　精子冷冻程序

阶　　段	温　　程
温度休克阶段	室温至 +5℃
冰晶潜热阶段	+5～-5℃
冰晶形成阶段	-5～-15℃
再结冰晶阶段	-15～-80℃
储存阶段	-80～-196℃

（4）精子冷冻保存和解冻复苏：使用阴茎电刺激法采集食蟹猴精液，将精液置于 50 mL 的离心管中，然后在 37℃ 水浴中液化 30 min。若精液体积较少，可添加 1 mL TL-HEPES+3% BSA 培养液。接着，取 10% 的精液进行精子密度、运动度、精子质膜和顶体完整率分析。然后，通过 200 g 的离心过程去除 TL-

HEPES 缓冲液+3% BSA 培养液。随后，使用预热至 37℃ 的不含甘油的 TTE 稀释液将精子样品稀释 10 倍，并封口于 10 mL 试管中。

将试管浸入 500 mL 水的烧杯中，置于 4℃ 冰箱中缓慢降温 2 h。在此过程中，向稀释液中分 5 次加入预冷至 4℃ 的含有 10% 甘油的食蟹猴精子冷冻液 TTE-G，每次加入 1/5 体积，间隔 6 min。然后，将稀释精液分装入冷冻麦管中并封口。在内径为 35.7 cm×35.7 cm×39.7 cm 的塑料泡沫盒内注入液氮，平衡 20 min，并保持液氮深度为 10 cm。最后，将麦管水平放置在一个 10 cm×10 cm 的铝架上，将铝架悬挂于塑料泡沫盒内，液氮面上方 5 cm 处冷冻 10 min 后投入液氮保存（图 7-1-2）。

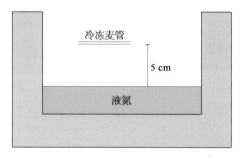

图 7-1-2　冷冻麦管置于液氮上方 5 cm 处冷冻 10 min

冷冻麦管于 37℃ 解冻 2 min 后，检测精子的复苏运动度、精子质膜和顶体的完整率。复苏精液按 1∶9 的体积比缓慢滴加 TL-HEPES+3% BSA 培养液于 200 g 离心 10 min 去除冷冻液后可用于体外受精实验。

（四）雄性食蟹猴生育调节药物

抗雄激素药物等激素抑制剂是一类广泛应用于调控动物生育活动的药物，特别是在雄性食蟹猴等物种中。这些药物的主要作用是通过影响雄激素的生物效应，进而干扰生殖系统的正常功能。在雄性食蟹猴中，这一类药物的使用对性欲和生育活动产生了显著的影响。

首先，了解这些药物的作用机制对理解其对雄性食蟹猴的影响至关重要。抗雄激素药物主要通过抑制雄激素，如睾酮，与其受体的结合，从而阻碍雄激素的生物效应。这一类药物可以作用于激素受体的不同阶段，包括抑制激素的合成、减少激素的分泌和阻断激素与受体的结合，以达到抑制雄激素生物效应的目的。

在雄性食蟹猴中，抗雄激素药物的应用导致性欲减弱。雄性激素在动物的生殖系统中起到促进性欲和生殖行为的关键作用，而抑制这些激素则直接影响到动物的性欲水平。抗雄激素药物的使用会削弱雄性食蟹猴对性刺激的反应,减少其寻求交配的倾向,从而影响了其正常的生殖行为。

另一方面,抗雄激素药物对雄性食蟹猴的生育活动也产生了显著的影响。正常的生育活动需要雄激素的支持,包括精子的产生、精子的运动能力和生殖道的正常功能。抗雄激素药物的应用降低了雄激素水平,导致精子的数量和质量减少,进而影响了生育能力。此外,抗雄激素药物还可能导致生殖道的结构和功能发生变化,进一步减弱了雄性食蟹猴的生育潜力。

值得注意的是,抗雄激素药物在实际应用中需要谨慎使用,以避免对动物健康和福祉造成过度的干扰。对这些药物的使用应该在科学研究和动物管理的框架下进行,并确保在最低程度上影响雄性食蟹猴的生理和行为表现。

总体而言,抗雄激素药物等激素抑制剂通过调节雄激素的生物效应,影响了雄性食蟹猴的性欲和生育活动。这为科学研究和动物管理提供了一种有效的手段,但其应用需要综合考虑动物福祉和科研需求,以确保合理和负责任的使用。

1. 激素对缩短繁育时间的促进作用　食蟹猴因其生理特性与人类相近,作为一种高等模式动物,广泛应用于脑科学和生物医药研究领域。近年来,随着基因编辑技术的迅速发展,遗传修饰的非人灵长类模式动物在生物医学研究和新药研发中扮演着越来越重要的角色。然而,不论是通过慢病毒载体介导技术获得的转基因猴,还是通过 CRISPR-Cas9 等分子核酸酶技术获得的基因编辑猴,它们的首建个体(F0)都存在嵌合突变现象,因此无法成为理想的可对比分析的动物模型。如果 F0 经过自然繁育,能够将突变基因传递给后代,那么才能得到无嵌合的子一代个体(F1)。这种传递性的遗传修饰对于建立更可靠的实验动物模型具有重要意义。

常用的非人灵长类实验动物,如食蟹猴和恒河猴,具有较长的青春前期,其自然繁育周期需要近 5 年的时间。这两类非人灵长类动物在青春期之后才开始启动精子的发育,雄性食蟹猴和恒河猴通常需要到 3 岁后才开始进入青春期,首次产生精子的时间一般在 4 岁左右。为了实现快速繁殖后代,诱导雄性幼年动物性早熟成为一种重要的方法。

在哺乳动物的生殖发育中,下丘脑-垂体-性腺轴发挥着关键的调控作用。一旦进入青春期,下丘脑开始分泌 GnRH,该激素作用于垂体,刺激垂体分泌和释放促性腺激素。促性腺激素(FSH 和 LH)通过内分泌作用于雄性个体的精巢,促使精巢内的体细胞分泌睾酮等性腺激素,从而启动生殖干细胞的增殖、分化,最终形成成熟的精子。

为了应对非人灵长类动物传代周期长的限制,孙强团队于 2016 年开发了一项基于精巢异种移植的食蟹猴繁殖加速技术。该技术通过将 1 岁雄性食蟹猴的单侧精巢移植到去势裸鼠皮下,成功获得了可产生子代的精子,并在 30 个月内实现了食蟹猴子代个体的加速繁殖。然而,这一技术存在精子数量有限、缺乏自主受精能力以及低受精率和胚胎发育率等问题,迫切需要一种更为高效和稳定的非人灵长类动物繁殖加速技术。

2021 年 5 月 4 日,*National Science Review* 在线发表了一篇研究论文,题为《基于外源激素诱导性早熟的遗传修饰猴加速传代》,研究人员通过给予处于少年期的食蟹猴(0.5 岁、1 岁、2 岁)外源 FSH 和睾酮,发现在处理 4～11 个月后,实验猴获得了具有正常活力的精子。通过这一方法,15 个月大的食蟹猴就能够高效地产生用于胚胎构建的精子,并在最短 22 个月内成功获得了子代个体,其移植胚胎出生率接近自然繁殖水平。这一研究为非人灵长类动物的高效繁殖提供了新的解决方案。

这项技术的突破不仅极大地缩短了食蟹猴的繁殖传代时间,将通常需要 5 年的自然繁育周期缩减至不到 2 年,同时也成功地克服了精巢异种移植繁殖加速技术存在的受精率和胚胎发育率低的问题。基于这一技术平台,科研人员还成功利用它对 MECP2 转基因猴和 PRRT2 基因敲除猴进行了加速繁育,获得了 MECP2 转基因猴的 F1 代和 F2 代,以及 PRRT2 基因敲除猴的 F1 代。这一成果为基因编辑的非人灵长类模式动物的快速繁殖提供了可行的解决方案,并在相关疾病模型研究中具有重要的应用前景(图 7-1-3)。

这项研究成功地利用外源激素调节食蟹猴下丘脑-垂体-性腺轴,实现了食蟹猴的稳定且高效的加速繁殖。通过该技术,研究团队成功获得了野生型、转基因和基因编辑猴的子代。这一创新性技术将极大地促进非人灵长类遗传修饰动物模型在科学研究中的应用,为相关领域提供了更灵活、高效的工具和资源。

2. 维生素对生殖的促进作用　合理增加营养是确保种猴健康和提高繁殖率的基础。范春梅等研究指出,在繁殖期的不同阶段,可采取适当的饮食补充措

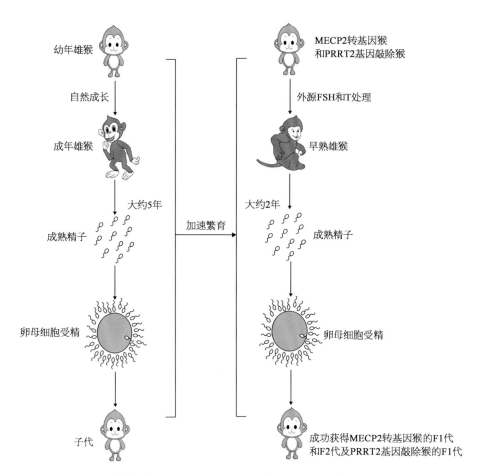

幼年雄猴
自然成长
成年雄猴
大约5年
成熟精子
卵母细胞受精
子代

MECP2转基因猴和PRRT2基因敲除猴
外源FSH和IT处理
早熟雄猴
大约2年
成熟精子
卵母细胞受精
成功获得MECP2转基因猴的F1代和F2代及PRRT2基因敲除猴的F1代

加速繁育

图 7-1-3　外源激素诱导性早熟可以显著缩短转基因和基因敲除猴模型的传代时间

施。例如,在配种前后的 15 天内,补充维生素 E 和维生素 A,这样的措施能够有效提高雄性种猴的性欲,从而进一步提高精子的质量。这种综合的饮食管理策略有助于提升种猴的整体生殖健康状况。

3. 药物对生育的抑制作用　非人灵长类动物与人类具有较高的基因同源性。在研究中,孙晓梅等报道了食蟹猴在服用醋酸棉酚后,精子总数、密度和活动度均出现降低的现象。然而,需要注意的是,长期服用大剂量的棉酚可能导致低血钾,引发垂体睾丸轴功能调节紊乱,导致 FSH、LH 和睾酮水平的改变。为了避免这些问题,合理和有效剂量的棉酚不仅能够达到有效的避孕效果,而且可以减少对生理参数的干扰,避免引起不可逆的问题。

综合考虑精液指标和睾丸活检病理分析,研究认为选择每日 8～12 mg/kg 的醋酸棉酚剂量,并连续服用 90 天,能够诱导产生可逆的少精弱精症动物模型。重要的是,只要所选的棉酚剂量合理,就可以避免剂量过大和服药时间过长所带来的不良副作用,使整个过程成为可逆的。这为研究提供了一种有效的方法,以在非人灵长类动物中模拟和研究生殖系统的影响。

(五) 流式细胞术从食蟹猴睾丸中分离生精细胞

该方法旨在纯化来自食蟹猴等非人灵长类动物的活生精细胞群体,并采用荧光激发细胞分选(FACS)。具体而言,该方法描述了分离减数分裂前期Ⅰ亚阶段的精原细胞和原代精子细胞的步骤。这些纯化的细胞群体可以广泛应用于各种下游检测方法,包括但不限于单细胞技术,如 RNA 测序、染色质免疫沉淀、定量 RT-PCR 和免疫细胞化学等。这为深入研究非人灵长类动物生殖系统提供了有效的工具和手段。

1. 前期准备　建立用于分析和分选的 BD FACS Aria Ⅲ细胞分选仪的流程如下。

首先,在配备 488 nm 蓝色、561 nm 黄绿色、640 nm 红色和 355 nm 紫外激光的 BD FACS Aria Ⅲ细胞分选仪上进行流式细胞术分析和荧光激发细胞分选。随后,在进行任何流式细胞术实验之前,通过使用 BD FACS Diva Cytoometer 进行 CS&T 珠子校准系统的设置和跟踪,确保在 BD FACS Aria Ⅲ细胞分选仪上的激光加热至少 20 min。这一步骤的目的在于保证在所有实验之前正确设置延时校准,以准确生成流式细胞术的结果。

其次,在进行细胞分选实验之前,使用 BD FACS

Accudrop 磁珠进行质量控制,确保至少有 95% 的磁珠偏向左流。此步骤旨在验证细胞分选实验的可靠性。

最后,根据实验需要,使用 561 nm 黄绿色激光激发 PI,并使用 610/20BP 和 600LP 滤光片捕获其发射。同时,使用 670/14BP 滤光片检测 640 nm 红色激光的 APC 发射。还可以使用 450/50BP 与 410LP 滤光片和 670LP/630LP 滤光片来检测 Hoechst 33342 激发发出的 Hoechst 蓝和 Hoechst 红荧光。最后,使用 70 μm 喷嘴在 70 psi 下分选细胞,通过分选流对齐并使用 4 路纯度精度模式将细胞分选到相应的管中。

注意:分拣机上的分拣精度模式可能因不同品牌的仪器而异。如有疑问,请选择精密模式,以便在不影响产量的情况下获得实验所需的最高纯度。

2. 材料　表 7-1-5。

表 7-1-5　主要材料和试剂

抗体
人/鼠 SSEA-4 APC 偶联抗体;稀释度 10 μL/10⁶ 细胞(R&D Systems FAB1435A)
小鼠抗 γH2A. X(磷酸化 S139)抗体[9F3];稀释度 1∶100 (Abcam ab26350)
兔抗 SCP3 抗体;稀释度 1∶100(Abcam ab15093)
羊抗小鼠 IgG H&L(Alexa Fluor 488);稀释度 1∶500(Abcam ab150113)
羊抗兔 IgG H&L(Alexa Fluor 594);稀释度 1∶500(Abcam ab150080)

精细胞来源
成年睾丸;>4 岁食蟹猴

试剂、多肽和重组蛋白
胶原酶 I 型
分散酶 II
二水氯化钙
Hank 平衡盐溶液(HBSS)
DMEM,高糖,HEPES
杜氏磷酸缓冲盐溶液(DPBS)
PBS 缓冲液
胎牛血清(FBS)
锥虫蓝溶液
Hoechst 33342 核酸染色剂,10 mg/mL
碘化丙啶(PI),1.0 mg/mL
蔗糖
Triton X-100
吐温-20
十二烷基硫酸钠
DMSO
16% 多聚甲醛水溶液(PFA)
SlowFade Gold 防淬灭封片剂(含 DAPI)
BD FACS Diva CS&T 质控校准微球
BD FACS Accudrop 微球

注:表中所列试剂来源及货号仅供参考

(1) I 型胶原酶储备液:将 1 g 的胶原酶粉末加入小瓶中,使用 1 mL 的 HBSS 进行复溶。通过涡旋将粉末充分溶解,然后将溶液转移至新的离心管中。随后,使用 HBSS 稀释胶原酶溶液,以使其浓度达到 100 U/μL,即 500× 的储备溶液。通过使用 0.45 μm 的过滤器对储备溶液进行过滤,然后进行分装并储存在 -20℃。在整个过程中要避免反复冻融,以保持胶原酶的活性和稳定性。

(2) 分散酶 II 储备液:将 5 g 的分散酶粉末加入含有 DPBS 的小瓶中,复溶至 10 mg/mL。随后,使用 PBS 进一步稀释,使其浓度达到 240 U/mL,即 100× 的储备溶液。通过使用 0.45 μm 的过滤器对储备溶液进行过滤,然后进行分装并储存在 -20℃。在整个过程中要避免反复冻融,以维持分散酶的活性和稳定性。

(3) 组织消化缓冲液 A:表 7-1-6。

表 7-1-6　缓冲液 A 配制

试　剂	终浓度	体　积
I 型胶原酶储备液(500×)	200 U/mL	50 μL
HBSS	N/A	24.95 mL
总计	N/A	25 mL

注:现用现配,室温备用。N/A,不涉及

(4) 组织消化缓冲液 B:表 7-1-7。

表 7-1-7　缓冲液 B 配制

试　剂	终浓度	体　积
I 型胶原酶储备液(500×)	200 U/mL	50 μL
分散酶 II 储备液(100×)	2.4 U/mL	250 μL
1 mol/L CaCl₂	1 mmol/L	25 μL
HBSS	N/A	24.675 mL
总计	N/A	25 mL

注:现用现配,室温备用。N/A,不涉及

(5) 空白对照:表 7-1-8。

表 7-1-8　空白对照配制

试　剂	终浓度	体　积
FBS	1%	10 μL
DPBS	N/A	990 μL
总计	N/A	1 mL

注:现用现配,室温备用。N/A,不涉及

（6）PI 对照：表 7-1-9。

表 7-1-9　PI 对照配制

试　剂	终浓度	体　积
1.0 mg/mL PI	1 μg/mL	1 μL
FBS	1%	10 μL
DPBS	N/A	980 μL
总计	N/A	1 mL

注：现用现配，避光室温备用。N/A，不涉及

（7）Hoechst 33342 对照：表 7-1-10。

表 7-1-10　Hoechst 33342 配制

试　剂	终浓度	体　积
10 mg/mL Hoechst 33342	5 μg/mL	0.5 μL
FBS	1%	10 μL
DPBS	N/A	989.5 μL
总计	N/A	1 mL

注：现用现配，避光室温备用。N/A，不涉及

（8）PI + Hoechst 33342 样品：表 7-1-11。

表 7-1-11　样品配制

试　剂	终浓度	体　积
		10 μL
10 mg/mL Hoechst 33342	5 μg/mL	5 μL
FBS	1%	100 μL
DPBS	N/A	9.885 mL
总计	N/A	10 mL

注：现用现配，避光室温备用。N/A，不涉及

（9）SSEA-4 APC 偶联抗体染色液：表 7-1-12。

表 7-1-12　染色液配制

试　剂	终浓度	体　积
人/鼠 SSEA-4 APC 偶联抗体	10 μL/10⁶ 细胞	取决于细胞浓度
FBS	1%	10 μL
DPBS	N/A	990 μL
总计	N/A	1 mL

注：现用现配，避光室温备用。N/A，不涉及

（10）培养基：表 7-1-13。

表 7-1-13　培养基配制

试　剂	终浓度	体　积
FBS	10%	2 mL
DMEM	N/A	18 mL
总计	N/A	20 mL

注：4℃保存。N/A，不涉及

（11）冻存液：表 7-1-14。

表 7-1-14　冻存液配制

试　剂	终浓度	体　积
FBS	20%	4 mL
DMSO	10%	2 mL
DMEM	N/A	14 mL
总计	N/A	20 mL

注：现用现配，室温备用。N/A，不涉及

（12）PFA 固定液：表 7-1-15。

表 7-1-15　PFA 固定液配制

试　剂	终浓度	体　积
16% PFA	2%	250 μL
10% SDS	0.02%	4 μL
PBS	N/A	1.746 mL
总计	N/A	2 mL

注：室温储存。N/A，不涉及

（13）封闭液：表 7-1-16。

表 7-1-16　封闭液配制

试　剂	终浓度	体　积
10% BSA	0.15%	30 μL
10% 吐温-20	0.2%	40 μL
PBS	N/A	1.93 mL
总计	N/A	2 mL

注：4℃保存，用前恢复至室温。N/A，不涉及

（14）一抗体混合液：表 7-1-17。

表 7-1-17　一抗体混合液配制

试　剂	终浓度	体　积
小鼠抗 γ H2A.X（磷酸化 S139）抗体	1:100	10 μL
兔抗 SCP3 抗体	1:100	10 μL

续 表

试 剂	终浓度	体 积
封闭液	N/A	980 μL
总计	N/A	1 mL

注：现用现配，4℃备用。N/A，不涉及

（15）二抗体混合液：表 7 - 1 - 18。

表 7 - 1 - 18　二抗体混合液配制

试 剂	终浓度	体 积
羊抗小鼠 IgG H&L（Alexa Fluor 488）	1 : 500	2 μL
羊抗兔 IgG H&L（Alexa Fluor 594）	1 : 500	2 μL
封闭液	N/A	996 μL
总计	N/A	1 mL

注：现用现配，避光4℃备用。N/A，不涉及

3. 步骤

（1）睾丸切开，从猕猴睾丸中分离生精小管以进行酶消化。具体为：在 10 cm 的培养皿上进行睾丸解剖（图 7 - 1 - 4），去除外层，如表皮和松散的结缔组织，分离附睾；称量睾丸；去除白膜（对白膜做一个小切口，

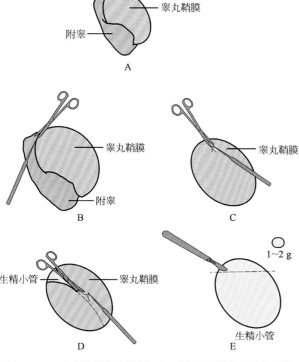

图 7 - 1 - 4　食蟹猕猴睾丸解剖。A. 成年食蟹猕猴睾丸的图像；B. 附睾与睾丸分离；C. 白鞘的小切口；D. 解剖白膜，从白膜中分离生精小管；E. 将生精小管组织分割成 1～2 g 碎片

在它下面解剖以创建一个解剖平面，将下面的生精小管与鞘膜分开）；将生精小管切成 1～2 g 的小块，每块进一步切成小块，以利于后续消化。

（2）睾丸样本解离：为获得未选择的单细胞悬液，将生精小管碎片置于 25 mL 组织消化缓冲液 A 中，然后在 37℃ 的水浴中进行 5 min 的消化，其间每 2 min 剧烈摇动，直至观察到疏松的生精小管。取出并去除上清液，如有需要，可选择保存和处理上清液中的间质细胞。接着，加入 25 mL 组织消化缓冲液 B，在 37℃ 水浴中进行 30 min，每 2 min 剧烈摇动，使生精小管解离成单细胞悬液。随后，加入 2.5 mL FBS 以终止消化，离心并去除上清液。将细胞悬液在 PBS 中洗涤，并通过 40 mm 细胞过滤器过滤到新管中。最后，通过细胞计数确定细胞浓度，完成从生精小管中获取未选择的单细胞悬液的步骤。

（3）用于精母荧光激发细胞分选的样品制备：使用 Hoechst 33342 对活细胞进行染色的步骤如下：首先，将适当数量的细胞等分到 4 个试管中，其中包括空白对照、PI 对照、Hoechst 33342 对照和 PI + Hoechst 33342 样品。管 A～C 作为单染色对照，用于门控和评价荧光光谱重叠目的。然后，将细胞悬液在 4℃ 下，以 200 染色离心 10 min，并弃去上清。接下来，用 1 mL 制备好的染色液重悬匹配的细胞沉淀管，并在 37℃ 避光条件下孵育试管 30 min，每 10 min 摇动一次试管以确保染色均匀。为了获得最佳分辨率，必须在 37℃ 下使用 Hoechst 33342 染色剂孵育至少 30 min。最后，将管子保存在冰上，避光并在分析前使用 40 mm 细胞滤网过滤，完成对活细胞的 Hoechst 33342 染色准备。

（4）用于精原荧光激发细胞分选的样品制备：为了分离精原细胞，采用 SSEA - 4 APC 偶联抗体进行活细胞染色的步骤如下：首先，在细胞配制阶段，将适量的细胞分配到 3 个离心管中，包括未染色对照、仅 PI 对照及 PI + SSEA - 4 APC 偶联抗体样品。管 A 和 B 用于单染色对照，而管 C 则包含所有用于细胞分选测定的感兴趣的荧光染料。接着，在细胞处理过程中，将细胞悬液在 4℃ 下以 200 选测的速度离心 10 min，并弃去上清。随后，进行染色步骤，将匹配的细胞沉淀管中加入 1 mL SSEA - 4 APC 偶联抗体染色溶液，在 37℃ 下避光条件下孵育 30 min，每 10 min 摇晃一次以确保细胞均匀染色。再次进行细胞处理，将细胞悬液置于 4℃，以 200×g 离心 10 min，并弃去上清。清洗步骤中，重悬细胞沉淀并使用 DPBS 洗涤 2 次，以去除未结合的 SSEA - 4 - APC 偶联抗体。细胞调整阶段，使用

DPBS＋10% FBS 重悬细胞，使得细胞密度为 2 万～3 万个细胞/mL，以备进行分选。在细胞分选之前，加入 1 μg/mL PI，并使用 40 μm 细胞过滤器过滤染色的细胞悬液。最后，存储准备阶段要求在进行细胞分选之前，确保试管保存在冰上并避光，以维持样品的稳定性。这一系列步骤有序而详细，为实现高效的细胞分选提供了清晰的操作流程。

（5）分离初级精母细胞的门控策略：在 BD FACS Diva 软件上，为了分离减数分裂前期 I 亚阶段的初级精母细胞，采取以下门控策略。

首先，在 FSC‐A 与 SSC‐A 等值线图上创建线性刻度，绘制"散射"门以包括感兴趣的细胞，并同时排除碎片。在 FSC‐A 与 FSC‐H 等高线图上，在"散射"门下创建一个子门以包含单个细胞，以防止双峰可能污染分选细胞的纯度。接下来，使用 PI‐A（对数刻度）与 FSC‐A（线性刻度）轮廓，在单线态门下对 PI 阴性活细胞进行门控。

在 DNA 直方图上，以 Hoechst 蓝色为 x 轴，计数为 y 轴，显示所有活的可行计数。排除低 Hoechst 蓝色强度计数，以省略碎片和未染色的细胞，并绘制一个"色强度计门"，仅包括含有 1C 或更高 DNA 含量的细胞。这里采用线性比例进行数据收集。

在 Hoechst 红‐A/Hoechst 蓝‐A 等高线图上查看"高线图上查计数门控"。根据 DNA 含量和 Hoechst 红/Hoechst 蓝荧光谱，可以识别和门控处于精子发生不同阶段的细胞谱。

最后，在软件中创建 4 个门并标记它们为 A、B、C 和 D。这些门分别代表在细线前期、细线期/偶线期、早粗线期、晚粗线期减数分裂阶段富含初级精母细胞的细胞群。需要注意的是，PI 和 Hoechst 33342 分别用于区分活细胞和不同 DNA 含量的细胞，以实现对初级精母细胞的精确分离。流式细胞仪激光线和过滤器配置可能因不同系统而异。

（6）初级精母细胞的流式细胞术分析和荧光激发细胞分选：该流式细胞仪操作旨在有效分离睾丸细胞中各种减数分裂前期 I 亚阶段的初级精母细胞。首先，通过光电倍增管（PMT）电压优化步骤，使用未染色、PI 对照和 Hoechst 33342 对照的样品，确保在规模上捕获信号，并评估荧光染料之间的相互作用。通过单染色质控，包括未染色管、PI 对照管和 Hoechst 33342 对照管，优化了 PMT 电压。接着，通过 Hoechst 33342＋PI 染色管检查活细胞的 Hoechst 谱图，根据 DNA 含量的变化，定义初级精母细胞的减数分裂阶

段，从而实现了对初级精母细胞的准确分类。最后，采用低流速进行细胞分选，保持至少＞80% 的分选效率，监控丢弃率，并将分选细胞收集在预装有收集介质的管中。为了维持细胞存活，添加了 10% FBS，并将分选的初级精母细胞冻存以备将来的实验研究。

（7）分离精原细胞的门控策略：在 BD FACS Diva 软件中，实现 SSEA‐4 阳性精子的高效分离采用了一系列门控策略。首先，在 FSC‐A 与 SSC‐A 等值线图上创建"散射"门，以包括目标细胞并排除碎片。通过在 FSC‐A 与 FSC‐H 等高线图上创建子门，可以进一步提高纯度，避免双峰的影响。接着，在 PI‐A 与 FSC‐A 轮廓上进行单线态门控，有效排除 PI 阴性活细胞，确保所得样本的活力。最后，通过创建两个标记为 SSEA4‐和 SSEA4＋的门，成功应用抗 SSEA‐4 APC 偶联抗体进行精准分选，实现 SSEA‐4 阳性精子的有效分离。这一门控策略结合了散射特性和 PI 染色，以及 SSEA‐4 的荧光信号，为分选提供了可靠而准确的工具。

这个流程的精准性和高效性源于对流式细胞仪软件的巧妙运用，以及门控的合理设计。通过使用 FSC‐A 和 SSC‐A 等值线图，该策略在视觉上明确定位了目标细胞群，而在 FSC‐A 与 FSC‐H 等高线图上创建的子门，则有助于进一步细化目标细胞的选择。通过引入 PI 对活细胞的门控，确保所得样本的高活力。最终，通过 SSEA‐4 阳性和阴性的门，成功实现了对 SSEA‐4 阳性精子的高效、可靠的分选。

（8）荧光激发细胞分选精原细胞：通过精心设计的流式细胞仪门控策略，成功地对睾丸细胞进行了分类，并收集了 SSEA‐4 阳性精子。首先，使用门控模板，依次采集并优化了 PMT 电压，包括未染色、PI 对照和 Hoechst 33342 对照的单染色质控样品。这一步骤确保了在相同的尺度上捕获信号，并允许探究不同荧光染料之间的相互作用。通过未染色管的设置基线电压，确认自发荧光水平，以及通过 PI 对照管评估细胞的活力，能够排除假阳性信号，确保分选的精确性。接下来，采集并分析 PI＋SSEA‐4 APC 偶联的抗体样品管，至少记录 100 000 个细胞，并在建立门之前对细胞进行了门控，选择了 SSEA‐4 阳性的细胞。最后，通过使用低流速和 70 细胞喷嘴进行细胞分选，保持至少＞80% 的分选效率，监控丢弃率，成功地将 PI 阴性 SSEA‐4 APC 阳性的细胞收集在预装有收集介质的圆底 FACS 管中。这一系列步骤的合理设计和执行，能够储存这些细胞并确保它们存活，为未来的实验研

究提供了可靠的样本。

4. 预期结果

（1）初级精母细胞的荧光激发细胞分选：Hoechst 蓝色荧光被用于反映睾丸细胞染色质含量/DNA 含量的变化。增加 Hoechst 蓝色荧光强度可视化了精子发生各个阶段的睾丸细胞，其中单倍体精子细胞，含有 1N（1 组染色体）DNA 含量，位于 Hoechst 蓝色刻度的最低部分，接近 50。通过 Hoechst 蓝/Hoechst 红等高线图，可以明确区分细胞群 A、B、C 和 D。这些单个簇的反向门控揭示了 A 区富含 2N 至 4N 早期减数分裂前期Ⅰ细胞，如细线早期；而 B 区对应于 4N 细线期和偶线期精母细胞。C 区和 D 区分别对应于早期和晚期粗线期精母细胞，其 DNA 含量均为 4N。表 7 - 1 - 19 提供了预期百分比和从各种门控样品收集的细胞数的详细信息。

表 7 - 1 - 19　从各种门控样本中收集的活细胞预期百分比和细胞数量

	事件（修约至 10 000）	百分比（%）
未分类细胞总数	10 000 000	
活细胞	6 260 000	62.6
A	120 000	1.2
B	250 000	2.5
C	330 000	3.3
D	140 000	1.4

（2）精原细胞的荧光激活细胞分选：SSEA-4 作为灵长类精原干细胞（SSC）的表面标志物，在成年睾丸未选择细胞中通常仅占 1%～2%。其中，70%～80% 的 SSEA-4 阳性细胞被鉴定为精原细胞。这指示 SSEA-4 的表达在睾丸中主要与精原细胞相关，为精子发生的关键阶段提供了一个明显的标志。

SSEA4+ 门的预期活细胞百分比和收集事件数量如表 7 - 1 - 20 所示。

表 7 - 1 - 20　活细胞的预期百分比和从 SSEA4 - / + 门收集的细胞数

	细胞数（修约至 10 000）	百分比（%）
未分类细胞总数	10 000 000	
活细胞	5 500 000	55.0
SSEA4 -	5 330 000	53.3
SSEA4 +	140 000	1.4

从前期实验中得到的数据表 7 - 1 - 21 显示了每个门中细胞所占的百分比，包括细线期、偶线期、粗线期和双线期。这些百分比是基于每个门中 100 个细胞的积分和计数而得出的。该表提供了详细的信息，可以用于评估不同细胞阶段的相对分布，为实验结果的解释和进一步的研究提供了重要的参考。

表 7 - 1 - 21　每个门处于细线期、偶线期、粗线期和双线期细胞的预期百分比（%）

门控	细线期	偶线期	粗线期	双线期	其他细胞
A	76.1	5.3	0	0	18.6
B	1.6	64.5	21.8	2.4	9.7
C	2.2	18.4	63.7	15.6	0
D	0	17.1	54.9	28	0

5. 局限性　Hoechst 33342 染色对于实验方案的偏差非常敏感。轻微变化的 Hoechst 33342 染料添加量及染料与解离的睾丸细胞的孵育时间可能会对获得整体 Hoechst 谱产生影响。为了得到上述 Hoechst 蓝/红等高线图，建议在 30℃ 下与染料孵育至少 37 min。值得注意的是，先前的研究表明，不同种类的动物之间 Hoechst 的孵化时间和概况可能存在差异。因此，在成年食蟹猴以外的种属中应用此 Hoechst 染色方案时，需要谨慎，并将其仅作为参考。

雄性食蟹猴生育调节涉及一系列药物和技术，旨在调控其繁殖行为和生育能力，为研究和管理野外和圈养群体提供了关键工具。其中，生育调节药物的应用是一项主要策略，通过控制雄性食蟹猴的生育活动，可以更好地管理种群数量和群体健康。激素注射是一种常见的药物技术，通过给予雄性食蟹猴激素来调节其生育活动。这可能包括使用抑制性激素，如高效抑制雄激素的抗雄激素药物，以减缓或暂停繁殖行为。另一方面，雄性激素的注射也可用于增加繁殖活动，通过提高性激素水平来促进交配和生育。

体外授精（IVF）技术也被广泛应用于雄性食蟹猴的生育调节。这项技术允许在体外受精和胚胎培养，为研究人员提供了对繁殖过程更深入了解的机会。通过 IVF，可以控制精子和卵子的相遇，实现更精确的生育管理。

基因编辑技术的发展为雄性食蟹猴的生育调节提供了新的可能性。通过基因编辑，可以调整特定基因的表达，影响生育行为和繁殖能力。这为研究人员提供了在基因水平上探索和调节生育过程的工具。

总的来说,雄性食蟹猴的生育调节药物和技术为保护和管理这一物种提供了多样化的手段。通过调控繁殖活动,可以更好地管理野外和圈养群体,维护生态平衡和物种多样性。然而,随着科技的不断进步,我们仍然需要深入研究和谨慎应用这些方法,以确保其在保护和研究方面的可行性和有效性。展望未来,随着对雄性食蟹猴生物学的深入理解和技术的不断创新,有望在更广泛的范围内推动生育调节的科研和实践,为这一物种的可持续发展和保护做出更大贡献。

(周娴颖 许 丽)

第二节 雌性食蟹猴生育调节药物及技术

(一) 雌性食蟹猴生育调节药物

1. 外源性激素 促性腺激素在卵巢生理过程中发挥着至关重要的调节作用,尤其是在卵泡的发育和成熟阶段。该类激素主要包括卵泡刺激素(FSH)和黄体生成素(LH),两者协同作用调节卵巢内的激素水平和卵子的发育。

卵巢对外源促性腺激素的反应存在差异性,这反映了生物体对于生殖系统调控的高度复杂性。早期的研究中,研究者利用前列腺素、人绝经期促性腺激素(HMG)及孕马血清促性腺激素(PMSG)等进行超排研究。然而,这些生物活性物质的复杂提纯过程引发了批次间的效价差异和抗体产生等问题,从而限制了超排研究的广泛应用。

1996 年,美国学者成功研制出重组人促卵泡激素(rhFSH),标志着促性腺激素领域取得了显著进展。相较于传统的动物源性激素,采用基因重组技术生产的 rhFSH 具有多重优势。首先,它降低了激素材料的复杂性,提高了激素的纯度和一致性。其次,通过基因工程手段成功减少了抗体产生的潜在风险。

在超排卵研究中,应用 rhFSH 不仅提高了超排的稳定性,同时也显著促进了卵子的数量和质量。这一技术创新为生育医学领域带来了更为可靠和高效的技术手段,为促排卵治疗和辅助生殖技术的应用提供了更为安全和有效的药物选择。这一进展对于推动生殖医学和辅助生殖技术等领域的发展具有深远的意义。

(1) FSH:促性腺激素在女性生殖系统中的关键作用已被广泛研究,尤其是对卵巢卵泡的发育、成熟和释放过程的调控。卵巢对外源性促性腺激素的反应受到多方面的影响,包括种属差异、激素剂量和来源等。这种差异性的反应既反映了生物体对生殖系统高度适应性的特点,也为生殖医学研究提出了挑战。

rhFSH 作为一种人工合成的激素,在辅助生殖技术中发挥着重要作用。其应用既可以促使卵巢发育多个卵泡,为体外受精等技术提供了可控的卵子来源,也在治疗不孕症中发挥着积极作用。

最新研究指出,适度减少 rhFSH 的用量可能有助于提高卵巢的稳定性和反应性。华南农业大学兽医学院杨世华团队的研究结果表明,通过改进卵巢刺激方案,降低 rhFSH 的使用量,具体实施方法是:连续 8 天,每天 2 次进行肌内注射,每次注射 18 IU 的 rhFSH(总剂量为 300 IU),第 9 天再注射 1 000 IU 的人绒毛膜促性腺激素(hCG),即可引发超排。在这一优化方案下,成年猴的囊胚率达到了 63.8%,而经胚胎移植后的妊娠率更是可达 33%。

研究人员观察到,使用高剂量的 rhFSH 可能导致卵泡过度刺激,从而影响卵子的正常发育。相反,进一步降低 rhFSH 的剂量(每次 9 IU),则不会引起过度的卵泡刺激。

此外,聚乙烯吡咯烷酮(PVP)作为 FSH 的安全溶剂,已被证明对促进多胎生产在牛中取得了成功。在恒河猴卵巢刺激方面,使用 PVP 替代传统的载体如生理盐水作为 rhFSH 的载体,显示出更好的效果。PVP 的应用不仅延长了 FSH 的吸收时间,维持了适度激素水平,同时也为卵泡刺激提供了更为便捷和有效的方式。上述研究不仅深化了对促性腺激素在生殖调控中作用的认识,同时为优化辅助生殖技术和提高治疗效果提供了实验数据支持。

(2) 促性腺激素释放激素(GnRH)激动剂和拮抗剂:初情期是雌性哺乳动物生殖周期中的关键阶段,标志着首次发情和排卵的发生。在这个时期,下丘脑释放的 GnRH 脉冲频率显著增加,这一激素信号会对垂体产生刺激或抑制作用,导致 LH 和 FSH 释放增加。这一连锁反应进而促使卵巢中卵子的成熟和发育。初情期的发生对于动物的繁殖周期和生育能力具有重要的影响。

醋酸亮丙瑞林是一种合成的九肽,属于 GnRH 激动剂(GnRHa)。这一类药物在临床上被广泛应用于治疗多种疾病,包括前列腺癌、子宫内膜异位、子宫平滑肌瘤、中枢性性早熟和体外受精等。醋酸亮丙瑞林通过扰乱下丘脑-垂体-卵巢轴(HPO 轴),降低促性腺激素的水平,从而实现对卵巢的抑制。

在进行食蟹猴实验时,研究者进行了单剂量(0.25 mg/kg)的醋酸亮丙瑞林肌内注射,为期 14 天。实验结果显示,在这个时间段内,所有动物的 LH 和脱氢表雄酮(DHEAS)浓度均受到了有效的抑制。这表明醋酸亮丙瑞林对于调节促性腺激素水平,尤其是 LH,以及影响相关激素 DHEAS 的产生方面具有显著的抑制作用。这些数据为进一步了解醋酸亮丙瑞林在生理和治疗方面的作用提供了实验基础。

醋酸加尼瑞克含有活性成分加尼瑞克,是一种合成的十肽,具有高拮抗活性,属于 GnRH 拮抗剂。该药物被广泛应用于辅助生殖技术(ART)中的控制性卵巢刺激(COS)方案,主要用于预防过早 LH 峰的出现。

在雌猴的超数排卵方案中,每天注射 0.25 mg 醋酸加尼瑞克注射液,起始于由 rhFSH 刺激的第一天,连续给药 9 天,一直持续到 hCG 给药的当天。该治疗方案的主要目的是抑制过早排卵的发生,以确保在合适的时间点实施其他辅助生殖技术步骤,如卵子采集和受精过程。这样的应用有助于提高辅助生殖技术的成功率,并确保繁殖过程的顺利进行。

2. 避孕药物 尽管雌激素、孕激素等甾体类激素避孕药具有明确的避孕效果,但由于这些药物作用于许多非生殖组织,人们对其副作用和长期使用的安全性存在担忧。为了解决这一问题,Peluffo 等研究人员选择食蟹猴作为研究对象,进行了为期 5 个月的避孕试验。他们首次证明了前列腺素 E_2 受体 2(PTGER2)拮抗剂可以作为灵长类动物的一种有效非激素避孕药。

研究结果表明,PTGER2 拮抗剂能够通过阻止卵泡进入排卵期来预防成年雌猴的妊娠,而且并不改变月经周期或一般健康状况。从血常规、血脂和血清生化检测的结果来看,给予食蟹猴 PTGER2 拮抗剂并没有对动物的总体健康产生影响,每周体重变化通常为 5%~10%。

值得注意的是,停止使用 PTGER2 拮抗剂后,约一半的雌猴发生了妊娠,这表明 PTGER2 拮抗剂对生

育能力没有产生持久的影响。

(二)雌性食蟹猴生育调节技术

1. 食蟹猴繁殖育种技术

(1)选种

1)种猴年龄:选择种猴时,确保雄性食蟹猴年龄在 5~7 岁,具有正常的遗精现象,表现为精液射出后迅速凝结成白色凝块。对于雌性食蟹猴,性成熟年龄一般为 2.5 岁,建议选择 3.5 岁以上、体重在 3 kg 以上、性器官发育正常的个体作为种猴。需要特别注意的是,当雄性食蟹猴达到 20 岁、雌性达到 15 岁时,它们不再适合作为种猴,因此应及时更换。

2)种猴体格和外观:种猴的整体外观应当符合食蟹猴的生物学性状表现。雄性种猴体格应该健壮,双目神采奕奕,活泼好动,整体匀称,被毛光滑,性器官发育良好,无隐睾和畸形,性欲旺盛。雌性种猴应当身体健康,毛色光洁,各部位外观整体匀称,包括头颈部、躯干部、四肢等,被毛平滑有光泽,健康活泼,反应敏捷,无外伤、骨折和畸形等。

3)卫生等级:种猴的卫生等级根据 GB 14922.2 - 2011《实验动物微生物学等级及监测》和 GB14922.1 - 2001《实验动物寄生虫学等级及监测》的规定,分为普通级和无特定病原体动物(SPF 级)两级(表 7-2-1)。进行食蟹猴繁育的种猴需根据需要建立相应的繁殖群,确保卫生等级符合实验需求。

表 7-2-1 猴病原体检测项目

病 原 体	SPF	普通级动物
病原菌		
沙门菌	●	●
皮肤病原真菌	●	●
志贺菌	●	●
结核分枝杆菌	●	●
小肠结肠炎耶尔森菌	○	—
空肠弯曲杆菌	○	—
病毒		
猕猴疱疹病毒 1 型(B 病毒)	●	●
猴逆转 D 型病毒	●	
猴免疫缺陷病毒	●	
猴 T 细胞趋向性病毒 Ⅰ 型	●	—
猴痘病毒	●	

| | | | 续 表 |
病 原 体		SPF	普通级动物
寄生虫			
体外寄生虫（节肢动物）		●	●
弓形虫		●	●
全部毛虫		●	—
溶组织内阿米巴		●	—
症原虫		●	—
鞭毛虫		●	

注：●，必须检测的项目，要求阴性；○，必要时检测的项目，要求阴性；—，不强制性检测的项目

4) 种猴的性情：种猴的性格对繁殖成功起到关键作用。选择性格温顺、活泼好动、易亲近人的种猴，有助于提高繁殖效率。繁育人员需要仔细观察猴群，淘汰部分凶暴、易主动攻击其他猴的个体，或者切除其（雄猴）犬齿，以维护繁殖群的稳定和和谐。这样的选择不仅有益于种群管理，也有助于确保繁殖环境的平稳运行。

（2）配种比例：根据研究目的，食蟹猴繁殖方式可以选择配对繁殖或大群繁殖。

1) 配对繁殖：是将发情的雌猴与特定的雄猴交配，雄雌比例通常为1∶1。在进行交配后的1个月内，如果观察到雌猴有月经到来，可以考虑更换配种雄猴再次进行交配。这样的方式有助于监控每对雌雄之间的繁殖效果，同时在需要的情况下进行调整，以提高繁殖的成功率和效率。

2) 大群繁殖：是将选定的种猴按照1∶4～1∶8的雄雌比例合群饲养，采用自然交配的方式。这种繁殖方式可以根据场地面积进行比例调整，例如一雄多雌或多雄多雌式群养，以适应不同研究需求和提高整体繁殖效率。大群繁殖的优势在于能够模拟更自然的社会结构，同时减少人工干预，使得猴群更加稳定。此外，通过灵活调整雄雌比例，可以有效控制繁殖规模，满足实验室的研究要求。

（3）种猴合群：繁育人员在完成选种和配种比例设计后，即开始协助猴群建立"家庭"。在合群初期，新组成的"家庭"中，个体之间可能出现性格不合、雄雌不和、喜欢咬架等现象。咬伤致残、致死的情况也时有发生，这可能会对配种结果产生不良影响。因此，饲养人员需要关注个体间关系的稳定性和协调性。为减少配种时发生意外损失，可采取以下的配种程序。

1) 雌猴社交期：先将雌猴放在同一间猴房内共同生活7～10天。每日观察个体间关系，特别注意是否有凶猛、暴躁的雌猴。一旦发现有异常行为的雌猴，及时剔除或更换。

2) 雄猴引入：在合适的时间，将雄猴引入雌猴猴房。在雄猴合群的当天，出现咬架行为时，饲养人员需进行人为制止，尤其在最初30 min内。通常在1～2 h的相处时间后，猴群就能逐渐和平共处。若在此期间出现问题，需要考虑更换雄猴。

3) 注意配种时机：在雌猴合适的性周期内进行合群，一般选择月经后的第11～17天。发情雌猴在这个时期会更容易接近雄猴，有助于避免咬架现象的发生。

上述步骤有助于确保"家庭"群体的稳定性，减少不良行为的发生，从而提高配种的成功率。

（4）配种时间：食蟹猴虽然与恒河猴同属（猕猴属），但它们的繁殖特性与恒河猴存在明显差异，尤其在繁殖季节方面。食蟹猴属于全年发情的动物，其分娩频率没有明显的季节性变化，几乎整年都具备发情、配种和繁殖的能力。

（5）繁殖间隔：适龄繁殖的猴，其胎生繁殖间隔表现出一定的变异。最短的繁殖间隔为183天，最长可达630天，平均为347天±105天。在最密集的情况下，一些雌猴连续2年能够产下3胎，这一现象约占生产雌猴的11.2%。

（6）配种结果：食蟹猴繁殖特性受多方面因素影响。月经周期约为29天，而妊娠期则大致在150～180天。通常，食蟹猴更倾向于选择夜间进行自然分娩。研究表明，不同的配种比例、地域环境和群体大小都在一定程度上影响了配种结果。以2017年昆明地区为例，相关报告披露了一项食蟹猴繁殖的研究结果，其中该种群的妊娠率达到78.98%，繁殖率为74.87%，而仔猴的成活率高达94.81%。这些数据为深入了解食蟹猴的生殖生态学提供了有益的信息，同时也突显了多种因素在猴群繁殖过程中的相互作用和重要性。

（7）人工授精：除了自然交配外，人工授精也是获得食蟹猴精液的一种方法。该过程涉及采用特殊注射器将精液注入雌猴的子宫。选择月经周期稳定的雌猴是关键。在进行人工授精之前，雌猴首先接受7 mg/kg氯胺酮盐酸盐和1.25 mg/kg甲苯噻嗪的麻醉。在对阴道周围区域进行无菌准备后，将外圆筒引入阴道，并放置在宫颈口周围。接下来，将1 mL注射器放入量筒中。

在所有实验中,使用精子悬浮液(50×10⁶ 细胞/mL 新鲜精子,置于 1 mL 含 4 mg/mL 牛血清 TL‐HEPES 培养基中)填充注射器,并缓慢注入雌猴体内。这个姿势维持约 30 min,直到雌猴从麻醉中恢复过来。这一操作一定程度上有助于提高受精的成功率。

2. 可控制的卵巢刺激方法　在食蟹猴的繁殖中,为了实现可控制的卵巢刺激,常采用给予 FSH 或马绒毛膜促性腺激素(eCG)的方法,同时使用 GnRH 拮抗剂(GnRHant)或 GnRHa 进行调控。通过采用 GnRH 拮抗剂阻断 GnRH 受体,可以迅速、可逆地抑制促性腺激素的分泌,防止内源性 LH 激增。与此同时,通过给予调节垂体功能的 GnRHa 与外源性促性腺激素,可以刺激卵巢卵泡的生长,避免内源性 LH 激增。随后,通过给予 hCG 或 LH,诱导卵母细胞的成熟,从而实现对卵巢刺激的精确控制。

为了收集猕猴卵泡中的卵母细胞,首先在注射 hCG 后的 36～38 h,使用 10 mg/kg 氯胺酮和异氟醚进行麻醉。随后,通过腹部切口,使用连接到 2.5 mL 注射器的 25 号针头抽取卵巢卵泡的内容物,注入含有 10%胎牛血清和 2.5 IU/mL 肝素的特殊卵分裂改良培养基。接下来,使用 0.1%透明质酸酶处理悬浮液,从累积细胞中释放出卵母细胞。随后,将卵母细胞用含有 10%胎牛血清、谷氨酰胺和青霉素‐链霉素溶液的 CMRL‐1066 培养基进行洗涤。

洗涤后的卵母细胞根据以下四个组进行分类:① MⅡ期卵母细胞(metaphase Ⅱ):成熟,具有一个极体;② MⅠ期卵母细胞(metaphase Ⅰ):未成熟,没有极体和大核;③ GV 期卵母细胞(germinal vesicle):具有一个大核;④ 退化期。

这一系列步骤有助于获取不同发育阶段的卵母细胞,并为后续的研究和实验提供基础。

此外,繁殖过程还包括卵子的采集、受精和胚胎的培养等环节。卵子的采集通常在卵泡发育到一定程度后进行,可以通过手术方式或超声引导技术进行卵母细胞的抽取。在实验室中,采用体外受精的方法,将精子与卵子结合,形成受精卵。随后,受精卵经过一系列培养,包括胚胎发育和质量评估,最终选择合适的胚胎用于移植或进一步的实验研究。

繁殖过程中,环境因素、饲养管理和动物健康状况等方面的考虑也对繁殖效果产生影响。定期的健康检查、适当的饮食、舒适的饲养环境都是确保繁殖成功的重要因素。此外,研究人员还需要关注激素水平的调控、配种时机的选择及孕期的管理等方面,以提高食蟹猴繁殖的效率和成功率。整个繁殖过程需要科学仔细的管理和监控,以确保获得稳定、可重复的实验或繁殖结果。

3. 辅助生殖技术　非人灵长类动物的自然繁殖量相对较少,且繁殖周期较长,这一特征限制了猴生产业的发展。目前,猕猴的辅助生殖技术 ART 已经取得了显著的进展。食蟹猴的 ART 不仅能够提高生产效率,而且具有可重复性和非侵入性等优势。成功实施 ART 需要同时掌握多项技术,包括精液采集、超数排卵、微创活体取卵、体外受精或单精子包埋注射、胚胎的体外培养及微创胚胎移植等。

非人灵长类动物与人类有着显著的相似性,其在生物医学研究中的重要性逐渐凸显,尤其在发育生物学、神经科学、病理生理学和异种移植研究等领域。特别值得关注的是,非人灵长类动物在建立 ART 方面具有显著价值,如体外成熟、体外受精和体外培养等技术的应用,有效促进了新生儿的生产,并在研究人类生殖和生育方面发挥了关键作用。先进技术的运用使得猕猴的繁殖过程更为可控,为科学研究、疾病模型建立及繁殖控制提供了有效手段。ART 的成功实施不仅有助于维护猕猴群体的遗传多样性和提高生产效益,也为相关领域的科学研究带来积极意义。在猕猴的繁殖中,这些技术的运用不仅能够提高繁殖效率,还能更好地管理繁殖过程,确保研究和生产的顺利进行。这对于促进非人灵长类动物的研究和保护工作都具有重要意义。

(1) 超数排卵技术:超数排卵,简称超排,又称卵巢刺激,是指给予雌性猕猴外源促性腺激素,以诱导其卵巢内多于生理数量的卵泡同步发育,从而获得大量 MⅡ卵母细胞的过程。目前每只食蟹猴允许超排的次数还未见报道。一项由马云瀚进行的研究通过对 128 只食蟹猴进行超排发现,食蟹猴全年都可进行该操作,单只食蟹猴至少可重复超排 4 次,实验中第 5 次的超排效果下降。研究还表明,首次超排卵巢应答的效果可以预计随后重复超排的效果,而食蟹猴的超排并没有季节性差异。

超数排卵是辅助生殖技术中的关键步骤,它旨在通过给予雌性猕猴外源促性腺激素,诱导卵巢内多个卵泡同步发育,从而获得大量有发育潜能的卵母细胞。对于位于卵泡期的食蟹猴,获取具有发育潜能的卵母细胞是一项具有挑战性的任务。

在进行超数排卵之前,研究者需要制定详细的超数排卵计划,严格执行超排流程。这一计划涉及超排前的准备工作,包括雌性猕猴的选择、体检、合适的药物剂量和超排周期等方面。研究人员还需要提前准备相关的文件,如"食蟹猴超数排卵计划和任务书编写内容"(表7-2-2)和"食蟹猴超数排卵实时记录表"(表7-2-3)。

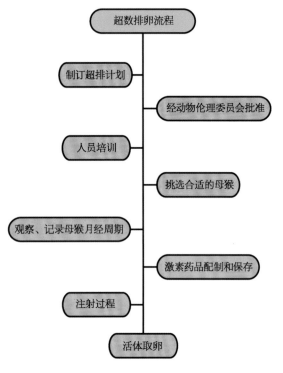

图7-2-1 超数排卵流程

表7-2-2 食蟹猴超数排卵计划和任务书编写内容

动物实验审批:
实验时间
实验动物种类和数量
实验方法

动物准备:
动物来源
可利用动物数
年龄范围及组成
饲养环境和空间

实验人员安排:
项目总负责和协调人员及电话
饲养管理人员及饲养人员及电话
定期青料饲喂人员及电话
动物管理和协调人员及电话
超数排卵负责人和具体操作人员及电话
激素管理人员及电话
麻醉药管理和库管人员及电话
取卵的临床兽医和助手及电话
手术室、设备器械管理人员及电话
卵母细胞体外实验人员及电话

设备、器械情况:
设备检查、检修及耗材的准备
手术器械准备和消毒安排

预实验安排:
激素药品效价的预实验检测
卵母细胞实验的预实验安排

紧急情况分析和处理预案:

表7-2-3 食蟹猴超数排卵实时记录表

基本情况			
日期:	猴号:	笼号:	来源:
简要历史:			

超排前检测
日期
(月经周期):
E_2(pg/mL):
P(ng/mL):

B超检查			
日期:	卵巢大小:	是否有黄体/大卵泡:	卵泡数:

实时超排处理记录			
FSH 批号:		hCG 批号:	
日期	时间	处理	精神状态	实时检测

采卵过程记录			
总卵数:	MⅡ:	MⅠ:	GV:	其他:

卵母细胞描述:

这一超排计划的制订和执行对于确保超数排卵的成功及后续辅助生殖技术的顺利进行至关重要。通过精心设计的计划,研究者能够最大限度地提高获得有发育潜能的卵母细胞的可能性,为猕猴的繁殖和生殖研究奠定坚实的基础。

首先,为了进行超数排卵操作,需选择连续3个月周期正常的雌性食蟹猴(4～13岁;体重2.5～5.0 kg)。每天至少检查2次阴道出血情况,以明确月经的开始时间。在出现月经血后1～4天内,进行超排注射处理。排卵方案需要根据不同的动物属性,甚至是个体来确定。以下是适用于食蟹猴的3种超排方案。

超排卵方案Ⅰ:适用于未曾接受过卵巢刺激的雌性食蟹猴。在月经周期的第3天,进行单次肌内注射

25 IU FSH。从月经周期的第 4 天开始,每日进行 2 次肌内注射 25 IU FSH,持续 8 天。在月经周期的第 12 天,进行肌内注射 1 500 IU hCG。35～36 h 后采集卵母细胞,即月经周期的第 13 天进行卵子采集(图 7-2-2)。

超排卵方案 Ⅱ:适用于未曾接受过卵巢刺激的雌性食蟹猴。与超排卵方案 Ⅰ 的不同之处在于,在月经周期的第 1 天,进行皮下注射 0.1 mg GnRHa(图 7-2-2)。其余步骤与方案 Ⅰ 相同。

超排卵方案 Ⅲ:根据食蟹猴个体差异制订个性化超排方案。无论雌性食蟹猴是否有过排卵诱导经验,在月经周期的第 1 天进行皮下注射 0.1 mg GnRHa。

休息 1 天后,从月经周期的第 2 天开始,每日进行一次肌内注射 25 IU FSH。在月经周期的第 4 天开始,每天进行 2 次 FSH 注射,持续 8～12 天。最后一次 FSH 注射的时间根据每只猴月经周期的长短确定,在第 12～15 天每天进行一次。如果月经周期为 28 天,则在第 12 或 13 天注射 hCG(1 500 IU),3 500 h 后采集卵母细胞。如果月经周期为 30 天,则在第 13 或 14 天注射 hCG(1 500 IU),然后在 35～36 h 后采集卵母细胞。取卵时间基于月经周期长度确定,最晚取卵日期为月经周期的第 17 天(图 7-2-2)。通过 B 超确认雌猴卵泡的大小,实现个性化的超数排卵诱导。

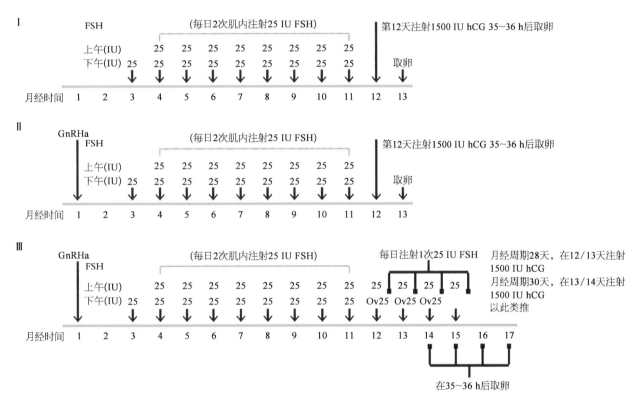

图 7-2-2　食蟹猴排卵方案

为了提高 M Ⅱ 期卵母细胞回收率,研究人员 Huang 等进行了一项涉及 24 只雌性食蟹猴的比较研究,评估了上述 3 种超排方案的效果。研究结果表明,超排卵方案 Ⅲ 相较于超排卵方案 Ⅰ,在卵母细胞总数方面明显提高($P<0.05$)。此外,方案 Ⅲ 中 M Ⅱ 期卵母细胞比例也明显高于方案 Ⅰ 或方案 Ⅱ,分别为 $P<0.001$ 和 $P<0.01$。而且,胚泡 GV 期卵母细胞中处于未成熟卵母细胞的比例更低。所获得的 M Ⅱ 期卵母细胞经过 ICSI(卵泡浆内单精子注射)后,成功发育为胚胎,最终产生子代。这说明个性化的超排方案更有利于获得更多的 M Ⅱ 期卵母细胞,并在生殖过程中取得更好的效果。

另外,一些研究采用了不同的方法,以获得更多的卵母细胞。其中,有研究从 rhFSH 刺激的第 1 天开始,每天注射 0.25 mg 醋酸加尼瑞克注射液(GnRH 拮抗剂),一直持续到 hCG 给药当天。这一做法的目的是抑制过早排卵,以提高 M Ⅱ 期卵母细胞的回收率。这种策略旨在优化卵母细胞的收集,并为后续的生殖研究提供更多的高质量卵子。

超排反应的成功与否高度依赖于多个因素之间的相互作用,包括供体的年龄、体重及所用的超排方法。激素水平、年龄、营养状况和胎次等多种因素都可能对超排效果产生影响。供体的年龄是影响超排反应成功的关键参数,特别是雌性猴的年龄对 M Ⅱ 期卵母细胞的回收率具有重要影响。通过对哺乳动物卵巢组织的组织学研究发现,随着雌性猴年龄的增长,卵巢内被募集的初级卵泡、生长卵泡及闭锁卵泡的数量逐渐下降。因此,雌性猴在4～5岁达到性成熟时,超排效果最佳。

值得注意的是,老年雌性猴的FSH水平升高,即便进行外源激素刺激,也不容易出现雌激素峰值,从而导致超排获取的卵母细胞数量显著降低。因此,年龄因素对于超排反应的成功至关重要,对于提高MⅡ期卵母细胞的回收率具有显著的影响。

除了激素、季节和年龄等因素外,还有一些其他因素可能影响雌性猴超排的效果:

1) 长途运输引起的应激反应:长途运输的猴群可能表现出应激反应,如月经周期紊乱。在适应性较短的情况下(如10天),根据月经血进行超排的效果可能会很低。

2) 腹泻状况:腹泻久治不愈的雌性猴进行超排,效果可能不理想。

3) 激素注射的技术方面:① 注射要秉承"一轻二准三及时"原则,动作要轻,避免惊吓动物,可以通过给予动物奖励来缓解应激反应;② 注射剂量和进针位置要准确,最好选择肌肉紧密、皮下血管较少的部位,如前臂肌肉或后肢的腓肠肌;③ 做好注射记录,防止多次或漏打,若有错误应及时处理。

4) 卵巢上黄体滞留、激素水平较高的雌猴:存在卵巢上黄体滞留、孕激素和睾酮水平较高的雌性猴,可能导致超排结果不理想。

5) 超排的时间间隔:重复超排的时间间隔不应低于2个月。如果超排处理多次失败或体质较差的雌性猴可能存在卵巢功能低下、卵子库存较少的生理障碍,不应再进行超排。

上述因素的综合考虑和合理管理对于提高雌性猴超排的效果和保障其健康至关重要。

(2) 活体取卵技术:在进行卵母细胞提取的过程中,所有雌性猴在注射hCG后的35～36 h内以3%戊巴比妥钠进行麻醉,剂量为25 mg/kg。卵巢通过小腹中部的小切口进行暴露,使用连接到5.0 mL注射器的25号针抽吸大卵泡(直径1 cm±5 mm)的内容物。卵丘-卵母细胞复合体(COC)在体视显微镜下,使用培养基(TL-HEPES)补充5 mg/mL牛血清白蛋白和5 IU/mL肝素抽吸获得。随后,使用添加0.1%透明质酸酶的TL-HEPES冲洗COC,以去除卵丘细胞。

在放大100倍或200倍的倒置显微镜下,对卵母细胞的成熟状态进行评估。在洗涤后,对GV、MⅠ和

MⅡ卵母细胞进行计数,以进行后续的统计分析。

最后,将卵母细胞(未成熟和成熟)放置在含有10%胎牛血清和10% GLU 50 μL指定培养基(HECM9培养基)的液滴中。在一层胚胎实验矿物油下,维持37℃、5% CO$_2$、高湿度95%压缩空气的环境中进行培养。这一步骤有助于确保卵母细胞的良好生长和发育。

1) 实验设备调试和准备:在进行取卵手术前的准备中,需要携带创巾、手术器械(如巴氏德玻璃吸管、手术刀、捡卵针和内镜等),纱布,并准备好碘伏、酒精和生理盐水的喷壶。这些器械在使用前要经过浸泡消毒,使用新配制的新洁尔灭消毒液。此外,还需要准备40 μm的细胞筛网,以确保从卵巢提取的卵母细胞的纯净性。

在手术现场,需要检查设备,确保B超机、腹腔镜、气腹机、冷光源和监视器等设备正常运行。

对于试剂的准备,需要提前准备好卵液、体外成熟培养液(表7-2-4)、洗卵液(表7-2-5)和0.5 mg/mL透明质酸酶。卵液、生理盐水和培养皿(60 mm和100 mm)要事先温育。体外成熟培养液和洗卵液的制作需要在取卵手术前夜进行。

表7-2-4 体外成熟培养液

成　　分	用　　量
1×CMRL-1066储液	100 mL
青霉素	6.5 mg
乳酸钠(60%糖溶液)	186 μL
谷氨酰胺(100 mmol/L)	
丙酮酸(100 mmol/L)	
FCS	10 mL
FSH	0.5 μg
LH	0.5 μg

表7-2-5 洗卵液配方

成　　分	用　　量
TL-HEPES缓冲液	94 mL
谷氨酰胺(100 mmol/L)	1 mL
丙酮酸钠(100 mmol/L)	1 mL
牛血清白蛋白	0.3 g

注:加入牛血清白蛋白时不能搅拌,需静置使其溶解

具体而言,体外成熟培养液的制作可以在35 mm培养皿内每间隔5 mm制作1个微滴,每个微滴使用体

外成熟培养液,30 μL/微滴,然后放置于胚胎培养箱内平衡过夜。洗卵液用于洗涤卵母细胞,可以在 60 mm 培养皿内制作数个 50 μL 圆形微滴,覆盖矿物油,然后放置于 37℃的恒温台上平衡。

2) 手术取卵法

● 在手术前一晚,禁止动物进食和饮水,以防止手术过程中由于麻醉引起呕吐而导致窒息。

● 动物麻醉阶段采用肌内注射 5～8 mg/kg 氯胺酮,或者脉注射 2～5 mg/kg。等待 3～5 min,确保动物完全进入麻醉状态后进行固定;在麻醉过程中需要随时观察动物的肌肉紧张和角膜反射,绝不能匆忙推注,以确保手术的安全。

● 保定与消毒,将动物固定在手术台上,保持头低尾高、仰面、四肢伸展的姿势。清理耻骨、脐窝间和手术部位的毛发,并使用碘伏进行消毒,进行至少 3 次的重复消毒。接着,盖上无菌创巾,露出手术区域再次进行消毒。

● 手术步骤包括使用手术刀沿着正中腹部切开腹部,露出腹膜,剪开腹膜露出肠管和膀胱。在需要的情况下,通过无菌注射器吸出膀胱内积聚的尿液,以降低手术风险。

● 使用无齿摄夹夹住输卵管,轻轻拉出一侧卵巢。接着,使用取卵注射器吸取 1 mL 温热的取卵液润洗,然后迅速吸取卵巢表面的大卵泡。每吸取 5～10 个卵泡后,将注射器中的卵泡液缓慢地转移到离心管内保温。

● 重复采集卵泡液,直至完成两侧卵巢的采卵。采集完成后,迅速将卵母细胞送至实验室,并进行后续研究。在手术过程中,需要密切观察动物状态。若手术时间过长,可补注麻药以保持动物处于良好的麻醉状态。

● 完成整个采卵过程后,用 37℃温育的生理盐水清洁卵巢和腹腔内的血液,分 3 层分别缝合腹膜、肌肉层和皮肤,最终关闭腹腔。

● 术后连续 3 天进行肌内注射 40 万 U 青霉素,以预防感染。

● 填写取卵记录,详细描述体内卵巢、子宫的形态特征,并对取卵的结果进行统计。

3) 腹腔镜取卵法

● 设备准备:使用新洁尔灭浸泡消毒各项设备,包括气腹针、腹腔镜体、套管针、抓钳等。确保设备清洁并去除残留消毒剂。

● 麻醉、消毒、保定:遵循手术取卵法的相同步骤,对动物进行禁食、禁水,进行麻醉,保定动物在手术台

上。清理手术区域,用碘伏涂抹多次进行消毒。

● 气腹操作:使用手术刀片在腹部脐窝上方切开小口,插入气腹针,通过气腹机充气至 8 mmHg,保持腹腔鼓起状态。插入腹腔镜体,连接摄像系统,调整位置以观察腹腔内影像。

● 定位抓钳:在监视器上确认子宫前端和两卵巢之间的位置,切开皮肤并插入抓钳,固定卵巢韧带,避免直接夹持卵巢。

● 取卵操作:用取卵针连接注射器,吸取卵泡液,转移到离心管中;重复采集两侧卵巢的卵泡液,确保采集完整。

● 清洁腹腔:使雌猴处于头高尾低的姿势,注入温热生理盐水清洗腹腔,防止血凝块导致的粘连或腹膜炎。

● 收尾操作:依次撤出抓钳、气腹针,释放腹腔内气体。抽离腹腔镜,缝合套皮肤切口,做好表面消毒。

● 术后处理:给予动物足够时间恢复,连续 3 天肌内注射 40 万 U 青霉素预防感染。填写详细的取卵记录,包括卵巢、子宫形态特征,并统计取卵结果。

手术取卵和腹腔镜取卵的比较见表 7-2-6。

表 7-2-6　手术取卵方法和腹腔镜取卵法的优缺点比较

	手术取卵	腹腔镜取卵
优点	操作相对简单,需要设备少	手术创伤小,伤口愈合快 卵巢和输卵管牵拉轻 术后动物腹腔内粘连小 动物重复利用率高
缺点	手术创面大,易产生动物应激 过分牵拉,造成卵巢和输卵管局部损伤 残留血迹不易清理,增加术后粘连风险	人员技术要求高,需熟练操作腹腔镜 设备投入较大,经济成本高
应用	经济条件较好的实验室,多采用腹腔镜取卵	

4) 卵母细胞收集与成熟培养:活体取卵后的进一步操作需要在温度恒定的环境中进行,确保卵母细胞的稳定。以下是具体步骤:

● 收集过程保温:取卵过程应迅速进行,全程在 37℃恒温台上实施,以维持卵母细胞的环境温度。

● 分液:将卵泡液平铺于 100 mm 培养皿内。使用吸管吸取颗粒细胞团,并转移到含有 50 μL 取卵液的 60 mm 培养皿中。重复操作直至所有颗粒细胞团收集完毕。

● 消化:在含有颗粒细胞的培养皿中加入 50～100 μL 透明质酸酶,通过吹打的方式进行消化。持续

吹打直到观察不到聚集的颗粒细胞,然后加入约 10 mL 温热的取卵液以终止消化。

● 捡卵:用 40 μm 细胞筛过滤卵泡液,去除过滤液直至液面高度为 2 mm。在培养皿底部划分区域后,在体视镜下开始捡卵。此时的卵母细胞为无颗粒细胞包裹的裸卵。对剩余的卵泡液进行相同的过滤和捡卵操作。

● 洗涤:将所有捡到的卵母细胞在取卵液滴中至少洗涤 3 次,最后放置在预平衡的成熟培养滴中(一般 10~15 枚卵子/滴)。将培养滴放置于二氧化碳培养箱内进行体外培养。

● 观察:通常培养 32~36 h 后,在倒置显微镜下直接观察培养滴中卵丘细胞的扩张,并进行成熟度判断。

● 卵母细胞状态区分:① M Ⅱ 期:卵母细胞形态为排出 1 个明显极体,胞质内无变黑变暗;② M Ⅰ 期:卵母细胞无极体排出,也无生发泡,形态正常,胞质无变黑变暗;③ GV 期:卵母细胞处于待成熟受抑制状态的胚泡,形态为有明显胚泡,无极体,胞质无变黑变暗;④ 其他:透明带、畸形或死亡等状态的卵母细胞属于其他类型。

(3)冷冻保存(卵母细胞和胚胎):冷冻保存在辅助生殖中的重要性不可忽视,尤其对于珍贵遗传资源如精子、卵母细胞和胚胎的长期保存提供了可行的方法。该过程的原理在于将细胞置于低温环境中,从而减缓细胞的生化反应和新陈代谢,以达到长时间保存的目的。更低的温度通常对保存的时间有着正相关的影响,如在 -196 ℃ 的液氮中储存的细胞理论上可以保存上千年。

卵母细胞的冷冻保存相较于精子和胚胎而言,总体效率较低。这主要是因为卵母细胞具有较大的体积、表面积,较高的细胞水分含量以及较低的细胞膜渗透性。在冷冻过程中,形成的冰晶可能对卵子造成不可逆的损伤。此外,卵母细胞的纺锤体对温度敏感,温度变化可能导致纺锤体的解聚,从而影响复苏过程中染色体的保持,降低卵母细胞的存活率、体外受精率和受精卵的发育率。

因此,卵母细胞的冷冻保存需要更为细致的操作和更先进的技术,以最大限度地减少对细胞的不良影响。在冷冻保存卵母细胞时,需考虑到其特殊的生理和结构特征,以确保冷冻过程对其造成的影响最小化。

卵母细胞的冷冻保存领域经历了多次关键性的突破。在 1977 年,Whittingham 首次成功报道了使用 DMSO 作为冷冻保护剂,通过慢速冷冻保存获得小鼠成熟卵母细胞存活率为 65%~75% 的成果。这一成功的尝试为后来的研究奠定了基础,为卵母细胞冷冻保存提供了新的可能性。1986 年,Balmaceda 等使用 1.5 mol/L 的 DMSO 慢速冷冻保存了食蟹猴体外受精胚胎,获得了 70% 的存活率。在此基础上,通过胚胎移植,成功获得了食蟹猴的后代,这标志着卵母细胞冷冻保存技术在灵长类动物上取得了实质性的突破。

Younis 等的研究发现,将食蟹猴卵母细胞暴露于 1 mol/L 或 2 mol/L 的渗透性冷冻保护剂甘油溶液中,可以引起卵母细胞皮层 F - actin 组织结构的改变。快速冷却导致了升温后胚胎存活率和培养中胚胎分裂率的显著降低。在 2002 年,Curnow 等对食蟹猴的 2 细胞、4 细胞和 8 细胞的胚胎进行了缓慢冷冻法和快速冷冻法的比较。结果显示,使用缓慢冷冻法,胚胎的存活率和分裂率明显高于使用快速冷冻法。其中,配制的 PBS 溶液结合程序降温冷冻保存的胚胎,其存活率和分裂率分别达到了 90% 和 83%。

尽管这些研究获得了令人鼓舞的成果,但一些问题仍需要解决,比如在快速冷冻法中的存活率相对较低,以及对胚胎移植后子代的报道较为有限。因此,未来的研究仍需要进一步深入,以提高卵母细胞冷冻保存技术的效率和可行性。

1)冷冻保护剂:渗透性冷冻保护剂指的是一类小分子物质,如甘油、甲醇、乙二醇、丙二醇和 DMSO 等,具有能够穿透细胞膜进入细胞内的特性。这类冷冻保护剂能够迅速取代细胞内的水分,从而有效减小因渗透压变化引起的细胞体积波动。其关键作用如下。

● 快速进入细胞:渗透性冷冻保护剂能够以迅猛的速度穿透细胞膜,进入细胞内,迅速与细胞内部建立平衡。这一过程有助于维持细胞内外的渗透平衡,减缓细胞体积的变化。

● 短平衡时间减少毒性:与细胞建立平衡的时间相对较短,有效减少了渗透性冷冻保护剂对细胞的毒性作用。这有助于保护卵母细胞的结构和功能。

● 复苏时的快速扩散:在卵母细胞复苏的过程中,渗透性冷冻保护剂能够快速扩散出细胞,迅速脱离细胞内。这一机制有助于卵母细胞快速恢复初始体积,有效防止渗透压变化可能引起的细胞损伤。

非渗透性冷冻保护剂是指那些不能穿透细胞膜进入细胞内,主要在胞外发挥冷冻保护作用的物质。这类保护剂通常与渗透性冷冻保护剂结合使用,共同协助维持卵母细胞在冷冻保存和复苏过程中的稳定性。

以下是其中几种主要类型的非渗透性冷冻保护剂。

● 糖类：包括蔗糖等，这类物质在胞外形成高渗透浓度，有助于减缓细胞外部的冷冻过程，减轻冷冻对卵母细胞的影响。

● 大分子聚合物：例如聚乙烯吡咯烷酮（PVP）和水溶性聚蔗糖。这些大分子物质能够在细胞外形成一层保护膜，减缓渗透性冷冻保护剂的流失，保持细胞外环境的稳定。

● 牛血清白蛋白：提供了细胞所需的额外营养和保护，有助于维持卵母细胞在冷冻保存期间的生存和稳定性。

此外，还有其他类型的非渗透性冷冻保护剂，如卵黄、脱脂奶、氨基酸、抗过氧化剂和抗冻蛋白等，它们在维持冷冻过程中的细胞完整性和功能上发挥着不同的作用。

细胞骨架稳定剂，如细胞松弛素 B，是一类抑制肌动蛋白聚合的剂量，通过解聚细胞内的肌动蛋白纤维骨架，减低细胞的刚性，使得细胞更具有抵抗由渗透压变化引起的体积变化的能力。这有助于降低冷冻过程对卵母细胞造成的潜在损伤，维护其相对稳定的状态。

2）食蟹猴卵母细胞冷冻保存方法：卵母细胞的冷冻保存在非人灵长类动物中确实面临挑战，而有关食蟹猴卵母细胞冷冻保存的文献目前尚未见到。然而，有一项关于松鼠猴卵母细胞冷冻保存的研究提供了一种可能的参考方法。该研究使用了慢速冷冻方法，以 1.5 mol/L 的 DMSO 进行冷冻保存。尽管该方法的冷冻复苏效果不尽如人意，但作为探索性研究，为食蟹猴卵母细胞的冷冻保存提供了一些启示。

研究结果表明，松鼠猴卵母细胞在这种冷冻条件下存活率为 35.4%，冷冻复苏后的受精率为 27.6%，而受精卵的分裂率仅为 3.4%。虽然这些数据表明改进的冷冻保存方法仍然需要进一步研究，但该方法为食蟹猴卵母细胞的冷冻保存提供了一个起点。

需要注意的是，每种灵长类动物的卵母细胞对于冷冻保存的适应性可能存在差异，因此在借鉴松鼠猴的研究经验时，需要结合食蟹猴的生物学特性进行调整和优化。进一步的实验和研究将有助于开发出更适用于食蟹猴卵母细胞的冷冻保存方法，提高存活率和受精率。

3）食蟹猴胚胎冷冻保存方法：胚胎冷冻技术是在精子冷冻保存技术的基础上发展而来的。胚胎冷冻技术分为慢速冷冻（降温耗时一般在 6 h 以上）、快速冷冻法（也是程序化冷冻法）、二步冷冻法、一步冷冻法和玻璃化冷冻。胚胎细胞是正处于发育中的细胞，细胞体积大，胚胎细胞和卵母细胞内水分含量都达到 80% 以上，在冷冻过程中细胞内极易形成冰晶，破坏胚胎内蛋白质的结构，使胚胎发生不可逆的损伤，甚至死亡。

胚胎冷冻技术是在精子冷冻保存技术的基础上发展而来的，主要包括慢速冷冻、快速冷冻法、二步冷冻法、一步冷冻法和玻璃化冷冻。这些方法针对胚胎细胞的特殊性进行了优化，以提高存活率和冷冻后的发育潜能。

● 慢速冷冻法：这种方法的特点是冷冻过程相对较慢，通常需要 6 h 以上。慢速冷冻法通过逐渐降低温度，减缓细胞内外的水分凝结速度，减小冰晶的形成，从而降低对细胞结构的损害。

● 快速冷冻法：也称为程序化冷冻法，相较于慢速冷冻，这种方法采用更迅速的降温速度。通过控制程序和添加特定的冷冻保护剂，使细胞快速通过冰晶形成的危险区域，减小对细胞的损伤。

● 二步冷冻法：将冷冻分为两个步骤，首先是预冷冻，然后进行主冷冻。这种方法有助于降低冷冻引起的细胞内外液体结晶的风险。

● 一步冷冻法：直接进行主冷冻而省略了预冷冻步骤，提高了操作的简便性，但需要更精细的控制和调配冷冻保护剂。

● 玻璃化冷冻：使用高浓度的冷冻保护剂，使细胞迅速达到非晶态状态，减少冰晶的形成。这种方法适用于较小体积的胚胎细胞，减小了冷冻引起的机械损伤。

胚胎细胞在发育过程中，由于体积较大、水分含量高，容易在冷冻中形成冰晶，进而导致蛋白质结构的破坏和不可逆损伤。因此，选择适当的冷冻方法、合适的冷冻保护剂，以及精细控制冷冻过程中的参数，对于提高胚胎冷冻的效果至关重要。

（4）体外受精技术：体外受精技术（in vitro fertilization，IVF）是第一代辅助生殖技术，通过将新鲜卵子与诱导获能的精子在试管或培养皿中共同培养，从而完成受精的过程。体外受精技术的基本操作过程包括精子准备与获能处理、卵母细胞获取与成熟培养、体外受精和胚胎培养。

1984 年，首次报道通过体外受精成功生产了食蟹猴的子代。此后，使用食蟹猴辅助生殖技术（ART）模拟非人灵长类早期胚胎发育，包括非人灵长类胚胎基因编辑和胚胎干细胞嵌合的研究。

在体外受精过程中，超排获得的卵母细胞经过洗涤后，根据形态进行分类。成熟且形态正常的卵子可直接用于体外受精,而未成熟卵需要在体外培养一段时间后再进行受精。

体外受精是通过制备覆盖油的 $50~\mu L$ 液滴来实现的,也被称为微滴受精。该方法涉及培养已知浓度的精子(通常为 $2.5\times10^5/mL$)和一个或两个卵母细胞进行体外受精。这种方法更适用于拥有新鲜精子样本的情况。

1)准备 FERT 培养液:使用过滤器灭菌的含有 $4~mg/mL$ 胎牛血清蛋白(BSA)的人输卵管液体培养基(mHTF)。将 $20~\mu L$ FERT 液滴放在含有矿物油的培养皿中(一般 $35~mm$ 培养皿中滴加 $3.5~mL$ 矿物油),在使用前在 $37^\circ C$ 的 CO_2 培养箱中预先平衡。

2)处理新鲜或冷冻精液:将精液洗涤后(离心速度 $200\times g$,离心时间 $10~min$,重复 2 次),计算加入液滴的体积,以达到最终体积 $50~\mu L$ 计算。将精子加入精子获能液滴($200~\mu L$)中,在 $37^\circ C$、$5\%~CO_2$、饱和湿度的培养箱中培养激活 $1\sim5~h$,并在孵育的最后 $1\sim1.5~h$ 向精子获能液中添加 $1~mmol/L$ dbcAMP(二丁酰环磷腺苷)和 $1~mmol/L$ 咖啡因以诱导精子获能。调整精子浓度至 $2.5\times10^5/mL$ 以诱导精子获能,避免使用低浓度的精子,以保持精子悬浮液的体积为 $10~\mu L$,从而避免卵母细胞接触高浓度的咖啡因和 dbcAMP。

3)取出过度激活的精子悬浮液、含有卵母细胞的 FERT 滴剂和一小管预平衡的 FERT。盖紧盖子,放在温热台上。

4)在每滴中添加额外的 FERT,然后添加等分的精子悬浮液。备份激活的精子以确保有可用的激活精子(如需要卵母细胞再注射)。

5)检查 FERT 滴剂,确保精子结合良好并保留一些活动精子。如果精子结合不良,则用新激活的精子再次受精。放回培养箱,孵育 $12\sim15~h$ 后,使用毛细管反复吸吹卵子,将卵子表面附着的颗粒细胞和精子去除。

6)在胚胎培养液滴中洗涤 3 次后,转移到新鲜的胚胎培养液滴(HECM9 + 10% FCS),在 $30\sim50~\mu L$ 中进行体外培养。每天观察一次培养发育情况,并在隔天更换新鲜培养液(表 7 - 2 - 7)。

表 7 - 2 - 7　HECM9 培养液配方

成　分	浓度(mmol/L)
氯化钙二水合物	1.90
氯化镁六水合物	0.46

续　表

成　分	浓度(mmol/L)
氯化钠	113.80
氯化钾	3.00
碳酸氢钠	25.00
乳酸钠	4.5
天门冬酰胺	0.01
天冬氨酸	0.01
半胱胺酸	0.01
甘氨酸	0.01
谷氨酸	0.01
谷氨酰胺	0.01
组氨酸	0.01
赖氨酸	0.01
丝氨酸	0.01
脯氨酸	0.01
牛磺酸氨基乙磺酸	0.50
泛酸	0.002

精卵共培养后如何判定受精?在卵子和精子共培养 $12\sim15~h$ 后,执行以下步骤来判定受精:① 使用吸卵管反复吸吹卵子,确保清除卵子表面附着的颗粒细胞和精子;② 在倒置显微镜下观察卵子。受精激活的卵子具有以下特征:含有 2 个极体或排出第二极体,或者有 $1\sim2$ 个原核的卵子;③ 含有 3 个及以上原核的卵子可能是多精受精,需要进行剔除处理;④ 正常受精的卵子在胚胎培养液中再培养 $8\sim10~h$ 后,可以观察到已卵裂的 2 细胞胚胎,证明体外受精已完成。

关于体外受精和胚胎培养的关键因素,精卵的质量是影响成功率的主要因素之一。因此,优化获取精子和卵子的方法以提高其质量是非常重要的。此外,培养环境因素,如水质、营养成分和气体环境等,也会对受精和胚胎发育产生一定程度的影响。为了提高成功率,需在整个操作过程中严格控制这些因素。

(5)卵胞质内单精子注射:除了 IVF 外,卵胞质内单精子注射(intracytoplasmic sperm injection,ICSI)是体外受精技术的一种改进,属于辅助生殖技术的第二代。ICSI 利用显微操作仪将一个精子或生精细胞直接注入卵母细胞内,因此也被称为显微受精技术。相比于传统的 IVF,ICSI 对精子的数量、运动状态及其完整性的要求较低,可以实现在体内外无法发生正常受精的精子与卵母细胞的受精。ICSI 主要应用于解决男性因素引起的不育问题,包括少精症、弱精和无精症。

ICSI 技术在动物受精生物学研究、畜牧业生产及野生动物资源和珍稀濒危动物的拯救等领域都具有重要的现实意义。该技术的发展为许多不同原因导致的不育问题提供了解决方案,并且在辅助生殖技术的发展中发挥了关键作用。

其过程主要是通过月经结束后注射 FSH、GnRHa 或 hCG 诱导食蟹猴超排卵。在下腹部中间位置开小切口暴露卵巢,使用 25 号针头抽吸大卵泡中卵泡液,去除卵丘细胞,选择成熟的卵母细胞。新鲜精液洗涤 1~2 次后,用上游法处理获得精子。使用带有显微操纵器的倒置显微镜进行 ICSI,将活动精子固定在 7% 聚乙烯吡咯烷酮中。将卵母细胞固定在移液管中,将第一极体(PB)置于 12 点钟位置,将单个精子推到注射移液管的尖端,注射移液管在卵母细胞 3 点钟方向穿过透明带和卵母细胞膜,将精子缓慢注入卵母细胞后,用负压吸引轻微破裂的膜,然后轻轻抽出注射移液管,随后进行培养基孵育。切口拉出卵巢和输卵管,将胚胎吸入细口移液管,然后将移液管插入受体动物的输卵管运动纤毛中,转移胚胎到输卵管中。移植后第 30 天通过超声检查确认妊娠。

ICSI 操作皿应至少提前 2 h 完成制作。ICSI 技术的前期准备与 IVF 相似。在培养皿中划分四个区域(可根据操作方便给不同区域命名),包括 TH3 操作液(表 7-2-8)方形滴区(用于精子的临时存放)、PVP 液体长形滴区(含 7% 聚乙烯吡咯烷酮,用于精子的减速和断尾)、TH3 操作液圆滴区(数个 30 μL 圆滴,用于卵母细胞的临时存放)和注射区域。在 ICSI 前,操作液至少应置于温台上平衡 15 min。取卵后的 4~6 h 内进行 ICSI。ICSI 操作皿分区布局见图 7-2-3。

表 7-2-8　TH3 操作液

成　　分	用　　量
TL - HEPES 缓冲液	98 mL
丙酮酸钠(100 mmol/L)	1 mL
谷氨酰胺(100 mmol/L)	1 mL
牛血清白蛋白	10 mL

ICSI 技术在显微操作仪和体视镜系统下完成,左右操作臂分别搭载持卵针和 ICSI 注射针。在 10× 物镜下调整焦距,平衡压力后,分别使用 PVP 液洗 3 次针管。将新鲜精子[20 μL TL - HEPES(表 7-2-9)

图 7-2-3　卵母细胞单精子注射操作皿分区

+3%BSA 培养液稀释]放入 TH3 方形滴中,卵母细胞放入 ICSI 操作皿的圆滴中,每滴 1 颗。ICSI 操作皿放置于倒置显微镜的温台上,注射针吸取形态正常、活动较好的精子释放至 PVP 长形滴中。调焦至 PVP 底层,在 40× 物镜下进行精子的制动,过程中注意控制精子尾部的弯折。然后,将断尾精子吸入注射针,使其顶体位于尖端。在 TH3 圆滴中找到卵母细胞,用持卵针和注射针轻轻调整卵母细胞,使极体位于正上方或正下方,然后用持卵针吸紧卵母细胞。再次调整显微视野,使精子和卵母细胞处于同一水平面。将精子顶体部分尽可能移至注射针的尖端,然后在卵母细胞 3 点钟方向注射精子。注射时,穿过透明带和卵质膜,注意深度约为卵母细胞直径的 1/2~3/4。轻轻吸入少许卵胞质,确认卵膜被吸破后缓慢地将卵浆和精子注入卵母细胞内,退出注射针。多次操作,直至所有卵母细胞注射完成。将每个卵母细胞在已平衡的 CMRL-1066 培养液(表 7-2-10)中至少洗涤 3 次后,转入新鲜的胚胎培养液,置于 6% CO_2、5% O_2、89% N_2 的 37℃ 恒温培养箱中培养。

表 7-2-9　TL-HEPES 缓冲液配方

成　分	分子量	浓度	浓度(g/100 mL)
聚乙烯醇	10 000	0.1 mg/mL	0.01
酚红	354.38	0.01 mg/mL	0.001
氯化钠	58.44	127.00 mmol/L	0.742 2
氯化钾	74.55	3.16 mmol/L	0.023 6
氯化钙二水合物	147.02	2.00 mmol/L	0.029 4
氯化镁六水合物	203.30	0.50 mmol/L	0.010 2
葡萄糖	180.16	5.00 mmol/L	0.090 1
磷酸二氢钠一水合物	137.99	0.35 mmol/L	0.004 8
碳酸氢钠	87.01	2.00 mmol/L	0.016 8

续 表

成 分	分子量	浓度	浓度 (g/100 mL)
HEPES(钠盐)	260.30	5.00 mmol/L	0.130 2
HEPES(酸溶液)	238.30	5.00 mmol/L	0.119 2
乳酸钠(60%糖溶液)	112.10	10.00 mmol/L	0.185 2 mL

注:0.22 μm 滤膜过滤除菌,4℃保存 2 周内备用

表 7-2-10 CMRL-1066 培养液配方

成 分	用 量
1×CMRL-1066 储液	100 mL
青霉素	6.5 mg
乳酸钠(60%糖溶液)	186 μL

ICSI 的成功与否受多方面因素影响,除了精子和卵母细胞的质量外,操作人员的熟练程度、操作时间长短及胚胎在体外培养过程中的条件也是至关重要的因素。操作人员的熟练水平直接关系到操作的精准度和成功率,而操作时间的长短则可能对卵子和精子的健康状态产生影响。此外,体外培养条件的优劣也直接关系到受精卵的发育和存活情况。因此,在进行 ICSI 操作时,全面考虑并优化这些因素,是确保成功率的关键。

(6) 经腹宫腔人工授精(intrauterine insemination, IUI):由于食蟹猴宫颈管结构与人类不同,具有蜿蜒而复杂的宫颈管和宫颈袋,这种解剖结构使得通过阴道注射宫内精子变得复杂,尤其在宫腔内单精子注射人工授精操作方面存在较大的困难。

在实施人工授精前,首先将新鲜精液收集并置于精子获能液培养基中,进行精子悬浮液的制备和稀释。随后,通过血清雌二醇和孕酮的快速测量,选择处于排卵期的雌性动物进行麻醉。使用超声技术确定子宫的位置、形状、大小及子宫周围的子宫腔和血管。接着,利用超声引导,采用带注射器的 23 号回声针刺入子宫腔,缓慢注射精子悬浮液。在整个过程中,通过超声和目视检查来监测针头插入途径和是否出血,以及麻醉后的恢复情况。这一系列步骤旨在确保在复杂的解剖结构下完成人工授精操作,并全面监测过程中的关键参数。

(7) 孤雌激活:孤雌生殖是一种在没有雄性配子贡献的情况下,通过物理或化学方法激活卵母细胞,启动胚胎发育的生物学现象。尽管孤雌生殖在低等生物中很常见,但在哺乳动物中并不能成功怀孕。在自然条件下,哺乳动物的卵母细胞通常需要在精子的作用下被激活,然后经历减数分裂恢复、排出第二极体、形成原核、卵裂和早期胚胎发育的过程。孤雌生殖对于研究哺乳动物早期胚胎发育的分子机制具有重要意义。

孤雌激活的物理方法包括机械刺激、温度刺激、电刺激和渗透压刺激等,其中电刺激是最常用的方法之一。电刺激具有高效、便捷且高度可重复的特点。化学激活方法则通过化学药品的作用完成激活,常用的激活剂包括离子霉素、细胞松弛素、氯化锶、乙醇、蛋白激酶抑制剂和放线菌酮等。目前,常见的方法是采用物理和化学联合激活,先通过化学药品处理,然后进行电脉冲刺激,或者先进行电脉冲刺激再进行化学药品处理。这种联合激活方法在激活效果和发育能力上均表现较好。研究中还发现可以使用粗制精子提取物注射,以达到激活的目的。

由于 NHP 的可用性有限,尚未发现食蟹猴孤雌生殖的相关资料。因此,以下以猕猴为例介绍孤雌激活的实验步骤。

首先,准备所需试剂,包括储存离子霉素和 6-DMAP 液体及电激活液等。这些试剂分别在适当的温度下储存,并在规定时间内使用。其次,进行卵母细胞激活的步骤。对于电激活,将成熟卵母细胞置于电激活液中,施加一定参数的直流电压,接着在特定条件下培养。对于化学激活,使用离子霉素处理卵母细胞,然后进行培养。值得注意的是,不同种属的卵母细胞对不同激活方法表现出显著差异。电激活在小鼠卵母细胞中效果不佳,而氯化锶和乙醇则对其效果更好。但这些激活方法不适用于牛、羊和兔等物种。对于猕猴卵母细胞,电激活和化学激活均表现出较好的效果,而电激活的囊胚发育率更高。

最后,尽管 ICSI、IVF 和孤雌生殖后移植均能产生子代,但它们的受精卵发育过程存在一些差异。最新研究表明,与 IVF 相比,ICSI 导致的受精卵在原核阶段表现出不典型的精子头部移位和排列。两种受精过程均不会形成融合球体。在 ICSI 后的第一个间期,相对原核和动物-植物轴呈斜向排列,雄性原核形成不对称的沟。动物极点 30° 范围内形成地沟,但通常不通过 ICSI 注射部位。孤雌生殖导致原核向中心漂移,形成缺乏皮质相互作用的星体纺锤体,导致动物极点出现随机沟纹。

(8) 胚胎移植:胚胎移植是指在受精卵经过体外培养形成胚胎后,将其移植到另一生物体内,使胚胎在受体中着床并发展成妊娠的过程。在食蟹猴中,胚胎

移植的操作主要包括以下 4 个步骤：首先是选择具有良好发育潜力的胚胎；其次是选择适合作为受体的猕猴；接着是确定移植方案，即确定胚胎的移植位置和方式；最后是进行早期妊娠检查，确认妊娠是否成功。

1) 胚胎的选择：胚胎的选择在胚胎移植过程中确实是至关重要的环节。目前，除了考虑胚胎的形态和发育时序等基本因素外，确实缺乏一种可行的、具体的胚胎选择标准。因此，为了提高妊娠率，常常采取增加移植胚胎数量的策略。通过增加移植的胚胎数目，可以在一定程度上提高成功妊娠的概率，以弥补胚胎选择上的不确定性。这种策略的目的是增加受体猕猴体内着床的可能性，提高整体的妊娠成功率。然而，仍然需要进一步的研究和技术发展，以寻找更科学、准确的胚胎选择方法，提高移植成功率。

2) 胚胎移植受体的选择：选择合适的受体动物是胚胎移植成功的关键因素，涉及到胚胎与受体之间的时期吻合程度。通常选用已生产、年轻、无繁殖限制疾病的雌猴作为受体。选择雌性受体猴时，需要注意以下因素：

● 选择健康、性成熟、月经周期正常的雌性食蟹猴，一般选择成年的(5～10 岁)，确保月经周期正常，并观察至少 3 个或 3 个以上月经周期。受体猴体重适中(4～5 kg)，过轻或过重都可能影响成功率。

● 已经生育经产的受体是理想选择，因为已经正常生育过的受体通常更有利于着床。

● 胚胎时期与受体子宫同步性很关键，需要选择与胚胎同步发育的子宫。不同发育阶段的胚胎需要与相应周期的雌猴同步，确保胚胎在合适的子宫环境中着床。

● 对于性成熟早期的雌猴，观察性肿胀的特征，如阴道区域肿胀和皮下腹股沟的变化。成年雌性的性肿胀特征包括肿胀区域延伸至肛门和大腿，有助于确定排卵期。

超排动物也可作为胚胎移植的受体，研究表明超排处理的猕猴在胚胎移植中能够获得正常的体内发育和妊娠过程，特别适用于取卵数较少或应答卵巢上仅有几个较大卵泡的情况。

3) 胚胎移植方法：胚胎移植是一项高度技术性的工作，需要仔细谨慎的操作。目前主要的胚胎移植方法包括腹部输卵管手术法、子宫手术法、非手术移植子宫法和非手术移植输卵管法。腹部输卵管手术法通过在受体雌猴的盆腔前沿和腹正中开腹的方式，利用硅胶管将胚胎导入输卵管深处，随后进行缝合。子宫手术法则通过在受体雌猴的盆腔前和腹正中切开腹腔，穿刺子宫体的顶端，再用硅胶管导入胚胎，最后进行缝合。非手术移植子宫法则采用清洁和消毒阴道后，通过人用胚胎移植器械，在 B 超监视下将胚胎经阴道、宫颈导入子宫腔内。非手术移植输卵管法在胚胎发育到 2～4 细胞阶段时，通过腹腔内镜插入套管针，将胚胎吸入巴斯德吸管，再将巴斯德吸管插入受体输卵管，通过吹管将胚胎转移到输卵管。这些方法各有优劣，随着技术的不断改进，选择合适的方法将更有助于提高胚胎移植的成功率。

4) 早期妊娠诊断：早期妊娠诊断对于食蟹猴的胚胎移植至关重要，不仅有助于及早了解胚胎的发育情况，以便及时进行人工干预，还有利于合理安排雌性受体的重复利用。该诊断方法一般通过综合考虑受体猴月经是否延长、激素水平(雌二醇、孕酮)和 B 超监测结果。通常情况下，孕酮持续升高且雌二醇保持较高水平波动，月经周期明显推迟，或在移植后 15 天左右 B 超监测到早期胚胎囊结构，均提示可能妊娠。实际确认妊娠通常需要在胚胎移植后第 30 天进行超声检查，通过检测到胎儿心脏的跳动来确定是否成功妊娠。

在人类中，妊娠后阴道流血通常被视为流产的先兆，然而，在猕猴中，这种现象相当普遍，因此不能轻易将阴道流血断定为先兆流产或胚胎出现问题。研究表明，50%～80%的妊娠猕猴都曾经历阴道流血，突出了这一现象在该物种中的普遍性。

(9) 胚胎分割：胚胎分割是一项将着床前胚胎分割成两份或更多的胚胎克隆技术，其目的在于获得具有相同遗传性状的多个个体。通过对分割后的胚胎进行体内或体外培养，然后移植到受体动物子宫内，旨在产生同卵双胞胎或同卵多胞胎后代。在畜牧生产中，胚胎分割技术可用于扩大优质家畜的数量，提高高质量胚胎的产量；而在生物医学研究中，特别是在免疫学、疾病模型制备和行为科学领域，生产基因完全相同的猴将发挥巨大的作用。通过使用同卵双胞胎作为实验材料，可以消除个体间的遗传差异，从而提高实验结果的准确性。这一技术有望在科学研究和畜牧生产中发挥重要作用。

20 世纪 70 年代以来，随着胚胎培养及移植技术的不断发展和提高，胚胎分割技术在多种哺乳动物中取得了重大进展。已有报道在山羊、牛、马、猪等动物中成功获得了 1/2 卵裂球或二分胚的活体后代；在兔、猪、牛和马中实现了 1/4 卵裂球或 4 分胚的活体后代；而在兔、绵羊和猪中，也成功获得了来源于 1/8 卵裂球或 8 分胚的后代。在灵长类动物的胚胎分割研究中，根据胚胎分割时期的不同，可分为早期胚胎的卵裂球分离和桑葚胚、囊胚的二分割法。对非人灵长类胚胎分割研究表明，卵裂球分离和囊胚的二分割法均取得了成功的成果。2002 年，Mitalipov 等对猕猴的胚胎进行了二分割研究，发现只有 1/2 致密桑葚胚的分割胚能够存活并发育至囊胚期，尽管存活率较低。Chan 等则在对 2 细胞到 16 细胞的猕猴胚胎进行单卵裂球分离研究时发现，胚胎所处的发育阶段越晚，分割后成功重建并发育至致密桑葚胚和囊胚的概率越低。此外，胚胎分割成相同份数越多，其发育潜能越低，但二分割胚的桑葚胚和囊胚形成率相对较高。

关于食蟹猴胚胎分割的报道相对较少。在 2007 年的一项研究中，Iwatani 等尝试采用胚胎分割和胚胎移植的方法来成功繁殖食蟹猴后代。在这项研究中，通过将单精子注射到卵母细胞中，使用 4～8 细胞期的胚胎进行胚胎分割。在 $37℃$、$5\%CO_2$、$5\%O_2$ 和 90% N_2 的 CMRL - 1066 培养基中，含有 20% 小牛血清，培养 2～3 天。通过使用酸性台氏液破坏透明带，以及含有乙二胺四乙酸（EDTA）的 0.25% 胰蛋白酶，成功从无透明带的胚胎中分离出单个卵裂球。接着，使用 40～50 μm 微吸管对卵裂球进行 4～5 次吸取，然后将这些卵裂球移植到 TL - HEPES 培养基中。通过将这些卵裂球转移到未成熟卵母细胞通过微操作器产生的空区，共得到 33 个分裂胚胎。随后，在排卵后的 0～5 天内，将 30 个分裂胚胎（每个包含 1～4 个卵裂球）移植到 23 名有生育能力的受体猴的输卵管中。移植后约 30 天，两只受体猴（8.7%；2/23）通过超声波确认怀孕。在胚胎转移后 159 天，两名正常健康的婴猴在没有任何帮助的情况下顺利出生。这项研究为食蟹猴胚胎分割技术提供了成功的案例，并为相关研究领域提供了有益的参考。

1）胚胎分割的原理：早期实验胚胎学的研究揭示了大多数动物的胚胎发育具有全能性，即使去除早期胚胎的一部分甚至一半，剩余的部分仍然能够调整其发育潜能，最终形成一个完整的胚胎。对桑葚胚和囊胚进行切割成 2 份或 4 份后移植，也能够成功培育出 2 个或 4 个发育正常的个体。相反，将两个早期胚胎融合在一起，并不会发育成两个连接在一起的胚胎，而是会重新调整发育为一个完整的胚胎。同卵双生的机制研究表明，在受精后的 14 天内，胚胎都具备进行分割的潜能，从早期分裂阶段一直到原肠胚发育期，胚胎都能够成功分割。这一发现为理解胚胎发育的调控机制

提供了重要线索。

2）胚胎分割的方法

● 显微切割法：通过使用固定针吸住桑葚胚和囊胚时期的胚胎，然后使用玻璃针或显微手术刀将胚胎对称切割。切割桑葚胚的操作需要在不含 Ca^{2+}、Mg^{2+} 的培养液中进行，以降低细胞间的连接。

● 徒手分割法：适用于胚胎体积较大的情况，操作者可以脱离显微操作仪，在体视显微镜下对胚胎进行徒手分割。这种方法可以使用止血钳夹住切割刀片，将胚胎切成两部分，或者将透明带切开一部分再用小口径毛细管吹吸，使胚胎细胞从透明带中脱出后再进行切割。

● 卵裂球分离法：针对早期胚胎的卵裂球分离，通常包括机械法和化学辅助机械法两种。机械法利用显微操作技术，在胚胎的透明带上打开口，然后吸取胚胎卵裂球。化学辅助机械法则先用链霉蛋白酶消化液消化透明带，然后在不含 Ca^{2+}、Mg^{2+} 的培养液中培养一段时间，最后使用微吸管吹打分离卵裂球。这种方法更为广泛应用。

3）分割胚胎的培养与发育

● 体内培养：早期胚胎卵裂球分割后，通常需要进行培养以促使其发育，然后再移植。常见的培养方法是体内培养法。在这个过程中，分割的胚胎卵裂球被装入空透明带中，用琼脂包埋，然后将琼脂包埋的胚胎异种移植到兔或羊的输卵管内。在这些动物的输卵管内，胚胎会继续发育到桑葚胚或早期囊胚阶段。随后，这些发育良好的胚胎会从输卵管中回收，最后移植到同步发情的同种受体的子宫内。

对于囊胚的分割，大多数情况下可以选择直接移植或者转入透明带后再移植给受体动物。这种方法有助于提高胚胎的存活和成功移植的概率。

● 体外培养：在哺乳动物合子单独培养和小群体培养相比大群体培养时，发育率通常较低。早期胚胎分割的卵裂球主要在体外微滴中培养，使其发育到桑葚胚-囊胚阶段，然后再进行子宫或输卵管移植。这种培养方式对于大多数分割卵裂球的处理都是常见的方法。

为了提高分割胚的发育能力，Vajta 等在 2000 年提出了一种新的培养方法，被称为 WOW 培养法。该方法通过使用加热的圆球状针尖熔化，在培养盘中制造出 30～50 个深约 250 μm、直径约 200 μm 的微穴。这些微穴用培养基填充，然后将无透明带的胚胎或胚胎单卵裂球培养于微穴中。WOW 培养法对无透明带

胚胎的培养具有一定的改善,成为当前处理无透明带胚胎的重要方法之一。

4)分割胚的移植:成年经产的雌猴,从月经周期的第8天开始,每天采集血液,用放射免疫方法(RIA)测定血液的雌激素水平,血浆雌激素水平达到峰值的当天记为零天(D₀),在排卵后0~5天内进行胚胎移植。

受体雌猴肌内注射氯胺酮麻醉后消毒,实施腹腔镜、操作钳、移植管3个微创,辅助胚胎移植;移植后30天左右,用B超确认妊娠情况。并检测血清中孕激素和雌激素的水平。

最后,影响分割胚发育的因素包括胚胎的不同发育时期、胚胎的质量、胚胎分割程度、透明带和分割胚的培养,以及操作人员技术熟练程度、分割方法、环境等都有可能对分割胚胎发育有直接或间接的影响。

(10)NHP的辅助生殖技术的建议:恒河猴和食蟹猴在卵巢刺激中受到多种因素的影响。对于恒河猴,年龄和体重是关键因素,通常年轻的猴对卵巢刺激的反应更理想,而体重也可能影响刺激效果,与激素水平和生殖系统的健康状况有关。

季节和月经周期日期是卵巢刺激时机的重要考虑因素。这些因素可能会对猴的生理周期和刺激效果产生影响,因此确定最佳的刺激时机对于提高成功率至关重要。

卵巢刺激方案的制定是成功实施卵巢刺激计划的关键。包括使用何种激素,何时开始和停止刺激,以及使用何种剂量等都需要仔细计划和调整,以确保猴对刺激做出理想的生理反应。

卵巢刺激的重复也需要谨慎考虑。一般而言,对卵巢刺激反应良好的动物通常在随后的刺激中也表现良好,但频繁的刺激可能对猴的生殖系统产生一定的影响,因此需要在实践中慎重考虑刺激的次数。

食蟹猴全年适合卵巢刺激,卵巢刺激后在2个月经周期内卵巢可以完全恢复。同一只动物最多可重复6次卵巢刺激,而不会明显降低卵母细胞数量和质量。对卵巢刺激反应良好的食蟹猴通常在随后的刺激中也表现良好。然而,如果动物对某些卵巢刺激反应不佳,建议不再参与后续的卵巢刺激。

在生殖周期中,子宫内膜和子宫肌层受到卵巢雌激素和黄体酮的调控而发生明显变化。选择胚胎移植受体时,建议将子宫腹部超声横断面中的内膜与肌层的厚度比定义为选择指标,推荐比值大于2.5,可以显著提高灵长类动物的胚胎移植效率。食蟹猴通常难以维持多胎妊娠,更倾向于只生一个胎仔。多胎妊娠对母体和胎仔都带来沉重的负担,增加了流产或出生后死亡的风险。因此,剖宫产不仅能降低难产率,还能提高婴幼猴和孕猴的存活率。总的来说,卵巢刺激对于猴的生殖研究至关重要,需要全面考虑各种因素,以确保实验的成功进行。

(陈丽芬　许　丽)

参考文献

[1] 陈衍,高江梅,赵世坤,等.无卵黄冷冻液冷冻食蟹猴精液方法的优化[J].中国实验动物学报,2022,30(1):70-76.
[2] 范春梅,周建华,李志雄.提高单笼饲养猕猴繁殖率的体会[J].中国畜禽种业,2010,(1):44-45.
[3] 花秀春,时彦胜,孙兆增.人工饲养恒河猴、食蟹猴的繁殖性能初报[J].2009,17(03):219-221.
[4] 黄国锋,周惠云.实验食蟹猴饲养繁殖的初步研究[J].农业与技术,2006,(04):92-94.
[5] 季维智.猕猴繁殖生物学[M].北京:科学出版社,2012.
[6] 黎宗强,卢克焕,谢莉萍,等.食蟹猴阴茎电刺激采精及精液特征的初步研究[J].广西农业生物科学,2004,23(3):217-221.
[7] 刘真,蔡毅君,孙强.非人灵长类基因修饰模型研究进展[J].生物工程学报2017,33(10):12-20.
[8] 卢晟盛,李林,胡传活,等.不同甘油浓度与平衡时间对食蟹猴精液冷冻效果的影响[J].动物学杂志,2008,43(1):50-55.
[9] 孙晓梅,陈瑜,李春花.食蟹猴少精弱精动物模型建立的研究[J].实验动物科学与管理,2006,23(2):22-25.
[10] 孙兆增,曾林,洪宝生,等.北京地区食蟹猴的室内试验性繁殖初报[J].中国比较医学杂志,2008,18(11):33-35
[11] 王宏,付学魏,陈志岗,等.昆明地区恒河猴、食蟹猴种群繁殖规律和繁殖性能研究[J].中国比较医学杂志,2017,27(7):34-39.
[12] 支大龙,敖磊,王宏,等.Sperm Cryo无卵黄冷冻液对食蟹猴精子冷冻保存的影响[J].安徽农业科学,2015,43(13):148-151.
[13] 朱向星,卢晟盛.非人灵长类动物电刺激采精与精液冷冻保存技术的利用现状[J].基因组学与应用生物学,2014,33(3):682-688.
[14] Curnow E C,Kuleshova L L,Shaw J M,et al. Comparison of slow-and rapid-cooling protocols for early-cleavage-stage Macaca fascicularis embryos[J]. Am J Primatol,2002,58(4):169-174.
[15] Curnow E,Hayes E. In Vitro Culture of Embryos from the Cynomolgus Macaque(Macaca fascicularis)[J]. Methods Mol Biol,2019,2006:321-339.
[16] Holt W V. Fundamental aspects of sperm cryobiology:the importance of species and individual differences[J]. Theriogenology,2000,53(1):47-58.
[17] Huang Z,Li Y,Jiang Q,et al. Generation of cynomolgus monkey fetuses with intracytoplasmic sperm injection based on the MⅡ-stage oocytes acquired by personalized superovulation protocol[J]. J Vet Sci,2020,21(3):e48.
[18] Kim J S,Yoon S B,Jeong K J,et al. Superovulatory responses in cynomolgus monkeys(Macaca fascicularis)depend on the interaction between donor status and superovulation method used[J]. J Reprod Dev,2017,63(2):149-155.
[19] Koyama S,Fukuda K,Watanabe S,et al. Development of a new device for artificial insemination in cynomolgus macaques[J]. J Reprod Dev,2016,62(5):527-529.
[20] Mitalipov S M,Yeoman R R,Kuo H C,et al. Monozygotic twinning

in rhesus monkeys by manipulation of in vitro-derived embryos[J]. Biol Reprod, 2002, 66(5): 1449 - 1455.

[21] Moran F M, Chen J, Gee N A, et al. Dehydroepiandrosterone sulfate levels reflect endogenous luteinizing hormone production and response to human chorionic gonadotropin challenge in older female macaque (*Macaca fascicularis*)[J]. Menopause, 2013, 20(3): 329 - 335.

[22] Peluffo M C, Stanley J, Braeuer N, et al. A prostaglandin E2 receptor antagonist prevents pregnancies during a preclinical contraceptive trial with female macaques[J]. Hum Reprod, 2014, 29(7): 1400 - 1412.

[23] Si W, Zheng P, Tang X, et al. Cryopreservation of rhesus macaque (*Macaca mulatta*) spermatozoa and their functional assessment by in vitro fertilization[J]. Cryobiology, 2000, 41(3): 232 - 240.

[24] Simerly C R, Takahashi D, Jacoby E, et al. Fertilization and cleavage axes Differ in primates conceived by conventional (IVF) versus intracytoplasmic sperm injection (ICSI)[J]. Sci Rep, 2019, 9(1): 15282.

[25] Vajta G, Peura T T, Holm P, et al. New method for culture of zona-included or zona-free embryos: the Well of the Well (WOW) system [J]. Mol Reprod Dev, 2000, 55(3): 256 - 264.

[26] Yang S, He X, Hildebrandt T B, et al. Effects of rhFSH dose on ovarian follicular response, oocyte recovery and embryo development in rhesus monkeys[J]. Theriogenology, 2007, 67(6): 1194 - 1201.

[27] Yang S, He X, Hildebrandt T B, et al. Superovulatory response to a low dose single-daily treatment of rhFSH dissolved in polyvinylpyrrolidone in rhesus monkeys[J]. Am J Primatol, 2007, 69(11): 1278 - 1284.

[28] Yildiz C, Kaya A, Aksoy M, et al. Influence of sugar supplementation of the extender on motility, viability and acrosomal integrity of dog spermatozoa during freezing [J]. Theriogenology, 2000, 54(4): 579 - 585.

[29] Zhen Liu, Kui Li, Yijun Cai, et al. Accelerated passage of gene-modified monkeys by hormone-induced precocious puberty [J]. National Science Review, 2021, 8(7): 1 - 4.

第八章

食蟹猴生殖系统病理学

在药物非临床安全性评价试验中,动物的性成熟状态对于生殖系统的显微镜下评价、解释受试物可能的相关病变,及最终评估受试物是否具有潜在的人类风险等,均可能产生重大影响。然而,在药物非临床安全性研究中,动物性成熟状态的评估并没有保持一致的标准及统一的记录方式。由非临床病理学家和毒理学家组成的国际工作组,就生殖系统方面的专业知识、病理学术语和非临床数据的交换标准,出版了一系列最佳实践文件的指南,制订了啮齿类和非啮齿类动物记录性成熟方法的最佳实践。

(1)关键建议

1)生殖系统和组织的显微镜下评估是确定性成熟的主要方法;其他数据,如年龄、体重、在体试验阶段的日常观察、遗传来源、大体观察、器官重量和(或)其他非常规技术(如精液分析、睾丸体积、发情/月经周期和激素测量)也应被视为证据权重的一部分。

2)雄性和雌性性成熟情况的镜下观察是根据对整个生殖系统的微观检查,不应孤立地评估单个生殖器官的成熟度。基于对雌雄生殖器官的镜下观察记录性成熟时,建议在研究中对所有动物的生殖系统成熟度检查数据输入系统中,使用以下词语,"生殖组织,成熟度:未成熟的、青春期的、成熟的或不确定的"。

3)在基于镜下观察记录性成熟的研究中,大多数不需要在病理学报告中进行总结或描述,因为性成熟状态的记录是正常特征的表现,而不是组织病理学诊断。在某些情况下,病理报告的结果和(或)讨论部分可能需要额外的细节,解释成熟状态对检测和(或)解释生殖系统潜在发现的能力的任何潜在影响。同时,在病理学报告中应该提供有关个体动物和(或)群体性成熟的更多详细信息,包括研究类型、物种和动物年龄等信息。

(2)评估中需要考虑的其他要点

1)在需要评估动物性成熟的研究中,应在试验方案或计划中提供足够的细节,以便病理诊断人员能够清楚地了解如何确定和记录性成熟。

2)当试验设计中包含生殖系统的镜下评估时,研究数据和(或)报告应包含明确的性成熟资料,如年龄/体重(啮齿类动物和兔)、研究开始前的性成熟确认,如通过年龄测定(非啮齿类动物)和(或)通过显微镜判断(所有物种及所有性别,雌兔除外)。雌兔是诱导排卵,通常缺乏黄体,因此很难建立显微镜下检测性成熟的标准。年龄和体重是确定雌兔性成熟的唯一可用终点。

3)虽然啮齿类动物和兔中,年龄和(或)体重是确定个体动物和(或)给药组性成熟的合适标准,但在常规的重复给药毒性研究中,通常的镜下观察对于判定啮齿动物和兔(仅限雄性)的性成熟并没有很多帮助,可以根据需要使用镜下评估结果(如幼龄动物毒性研究、早期死亡/早期的给药组试验终止等)。

4)犬和小型猪中,年龄和(或)体重可能有助于确定性成熟,但根据研究开始的年龄和解剖时间,性成熟的镜下检查可能更有价值。

5)在NHP中,单独使用年龄和(或)体重通常不是性成熟的可靠指标,因此当需要性成熟动物时,性成熟的确认应作为研究评估的一部分和(或)作为研究病理学家进行显微镜评估的一部分。

在大多数的短期一般毒性研究中,非啮齿类动物可能是处于性成熟、不成熟、青春期的混合状态。非人灵长类动物的性成熟过程在开始的年龄和过程的持续时间上(可以按照月、年计算)存在巨大的个体差异,文献报道食蟹猴的围青春期阶段发生在2.5～5.5岁的年龄段。因为非人灵长类动物有相对较长的青春期和可变的青春期开始,年龄和体重并不是NHP性成熟状态的良好指标。因此,NHP的性成熟度评估通常需要额外的研究终点。其他研究参数包括年龄、体重、精液分析、睾丸重量、睾丸体积测量、精液分析及通过阴道拭子评估月经周期,以及激素测量作为试验研究前评估的一部分;在研究中可作为实验终点,作为镜下评估的一部分,补充组织病理学评估结果。

第一节　雄性生殖系统的毒性病理表现

雄性动物的生育力评价包括配子的发育、成熟和释放、精子的组成、交配行为及卵子的最终受精,因此,该项研究只能在性成熟的动物中开展。未性成熟的睾丸除了生殖细胞发育不完整外,间质细胞和支持细胞的数量约为成年睾丸的1/10,生精小管周围细胞缺乏G蛋白偶联雌激素受体,支持细胞对促卵泡激素的反应有限。未成熟睾丸和成熟睾丸的另一个重要区别为是否形成血睾屏障(也称为支持细胞屏障),由支持细胞之间的紧密连接、黏附连接和间隙连接形成,该屏障可以控制生精小管管腔环境。精原细胞位于屏障外,因此它们更容易接触到对精母细胞和精子细胞有害的物质。

(一)雄性动物性成熟状态的解剖学、生理及组织学观察

用于非临床安全性评价研究动物的年龄因研究设计、种属、试验类型及动物个体发育情况存在很大的差异,不同的试验之间或在单项试验中,毒性病理学家可以观察到不同年龄段、不同发育阶段的雄性生殖系统。

这种可变性需要毒性病理学家深入了解不同年龄、不同种属动物雄性生殖系统的正常解剖、生理和组织学特点及差异。因此,熟悉性成熟状态的各项判定指标有助于准确一致地进行试验动物性成熟状态的记录。毒理试验中常用的实验动物(包括大鼠、小鼠、犬、小型猪及非人灵长类)未成熟、青春期及成熟期雄性的特征总结见表8-1-1~表8-1-4。

除了"未成熟、围青春期、成熟"常用的三级分级方法外,亦可见雄性生殖系统被分为从"不成熟"到"成熟"6级的报道,睾丸发育总结见表8-1-5,组织学特点具体如下(图8-1-1~图8-1-4)。

表8-1-1　非临床安全性评价试验种属发育中雄性生殖系统的一般特征

雄性生殖系统的一般特征	小鼠	大鼠	兔	犬	小型猪	NHP
睾丸下降完成	PND_{21}	PND_{19}	12~16周	5~6周	出生时	36个月[*]
包皮分离	PND_{39-45}	PND_{27-34}	PND_{72}	7周	ND	2.5年(恒河猴)
血睾屏障形成	PND_{15-20}	PND_{15-25}	7~8周	20周	ND	3年
初始原始精原细胞增殖	PND_{4-12}	PND_{4-8}	9~10周	16周	<4周	3年
存在成熟的精子细胞	PND_{46}	PND_{30}	14~15周	8~12个月	ND	3.5~5年
精子发生的总持续时间(天)	51.6	34.5	44~52	54.4	35~40	42
附睾转运时间(天)	8~11	5	10~14	10	9~11	11

注:引自Justin D Vidal, Karyn Colman, Manoj Bhaskaran. Scientific and regulatory policy committee best practices:Documentation of sexual maturity by microscopic evaluation in nonclinical safety studies[J]. Toxicologic Pathology, 2021:1-13. ND,未确定;NHP,非人灵长类动物(本文指食蟹猴);PND,出生后。[*]出生时短暂下降,但在出生后不久移动到腹股沟环附近,并在青春期完全下降

表8-1-2　非临床安全性评价试验种属未发育成熟的雄性生殖系统显微镜观察特点

脏器	大鼠	小鼠	兔	犬	小型猪	NHP
睾丸	无精子形成;生精小管缺乏管腔,仅包含支持细胞和精原细胞					
附睾	附睾的头、体及尾部无精子存在;矮立方上皮					
前列腺	小,不活跃腺体,无分泌活动					
精囊腺	小,不活跃腺体,无分泌活动			NA	小,不活跃腺体,无分泌活动	
乳腺	无乳头,乳腺脂肪垫内可见分支导管,终末端腺泡芽存在	无乳头,导管数量有限		乳头内可能存在小导管,但脂肪垫中无导管或小叶	存在大量导管,从乳头延伸至脂肪垫	存在一些导管,从乳头延伸至脂肪垫

注:引自Justin D. Vidal, Karyn Colman, Manoj Bhaskaran. Scientific and regulatory policy committee best practices:Documentation of sexual maturity by microscopic evaluation in nonclinical safety studies[J]. Toxicologic Pathology, 2021:1-13. NA,不适用

表8-1-3　非临床安全性评价试验种属围青春期的雄性生殖系统显微镜观察特点

脏器	大鼠	小鼠	兔	犬	小型猪	NHP
睾丸	早期:精原细胞增生明显;在曲细精管内形成管腔 中间:存在精母细胞;减数分裂存在,早期圆形精子细胞的形成;生精小管内常见的凋亡和脱落的生殖细胞 晚期:出现圆形和长形精子细胞,存在残余小体,细胞内存在凋亡和脱落的生殖细胞					

脏 器	大 鼠	小 鼠	兔	犬	小型猪	NHP
睾丸	上述早期、中期和晚期特征在所有生精细胞中以统一的方式分化成熟					上述早、中、晚特征从一些小管开始，中间有未成熟的区域
	—				不同大小的间质细胞；在没有完全的间质细胞发育的情况下，可能会出现不同程度的精子发生	—
附睾	存在数量不等的精子和（或）细胞碎片，上皮高度和管腔大小的总体增加					
前列腺	上皮高度、分叶程度和分泌活动增加，时间可能发生在睾丸发育之前或之后					
精囊腺	上皮高度和分泌活动增加，时间可能发生在睾丸发育之前或之后			NA	上皮高度和分泌活动增加，时间可能发生在睾丸发育之前或之后	
乳腺	独特的两性差异开始发育，出现导管较少大的连续腺泡小叶	没有乳头，数量有限	乳头中可能存在小导管，但没有导管或小叶存在于脂肪垫内		存在多个从乳头延伸到脂肪垫的导管	一过性乳腺发育可能发生

注：引自 Justin D. Vidal，Karyn Colman，Manoj Bhaskaran. Scientific and regulatory policy committee best practices：Documentation of sexual maturity by microscopic evaluation in nonclinical safety studies[J]. Toxicologic Pathology，2021：1-13. NA，不适用

表 8-1-4　非临床安全性评价试验种属成熟的雄性生殖系统显微镜观察特点

脏 器	大 鼠	小 鼠	兔	犬	小型猪	NHP
睾丸	所有生精小管活跃精子发生，存在成熟精子细胞和残留体					
	—				间质细胞大且数量多明显的嗜酸性细胞质	—
附睾	尾部有大量精子					
前列腺	大小完全成熟，可见分泌活动					
精囊腺	大小完全成熟，可见分泌活动			NA	大小完全成熟，可见分泌活动	
乳腺	独特的两性异形发育完全；大的连续腺泡小叶，导管较少	没有乳头，导管数量有限	乳头中可能存在小导管，但脂肪垫内没有导管或小叶		存在多个从乳头延伸到脂肪垫的导管	导管数量有限

注：引自 Justin D. Vidal，Karyn Colman，Manoj Bhaskaran. Scientific and regulatory policy committee best practices：Documentation of sexual maturity by microscopic evaluation in nonclinical safety studies[J]. Toxicologic Pathology，2021：1-13. NA，不适用

表 8-1-5　食蟹猴睾丸发育过程汇总

成 熟 分 级	未成熟（1级）	青春期前（2级）	青春期开始（3级）	青春期（4级）	早期成年期（5级）	成年期（6级）
动物数量(n)	24	12	25	19	34	22
平均年龄(月)	47.2	49.8	52.3	59.1	60.9	71.9
年龄范围(月)	38～57	44～57	44～67	45～80	42～76	50～83
≥4岁，<5岁(n)	12	9	18	10	12	1

续　表

成　熟　分　级	未成熟 (1级)	青春期前 (2级)	青春期开始 (3级)	青春期 (4级)	早期成年期 (5级)	成年期 (6级)
≥5岁(n)	0	0	2	8	19	21
平均体重(kg)	3.53	3.86	4.00	4.51	4.64	5.87
体重范围(kg)	3.03~4.03	3.22~4.89	3.03~4.84	3.75~6.48	3.43~5.94	4.53~6.89
体重4~4.99 kg(n)	2	4	13	12	18	5
体重≥5 kg(n)	0	0	0	3	10	17
睾丸重量(g)						
右侧	1.25	2.83	5.60	9.46	14.04	25.03
左侧	1.20	2.63	5.53	9.27	14.31	25.18
范围	0.7~2.2	1.7~4.0	3.5~7.6	7.8~11.9	10.4~20.7	16.0~33.7
精子形成						
睾丸						
支持细胞	+	+	+	+	+	+
精原细胞	+	+	+	+	+	+
精子细胞	—	±	+	+	+	+
圆形精子细胞	—	±	+	+	+	+
长形精子细胞	—	—	±	+	+	+
管腔形成	—	±	+	+	+	+
精子脱离	—	—	±~+	±	±	—
附睾						
精子	—	—	±~+	±~++	++~+++	+++
碎片	±	±	+	±	±	±

注：引自 Emiko Haruyama，Masakazu Suda，Yuki Ayukawa. Testicular Development in Cynomolgus Monkeys. Toxicologic Pathology，2012，40：935－942.

1级(未成熟)和2级(青春期前)，睾丸中无精子生成的迹象，附睾中未观察到精子，前列腺中未见或几乎未见腺管腔。精囊则表现为狭窄的管腔，可见扁平的上皮细胞和黏膜上皮的单层折叠。

3级(青春期开始)，生精周期刚刚开始，生精小管直径小而少，横切面上可观察到生殖细胞和管腔可见所有类型的细胞，包括精原细胞、精母细胞、圆形和长形精子细胞，但附睾内精子很少或未见，可见较多的细胞碎片，且分布范围大于其他级别，提示支持细胞功能未成熟。

4级(青春期)，生精小管中可见到几乎完全的精子发生，尽管小管直径和精子细胞上皮高度小，生精小管横截面可见少量生殖细胞和部分未成熟的生精小管，附睾中精子的数量从很少到中等不等，碎片数量相比3级观测到的少。因此，对具有这种级别睾丸的食蟹猴进行睾丸毒性评估是可行的。

5级(早期成年期)，生精小管中可见完全的精子发生，附睾内可见中等或大量的精子，该等级亦适于进行睾丸的毒性评价。

6级(成年期)，生精小管内精子完全发生，附睾中观察到大量精子，该阶段可采集精液进行精子分析。

组织学检查表明前列腺的腺腔在3级已完全形成，具有明显宽阔的区域。1级或2级精囊腺中黏膜上皮的折叠已经开始变得复杂，但管腔中几乎观察不到分泌物。睾丸成熟后精囊腺的腺泡仍然是继续发育的。

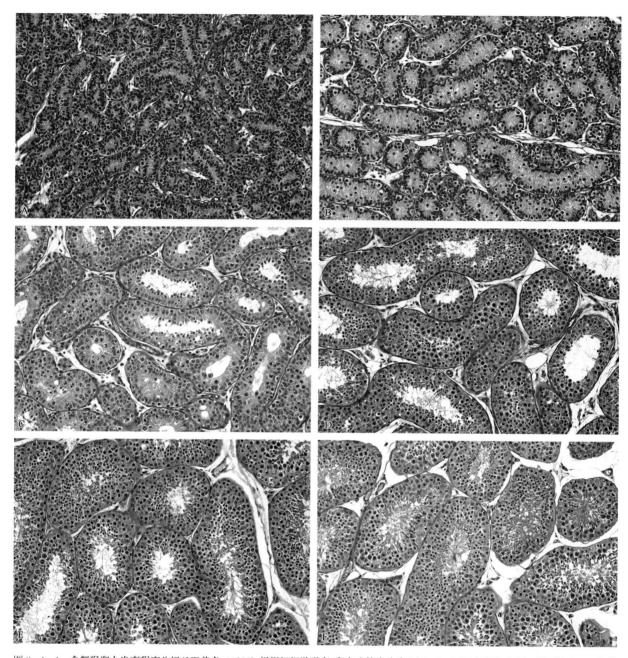

图 8-1-1　食蟹猴睾丸发育程度分级(HE 染色,×200),根据组织学观察,睾丸成熟度分为6级。A. 1级(未发育成熟):仅可见 Sertoli 细胞及精原细胞;B. 2级(青春期前):管腔形成,可见圆形精子细胞;C. 3级(青春期开始):可见第14步精子细胞,管腔狭小,生精细胞脱落;D. 4级(青春期):所有类型的生精上皮,狭窄的生精小管;E. 5级(早期成年期):精子完全形成;F.6级(成年期):精子完全形成并活跃

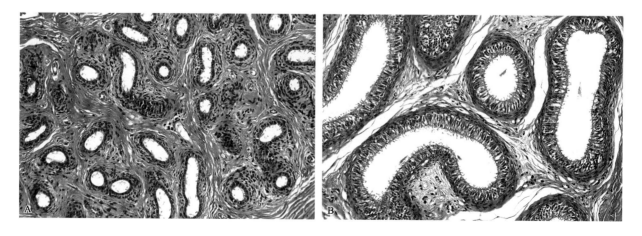

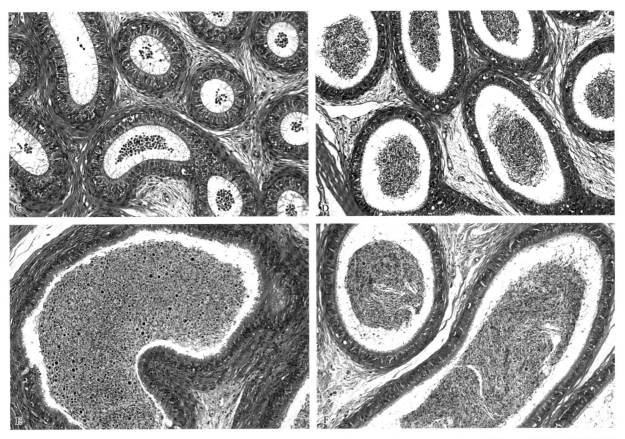

图 8-1-2　食蟹猴附睾形态学特征(HE 染色,×200),根据组织学观察,附睾成熟度分为 6 级。A. 1 级(未成熟):无精子和非常轻微的碎片;B. 2 级(青春期前):没有精子和非常轻微的碎片;C. 3 级(青春期开始):很少或少量精子和中度碎片;D. 4 级(青春期):精子很少到中等数量,碎片明显减少;E. 5 级(早期成年期):中等或大量精子;F. 6 级(成年期):大量或非常大量的精子

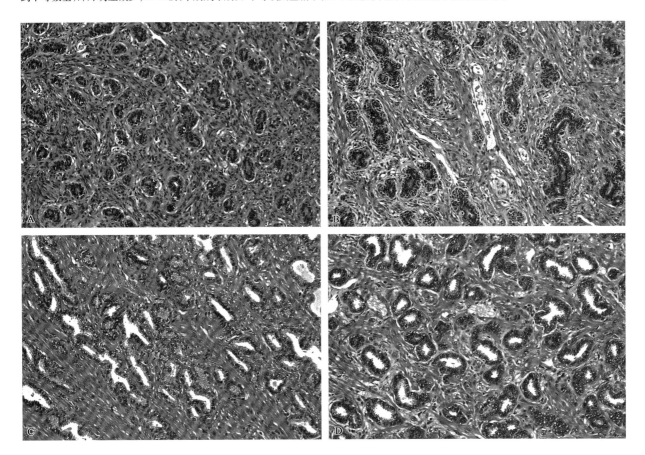

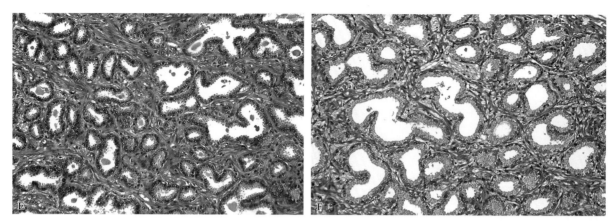

图 8-1-3　前列腺形态学特征(HE 染色,×200),根据组织学观察,前列腺分为 6 级。A. 1 级 (未成熟);B. 2 级 (青春期前);C. 3 级 (青春期开始);D. 4 级 (青春期);E. 5 级 (早期成年期);F. 6 级 (成年期)

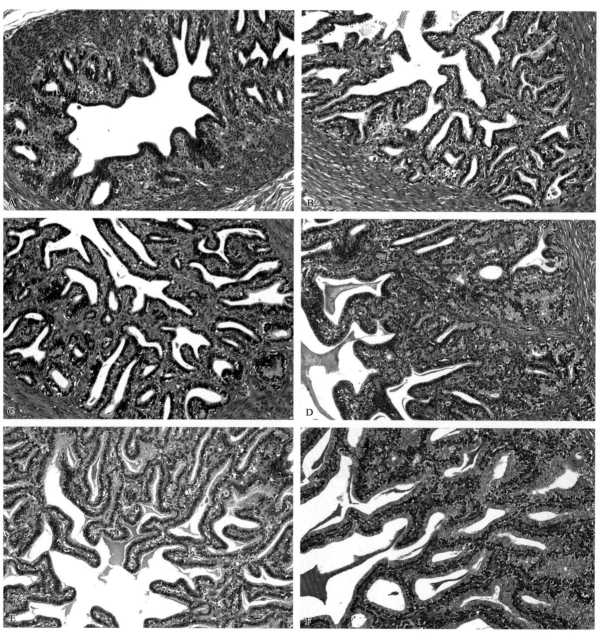

图 8-1-4　精囊腺形态学特征(HE 染色,×200),根据组织学观察,分为 6 级。A. 1 级 (未成熟);B. 2 级 (青春期前);C. 3 级 (青春期开始);D. 4 级 (青春期);E. 5 级 (早期成年期);F. 6 级 (成年期)

（二）年龄、体重、生殖器官脏器重量及其他评估

食蟹猴的使用年限"至少为 4 岁及体重至少 4 kg"，曾被提议作为评估睾丸毒性的广泛标准，然而，目前已经认为这个标准还不够充分。在 4 岁或体重 4 kg（4.00～4.99 kg）的猴中观察到睾丸分级介于 1～6 级，大约 37% 4 岁以上的猴体重 4 kg（4.00～4.99 kg）的动物中，有 50% 的睾丸成熟度亦为 4 级或以上，大约 63% 4 岁的食蟹猴，体重约 4 kg 的动物中有 35% 睾丸成熟度分级评估为 3 级或以下。大约 96% 的 5 岁以上的动物，体重超过 5 kg 的睾丸成熟度评估为 4 级或以上。基于目前的评估，对动物睾丸毒性的评估可能需要设计在 5 岁及以上或体重超过 5 kg。尽管平均年龄和平均体重越大倾向于更高的睾丸成熟度等级，但由于非人灵长类动物年龄和体重的差异很大，睾丸的成熟程度与年龄或者体重没有线性关系。

在一项来自对照组的 136 只雄性食蟹猴研究中，对动物的睾丸、附睾、前列腺和精囊腺进行了脏器重量（表 8-1-6）、组织形态学测量及分析。其中 36 只动物，选取了 20 个生精小管或附睾管/动物，进行了生精小管的直径、附睾管面积（＝管腔面积＋上皮面积）、附睾管腔面积、附睾管内上皮细胞层面积、上皮高度、附睾管腔区域的内精子面积、前列腺腺腔面积/腺体的单位面积（1 mm²）和上皮高度等指标的测量。上述研究结果见表 8-1-7～表 8-1-10。睾丸组织形态测量结果表明，生精小管的直径通常会随着睾丸成熟程度的增加而增加。睾丸成熟程度越高，生精小管直径越大。相比 1 级和 2 级，3 级（青春期开始）睾丸重量明显增加。附睾在 1 级或 2 级时，几乎没有观察到附睾管管腔中保留的精子，虽然从 3 级开始观察到精子，但从 5 级开始精子数量才可见显著增加。

表 8-1-6　雄性生殖器官脏器重量（g，$\bar{X} \pm SD$）

雄性生殖器官成熟等级	睾丸重量（右侧）	附睾重量（右侧）	前列腺	精囊腺
1 级	1.26±0.37	0.61±0.25	0.49±0.25	1.42±0.38
2 级	2.80±0.70	0.71±0.14	0.76±0.19	2.06±0.73
3 级	5.61±1.01	1.07±0.20	0.93±0.21	3.52±1.47
4 级	9.68±1.13	1.61±0.39	1.19±0.46	5.43±3.34
5 级	13.84±2.14	1.90±0.36	1.53±0.43	8.37±4.01
6 级	24.79±5.04	3.18±0.64	2.14±0.51	17.90±6.35

注：引自 Emiko Haruyama, Yuki Ayukawa, Koshiro Kamura, et al. Morphometric examination for development of reproductive organs. Toxicologic Pathology，2012，40(6)：918-925.

表 8-1-7　睾丸组织形态学测量数据（$\bar{X} \pm SD$）

睾丸成熟级别	生精小管直径(μm)
1 级	66.33±5.65
2 级	90.24±18.17
3 级	128.33±25.86
4 级	134.19±21.40
5 级	154.41±15.72
6 级	197.27±13.07

注：引自 Emiko Haruyama, Yuki Ayukawa, Koshiro Kamura, et al. Morphometric examination for development of reproductive organs. Toxicologic Pathology，2012，40(6)：918-925.

表 8-1-8　附睾组织形态学测量数据（$\bar{X} \pm SD$）

睾丸成熟级别	附睾管面积(μm²)	附睾管腔面积(μm²)	附睾管腺上皮面积(μm²)	附睾管腺上皮高度(μm)	管腔内精子面积(μm²)
1 级	36 023.25±12 433.73	12 804.97±6 232.68	23 218.25±8 123.05	41.05±10.50	0.00
2 级	41 385.92±9 632.55	14 570.72±3 408.80	26 815.22±7 244.25	45.73±8.49	0.00
3 级	70 689.25±20 947.30	35 475.30±14 450.35	35 214.00±6 797.89	43.63±3.57	3 354.08±3 042.24
4 级	112 501.13±13 904.99	67 316.42±16 286.50	45 184.70±6 844.49	41.63±8.59	9 800.67±8 157.97
5 级	138 238.43±14 286.03	92 189.52±13 434.68	46 048.95±7 136.63	37.62±5.00	31 377.85±8 411.86
6 级	209 590.78±31 440.25	152 475.53±36 219.09	57 115.25±8 648.21	38.50±8.89	75 044.08±25 322.18

注：引自 Emiko Haruyama, Yuki Ayukawa, Koshiro Kamura, et al. Morphometric examination for development of reproductive organs. Toxicologic Pathology，2012，40(6)：918-925.

表 8-1-9　前列腺组织形态学测量数据（$\bar{X} \pm SD$）

睾丸成熟级别	腺体面积(μm²)	腺腔面积(μm²)	腺上皮高度(μm)
1 级	291 686.0±34 335.6	21 890.8±34 682.1	—
2 级	334 767.3±35 197.8	79 961.3±72 948.5	—
3 级	357 382.8±78 642.6	173 908.3±116 713.0	13.5±2.5
4 级	345 148.0±31 569.3	192 752.2±61 531.5	14.8±1.4
5 级	411 545.8±180 302.1	301 515.0±45 621.2	13.4±1.2
6 级	419 917.0±44 614.0	224 988.8±48 961.7	20.2±3.4

注：引自 Emiko Haruyama, Yuki Ayukawa, Koshiro Kamura, et al. Morphometric examination for development of reproductive organs. Toxicologic Pathology，2012，40(6)：918-925.

表 8-1-10　精囊腺组织形态学测量数据($\bar{X} \pm$ SD)

睾丸成熟级别	腺腔面积/腺体面积(%)	腺上皮面积/腺体面积(%)
1 级	9.76 + 3.32	39.56 + 7.07
2 级	11.59 + 1.16	45.17 + 7.28
3 级	10.85 + 3.32	47.39 + 7.43
4 级	13.51 + 6.46	53.21 + 6.78
5 级	10.51 + 3.83	63.19 + 5.11
6 级	12.84 + 7.97	67.12 + 7.25

注：引自 Emiko Haruyama, Yuki Ayukawa, Koshiro Kamura, et al. Morphometric examination for development of reproductive organs. Toxicologic Pathology, 2012, 40(6): 918-925.

表 8-1-5 中，睾丸 1～6 级分别可对应单侧睾丸重量范围及两侧平均重量 0.7～2.2 g(1.25 g 和 1.20 g)、1.7～4.0 g(2.83 g 和 2.63 g)、3.5～7.6 g(5.60 g 和 5.53 g)、7.8～11.9 g(9.46 g 和 9.27 g)、10.4～20.7 g(14.04 g 和 14.31 g)及 16.0～33.7 g(25.03 g 和 25.18 g)。分析上述数据可以看出，在双侧睾丸重量小于 8 g 的组中，睾丸成熟度分级一般在 3 级或以下，所有个体双侧睾丸重量大于 8 g 的食蟹猴的睾丸成熟度均为 4 级或 4 级以上。几乎所有食蟹猴个体双侧睾丸重量约大于 20 g，睾丸成熟度分级为 6 级。

上述结果提示睾丸重量是判断性成熟程度的良好指标。食蟹猴附属生殖器官是在附睾管腔内观察到精子后开始发育的(3 级)，附属性腺器官在睾丸达到性成熟时发育明显(6 级)。

有文献指出，为确保动物有 90% 的概率性成熟时，一般体重应该至少 4.5 kg 或以上(5 kg)，年龄至少 5.5 岁，或者睾丸体积超过 20 mL，但仅靠睾丸大小的测定不足以预测性成熟，生殖器的生长和睾丸大小是可变的。许多动物在较低的年龄已经性成熟，体重、睾丸大小等都不会被注意到。当使用激素分析，如睾酮浓度作为定义性成熟的标准，需要制定特殊和复杂的采样时间表以减少性激素脉冲式和昼夜节律激素的合成/释放及青春期阶段多个性激素峰值带来的试验变异及误差。

一项回顾性工作调查发现，精液样本中精子的存在可确定睾丸的完全成熟。该试验采集了未做任何处理的 956 只动物的精液样本，精液样本中存在精子与每只动物研究结束时的成熟睾丸组织学相关。虽然部分动物的精液样本中没有精子，在随后的组织学检查中大约 75% 的动物出现成熟精子发生。因此一份含有精子的精液样本可以提供成熟精子发生的明确证据，可作为该种属的性成熟评估指标(表 8-1-11、表 8-1-12)。

表 8-1-11　精液样本中存在或不存在精子的 956 只食蟹猴的基线年龄和体重

范围	所有动物		毛里求斯(来源)		亚洲(中国或越南来源)	
	精子缺失	精子存在	精子缺失	精子存在	精子缺失	精子存在
动物数量(n)	230	726	174	505	56	221
年龄(岁)						
动物数量	230	726	174	505	56	221
平均数±标准差	4.1±0.9*	5.2±1.2	3.8±0.6	4.6±0.7	5.1±1.2	6.5±1.3
范围	3.0～7.7	2.8～11.9	3.0～5.8	2.8～7.1	3.2～7.7	3.9～11.9
中位数	3.8	5.0	3.7	4.6	4.9	6.3
体重(kg)						
动物数量(n)	222	726	166	505	56	221
平均数±标准差	4.6±1.0	5.8±1.1	4.6±1.1	5.7±0.9	4.4±0.9	6.1±1.3
范围	3.0～7.5	3.2～11.0	3.0～7.5	3.7～8.7	3.1～6.7	3.2～11.0
中位数	4.4	5.7	4.5	5.7	4.2	6.0
年龄/体重比(基于中位数)	0.86	0.88	0.82	0.81	1.17	1.5

表 8-1-12　精液样本中存在或不存在精子的 322 只食蟹猴睾丸组织学检查的本底年龄和体重

存在/不存在精子 睾丸组织学检查	动物数量 (*n*)	年龄(岁)		体重(kg)		持续时间(月)		脏器重量(g)	
		开始	终末	开始	终末	持续时间	范围	睾丸	精囊腺
无精子									
成熟	95	4.2±1.1	5.0±1.0	4.6±11	5.5±1.1	9.6±5.1	1.0~18.9	29.4±11.5	5.7±3.5
青春期-未成熟	12	3.7±0.5	4.2±0.5	4.3±0.9	4.5±0.8	5.8±2.1	1.6~8.7	7.8±3.4	2.2±0.8
未成熟	18	3.7±0.4	3.9±0.4	3.8±0.7	4.1±0.5	3.0±1.7	1.6~7.5	4.0±3.1	1.6±1.3
存在精子									
成熟	197	5.2±1.1	5.7±1.1	5.8±1.1	6.0±1.1	6.9±4.9	1.0~43.4	36.2±12.3	9.5±5.6

　　雄性动物中,当某些细胞群缺失或精子细胞滞留时,或者精子细胞不合时宜地出现时,为了能鉴定出上述情形,识别生精小管内构成精子发生周期的不同细胞形态至关重要。关于雄性动物的另一项挑战,是识别未成熟及鉴别诊断未成熟与退行性病变的问题。这个问题在犬和非人灵长类动物中尤为突出。在青春期前和围青春期,猴的睾丸和附睾管腔中存在大量退化和脱落的生精细胞。有时不成熟睾丸的某个区域局灶性曲细精管内可发生完全的精子生成。未成熟或青春期的睾丸也可能伴有附睾中精子的缺失或减少。精囊和前列腺的分泌活性与大小也取决于猴的成熟状态。通过使用正确的固定剂保存睾丸有助于精子生成的分期。Bouin 液或改良的 Davidson 液可以良好地显示细胞细节并减少人工假象,并代替 10% 中性福尔马林作为常规睾丸固定液。树脂包埋切片显示细胞结构更优于常规石蜡切片,可提供高清图像以发现早期病变。

　　ICH S6(R1)中指出:当非人灵长类动物是生物技术类产品非临床安全性评估的唯一相关种属,通过使用性成熟的 NHP 进行至少持续 3 个月的重复剂量毒性研究,通过评估生殖道(器官重量和组织病理学)来评估对雄性和雌性生育能力的潜在影响。如果有基于药理活性或先前发现等的特殊原因引起关注,则可以在重复剂量毒性研究中评估月经周期、精子数量、精子形态/活力及雄性或雌性生殖激素水平等。建议雄性动物性成熟可以通过精液样本中精子的存在来证明,雌性动物性成熟应通过至少连续 2 次月经周期来证明。根据监管指南,间接评估两性生育能力除了默认参数(生殖器官重量和组织病理学)外,建议对雌性动物每天进行阴道拭子检查,而对于雄性动物,建议包括采血(用于生殖激素分析)、睾丸体积超声检查和尸检时收集冷冻睾丸样本。

　　关于雄性生殖器官的取材和石蜡包埋的建议,允许区分左右器官(图 8-1-5)。睾丸的组织病理学评估应该从评估睾丸成熟度开始,病理报告应包含所检查睾丸是否成熟(6 级),是否处于青春期(第 2~5 级),或者是否未成熟(1 级)。对睾丸生精小管的组织病理学评估应在彻底了解生精周期的情况下进行定性评估。用于描述睾丸和附睾形态变化的术语应遵循国际大鼠和小鼠病变标准诊断术语和诊断标准(INHAND),形态学术语应分配给睾丸内的特定细胞群(如生殖细胞、支持细胞、间质细胞)或输出管道系统的特定解剖区域(如睾丸网,输出管,附睾头、体、尾,输精管)。3~5 岁猴的生殖系统处于组织学形态差异比较大的时期,需要病理学家注意的是,这些差异有的是正常的生理学变化的结果,熟悉这些正常的形态学差异至关重要,这样就不至于把这些变化误诊为病理学改变,并能认识"正常"的真正范围。

器　　官	取 材 方 式	包 埋 方 式	注　　释
睾丸(左侧)			纵切,可以修切 3 个位置以适应包埋盒的大小,需包含睾丸网
睾丸(右侧)			横切

器　官	取材方式	包埋方式	注　释
附睾	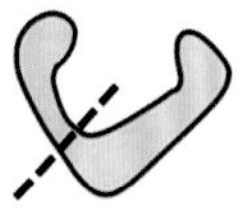	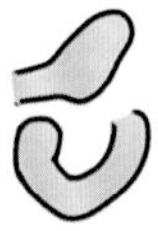	左右两侧各切成两部分,整体包埋,左侧附睾头部与左侧睾丸一起包埋,左侧附睾尾与右侧睾丸包埋,右侧附睾头、附睾尾一起包埋
前列腺		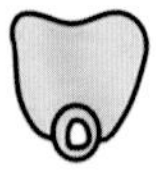	腺体尾部横切,包含尿道
精囊腺	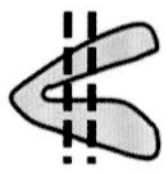	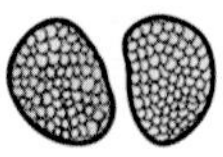	腺体中部横切
卵巢	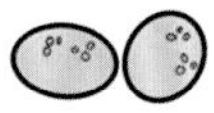	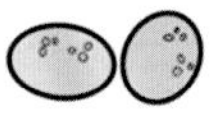	整个包埋
输卵管			中部,横切
子宫			横切,显示宫腔、子宫内膜及肌层
宫颈	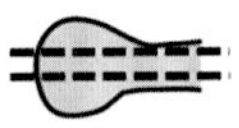	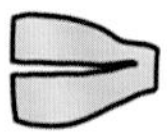	纵切,包含子宫体、宫颈及阴道穹窿
阴道		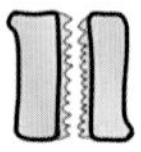	纵切

图 8-1-5　非人灵长类动物生殖器官取材包埋方式参考

(三) 非人灵长类动物常见雄性生殖系统背景性变化

1. 睾丸未发育成熟　该病变是短期试验中非人灵长类动物常见的生理发育阶段,尤其是刚满 3 岁纳入毒性试验中的动物,整个雄性生殖系统均表现为未发育成熟,睾丸生精小管管腔小,上皮仅可见精原细胞和支持细胞,部分生精细胞发生退变脱落(图 8-1-6、图 8-1-7),或者偶见局灶生精小管先于其他小管发育(图 8-1-8)。

2. 睾丸纤维发育不全　睾丸纤维发育不全是一种偶发性病变,其特征是睾丸实质被成熟的胶原蛋白替代(图 8-1-9、图 8-1-10)。回顾性调查中发现

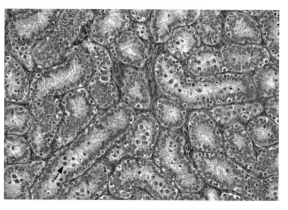

图 8-1-7　睾丸,未发育成熟,生精小管管腔小,被覆精母细胞和支持细胞,部分生精细胞发生退变脱落(箭头)(HE 染色,×200)

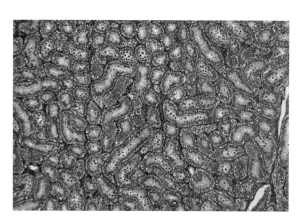

图 8-1-6　睾丸,未发育成熟(HE 染色,×40)

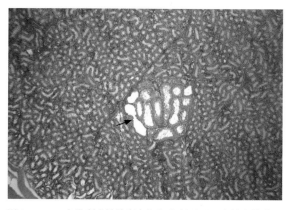

图 8-1-8　未发育成熟的睾丸组织中偶见局灶生精小管先于其他小管发育(箭头)(HE 染色,×40)

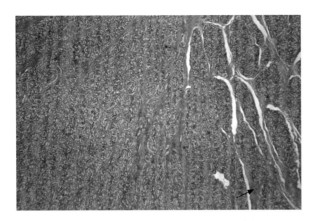

图 8-1-9 睾丸,纤维性发育不全(箭头)(HE 染色,×40)

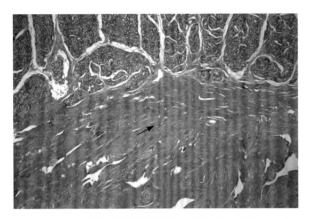

图 8-1-10 睾丸,纤维性发育不全(箭头)(HE 染色,×40)

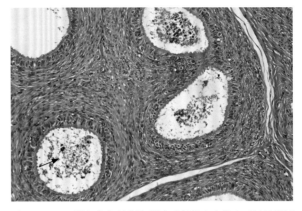

图 8-1-11 附睾未发育成熟,附睾头部输出小管内可见早期精子细胞退化变性(箭头)(HE 染色,×200)

4. 附睾管周围炎症细胞浸润灶 附睾管周围局灶炎症细胞浸润,单个核(图 8-1-12)。

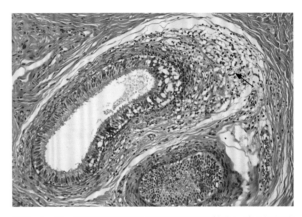

图 8-1-12 附睾管周围局灶炎症细胞浸润(箭头),单个核细胞(HE 染色,×200)

5. 附睾间质肉芽肿 附睾间质可见局灶肉芽肿,伴单形核细胞浸润(图 8-1-13)。

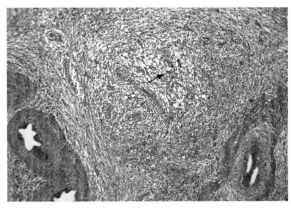

图 8-1-13 附睾间质局灶肉芽肿,伴单形核细胞浸润(箭头)(HE 染色,×100)

10.94%的猴可见此病变,严重程度从轻微到严重不等,发生在单侧(38.5%)和双侧(61.5%)。无论性成熟状态如何,该病变都会发生,但当成熟猴出现此病变时,通常与生精上皮的囊性小管萎缩有关。根据病变的形态特征和单侧/双侧分布,认为病变为先天性或发育异常。

按照严重程度分以下 5 个级别。① 轻微:病灶小,睾丸网、隔膜和(或)纵隔内胶原蛋白过量,而且 10%的睾丸切片受影响;② 轻度:多处小病灶,睾丸网、隔膜和(或)纵隔内胶原蛋白过量,10%~30%的睾丸切片受影响,由于胶原蛋白的替代,生精小管数量减少;③ 中度:多处病灶合并,睾丸网、隔膜和(或)纵隔内胶原蛋白大量,30%~50%的睾丸切片受影响,睾丸鞘膜显厚,由于胶原蛋白的替代,生精小管数量减少;④ 重度:多处病灶合并,睾丸网、隔膜、纵隔内有大量胶原蛋白,50%~75%的睾丸受影响,睾丸鞘膜常出现增厚,由于胶原蛋白的替代,生精小管的数量明显减少;⑤ 严重:75%的睾丸实质被胶原取代,影响睾丸网、隔膜、纵隔,被胶原取代后生精小管数量明显减少。

3. 附睾未发育成熟 雄性生殖系统未发育成熟,在青春前期及围青春期附睾管内可见变性脱落生精细胞,为未发育成熟的表现(图 8-1-11)。

6. 前列腺未发育成熟,间质炎症细胞浸润灶 前列腺散在体积小的腺管,腺管上皮为单层,无明显管腔,管腔内亦未见分泌物,为雄性生殖系统未发育成熟的特点。即使处于未成熟的状态,前列腺腺管周围散在局灶炎症细胞浸润,单形核(图8-1-14)。

图8-1-14 前列腺未发育成熟,间质炎症细胞浸润灶(箭头)(HE染色,×100)

(四)人工假象——生精小管固缩

当睾丸体积较大,脱水不良后可表现为生精小管的间隙增宽、生精小管皱缩变小(图8-1-15),图8-1-16为脱水效果正常的睾丸,需要与真性的睾丸

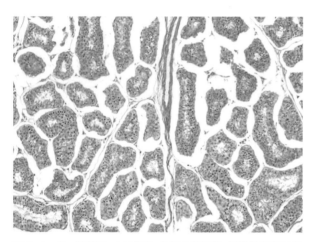

图8-1-15 给药组,人工假象,生精小管固缩,间隙增宽(HE染色,×100)

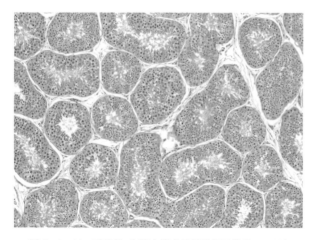

图8-1-16 对照组,生精小管未见异常(HE染色,×100)

萎缩(管腔直径减小,上皮细胞层数减少,排列失去正常规律)相鉴别。

(五)药物毒性引起生殖系统改变

1. 睾丸生精小管变性 一种用于人类肿瘤转移(癌症)的小分子药物皮下注射28天后,组织病理学检查两侧睾丸生精小管内可见多核巨细胞,多核巨细胞排列相对规则,位于长形精子细胞和精母细胞之间。生精细胞可见空泡变性,一些生精小管中的生殖细胞层数减少。病变的生精上皮处于生精周期的早期阶段(图8-1-17~图8-1-24)。

精母细胞肿胀是犬常见的背景性病变,据报道,高达93%的病例发生在6~36个月大的比格犬身上。病变通常是轻微的,每个睾丸只有几个小管。肿胀的精母细胞被认为是次级精母细胞,不会进行第二次精母细胞减数分裂并存活到后期,当病变程度较低时,通常无法明确精母细胞肿胀的诊断术语。然而,当这种变化是一个显著的特征时,可以给予精母细胞肿胀的诊断。肿胀的精母细胞通常与多核巨细胞不同,多核巨

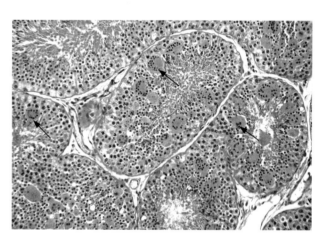

图8-1-17 给药组,生精小管内可见散在分布的多核巨细胞(箭头)(HE染色,×200)

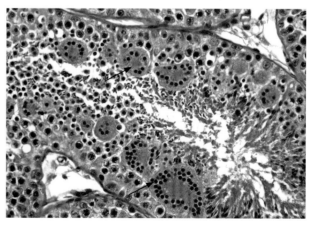

图8-1-18 给药组,生精小管内可见散在分布的多核巨细胞(箭头)(HE染色,×400)

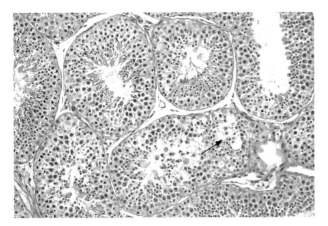

图 8-1-19 给药组,生精小管内可见生精细胞层数减少,散在空泡化(箭头)(HE 染色,×200)

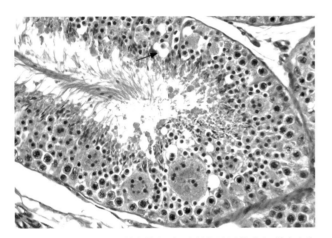

图 8-1-20 给药组,生精小管内可见生精细胞层数减少,散在空泡化(箭头)(HE 染色,×400)

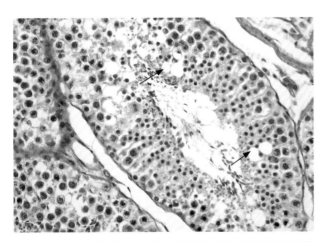

图 8-1-21 给药组,睾丸,生精小管局灶性变性/坏死和细胞层数减少、空泡化(箭头)(PAS 染色,×400)

细胞是由具有多个相同成熟度生殖细胞核的生精细胞(通常是圆形精子细胞)组成的大细胞,可能存在于生精上皮、生精小管腔或附睾腔中,常表现为生精小管变性或萎缩。由于多核巨细胞与生精小管变性有关,它们通常被认为是生精小管变性的一个组成部分,因此

不能单独诊断。然而,当它们是唯一的变化时,这种特殊的诊断是合适的。多核巨细胞在未成熟动物中可能更普遍,只有当发生率明显超过同期对照动物时才应记录。

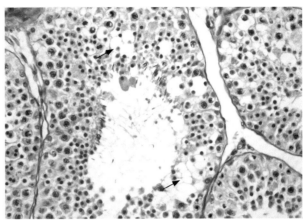

图 8-1-22 给药组,睾丸,生精小管局灶性变性/坏死和细胞层数减少、空泡化(箭头)(PAS 染色,×400)

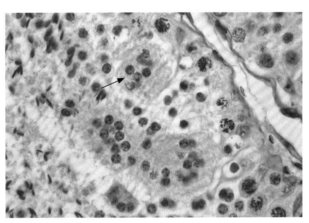

图 8-1-23 给药组,睾丸,多核巨细胞(箭头)排列相对规则,位于长形精子细胞和精母细胞之间;生精细胞局灶空泡变性,生殖细胞层数减少;病变的生精上皮处于生精周期的早期阶段(PAS 染色,×1 000)

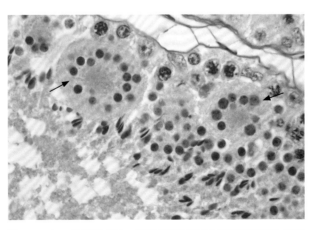

图 8-1-24 给药组,睾丸,多核巨细胞(箭头)排列相对规则,位于长形精子细胞和精母细胞之间;病变的生精上皮处于生精周期的早期阶段(PAS 染色,×1 000)

2. 睾丸血管炎　抗体类药物/蛋白类药物由于其分子量及结构特点,在非临床安全性评价中可见其免疫原性带来的非预期的免疫反应,如超敏反应等。在动物实验中最常见的超敏反应为Ⅰ型和Ⅲ型。其中Ⅲ型超敏反应,又称为免疫复合物型,可见免疫复合物沉积于血管壁及肾脏,免疫复合物在血管壁中的形成及沉积主要发生于中小动脉和(或)小动脉的内膜、中膜(小静脉/静脉较少见)及血管周围间质,细胞外或巨噬细胞内。血管通常表现为血管炎/血管周围炎症的改变,可见于肾脏、胃肠道、睾丸、附睾、心脏和大脑脉络丛(图8-1-25至图8-1-28)。

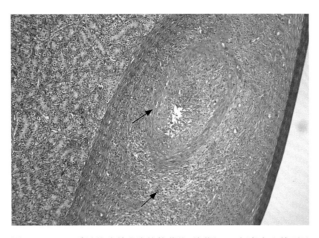
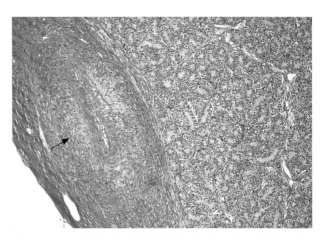

图8-1-25　受试物为单克隆抗体药物,给药组,一侧睾丸血管可见血管炎改变、血管内膜增生,血管周围大量炎症症细胞浸润,单形核为主(箭头)(HE 染色,×100)

图8-1-26　受试物为单克隆抗体药物,给药组,另一侧睾丸血管可见血管炎改变、血管内膜增生,血管周围大量炎症细胞浸润,单形核为主(箭头)(HE 染色,×100)

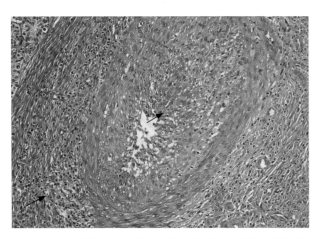
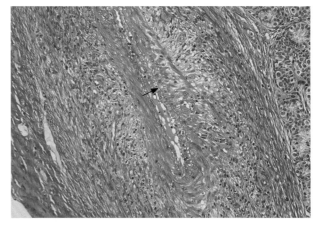

图8-1-27　受试物为单克隆抗体药物,给药组,一侧睾丸血管可见血管炎改变、血管内膜增生,血管周围大量炎症细胞浸润,单形核为主(箭头)(HE 染色,×200)

图8-1-28　受试物为单克隆抗体药物,给药组,另一侧睾丸血管可见血管炎改变、血管内膜增生,血管周围大量炎症细胞浸润,单形核为主(箭头)(HE 染色,×200)

第二节　雌性生殖系统的毒性病理表现

非临床安全性评价试验中常用的实验动物(包括大鼠、小鼠、犬、小型猪及非人灵长类)未成熟、青春期及成熟期雌性的特征总结见表8-2-1~表8-2-3。

食蟹猴卵巢周期的整个持续时间为30(±5)天,由3个主要阶段组成:12~14天的卵泡期、为期3天的月经期及14~16天的黄体期。与卵巢周期相对应,子宫分别表现为增生期、分泌期及静息期。

表 8-2-1　非临床安全性评价试验种属的未发育成熟雌性生殖系统显微镜观察特点

脏器	大　鼠	小　鼠	犬	小型猪	NHP
卵巢			中小型,变性/闭锁卵泡,无黄体		
子宫			小,腺体发育有限;上皮薄,间质致密		
宫颈			薄而无活性的上皮		薄,上皮不活跃,有限的黏液产生,宫颈内可见鳞柱交界上皮
阴道	近心端:上皮不活跃,黏液化,管腔碎片/扩张 远心端:封闭式,非角化鳞状细胞上皮			上皮薄,非角化	
乳腺	乳腺脂肪垫内可见分支导管,终末端腺泡芽存在		乳头中可能存在小导管,但脂肪垫没有导管或小叶存在		乳腺脂肪垫内存在的导管,小叶发育有限

表 8-2-2　非临床安全性评价试验种属围青春期的雌性生殖系统显微镜观察特点

脏器	大　鼠	小　鼠	犬	小型猪	NHP
卵巢	可见至少一个周期的黄体(新鲜或退化)		可见黄体		可见至少一个周期的黄体(新鲜或退化)
子宫	可见周期性变化的证据		可能会看到周期性变化的证据,但不活跃的休情期外观很难与未成熟区分开来,成熟期的指定应基于黄体的存在	可见周期性变化	可能会看到周期性变化的证据,但无排卵动物可能具有非活动性子宫内膜和基于黄体存在的成熟度判定
宫颈			可见周期性变化		可见外翻至宫颈外口的鳞柱交界上皮
阴道			可见周期性变化		可见增厚和显著角化
乳腺	在没有妊娠或假妊娠的情况下,乳腺发育受限,通常对确定性成熟没有用处		第一个周期出现广泛的导管和小叶发育;黄体期的分泌活动;乳腺在休情期不活跃,但存在丰富的乳腺组织是犬成熟的可靠指标	含有分泌物的小叶经常存在	可见导管和小叶

表 8-2-3　非临床安全性评价试验种属的成熟雌性生殖系统显微镜观察特点

脏器	大　鼠	小　鼠	犬	小型猪	NHP
卵巢	可见来自多个周期的黄体(新鲜或退化)		可见黄体		可见来自多个周期的黄体(新鲜或退化)
子宫	可见周期性变化		可能会看到周期性变化的证据,但不活跃的休情期外观很难与未成熟区分开来,成熟期的指定应基于黄体的存在	可见周期性变化的证据	可能会看到周期性变化的证据,但无排卵动物可能具有非活动性子宫内膜和基于黄体存在的成熟度判定
宫颈			可见周期性变化		宫颈口,鳞柱交界处
阴道			可见周期性变化		存在增厚和显著角化
乳腺	在没有妊娠或假妊娠的情况下,乳腺发育受限,通常对确定性成熟没有用处		可见广泛的导管和小叶发育;黄体期的分泌活动;乳腺在休情期不活跃,但存在丰富的乳腺组织是犬成熟的可靠指标	含有分泌物的小叶经常存在	可见导管和小叶

子宫增生期的特征是子宫内膜腺上皮和基质或纤维细胞的有丝分裂活动逐渐增多。在这一时期内,子宫内膜腺相对稀疏、腺体直,衬覆假复层上皮、腺腔窄。子宫内膜血管不突出。排卵后,子宫进入分泌期,与卵巢的黄体期相对应。子宫内膜的有丝分裂活动减少,子宫内膜腺衬覆中等至高柱状上皮,含有充满糖原的核下与核上空泡。随着分泌期的进展,腺体比增生期更加突出并变得更为迂曲,具有囊状特征及

更宽的腺腔,特别是在子宫内膜的基底部。在黄体期(即分泌期),子宫内膜出现大量的淋巴细胞浸润,其中许多都含有颗粒。此外,螺旋动脉在子宫内膜中变得非常突出,有些含螺旋动脉横断面的区域被突出的结缔组织所包围。在月经期,子宫内膜上部的螺旋动脉收缩,造成表层缺血与脱落。组织坏死、出血、血栓和白细胞浸润是月经期的标志。在这个时期,子宫颈和阴道中可发现血液和坏死组织。随着月经期接近尾声,下层子宫内膜中没有坏死的残余腺体开始表现出增生活性,在剥蚀的基质上上皮生长形成一层融合层,这标志着再生期的开始。在这一时期,子宫内膜表面以下的基质由小而致密的嗜碱性细胞构成,螺旋动脉在基底部仍然突出,但在新形成的表层子宫内膜中未见,而基底部的子宫内膜腺常处于静息状态。

非人灵长类雌性动物性成熟最常见的是至少4岁、体重至少2.5 kg,但与雄性非人灵长类动物一样,仍存在一些不确定性。非人灵长类雌性动物卵巢周期的持续时间和规律性会受到大量混杂因素的影响。其中运输应激是一个众所周知的因素,在评估它们的卵巢周期之前,应该给动物3个月的适应时间。长尾猕猴的群居会明显影响性功能,甚至会导致卵巢周期停止或延长数月。同样,试验设计应该包括至少3个月的时间,以便让动物相互熟悉。

确认雌性猕猴性成熟最可靠的方法是评估月经出血,需要每天收集阴道拭子,性成熟的标志是在间隔最少20天的,两次出血中确定至少2天及以上的出血。单纯的临床观察出血是可行的,但不太精确和可靠,建议可以通过拭子对出血量进行分级来评估,最好是坚持每天收集阴道拭子,而不是每隔2~3天收集一次。同样,会阴皮肤肿胀和皮肤发红的评估也不是持续监测卵巢周期的可靠指标。监测卵巢活动可以通过检测血清中的黄体酮、17-雌二醇、LH和FSH的浓度来实现。然而,由于需要频繁采血,因此不推荐仅依赖激素分析来评估雌性的性成熟。

雌性非人灵长类动物的青春期在2.5~4岁,未成熟期和青春期(但未成熟)雌性非人灵长类动物的生殖组织表现:卵巢很小,只有原始或初级卵泡和基质。如接近青春期时,其卵泡可开始发育,出现窦性腔室,但其中大多数会显示出闭锁征象。子宫收缩,子宫内膜和肌层呈嗜碱性,不活跃。阴道的内径也很小,衬覆一层薄立方上皮。未成熟的非人灵长类动物的乳腺具有导管始基,在第一次月经周期前开始发育,主导管开始伸长和分支并伴随终末芽苞的发育,芽苞周围由松散的黏液样腺周基质所包绕。非人灵长类动物乳腺的结缔组织在围青春期会有广泛的小叶发育,其生长速度在不同动物间存在明显差异。病理学家需要认识到在比较不同个体时,不应将正常的青春期腺体发育误诊为增生或肿瘤。

(一)非人灵长类动物雌性生殖系统先天性异常和遗传异常

1. 雌雄同体　先天性病变的伪雌雄同体和真雌雄同体都可能出现在NHP中。真正的雌雄同体是以两种性腺的存在为特征。这可以看作是一侧睾丸和另一侧卵巢(异侧雌雄同体);一侧睾丸或卵巢和另一侧卵睾(单侧两性畸形),或两侧睾丸和卵巢或卵睾体(双侧两性畸形)。卵睾体由位于中央发育不全的生精小管(睾丸)被相对正常的卵巢皮质组织包围组成的混合性腺。卵睾体门处可能有睾丸网。卵睾体通常位于骨盆内,也可能位于发育不全子宫的头端。睾丸与卵巢组织的相对比例通常与卵睾体向腹股沟下降的程度有关,一般认为是卵睾体所处的腹部位置或卵巢组织分泌雌激素导致睾丸生精小管发育不全。在染色体上,真正的雌雄同体可能是全身嵌合体或嵌合体,也可能是XY或XX基因型的假雌雄同体。假雌雄同体具有一种性别的染色体和性腺,也具有另一种性别的改良管状器官。假雌雄同体根据存在的性腺组织分类,雄性假雌雄同体比雌性更常见。雌性假雌雄同体具有卵巢和XX基因型,具有正常但发育不良的管状器官和明显男性化的外生殖器(包括阴蒂肿大及类似于包皮和阴囊的错位阴唇)。这种缺陷可能自发发生,也可能因子宫内暴露于雄激素或雄激素样物质而引起,内源性因素包括胎儿肾上腺增生或胎儿出现分泌雄激素的肿瘤。雄性假雌雄同体可能有发育不全的子宫。

2. 雌性生殖道管状器官的先天性异常　中肾管正常发育顺序的缺陷可能导致雌性生殖道管状器官的先天性异常,表现为一半子宫发育完全失败(半子宫或独角子宫),常伴有同侧肾脏和(或)卵巢发育不全,或部分生殖道的节段性发育不全。患侧的阔韧带可能仅包含致密的纤维或纤维肌肉带。肾旁管的两个尾端部分或完全不能融合到正常梨状(单纯性)子宫中,可能导致子宫不均匀分裂(子宫双裂),可能有肉眼可见的两个分离的子宫角、子宫颈,甚至有重复的前阴道。

3. 中肾管的囊性残留　中肾管的囊性残留可能

在出生后作为 NHP 的偶发病变持续存在,称为"Morgagni 包虫",是由短蒂附着在输卵管被毛附近的水泡状结构。组织学上表现为:上皮高,呈立方体,细胞核大,有不同形式的纤毛,类似于输卵管,位于不明显的基底膜上。没有睾丸的影响,中肾管和小管通常会退化,只留下痕迹。间肾和 Wolffian 导管的囊性残余可能存在于系膜(卵巢旁囊肿)、输卵管系膜(输卵管旁囊肿)或阴道壁(Gartner 导管囊肿)。中肾残体囊肿可由较短的立方细胞区分,这些细胞无纤毛,位于发育良好的基膜上。两种类型的囊肿都可能在囊肿壁有平滑肌浸润。宫颈内腺体囊性扩张伴黏液内容物(Nabothian 囊肿)可继发于炎症和阻塞。

4. 特纳综合征 特纳综合征在恒河猴和狒狒中也有报道。不能正常发育的卵巢在历史上被称为"条纹性腺"。由于在生殖细胞中选择性地重新激活的第二条 X 染色体缺失或异常,卵子发生不能正常发生,卵泡损耗的速度大大加快。这会导致卵泡过早衰竭。由此产生的卵巢由细长的萎缩性纤维结缔组织链组成,类似于卵巢间质,但缺乏生殖细胞和卵泡结构。此外,子宫和输卵管明显发育不良,动物可能体型较小,总是不育,通常不会来月经。

5. 先天性融合阴唇 普通狨猴的先天性融合阴唇是一种隐性缺陷。外阴开口的大小从平均 8～10 mm 减小到 1.5～2.5 mm,并以尿道口为中心。生殖道的其余部分是正常的,具有正常的发情周期,但动物仍然具有功能性不育。

(二)非人灵长类动物常见雌性生殖系统背景性变化

一般来说,毒性试验中,青春期和刚成年非人灵长类动物的背景性病变不常见。

1. 卵巢囊肿 卵巢囊肿很常见,包括起源于卵巢旁边组织结构的囊肿,如胚胎性中肾管残留、扩张的卵巢网及囊性卵泡或黄体。卵巢内部的囊性结构可分为源自卵巢卵泡的卵泡囊肿、源自黄体的黄体囊肿或源自卵巢表面上皮的包涵性囊肿。

卵泡囊肿由不能排卵或闭锁的次级卵泡发展而来。腺垂体分泌足够水平的卵泡刺激素导致卵泡成熟,但黄体生成素水平不足导致排卵失败或卵泡囊肿形成。卵泡囊肿大小不一,可能类似于正常的卵泡,通常缺乏成熟的卵母细胞。通常,卵泡囊肿都比正常的卵泡大,并且多发。肉眼可见,滤泡囊肿壁呈灰色,内有大量浆液。这些囊肿的壁可能由几层形态正常的颗粒细胞组成,甚至可能类似于正常的卵丘形成。较大

的囊肿壁变薄,有薄的外纤维层和 1～2 层立方或扁平的颗粒细胞。大的囊肿可能压迫相邻的卵巢,多发囊肿的存在可能取代正常的卵巢结构。滤泡囊肿可分泌正常或过量的雌激素,且分泌可持续较长时间,导致临床高雌激素症。与此相关的病变包括囊性子宫内膜增生、宫颈鳞状皮化生和乳腺增生。文献报道,两只雌性狨猴在持续发情 12 个月后出现自发性乳腺和子宫内膜瘤变。

黄体囊肿起源于正常的黄体,不能消退。黄体囊肿可能类似于新形成黄体的中央期,但后者由于颗粒状黄体细胞增殖而失去其中央腔,而前者保留中央充满液体的囊腔。黄体囊肿大体呈黄色,反映其丰富的脂质含量和合成甾醇的能力。细胞壁由几层较大、多形性胞质含有大量嗜酸性物质的颗粒黄体细胞组成,周围有数量不等的来自卵巢间质圆形至梭形的、嗜酸性胞质成分多、空泡少的卵泡膜细胞。黄体囊肿分泌的黄体酮正常或升高,分泌的激素不进入循环,持续时间长。

包涵性囊肿起源于卵巢表面上皮的异位灶或内陷,可能是在修复排卵期的排卵孔后产生的。这些囊肿大小不一,可见单一的室腔,由一层类似正常卵巢表面上皮的细长上皮细胞组成,或伴有输卵管化生(纤毛柱状上皮),周围被一层较薄的卵巢间质包围。包涵性囊肿必须与卵泡性囊肿和卵巢囊腺瘤鉴别。包涵性囊肿的发病率随着年龄的增长而增加,腔内可见沙粒小体(层状同心钙化)。

2. 皮质矿物质沉积 皮质矿物质沉积在未成年非人灵长类动物的卵巢中常见,可能是闭锁卵泡的营养不良性矿化(图 8-2-1、图 8-2-2)。含有多个卵母细胞的卵泡也常被认为是一种背景性变化,它是卵巢表面上皮增生所致。

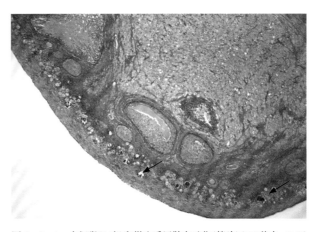

图 8-2-1 食蟹猴(3 岁)卵巢皮质层散在矿化(箭头)(HE 染色,×40)

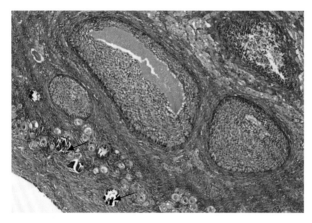

图 8-2-2　食蟹猴(3 岁)卵巢皮质层散在矿化(箭头)(HE 染色,×100)

3. 子宫表面上皮出血　子宫表面上皮出血,是月经期子宫内膜的特征,但它经常发生于尚未排卵或尚未有规则月经周期的围青春期雌性动物中,是一种不规则出血。不规则的子宫内膜出血可以通过以下事实与真正的月经相鉴别,即不规则出血发生于增生期的子宫内膜,而正常的月经发生在月经周期的分泌期子宫内膜。此外,月经是完全的子宫内膜脱落,而不规则子宫内膜出血的特点是表面出血,很少有子宫内膜脱落或坏死(图 8-2-3、图 8-2-4)。检查卵巢时,根据

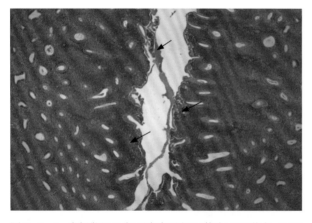

图 8-2-3　食蟹猴(3.5 岁)子宫表面出血(箭头)(HE 染色,×40)

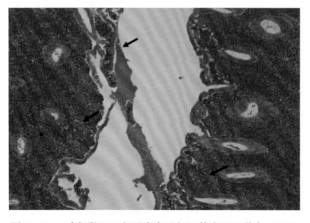

图 8-2-4　食蟹猴(3.5 岁)子宫表面出血(箭头)(HE 染色,×100)

其是否存在黄体退化也会提供线索(经期的雌性动物有黄体退化,而青春期前的雌性动物没有)。不活跃的(非周期性)子宫形态常常在青春期后(即卵巢中含有黄体残留)的非人灵长类动物中可以见到,是未排卵月经周期所致。这种情况常见于刚刚进入青春期的雌性猴中,也可能是非特异性应激的反映,如社会性应激或毒性试验中给予受试物相关的应激。

4. 子宫内膜异位　子宫外,包括子宫浆膜、子宫肌层以不同比例出现异位子宫内膜腺体和间质为特征,是非人灵长类动物子宫中相对常见的一种背景病变。子宫腺肌病是子宫内膜内存在分化良好的子宫内膜腺灶和间质,这些灶可能与腔面相连,提示子宫内膜憩室病。偶尔,相邻的肌层也可能肥大。由于子宫内膜与子宫肌层交界处不规则,亦可见子宫内膜浅表内陷至子宫肌层。此外,非人灵长类动物及部分家畜可以通过暴露于高水平的雌激素化合物而诱导产生该病变。

子宫内膜异位症仅在有月经的种属(旧大陆猴和猿)中自发发生。目前的理论倾向于通过输卵管逆行月经(Sampson 假说),而不是间皮上皮化生。在腹腔镜下观察到狒狒和人类女性双侧逆行月经。人类和动物的各种研究表明,在子宫内膜异位症病变个体中存在大量免疫改变,特别是涉及细胞介导的免疫。用免疫抑制药物治疗的狒狒在自发性子宫内膜异位症的病例中,与未经治疗的自发性疾病对照相比,疾病进展加快。自发性子宫内膜异位症在食蟹猴中亦有报道。暴露于电离辐射、实验性手术植入、手术阻断子宫颈或造成子宫腹腔瘘也可诱发子宫内膜异位症。其他危险因素包括高龄、植入雌二醇、子宫切除术、无生育状态和不孕史等。

基于实验诱导的狒狒模型,提出了子宫内膜异位症发病的两步过程。初始阶段发生在异位子宫内膜组织接种后 6 个月内,依赖于卵巢合成的雌激素存活和增殖。后来,芳香化酶在病变中上调,然后可能自主合成雌激素。子宫内膜异位症病灶的常见位置包括位于子宫体腹侧与结肠和直肠背侧之间的后背侧腹膜,沿着子宫体和输卵管的外侧边缘,以及盆腔和腹腔的浆膜表面。偶尔有"转移"到横膈膜、肝脏、肠道、肠系膜和盆腔淋巴结的报道。病变也可能是存在于脐部或来自于腹部手术留下的瘢痕。子宫内膜异位症病变的分布和严重程度可根据美国生育学会分类(1985 年)进行评分。大体而言,病变为白色、淡黄色、红色、深紫色或棕色的凸起斑块、粟粒样病灶、囊泡或胶状或囊状结构。充血囊肿被称为"巧克力囊肿"。缺乏囊肿形成的子宫内膜实体组织生长被称为子宫内膜异位瘤。可见

不同程度的纤维化或含铁血黄素沉着。病灶的组织学表现为立方到低柱状的子宫内膜上皮,胞质呈泡沫状,偶尔周期性的 PAS 阳性,少见的纤毛由胞质稀少的间质细胞支撑,核小而圆,深染。上皮形成腺状结构,偶见含有嗜酸性物质的囊肿、新鲜和陈旧性出血、细胞碎片和巨噬细胞。囊肿可能含有乳头状叶,通常在支持子宫内膜异位灶的结缔组织中存在广泛的血管增生和纤维化。间质子宫内膜异位症的存在,即异位子宫内膜间质与出血和(或)含铁血黄素的巨噬细胞混合,可能代表子宫内膜异位症的早期病变。

之前有生育经历的非人灵长类动物,其肌层血管因类似淀粉样物质的嗜酸性透明物质沉积而显示中膜明显增宽。受累及的血管,其管腔常常闭塞。这一变化是由于妊娠期间滋养层侵入子宫导致的结果。未生育过的雌性猴没有这些变化。

5. 阴道、宫颈黏膜淋巴细胞聚集和淋巴滤泡及数量不等的炎症细胞浸润　阴道与宫颈黏膜常常出现淋巴细胞聚集和淋巴滤泡及数量不等的浸润性炎症细胞(图 8-2-5、图 8-2-6)。阴道和子宫中存在慢性单

核炎症细胞浸润是一种正常的背景发现。这种浸润的发生率在阴道(34%～80%)高于子宫(9%)。阴道毛滴虫是 NHP 阴道炎的一个原因。急性和慢性炎症浸润可能存在于子宫颈,偶尔并发。急性宫颈炎常伴有化脓性黏液渗出,而亚急性至慢性炎症可能局限于鳞柱交界处或鳞状化生部位。

6. 阴道肌层色素沉着　阴道肌层可见棕褐色色素弥漫性沉积在间质中,可能为含铁血黄素或疟色素,可进行普鲁士蓝染色进行鉴别(图 8-2-7,图 8-2-8)。

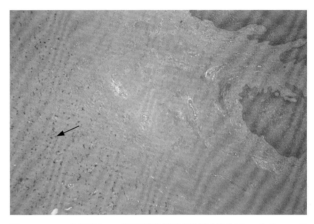

图 8-2-7　食蟹猴(3.5岁)阴道肌层色素沉着(箭头)(HE 染色,×40)

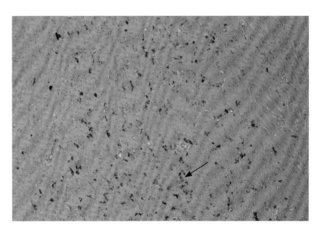

图 8-2-8　食蟹猴(3.5岁)阴道肌层色素沉着(箭头)(HE 染色,×100)

7. 宫颈黏膜囊肿　宫颈表面的黏膜可见到充满黏液的囊肿,囊肿上皮可为单层立方或扁平上皮,内含黏液,通常发病率较低。

8. 宫颈腺体鳞状上皮化生　宫颈腺体的鳞状化生是青春期前或围青春期的雌性非人灵长类动物的一种常见发现,是由于优势激素状态(雌激素过量)所致,不应当作是一种异常发现。鳞状上皮化生也可在慢性刺激或(通常是过量的)雌激素影响下发生。

(三) 药物相关的雌性生殖系统病变
药物引起雌性生殖系统的病变相对比较少见,但

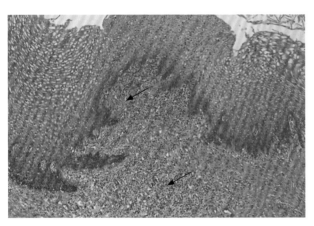

图 8-2-5　食蟹猴(3.5岁)阴道黏膜下层散在炎症细胞浸润(箭头),单个核为主(HE 染色,×100)

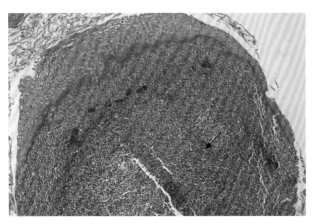

图 8-2-6　食蟹猴(3.5岁)阴道黏膜下层可见淋巴滤泡形成(箭头)(HE 染色,×100)

激素类尤其是性激素类药物可引起雌性生殖器官的变化。图8-2-9~图8-2-12为周莉主编实验室完成某长效黄体酮类药物非人灵长类动物重复给药毒性试验中乳腺及子宫的改变,主要表现为乳腺组织发育及子宫内膜蜕膜反应。

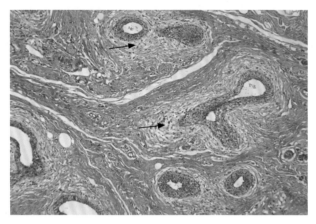

图8-2-9 恒河猴(3岁)乳腺组织发育,腺管周围疏松,似水肿,管周可见类似成纤维细胞/肌上皮细胞增多(箭头),某孕激素类药物引起(正常动物发育中亦可以见到类似形态,注意结合动物年龄、发病率等综合判断)(HE染色,×100)

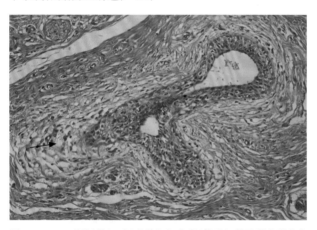

图8-2-10 恒河猴(3岁)乳腺组织发育(箭头),某孕激素类药物引起(正常动物发育中亦可以见到类似形态,注意结合动物年龄、发病率等综合判断)(HE染色,×200)

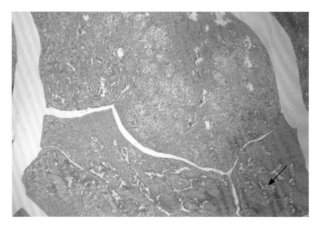

图8-2-11 恒河猴(3岁)子宫内膜出血坏死(箭头),似月经周期改变,某孕激素类药物引起(HE染色,×40)

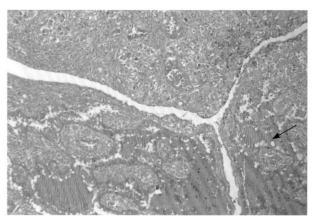

图8-2-12 恒河猴(3岁)子宫内膜出血坏死(箭头),似月经周期改变,某孕激素类药物引起(HE染色,×100)

长期、非周期的暴露于孕酮或雌激素(生理或超生理剂量)的影响已经在猕猴中得到了较好的表征。通过卵巢切除术,然后用外源性类固醇治疗来完成的,卵巢切除术使子宫内膜腺萎缩,呈薄而致密的细胞间质和短而窄的直腺体。宫颈上皮处于婴儿期,腺上皮和表面上皮只有一层梭状细胞。高水平的雌激素导致腺体卷曲和扭曲,上皮增生,有丝分裂增加,核质比降低,上皮假复层化,不同程度子宫内膜增生,包括典型的囊性增生病变。雌激素也与子宫腺肌病和子宫内膜息肉有关。在雌激素的影响下,子宫间质变得水肿和增生,有丝分裂增加,肌层可能变得肥大。与人类女性相比,NHP表现出相对较大的间质增生比例。子宫内膜和宫颈内可能有鳞状化生。宫颈间质肥厚水肿,腺体分泌大量黏液,血管丰富。在卵巢周期的雌激素阶段,阴道黏膜有明显的角化过度,特别是在旧大陆猴中,这可能随着年龄或过度雌激素治疗而变得明显。阴唇经常出现厚实和水肿。

在松鼠猴中,长期使用己烯雌酚(DES,一种合成雌激素),7/10给药的动物出现来自子宫浆膜的恶性间皮瘤。雌激素和雌激素-孕酮联合引起乳腺腺上皮增生。据报道,在电离辐射后给予雌激素也可作为辅助致癌物质或促进剂,而单独使用雌激素则未见肿瘤发生。给予黄体酮引起子宫内膜腺的复杂性和弯曲度增加,分泌活性增加,上皮特征性地显示核周空泡化。

(四)非人灵长类动物雌性生殖系统增生性和肿瘤性病变

关于增生性和肿瘤性病变非人灵长类动物也有类似的雌性生殖道肿瘤疾病,尽管通过表面检查,它们似乎比人类同类动物更少见。在一项研究中,雌性生殖道肿瘤约占NHP所有肿瘤的15%,占所有恶性肿瘤的5%~10%。而良性子宫平滑肌瘤相对常见,所有其他生殖道肿瘤是相当罕见的。该研究是基于动物园的报告及研究机构的回顾性尸检分析,其中大多数被检查的都是幼龄动物。涉及老年动物的更完整的研究表明,NHP中肿瘤的发病率相似,尽管不同类型肿瘤的发病率通常与人类的发病率不同,可能是由于流行病学因素。11～20岁动物中肿瘤病变的增加,20岁以上动物中肿瘤病变的明显增加,与人类肿瘤发病率相当。老年恒河猴乳腺导管癌的发病率为4.5%,宫颈癌的发病率为2.3%,卵巢癌的发病率为0.6%。大多数关于NHP的肿瘤报告来自恒河猴和食蟹猴,在新旧大陆非人灵长类动物之间有一个有趣的区别,旧大陆非人灵长类动物的肿瘤多发生在雌性生殖道管状器官,而新大陆非人灵长类动物的肿瘤多发生在性腺。

1. 子宫颈癌　与人类相比,NHP的宫颈肿瘤相对罕见。虽然在世界范围内宫颈癌是最常见的妇科恶性肿瘤,但罕见的是NHP的报告。人类宫颈癌与人乳头瘤病毒(HPV)感染密切相关,主要是HPV16和HPV18型。通过血清学检测,猕猴乳头瘤病毒(RhPV)阳性的非人灵长类动物远远多于RhPV DNA阳性的动物,这表明,与人类相比,非人灵长类动物的感染比病变更常见和广泛。Hertig等在78只捕获的野生雌性食蟹猕猴中发现了11只宫颈发育不良。Wood等(2004年)在385只雌性食蟹猕猴中发现了20只(5.2%)的宫颈病变,所有雌性食蟹猕猴的乳头瘤病毒抗原免疫组化均呈阳性,平均年龄为18.6岁。在这20例中,14例为宫颈上皮内瘤变(CIN),2例为CINⅡ、CINⅢ和表皮样癌。20只动物中有5只同时患有尖锐湿疣或生殖器疣,病变包括以纤维血管为核心的乳头状、外生性病变、棘层扩张伴嗜核细胞增多、可变单核炎症和基底层极少或无扩张。这种病变与人类良性乳头瘤病毒(HPV6或HPV11)感染有关。

低级别宫颈病变包括宫颈内腺体鳞状化生灶或宫颈外上皮内的上皮异常增生。在Wood等的研究中,CINⅡ级及以上病变涉及宫颈过渡区,而Ⅰ级病变(也称为阴道上皮内瘤变或VIN)发生在阴道、穹窿、宫颈外或过渡区。轻度或中度发育不良改变,与人类分类中的宫颈上皮内瘤变Ⅰ或Ⅱ相当,包括核肿大、核异型和核深染。乳突细胞的存在与HPV高度相关,乳突细胞是表面或中间成熟的鳞状细胞,具有核周围细胞质空泡,外周细胞质密集和不规则染色、细胞核大而圆、精细点状,可以是双核的,也可以是多核的。非典型细胞局限于CIN的基底层,而CINⅡ具有更广泛的非典型性,尽管异常,但仍保持向腔面持续的细胞分化。在CINⅠ中,基底细胞扩张小于上皮总厚度的1/3,在CINⅡ中为

1/3～2/3,严重的不典型增生与原位癌或CINⅢ相当,其特征是细胞异型性,从基底层到浅层的成熟缺失,以及基底上有丝分裂率增加。HPV感染的上皮内病变可通过阴道镜肉眼可见。宫颈涂3%醋酸溶液,使病变呈典型的闪亮白色。Papanicolaou涂片也适用于NHP,并使用了类似的分级标准。由于表面上皮细胞失去分化,脱落的细胞学表现为细胞质数量减少,核质比增加,以及细胞核改变、色素增多和嗜核细胞增多。

NHP报告的浸润性宫颈癌包括表皮样癌和腺鳞癌。CIN和浸润性癌均源于宫颈腺鳞状化生灶,CIN分级系统提示,有从中度不典型增生到CIN再到浸润性癌的发展趋势。并不是所有的病变都会进展,癌症的风险与不典型的程度成正比。表皮样癌本质上是子宫颈的鳞状细胞癌。有不同程度的角化,角化珠形成,偶有囊肿形成和空化。亚型包括角化、大细胞非角化和小细胞。肿瘤可能是外生性的、溃疡性的或浸润性的。严重的非经期阴道出血通常是由于血管的侵入或侵蚀造成的。因为预后较好,侵入基底膜深度小于3 mm的微创性表皮样癌被单独分类,有转移到局部淋巴结和肺的报道。腺鳞癌表现为鳞状和宫颈腺分化的混合模式,人类腺鳞状癌通常比表皮样癌预后更差,因为它们是低分化肿瘤,通常在更晚时出现。

2. 子宫体肿瘤　NHP雌性生殖道最常见的肿瘤是平滑肌瘤。子宫体平滑肌良性肿瘤,可表现为切面的隆起单个或多个结节状肉质硬灰白色肿块,可以长得很大,偶尔会发生红色变性,变软、囊性和出血。组织学上,肿瘤由结节性、压迫性和扩张性增生的肥厚平滑肌细胞组成,具有苍白的纤维状嗜酸性细胞质,排列成交错的束状和螺旋状。如果不检查肿瘤边缘,可能很难区分高分化平滑肌瘤与正常老化的肌层。肿瘤α平滑肌肌动蛋白(α-SMA)和Desmin阳性。据报道,在NHP患病动物中,平滑肌瘤与子宫内膜异位症同时发生,这两种病变在人类中也经常出现。人类平滑肌瘤通常是雌激素反应性的,在妊娠期间体积增大,并在绝经后消退。平滑肌瘤可表现出明显的异型性和巨细胞,但不恶性,平滑肌肉瘤可转移,但异型性很小。在人类,增殖区域的有丝分裂率被认为是恶性肿瘤最有用的诊断标准。每10个高倍视野(HPF,400倍)少于5个有丝分裂的肿瘤几乎都是良性的,而恶性转化被认为是非常罕见的。即使分化良好,每10个HPF有10个以上有丝分裂的肿瘤被认为是恶性的。这些肿瘤通常表现出典型的恶性特征,如细胞增多、坏死、多核巨细胞、核多形性和核深染。每10个HPF有5～9

个有丝分裂的肿瘤被认为是边缘性的。有报道一例分化良好的恒河猴平滑肌肉瘤,有丝分裂率中等(0～2/HPF),但由于子宫体和子宫颈内浸润性生长模式而被归类为恶性。还有一例分化良好的恒河猴子宫肉瘤(可能是一种平滑肌肉瘤),有腹膜浸润和大网膜转移,但由形态良性的纺锤样细胞组成,有丝分裂率低。平滑肌肉瘤更容易局部复发,或转移到引流区淋巴结,而不是远处转移。一只尾猴报道了一例子宫中透明细胞上皮样平滑肌肉瘤(恶性平滑肌母细胞瘤)。肿瘤由低分化的圆形细胞组成,在细纤维血管间质上呈索状和实性簇状排列,肿瘤浸润性生长,罕见有丝分裂象。细胞有中等数量的淡色嗜酸性纤维细胞质,细胞边界清晰,细胞核圆形至缩进不等大小,染色质呈泡状至边缘团块,核仁小、1～2个。多核巨细胞可见,肿瘤细胞侵入血管。肿瘤细胞免疫组化显示 Desmin 阳性和 α-SMA 阳性,泛细胞角蛋白阴性。

子宫内膜的肿瘤可能来源于腺上皮或结缔组织间质。这些肿瘤可能发生在子宫内膜,很少发生在子宫内膜异位症的异位灶。上皮病变的范围从增生到瘤变再到恶性。子宫内膜增生是指子宫内膜腺体和间质增生,通常受激素影响。在旧大陆猴中,子宫内膜增生与雌激素持续不平衡有关,而新大陆猴,特别是松鼠猴,在黄体酮的影响下,可能表现出旺盛的子宫内膜增生。人类和 NHP 中,内膜增生的严重程度通常与暴露的持续时间而不是剂量相关,可分为轻度、中度(腺瘤)或重度。增生性子宫内膜从正常厚度约 1 mm 增厚至 17 mm,可呈扁平、卷曲或息肉样。相比之下,在增生性病变中,子宫内膜腺瘤性息肉表现为子宫内膜间质为致密的纤维间质核心,有丰富的细胞外基质和大而壁厚的血管,而在增生性病变中,细胞内基质丰富且有大的泡状核。增生性腺体通常为圆形,呈囊状扩张,因此俗称“囊性子宫内膜增生”。上皮从单纯柱状(轻度或中度)到假层状或层状(非典型)柱状,当与雌激素相关时,存在富含糖原的核周囊泡。核周空泡化仅见于雌性排卵后子宫内膜,与黄体酮有关,但它可能发生在猕猴排卵前。上皮很少出现鳞状或管状化生。腔内呈现空腔或充满无定形蛋白分泌物。间质呈弥漫性细胞状,可见均匀分布的小血管及不同程度的核密度。间质增生包括间质成分的增生和肥大。免疫组化显示子宫内膜间质细胞 CD10 阳性。有丝分裂率低,可能存在腺肌病。随着严重程度的增加,充满透明液体的囊肿和间质增生的发生率减少,而腺体增生的比例增加。在腺瘤性增生中,腺体紧密排列,间质很少。非典型特征包括细胞核拥挤、堆积、染色增多和多形性、细胞极性丧失、异核症、细胞质染色从嗜两性变为嗜酸性、不规则的腺体、密集的腺体背靠背排列,以及稀少但密集的间质。在人类,早期无非典型性的改变是可逆的,而非典型性的程度似乎与发生腺癌的风险成正比。子宫内膜腺癌保持了非典型增生的细胞学特征,并伴有叠加的模式改变。肉眼可见无蒂、息肉样肿块,或弥漫性浸润肌层。腺体变得复杂、无序和分叉,并可能呈现实心或筛网状。腺内桥接在恶性肿瘤中很常见,可能有广泛的外生性乳头状改变,含有肥厚的平滑肌细胞,混合纤维结缔组织和血管。浆膜下血管毛细血管扩张,肌层纤维化,子宫内膜萎缩。

3. 卵巢肿瘤 已报道的 NHP 卵巢肿瘤包括表皮和间质(囊腺瘤、囊腺癌、囊腺纤维瘤、乳头状瘤、乳头状浆液性腺癌、子宫内膜样癌和浆液性囊腺纤维瘤)、性索和间质瘤(肉芽肿和颗粒细胞瘤、黄体瘤)、生殖细胞(绒毛膜癌、胚芽发育不良瘤、畸胎瘤和皮样囊肿)和卵巢间质瘤(海绵状血管瘤和卵巢肉瘤)。也有报道非人灵长类动物发生单侧卵巢的乳头状浆液性囊腺瘤合并皮样囊肿(良性囊性畸胎瘤)、囊腺癌合并颗粒细胞瘤,以及对侧卵巢的绒毛膜癌和畸胎瘤及卵巢错构瘤。卵巢和子宫肿瘤的总发病率占所有肿瘤的 7%～15%,其中约 20% 为恶性肿瘤。人类和 NHP 在卵巢肿瘤的细胞来源和恶性比例上有显著差异。人类来源于上皮(体腔)的肿瘤占多数,占卵巢肿瘤的 65%～70%,其中 90% 为恶性肿瘤。其次是生殖细胞瘤(15%～20%,其中 3%～5% 为恶性)、性索间质瘤(5%～10%,2%～3% 为恶性)和其他来源的肿瘤(5%,其中的 5% 为恶性)。在 NHP 中,38% 的卵巢肿瘤来自性索间质(其中 17% 为恶性),25% 来自生殖细胞(10% 为恶性),23% 来自表皮(39% 为恶性),14% 来自其他组织(91% 为恶性)。

性索间质瘤来源于卵巢间质,卵巢间质由原始性腺的性索发育而来。颗粒细胞瘤大小不一,实性到囊性不等,颜色大致为白色至棕黄色到棕色,视脂质含量而定。颗粒细胞体积大,呈多面体,细胞边界清晰,胞质清澈或嗜酸性,排列成吻合的索状和片状。颗粒细胞肿瘤的诊断特征是围绕在中心嗜酸性蛋白物质(类似卵泡的 Call-Exner 小体)周围出现着色浅淡的性肿瘤细胞,可能存在不同数量的黄体化细胞。颗粒细胞肿瘤可产生雌激素,很少产生雄激素。恶性颗粒细胞瘤常与其他生殖细胞瘤合并发生。

卵巢表面上皮的肿瘤来源于体腔间皮,表现出“米勒”向输卵管(浆液)、子宫内膜(子宫内膜样)或宫颈内膜(黏液)上皮分化。这些肿瘤可由不同数量的实性、囊性和纤维性成分组成。在人类中,恶性程度的增加与实体上皮生长(包括乳头状突起、囊肿壁增厚或实体组织坏死)的数量成正比。浆液性囊性肿瘤由一个到几个纤维壁囊肿组成。良性肿瘤壁光滑有光泽,无上皮增厚或小乳头状突起。恶性肿瘤含有增多的乳头状组织或实体组织,并可表现出被膜固定。囊肿壁排列有高柱状纤毛上皮,可见微乳头,囊肿内充满透明浆液。间质乳头的复杂性增加,非典型上皮的分层,有丝分裂率增加,间质浸润。恶性肿瘤可通过跨体腔扩散进入腹膜,导致腹部癌变。砂粒体(层状同心钙化)偶尔会在浆液性肿瘤中遇到。实体腺癌由间变性的立方上皮细胞排列成片状、巢状或由许多紧密排列的乳头状突起形成的复杂腺泡结构组成。子宫内膜样肿瘤大体为实性和囊性,在组织学上表现为管状腺型和树状乳头状增生,类似于子宫内膜腺,偶有鳞状化生灶。狒狒和人类的子宫内膜样癌与子宫内膜异位症有关。虽然子宫内膜样癌可能起源于子宫内膜异位症的病灶,但大多数被认为是源于表面上皮的新生转化。黏液性肿瘤通常有更多大小不一的囊肿,囊肿内充满黏液。肿瘤壁上排列着高柱状非纤毛上皮,有基底核和顶端黏液滴,无纤毛。恶性肿瘤表现为分层、腺体结构复杂性增加或丧失、实体生长、细胞异型性、坏死和间质浸润。由于间质浸润很难确定,在人类中,小于 4 个细胞厚度的非典型上皮细胞是交界性病变,而 4 层或 4 层以上的非典型上皮细胞为交界性病变被认为是恶性的。囊腺纤维瘤可能是浆液性、黏液性或子宫内膜样,以子宫腔壁纤维间质增多为特征。表面上皮性肿瘤在诊断前可生长到很大,除了血液或淋巴转移外,还可通过经体腔扩散进入腹部。

4. 乳腺肿瘤　旧大陆猴乳腺肿瘤比较罕见,而在人类中乳腺癌是女性最常见的恶性肿瘤和癌症死亡的主要原因。乳腺肿瘤可分为微乳头状模式,由无纤维血管核心的无组织球茎状管腔上皮突起组成,通常形成复杂的导管内模式,其他类型包括乳头状和实状,后者具有细胞质苍白和清晰的细胞边界。典型的细胞形态为立方到柱状,具有丰富的嗜碱性,典型的液泡细胞质和大而圆的基部深染核。浸润性导管癌通常表现出更多的细胞多形性,常伴有明显的纤维化(硬化反应或结缔组织增生)。其他表现包括钙化、砂粒体、鳞状化生和广泛坏死。肿瘤可能是局部侵袭性的,最常见的是转移到局部淋巴结、肺和肝脏,但转移到肾上腺、脑、冠状动脉、皮肤、肠系膜、肾脏、卵巢、结肠、胰腺、神经周围和眼睛也有报道。小叶原位增生和浸润性小叶癌是罕见的病变,通常为偶然发现。典型的小叶增生好发于未妊娠、未生育的且未接受外源性激素治疗的雌性中,增生的腺泡由规则的、分化良好的细胞小叶组成,增生细胞不会填充或扩张超过小叶一半的腺泡。恒河猴中观察到非典型增生,在乳房区域有多个坚固的皮下结节,其中一些随着时间的推移而消退,组织学上,纤维结缔组织包围的小叶中有增生的腺泡细胞,腺泡可能是实性的,也可能有充满无定形嗜酸性分泌物质。基底细胞沿基底膜分布,细胞层状分布相对均匀,细胞核小而圆,核仁清晰,胞质中有丰富的细颗粒嗜酸性或染色较浅的液泡。小叶内导管正常。小叶癌呈腺泡型,实性增生,小至中等大小的圆形、形态一致的细胞,细胞核呈圆形,正染色质着色,腺泡被完全填满、扩张并扭曲。极少或不存在异型性、核多形性、有丝分裂象和坏死。小叶肿瘤中 E-钙黏蛋白的表达降低。纤维腺瘤是乳腺导管上皮的良性增生,周围有大量同心增生的结缔组织,间质可能水肿。雌激素类固醇、生长激素和胰岛素样生长因子-1 虽然不一定会诱发乳腺肿瘤,但似乎会促进乳腺肿瘤的发生。

(崔艳君)

第三节　小分子药物在生殖系统的药代和毒代动力学

药代动力学(pharmacokinetics,PK)主要研究临床给药剂量下药物在体内的动态变化规律,为新药临床研究和使用及制订合理的给药方案提供理论依据。毒代动力学(toxicokinetics,TK)是药代动力学和毒理学相结合的交叉学科,是运用药代动力学的原理和方法定量地研究高于临床给药剂量下药物在动物体内的吸收、分布、代谢和排泄的过程及特点,进而探讨药物毒性发生和发展的规律。

药代动力学的研究目的是揭示药物在体内的动态变化规律,获得药物的基本动力学参数,阐明药物在体内吸收、分布、代谢和排泄的过程和特征。毒代动力学研究目的是获知受试物在毒性试验中不同剂量水平下的全身暴露程度和持续时间，预测受试物在人体暴露时的潜在风险。其研究重点是解释毒性试验结果和预测人体安全性，而不是简单描述受试物的基本动力学参数特征。毒代动力学试验通常伴随重复给药毒性试验同时进行，常被称为伴随毒代动力学试验。

PK 和 TK 的主要区别在于：① 药代动力学结果主要是描述药物的基本代谢动力学特征，而毒代动力学结果用于解释毒性试验结果；② 药代动力学的剂量往往为药效剂量，即在治疗剂量条件下研究药物在体内代谢规律；毒代动力学的剂量远高于药效剂量和（或）临床剂量，且多为重复给药；③ 药代动力学试验通常单独开展，而毒代动力学试验通常则伴随毒性试验进行。

PK 和 TK 的主要联系在于：① 分析方法要求相同（专属性好、灵敏度高）；② 药代动力学试验结果可以为毒代动力学采样时间点的设置提供参考；③ 药代动力学研究中组织分布结果可以为评价毒性靶器官提供参考；④ 生物转化研究结果可以为毒性试验中动物种属的选择提供参考。

一、生殖毒性毒代动力学研究特点

生殖与发育毒性（developmental and reproductive toxicity，DART）是指外源性物质产生的对生殖细胞、受孕、妊娠、分娩、哺乳等亲代生殖功能的不良影响，以及对子代胚胎-胎仔发育、出生后发育的不良影响。

生殖与发育毒性的研究主要包括生育力与早期胚胎发育（fertility and early embryonic development，FEED）、胚胎-胎仔发育（embryo fetal development，EFD）及围产期发育（pre-and post natal development，PPND）等研究，而生殖毒性毒代动力学研究可在上述几个研究中同步进行。

生殖毒性毒代动力学研究主要目的在于分析生殖毒性试验的结果，有助于确定生殖毒性试验中不同阶段的不同剂量是否达到了充分暴露。应考虑妊娠期与非妊娠期动物的动力学特征的可能差异，以及雌性动物妊娠期和哺乳期的动力学过程与正常动物间的差异。

生殖毒性试验伴随毒代动力学分析，还有助于不同毒理学试验结果间通过暴露量进行科学合理的比较，为临床用药的风险评估提供参考。其毒代动力学数据除来自亲代动物的血浆暴露量外，还可以来自生殖器官组织或体液（如睾丸、精液和乳汁）及子代胚胎/胎仔数据，重点评价药物和（或）代谢产物能否通过血睾屏障、胎盘屏障及血乳屏障。其中雄性生育力与早期胚胎发育毒性试验中，常见的毒代药物浓度检测生物样本有雄性动物血浆、睾丸组织、精液等，重点分析药物透过血睾屏障的能力。

雄性生殖系统可能受到外界化学物质的干扰而造成损伤，包括睾丸、附睾、精子生成和质量及激素分泌等损伤。药物雄性生殖毒性，主要指药物对雄性生殖系统（睾丸、附睾等）及生殖功能造成损伤，一般包括生殖器官的器质性改变、精子数量及质量下降、性行为改变、生育力降低和性激素分泌异常等，以及通过精子遗传物质传递和（或）精液-阴道摄入而产生的胚胎-胎仔发育毒性。

对于动物或人类具有潜在发育毒性的药物，精液中药物含量的测定有助于定量推测可能到达孕体（胚胎/胎仔）中的暴露水平。孕体暴露水平可以通过以下假设模型进行推测（以小分子药物为例），假如：精液射出量为 5 mL、精液中药物浓度 = 血浆最高药物浓度（C_{max}）、药物 100% 的阴道摄入、设定雌性血容量为 5 000 mL，100% 会透过胎盘屏障。则孕体暴露水平 = $C_{max} \times 5 \text{ mL} \times 100\% / 5\ 000 \text{ mL} \times 100\%$，即基于最大可能算出的孕体暴露水平。若此暴露水平低于发育毒性 NOAEL 剂量 10 倍以上，可以不要求进一步的雄性介导发育毒性风险的评估；若暴露水平较高，应考虑风险控制策略（如避孕）。

毒代动力学数据可以来自生殖毒性试验的全部动物，也可以来自部分动物。毒代动力学数据应包括胎仔/幼仔数据，以评价受试物和（或）代谢产物能否通过胎盘屏障和（或）乳汁分泌。

一般来讲，最好在相关种属中对临床候选药物进行生殖毒性评估。生殖毒性评价应该只在药理学相关种属中进行。当临床候选药物在啮齿类动物和兔中均具有药理学活性时，应该使用两个种属进行胚胎-胎仔发育试验，除非在一个种属中已经确认有胚胎致死性或致畸性。当 NHP 是唯一的相关种属时，应该只在 NHP 中进行发育毒性试验。当临床候选物只在 NHP 上具有药理学活性时，在 NHP 中进行临床候选药物试验是首选做法。如果可以提供充分的科学合理性，则可以使用替代模型替换 NHP。

二、生殖毒性评估策略的总体原则

确定评估策略时，首先需确定对每个不同生殖阶段进行生殖毒性试验的必要性，以及最合适的试验，考虑因素包括：① 目标患者人群和给药持续时间；② 化合物的已知药理学特性；③ 化合物的已知毒性；④ 对生殖风险靶标影响的任何现有信息（如人体和动物遗传学，或类别作用）；⑤ 可以用于识别危害和（或）风险的替代试验资料等。生殖毒性试验的时间安排也是总体策略的重要组成部分。

可以在给药期限合适的重复给药毒性试验（通常为啮齿类动物）中，通过睾丸和卵巢全面标准组织病理学检查，对雄性和雌性生育力进行的评价，在检测雌、雄性生殖器官毒性反应上，被认为与生育力试验同样灵敏。雄性生育力试验应在大规模或长期的临床试验（如Ⅲ期试验）开始前完成。

FEED 试验的目的是检测雄性和（或）雌性由交配前直至交配和着床给药引起的干扰作用。生育力试验通常在啮齿类动物或兔中进行。在非啮齿类动物（如犬和 NHP）中，交配评估通常不可行。如果 NHP 是唯一的药理学相关种属（如对于许多单克隆抗体），在给药期限至少 3 个月以上的重复给药毒性试验中对生殖组织进行组织病理学检查，可作为生育力评估的一种替代方法。这种方法应包括对雌性和雄性动物的生殖器官进行详细全面的组织病理学检查。

生物技术药物与小分子药物间存在较多差异，如种属特异性、药物代谢分布等方面。

三、生殖毒性伴随毒代动力学试验剂量的选择

剂量选择是生殖与发育毒理学研究中重要环节。啮齿类动物和兔的生殖毒性伴随毒代动力学通常设计卫星组，剂量与主试验组保持一致。NHP 的生殖毒性伴随毒代动力学通常无需设计卫星组。毒性试验设计的关键性问题之一是剂量设计，可根据全部已有的研究资料（药理、急性毒性和剂量范围探索试验和药代研究等）来选择合适剂量。2～4 周的重复给药毒性试验，其给药周期与各段生殖毒性研究设计的给药周期很接近，可以作为剂量参考依据。若上述研究资料不足，建议进行预试验或者称为剂量范围探索试验（dose range-finding，DRF），在预实验基础上确认低、中和高剂量组的给药剂量，低剂量相当于动物药效剂量或临床应用剂量的数倍，高剂量原则上使动物产生明显的毒性反应，中剂量应结合毒性作用机制和特点在高剂量和低剂量之间设立，以考察毒性的剂量-反应关系（图 8-3-1）。

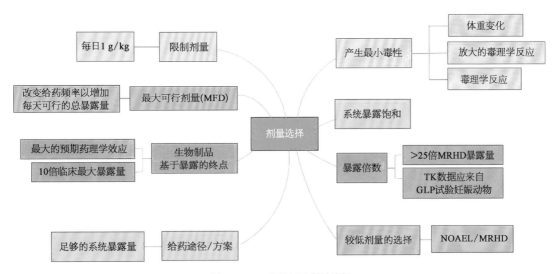

图 8-3-1　毒性试验剂量选择

采样时间点的设定：采样时间点应该有足够的频率，以保证能够准确反映药物的全身暴露情况。为获得给药后的一个完整的血药浓度-时间曲线，采样时间点的设计应兼顾药物的吸收相、平衡相（峰浓度附近）和消除相。一般在吸收相至少需要 2～3 个采样点，对于吸收快的血管外给药的药物，应尽量避免第一个点是峰浓度（C_{max}）；在 C_{max} 附近至少需要 3 个采样点；消除相需要 4～6 个采样点。整个采样时间至少应持续到 3～5 个半衰期，或持续到血药浓度为 C_{max} 的 1/10～1/20。

四、生物分析方法及其验证

生物分析方法验证旨在证明所采用的生物分析方

法适用于预期目的。生物基质中化学药物和生物药物及其代谢物的浓度测定是药物开发过程中的重要内容,研究结果有助于支持药物安全性和有效性相关监管决策。因此,所使用的生物分析方法必须经过充分表征、适当验证和记录,以确保获得可靠数据以支持监管决策。

生物分析方法开发的目的是确定方法的设计、操作条件、局限性和适用性以达到预期目的,并确保分析方法可用于验证。

方法开发涉及需要明确待测物定量检测相关的过程和条件,包括以下要素的充分表征:标准品/对照品、关键试剂、校准曲线、质控样品(QC)、选择性和特异性、灵敏度、准确度、精密度、回收率、待测物稳定性等。生物分析方法开发不需要保存大量的记录或注释。方法开发一旦完成,需经过方法验证,证明该方法适用于研究样品分析。

为确保分析性能的可接受性和分析结果的可靠性,必须对生物分析方法进行验证。生物分析方法是用于测定生物样品中待测物浓度的一系列操作步骤。在建立用于临床和关键非临床研究中待测物定量分析方法时,应对生物分析方法进行全面验证。药物研发过程中采用文献报道的分析方法和商品试剂盒用于生物样品分析时,也应进行完整验证。

色谱分析法的完整方法验证应包括以下内容:选择性、特异性、基质效应、校准曲线(响应函数)、范围[定量下限(LLOQ)至定量上限(ULOQ)]、准确度、精密度、残留、稀释可靠性、稳定性和进样重现性。

除另有说明外,LBA 的方法验证应包括以下内容:特异性、选择性、校准曲线(响应函数)、范围(LLOQ 至 ULOQ)、准确度、精密度、残留、稀释线性和稳定性。必要时,如可获得合适的研究样品,还应进行平行性考察。

方法学验证期间开展的各项评估应与研究样品的分析工作流程相关。用于分析方法验证的基质(包括抗凝剂和添加剂)应与研究样品相同。在难以获得与研究样品相同基质(如组织、脑脊液和胆汁等稀有基质)或检测游离药物的情况下,可采用替代基质开展分析方法验证。通常认为,同一物种内不同基质间的差异(如年龄、种族、性别)不会影响方法验证。

下面是食蟹猴生殖毒性伴随毒代动力学研究试验中常用阳性药环磷酰胺和沙利度胺的生物分析方法研究案例,此处以该研究为例来讨论相关的分析方法建立和验证。

案例:食蟹猴生殖毒性伴随毒代动力学研究试验中常用阳性药环磷酰胺和沙利度胺的生物分析方法及其验证

(一)对照品及内标信息

1. 对照品一

(1)名称:环磷酰胺。

(2)批号:100234 - 201604。

(3)规格:100 mg/瓶。

(4)含量:95.3%。

(5)有效期至:中国食品药品检定研究院发布停用前有效。

(6)贮存条件:遮光,密封,2~8℃冷藏保存。

(7)稳定性:在贮存条件和有效期内稳定。

(8)来源:中国食品药品检定研究院。

2. 对照品二

(1)名称:沙利度胺。

(2)批号:100504 - 201102。

(3)规格:100 mg/支。

(4)纯度:100.0%。

(5)有效期至:在中国食品药品检定研究院发布停用通知前有效。

(6)贮存条件:遮光,密封保存。

(7)稳定性:在贮存条件和有效期内稳定。

(8)来源:中国食品药品检定研究院。

3. 内标物

(1)名称:甲苯磺丁脲(tolbutamide)。

(2)批号:K2125618。

(3)规格:1 g/瓶。

(4)纯度:99%。

(5)贮存条件:-20℃保存。

(6)来源:阿拉丁。

(二)检测条件

(1)色谱条件

1)环磷酰胺:仪器为 LC - 30AD 型输液泵及 SIL - 30AC 型自动进样器。色谱柱为 ACQUITY UPLC BEH C18(2.1 mm×100 mm,1.7 μm);流速为 0.30 mL/min,进样体积 1.00 μL,洗针模式:Before and after aspiration。

2)沙利度胺:仪器为 ExionLC 系统。色谱柱为 ACQUITY UPLC BEH C18(2.1 mm × 100 mm,1.7 μm);流速为 0.30 mL/min,进样体积 1.00 μL,流动相梯度洗脱。

3）洗脱条件见表8-3-1和表8-3-2。

表8-3-1 流动相洗脱条件（环磷酰胺）

时间(min)	A(含0.1%甲酸的水溶液)	B(甲醇)
0.01	45	55
2.00	2	98
3.00	2	98
3.01	45	55
4.30	45	55

表8-3-2 流动相洗脱条件（沙利度胺）

时间(min)	A(含0.1%甲酸的水溶液)	B(甲醇溶液)
0.00	45	55
1.80	10	90
3.00	10	90
3.01	45	55
4.50	45	55

（2）质谱条件

1）仪器（环磷酰胺）：××公司Qtrap 5500质谱，配有Turbo Spray离子源，采用电喷雾电离源（ESI），正离子扫描模式。

2）仪器（沙利度胺）：××公司Qtrap 5500+质谱，配有Turbo Spray离子源，采用电喷雾电离源（ESI），正离子扫描模式。

3）检测模式（环磷酰胺）：多反应监测（MRM）；雾化气（GS1）50.0 psi；辅助气（GS2）50.0 psi；气帘气（CUR）30.0 psi；碰撞池气体（CAD）Medium，源温度为550℃，离子喷雾电压（IS）为5 500 V；数据采集时间4.30 min。

4）检测模式（沙利度胺）：多反应监测（MRM）；雾化气（GS1）60.0 psi；辅助气（GS2）60.0 psi；气帘气（CUR）45.0 psi；碰撞池气体（CAD）9，源温度为600℃，离子喷雾电压（IS）为5 500 V；数据采集时间4.50 min。

5）主要质谱参数见表8-3-3。

表8-3-3 待测物及内标物主要质谱参数

化合物类别	化合物名称	监测离子对(MRM)	驻留时间(ms)	DP(V)	CE(V)	EP(V)	CXP(V)
待测物	环磷酰胺(CP)	261.2/139.9	200	100	30	10	15
内标	甲苯磺丁脲	271/155.1	200	100	30	10	15
待测物	沙利度胺	259.1/140.1	100	80	30	10	15
内标	甲苯磺丁脲	271.0/155.1	100	80	15	10	15

（三）溶液配制

（1）储备溶液配制

1）环磷酰胺储备液：精密称取两份环磷酰胺对照品，分别置于玻璃瓶中，加入一定体积的甲醇使其溶解，继续加入甲醇，配制成浓度分别为1.00 mg/mL的环磷酰胺储备液（stock A和stock B）。

2）沙利度胺储备液：精密称取两份沙利度胺对照品，分别置于玻璃瓶中，加入一定体积的乙腈使其溶解，继续加入乙腈，配制成浓度分别为1.00 mg/mL的沙利度胺储备液（stock A和stock B）。

3）甲苯磺丁脲储备液（内标）：精密称取一定量甲苯磺丁脲对照品，置于玻璃瓶中，加入一定体积的甲醇，继续加入甲醇，配制成浓度为1.00 mg/mL的内标储备液（IS stock）。

（2）实验溶液配制

1）流动相A：（含0.1%甲酸的水溶液）：吸取1 mL的甲酸至液相色谱瓶中，加入1 000 mL的水后混匀，配制成含0.1%甲酸的水溶液。

2）流动相B（甲醇）。

3）洗针溶液：环磷酰胺检测方法所用的洗针溶液为50%甲醇水溶液（吸取500 mL甲醇至液相色谱瓶中，加入500 mL的水，配制成50%甲醇水洗针溶液）；沙利度胺检测方法所用的洗针溶液为50%乙腈水溶液（吸取500 mL乙腈至液相色谱瓶中，加入500 mL的水，配制成50%乙腈水洗针溶液）。

4）稀释液：环磷酰胺检测方法所用的稀释液为50%甲醇水溶液（吸取500 mL甲醇至液相色谱瓶中，加入500 mL的水，配制成50%甲醇水溶液）；沙利度胺检测方法所用的稀释液为50%乙腈水溶液（吸取100 mL乙腈至液相色谱瓶中，加入100 mL的水，配制成50%乙腈水溶液）。

5）内标工作液（IS-WS）：吸取一定量IS stock，用50%甲醇水溶液配制成浓度为1 000 ng/mL的内标溶液，储存条件：2～8℃。

（3）标准曲线样品与质控样品配制

1）使用环磷酰胺 stock A、环磷酰胺 stock B、沙利度胺 stock A、沙利度胺 stock B 分别配制标准曲线工作溶液及质控工作溶液，其中环磷酰胺标曲工作溶液的浓度为 200 μg/mL、180 μg/mL、100 μg/mL、30 μg/mL、10 μg/mL、2 μg/mL、0.4 μg/mL、0.2 μg/mL,沙利度胺标曲工作溶液的浓度为 200 μg/mL、180 μg/mL、120 μg/mL、60 μg/mL、20 μg/mL、8 μg/mL、2 μg/mL、1 μg/mL;环磷酰胺质控工作溶液的浓度为 160 μg/mL、16 μg/mL、0.6 μg/mL、0.2 μg/mL,稀释质控浓度为 400 μg/mL;沙利度胺质控工作溶液的浓度为 160 μg/mL、24 μg/mL、3 μg/mL、1 μg/mL,稀释质控工作溶液浓度 400 μg/mL。标准曲线工作溶液和质控工作溶液稀释步骤见表 8-3-4 和表 8-3-5。

2）分别取一定体积的工作液加到一定体积的空白基质中(20 倍稀释)，配制成标准曲线样品和质控样品。标准曲线样品和质控样品配制步骤见表 8-3-6 和表 8-3-7。

表 8-3-4　环磷酰胺工作溶液配制信息

源溶液	源溶液浓度 (μg/mL)	源溶液体积 (μL)	稀释液体积 (μL)	终体积 (μL)	终浓度 (μg/mL)	溶液名称
stock A	1 000.00	200	800	1 000	200.00	WS-C1
stock A	1 000.00	180	820	1 000	180.00	WS-C2
stock A	1 000.00	100	900	1 000	100.00	WS-C3
stock A	1 000.00	30	970	1 000	30.00	WS-C4
WS-C3	100.00	100	900	1 000	10.00	WS-C5
WS-C3	100.00	20	980	1 000	2.00	WS-C6
WS-C5	10.00	40	960	1 000	0.40	WS-C7
WS-C5	10.00	20	980	1 000	0.20	WS-C8
stock B	1 000.00	200	300	500	400.00	WS-DQC
stock B	1 000.00	160	840	1 000	160.00	WS-HQC
WS-HQC	160.00	100	900	1 000	16.00	WS-MQC
WS-MQC	16.00	30	770	800	0.60	WS-LQC
WS-MQC	16.00	10	790	800	0.20	WS-LLOQ

注：稀释过程中使用的稀释液为 50% 甲醇水溶液;如果有需要,实际使用稀释液可以根据比例进行调整

表 8-3-5　沙利度胺工作溶液配制信息

源溶液	源溶液浓度 (μg/mL)	源溶液体积 (μL)	稀释液体积 (μL)	终体积 (μL)	终浓度 (μg/mL)	溶液名称
stock-A	1 000.00	400	1 600	2 000	200.00	WS-C1
stock-A	1 000.00	180	820	1 000	180.00	WS-C2
stock-A	1 000.00	120	880	1 000	120.00	WS-C3
WS-C1	200.00	300	700	1 000	60.00	WS-C4
WS-C1	200.00	100	900	1 000	20.00	WS-C5
WS-C1	200.00	40	960	1 000	8.00	WS-C6
WS-C5	20.00	100	900	1 000	2.00	WS-C7
WS-C5	20.00	100	1 900	1 000	1.00	WS-C8
stock-B	1 000.00	400	600	1 000	400.00	WS-DQC
stock-B	1 000.00	160	840	1 000	160.00	WS-HQC

源溶液	源溶液浓度 （μg/mL）	源溶液体积 （μL）	稀释液体积 （μL）	终体积 （μL）	终浓度 （μg/mL）	溶液名称
WS - HQC	160.00	150	850	1 000	24.00	WS - MQC
WS - MQC	24.00	125	875	1 000	3.00	WS - LQC
WS - MQC	24.00	40	920	960	1.00	WS - LLOQ

注：稀释过程中使用的稀释液为50%乙腈水溶液；如果有需要，实际使用稀释液可以根据比例进行调整

表 8 - 3 - 6　环磷酰胺标准曲线样品和质控样品配制信息

源溶液	源溶液浓度 （μg/mL）	源溶液体积 （μL）	稀释液体积 （μL）	终体积 （μL）	终浓度 （ng/mL）	名　称
WS - C1	200.00	3	57	60	10 000	C1
WS - C2	180.00	3	57	60	9 000	C2
WS - C3	100.00	3	57	60	5 000	C3
WS - C4	30.00	3	57	60	1 500	C4
WS - C5	10.00	3	57	60	500	C5
WS - C6	2.00	3	57	60	100	C6
WS - C7	0.40	3	57	60	20	C7
WS - C8	0.20	3	57	60	10	C8
WS - DQC	400.00	3	57	60	20 000	DQC
WS - HQC	160.00	3	57	60	8 000	HQC
WS - MQC	16.00	3	57	60	800	MQC
WS - LQC	0.60	3	57	60	30	LQC
WS - LLOQ	0.20	3	57	60	10	LLOQ

注：稀释过程中使用的稀释液为食蟹猴空白血浆；如果有需要，实际使用稀释液可以根据比例进行调整

表 8 - 3 - 7　沙利度胺标准曲线样品和质控样品配制信息

源溶液	源溶液浓度 （μg/mL）	源溶液体积 （μL）	稀释液体积 （μL）	终体积 （μL）	终浓度 （ng/mL）	名　称
WS - C1	200.00	3	57	60	10 000.00	C1
WS - C2	180.00	3	57	60	9 000.00	C2
WS - C3	120.00	3	57	60	6 000.00	C3
WS - C4	60.00	3	57	60	3 000.00	C4
WS - C5	20.00	3	57	60	1 000.00	C5
WS - C6	8.00	3	57	60	400.00	C6
WS - C7	2.00	3	57	60	100.00	C7
WS - C8	1.00	3	57	60	50.00	C8
WS - DQC	400.00	3	57	60	20 000.00	DQC
DQC	20 000.00	6	54	60	2 000.00	DQC/d10

续 表

源溶液	源溶液浓度 (μg/mL)	源溶液体积 (μL)	稀释液体积 (μL)	终体积 (μL)	终浓度 (ng/mL)	名 称
WS-HQC	160.00	3	57	60	8 000.00	HQC
WS-MQC	24.00	3	57	60	1 200.00	MQC
WS-LQC	3.00	3	57	60	150.00	LQC
WS-LLOQ	1.00	3	57	60	50.00	LLOQ

注：稀释过程中使用的稀释液为食蟹猴空白血浆；如果有需要，实际使用稀释液可以根据比例进行调整

(四) 样本处理方法

(1) 环磷酰胺：取样品 60 μL 于离心管中，加入 60 μL 内标工作液，再加入甲醇 480 μL，涡旋混匀后，4℃，10 000×g 离心 10 min，取上清 150 μL 于 96 孔板中，加入 150 μL 水溶液，混匀后，进样测定，进样体积 1 μL。

(2) 沙利度胺：取样品 40 μL 于离心管中，加入 40 μL 内标工作液，再加入甲醇 320 μL，涡旋混匀后，4℃，10 000×g 离心 10 min，取上清 150 μL 于 96 孔板中，加入 150 μL 水溶液，混匀后，进样测定，进样体积 1 μL。

(五) 方法学验证

(1) 储备液检查

1) 取适量环磷酰胺 stock A、stock B，用 50% 甲醇水溶液将其稀释至同一浓度水平后进样检测，通过检查两份储备液中待测物的峰面积，来比较两份储备液的差异。

2) 取适量沙利度胺 stock A、stock B，用 50% 乙腈水溶液将其稀释至同一浓度水平后进样检测，通过检查两份储备液中待测物的峰面积，来比较两份储备液的差异。

3) 接受标准：每份储备液中待测物峰面积的 RSD≤10.00%。两份储备液中待测物峰面积均值的百分比差异在 ±5.00% 范围内，则认为储备液配制准确。

(2) 选择性和特异性

1) 双空白基质样品（不加待测物和内标）：取 6 个来自不同供体的空白血浆 60 μL/40 μL（环磷酰胺为 60 μL，沙利度胺为 40 μL），以等体积的甲醇替代内标工作液，余下制备同样品处理方法。

2) 定量下限基质样品：制备含有定量下限浓度水平的待测物样品，按照样品处理方法处理。

3) 仅含待测物的定量上限基质样品：配制一个 ULOQ 浓度水平的样品，按照样品处理方法处理。

4) 仅含内标的基质样品（不含待测物）：配制一个只含有内标的单空白样本。

5) 接受标准：待测物保留时间区内存在的可观察到的，由基质或内标产生的任何干扰，其干扰峰的响应≤LLOQ 待测物峰响应的 20.00%；内标的保留时间区内存在可观察到的，由基质或待测物产生的任何干扰，其干扰峰的响应≤LLOQ 内标峰响应的 5.00%。

(3) 系统适用性

1) 系统适用性样本制备：配制定量下限水平的系统适用性样品，在正式分析批提交前重复进样 6 针以评价系统适用性。每批分析运行前均需进行系统适用性验证，如果后续批次与分析批之间没有停顿进样，则不需另外的系统适用性验证。

2) 接受标准：待测物与内标保留时间的 RSD≤5.00%，待测物与内标峰面积比值的 RSD≤20.00%。

(4) 标准曲线

1) 标准曲线样本制备：按照表 8-3-4 配制环磷酰胺的标曲工作液，按照表 8-3-5 配制沙利度胺的标曲工作液，按照表 8-3-6 配制环磷酰胺标准曲线样品，按照表 8-3-7 配制沙利度胺标准曲线样品，按照样品处理方法处理。

2) 接受标准：对理论浓度与实际响应值进行线性回归，采用最小二乘法对标准曲线点进行线性拟合，权重因子为 $1/X^2$。校正标样的 RE 在 ±15.00% 范围内，定量下限的 RE 在 ±20.00% 范围内。至少 75% 且至少 6 个的校正标样应该满足上述标准。标准曲线的相关系数 $R^2 \geqslant 0.980$。

(5) 系统残留

1) 取空白血浆 60 μL/40 μL（环磷酰胺为 60 μL，沙利度胺为 40 μL），按照样品处理方式进行处理（以等体积的甲醇替代内标工作液），得到双空白样品。进样 ULOQ 样品后至少进样一个双空白样品对残留进行评估。

2）接受标准：双空白样品中分析物峰面积响应≤定量下限分析物峰面积响应的 20.00%，内标峰面积响应≤定量下限内标峰面积响应的 5.00%。

（6）准确度和精密度

1）准确度和精密度质控样品制备：按照表 8-3-4 配制环磷酰胺质控工作液，按照表 8-3-5 配制沙利度胺质控工作液，按照表 8-3-6 新鲜配制环磷酰胺准确度和精密度样品（LLOQ、LQC、MQC 和 HQC），按照表 8-3-7 新鲜配制沙利度胺准确度和精密度样品（LLOQ、LQC、MQC 和 HQC），按照样品处理方法处理，各浓度水平平行处理 6 份。此项验证须至少做 3 批，且至少 2 天完成。

2）接受标准：批内与批间 LQC、MQC 和 HQC 的 RE 在 ±15.00% 范围内，LLOQ 的 RE 在 ±20.00% 范围内；批内与批间 LQC、MQC 和 HQC 测得浓度的 RSD≤15.00%，LLOQ 测得浓度的 RSD≤20.00%。每个分析批的每个浓度的质控样品至少 5 个有效值。

（7）稀释可靠性

1）取 3 μL 稀释质控工作溶液 WS-DQC 加入 57 μL 空白基质中，涡旋混匀，制备成稀释质控样品。取 6 μL 稀释质控样品，加入 54 μL 空白 SD 大鼠血浆（稀释 10 倍），涡旋混匀后按样品处理方法处理，平行处理 6 份。

2）接受标准：DQC 的 RE 在 ±15.00% 范围内，测得浓度的 RSD≤15.00%，至少 5 个有效值。

（8）基质效应

1）溶液样品制备：取 57 μL 水，加入甲醇沉淀剂 300 μL，涡旋混匀后，4℃，10 000×g 离心 10 min，加入 3 μL 工作液（WS-HQC 和 WS-LQC），加入内标工作液 60 μL，涡旋混匀后，4℃，10 000×g 离心 5 min，取上清 150 μL 于 96 深孔板中，加入 150 μL 水，混匀后，进样测定，各浓度水平平行处理 6 份。

2）基质样品制备：取 57 μL 空白血浆（6 个来源空白血浆），加入甲醇沉淀剂 300 μL，涡旋混匀后，4℃，10 000×g 离心 10 min，加入 3 μL 工作液（WS-HQC 和 WS-LQC），加入内标工作液 60 μL，涡旋混匀后，4℃，10 000×g 离心 5 min，取上清 150 μL 于 96 深孔板中，加入 150 μL 水，混匀后，进样测定，各浓度水平平行处理 6 份。

3）通过计算基质存在下的峰面积（由空白基质提取后加入分析物与内标测得）与不含基质的相应峰面积（分析物和内标的纯溶液）的比值，计算每一分析物和内标的基质因子。通过分析物的基质因子除以内标基质因子，计算经内标归一化的基质因子。

4）接受标准：每一浓度水平的 6 批基质计算的基质因子的 RSD≤15.00%，各浓度水平计算的内标归一化的基质因子的 RSD≤15.00%。

（9）溶血效应

1）溶血血浆的制备：取一定量冷冻 SD 大鼠全血，于室温自然解冻后涡旋混匀后于 4℃，1 800×g 离心 10 min，取 5% 上清液，加入 95% 的空白 SD 大鼠血浆，即得 5% 溶血血浆。

2）溶血样品的制备：在 5% 溶血血浆中加入低、高浓度质控工作液（工作液：溶血基质＝1∶19）配制成溶血效应样品（Hem-LQC/HQC），按照样品处理方法处理，各浓度水平平行处理 6 份。

3）接受标准：用于溶血效应评价的样品的 RE 在 ±15% 范围内，测得浓度的 RSD≤15.00%，每个浓度至少 5 个有效值。

（10）回收率

1）提取回收率样品制备：分别取 3 μL 质控样品工作液（WS-HQC、WS-MQC 和 WS-LQC），加入 57 μL 空白基质中，然后按照样品处理方法处理，各浓度水平平行处理 6 份。

2）提取回收率参照样品制备：取 57 μL 空白血浆（混合空白血浆），加入甲醇沉淀剂 300 μL，涡旋混匀后，4℃，10 000×g 离心 10 min，加入 3 μL 工作液（WS-HQC、WS-MQC 和 WS-LQC），加入内标工作液 60 μL，涡旋混匀后，4℃，10 000×g 离心 5 min，取上清 150 μL 于 96 深孔板中，加入 150 μL 水，混匀后，进样测定，各浓度水平平行处理 6 份。

3）通过提取回收率样品峰面积与提取回收率参照样品峰面积响应的平均值比较，评价待测物和内标的回收率。

4）接受标准：每一浓度水平的待测物和内标的提取回收率的 RSD≤15.00%；不同浓度水平间的待测物和内标平均提取回收率的 RSD≤15.00%。

（11）稳定性

1）储备液短期稳定性：分装一定量 stock A，室温放置一定时间（至少 20 h）后，与直接从 4℃ 冰箱中取出的 stock A，用稀释液稀释至同一浓度水平后进样检测，计算稳定性样品与稳定性对照样品的平均峰面积百分比差异，计算公式为：平均峰面积百分比差异＝（稳定性样品平均峰面积－稳定性对照样品平均峰面积）/稳定性对照样本平均峰面积×100%。接受标准：每份溶液待测物峰面积的 RSD≤10.00%。稳定性样品与稳定性对照样品的平均峰面积百分比差异在

±10.00%范围内,则认为储备液室温短期放置稳定。

2)储备液长期稳定性(4℃冰箱放置):取4℃冰箱放置一定时间(至少15日)的 stock A,与新鲜配制的 stock A 一起,用稀释液稀释至同一浓度水平后进样检测,计算稳定性样品与稳定性对照样品的平均峰面积百分比差异。接受标准:每份溶液待测物峰面积的 RSD≤10.00%。稳定性样品与稳定性对照样品的平均峰面积百分比差异在±10.00%范围内,则认为储备溶液4℃冰箱长期放置稳定。

3)工作液短期稳定性:将 WS-C8 和 WS-C1 工作液室温放置一定时间(至少20 h)后,与从4℃冰箱取出的 WS-C8 和 WS-C1 一起,用稀释液稀释至同一浓度水平后进样检测,计算稳定性样品与稳定性对照样品的平均峰面积百分比差异。接受标准:每份溶液待测物峰面积的 RSD≤10.00%。稳定性样品与稳定性对照样品的平均峰面积百分比差异在±10.00%范围内,则认为工作溶液室温短期放置稳定。

4)工作液长期稳定性(4℃冰箱放置):将 WS-C8 和 WS-C1 工作液4℃冰箱放置一定时间(至少15日)后,与新鲜配制的 WS-C8 和 WS-C1 工作液一起,用稀释液稀释至同一浓度水平后进样检测,计算稳定性样品与稳定性对照样品的平均峰面积百分比差异。接受标准:每份溶液待测物峰面积的 RSD≤10.00%。稳定性样品与稳定性对照样品的平均峰面积百分比差异在±10.00%范围内,则认为工作溶液4℃长期放置稳定。

5)基质样品短期稳定性:取配制好的低、高浓度质控样品,室温/冰浴(环磷酰胺为室温,沙利度胺为冰浴)放置一定时间(至少6 h)后,按照样品处理方法处理,各浓度水平平行处理6份。接受标准:用于稳定性考察的样品的 RE 在±15.00%范围内,测得浓度的 RSD≤15.00%,每个浓度至少5个有效值。

6)基质样品冻融稳定性(至少4个循环):取配制好的低、高浓度质控样品,在-80℃下冷冻贮存(冷冻完全),样品在室温下自然解冻后再次在-80℃下冷冻贮存,解冻时间至少15 min(首次需>30 min),冻融周期重复至少3次,每个周期冷冻贮存时间至少12 h(首次至少24 h)。在第4个周期样品解冻后,按照样品处理方法处理,各浓度水平平行处理6份。接受标准:用于稳定性考察的样品的 RE 在±15.00%范围内,测得浓度的 RSD≤15.00%,每个浓度至少5个有效值。

7)基质样品长期稳定性(-80℃冰箱放置):取配制好的低、高浓度质控样品,贮存于-80℃冰箱中,一

定时间(至少15日,涵盖样品从采集到检测时间范围)后按照样品处理方法处理,各浓度水平平行处理6份。接受标准:用于稳定性考察的样品的 RE 在±15.00%范围内,测得浓度的 RSD≤15.00%,每个浓度至少5个有效值。

8)样品采集稳定性(全血稳定性):向新鲜全血中加入低、高浓度质控工作液配制全血样品(工作液:新鲜全血=1:19),37℃孵育30 min 后分为3份,1份立即离心(1 800×g 离心10 min),取血浆作为全血稳定性考察对照样本;另2份在湿冰条件下分别放置1和2 h 后离心(1 800×g 离心10 min),取血浆作为稳定性考察样本。对照样本和稳定性考察样本按照样品处理方法处理,各浓度水平平行处理6份。接受标准:与对照样本的平均峰面积相比,稳定性考察样本的峰面积的 RE 在±15.00%范围内,且每个浓度水平样品峰面积的 RSD≤15.00%,每个浓度至少5个有效值。

9)制备后样品稳定性(自动进样器环境下放置):将已被接受的分析批于进样器环境下放置一定时间(至少20 h)后,用新鲜配制的标准曲线对上述分析批中的低、高浓度质控样品进行定量分析。接受标准:用于稳定性考察的样品的 RE 在±15.00%范围内,测得浓度的 RSD≤15.00%,每个浓度至少5个有效值。

(12)分析批最大样品容量

1)将已被接受的精密度、准确度分析批重新提交,进完该分析批的标曲样品后,反复提交该分析批中的 LQC、MQC 和 HQC 样品填补达到试验样品分析中预期的单分析批最大样品容量。分析批容量是该分析批的质控样品总进样次数。

2)接受标准:分析批中,至少67%的质控样品,且每一浓度水平至少50%质控样品的 RE 在±15.00%范围内。

(13)分析批接受标准

校正标样的 RE 在±15.00%范围内,定量下限的 RE 在±20.00%范围内,至少75%且至少6个校正标样应该满足该标准。至少67%的质控样品,且每一浓度水平至少50%质控样品的 RE 在±15.00%范围内(不用回算浓度计算的考察项不适用此标准;准确度和精密度考察批,则需满足准确度和精密度相应质控样品的接受标准)。

(六)方法学验证结果

各验证考察项试验结果均符合接受标准。方法学验证结果见表8-3-8至表8-3-9,各验证项对应谱图结果见图8-3-2~图8-3-25。

表 8-3-8 环磷酰胺验证结果汇总

考察项	试 验 结 果	接 受 标 准	结果/评价
储备液检查	RSD≤2.54%;平均值百分比差异在−0.58%~−0.52%范围内	RSD 应 ≤ 10.00%;平均值百分比差异在±5.00%范围内	符合接受标准
选择性与特异性	空白基质在待测物环磷酰胺出峰处的干扰峰≤4.48%,空白基质在内标出峰处没有干扰峰,且待测物在内标出峰处与内标在分析物出峰处互不干扰	待测物环磷酰胺保留时间区内存在的可观察到的由基质或内标产生的任何干扰,其干扰峰的响应≤LLOQ 待测物响应的 20.00%;内标保留时间区内存在可观察到的由基质或待测物产生的任何干扰,其干扰峰的响应≤LLOQ 内标峰响应的 5.00%	符合接受标准
系统适用性	待测物保留时间 RSD≤0.32%,内标保留时间 RSD≤0.25%,待测物与内标峰面积比值的 RSD≤3.37%	待测物与内标保留时间的 RSD≤5.00%,待测物与内标峰面积比值的 RSD≤20.00%	符合接受标准
标准曲线	8 个非零校正标样的 RE 在−9.83%~13.90%范围内,R^2≥0.9920	除定量下限外,其他校正标样的准确度在 85.00%~115.00%,定量下限的准确度应该在 80.00%~120.00%,至少 75% 且至少 6 个浓度的校正标样满足标准,R^2≥0.9800	符合接受标准
批内精密度与准确度	LLOQ 的 RE 在−10.31%~−1.46%范围内、精密度 RSD≤5.42%,LQC、MQC、HQC 的 RE 在−8.68%~2.20%范围内,精密度 RSD≤4.33%	RE 在−15.00%~15.00%范围内,RSD≤15.00%;LLOQ 的 RE 在−20.00%~20.00%范围内,RSD≤20.00%	符合接受标准
批间精密度与准确度	LLOQ 的 RE 为−6.45%,精密度 RSD 为 5.85%,LQC、MQC、HQC 的 RE 在−6.06%~−0.29%范围内,精密度 RSD≤4.70%	RE 在−15.00%~15.00%范围内,RSD≤15.00%;LLOQ 的 RE 在−20.00%~20.00%范围内,RSD≤20.00%	符合接受标准
系统残留	空白样品中待测物响应≤定量下限待测物响应的 4.63%,内标无残留	双空白样品中分析物响应≤定量下限分析物响应的 20.00%,内标响应≤定量下限内标响应的 5.00%	符合接受标准
稀释可靠性	RSD 为 3.70%,RE 为−8.72%	RSD≤15.00%,RE 在±15.00%范围内	符合接受标准
基质效应	每一浓度水平的 6 批基质计算的基质因子的 RSD≤2.34%;各浓度内标归一化基质因子 RSD≤3.31%	每一浓度水平的 6 批基质计算的基质因子的 RSD≤15.00%,各浓度水平计算的内标归一化的基质因子的 RSD≤15.00%。	符合接受标准
回收率	各浓度回收率的 RSD≤7.49%;平均提取回收率为 86.25%,RSD 为 7.71%;内标的平均回收率 91.02%,RSD 为 9.10%	RSD 均应≤15.00%	符合接受标准
溶血效应	5%溶血基质样品的 RSD≤3.13%;RE 在−3.67%~0.96%范围内	RSD 应≤15.00%;平均 RE 须在±15.00%范围内	符合接受标准
储备液短期稳定性	室温放置 24 h 峰面积的 RSD≤1.31%,峰面积均值百分比差异为−4.73%	RSD 应 ≤ 10.00%,平均值百分比差异在±10.00%范围内	符合接受标准
储备液长期稳定性	储备液 4℃冰箱放置 20 天峰面积的 RSD≤1.88%,峰面积的平均值百分比差异为−0.31%	RSD 应 ≤ 10.00%,平均值百分比差异在±10.00%范围内	符合接受标准
工作液短期稳定性	室温放置 24 h 峰面积的 RSD≤6.07%,平均值百分比差异在 0.84%~3.50%范围内	RSD 应 ≤ 10.00%,平均值百分比差异在±10.00%范围内	符合接受标准
工作液长期稳定性	工作液 4℃冰箱放置 20 天峰面积的 RSD≤3.63%,平均值百分比差异在−0.80%~1.46%范围内	RSD 应 ≤ 10.00%,平均值百分比差异在±10.00%范围内	符合接受标准
基质样品短期稳定性	室温放置 96 h 的基质样品 RSD≤2.03%,RE 在 0.47%~1.33%范围内,室温放置 6 h 的基质样品 RSD≤1.92%,RE 在 1.07%~13.59%范围内	RSD 应≤15.00%,平均 RE 须在±15.00%范围内	符合接受标准

考察项	试验结果	接受标准	结果/评价
基质样品冻融稳定性	基质样品 80℃-室温经 4 个冻融循环 RSD≤2.01%,RE 在 2.05%～9.74%范围内	RSD 应≤15.00%,平均 RE 须在±15.00%范围内	符合接受标准
基质样品长期稳定性	-80℃ 条件下放置 20 天基质样品 RSD≤2.07%,RE 在 1.60%～3.53%范围内	RSD 应≤15.00%,平均 RE 须在±15.00%范围内	符合接受标准
全血稳定性	冰浴放置 1 h 和 2 h 的全血稳定性考察样本 RSD≤2.15%,稳定性考察样本的峰面积与对照样本的峰面积的 RE 在-3.27%～0.43%范围内	RSD 应≤15.00%,稳定性考察样本的峰面积与对照样本的峰面积的 RE 在±15.00%范围内	符合接受标准
制备后样品稳定性	自动进样器放置 48 h 的 RSD≤3.05%;RE 在-13.75%～-13.21%范围内	RSD 应≤15.00%,平均 RE 须在±15.00%范围内	符合接受标准
分析批最大容量	分析批 108 针质控样本中,样本准确度偏差在-11.21%～4.34%范围内	分析批中,至少 67%的质控样品,且每一浓度水平至少 50%质控样品的 RE 在±15.00%范围内	符合接受标准

表 8-3-9　沙利度胺验证结果汇总

考察项	试验结果	接受标准	结果/评价
储备液检查	RSD≤3.15%;平均值百分比差异在-1.13%～0.72%范围内	RSD 应≤10.00%,平均值百分比差异在±5.00%范围内	符合接受标准
选择性与特异性	空白基质在待测物环磷酰胺出峰处的干扰峰≤0.00%,空白基质在内标出峰处没有干扰峰,且待测物在内标出峰处与内标在分析物出峰处互不干扰	待测物环磷酰胺保留时间区内存在的可观察到的由基质或内标产生的任何干扰,其干扰峰的响应≤LLOQ 待测物峰响应的 20.00%,内标保留时间区内存在可观察到的由基质或待测物产生的任何干扰,其干扰峰的响应≤LLOQ 内标峰响应的 5.00%	符合接受标准
系统适用性	待测物保留时间 RSD≤0.65%,内标保留时间 RSD≤0.25%,待测物与内标峰面积比值的 RSD≤5.94%	待测物与内标保留时间的 RSD≤5.00%,待测物与内标峰面积比值的 RSD≤20.00%	符合接受标准
标准曲线	8 个非零校正标样的 RE 在-13.81%～14.10%范围内,$R^2 \geqslant 0.993\,4$	除定量下限外,其他校正标样的准确度在 85.00%～115.00%,定量下限的准确度应该在 80.00%～120.00%,至少 75%且至少 6 个浓度的校正标样满足标准,$R^2 \geqslant 0.980\,0$	符合接受标准
批内精密度与准确度	LLOQ 的 RE 在-2.86%～5.32%范围内,精密度 RSD≤8.76%;LQC、MQC、HQC 的 RE 在-4.53%～6.67%范围内,精密度 RSD≤8.85%	RE 在-15.00%～15.00%范围内,RSD≤15.00%;LLOQ 的 RE 在-20.00%～20.00%范围内,RSD≤20.00%	符合接受标准
批间精密度与准确度	LLOQ 的 RE 为 1.78%,RSD 为 7.31%;LQC、MQC、HQC 的 RE 在-2.63%～2.36%范围内,精密度 RSD≤6.45%	RE 在-15.00%～15.00%范围内,RSD≤15.00%;LLOQ 的 RE 在-20.00%～20.00%范围内,RSD≤20.00%	符合接受标准
系统残留	空白样品中待测物响应≤定量下限待测物响应的 0.00%,内标无残留	双空白样品中分析物响应≤定量下限分析物响应的 20.00%,内标响应≤定量下限内标响应的 5.00%	符合接受标准
稀释可靠性	RSD 为 4.07%,RE 为 2.86%	RSD≤15.00%,RE 在±15.00%范围内	符合接受标准
基质效应	每一浓度水平的 6 批基质计算的基质因子的 RSD≤6.35%;各浓度内标归一化基质因子 RSD≤6.87%	每一浓度水平的 6 批基质计算的基质因子的 RSD≤15.00%,各浓度水平计算的内标归一化的基质因子的 RSD≤15.00%	符合接受标准
回收率	各浓度下回收率的 RSD≤5.46%;平均提取回收率为 97.45%,RSD 为 5.25%;内标的平均回收率 97.33%,RSD 为 5.59%	RSD 均应≤15.00%	符合接受标准
溶血效应	5%溶血基质样品的 RSD≤6.55%;RE 在-1.70%～-1.02%范围内	RSD 应≤15.00%;平均 RE 须在±15.00%范围内	符合接受标准

续　表

考察项	试验结果	接受标准	结果/评价
储备液短期稳定性	室温放置 24 h 峰面积的 RSD≤3.11%,峰面积均值百分比差异为 1.28%	RSD 应≤10.00%,平均值百分比差异在±10.00%范围内	符合接受标准
储备液长期稳定性	储备液 4℃ 冰箱放置 30 天峰面积的 RSD≤1.71%,峰面积的平均值百分比差异为−1.80%	RSD 应≤10.00%,平均值百分比差异在±10.00%范围内	符合接受标准
工作液短期稳定性	室温放置 24 h 峰面积的 RSD≤2.57%,平均值百分比差异在−5.94%~−3.11%范围内	RSD 应≤10.00%,平均值百分比差异在±10.00%范围内	符合接受标准
工作液长期稳定性	工作液 4℃ 冰箱放置 30 天峰面积的 RSD≤1.42%,平均值百分比差异在−0.14%~0.50%范围内	RSD 应≤10.00%,平均值百分比差异在±10.00%范围内	符合接受标准
基质样品短期稳定性	冰浴放置 6 h 的基质样品 RSD≤4.66%,RE 在−2.06%~4.33%范围内	RSD 应≤15.00%,平均 RE 须在±15.00%范围内	符合接受标准
基质样品冻融稳定性	基质样品 80℃−室温经 4 个冻融循环 RSD≤4.44%,RE 在−4.45%~−4.44%范围内	RSD 应≤15.00%,平均 RE 须在±15.00%范围内	符合接受标准
基质样品长期稳定性	−80℃ 条件下放置 30 天基质样品 RSD≤4.80%,RE 在 4.68%~7.31%范围内	RSD 应≤15.00%,平均 RE 须在±15.00%范围内	符合接受标准
全血稳定性	冰浴放置 1 h 和 2 h 的全血稳定性考察样本 RSD≤3.46%,稳定性考察样本的峰面积与对照样本的峰面积的 RE 在−10.03%~3.63%范围内	RSD 应≤15.00%,稳定性考察样本的峰面积与对照样本的峰面积的 RE 在±15.00%范围内	符合接受标准
制备后样品稳定性	自动进样器放置 48 h 的 RSD≤3.13%;RE 在 6.06%~13.96%范围内	RSD 应≤15.00%,平均 RE 须在±15.00%范围内	符合接受标准
分析批最大容量	分析批 108 针质控样本中,样本准确度偏差在−11.39%~9.02%范围内	分析批中,至少 67%的质控样品,且每一浓度水平至少 50%质控样品的 RE 在±15.00%范围内	符合接受标准

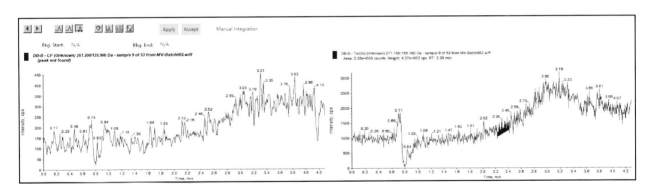

图 8 − 3 − 2　环磷酰胺 6 个来源双空白图谱(分析批名称 MV − Batch002,样品名称 DB − B)

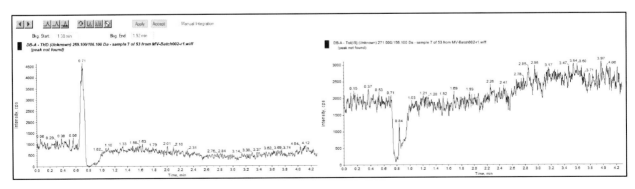

图 8 − 3 − 3　沙利度胺 6 个来源双空白图谱(分析批名称 MV − Batch008,样品名称 DB − A)

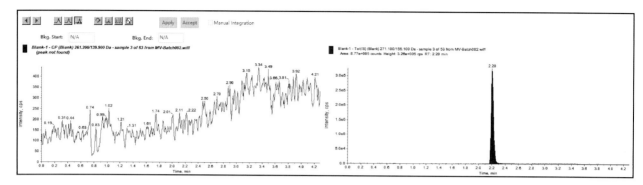

图 8 - 3 - 4　环磷酰胺单空白图谱(分析批名称 MV - Batch002,样品名称 Blank - 1)

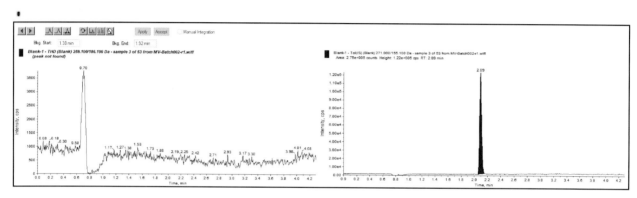

图 8 - 3 - 5　沙利度胺单空白图谱(分析批名称 MV - Batch002,样品名称 Blank - 1)

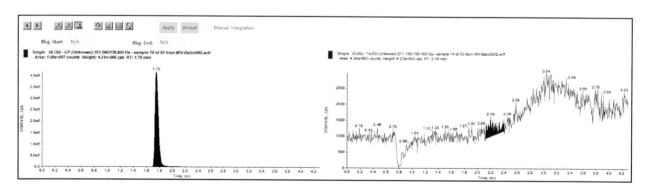

图 8 - 3 - 6　环磷酰胺不含内标的定量上限图谱(分析批名称 MV - Batch002,样品名称 Single ULOQ)

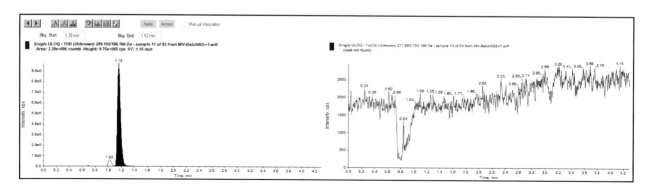

图 8 - 3 - 7　沙利度胺不含内标的定量上限图谱(分析批名称 MV - Batch002,样品名称 Single ULOQ)

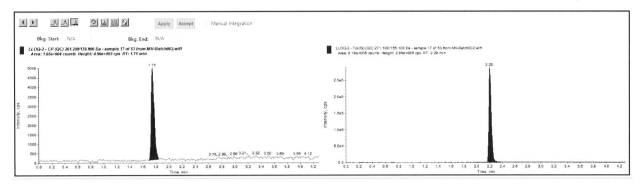

图 8 - 3 - 8　环磷酰胺定量下限图谱(分析批名称 MV - Batch002,样品名称 C8 - 1)

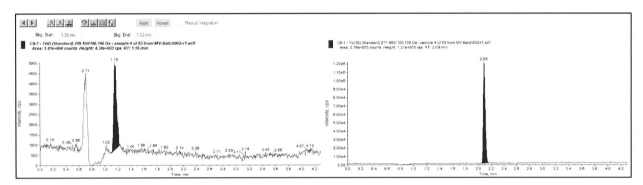

图 8 - 3 - 9　沙利度胺定量下限图谱(分析批名称 MV - Batch002,样品名称 C8 - 1)

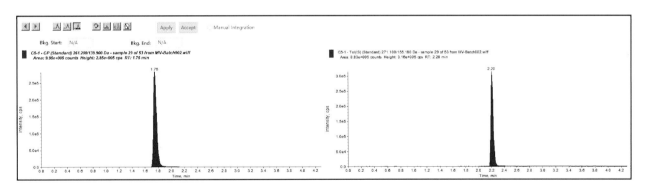

图 8 - 3 - 10　环磷酰胺标曲代表性图谱(分析批名称 MV - Batch002,样品名称 C5 - 1)

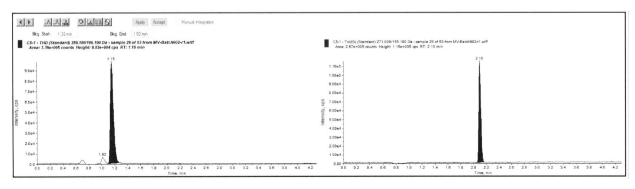

图 8 - 3 - 11　沙利度胺标曲代表性图谱(分析批名称 MV - Batch002,样品名称 C5 - 1)

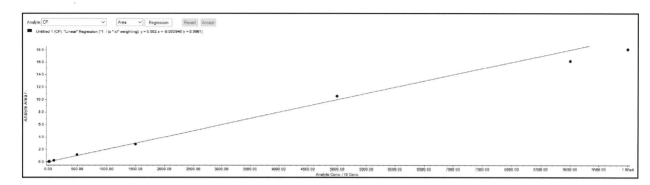

图 8 - 3 - 12　环磷酰胺线性代表性图谱(分析批名称 MV - Batch002)

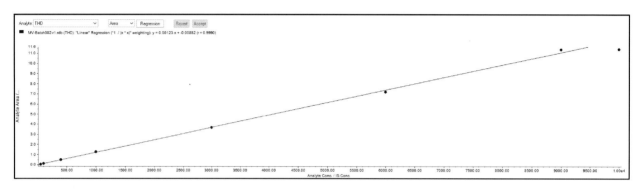

图 8 - 3 - 13　沙利度胺线性代表性图谱(分析批名称 MV - Batch002)

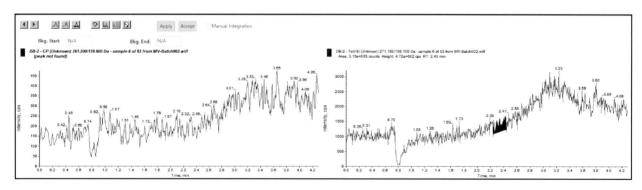

图 8 - 3 - 14　环磷酰胺定量上限后的第一针双空白图谱(分析批名称 MV - Batch002,样品名称 DB - 2)

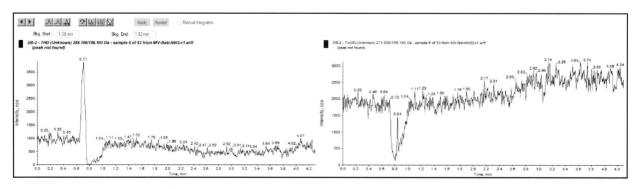

图 8 - 3 - 15　沙利度胺定量上限后的第一针双空白图谱(分析批名称 MV - Batch004,样品名称 DB - 2)

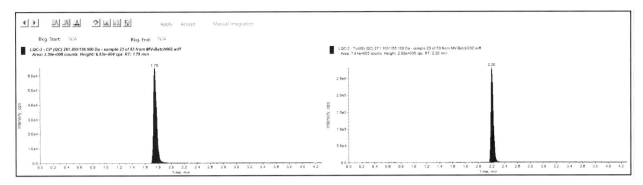

图 8 - 3 - 16 环磷酰胺质控代表性图谱(分析批名称 MV - Batch002,样品名称 LQC - 3)

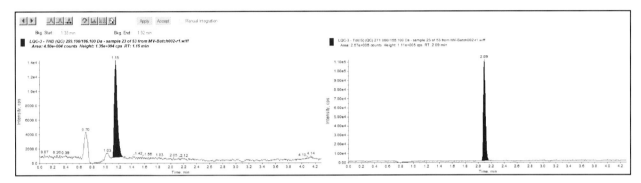

图 8 - 3 - 17 沙利度胺质控代表性图谱(分析批名称 MV - Batch002,样品名称 LQC - 3)

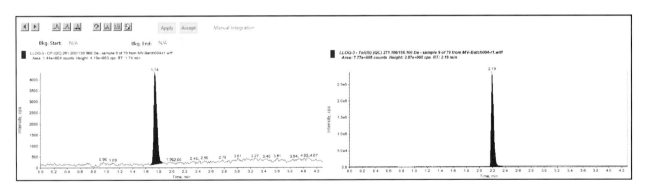

图 8 - 3 - 18 环磷酰胺基质效应纯溶液中待测物图谱(分析批名称 MV - Batch004 - r1,样品名称 Neat - LQC - 2)

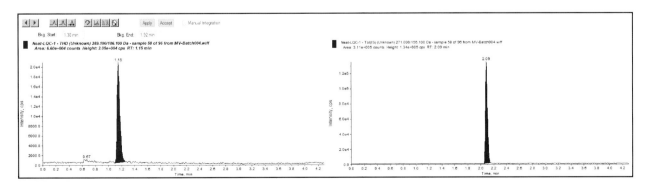

图 8 - 3 - 19 环磷酰胺基质效应纯溶液中待测物图谱(分析批名称 MV - Batch004,样品名称 Neat - LQC - 1)

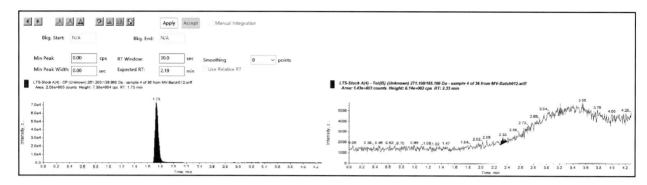

图 8 - 3 - 20　环磷酰胺储备液长期稳定性图谱[分析批名称 MV - Batch012,样品名称 LTS - Stock A(4)]

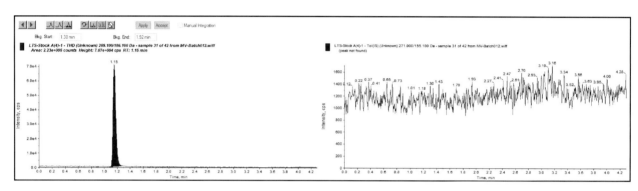

图 8 - 3 - 21　沙利度胺储备液长期稳定性图谱[分析批名称 MV - Batch012,样品名称 LTS - Stock A(4)-1]

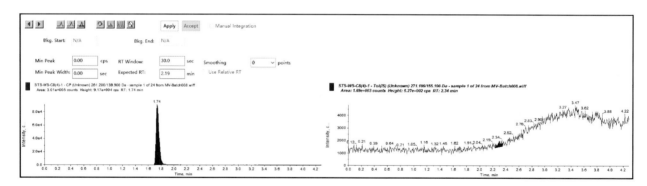

图 8 - 3 - 22　环磷酰胺工作液短期稳定性图谱[分析批名称 MV - Batch008,样品名称 STS - WS - C8(4)-2]

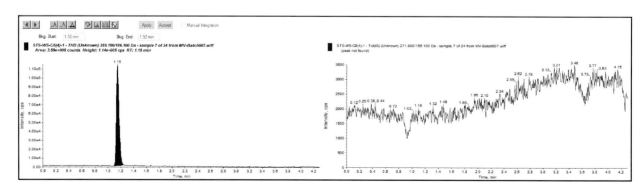

图 8 - 3 - 23　沙利度胺工作液短期稳定性图谱[分析批名称 MV - Batch007,样品名称 STS - WS - C8(4)-1]

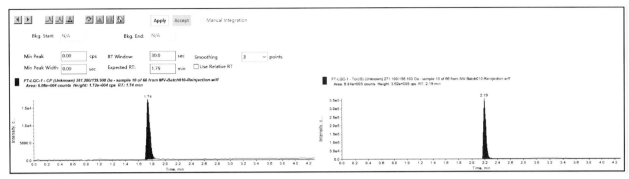

图 8-3-24　环磷酰胺冻融稳定性图谱(分析批名称 MV-Batch010-Reinjection,样品名称 FT-LQC-1)

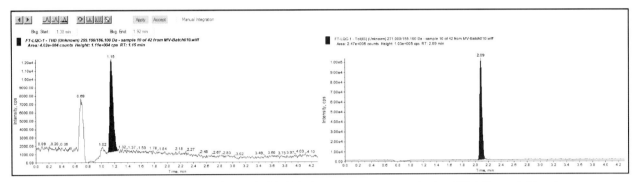

图 8-3-25　沙利度胺冻融稳定性图谱(分析批名称 MV-Batch010-Reinjection,样品名称 FT-LQC-1)

(七)结论

本试验采用 LC-MS/MS 法完成了食蟹猴血浆中环磷酰胺和沙利度胺浓度检测的生物分析方法学验证,用于检测环磷酰胺的方法线性为 10～10 000 ng/mL,用于检测沙利度胺的方法线性为 50～10 000 ng/mL,本验证对待测物(环磷酰胺和沙利度胺)储备液检查、工作液短期和长期稳定性、系统适用性、选择性、基质效应、回收率、残留、标准曲线、批内 & 批间准确度与精密度、稀释可靠性、基质中分析物的短期和长期稳定性考察、全血稳定性、制备后样品稳定性和分析批最大样品容量等进行了全面的方法验证。验证结果表明,应用 LC-MS/MS 法测定食蟹猴血浆中环磷酰胺和沙利度胺浓度的分析方法的验证结果均符合接受标准,该方法适用于后续试验样品分析。

用 LC-MS/MS 方法测定食蟹猴灌胃给药沙利度胺和皮下注射环磷酰胺血浆中沙利度胺和环磷酰胺浓度,评价受试物在食蟹猴体内的暴露水平及其他毒代特征,为解释毒性试验结果和为临床试验用药风险提供参考信息。

根据试验方案食蟹猴分成 3 组,分别为溶媒对照组、环磷酰胺皮下给药组(给药剂量 15 mg/kg)和沙利度胺灌胃给药组(给药剂量 20 mg/kg),溶媒对照组不采血检测;孕猴 GD24 开始给药,每天给药 1 次,环磷酰胺连续给药 5 天,沙利度胺连续给药 7 天。首末次给药(D_1 和 D_5、D_7)采集时间点为给药前(0 h)、给药后30 min、1 h、2 h、4 h、8 h、24 h;采血约 1 mL,装入肝素钠采血管中。离心取血浆置 -80℃ 冰箱冻存待测。本研究采用已验证的 LC-MS/MS 法对采集的样本进行浓度检测,用 WinNonlin 非房室模型(NCA)计算药物的主要毒代参数。

环磷酰胺(给药剂量为 15 mg/kg)首次(GD24)给药后,食蟹猴血药浓度达峰时间为 0.5 h;达峰浓度 C_{max} 为 5 160.91 ng/mL ± 960.02 ng/mL,AUC_{0-t} 分别为(6 167.46 ± 1 161.82)h·ng/mL;末次(GD28)给药后,食蟹猴血药浓度达峰时间为 0～0.5 h;达峰浓度 C_{max} 为 4 822.83 ng/mL ± 1 837.59 ng/mL,AUC_{0-t} 分别为(6 065.23 ± 2 307.81)h·ng/mL。首末次给药后,毒代动力学参数和蓄积结果见表 8-3-10 和表 8-3-11,药时曲线图见图 8-3-26。

沙利度胺(给药剂量 20 mg/kg)首次(GD24)给药后,食蟹猴血药浓度达峰时间为 4～24 h;达峰浓度 C_{max} 为 1 231.86 ng/mL ± 389.07 ng/mL,AUC_{0-t} 分别为(19 601.53 ± 7 243.93)h·ng/mL;末次(GD30)给药后,食蟹猴血药浓度达峰时间为 2～24 h;达峰浓度 C_{max} 为 2 277.09 ng/mL ± 826.98 ng/mL,AUC_{0-t} 分别为(37 949.53 ± 13 612.97)h·ng/mL。首末次给药后,毒代动力学参数和蓄积结果详见表 8-3-12 和表 8-3-13,药时曲线图见图 8-3-27。

表 8-3-10 食蟹猴皮下注射 15 mg/kg 环磷酰胺后的毒代动力学参数

动物编号	首 次			末 次		
	T_{max} (h)	C_{max} (ng/mL)	AUC_{0-t} (h·ng/mL)	T_{max} (h)	C_{max} (ng/mL)	AUC_{0-t} (h·ng/mL)
1	0.5	5 338.56	5 734.29	0.5	96.25	110.72
11	0.5	4 718.23	5 681.37	0.5	6 381.24	7 343.12
13	0.5	3 680.36	5 147.99	0.5	5 866.70	6 352.23
14	0.5	4 135.71	5 042.37	0.5	4 837.31	4 584.53
17	0.5	3 996.56	4 557.68	0.5	3 348.52	5 125.44
19	0.5	5 305.08	5 390.99	0.5	6 179.92	7 175.02
21	0.5	5 139.33	6 092.24	0.5	4 635.61	6 005.60
24	0.5	4 451.37	6 967.96	0.5	3 222.30	4 659.78
27	0.5	6 586.33	8 065.39	0.5	7 248.19	9 924.58
34	0.5	6 915.77	6 025.01	—	—	—
37	0.5	5 698.87	7 103.94	0.5	5 470.97	6 034.17
38	0.5	4 766.54	5 234.75	0.5	4 705.24	6 095.97
41	0.5	5 338.01	6 872.01	0.5	6 118.04	7 504.43
42	0.5	6 181.96	8 428.45	0	4 586.47	7 932.44
总体均值	0.5	5 160.91	6 167.46	0~0.5	4 822.83	6 065.23
标准差	—	960.02	1 161.82	—	1 837.59	2 307.81

注：参数 T_{max} 均值以区间范围值替代。—，不适用

表 8-3-11 食蟹猴连续 5 天皮下注射 15 mg/kg 环磷酰胺后在体内的蓄积情况（末次／首次）

动物编号	首次 C_{max} (ng/mL)	首次 AUC_{0-t} (h·ng/mL)	末次 C_{max} (ng/mL)	末次 AUC_{0-t} (h·ng/mL)	C_{max} 比值	AUC_{0-t} 比值
1	5 338.56	5 734.29	96.25	110.72	0.02	0.02
11	4 718.23	5 681.37	6 381.24	7 343.12	1.35	1.29
13	3 680.36	5 147.99	5 866.70	6 352.23	1.59	1.23
14	4 135.71	5 042.37	4 837.31	4 584.53	1.17	0.91
17	3 996.56	4 557.68	3 348.52	5 125.44	0.84	1.12
19	5 305.08	5 390.99	6 179.92	7 175.02	1.16	1.33
21	5 139.33	6 092.24	4 635.61	6 005.60	0.90	0.99
24	4 451.37	6 967.96	3 222.30	4 659.78	0.72	0.67
27	6 586.33	8 065.39	7 248.19	9 924.58	1.10	1.23
34	6 915.77	6 025.01	—	—	—	—
37	5 698.87	7 103.94	5 470.97	6 034.17	0.96	0.85
38	4 766.54	5 234.75	4 705.24	6 095.97	0.99	1.16
41	5 338.01	6 872.01	6 118.04	7 504.43	1.15	1.09
42	6 181.96	8 428.45	4 586.47	7 932.44	0.74	0.94
总体均值	5 160.91	6 167.46	4 822.83	6 065.23	0.98	0.99
标准差	960.02	1 161.82	1 765.50	2 217.27	0.36	0.33

注：—，不适用

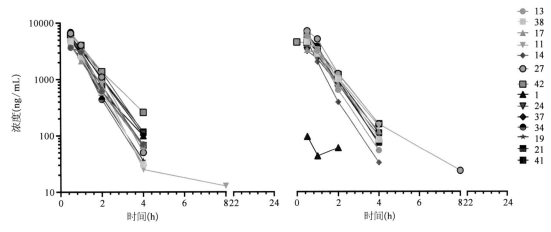

图 8-3-26　食蟹猴皮下注射环磷酰胺 15 mg/kg 首末次给药后个体血药浓度-时间变化曲线

表 8-3-12　食蟹猴灌胃给予 20 mg/kg 沙利度胺后的毒代动力学参数

动物编号	首　　次			末　　次		
	T_{max}(h)	C_{max}(ng/mL)	AUC_{0-t}(h·ng/mL)	T_{max}(h)	C_{max}(ng/mL)	AUC_{0-t}(h·ng/mL)
3	4	1 281.79	19 712.65	8	3 184.60	53 640.18
4	8	1 452.20	27 592.75	8	2 093.88	37 123.02
5	24	1 128.86	20 656.71	2	1 785.51	25 444.63
12	24	1 781.98	24 755.47	24	2 195.67	28 001.56
18	4	463.25	6 989.54	8	3 786.92	63 169.17
28	4	1 077.37	11 798.73	8	1 098.50	24 019.07
29	8	1 039.19	16 369.63	8	1 827.66	31 808.96
31	8	1 671.49	29 478.93	8	2 757.83	46 569.48
40	8	1 190.61	19 059.35	8	1 763.23	31 769.69
总体均值	0.5	1 231.86	19 601.53	0～0.5	2 277.09	37 949.53
标准差	—	389.07	7 243.93	—	826.98	13 612.97

备注：参数 T_{max} 均值以区间范围值替代，"—"表示不适用

表 8-3-13　食蟹猴连续 7 天灌胃给药 20 mg/kg 沙利度胺后在体内的蓄积情况（末次/首次）

动物编号	首次 C_{max}（ng/mL）	首次 AUC_{0-t}（h·ng/mL）	末次 C_{max}（ng/mL）	末次 AUC_{0-t}（h·ng/mL）	C_{max} 比值	AUC_{0-t} 比值
3	1 281.79	19 712.65	3 184.60	53 640.18	2.48	2.72
4	1 452.20	27 592.75	2 093.88	37 123.02	1.44	1.35
5	1 128.86	20 656.71	1 785.51	25 444.63	1.58	1.23
12	1 781.98	24 755.47	2 195.67	28 001.56	1.23	1.13
18	463.25	6 989.54	3 786.92	63 169.17	8.17	9.04
28	1 077.37	11 798.73	1 098.50	24 019.07	1.02	2.04
29	1 039.19	16 369.63	1 827.66	31 808.96	1.76	1.94
31	1 671.49	29 478.93	2 757.83	46 569.48	1.65	1.58
40	1 190.61	19 059.35	1 763.23	31 769.69	1.48	1.67
总体均值	1 231.86	19 601.53	2 277.09	37 949.53	2.31	2.52
标准差	389.07	7 243.93	826.98	13 612.97	2.24	2.49

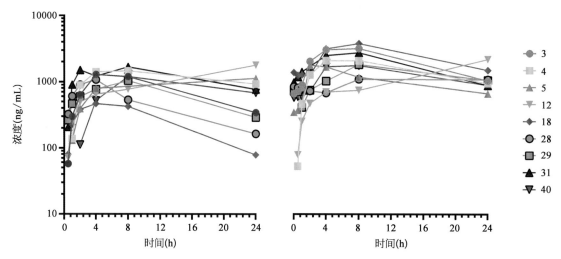

图 8-3-27　食蟹猴灌胃给药沙利度胺 20 mg/kg 首末次给药后个体血药浓度-时间变化曲线

在组织样本中,环磷酰胺和沙利度胺的浓度检测结果均低于定量下限。原因:动物孕期大概 160 天。孕猴 GD_{24} 开始给药,每天给药 1 次,环磷酰胺连续给药 5 天,沙利度胺连续给药 7 天。各组织取样时间为 GD_{150},动物未持续给药,未检测到生殖系统各组织及胎仔中药物浓度也属正常。各组织中均未检出环磷酰胺和沙利度胺。

（许　旭）

第四节　大分子药物在生殖系统的药代和毒代动力学

研发的药物中,很多是用于婴儿、有生育潜力的妇女(WoCBP)、育龄男性和婴儿,因此需要对其是否影响生育能力和(或)后代的早期发育、幼龄和青春期毒性进行评估。开始生殖毒性试验前,掌握一些药代动力学方面的信息,对于动物种属选择、试验设计与给药方案的调整等有重要提示作用。前期的药代动力学信息可能来源于非妊娠或非哺乳期动物,而妊娠和哺乳期动物会存在生理方面的迅速变化,其药代动力学可能也会出现改变,因此生殖毒性研究中,常伴随生殖毒代动力学的研究,以便获得药物在生殖系统、羊水、乳汁及胎仔/幼仔中的暴露情况,并评估药物潜在的致畸性。

生物制品的发展日新月异,很多单克隆抗体药物的唯一药理相关动物种属是非人灵长类(NHP),其中食蟹猴是使用比较多的非人灵长类动物,因此,在生殖和发育毒性研究中,也会选择食蟹猴作为生殖毒性研究的动物种属,考察药物对胚胎和胎儿的潜在风险,是否存在全身性的母体暴露,以及该分子是否能够穿过胎盘屏障并与胚胎直接接触。故本节的重点是描述单克隆抗体在食蟹猴妊娠过程中母体的暴露量及胎盘转运相关的研究。

一、研究特点

生殖毒性伴随毒代动力学研究应考虑妊娠期与非妊娠期动物的动力学特征的可能差异。药代动力学和毒代动力学的关系见图 8-4-1。

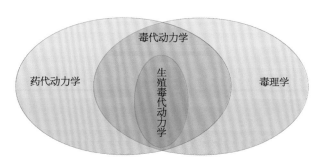

图 8-4-1　药代动力学和毒代动力学关系

在 PK 和 TK(可伴随单次给药毒性试验、重复给药毒性试验、遗传毒性试验、生殖毒性试验和致癌性试验开展)研究中,生殖毒代动力学数据可以来自生殖毒性试验的全部动物,也可以来自部分动物。生殖毒代动力学数据应包括胎仔/幼仔数据,以评价受试物和

（或）代谢产物能否通过胎盘屏障和（或）乳汁分泌。两者比较详见表8-4-1。

表8-4-1　药代动力学和毒代动力学的比较

	毒代动力学		药代动力学
	非生殖毒性研究	生殖毒性研究	
试验系统	非妊娠/非哺乳期	妊娠期或哺乳期	非妊娠/非哺乳期
剂量	高于药效剂量或临床剂量	高于药效剂量或临床剂量	药效剂量
展开方式	伴随毒性试验	伴随生殖毒性试验	单独展开
研究内容	AUC_{0-T}、C_{max}、C_{time}和蓄积	T_{max}、C_{max}、AUC、蓄积,生殖系统、羊水、乳汁和胎仔/幼仔体内药物浓度	药物的吸收、分布、代谢和排泄,获得半衰期$T_{1/2}$等药代动力学参数
动物要求	雌雄各半,共同分析	F0代雌性和F1代胎仔/幼仔	雌雄各半,共同分析
分析方法	专属性好	专属性好,需重点考察不同类型基质间影响,可能不同基质需分开验证	专属性好,灵敏度高

毒代动力学研究在安全性评价中的主要价值体现在：

（1）阐述毒性试验中受试物和（或）其代谢物的全身暴露及其与毒性反应的剂量和时间关系；评价受试物和（或）其代谢物在不同动物种属、性别、年龄、机体状态（如妊娠状态）的毒性反应；评价非临床毒性研究的动物种属选择和用药方案的合理性。

（2）提高动物毒性试验结果对非临床安全性评价的预测价值。依据暴露量来评价受试物蓄积引起的靶部位毒性（如肝脏或肾脏毒性），有助于为后续非临床

安全性评价提供量化的安全性信息。

（3）综合药效及其暴露量和毒性及其暴露信息来指导人体试验设计,如起始剂量、安全范围评价等,并根据暴露程度来指导临床安全监测。

（一）生殖毒代动力学的设计要点

用于药物安全性评价的生殖与发育毒性研究（DART）旨在评估药物治疗对妊娠和发育中的胚胎/胎仔的潜在不良影响。对发育的不良影响可因发育中的胚胎/胎仔直接接触药物而发生,也可因对母亲或胎盘的毒性而间接发生。药物对胎儿产生的直接毒性作用主要取决于胚胎/胎仔暴露的程度、潜在的靶点毒性和脱靶毒性,以及在发育敏感是的持续暴露时间。人用药品技术要求国际协调理事会（ICH）S5（R3）描述了可用于评估药品对生殖和发育潜在影响的3种体内研究试验,并对每种试验推荐使用的动物种属进行了以下描述。

（1）生育力和早期胚胎发育试验（Ⅰ段,FEED阶段A和B）,至少采用一种动物,推荐用大鼠。

（2）两种种属的胚胎-胎仔发育试验（Ⅱ段,EFD阶段C和D）,试验通常采用两种动物：一种为啮齿类动物,推荐用大鼠；另一种为非啮齿类动物,推荐用兔。应说明动物选择的合理性。

（3）围产期发育试验（Ⅲ段,PPND阶段C至F）。至少采用一种动物,推荐用大鼠。

对于大多数药物而言,三段试验方案（常用的试验方案）通常比较合适,能够识别有可能发生损害的生殖发育阶段。但根据具体药物情况的不同,也可选择其他能充分反映受试物生殖毒性的试验方案,如单一试验设计或两段试验设计等。无论采用哪种试验方案,各段试验之间（给药处理）不应留有间隔,并可对生殖过程的各阶段进行直接或间接评价。应说明所选择试验方案的合理性。一般评估生殖毒性的阶段见图8-4-2。

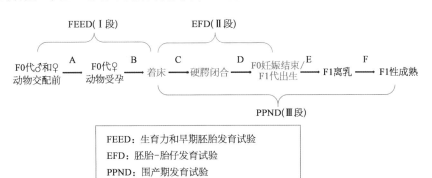

图8-4-2　生殖与发育毒性研究生命周期。A. 从交配前至受孕（成年雄性和雌性生殖功能、配子的发育和成熟、交配行为、受精）；B. 从受孕至着床（成年雌性生殖功能、着床前发育、着床）；C. 从着床至硬腭闭合（成年雌性生殖功能、胚胎发育、主要器官形成）；D. 从硬腭闭合至妊娠结束（成年雌性生殖功能、胎仔发育和生长、器官发育和生长）；E. 从出生至离乳（分娩和哺乳、新生幼仔对宫外生活的适应性、离乳前发育和生长）；F. 从离乳至性成熟（离乳后发育和生长、适应独立生活、青春期开始和达到完全性功能、对第二代的影响）

根据《药品注册管理办法》可将药物分为化药、生物制品和中药、天然药物。对于化药、中药、天然药物和部分生物制品，如果在啮齿类动物或兔中有药理学活性，通常采用三段式试验设计 DART，也可以对这些试验设计阶段进行不同的组合，以满足特定产品的需求和减少动物用量。

对于部分生物制品，如单克隆抗体，啮齿类动物往往不是其药理学相关种属，在这种情况下可以在单一的药理学相关的非啮齿类动物种属中进行胚胎-胎仔发育评估。ICH M3 允许在进行确定性 EFD 试验前，采用两种种属的初步胚胎-胎仔发育（pEFD）毒性试验资料来支持有生育可能妇女有限地纳入临床试验（不

超过 150 名，用药不超过 3 个月）。当 NHP（生殖试验通常采用食蟹猴）是唯一的相关种属时，因为食蟹猴的生殖特点限制，无法进行生育力和早期胚胎发育试验的交配评价，且食蟹猴随访子代直至成熟因为周期太长，也无法完成完整的围产期发育试验，故其在食蟹猴中的生殖毒性试验可以用给药期限至少 3 个月以上的重复给药毒性试验中对生殖组织进行组织病理学检查，作为生育力评估的一种替代方法，可在此阶段进行伴随的毒代动力学研究或药物在生殖系统的组织分布研究。并且进行增强的围产期发育（ePPND）毒性试验来替代 EFD 试验。不同药物类型在不同种属动物的 DART 试验设计见表 8 - 4 - 2。

表 8 - 4 - 2　各种属动物的 EFD 和 PPND 毒性试验设计

参　数	pEFD	EFD			PPND	ePPND
	啮齿类/兔	大鼠/(小鼠)	兔	食蟹猴[a]	大鼠	食蟹猴
GLP 状态	可选[b]	是	是	是	未要求	未要求
妊娠雌性动物最小数量/组大小[c]	6	16	16	16	至少 16 窝	约 16 只妊娠雌性
剂量组数	4（包括 1 个对照组）	4（包括 1 个对照组）	4（包括 1 个对照组）	至少 2（包括 1 个对照组）	4 组（包括 1 个对照组）	至少 2 组（包括 1 个对照组）
给药期	适合于种属	$GD_{6/7-17}$（$GD_{6/7-15}$）	$GD_{6/7-19}$	约 GD_{20} 至少 GD_{50}	从着床（$GD_{6/7}$）至离乳（PND_{20}）	从确认妊娠（约 GD_{20}）至分娩
F0 终点	适合于种属	$GD_{20/21}$（$GD_{17/18}$）	$GD_{28/29}$	GD_{100}	分娩	分娩
F1 终点	随 F0	随 F0	随 F0	随 F0	性成熟，至少 10 周龄交配后	至少在 1 月龄时，取决于评价的目的
药物暴露研究	可选[b]	TK	TK	TK	未要求	当合适时，应测定 F0 代 TK 特征和（或）F0 和 F1 代全身药物水平
适用药物类型	化药、中药、天然药物或有生理学活性的生物制品			仅食蟹猴为相关动物种属的药物（如单克隆抗体）	化药、中药、天然药物或有生理学活性的生物制品	仅食蟹猴为相关动物种属的药物（如单克隆抗体）

注：[a] 如果使用食蟹猴以外 NHP，试验设计应进行调整。[b] 如果 pEFD 试验用于延迟确定性 EFD 试验，则该 pEFD 试验应遵循 GLP 规范，应采集妊娠动物的 TK 数据，并进行骨骼检查。[c] 对于食蟹猴 EFD 试验的组大小应产生足够数量的胎仔，以便评估对形态学发育的潜在不良影响；ePPND 试验中的组大小应能保证生产出足够数量的幼仔，以便评估对妊娠结局的潜在不良影响及畸形和出生后发育，并在必要时提供进行专业评估的机会（如免疫系统）。大多数 ePPND 的妊娠动物都是在几个月内获得的

（二）生物制品在食蟹猴中的生殖与发育毒代动力学评估

1. 生物制品与小分子药物的区别　生物制品通常也称为大分子药物，主要以微生物或哺乳类动物细胞经基因改造后用于生产的生物药品，包括蛋白质、多肽、抗体偶联药物和寡核苷酸等。由于生物制品药物的多样性，每种药物都应根据其结构、理化性质和药学活性选择合适的评价方式。所有生物药物的一个共同特征是，相对于传统药物（200～400 Da），它们的分

子量相对较大（1～150 kDa）。细胞因子的分子量在 2～4 kDa，酶的分子量在 6～10 kDa，一些多肽和寡核苷酸的分子量在 2～10 kDa，单克隆抗体（mAb）的分子量约为 15 kDa。生物制品较大的大分子量使其不易跨膜扩散，限制了它们在体内的分布。因此它们的分布在很大程度上受限于血容量或血液和细胞外液容量。这种有限分布的后果是，生物药物不会进入细胞，因此不会破坏细胞内机制，不会与 DNA 或其他染色体物质相互作用，也不会自由地跨越生理障碍，如血脑

屏障、血眼屏障、血睾屏障及胎盘屏障等。只有在特定跨膜运输机制下,大分子药物才会发生跨越这些屏障的进入特定组织。常见的跨膜机制包括灵长类动物的新生儿 Fc 受体(FcRn)介导的抗体跨胎盘转运,以及啮齿动物的卵黄囊和新生儿肠道转运。小分子药物与大分子药物的区别见表 8-4-3。

表 8-4-3　小分子药物与大分子药物的区别

项　　目	大分子药物	小分子化药
分子量	大(>1 kDa)	小(<1 kDa)
来源	细胞活体	化学合成
给药方式	静脉、皮下及肌内注射	口服、静脉、皮下等多种途径
药物形态	注射液	固体、注射液、栓剂等
分子与靶点作用	高特异性,简单	特异性差,复杂
功能评价	复杂	简单
理化性质	溶解性差异大、带电状态差异大	水溶性好
影响药代的因素	Fcγ 受体和 C1q(ADCC、CDC),非特异性消除(FcRn 对抗体的作用)、等电点、ADA 等;几乎无肾脏消除	肝脏代谢(细胞色素 P450 酶)、转运体等;肾脏和胆汁排泄
药代特点	半衰期长,可达数天至数周,组织渗透性差,Vd 小	半衰期短,一般在数分钟至数小时,组织渗透性好,Vd 大
线性动力学特征	常出现非线性药代动力学特征	部分药物高剂量时呈现非线性药代动力学特征
生物分析方法	复杂(ELISA、LC-MS/MS、RIA 等方法)	方法特异,手段成熟(LC-MS/MS 方法)
免疫原性	经常产生	基本不产生
临床前研究	根据药物作用机制具体案例具体分析,药效作用放大	相对模式化
常见生殖毒性动物种属	非人灵长类、大鼠、兔	大鼠、兔
通过胎盘屏障的方式	IgG 是唯一能够通过胎盘屏障的免疫球蛋白,通过 FcRn 的主动运输过程	被动扩散

注:ADCC,抗体依赖性细胞介导的细胞毒作用;CDC,补体依赖的细胞毒作用;ADA,抗药物抗体;Vd,表观分布容积;ELISA,酶联免疫吸附试验;LC-MS,液质联用仪;RIA,放射免疫分析;FcRn,新生儿 Fc 受体;C1q,补体 1q

虽然大分子药物(抗体和非抗体)不能通过简单的自由扩散穿透胎盘,但少量大分子药物有可能通过细胞旁路途径穿过胎盘(或其他生理障碍)。随着妊娠时间的延长,胎盘会变得越来越薄,渗透性也越来越强。所以,有些在妊娠早期不能通过胎盘的大分子药物,在妊娠后期可能会慢慢通过胎盘传给子代。

2. 单克隆抗体的介绍　单克隆抗体药物被越来越多地开发,用于治疗癌症和免疫系统疾病等,按照抗体的理化性质和生物学功能,可以将抗体分为 IgM、IgG、IgA、IgE 和 IgD 五大类,其中 IgG 常被设计用于特异性模拟或抑制疾病发病机制中涉及的内源性人类蛋白质。各种类型的抗体结构、重链类型、分子量、血清占比、血清浓度和循环半衰期见表 8-4-4。

表 8-4-4　单克隆抗体分类

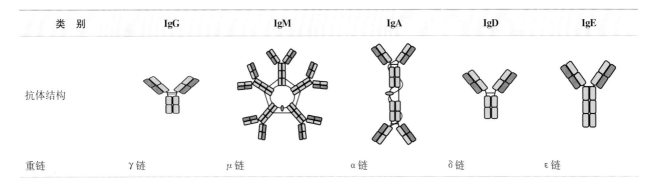

类　别	IgG	IgM	IgA	IgD	IgE
抗体结构					
重链	γ 链	μ 链	α 链	δ 链	ε 链

续 表

类　别	IgG	IgM	IgA	IgD	IgE
分子量(kDa)	150	950/1 150	160/400	175	190
血清占比	70%～75%	10%	10%～20%	<1%	极低
血清浓度(g/L)	8～16	0.8～1.6	2	0.04	0.000 3
循环半衰期	IgG1、IgG2 和 IgG4 为 18～21 日，IgG3 为 3～7 日	5 日	6 日	3 日	2.5 日
是否可通过胎盘屏障	是	否	否	否	否

但抗体药物中，IgG 类型的药物是目前研究中发现的唯一能够通过胎盘屏障的天然药物结构类型，主要原因是 IgG 的 Fc 片段可以通过 FcRn 介导的通路通过胎盘屏障，导致抗体的转移，抗体的转移主要发生在人类妊娠的中期和晚期，此时 FcRn 开始在胎盘上表达。所有具有完整 IgG Fc 部分的抗体或重组蛋白都可以通过胎盘运输，而没有 Fc 的抗体片段［Fab、dAb、scFv、F(ab)'2］则无法通过胎盘运输。在人类和 NHP 中也证实了类似的 IgG 的胎盘转移过程。

IgG 是血清和体液中含量最高的抗体，占血清总抗体的 75%～80%。人 IgG 有 4 个亚类，根据其在血清中浓度的高低排序，分别为 IgG1、IgG2、IgG3、IgG4。IgG 的半衰期为 20～23 日，是再次免疫应答产生的主要抗体，其亲和力高，在体内分布广泛，具有重要的免疫效应，是机体抗感染的"主力军"。

IgG1、IgG2 和 IgG3 可以穿过胎盘屏障，在新生儿抗感染免疫中起重要作用。IgG1、IgG2 和 IgG3 能通过经典途径活化补体，并可与巨噬细胞、NK 细胞表面 Fc 受体结合，发挥调理作用、ADCC 作用等；人的 IgG1、IgG2 和 IgG4 可通过其 Fc 段与葡萄球菌蛋白 A（SPA）结合，借此可纯化抗体，并用于免疫诊断。某些自身抗体如抗甲状腺球蛋白抗体、抗核抗体，以及引起 Ⅱ、Ⅲ 型超敏反应的抗体也属于 IgG。IgG 抗体的结构见图 8-4-3，抗体在结构上可分为 Fab 和 Fc 段，Fab 段由轻链和部分重链构成，主要特异性识别相关抗原，进而调控下游信号通路；Fc 段则由剩余的重链部分构成，可识别并结合表达 Fc 受体的免疫细胞（如自然杀伤细胞、巨噬细胞和中性粒细胞）及补体，以激活相应的免疫应答，如抗体依赖性细胞介导的细胞毒作用（ADCC）、抗体依赖性细胞吞噬作用（ADCP）及补体依赖的细胞毒作用（CDC）等效应。Fc 片段可以通过 FcRn 介导的通路通过胎盘屏障。

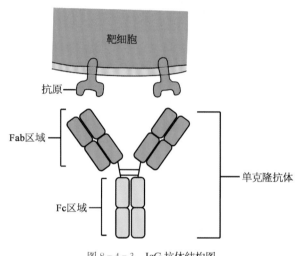

图 8-4-3　IgG 抗体结构图

3. 抗体类药物的体内 ADME 特征　ADME 是药物"吸收（absorption）、分布（distribution）、代谢（metabolism）和外排（excretion）"的简称，代表了药物进入机体后机体对药物的处置过程。单克隆抗体药物作为一种大分子蛋白，因其特殊的结构和生理性质，在体内的吸收、分布、代谢及排泄均与小分子药物存在较大差异，抗体类药物的体内 ADME 特征见图 8-4-4。

4. 抗体类药物的体内消除过程　不同于传统小分子药物在肝脏中由细胞色素 P450 酶介导的经典代谢过程，抗体药物不能经由肝脏或肾脏直接代谢。抗体药物的体内消除过程受多种特殊因素的影响，如蛋白水解酶水解、Fc 受体介导的消除及保护作用、靶点介导和抗药抗体产生等。抗体类药物在体内的消除过程见图 8-4-5。

（1）蛋白水解酶水解：人体中存在多种特异性和非特异性蛋白水解酶，对蛋白类药物代谢具有重要作用。在生物药物研发早期通过给予酶抑制剂或对水解酶易感部位进行改构，可以延长其半衰期。

（2）Fc 受体介导的消除：Fc 受体是一类能够和抗

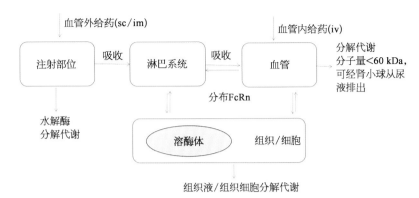

图 8-4-4　抗体类药物的体内 ADME 特征

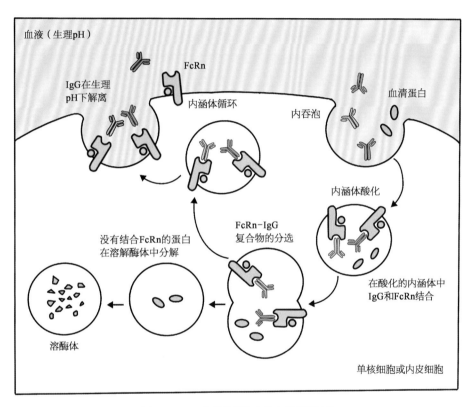

图 8-4-5　抗体类药物在体内的消除过程

体 Fc 片段特异结合的细胞表面蛋白，不同类型的细胞可以表达不同类型的 Fc 受体。IgG 类型抗体的 Fc 受体是 FcγR，可识别生物分子 Fc 区域并介导其内化及随后的细胞内分解代谢。它不仅介导内源性 IgG 的消除，也可以介导外源性治疗性蛋白的消除，该途径为非特异性消除途径。

（3）新生儿 FcRn 介导的保护作用：IgG 还有另一个非常重要的细胞表面受体，即 FcRn。FcRn 主要表达在血管内皮细胞上，在特定蛋白药物消除中发挥保护作用。FcRn 与蛋白结合呈 pH 依赖性，内化的蛋白在酸性内体中与 Fc 结合并循环至细胞表面，通过胞吐作用重新释放至细胞外，在生理 pH 下与 FcRn 解离继续发挥作用。

合理利用 FcRn 介导消除逃逸，是延长大分子药物半衰期的有效优化策略之一。

（4）靶标介导的清除（target-mediated drug disposition，TMDD）：是指大分子药物与靶标结合后通过内化作用在胞内降解的方式，是一种非线性的药代动力学现象。

FcRn 通过高度 pH 依赖的细胞再循环机制避免了抗体在细胞内的降解并将抗体转运至胞外，使得抗体药物能够维持一定的血药浓度并具有较长半衰期。随着药物浓度的增加，TMDD 达到饱和，此时非靶标介导的清除途径占主导地位，靶标介导的非线性途径可以忽略不计。在非临床研究中，为了确定抗体药物是否存在 TMDD 效应，可通过单次递增剂量的体内

PK 研究,将抗体药物清除率或半衰期对给药剂量作图分析获得结果。

（5）抗药物抗体（anti-drug antibodies，ADA）介导的清除：大分子药物可能会引起机体产生 ADA,当 ADA 过多地与单抗药物结合时,将形成免疫复合物并通过细胞的吞噬作用加快药物的清除。ADA 的存在不仅会作为中和抗体导致抗体药物清除速率加快、药效降低,还会导致临床中出现药物过敏等不良反应。ADA 的产生可能引起抗体类药物 PK 特征发生改变,尤其合并发生靶点介导的清除时,抗体药物的表观代谢趋势变得更加难以解释。但因为靶点介导的消除检测方式烦琐,ADA 的检测手段较为成熟便捷,因此在临床试验中若遇到 PK 异常的情况,最快的排查方案就是首先检测血液中的 ADA 水平,再依次考虑其他潜在因素。

（三）IgG 类抗体在不同动物种属中的胎盘屏障通过性研究

IgG 是唯一一种能够通过母体胎盘的免疫球蛋白。因为 IgG 的 Fc 片段与 FcRn 的结合是抗体通过胎盘转运的先决条件,所以不同种属的 FcRn 与抗体类药物 Fc 亲和力的差异决定了在人类和 NHP 的胎盘屏障通过效率。各种分子的胎盘屏障通过性示意图见图 8-4-6。

在非啮齿类动物中,IgG 的胎盘转移在器官发生期较低,在妊娠早、中期开始增加,并在妊娠晚期达到最高水平。在啮齿类动物中,IgG 在母体中发生胎盘转移的妊娠阶段相对早于非啮齿类动物。分娩后,IgG 在初乳中分泌量较多,在成熟乳中分泌量相对较少。对 28 种抗体类药物在不同动物种属中的胎盘屏障通过性进行了研究,汇总结果见表 8-4-5。

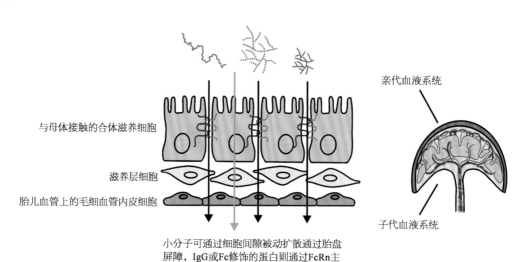

图 8-4-6　各种分子的胎盘屏障通过性示意图

表 8-4-5　抗体类药物在不同动物种属中的胎盘屏障通过性研究汇总

编号	动物种属	分子类型	给药剂量 （mg/kg）	样品收集时间 （GD）	母体血清 （μg/mL）	胎儿血清 （μg/mL）	胎儿/母体
1	兔	IgG4 mAb	30	19[a]	38.25	1.69	0.044
2	兔	IgG1 mAb	50	19[a]	1 583	1.04	0.000 7
3	兔	IgG4 Fc 融合蛋白	20	20[a]	586	27	0.046
4	兔	IgG1 Fc 融合蛋白	30	20[a]	290	3.74	0.013
5	兔	IgG1 mAb	50	28[b]	277	372	1.34
6	兔	IgG1 mAb	0.2	28[b]	0.375	0.244	0.65
7	大鼠	IgG4 Fc 融合蛋白	0.3	21[c]	0.97	0.44	0.69
8	大鼠	IgG1 mAb	0.5	21[c]	1.132	1.126	0.99

续　表

编号	动物种属	分子类型	给药剂量 （mg/kg）	样品收集时间 （GD）	母体血清 （μg/mL）	胎儿血清 （μg/mL）	胎儿/母体
9	大鼠	IgG4 Fc 融合蛋白	2	21[c]	7.4	10	1.42
10	大鼠	IgG1 mAb	2	21[c]	3.357	2.818	0.84
11	大鼠	IgG4 Fc 融合蛋白	20	21[c]	18	34	2.02
12	大鼠	IgG1 mAb	20	21[d]	80	76	0.96
13	大鼠	IgG4 mAb	30	20[c]	91.5	29.41	0.32
14	大鼠	IgG1 mAb	30	20[d]	106.66	15.57	0.15
15	大鼠	IgG4 Fc 融合蛋白	20	18[d]	144	43	0.3
16	大鼠	IgG1 mAb	20	18[d]	194	51	0.28
17	大鼠	IgG2 mAb	10	21[c]	1.042	1.897	1.82
18	大鼠	IgG1 mAb	10	21[c]	6.029	6.072	1.01
19	食蟹猴	IgG4 mAb	5	140～142	78.7	19.97	0.25
20	食蟹猴	IgG1 mAb	5	139	27	11.9	0.53
21	食蟹猴	IgG4 mAb	50	140～142	835.9	153.7	0.18
22	食蟹猴	IgG1 mAb	50	139	112	68.1	0.61
23	食蟹猴	IgG2 mAb	12.5	100	203	4.34	0.02
24	食蟹猴	IgG1 mAb	15	100	20.84	4.93	0.24
25	食蟹猴	IgG2 mAb	100	100	72.4	21.4	0.3
26	食蟹猴	IgG1 mAb	100	100	25	14.1	0.56
27	食蟹猴	IgG1 mAb	75	100	9	5.4	0.69
28	食蟹猴	IgG1 mAb	75	100	8.2	6.3	0.78

注：[a]表示末次给药后 0～2 天；[b] 表示末次给药后 9～10 天；[c] 表示末次给药后 5～6 天；[d] 表示末次给药后 0～3 天；[e] 表示末次给药后 7～9 天

二、方 法 学 验 证

以下面几个案例来讨论方法学验证。

案例 1：应用 ELISA 方法检测食蟹猴血清和组织中 TQ001 和 TQ002 浓度

目的：对已经建立的检测食蟹猴血清中 TQ001 和 TQ002 两种 IgG1 类型的单克隆抗体的双抗体夹心 ELISA 分析方法进行验证。

方法原理：采用双抗体夹心 ELISA 方法测定食蟹猴血清、胎盘、羊水、乳汁和雄性生殖器官组织中 TQ001 和 TQ002 的浓度。TQ001 和 TQ002 检测原理相似，分别用各自的抗原包被微孔板，制作成固相抗体，可与样本中的 TQ001 或 TQ002 结合，经洗涤除去未结合的成分，再与 HRP 标记的羊抗人 IgG 抗体结合，形成抗体-抗原-抗体复合物，经过洗涤后加入底物 TMB 显色液显色，TMB 在 HRP-酶催化下转化为蓝色，并在硫酸的作用下终止显色并转化为黄色。用多功能酶标仪在 450 nm 波长下测定吸光值，采用多功能酶标仪自带软件 SoftMax Pro 7.1.2 GxP 进行浓度回算。

（一）受试物信息

1. 受试物 1

名称：TQ001 注射液。

规格：每支 150 mg/mL。

含量或浓度：154.0 mg/mL。

稳定性：贮存条件和有效期内稳定。

有效期至：××××年××月××日。

贮存条件：2～8℃，避光。

运输环境：冷链运输。

2. 受试物 2

名称：TQ002 注射液。

规格：每支 50 mg/0.5 mL。

含量或浓度：100 mg/mL（COA 浓度）。

稳定性：贮存条件和有效期内稳定。

有效期至：××××年××月××日。

贮存条件：2～8℃，避光。

运输环境：冷链运输。

（二）主要仪器及试剂

1. 试剂及耗材　表 8-4-6。

表 8-4-6　试剂和耗材

名　　称	批　　号
吐温-20	21090253
	EZ7890B253
BSA	EZ7890B203/EZ7890C409
PBS 粉末	16C11B30/17F06A30
TMB 显色液	2021030201
脱脂奶粉	J25C03
无 RNase 水	AKG1199A
硫酸	20210107
	20200710
TQ001 抗原	×××
TQ002 抗原	×××
HRP 标记的羊抗人二抗	26
人 IgG 干粉	20220211
食蟹猴空白血清	××××
食蟹猴完全溶血基质	××××
碳酸氢钠	20200102
无水碳酸钠	20210105
Elisa 板可拆卸	20019001
封板膜	PETG059F

2. 主要仪器　表 8-4-7。

表 8-4-7　主要仪器

仪器名称	仪器型号
多功能酶标仪	SpectraMax M5^e
精密移液器	0.1～2.5 μL、0.1～10 μL、2～20 μL、10～100 μL、20～200 μL、30～300 μL、100～1 000 μL

续　表

仪器名称	仪器型号
医用冷藏冷冻冰箱	YCD-265
-80℃超低温冰箱	DW-86L626
涡旋仪	MX-S
纯水仪	Direct-Q 8UV
LED 数显摇床	SLK-O3000-S
天平	PR423ZH/E
恒温箱	DHP-9052
洗板机	PW960 Plus

3. 基质　食蟹猴空白血清来源于本机构空白基质库，于-70℃以下保存备用。空白血清使用前，平衡至室温使用。

（三）试验方法

1. 试验准备　各溶液根据实际需要和配制比例调整了配制体积。各验证项配制表以 TQ001 为例列举。

（1）主要试剂

1）碳酸盐缓冲液（CBS）：称取 0.796 g 的无水碳酸钠和 1.486 g 的碳酸氢钠，加 0.5 L 超纯水，混匀。

2）磷酸盐缓冲液（PBS）：取 PBS 粉末 1 包，加入 2 L 超纯水，混匀。

3）洗板液（PBST）：将 2 mL 吐温-20 加入 4 L 的 PBS 溶液，混匀。

4）封闭液（5% Skim milk）：称取 7.504 g 的 Skim milk，加入到 150 mL PBS 溶液中，涡旋混匀。

5）TQ001 稀释液（1% BSA）：称取 3 g 的 BSA 粉末，加入到 300 mL 的 PBS 溶液中，混匀。

6）TQ002 稀释液 A（0.5% Skim milk）：称取 0.505 g Skim milk 加入到 100 mL PBS 溶液中，混匀。

7）TQ002 稀释液 B（1% BSA）：称取 0.502 g BSA 加入到 50 mL PBS 溶液中，混匀。

8）TQ001 包被工作液：将×××蛋白（0.25 mg/mL）用 CBS 溶液稀释至 0.5 μg/mL，作为包被工作液。

9）TQ002 包被工作液：将×××（200 μg/mL）用 CBS 溶液稀释至 0.5 μg/mL，作为包被工作液。

10）TQ001 二抗溶液：将 HRP 标记的羊抗人二抗用 1% BSA 稀释 2 万倍，作为二抗溶液。

11）TQ002 二抗溶液：将 HRP 标记的羊抗人二抗用 1% BSA 稀释 1 万倍，作为二抗溶液。

12）显色液：显色液直接使用，无需配制。

13）终止液（1 mol/L H₂SO₄）：取 56 mL 18 mol/L 浓硫酸，在烧杯中搅拌情况下加入到 944 mL 超纯水中，冷却至室温，移入溶液瓶中。

14）人 IgG 溶液：用无菌无酶水将人 IgG 干粉配制成 10 mg/mL 人 IgG 溶液，备用。

15）空白猴血清基质：取至少 10 个不同来源的空白食蟹猴血清等体积混合即得。

16）5% 食蟹猴溶血基质：从本机构基质库中领取完全溶血基质，将完全溶血基质用无溶血的空白食蟹猴血清进行 20 倍稀释，即为 5% 食蟹猴溶血基质。

（2）标准曲线样品

1）TQ001：将受试物 TQ001（154 m/mL）用空白猴血清稀释至 20 000 ng/mL、10 000 ng/mL、5 000 ng/mL、2 500 ng/mL、1 250 ng/mL、625 ng/mL、312.5 ng/mL、156.25 ng/mL、78.13 ng/mL 和 0 ng/mL，制备标准曲线样本，其中 20 000 ng/mL 和 78.13 ng/mL 分别为上锚定点和下锚定点。受试物标准曲线配制方法见表 8 - 4 - 8。

表 8 - 4 - 8　TQ001 受试物标准曲线配制

名称	源溶液	源溶液体积（μL）	稀释液体积（μL）	终体积（μL）	终浓度（ng/mL）
Pre - 1	TQ001 原液	5	72	77	10 000 000
Pre - 2	Pre - 1	5	72	77	10 000 000
Pre - 3	Pre - 2	5	45	50	1 000 000
C01	Pre - 2	20	80	100	200 000
C02	C01	30	270	300	20 000
C03	C02	100	100	200	10 000
C04	C03	100	100	200	5 000
C05	C04	100	100	200	2 500
C06	C05	100	100	200	1 250
C07	C06	100	100	200	625
C08	C07	100	100	200	312.5
C09	C08	100	100	200	78.125
空白孔	N/A	N/A	100	100	0

2）TQ002：将受试物 TQ002（100 mg/mL）用空白猴血清基质稀释至 8 000 ng/mL、1 600 ng/mL、800 ng/mL、400 ng/mL、200 ng/mL、100 ng/mL、50 ng/mL、25 ng/mL 和 12.5 ng/mL，制备标准曲线样品，其中

8 000 ng/mL 和 12.5 ng/mL 分别为上锚定点和下锚定点。

（3）质控及定量限样品

1）TQ001：将受试物 TQ001（154 mg/mL）用空白猴血清稀释至 10 000 ng/mL、8 000 ng/mL、4 000 ng/mL、400 ng/mL、156.25 ng/mL，用于制备定量上限样本（ULOQ），高、中和低浓度质控样本（HQC、MQC 和 LQC）及定量下限样本（LLOQ）。受试物质控样品配制方法见表 8 - 4 - 9。

表 8 - 4 - 9　TQ001 受试物质控样品配制

名称	源溶液	源溶液体积（μL）	稀释液体积（μL）	终体积（μL）	终浓度（ng/mL）
Pre - 1	TQ001 原液	5	72	77	10 000 000
Pre - 2	Pre - 1	5	45	50	1 000 000
Pre - 3	Pre - 2	20	80	100	200 000
ULOQ	Pre - 3	20	380	400	10 000
HQC	ULOQ	216	54	270	8 000
MQC	HQC	90	90	180	4 000
LQC	MQC	20	180	200	400
LLOQ	LQC	60	93.6	154	156.25

2）TQ002：将受试物 TQ002（100 mg/mL）用空白猴血清稀释至 1 600 ng/mL、1 200 ng/mL、300 ng/mL、60 ng/mL 和 25 ng/mL，用于制备定量上限样品（ULOQ），高、中和低浓度质控样品（HQC、MQC 和 LQC）及定量下限样品（LLOQ）。

（4）选择性样品

1）TQ001：将受试物 TQ001（154 mg/mL）用空白猴血清稀释至 200 000 ng/mL、3 125 ng/mL，制备 20×SE - H、20×SE - L 样本，再将 20×SE - H 和 20×SE - L 分别用 10 个个体空白猴血清进行 20 倍稀释，得到选择性样本 SE - H 和 SE - L，未加受试物的 10 个个体空白猴血清作为选择性样本 SE - NC。受试物选择性样品配制方法见表 8 - 4 - 10。

表 8 - 4 - 10　TQ001 选择性样品配制

名称	源溶液	源溶液体积（μL）	稀释液体积（μL）	终体积（μL）	终浓度（ng/mL）
Pre - 1	TQ001 原液	5	72	77	10 000 000
Pre - 2	Pre - 1	5	45	50	1 000 000

续 表

名称	源溶液	源溶液体积(μL)	稀释液体积(μL)	终体积(μL)	终浓度(ng/mL)
20×SE-H	Pre-2	30	120	150	200 000
Pre-3	20×SE-H	10	90	100	20 000
20×SE-L	Pre-3	30	162	192	3 125
SE-H血清	20×SE-H	5	95*	100	1 000
SE-L血清	20×SE-L	5	95*	100	31.25

2) TQ002：将受试物 TQ002(100 mg/mL)用空白猴血清基质稀释至 32 000 ng/mL 和 500 ng/mL，制备 20×SE-H、20×SE-L 样品，再将 20×SE-H 和 20×SE-L 分别用 10 个个体空白猴血清进行 20 倍稀释，得到选择性样品 SE-H(1 600 ng/mL)和 SE-L (25 ng/mL)，未加对照品的 10 个空白猴血清作为空白选择性样品 SE-NC。

(5) 溶血样品：溶血效应在 ULOQ、LLOQ 和空白水平考察。

TQ001/TQ002：用 5% 食蟹猴溶血基质将选择性中配制的 20×SE-H 和 20×SE-L 进行 20 倍稀释，得到溶血样本 HE-H 和 HE-L，未加受试物的 5% 食蟹猴溶血基质作为空白溶血样本 HE-NC，各浓度水平的溶血样本平行 5 份。受试物溶血样品的配制方法见表 8-4-11。

表 8-4-11 TQ001 溶血性样品配制

名称	源溶液	源溶液体积(μL)	稀释液体积(μL)	终体积(μL)	终浓度(ng/mL)
Pre-1	TQ001原液	5	72	77	10 000 000
Pre-2	Pre-1	5	45	50	1 000 000
20×SE-H	Pre-2	30	120	150	200 000
Pre-3	20×SE-H	10	90	100	20 000
20×SE-L	Pre-3	30	162	192	3 125

(6) 特异性样品：特异性在 ULOQ、LLOQ 和空白水平考察。

1) TQ001：用空白猴血清将干扰物人 IgG 稀释至 100 000 ng/mL 和 1 562.5 ng/mL，制备 10×ULOQ 和 10×LLOQ 样本，作为空白特异性样本 SP-H 和 SP-L。用空白特异性样本 SP-H 和 SP-L 将受试物配制成高浓度特异性样本 SP-H-H 和 SP-L-H(定量上

限水平浓度)，再用空白特异性样本 SP-H 和 SP-L，将高浓度特异性样本稀释至低浓度特异性样本 SP-H-L 和 SP-L-L(定量下限水平浓度)，然后对高、低浓度特异性样本和空白特异性样本进行测定。各浓度水平的特异性样本平行 5 份。受试物特异性样品的配制方法见表 8-4-12。

表 8-4-12 TQ001 特异性样品配制

名称	源溶液	源溶液体积(μL)	稀释液体积*(μL)	终体积(μL)	终浓度(ng/mL)
pre-SP-1	TQ001原液	5	72	77	10 000 000
pre-SP-2	pre-SP-1	5	45	50	1 000 000
SP-H-H/SP-L-H	pre-SP-2	10	90	100	100 000
pre-SP-3	SP-H-H/SP-L-H	10	30	40	12 500
SP-H-L/SP-L-L	pre-SP-3	15	45	60	1 562.5

注：* 配制 SP-H-H 和 SP-H-L 时所用的稀释液为 SP-H，配制 SP-L-H 和 SP-L-L 时所用的稀释液为 SP-L

2) TQ002：用空白猴血清基质将干扰物人 IgG 溶液稀释至 3 200 ng/mL 和 50 ng/mL，制备 2×ULOQ 和 2×LLOQ 样品，作为空白特异性样品 SP-H 和 SP-L。用空白特异性样品 SP-H 和 SP-L 将对照品×××单抗注射液(100 mg/mL)配制成高浓度质控特异性样品 SP-H-H 和 SP-L-H，再用空白特异性样品 SP-H 和 SP-L 将高浓度质控特异性样品稀释至低浓度质控特异性样品 SP-H-L 和 SP-L-L，然后对高、低浓度质控特异性样品进行测定，同时测定空白特异性样品。每个条件每个浓度水平平行 5 个样品。

(7) 稀释线性和钩状效应

1) TQ001：将受试物 TQ001(154 mg/mL)用空白猴血清基质稀释至 10 mg/mL 和 5 mg/mL 作为 HOOK1 和 HOOK2 样本检测。再将 HOOK2 样本用空白猴血清稀释至 6 000 ng/mL、2 000 ng/mL、500 ng/mL 和 25 ng/mL，制备 DQC-01，DQC-02、DQC-03 和 HOOK3，每个稀释因子平行 5 份。HOOK1、HOOK2 和 HOOK3 用于钩状效应的考察，DQC-01，DQC-02 和 DQC-03 用于稀释线性的考察。受试物稀释线性和钩状效应样品的配制方法见表 8-4-13。

表 8 - 4 - 13 TQ001 稀释线性和钩状效应样品配制

名称	源溶液	源溶液体积(μL)	稀释液体积(μL)	终体积(μL)	终浓度(ng/mL)
HOOK - 1	受试物原液	5	72	77	10 000 000
HOOK - 2	HOOK - 1	40	40	80	5 000 000
pre - DQC - 1	HOOK - 2	5	120	125	200 000
pre - DQC - 2	pre - DQC - 1	10	190	200	10 000
DQC - 1	pre - DQC - 2	60	40	100	6 000
DQC - 2	DQC - 1	20	60	80	2 000
DQC - 3	DQC - 2	20	60	80	500
HOOK - 3	DQC - 3	5	95	100	25

注：用于考察稀释线性的稀释倍数为由 HOOK1 稀释至 DQC-01、DQC-02 和 DQC-03 浓度时的倍数；N/A，无相关信息

2）TQ002：将受试物 TQ002（100 mg/mL）用空白猴血清基质稀释至 4 mg/mL 和 0.2 mg/mL 作为 Hook1 和 Hook2 样品检测。再将 Hook2 样品用空白猴血清基质稀释至 1 000 ng/mL、500 ng/mL、250 ng/mL 和 10 ng/mL，制备 DQC - 1，DQC - 2，DQC - 3 和 Hook3，每个稀释因子至少平行处理 5 个样品。Hook1、Hook2 和 Hook3 用于钩状效应的考察，DQC - 1、DQC - 2 和 DQC - 3 用于稀释线性的考察。

（8）稳定性样品：TQ001/TQ002：将受试物配制成高和低浓度质控水平样本（ST - H 和 ST - L）作为该试验的稳定性样本。每个浓度准备共 60 份样本。稳定性样本分别于配制后即刻、室温放置 24 h，2～8℃放置 24 h，-70℃以下放 30 天、60 天和 120 天（涵盖样品从接收到检测时间范围），以及反复冻融 5 个循环（冻融稳定性样本在制备时，每次需在室温条件下融化，室温放置不少于 4 h，第一次完全融化前需经至少 24 h 冷冻，以后每一次冻融循环，样品都应被冷冻 12 h 以上）后进行测定。每个条件下每个浓度 4 个样本。

（9）平行性样品：取两种受试物在毒理试验中的真实样本（C_{max}）各 3 个，分别用 3 个不同稀释倍数稀释至标准曲线范围内测定。

（10）基质桥接：生殖毒性药代和毒代动力学研究过程中，当检测胎盘、羊水、乳汁和雄性生殖器官组织的药物浓度时，需要在选择性验证中进行基质的桥接验证，若无法桥接，需要开展单独的基质验证。若空白

基质不易获取，如乳汁，可通过 10% Skim milk 替代验证，本方法未进行上述组织的桥接验证，但本机构在其他种属（兔和大鼠）中，均开展过组织匀浆液与血清的桥接试验。

（四）分析流程

1. TQ001

（1）包被：微孔板中加入包被工作液，100 μL/孔，封板，2～8℃孵育过夜。

（2）封闭：PBST 洗板 5 次，300 μL/孔，拍干，加 5% Skim milk 封闭，300 μL/孔，封板，37℃孵育约 2 h。

（3）加样：将待测样本用 1% BSA 稀释 25 倍。PBST 洗板 5 次，300 μL/孔，拍干，加入处理后的样本 100 μL/孔于酶标板中，封板，37℃孵育约 1 h。

（4）加二抗溶液：弃去孔内液体，PBST 洗板 5 次，300 μL/孔，拍干。加二抗溶液 100 μL/孔，封板，37℃孵育约 0.5 h。

（5）显色：弃去孔内液体，PBST 洗板 5 次，300 μL/孔，拍干。加入显色液 100 μL/孔，室温避光显色 10 min ± 5 min，视显色情况而定。

（6）终止：加入终止液 100 μL/孔。

（7）测定：终止反应，30 min 内在酶标仪上测定 450 nm 波长处的 OD 值。

（8）结果输出：以浓度为 X 坐标，吸光度（OD 值）为 Y 坐标进行四参数拟合，绘制标准曲线，权重因子为 $1/X$，计算样本浓度。

2. TQ002

（1）包被：微孔板中加入包被工作液，100 μL/孔，封板，2～8℃孵育过夜。

（2）封闭：PBST 洗板 5 次，300 μL/孔，拍干，加 5% Skim milk 封闭，300 μL/孔，封板，37℃孵育 2 h。

（3）加样：将待测样品用 0.5% Skim milk 稀释 25 倍。PBST 洗板 5 次，300 μL/孔，拍干，加入处理后的样品 100 μL/孔于酶标板中，封板，37℃孵育 2 h。

（4）加二抗溶液：弃去孔内液体，PBST 洗板 5 次，300 μL/孔，拍干。加二抗溶液 100 μL/孔，封板，37℃孵育 0.5 h。

（5）显色：弃去孔内液体，PBST 洗板 5 次，300 μL/孔，拍干。加入显色液 100 μL/孔，室温避光显色 10 min ± 5 min，视显色情况而定。

（6）终止：加入终止液 100 μL/孔。

（7）测定：终止反应，30 min 内在酶标仪上测定

450 nm 处的 OD 值。

（8）结果输出：以浓度为 X 坐标，OD450 值为 Y 坐标进行四参数拟合，绘制标准曲线，计算样品浓度。

（五）方法学验证

所有样本均做复孔，要求样本复孔间变异系数不超过 20.0%（浓度低于定量下限的样本不做要求）。

1. 标准曲线　以浓度为横坐标，OD 值为纵坐标，进行四参数拟合绘制标准曲线。每个分析批包括 6 个浓度的校正标样，包括 LLOQ 和 ULOQ。空白样本不应参与校准曲线参数的计算。可以使用浓度低于 LLOQ 和高于 ULOQ 的锚定点校正样品来改善曲线的拟合。

需要在不同天内评估至少 6 个独立的分析批，以考查批次间的差异。标准曲线允许排除由于明确或者不明原因产生失误的浓度点，排除后应至少 75% 且不少于 6 个浓度的校正标样的实测浓度与理论浓度的相对误差（%RE）[＝（实测浓度－理论浓度）/理论浓度×100%]在 ±20.0% 范围内（LLOQ 和 ULOQ 为 ±25.0%），标准曲线的相关性 $R^2>0.95$，且空白样本的平均 OD 值需低于最低定量限样本。

锚定点校正样品是处于定量范围之外，可不遵循上述接受标准。锚定点用于辅助拟合非线性回归标准曲线，在标准曲线不满足可接受标准时，剔除锚定点后，标准曲线可满足接受标准的情况下，锚定点可剔除，除此之外，锚定点不应剔除。

2. 精密度与准确度　准确度的定义为实测浓度与理论浓度的相对误差（%RE），精密度的定义为变异系数（%CV）。精密度和准确度由 2 人或 2 人以上及在 2 天或 2 天以上的至少 6 个独立的分析批中进行考察，每个新增人员需至少进行 1 个分析批的精密度和准确度考察。

精密度与准确度考察：每个分析批内至少包含 1 条标准曲线和 3 套质控样品，其中标准曲线样本由对照品配制，质控样本由受试物配制，每套包含 LLOQ、LQC、MQC、HQC 和 ULOQ 共 5 个浓度的质控样品，检测后对测定值进行统计分析。

可接受标准如下。

准确度：每批各浓度质控样本的平均%RE[（平均实测浓度－理论浓度）/理论浓度×100%]不超过 ±20.0%（ULOQ 和 LLOQ 样本不超过 ±25.0%）。

批内精密度：每批各浓度质控样本的%CV 不超过 20.0%（ULOQ 和 LLOQ 样本不超过 25.0%）。

批间精密度：所有批次各浓度质控样本的%CV 不超过 20.0%（ULOQ 和 LLOQ 样本不超过 25.0%）。

方法总误差：不超过 30.0%（ULOQ 和 LLOQ 样本不超过 40.0%），方法总误差计算方法如下：%RE＝（平均实测浓度－理论浓度）/理论浓度×100%；方法总误差（%TE）＝相对误差绝对值（%）+批间精密度（%）。

方法学其他验证及样本测定时，以 1 条标准曲线，3 个浓度水平（HQC、MQC 和 LQC）的质控样本，每个浓度水平 2 份样本，以及待测样本组成一个分析批。需每个分析批至少 67% 质控样本的%RE 在 ±20.0% 范围内，且每个浓度至少 50% 的质控样本%RE 在 ±20.0% 范围内。

3. 选择性　选择性在定量上限和定量下限水平考察，每一浓度水平应至少 80% 以上个体来源的选择性样本的%RE 在 ±25.0% 范围内（定量下限水平样本的%RE 在 ±25.0% 范围内），至少 80% 以上个体来源的空白选择性样本的响应低于 LLOQ 的响应。

4. 溶血效应　溶血效应在定量上限和定量下限水平考察，每一浓度水平应至少 80% 以上个体来源的溶血效应样本的%RE 在 ±25.0% 范围内（定量下限水平样本的%RE 在 ±25.0% 范围内），至少 80% 以上空白溶血样本的响应低于 LLOQ 的响应。

5. 特异性　每一浓度水平应至少 80% 以上的特异性样本的%RE 在 ±20.0% 范围内（特异性在定量上限和下限水平考察），至少 80% 以上的空白特异性样本的响应低于 LLOQ 的响应。

6. 稀释线性和钩状效应　高于定量上限的样本 HOOK1 和 HOOK2 的 OD 值应大于标准曲线定量上限的 OD 值。在标准曲线定量范围内样本的平均%RE 在 ±20.0% 范围内，且每个稀释度的 5 个样本的%CV 不超过 20.0%。低于定量下限 HOOK3 的样本的 OD 值应小于标准曲线定量下限的 OD 值。随着药物浓度的增加，OD 值无明显下降，视为无前带效应；随着药物浓度的减小，OD 值无显著增加，视为无后带效应。

7. 稳定性　每一浓度水平应有 67% 以上的稳定性样本浓度的%RE 在 ±20.0% 范围内，且各浓度平均%RE 不超过 ±20.0%。

8. 平行性　系列稀释样本间浓度的%CV ≤ 30.0%。

9. 稳健性　稳健性是分析方法在正常使用期间的可靠性的指标，当分析方法的参数发生微小变化时，分析方法不受其影响的能力。这些变化的评价是在批内和批间精密度与准确度试验中进行，批内和批间精密度与准确度满足接受标准，即认为此方法在这些变化中具有稳健性。三种基质类型的方法学验证均进行稳健性考察，由2名分析员在两个分析批进行不同孵育时间的考察，TQ001孵育时间考察情况见表8-4-14。

表8-4-14　TQ001稳健性考察时间范围

孵育时间	封闭时间	样品孵育时间	二抗溶液孵育时间
最短时间	室温孵育90 min	室温孵育55 min	室温孵育28 min
最长时间	室温孵育150 min	室温孵育65 min	室温孵育32 min

（六）数据统计分析

采用多功能酶标仪自带软件SoftMax Pro 7.1.2 GxP出具检测OD值、复孔间变异系数和样本回算浓度，用Microsoft Excel软件进行数据的整理，计算相对误差、质控样本批内和批间的变异系数。OD值、回算浓度均保留三位小数，变异系数和相对误差均保留一位小数。

（七）方法学验证结果

TQ001和TQ002的验证项目均包括标准曲线、精密度与准确度、选择性、溶血效应、特异性、稀释线性、钩状效应、稳定性和平行性，各验证考察项试验结果均符合接受标准。其中TQ001标准曲线的定量范围为156.25～10 000 ng/mL，TQ001的稳定性样本在室温和2～8℃样放置24 h，反复冻融5个循环、-70℃以下放置42天、69天和134天均稳定。TQ002标准曲线的定量范围为25～1 600 ng/mL，TQ002的稳定性样品在室温放置66 h、2～8℃样放置66 h，反复冻融5个循环、-70℃以下放置35天、65天及295天均稳定。结果表明，双抗体夹心ELISA方法测定食蟹猴血清中TQ001和TQ002准确、可重现，方法验证符合要求，TQ001的完整验证结果见表8-4-15。

表8-4-15　TQ001药物浓度验证结果汇总

考察项	可接受标准	试　验　结　果		结果评价
标准曲线	标准曲线范围：156.25～10 000 ng/mL			通过
	不少于6个浓度的校正标样的实测浓度的%RE在±20.0%范围内（LLOQ和ULOQ为±25.0%）	定量限标样：%RE：-7.3%～21.5% 除定量限校正标样：%RE：-7.8%～16.8%		
	相关性R^2>0.95	各分析批R^2均大于0.99		
精密度准确度	平均%RE不超过±20.0%（ULOQ和LLOQ不超过±25.0%）批内%CV不超过20.0%（ULOQ和LLOQ不超过25.0%）批间%CV不超过20.0%（ULOQ和LLOQ不超过25.0%）方法总误差：不超过30.0%（ULOQ和LLOQ不超过40.0%）	LLOQ（156.25 ng/mL）	平均%RE：-1.2%～18.7% 批内%CV：1.6%～8.3% 批间%CV：7.3% 方法总误差：13.7%	通过
		LQC（400 ng/mL）	平均%RE：-4.3%～10.6% 批内%CV：6.0%～7.8% 批间%CV：7.9% 方法总误差：10.5%	
		MQC（4 000 ng/mL）	平均%RE：-3.9%～-9.8% 批内%CV：2.6%～11.2% 批间%CV：7.6% 方法总误差：7.9%	
		HQC（8 000 ng/mL）	平均%RE：-10.1%～2.9% 批内%CV：3.7%～9.4% 批间%CV：8.0% 方法总误差：12.3%	
		ULOQ（10 000 ng/mL）	平均%RE：-8.0%～8.9% 批内%CV：3.0%～9.8% 批间%CV：8.3% 方法总误差：10.6%	

考察项	可接受标准	试验结果		结果评价
选择性	SE-NC(0 ng/mL)：80%以上样本的响应低于 LLOQ 的响应	全部样本回算浓度均低于定量下限	SE-NC(0 ng/mL)：80%以上样本的响应低于 LLOQ 的响应	通过
	SE-L (156.25 ng/mL)：80%以上样本的%RE 不超过±25.0%	全部样本%RE 为 -6.9%～14.2%，%CV 为 6.3%	SE-L (156.25 ng/mL)：80%以上样本的%RE 不超过±25.0%	
	SE-H(10 000 ng/mL)：80%以上样本的%RE 不超过±25.0%	全部样本%RE 为 -18.7%～4.4%，%CV 为 7.4%	SE-H(10 000 ng/mL)：80%以上样本的%RE 不超过±25.0%	
溶血效应	HE-NC(0 ng/mL)：80%以上样本的响应低于 LLOQ 的响应	全部样本回算浓度均低于定量下限		通过
	HE-L(156.25 ng/mL)：80%以上样本的%RE 不超过±25.0%	全部样本%RE 为 0.6%～18.5%，%CV 为 6.3%		
	HE-H(10 000 ng/mL)：80%以上样本的%RE 不超过±25.0%	全部样本%RE 为 -2.9%～22.0%，%CV 为 9.0%		
特异性	SP-H/SP-L(0 ng/mL)：80%以上样本的响应低于 LLOQ 的响应	SP-H/SP-L 全部样本回算浓度均低于定量下限		通过
	SP-H-L/SP-L-L(156.25 ng/mL)：80%以上样本的%RE 不超过±20.0%	SP-H-L 全部样本%RE 为 2.0%～11.0%，%CV 为 3.2% SP-L-L 全部样本%RE 为 4.4%～18.7%，%CV 为 5.4%		
	SP-H-H/SP-L-H(10 000 ng/mL)：80%以上平均的%RE 不超过±20.0%	SP-H-H 全部样本%RE 为 -10.6%～2.9%，%CV 为 5.9% SP-L-H 全部样本%RE 为 -16.9%～-0.8%，%CV 为 6.9%		
稀释线性	平均%RE 不超过±20.0% %CV 不超过 20.0%	6 000 ng/mL 平均%RE 为 5.4%，%CV 为 9.4%		通过
		2 000 ng/mL 平均%RE 为 -0.4%，%CV 为 4.7%		
		500 ng/mL 平均%RE 为 4.4%，%CV 为 2.6%		
钩状效应	HOOK1 OD 值大于 ULOQ 的 OD 值	HOOK(10 mg/mL)OD 值大于 ULOQ 的 OD 值		通过
	HOOK2 OD 值大于 ULOQ 的 OD 值	HOOK2(5 mg/mL)OD 值大于 ULOQ 的 OD 值		
	HOOK3 OD 值小于 LLOQ 的 OD 值	HOOK3(25 ng/mL)OD 值小于 LLOQ 的 OD 值		
稳定性	每一浓度水平 67%以上的样本浓度的%RE 不超过±20.0%，各浓度平均%RE 不超过±20.0%	即刻稳定性	高浓度(8 000 ng/mL)质控： 样本%RE 为 -11.6%～7.0%， 平均%RE 为 -2.5%，%CV 为 9.3% 低浓度(400 ng/mL)质控 样本%RE 为 -4.4%～13.4%， 平均%RE 为 3.6%，%CV 为 8.1%	通过
		RT 稳定性 放置 24 h	高浓度(8 000 ng/mL)质控： 样本%RE 为 -6.6%～5.0%， 平均%RE 为 -1.7%，%CV 为 5.1% 低浓度(400 ng/mL)质控 样本%RE 为 2.1%～10.7%， 平均%RE 为 5.8%，%CV 为 3.5%	通过
		2～8℃稳定性 放置 24 h	高浓度(8 000 ng/mL)质控： 样本%RE 为 1.5%～14.2%， 平均%RE 为 9.4%；%CV 为 5.1% 低浓度(400 ng/mL)质控 样本%RE 为 7.4%～11.5%， 平均%RE 为 10.0%，%CV 为 1.7%	通过

续　表

考察项	可接受标准	试　验　结　果		结果评价
稳定性	每一浓度水平 67% 以上的样本浓度的%RE 不超过 ± 20.0%,各浓度平均%RE 不超过 ±20.0%	－70℃以下反复冻融 5 次稳定性	高浓度(8 000 ng/mL)质控: 样本%RE 为 －9.3%～11.0%, 平均%RE 为 0.4%,%CV 为 9.5% 低浓度(400 ng/mL)质控 样本%RE 为 9.8%～12.7%, 平均%RE 为 11.2%,%CV 为 1.2%	通过
		－70℃以下放置 42 天	高浓度(8 000 ng/mL)质控: 样本%RE 为 －3.0%～13.1%, 平均%RE 为 4.2%,%CV 为 7.1% 低浓度(400 ng/mL)质控 样本%RE 为 －3.1%～4.9%, 平均%RE 为 －0.6%,%CV 为 3.8%	通过
		－70℃以下放置 69 天	高浓度(8 000 ng/mL)质控: 样本%RE 为 －9.4%～14.9%, 平均%RE 为 －0.7%,%CV 为 10.9% 低浓度(400 ng/mL)质控 样本%RE 为 2.4%～6.8%, 平均%RE 为 4.6%,%CV 为 1.7%	通过
		－70℃以下放置 134 天	高浓度(8 000 ng/mL)质控: 样本%RE 为 －7.4%～15.7%, 平均%RE 为 0.8%,%CV 为 10.1% 低浓度(400 ng/mL)质控 样本%RE 为 －16.0%～ －0.7%, 平均%RE 为 －7.6%,%CV 为 7.3%	通过
平行性	系列稀释样本间的%CV≤30.0%	样本间%CV 为 3.3%～5.7%		通过

案例 2：应用 ELISA 方法检测食蟹猴血清和组织中抗 TQ001 和 TQ002 抗体

目的：对已经建立的检测食蟹猴血清和组织中抗 TQ001 抗体和抗 TQ002 抗体的 ELISA 分析方法进行验证。

方法原理：采用桥接 ELISA 法测定食蟹猴血清、胎盘、羊水、乳汁和雄性生殖器官组织中抗 TQ001 的抗药抗体和抗 TQ002 的抗药抗体。TQ001 和 TQ002 检测原理相似,分别用 TQ001 和 TQ002 包被微孔板,另将样本通过一系列酸化等预处理进行解离,经洗涤除去其他成分,再与辣根过氧化物酶标记的抗体结合,经过洗涤后加入底物 TMB 显色液显色,TMB 在辣根过氧化物酶催化下转化为蓝色,并在硫酸的作用下转化为黄色。用多功能酶标仪在 450 nm 波长下测定吸光值,采用多功能酶标仪自带软件 SoftMax Pro 7.1.2 GxP。

（一）受试物信息

1. 受试物 1

名称：TQ001 注射液。

规格：每支 150 mg/mL。

含量或浓度：154.0 mg/mL。

稳定性：贮存条件和有效期内稳定。

有效期：××××年××月××日。

贮存条件：2～8℃,避光。

运输环境：冷链运输。

2. 受试物 2

名称：TQ002 注射液。

规格：每支 50 mg/0.5 mL。

含量或浓度：100 mg/mL(COA 浓度)。

稳定性：贮存条件和有效期内稳定。

有效期：××××年××月××日。

贮存条件：2～8℃,避光。

运输环境：冷链运输。

3. TQ001 阳性抗体

名称：兔抗 TQ001 多抗。

批号：20211227。

含量或浓度：0.58 mg/mL。

稳定性：在贮存条件和有效期内稳定。

有效期：××××年××月××日。

贮存条件：－80 至 －20℃。

运输环境：干冰运输。

4. TQ002 阳性抗体

名称：兔抗 TQ002 多抗。

批号：20220224。

含量或浓度：0.357 mg/mL。

稳定性：在贮存条件和有效期内稳定。

有效期：××××年××月××日。

贮存条件：−80 至 −20℃。

运输环境：干冰运输。

5. 生物素标记的 TQ001

名称：Biotin − TQ001。

含量或浓度：1.51 mg/mL。

稳定性：在贮存条件和有效期内稳定。

有效期：2023 年 02 月 07 日(暂定)。

贮存条件：2～8℃。

6. 生物素标记的 TQ002

名称：Biotin − TQ002。

含量或浓度：1.916 mg/mL。

稳定性：在贮存条件和有效期内稳定。

有效期：2023 年 08 月 18 日(暂定)。

贮存条件：2～8℃。

(二)主要仪器及试剂

1. 试剂及耗材　表 8 − 4 − 16

表 8 − 4 − 16　试剂和耗材

名　称	批　号
吐温 − 20	EZ7890B253
BSA	EZ7890C409
PBS 粉末	17H01A30、17F06A30
TMB 显色液	20220701
HRP − SA	BST17D19B17E88
硫酸	20211202
1 mol/L Tris − HCl	010722220802
空白血清	—
完全溶血基质	—
ELISA 包被液	20220714
冰醋酸	20211214

2. 主要仪器　表 8 − 4 − 17

表 8 − 4 − 17　主要仪器

仪器名称	仪器型号
多功能酶标仪	SpectraMax M3
精密移液器	0.1～2.5 μL、0.5～10 μL、2～20 μL、10 ～ 100 μL、20 ～ 200 μL、30 ～ 300 μL、100～1 000 μL、0.5～5 mL

续　表

仪器名称	仪器型号
量筒	50 mL(±0.5 mL)、100 mL(±1 mL)、250 mL(±2 mL)、500 mL(±5 mL)
双温冰箱	YCD − 265
超低温冰箱	DW − 86L626
涡旋仪	MX − S
掌上离心机	S1010E/S1010
超纯水机	Direct − Q 8UV
LED 数显摇床	SLK − O3000 − S
四单元托盘振荡器	BenchMate S4P − D
电子天平	PR423ZH/E
洗板机	405LS
微量高速冷冻离心机	Sorvall Legend Micro 17R

3. 基质　食蟹猴空白血清来源于本机构空白基质库，于 −70℃ 以下保存备用。空白血清使用前，平衡至室温使用。

(三)试验方法

1. 试验准备　各溶液根据实际需要和配制比例调整了配制体积。

2. 主要试剂　ELISA 包被液：直接使用，无需配制。

1 mol/L Tris − HCl (pH 8.5)：直接使用，无需配制。

磷酸盐缓冲液(PBS)：取 PBS 粉 1 包，加入 2 L 超纯水，混匀。

洗板液(PBST)：将 1 mL 吐温 − 20 加入 2 L PBS 溶液，混匀。

封闭液(3% BSA)：称取 3.0 g BSA，加入到 100 mL PBS 溶液中，混匀。

稀释液(1% BSA)：取 30 mL 3% BSA，加入 60 mL 超纯水，混匀。

酸化液(0.6 mol/L 醋酸)：取 36 mL 醋酸，加入 1 008 mL 超纯水，混匀。

TQ001 包被工作液：将 TQ001(154.0 mg/mL)用 ELISA 包被液稀释至 1 μg/mL。

TQ002 包被工作液：将 TQ001(100.0 mg/mL)用 ELISA 包被液稀释至 5 μg/mL。

生物素标记 TQ001 工作液：Biotin − TQ001 用 1% BSA 稀释 10 000 倍。

生物素标记 TQ002 工作液：Biotin - TQ002 用 1% BSA 稀释 5 000 倍。

1% BSA - TQ001(20 μg/mL)：将 TQ001(154 mg/mL)用 1% BSA 稀释至 20 μg/mL。

TQ001 确证分析用生物素标记抗体工作液：Biotin - TQ001 用 1% BSA - TQ001(20 μg/mL)稀释 10 000 倍。

Biotin - TQ002 工作液：Biotin - TQ002 用 1% BSA 稀释 5 000 倍。

TQ002 确证分析用生物素标记抗体工作液：将 TQ002(100 mg/mL)用生物素标记抗体工作液稀释 5 000 倍，至终浓度为 20 μg/mL。

TQ001 酶标抗体工作液：HRP - SA(链霉亲和素)用 1% BSA 稀释 10 000 倍。

TQ002 酶标抗体工作液：HRP - SA(链霉亲和素)用 1% BSA 稀释 5 000 倍。

TMB 显色液：直接使用，无需配制。

1 mol/L H_2SO_4：取 56 mL 18 mol/L 浓硫酸，在烧杯中搅拌情况下加入 944 mL 超纯水中，冷却至室温，移入溶液瓶中。

阴性对照样本(NC)：取至少 10 个不同来源的空白食蟹猴血清等体积混合即得。

2% 食蟹猴溶血基质：从本机构基质库中领取完全溶血血浆，将完全溶血血浆用无溶血的空白食蟹猴血清 50 倍稀释，即为 2% 食蟹猴溶血基质。

3. 筛选阈值样本和确证阈值样本 分别取 24 只空白食蟹猴血清，作为筛选和确证阈值样本。

4. 灵敏度样本

(1) TQ001：将 TQ001 阳性抗体(0.58 mg/mL)用 NC(阴性对照样品)稀释至 10 000 ng/mL、5 000 ng/mL、2 500 ng/mL、1 250 ng/mL、625 ng/mL、312.5 ng/mL、156.25 ng/mL、78.13 ng/mL、39.06 ng/mL、19.53 ng/mL 和 9.77 ng/mL，配制灵敏度样本。

(2) TQ002：将 TQ002 阳性抗体(0.357 mg/mL)用 NC 稀释至 10 000 ng/mL、5 000 ng/mL、2 500 ng/mL、1 250 ng/mL、625 ng/mL、312.5 ng/mL、156.25 ng/mL、78.13 ng/mL、39.06 ng/mL、19.53 ng/mL 和 9.77 ng/mL，配制灵敏度样本。

5. 质控样本

(1) TQ001：TQ001 阳性抗体(0.58 mg/mL)用 NC 稀释至 5 000 ng/mL(高浓度阳性对照，HPC)、1 000 ng/mL(中浓度阳性对照，MPC)、200 ng/mL(低浓度阳性对照，LPC)，其中筛选阈值、确证阈值和灵敏度计算分析批中的 HPC、MPC 和 LPC 的质控样本用于精密度考察和确定系统适应性。

(2) TQ002：阳性抗体(0.357 mg/mL)用 NC 稀释 10 000 ng/mL(HPC)、1 000 ng/mL(MPC)和 200 ng/mL(LPC)，将所有验证分析批的 HPC、MPC 和 LPC 的质控样本用于精密度考察和确定系统适应性。

6. 耐药性考察样本

(1) TQ001：将 TQ001 阳性抗体(0.58 mg/mL)用 NC 稀释至 LPC(200 ng/mL)和 HPC(5 000 ng/mL)作为稀释液，将 TQ001(154.0 mg/mL)进行系列稀释，作为耐药性样本(简称 DIF - 1 和 DIF - 2)，其中 DIF - 1 稀释浓度为 2 000 μg/mL、1 000 μg/mL、200 μg/mL、100 μg/mL、50 μg/mL、25 μg/mL、12.5 μg/mL 和 6.25 μg/mL，作为 LPC 水平的耐药性考察样本，DIF - 2 稀释浓度为 8 000 μg/mL、4 000 μg/mL、2 000 μg/mL、1 000 μg/mL、200 μg/mL、100 μg/mL、50 μg/mL 和 25 μg/mL，作为 HPC 水平的耐药性考察样本，每个浓度各分装 2 份。

(2) TQ002：将 TQ002 阳性抗体(0.357 mg/mL) NC 稀释至 LPC(200 ng/mL)和 HPC(10 000 ng/mL)作为稀释液，将 TQ002(100 mg/mL)进行系列稀释，作为耐药性样本(简称 DIF - 1 和 DIF - 2)，其中 DIF - 1 稀释浓度为 1 000 μg/mL、500 μg/mL、250 μg/mL、100 μg/mL、50 μg/mL、25 μg/mL、12.5 μg/mL 和 6.25 μg/mL，作为 LPC 水平的耐药性考察样本，DIF - 2 稀释浓度为 5 000 μg/mL、2 500 μg/mL、1 000 μg/mL、500 μg/mL、100 μg/mL、50 μg/mL、25 μg/mL 和 12.5 μg/mL，作为 HPC 水平的耐药性考察样本，每个浓度各分装 2 份。

7. 稳定性样本 将 TQ001 和 TQ002 的阳性抗体分别用 NC 稀释至 LPC 和 HPC 的浓度，作为低和高浓度稳定性样本，每个浓度样本分装不少于 15 份，稳定性样本分别于配制后即刻、室温放置不少于 24 h、2～8℃ 放置不少于 24 h，以及反复冻融 3 个和 5 个循环(冻融稳定性样本在制备时，每次需在室温条件下融化，室温放置不少于 4 h，最后一次可以融化后即可进行测定，第一次完全融化前需经至少 24 h 在 - 70℃ 以下冷冻，以后每一次冻融循环，样品都应在 - 70℃ 以下被冷冻 12 h 以上)后进行测定。每个条件每个浓度 3 个样本($n = 3$)。

8. 选择性样本 TQ001/TQ002：选取来源于 10 个不同个体的空白食蟹猴血清作为选择性空白样本(S - NC)。用空白食蟹猴血清将阳性抗体稀释至 10× LPC，再用 10 个不同个体的空白个体的血清，分别稀释 10×LPC 至 LPC 浓度,制备 S-LPC 样本。

9. 溶血样品 TQ001/TQ002:在空白食蟹猴血清中加入 2% 食蟹猴溶血基质,配制成溶血-阴性对照样本(HE-NC),用含 2% 食蟹猴溶血基质将阳性抗体稀释至 LPC 浓度,配制成溶血-低浓度阳性对照(HE-LPC),各配制 5 套。

10. 钩状效应 TQ001/TQ002:分别将 TQ001 和 TQ002 阳性抗体用空白食蟹猴混合血清基质稀释至 200 μg/mL 和 100 μg/mL,作为 Hook1 和 Hook2 样本检测。再将 Hook2 样本用空白食蟹猴血清基质稀释至 1 ng/mL,制备 Hook3,每个浓度至少平行处理 5 个样本。Hook1 和 Hook2 用于前带效应的考察,Hook3 用于后带效应的考察。

11. 基质桥接 生殖毒性药代和毒代动力学伴随的免疫原性研究过程中,需要检测胎盘、羊水、乳汁、雄性生殖器官组织的抗药抗体时,最好各组织类型进行单独验证,获得各种类型基质的筛选阈值和确证阈值,若基质影响较小,也可在选择性验证中进行基质的桥接验证。若空白基质不易获取,如乳汁,可通过 10% Skim milk 替代验证,本方法未进行上述组织的桥接验证,但本机构在其他种属(兔和大鼠)中,均开展过组织匀浆液与血清的桥接试验,羊水、乳汁与血清的桥接试验。

(四)分析流程

1. TQ001

包被:微孔板中加入包被工作液,100 μL/孔,封板,2~8℃ 孵育过夜。

封闭:PBST 洗板 5 次,300 μL/孔,拍干,加 3% BSA 封闭,300 μL/孔,封板,室温孵育约 2 h。

样本处理:取适量样本,用 PBS 稀释 2 倍,再用 0.6 mol/L 醋酸工作液 5 倍酸化,室温静置孵育约 1 h。

加样:PBST 洗板 5 次,300 μL/孔,拍干,取酸化后的样本 100 μL 加入含有 30 μL 1 mol/L 的 Tris 缓冲液的微孔板中,封板,室温孵育约 3 h。

二次酸化:PBST 洗板 5 次,300 μL/孔,拍干,加入 0.6 mol/L 醋酸工作液 150 μL/孔,孵育约 2 h。

转板:先在新的酶标板中加入 30 μL 1 mol/L 的 Tris 缓冲液,每孔再加入二次酸化后的样本 100 μL,孵育过夜。

封闭:PBST 洗板 5 次,300 μL/孔,拍干,加 3% BSA 封闭,300 μL/孔,封板,室温孵育约 2 h。

加生物素标记抗体:弃去孔内液体,PBST 洗板 5 次,300 μL/孔,拍干。加生物素标记抗体工作液 100 μL/孔(确证试验加入确证分析用生物素标记抗体工作液),封板。室温,孵育约 1 h。

加酶标抗体:弃去孔内液体,PBST 洗板 5 次,300 μL/孔,拍干。加酶标抗体工作液 100 μL/孔,封板。室温,孵育约 1 h。

显色:弃去孔内液体,PBST 洗板 5 次,300 μL/孔,拍干。加入显色液 100 μL/孔,室温避光显色 10 min±5 min,视显色情况而定。

终止:加入终止液 100 μL/孔。

测定:终止反应,30 min 内在酶标仪上测定 450 nm 处的 OD 值。

2. TQ002

包被:微孔板中加入包被工作液,100 μL/孔,封板,2~8℃ 孵育过夜。

封闭:PBST 洗板 5 次,300 μL/孔,拍干,加 3% BSA 封闭,300 μL/孔,封板,室温摇床孵育 2 h。

样本处理:取适量样本,用 PBS 稀释 2 倍,再用 0.6 mol/L 醋酸工作液 5 倍酸化,室温静置孵育 1 h。

加样:PBST 洗板 5 次,300 μL/孔,拍干,取酸化后的样本 100 μL 加入含有 30 μL pH 为 8.5 的 1 mol/L Tris-HCl 缓冲液的微孔板中,封板,室温摇床孵育 3 h。

二次酸化:PBST 洗板 5 次,300 μL/孔,拍干,加入 0.6 mol/L 醋酸工作液 150 μL/孔,室温摇床孵育 2 h。

转板:先在新的酶标板中加入 30 μL pH 为 8.5 的 1 mol/L Tris-HCl 缓冲液,每孔再加入二次酸化后的样本 100 μL 室温摇床孵育过夜。

封闭:PBST 洗板 5 次,300 μL/孔,拍干,加 3% BSA 封闭,300 μL/孔,封板,室温摇床孵育约 2 h。

加生物素标记抗体:弃去孔内液体,PBST 洗板 5 次,300 μL/孔,拍干。加生物素标记抗体工作液 100 μL/孔(确证试验加入确证分析用生物素标记抗体工作液),封板。室温摇床孵育约 1 h。

加酶标抗体:弃去孔内液体,PBST 洗板 5 次,300 μL/孔,拍干。加酶标抗体工作液 100 μL/孔,封板。室温摇床孵育约 1 h。

显色:弃去孔内液体,PBST 洗板 5 次,300 μL/孔,拍干。加入显色液 100 μL/孔,室温避光显色 15 min±5 min,视显色情况而定。

终止:加入终止液 100 μL/孔。

测定:终止反应,30 min 内在酶标仪上测定 450 nm 处的 OD 值。

(五)方法学验证

所有样本均要做复孔,LPC、MPC 和 HPC 复孔的 OD 值% CV 需不超过 20%(NC、筛选阈值样本及

SNR 值低于筛选阈值的样本不超过 30%），若超出则该样本视为无效，在结果分析时应剔除，每块板至少 2/3 的 NC 和质控样本参与统计。

为了避免由于外界环境因素对分析批测定值的影响，本试验方法采用 SNR 替代 OD 值计算方法的所有参数（NC 样本仍选用 OD 值计算），利用中位数法确定每块板 NC 的 OD 值，SNR = 平均数 OD 值（验证样本或待测样本）/中位数 OD 值（NC）。

1. 筛选阈值（SCP）、滴度阈值（TCP）和确证阈值（CCP）　在筛选阈值和确证阈值试验时，在 2 个分析批中对 24 个个体样品进行筛选和确证分析，一个分析批中运行 12 个个体样品和 3 套 NC、LPC、MPC 和 HPC，筛选样品和确证样品交替排布。12 个个体样品中加 biotin - TQ001/TQ002 工作液作为未加药样品，即筛选阈值样品；12 个个体样品中加确证工作液作为加药样品，即确证阈值样品，同时 3 套确证阴性对照（CNC）、确证低浓度阳性对照（CLPC）、确证中浓度阳性对照（CMPC）和确证高浓度阳性对照（CHPC）加确证工作液进行确证分析。

阈值评估试验应由至少 2 名技术人员在至少 3 天完成 12 批检测，要求 NC 样品信号值的批内和批间 %CV 不大于 30%，质控样品 SNR 值的批内和批间 %CV 均不大于 20%。CNC 样品的平均抑制率小于确证阈值，质控样品的平均抑制率均大于确证阈值。将通过的分析批中所有空白动物的样品一起统计。

（1）剔除离群值：每个分析批每个空白动物对应 1 个筛选阈值样品和 1 个确证阈值样品，剔除任意一个样品复孔间变异系数超过 30% 的动物，每块板允许 1/3 的动物复孔间变异系数超过 30%。

利用平均数法确定每一个分析批 NC 的 OD 值，计算样品的 SNR 值进行 Log 转换，剔除分析异常值和生物异常值。

剔除分析异常值时，使用 SPSS 软件的箱图将每个空白动物每次得到的数据（最多 6 次）进行分析，SPSS 中异常值以两种符号标示："＊"表示极端异常值（k = 3），"○"表示温和异常值（k = 1.5），只剔除标"＊"的分析异常值即可。

剔除生物异常值时，以每个个体的中位数，再使用 SPSS 软件的箱图剔除标"＊"异常值所在的异常个体。

筛选阈值（SCP）和滴度阈值（TCP）确定时，对剔除了分析异常值和生物异常值的剩余数据 Log(SNR) 利用 SPSS 软件进行 SW 检验判断正态分布。

若 SW 检验 $P > 0.05$，偏度的绝对值小于 1，证明

数据属于正态分布。Log(SCP) = 平均数 + 1.645SD，Log(TCP) = 平均数 + 3.09SD。

若 SW 检验 $P \leqslant 0.05$，偏度的绝对值小于 1，证明数据虽然不属于正态分布，但数据并不高度偏倚，呈长尾分布，Log（SCP）= 中位数 + 1.645（1.482 6 × MAD），Log（TCP）= 中位数 + 3.09（1.482 6 × MAD）。

若 SW 检验 $P < 0.05$，同时偏度的绝对值大于 1，证明整体数据不属于正态分布，且严重偏于一侧，Log(SCP) = 95% 的百分位数法计算阈值，Log(TCP) = 99.9% 的百分位数法计算阈值。

筛选阈值的对数值的反对数即为该试验的筛选阈值，滴度阈值的对数值的反对数即为该试验的滴度阈值。

（2）确证阈值（CCP）确定：CCP 计算公式为：抑制率% = 100% ×（1 - 加药样品 SNR 值/未加药样品 SNR 值）。对剔除了分析异常值和异常个体的剩余数据（抑制率）利用 SPSS 软件进行 SW 检验判断正态分布。

若 SW 检验 $P > 0.05$，偏度的绝对值小于 1，证明数据属于正态分布，CCP = 平均数 + 2.33SD。

若 SW 检验 $P \leqslant 0.05$，偏度的绝对值小于 1，证明数据不属于正态分布，同时数据也不是集中在低或者高端，CCP = 中位数 + 2.33（1.482 6 × MAD）。

若 SW 检验 $P < 0.05$，同时偏度的绝对值大于 1，证明整体数据不属于正态分布，同时严重偏于一侧，CCP = 99% 的百分位数法。

2. 灵敏度　灵敏度确定试验时，由 3 套未加药物的 NC、LPC、MPC 和 HPC 样品，11 个未加药物的灵敏度确定样品，3 套加药物确证的 CNC、CLPC、CMPC 和 CHPC 样品，11 个加药物确证的灵敏度确定样品组成 1 个分析批，由 2 名或 2 名以上技术人员至少运行 3 个分析批，至少 2/3 高于筛选阈值的灵敏度确定样品参与统计（在筛选阈值附近的 SNR 必须统计）。

要求 NC 样品信号值的批内和批间变异系数不大于 30%，质控样品 SNR 值的批内和批间变异系数均不大于 20%。CNC 样品平均抑制率小于确证阈值，质控样品的平均抑制率均大于确证阈值。

筛选灵敏度对稀释曲线上 SNR 值在筛选阈值上下 2 个点的灵敏度样品进行线性拟合，利用插值法计算筛选阈值对应的浓度。确证灵敏度对稀释曲线上抑制率在确证阈值上下 2 个点的灵敏度样品进行线性拟合，利用插值法计算确证阈值对应的浓度。至少运行 3 个分析批 3 套灵敏度样品，至少 2/3 的灵敏度应在灵敏度中位数的 1/2～2 倍之间，若三套灵敏度样品差异

较大,则需增加灵敏度分析批,直至满足上述要求。最终灵敏度的计算方式如下:灵敏度 = 平均数 + $t_{0.05,df}$ × SD,($t_{0.05}$ 为 t 检验中 95% 的一致性,df = n,即灵敏度样品的数目 - 1)。

以筛选灵敏度和确证灵敏度中较高的值作为最终报告的灵敏度。如果没有稀释度产生的信号低于筛选阈值/确证阈值,但是达到了可以接受的方法灵敏度,那么灵敏度报告为最低的检测浓度。

3. 精密度和系统适应性 精密度试验时,独立配制 6 套 NC、LPC、MPC 和 HPC,用 6 套未加药物的 NC、LPC、MPC 和 HPC,6 套加药物确证的 CNC、CLPC、CMPC 和 CHPC 组成 1 个分析批考察精密度,由至少 2 名技术人员在 2 天或 2 天以上运行至少 3 个分析批。

要求 NC 样品信号值的批内和批间变异系数不大于 30%,质控样品 SNR 值的批内和批间变异系数均不大于 20%。CNC 样品平均抑制率小于确证阈值,质控样品的平均抑制率均大于确证阈值。

阴性质控(NC)要有上限,阳性质控要有上下限。将 SCP、TCP 和 CCP、灵敏度和精密度的所有分析批的质控样品用于系统适应性的计算,系统适应性的计算方法如下:

NC = 平均值 + $t_{0.01,df}$ × SD;LPC = 平均值(LPC 响应值)± $t_{0.005,df}$ × SD;MPC = 平均值(MPC 响应值)± $t_{0.005,df}$ × SD;HPC = 平均值(HPC 响应值)± $t_{0.005,df}$ × SD。

系统适应性计算出来以后的验证分析批和样品检测分析批通过标准为:每个分析批至少 2/3 的 NC 和质控样品需满足系统适应性,NC 样品信号值的批内变异系数不大于 30%,质控样品 SNR 值的批内变异系数均不大于 20%。

4. 滴度试验 滴度试验时,3 套 NC、LPC、MPC 和 HPC 样品,3 套梯度稀释的滴度试验样品(先用空白基质将阳性抗体稀释到一定的浓度,再对倍稀释 11 个浓度)组成 1 个分析批,由 2 名或 2 名以上技术人员运行至少 3 个分析批。

要求 NC 样品信号值的批内和批间变异系数不大于 30%,质控样品 SNR 值的批内和批间变异系数均不大于 20%。SNR 值大于 TCP 的滴度样品满足 SNR 值随着浓度的降低而降低,且复孔间信号值变异系数不超过 20%,SNR 值小于 TCP 的滴度样品满足复孔间变异系数不超过 30%。

5. 耐药性 在 2 个分析批的耐药性验证中考察两个批号受试物的一致性,将两个批号受试物分别在

LPC 水平和 HPC 水平进行考察,至少 2/3 浓度的样品参与统计(SNR 值在筛选阈值附近的样品必须统计)。药物的加入,可使阳性抗体的信号降低,以 SNR 值大于筛选阈值的最高的药物浓度为药物耐受限度。

若阳性抗体在 LPC 水平和 HPC 水平下,两个批号受试物的药物耐受限度均在正负一个稀释梯度之间,则认为两个批号的受试物对试验方法的干扰一致。

6. 选择性 在 1 个分析批中考察选择性,计算添加阳性质控的选择性样品(S - LPC)和阳性质控(LPC)之间的差异率[($SNR_{S-LPC样品}$ - 平均值 SNR_{LPC})/平均值 SNR_{LPC} × 100%]。至少 80% 的 S - LPC 样品差异率介于 ± 30%,并且至少 80% 的 S - NC 筛选为阴性。

7. 溶血效应 在 1 个分析批中考察溶血效应,计算添加阳性质控的溶血样品(HE - LPC)和阳性质控(LPC)之间的差异率[($SNR_{HE-LPC样品}$ - 平均值 SNR_{LPC})/平均值 SNR_{LPC} × 100%]。至少 80% 的 HE - LPC 样品差异率介于 ± 30%,并且至少 80% 的 HE - NC 筛选为阴性。

8. 钩状效应 在 1 个分析批中考察钩状效应,分析批中 Hook1 和 Hook2 的 OD 平均值应大于 HPC 的 OD 平均值,Hook3 样品的 OD 平均值应低于 LPC 的 OD 平均值。随着阳性抗体浓度的增加,OD 值无明显下降,视为无前带效应。随着药物浓度的减小,OD 值无显著增加,视为无后带效应。

9. 稳定性 若 2/3 的稳定性样品与新鲜配制的质控样品差异率[($SNR_{稳定性样品}$ - 平均值 $SNR_{即刻}$)/均值 $SNR_{即刻}$ × 100%]介于 ± 20%,视为样品稳定。

(六) 样品检测

样品分析时,每个分析批随行 3 套 NC、LPC 和 HPC,至少 2/3 的 NC 和质控样品的系统适应性均通过,该板分析样品结果可接受。要求 NC 样品信号值的批内和批间变异系数不大于 30%,质控样品 SNR 值的批内和批间变异系数均不大于 20%,样品确证分析时,CNC 样品平均抑制率小于确证阈值,质控样品的平均抑制率均大于确证阈值。

待测样品筛选分析时,若样品的 SNR 值小于 SCP,要求样品信号值变异系数不大于 30%,判断为阴性样品;若样品的 SNR 值大于 SCP,要求样品信号值变异系数不大于 20%,判断为阳性样品,进行下一步的确证分析。

待测样品确证分析时,若样品的抑制率小于 CCP,要求样品信号值变异系数不大于 30%,判断为阴性样品;若样品的抑制率大于 CCP,要求样品信号值变异系数不大于 20%,判断为阳性样品,进行下一步的滴度

分析。

待测样品滴度分析时,SNR 值大于 TCP 的滴度样品需满足 SNR 值随着浓度的降低而降低,且复孔间信号值变异系数不超过 20%,SNR 值小于 TCP 的滴度样品满足复孔间变异系数不超过 30%。以 NC 为稀释液,将样品 2 倍梯度稀释至 SNR＜TCP(若样品筛选检测的 SNR 值高于 HPC,则将样品用 NC 先适当稀释后再 2 倍梯度稀释),如若样品的稀释没有达到 SNR＜TCP,则该检测结果不被接受,该样品将被重新检测。

样品检测时滴度计算公式为:滴度 = 高于 TCP 的稀释倍数 +(高于 TCP 的信号值 - TCP)×(低于 TCP 的稀释倍数 - 高于 TCP 的稀释倍数)/(高于 TCP 的信号值 - 低于 TCP 的信号值)。

(七) 数据统计分析

采用多功能酶标仪出具检测 OD 值、变异系数(%CV);采用 Excel 计算 Log(SNR)、平均值、标准差(SD)、变异系数等。

用 SPSS 软件的箱图进行分析和生物异常值剔除,用 SPSS 进行 SW 检验。

OD 值保留四位小数,SNR 值保留三位小数,变异系数保留一位小数。

(八) 方法学验证结果

TQ001 和 TQ002 的抗药抗体检测验证项目均包括筛选阈值确认阈值、灵敏度、精密度及系统适应性、耐药性、选择性、溶血效应、钩状效应、药物平行性,以及即刻、室温放置 24 h、2～8℃ 放置 24 h 和 -70℃ 以下反复冻融 3 循环和 5 循环稳定性,各验证考察项试验结果均符合接受标准。

其中 TQ001 的 SCP 为 1.043,TCP 为 1.056,CCP 为 8.127%。筛选灵敏度为 10 ng/mL,确证灵敏度为 10 ng/mL,当阳性抗体为 200 ng/mL 时,最高可耐受血清中受试物 TQ001 的浓度为 2 000 μg/mL,当阳性抗体为 5 000 ng/mL 时,最高可耐受血清中受试物 TQ001 的浓度为 8 000 μg/mL。

TQ002 的 SCP 为 1.209,TCP 为 1.301,CCP 为 13.859%。筛选灵敏度为 65 ng/mL,确证灵敏度为 82 ng/mL,当阳性抗体为 200 ng/mL 时,最高可耐受血清中受试物 TQ001 的浓度为 250 μg/mL,当阳性抗体为 10 000 ng/mL 时,最高可耐受血清中受试物 TQ001 的浓度为 5 000 μg/mL。

结果表明,桥联 ELISA 方法测定食蟹猴血清中 TQ001 和 TQ002 的抗药抗体方法灵敏,稳定且无基质效应影响,样本在配制后即刻、室温放置 24 h、2～8℃ 放置 24 h 和 -70℃ 以下反复冻融 3 循环和 5 循环均稳定,可用于后续食蟹猴血清中 TQ001 和 TQ002 抗药抗体的检测。TQ001 的完整验证结果见表 8-4-18。

表 8-4-18　TQ001 抗药抗体验证结果及可接受标准汇总

考察项	可接受标准	样 品 名 称	试 验 结 果	结果评价
筛选确证(考察 12 个分析批)	OD 值的批内和批间 %CV ≤30%	NC 样本	批内%CV 1.5%～11.0% 批间%CV 5.5%	通过
	SNR 值的批内和批间 %CV 均≤20%	LPC(200 ng/mL)	批内%CV 0.7%～13.8% 批间%CV 8.1%	
		MPC(1 000 ng/mL)	批内%CV 2.5%～15.9% 批间%CV 8.8%	
		HPC(10 000 ng/mL)	批内%CV 1.1%～10.6% 批间%CV 7.9%	
灵敏度(考察 3 个分析批)	平均抑制率＜CCP	NC 样本	平均抑制率＜13.859%	通过
	平均抑制率＞CCP	低、中和高浓度阳性质控样本	平均抑制率＞13.859%	
	OD 值的批内和批间 %CV ≤30%	NC 样本	批内%CV 2.7%～4.9% 批间%CV 4.3%	
	SNR 值的批内和批间% CV 均≤20%	LPC(200 ng/mL)	批内%CV 5.6%～7.4% 批间%CV 8.7%	
		MPC(1 000 ng/mL)	批内%CV 2.9%～11.2% 批间%CV 11.7%	
		HPC(10 000 ng/mL)	批内%CV 1.7%～6.4% 批间%CV 9.1%	

续 表

考察项	可接受标准	样品名称	试验结果	结果评价
灵敏度(考察3个分析批)	平均抑制率＜CCP	NC样本	平均抑制率＜13.859%	通过
	平均抑制率＞CCP	低、中和高浓度阳性质控样本	平均抑制率＞13.859%	
系统适应性(考察所有分析批)		NC样本	平均OD值＜0.062 3	
		LPC(200 ng/mL)	平均SNR值1.381～2.067	
		MPC(1 000 ng/mL)	平均SNR值3.446～6.184	
		HPC(10 000 ng/mL)	平均SNR值28.388～43.859	
滴度试验(考察3个分析批)	OD值的批内和批间%CV≤30%	NC样本	批内%CV 6.7%～15.2% 批间%CV 11.4%	通过
	SNR值的批内和批间%CV均≤20%	LPC(200 ng/mL)	批内%CV 2.0%～5.0% 批间%CV 3.0%	
		MPC(1 000 ng/mL)	批内%CV 6.0%～9.0% 批间%CV 7.3%	
		HPC(10 000 ng/mL)	批内%CV 4.3%～9.1% 批间%CV 7.3%	
		C01(2 500 ng/mL)	批内%CV 1.9%～7.5% 批间%CV 6.8%	
		C02(1 250 ng/mL)	批内%CV 3.3%～5.3% 批间%CV 6.4%	
		C03(625 ng/mL)	批内%CV 1.8%～6.1% 批间%CV 6.3%	
		C04(312.5 ng/mL)	批内%CV 0.8%～2.9% 批间%CV 4.2%	
	NC的OD值的批内和批间%CV≤30% 质控的SNR值的批内和批间%CV≤20%滴度样本SNR值大于SCP的复孔间OD值%CV≤20% 滴度样本SNR值小于SCP的复孔间OD值%CV≤30%	C05(156.25 ng/mL)	批内%CV 0.6%～1.3% 批间%CV 3.9%	
		C06(78.13 ng/mL)	批内%CV 0.9%～2.5% 批间%CV 2.0%	
		C07(39.06 ng/mL)	批内%CV 0.8%～3.4% 批间%CV 4.7%	
		C08(19.53 ng/mL)	批内%CV 0.6%～1.2% 批间%CV 2.1%	
		C09(9.77 ng/mL)	批内%CV 1.8%～4.1% 批间%CV 4.3%	
		C10(4.88 ng/mL)	批内%CV 1.0%～1.3% 批间%CV 2.8%	
钩状效应	Hook1的OD值应大于HPC	Hook1(200 000 ng/mL)的OD值大于HPC的OD值		通过
	Hook2的OD值应大于HPC	Hook2(100 000 ng/mL)的OD值大于HPC的OD值		
	Hook3的OD值应低于LPC	Hook3(1 ng/mL)的OD值低于LPC的OD值		
溶血效应	至少80%的HE-LPC与LPC差异率介于±30%		全部样本: HE-LPC差异率4.1%～14.1%	通过
	至少80%的HE-NC筛选为阴性		全部样本: 筛选为阴性,SNR＜SCP	

考察项	可接受标准	样品名称	试验结果		结果评价
选择性	至少 80% 的 S－LPC 与 LPC 差异率介于 ±30%,	全部样本: S－LPC 差异率 －6.0%～4.4%			通过
	至少 80% 的 S－NC 筛选为阴性	全部样本: 筛选为阴性,SNR＜SCP			
稳定性	2/3 的稳定性样本与新鲜配制的差异率介于 ±20%	2～8℃ 24 h 稳定性	全部样本:2.5%～11.5%		通过
		RT 24 h 稳定性	全部样本:－4.8%～16.6%		
		反复冻融 3 次稳定性	全部样本:－9.7%～6.3%		
		反复冻融 5 次稳定性	全部样本:－2.9%～0.0%		
TQ001 耐药性	当阳性抗体在 200 ng/mL 时,最高可耐受血清中受试物 TQ001 注射液的浓度为 250 μg/mL;当阳性抗体在 10 000 ng/mL 时,最高可耐受血清中受试物 TQ001 注射液的浓度为 5 000 μg/mL				

三、药代动力学和免疫原性研究

以下面案例来讨论相关抗体在妊娠与雄性动物的药代动力学差异。

案例 3:TQ001 和 TQ002 单抗在妊娠期食蟹猴的药代动力学和免疫原性研究

目的:本试验目的是通过皮下注射给药雄性食蟹猴和妊娠食蟹猴 TQ001 和 TQ002 单抗,研究妊娠动物的药代动力学特征,同时检测胎盘、羊水、乳汁、胎儿血清及雄性动物的睪丸、附睪、精囊腺和肾上腺组织中的 TQ001 和 TQ002 的抗体浓度和抗药抗体产生情况,以了解 IgG1 类抗体在妊娠与雄性动物的药代动力学差异,药物在雄性生殖器官中的分布(包括血睪屏障),以及胎盘屏障、血乳屏障的通过情况。

(一)受试物

1. 受试物 1

名称:TQ001 注射液。

规格:每支 150 mg/mL。

含量或浓度:154.0 mg/mL。

稳定性:贮存条件和有效期内稳定。

有效期:×××年××月××日。

贮存条件:2～8℃,避光。

运输环境:冷链运输。

配制方法:原液给药,无需配制。

2. 受试物 2

名称:TQ002 注射液。

规格:每支 50 mg/0.5 mL。

含量或浓度:100 mg/mL(COA 浓度)。

稳定性:贮存条件和有效期内稳定。

有效期:×××年××月××日。

贮存条件:2～8℃,避光。

运输环境:冷链运输。

配制方法:原液给药,无需配制。

(二)动物资料

(1)种属、品系及级别:食蟹猴,普通级。

(2)性别和数量:妊娠食蟹猴 3 只,雄性食蟹猴 3 只。

(3)体重及年龄范围:妊娠食蟹猴妊娠期给药时体重为 3.66～4.94 kg,哺乳期给药时体重为 3.48～3.68 kg,4～6 岁。雄性食蟹猴 2.78～3.70 kg,3～5 岁。

(4)动物来源:申请本机构检疫合格的备用动物开展研究,备用动物购于×××公司。

(5)实验动物生产许可证号及发证单位:SCXK(X)2018－0006,由××科学技术厅颁发。

(6)实验动物使用许可证号及发证单位:SYXK(X)2021－0090,由××科学技术厅颁发。

(7)研究系统选择说明:TQ001 和 TQ002 均为 IgG1 单克隆抗体,食蟹猴为两种单克隆抗体药物作用靶点的唯一相关动物种属,两种药物的非临床安全性评价均选用食蟹猴,故选择食蟹猴作为生殖系统药代动力学探索试验的研究种属。

(8)动物标识:按照本机构实验动物编号与分组程序对动物进行编号,将动物编号与动物自带的 ID 号码相对应,每只动物均有唯一的标记号。

(9)饲料和饮用水

1)饲料:食蟹猴维持饲料为×××公司生产,批号为 21128211、22048211 和 22058231 等,饲料供应商委托有资质的单位对饲料营养成分、化学污染物和微生物指标进行检测,并向本机构提供检测报告,检测指标参考 GB 14924.3 - 2010 和 GB 14924.2 - 2001,本机构每年委托具有资质的检测机构对饲料化学污染物和微生物指标进行检测,检测指标参考 GB 14924.2 - 2001,本机构每季度对菌落总数进行检测,检测指标参考 GB 4789.2 - 2022,饲料检测结果均符合要求。

2) 饮用水:本机构经纯化后的实验动物饮用水,本机构每年委托有资质的检测机构对动物饮用水中微生物、化学物质、有毒物质等指标进行检测,检测指标参考 GB 5749 - 2006,本机构每季度对菌落总数进行检测,检测指标参考 GB 4789.2 - 2016,饮用水检测结果均符合要求。

(10) 动物饲养条件和环境:动物在普通级猴观察室内饲养,饲养于 900 mm×1 000 mm×2 080 mm 不锈钢笼内,单笼饲养,自由饮水、摄食,室温 22.8～25.3℃(日温差≤4℃),湿度 25.8%～99.9%,光照 12 h,黑暗 12 h,换气次数≥8 次/h,工作照度≥200 lx,动物照度 100～200 lx,全新风。除湿度外,其他参数均符合 GB 14925 - 2010 要求。

(11) 动物福利:本试验涉及的动物福利均遵循××动物福利指导原则(指导原则编号为 GAW ×

×-×××)。试验期间动物管理和使用遵循 *Guide for the Care and Use of Laboratory Animals*(2011 年)、国家科学技术委员会 2017 年修订的《实验动物管理条例》。本试验所涉及的动物管理、使用和相关操作均经过×××公司实验动物管理和使用委员会(IACUC)审核与批准,批准文号:IACUC(准)-××××-×××。

(三) 动物分组和剂量设置

共 6 只动物,3 只雄性动物及 3 只妊娠动物,因采用自然分娩的方式结束妊娠,故每只动物的最终试验过程略有差异。第一次给药时(D_1),所有动物均同时皮下给予 TQ001 5 mg/kg 和 TQ002 3 mg/kg。

为观察胎盘屏障通过性,保证动物在分娩时母体药物浓度处于较高水平,故 1F01 在第一次给药后 D_{18}、D_{25} 和 D_{32} 分别同时皮下给予 TQ001 5 mg/kg 和 TQ002 3 mg/kg。

1M01 在第一次给药后 D_{18} 和 D_{25} 分别同时皮下给予 TQ001 5 mg/kg 和 TQ002 3 mg/kg,D_{30} 动物死亡。

2F01 第一次给药后 D_{50}(分娩后第 15 天),皮下给予 TQ002 0.5 mg/kg。3F01 第一次给药后 D_{50}(分娩后第 5 天),皮下给予 TQ002 3 mg/kg。

2M01 和 3M01 在 D_1 给药后,采集 PK 和 ADA 血样,后返还动物房。试验设计和分组详见表 8 - 4 - 19 和图 8 - 4 - 7。

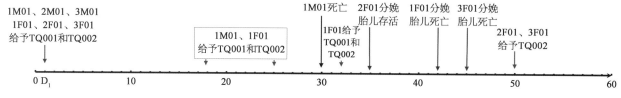

图 8 - 4 - 7　食蟹猴皮下注射给予 TQ001 和 TQ002 的关键时间点设计

表 8 - 4 - 19　试验设计和动物分组

动物编号	受试物	给药时间及频次	剂量 (mg/kg)	临床最大剂量倍数	试验阶段	试验终点/分娩时间
1M01	TQ001	$D_1/D_{18}/D_{25}$	5	1	$D_1～D_{18}$ $D_{18}～D_{25}$	D_{30} 死亡
	TQ002	$D_1/D_{18}/D_{25}$	3	3.6	$D_{25}～D_{30}$	
1F01	TQ001	$D_1/D_{18}/D_{25}/D_{32}$	5	1	$D_1～D_{18}$ $D_{18}～D_{25}$	D_{42} 分娩孕猴和胎儿均死亡
	TQ002	$D_1/D_{18}/D_{25}/D_{32}$	3	3.6	$D_{25}～D_{32}$ $D_{25}～D_{42}$	
2M01/3M02	TQ001	D_1	5	1	$D_1～D_{43}$	采样结束,返还动物房
	TQ002	D_1	3	3.6		
2F01	TQ001	D_1	5	1	$D_1～D_{43}$	D_{35} 分娩,胎儿存活,采样结束返还动物房
	TQ002	D_1/D_{50}	3/0.5	3.6	$D_1～D_{43}$ $D_{50}～D_{67}$	

续　表

动物编号	受试物	给药时间及频次	剂量(mg/kg)	临床最大剂量倍数	试验阶段	试验终点/分娩时间
3F01	TQ001	D_1	5	1	$D_1 \sim D_{43}$	D_{45} 分娩,胎儿死亡,采样结束返还动物房
	TQ002	D_1/D_{50}	3/3	3.6	$D_1 \sim D_{43}$ $D_{50} \sim D_{67}$	

(四) 剂量设置依据

TQ001 和 TQ002 分别为两款上市 IgG1 类型药物的生物类似药,TQ001 的市售对照品最大临床给药剂量为 5 mg/kg,TQ002 的市售对照品临床使用剂量为 0.833 mg/kg,其非临床食蟹猴药代动力学研究的剂量设置为皮下注射 3 mg/kg 和 10 mg/kg。TQ001 和 TQ002 的给药剂量分别为 5 mg/kg 和 3 mg/kg。

(五) PK 采样点设置及依据

根据《药物非临床药代动力学研究技术指导原则》,为获得给药后一个完整的血药浓度-时间曲线,采样时间点的设计应兼顾药物的吸收相、平衡相(峰浓度附近)和消除相。整个采样时间应持续到 3～5 个半衰期,或持续到血药浓度为 C_{max} 的 1/10～1/20;为保证最佳采样点,建议在正式试验前进行预试验,然后根据预试验的结果,审核并修正原设计的采样点。

TQ001 预试验结果:TQ001 食蟹猴皮下注射单次给药药代动力学预实验设计的采血点为:给药前(0 h),给药后 1 h、3 h、6 h、10 h、24 h(D_2)、48 h(D_3)、72 h(D_4)、120 h(D_6)、168 h(D_8)、240 h(D_{11})、336 h(D_{15})、408 h(D_{18})、504 h(D_{22})、576 h(D_{25})、672 h(D_{29})、840 h(D_{36})、1 008 h(D_{43})和 1 344 h(D_{57}),受试物 TQ001(5 mg/kg 和 15 mg/kg)4 只动物的 T_{max} 范围为 10～48 h,$T_{1/2}$ 范围为 10.45～16.76 天。

TQ002 预试验结果:TQ002 注射液食蟹猴皮下注射单次给药药代动力学预实验设计的采血点为:给药前(0 h),给药后 1 h、3 h、6 h、10 h、24 h(D_2)、48 h(D_3)、72 h(D_4)、120 h(D_6)、168 h(D_8)、240 h(D_{11})、336 h(D_{15})、408 h(D_{18})、504 h(D_{22})、576 h(D_{25})、672 h(D_{29})、840 h(D_{36})、1 008 h(D_{43})和 1 344 h(D_{57}),测得的受试物 TQ002(3 mg/kg 和 10 mg/kg)T_{max} 的范围为 6～72 h。受试物 4 只动物的 $T_{1/2}$ 范围为 16.02～30.87 h,即 0.67～1.29 天,末端可检测到浓度的最长时间为 576 h(D_{25})。

综合上述情况,所有动物第一次给药后,2M01、2F01、3M01 和 3F01 的采样时间为给药前(0 h),给药后 1 h、3 h、6 h、10 h、24 h(D_2)、48 h(D_3)、72 h(D_4)、120 h(D_6)、168 h(D_8)、240 h(D_{11})、336 h(D_{15})、408 h(D_{18})、504 h(D_{22})、576 h(D_{25})、672 h(D_{29})、840 h(D_{36})和 1 008 h(D_{43})。为观察血乳屏障情况,2F01 在 D_{50} 皮下给予了 TQ002 0.5 mg/kg,3F01 在 D_{50} 皮下给予了 TQ002 3 mg/kg,乳汁和母体血清的采样点设计为:第二次给药前(0 h),给药后 1 h、6 h、24 h(D_2)、48 h(D_3)、72 h(D_4)、120 h(D_6)、168 h(D_8)、240 h(D_{11})、336 h(D_{15})和 408 h(D_{18})。

采血点设计详见图 8-4-8 和图 8-4-9。

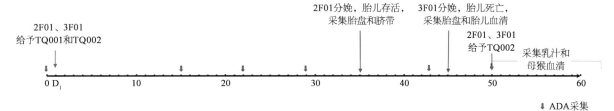

采血点设计为 PK:第一次给药前(0 h),给药后 1 h、4 h、8 h、24 h(D_2)、48 h(D_3)、96 h(D_5)、168 h(D_8)、240 h(D_{11})、336 h(D_{15})、408 h(D_{18})、504 h(D_{22})、672 h(D_{29})、1 008 h(D_{43})

第二次给药前(0 h),给药后 1 h、6 h、24 h(D_2)、48 h(D_3)、72 h(D_4)、120 h(D_6)、168 h(D_8)、240 h(D_{11})、336 h(D_{15})、408 h(D_{18})

图 8-4-8　食蟹猴 2F01 和 3F01 皮下注射给予 TQ001 和 TQ002 的关键采样点设计

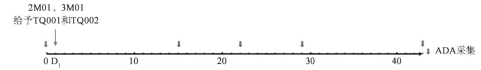

采血点设计为 PK:给药前(0 h),给药后 1 h、4 h、8 h、24 h(D_2)、48 h(D_3)、96 h(D_5)、168 h(D_8)、240 h(D_{11})、336 h(D_{15})、408 h(D_{18})、504 h(D_{22})、672 h(D_{29})、1 008 h(D_{43})

图 8-4-9　食蟹猴 2M01 和 3M01 皮下注射给予 TQ001 和 TQ002 的关键采样点设计

为保证动物分娩时,母体药物浓度一直处于较高水平,故 1F01 在 D_1、D_{18}、D_{25} 和 D_{32} 分别同时给予了 TQ001 和 TQ002,1F01 的采样点为:第一次给药 D_1 前(0 h);给药后 1 h、4 h、8 h、24 h(D_2)、48 h(D_3)、96 h(D_5)、168 h(D_8)、240 h(D_{11})、336 h(D_{15})、408 h(D_{18});第二次给药 D_{18} 前(0 h),给药后 1 h、4 h、8 h、24 h(D_2)、72 h(D_4)、120 h(D_6)、168 h(D_8);第三次给药 D_{25} 前(0 h),给药后 1 h、4 h、8 h、24 h(D_2)、48 h(D_3)、96 h(D_5)、168 h(D_8);第四次给药 D_{32} 前(0 h),给药后 1 h、4 h、8 h、24 h(D_2)、48 h(D_3)、96 h(D_5)、168 h(D_8)、240(D_{11})。采血点设计见图 8 - 4 - 10。

1M01 为 1F01 的平行对照动物,1M01 在 D_1、D_{18} 和 D_{25} 分别同时给予了 TQ001 和 TQ002,1M01 的采样点为:第一次给药 D_1 前(0 h),给药后 1 h、4 h、8 h、24 h(D_2)、48 h(D_3)、96 h(D_5)、168 h(D_8)、240 h(D_{11})、336 h(D_{15})、408 h(D_{18});第二次给药 D_{18} 前(0 h),给药后 1 h、4 h、8 h、24 h(D_2)、72 h(D_4)、120 h(D_6)、168 h(D_8);第三次给药 D_{25} 前(0 h),给药后 1 h、4 h、8 h、24 h(D_2)、48 h(D_3)、96 h(D_5)、168 h(D_8);第四次给药 D_{32} 前(0 h),给药后 1 h、4 h、8 h、24 h(D_2)、48 h(D_3)、96 h(D_5)、168 h(D_8)、240(D_{11})。采血点设计见图 8 - 4 - 11。

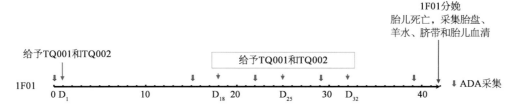

采血点设计为 PK:第一次给药前(0 h),给药后 1 h、4 h、8 h、24 h(D_2)、48 h(D_3)、96 h(D_5)、168 h(D_8)、240 h(D_{11})、336 h(D_{15})、408 h(D_{18});第二次给药前(0 h),给药后 1 h、4 h、8 h、24 h(D_2)、72 h(D_4)、120 h(D_6)、168 h(D_8);第三次给药前(0 h),给药后 1 h、4 h、8 h、24 h(D_2)、48 h(D_3)、96 h(D_5)、168 h(D_8);第四次给药前(0 h),给药后 1 h、4 h、8 h、24 h(D_2)、48 h(D_3)、96 h(D_5)、168 h(D_8)、240(D_{11})

图 8 - 4 - 10 食蟹猴 1F01 皮下注射给予 TQ001 和 TQ002 的关键采样点设计

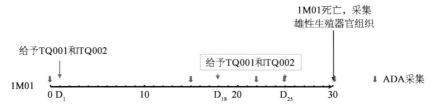

采血点设计为 PK:第一次给药前(0 h),给药后 1 h、4 h、8 h、24 h(D_2)、48 h(D_3)、96 h(D_5)、168 h(D_8)、240 h(D_{11})、336 h(D_{15})、408 h(D_{18});第二次给药前(0 h),给药后 1 h、4 h、8 h、24 h(D_2)、72 h(D_4)、120 h(D_6)、168 h(D_8);第三次给药前(0 h),给药后 1 h、4 h、8 h、24 h(D_2)、48 h(D_3)、96 h(D_5)、168 h(D_8);第四次给药前(0 h),给药后 1 h、4 h、8 h、24 h(D_2)、48 h(D_3)、96 h(D_5)、168 h(D_8)、240(D_{11})

图 8 - 4 - 11 食蟹猴 1M01 皮下注射给予 TQ001 和 TQ002 的关键采样点设计

1M01 雄性动物在死亡当天采集雄性生殖器官(睾丸、附睾、精囊腺和肾上腺)和血清,观察雄性生殖器官组织分布。

1F01 在 D_{42} 分娩后,采集胎盘、脐带、羊水和胎儿血清;2F01 在 D_{35} 分娩后,采集胎盘和脐带,在生产后第 5 天,采集母体和胎儿血清;3F01 在 D_{45} 分娩后,采集胎盘和胎儿血清。

(六) ADA 采样点设置

1M01:血清(D_{-1}、D_{15}、D_{22} 和 D_{25}),睾丸、附睾、精囊腺、肾上腺的组织匀浆液(D_{30})。

2M01:血清(D_{-1}、D_{15}、D_{22} 和 D_{29})。

3M01:血清(D_{-1}、D_{15}、D_{22} 和 D_{29})。

1F01:血清(D_{-1}、D_{15}、D_{22}、D_{25}、D_{39} 和 D_{42}),胎盘、羊水、脐带和胎儿血清(D_{42})。

2F01:血清(D_{-1}、D_{15}、D_{22}、D_{29}、D_{40} 和 D_{50}),胎盘、脐带和胎儿血清(D_{40}),乳汁(D_{50})。

3F01:血清(D_{-1}、D_{15}、D_{22}、D_{25}、D_{29}、D_{45} 和 D_{50}),胎盘和胎儿血清(D_{45}),乳汁(D_{50} 和 D_{67})。

(七) 给药方法

1. 给药频率 TQ001:1M01(D_1/D_{18}/D_{25})、1F01(D_1/D_{18}/D_{25}/D_{32})、2M01(D_1)、2F01(D_1)、3M01(D_1)和 3F01(D_1)。TQ002:1M01(D_1/D_{18}/D_{25})、1F01(D_1/D_{18}/D_{25}/D_{32})、2M01(D_1)、2F01(D_1/D_{50})、3M01(D_1)和 3F01(D_1/D_{50})。

2. 给药途径　皮下注射。

3. 给药量　TQ001 为 33.3 μL/kg，TQ002 为 30 μL/kg。等浓度不等体积给药，单点注射，每只动物的绝对给药体积（以 mL 为单位，保留小数点后两位数字，0.01 mL）由动物最近记录的体重计算；根据注射器刻度抽取实际给药体积。

（八）试验方法

1. 动物检疫　食蟹猴接受后均需进行 15 天的检疫，进入试验的动物为本机构检疫合格的动物，雌性动物均为妊娠中后期动物，为 $GD_{90} \sim GD_{120}$。

2. 适应性训练　所有动物适应性饲养期间开始进行适应性训练，对食蟹猴进行坐猴椅和模拟操作过程等训练，选择通过训练的 6 只动物进入正式试验。

3. 一般观察　每天上午或下午至少观察 1 次，观察内容主要为外观体征、行为活动、动物姿势、饮食、被毛、刺激反应、腺体分泌物、排泄物、呼吸状态和死亡情况等。

4. 给药　根据给药前动物最近 1 次称量的体重（一般采用给药前一天称重分组时体重），计算每只动物的给药体积，给药体积精确到两位小数（0.01 mL），于动物双后肢皮下进行单点注射，注射前将动物后肢待注射部位剃毛，用酒精棉球在注射部位进行清洁，并在注射之前使其自然风干。

5. 样品采集　根据设计的时间点进行血清和组织样品采集，血清采集时四肢静脉（避开给药部位）采血约 1 mL，收集全血至含促凝剂和分离胶的采血管中。采集胎盘、脐带、睾丸、附睾、精囊腺和肾上腺，将样品用生理盐水冲洗后，装至 2 mL 离心管中。组织收集两份，对组织样本进行称重，第一份称取约 100 mg，第二份称取重量不限，采集到的组织样本液氮速冻后 −80℃ 超低温冰箱暂存。出生后死亡的胎儿采取解剖后，从心脏部位吸取全血 1 mL，收集至含促凝剂和分离胶的采集管中。羊水用吸管吸取母体流出体外的羊水至 1 mL 离心管中，采集两管，检测管不少于 100 μL。乳汁采集至 1 mL 离心管，每个时间点采集两管，检测管不少于 100 μL。

6. 样品处理

（1）血清：收集全血至采集管中，待血液凝结后离心，1 800×g，离心 10 min。收集血清分为 2 份，按血样标识方法做好标识，放置于 −80℃ 超低温冰箱暂存；样品采集后，在室温放置时间不超过 2 h。

（2）组织匀浆液：在检测前制备组织匀浆液，将样本按照重量体积比（W∶V）1∶9 加匀浆液（匀浆液由无菌 PBS 配制，含 PMSF、DTT、蛋白酶抑制剂。配制方法：取 100 μL 100 mmol/L 的 PMSF，10 μL 1 mol/L DTT 和 1 片蛋白酶抑制剂，加入至 9.890 mL PBS 中，混匀），在冷冻研磨仪中研磨（冷冻研磨仪条件设置：运行时间为 50 s，中断时间为 1 s，设定频率为 60 Hz，温度设定为 4℃、研磨次数为 10 次）。研磨完成后，于 10 000×g，4℃，离心 10 min，将上清液转移至标记好的离心管/冻存管（至少分装 3 份，每份约 200 μL），放入 −80℃ 超低温冰箱暂存。

7. 样品检测　采用经验证的 ELISA 法测定食蟹猴样品中的药物浓度和抗药物抗体（ADA），使用酶标仪自带软件 SoftMax Pro 7.1.2 GxP 出具检测 OD 值，用 Excel 软件对检测结果进行统计分析。

8. 数据统计分析　用 Prism GraphPad 软件绘制浓度-时间曲线，用 Phoenix WinNonlin 8.3.2 软件按非房室模型计算下列药代动力学参数：半衰期（$T_{1/2}$）、最大血药浓度（C_{max}）、达峰时间（T_{max}）、药时曲线下面积（AUC_{0-t} 和 $AUC_{0-\infty}$）、表观分布容积（Vd）、清除率（Cl）、平均滞留时间（MRT_{0-t} 和 $MRT_{0-\infty}$）等参数。$T_{1/2}$、C_{max}、Vd、MRT_{0-t} 和 $MRT_{0-\infty}$ 保留 2 位小数。Cl 保留 3 位小数，AUC_{0-t} 和 $AUC_{0-\infty}$ 保留整数。

T_{max} 和 C_{max} 直接从血药浓度-时间曲线图中获取；AUC_{0-t} 采用线性梯形法计算，t 为最后一个可定量血药浓度的时间；$AUC_{0-\infty} = AUC_{0-t} + C_t/\lambda_z$，$C_t$ 为最后一个可定量时间点的血药浓度，λ_z 为末端消除速率常数（Bestfit 法）；$t_{1/2} = 0.693/\lambda_z$；$MRT = AUMC/AUC$；$Cl = D/AUC_{0-\infty}$（D 为给药剂量）；$V = Cl \times MRT_{0-\infty}$；$AUC\_\%_{Extrap} = (1 - AUC_{0-t}/AUC_{0-\infty}) \times 100$。

在浓度数据导入 WinNonlin 8.3.2 软件前对 BLQ（低于定量下限）进行定义：BLQ 在 C_{max} 出现之前定义为 0，C_{max} 出现之后定义为缺失。对于无样本的情况定义为 NS。

采用 Excel 软件对数据进行整理，除首次给药后的药物浓度数据外，其余数据因为动物数量较少，仅列举个体数据，不进行统计分析。首次给药后的药物浓度和药代参数采用 Excel 软件的 t 检验分析药代参数和血药浓度的雌雄差异。T_{max} 为离散数据，通常使用非参数检验（Wilcoxon 法）进行统计分析，对 $T_{1/2}$ 使用独立样本 t 检验进行统计。

9. 结果

（1）一般状态观察：1M01 于 D_{30} 动物死亡，2M01

和 3M01 未见异常。1F01 于 D_{42} 分娩时,大出血,胎儿和母体均死亡,胎儿未见畸形;2F01 正常生产,胎儿状态正常,3F01 夜间生产后,第二天观察到胎儿嘴部有伤口,胎儿死亡,但未见畸形,死亡原因不能确定是否和给药有关。

(2) TQ001 药物浓度检测:所有动物首次皮下给予受试物 TQ001 5 mg/kg 后,动物血清中的药物浓度结果见表 8-4-20,药物浓度随时间的变化曲线见图 8-4-12。可以看出,在 1~24 h,雌性动物的药物浓度与雄性动物的药物浓度比值≤0.5,雌性的药物浓度低于雄性动物的药物浓度。为保证动物分娩时,母体药物浓度一直处于较高水平,故 1F01 在 D_1、D_{18}、D_{25} 和 D_{32} 分别给予了 TQ001,1M01 为 1F01 的平行对照动物,1M01 在 D_1、D_{18} 和 D_{25} 分别给予了 TQ001,1F01 和 1M01 的药物浓度时间曲线见图 8-4-15。

表 8-4-20　食蟹猴皮下注射给予 TQ001(5 mg/kg)血清中的个体药物浓度(ng/mL)

时间(h)	1M01	2M01	3M01	1F01	2F01	3F01	雄性平均	雌性平均	雌/雄比值	n
0	BLQ	BLQ	BLQ	BLQ	BLQ	BLQ	BLQ	BLQ	—	6
1	254	2 131	851	680	406	537	1 079	541	0.50	6
4	12 539	29 663	20 897	6 958	2 792	3 608	21 033	4 453	0.21	6
8	35 713	54 151	47 215	19 223	7 677	10 165	45 693	12 355	0.27	6
24	54 758	59 703	55 746	33 483	20 911	19 220	56 736	24 538	0.43	6
48	58 805	61 706	59 962	43 374	32 998	26 541	60 158	34 304	0.57	6
96	54 846	53 526	57 224	55 947	41 440	29 801	55 199	42 396	0.77	6
168	45 693	44 219	32 669	52 017	41 876	28 749	40 860	40 881	1.00	6
240	46 314	40 658	27 153	45 304	33 645	26 011	38 042	34 987	0.92	6
336	38 322	29 647	19 903	35 790	24 300	24 847	29 291	28 312	0.97	6
408		26 632	18 223		19 041	22 490	22 428	20 766	0.93	4
504		21 811	14 789		9 880	15 721	18 300	12 801	0.70	4
576		18 529	12 717		5 608	12 599	15 623	9 104	0.58	4
672		14 081	10 169		2 649	9 784	12 125	6 217	0.51	4
840		9 974	6 741		1 464	5 945	8 358	3 705	0.44	4
1 008		6 784	4 756		890	3 590	5 770	2 240	0.39	4

注:—,无相关数据;BLQ,检测浓度低于定量下限。浓度数据用酶标仪自带软件 SoftMax Pro7.1.2 回算,用 Excel 软件将浓度数值保留整数

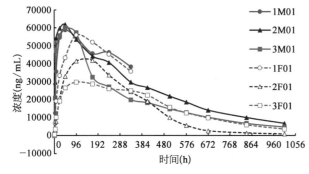

图 8-4-12　食蟹猴皮下注射给予 TQ001 的动物个体血清药物浓度-时间曲线

(3) TQ002 药物浓度检测:所有动物首次皮下给予受试物 TQ002 3 mg/kg 后,血清中的药物浓度结果见表 8-4-21,药物浓度随时间的变化曲线见图 8-4-13。将 TQ001 和 TQ002 首次给药后的平均药物浓度进行曲线拟合后,药物浓度随时间的变化曲线见图 8-4-14。可以看出,在 1~48 h,雌性动物的药物浓度与雄性动物的药物浓度比值≤0.5,雌性的药物浓度低于雄性动物的药物浓度。为保证动物分娩时,母体药物浓度一直处于较高水平,故 1F01 在 D_1、D_{18}、D_{25} 和 D_{32} 分别给予了 TQ002,1M01 为 1F01 的平行对照动物,1M01 在 D_1、D_{18} 和 D_{25} 分别给予了 TQ002,1F01 和 1M01 的药物浓度时间曲线见图 8-4-15。

表 8 - 4 - 21　食蟹猴皮下注射给予 TQ002(3 mg/kg)血清中的个体药物浓度(ng/mL)

时间(h)	1M01	2M01	3M01	1F01	2F01	3F01	雄性平均	雌性平均	雌/雄比值	n
0	0	0	0	0	0	0	0	0	—	6
1	2 052	1 151	1 077	311	61	182	1 427	185	0.13	6
4	11 211	8 365	12 959	1 608	727	971	10 845	1 102	0.10	6
8	17 187	19 326	20 670	3 898	1 941	3 366	19 061	3 068	0.16	6
24	21 398	23 178	20 398	8 252	5 982	8 504	21 658	7 579	0.35	6
48	20 402	28 625	21 697	10 735	11 381	12 269	23 575	11 462	0.49	6
96	18 077	24 686	18 487	11 649	15 440	12 215	20 417	13 101	0.64	6
168	16 315	18 774	11 739	12 654	13 489	10 269	15 609	12 137	0.78	6
240	12 759	15 559	9 608	10 993	11 321	9 296	12 642	10 537	0.83	6
336	9 918	9 002	7 063	7 408	8 188	7 696	8 661	7 764	0.90	6
408		6 696	5 789		6 576	5 408	6 243	5 992	0.96	4
504		3 325	4 671		3 912	4 657	3 998	4 285	1.07	4
576		1 953	3 243		2 537	4 353	2 598	3 445	1.33	4
672	—	890	2 709		1 526	3 317	1 800	2 422	1.35	4
840		346	1 861		796	1 889	1 104	1 343	1.22	4
1 008		107	1 205		492	768	656	630	0.96	4

注：—，无相关数据；BLQ，检测浓度低于定量下限。浓度数据用酶标仪自带软件 SoftMax Pro7.1.2 回算，用 Excel 软件将浓度数值保留整数

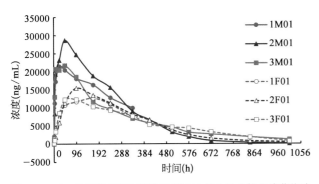

图 8 - 4 - 13　食蟹猴皮下注射给予 TQ002 的动物个体血清药物浓度-时间曲线

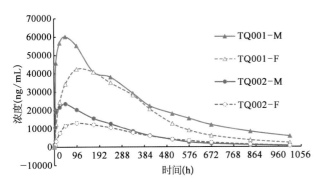

图 8 - 4 - 14　食蟹猴皮下注射给予 TQ001 和 TQ002 的平均血清药物浓度-时间曲线

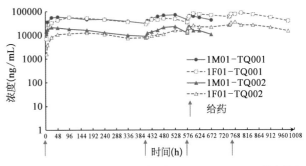

图 8 - 4 - 15　食蟹猴皮下注射重复给予 TQ001 和 TQ002 的个体血清药物浓度-时间曲线

（4）药代参数分析：所有动物首次皮下给予受试物 TQ001 5 mg/kg 和 TQ002 3 mg/kg 后，雌性妊娠期动物和雄性动物的主要药代动力学参数 $T_{1/2}$、C_{max}、AUC_{0-t}、$AUC_{0-\infty}$、Vd、Cl、MRT_{0-t} 和 $MRT_{0-\infty}$ 的雌雄差异均无统计学差异（$P>0.05$），比值均大于 0.5 且小于 2，未见统计学差异，但妊娠期雌性动物的 T_{max} 均比雄性动物大，且药物暴露小于雄性动物。在未妊娠雌性动物和雄性动物中未见该趋势（表 8 - 4 - 22～表 8 - 4 - 24）。

表 8-4-22　食蟹猴皮下注射给予 TQ001 和 TQ002 后的平均药代参数

药代参数	TQ001(5 mg/kg)		TQ002(3 mg/kg)	
	雌性妊娠动物	雄性动物	雌性妊娠动物	雄性动物
$T_{1/2}$(h)	251.84±50.99	373.56±121.14	168.83±7.19	208.66±95.08
T_{max}(h)	96~168	48	48~168	24~48
C_{max}(ng/mL)	42 541±13 086	60 158±1 460	13 454±1 730	23 907±4 089
AUC_{0-t}(h·ng/mL)	15 717 624±689 176	20 764 796±5 103 548	4 874 580±1 202 806	6 570 217±1 316 733
$AUC_{0-\infty}$(h·ng/mL)	21 540 625±8 295 260	31 909 615±11 245 418	5 723 451±69 072	7 864 934±667 504
Vd(mL/kg)	87.9±13.87	85.68±11.97	127.64±3.9	116.16±57.7
Cl(mL·h^{-1}·kg^{-1})	0.253±0.081	0.169±0.055	0.524±0.006	0.383±0.032
$MRT_{0-1\,176\,h}$(h)	260.84±94.06	263.43±90.58	258.19±82.97	209.29±63.8
$MRT_{0-\infty}$(h)	394.82±106.99	532.74±186.65	328.91±46	305.72±85.46

表 8-4-23　食蟹猴皮下注射给予 TQ001(5 mg/kg)的个体药代动力学参数

动物名称	$T_{1/2}$ (h)	T_{max} (h)	C_{max} (ng/mL)	AUC_{0-t} (h·ng/mL)	$AUC_{0-\infty}$ (h·ng/mL)	$AUC_{\%Extrap}$ (%)	Vd (mL/kg)	Cl (mL·h^{-1}·kg^{-1})	$MRT_{0-840\,h}$ (h)	$MRT_{0-\infty}$ (h)
1F01	309.71	96	55 947	15 074 567	31 066 285	51.48	71.91	0.161	168.14	484.55
2F01	213.53	168	41 876	15 633 170	15 907 339	1.72	96.83	0.314	258.18	276.41
3F01	232.29	96	29 801	16 445 136	17 648 252	6.82	94.95	0.283	356.20	423.48
1M01	513.42	48	58 805	15 924 153	44 309 446	64.06	83.58	0.113	160.22	747.33
2M01	301.61	48	61 706	26 095 845	29 047 750	10.16	74.90	0.172	329.68	442.83
3M01	305.66	48	59 962	20 274 392	22 371 651	9.37	98.56	0.223	300.40	408.07
雌性均值	251.84	96~168	42 541	15 717 624	21 540 625	20.01	87.90	0.253	260.84	394.82
SD	50.99	—	13 086	689 176	8 295 260	27.37	13.87	0.081	94.06	106.99
%CV	20.2	—	30.8	4.4	38.5	136.8	15.8	32.1	36.1	27.1
n	3	3	3	3	3	3	3	3	3	3
雄性均值	373.56	48	60 158	20 764 796	31 909 615	27.87	85.68	0.169	263.43	532.74
SD	121.14	—	1 460	5 103 548	11 245 418	31.35	11.97	0.055	90.58	186.65
%CV	32.4	—	2.4	24.6	35.2	112.5	14.0	32.7	34.4	35.0
n	3	3	3	3	3	3	3	3	3	3
雌雄比	0.7	—	0.7	0.8	0.7	—	1.0	1.5	1.0	0.7

注:—,无相关统计数据;其中参数 T_{max} 为范围值。其中 1F01 和 1M01 的 AUC_{0-t} 代表 0~336 h,其余动物代表 0~1 008 h

表 8-4-24　食蟹猴皮下注射给予 TQ002(3 mg/kg)的个体药代动力学参数

动物名称	$T_{1/2}$ (h)	T_{max} (h)	C_{max} (ng/mL)	AUC_{0-t} (h·ng/mL)	$AUC_{0-\infty}$ (h·ng/mL)	$AUC_{\%Extrap}$ (%)	Vd (mL/kg)	Cl (mL·h^{-1}·kg^{-1})	$MRT_{0-840\,h}$ (h)	$MRT_{0-\infty}$ (h)
1F01		168	12 654	3 485 754					167.57	
2F01	163.74	96	15 440	5 558 385	5 674 610	2.05	124.89	0.529	276.56	296.38

动物名称	$T_{1/2}$ (h)	T_{max} (h)	C_{max} (ng/mL)	AUC_{0-t} (h·ng/mL)	$AUC_{0-\infty}$ (h·ng/mL)	$AUC_{\_\%Extrap}$ (%)	Vd (mL/kg)	Cl (mL·h^{-1}·kg^{-1})	$MRT_{0-840\,h}$ (h)	$MRT_{0-\infty}$ (h)
3F01	173.91	48	12 269	5 579 603	5 772 292	3.34	130.40	0.520	330.44	361.43
1M01	235.41	24	21 398	5 184 765	8 553 214	39.38	119.12	0.351	147.68	355.60
2M01	103.07	48	28 625	7 805 324	7 821 235	0.20	57.04	0.384	205.10	207.03
3M01	287.49	48	21 697	6 720 563	7 220 353	6.92	172.33	0.415	275.07	354.52
雌性均值	168.83	48~168	13 454	4 874 580	5 723 451	2.69	127.64	0.524	258.19	328.91
SD	7.19	—	1 730	1 202 806	69 072	0.91	3.90	0.006	82.97	46.00
%CV	4.3	—	12.9	24.7	1.2	33.9	3.1	1.2	32.1	14.0
n	2	3	3	3	2	2	2	2	3	2
雄性均值	208.66	24~48	23 907	6 570 217	7 864 934	15.50	116.16	0.383	209.29	305.72
SD	95.08	—	4 089	1 316 733	667 504	20.95	57.70	0.032	63.80	85.46
%CV	45.6	—	17.1	20.0	8.5	135.1	49.7	8.4	30.5	28.0
n	3	—	3	3	3	3	3	3	3	3
雌雄比	0.8	—	0.6	0.7	0.7	—	1.1	1.4	1.2	1.1

注：—，无相关统计数据；其中参数 T_{max} 为范围值。其中 1F01 和 1M01 的 AUC_{0-t} 代表 0~336 h，其余动物代表 0~1 008 h

（5）药物在雄性生殖器官中的分布研究：1M01 在 D_1、D_{18} 和 D_{25} 分别同时给了 TQ001 5 mg/kg 和 TQ002 3 mg/kg 后，D30 动物死亡，对睾丸、附睾、精囊腺、肾上腺和血清进行采样后，检测雄性生殖器官组织匀浆液中的药物浓度，结果表明，有少量的药物分布到雄性生殖器官中（表 8 - 4 - 25）。

表 8 - 4 - 25　雄性食蟹猴皮下注射给予 TQ001 和 TQ002 后动物生殖器官和血清中的药物浓度

组织类型	TQ001 5 mg/kg		TQ002 3 mg/kg	
	浓度 (ng/mL)	与血清比值(%)	浓度 (ng/mL)	与血清比值(%)
睾丸	500	1.19	228	1.77
附睾	796	1.89	291	2.26
精囊腺	467	1.11	178	1.38
肾上腺	347	0.82	196	1.52
血清	42 088	—	12 861	—

注：—，无此项

（6）药物的胎盘屏障通过性研究：1F01 在 D_{42} 分娩后，采集胎盘、脐带、羊水和胎儿血清；2F01 在 D_{35} 分娩后，采集胎盘和脐带，在生产后第 5 天，采集母体和胎儿血清；3F01 在 D_{45} 分娩后，采集胎盘和胎儿血清。结果表明，药物可以通过胎盘屏障进入胎盘，羊水及胎儿体内，但在脐带组织中的分布较少（表 8 - 4 - 26）。

表 8 - 4 - 26　雌性食蟹猴皮下注射给予 TQ001 和 TQ002 后动物生殖系统和血清中的药物浓度

组织类型	TQ001 5 mg/kg			TQ002 3 mg/kg		
	1F01	2F01	3F01	1F01	2F01	3F01
母体血清	40 151	979	3 037	15 043	582	511
胎盘	1 110	BLQ	BLQ	632	BLQ	BLQ
脐带	BLQ	BLQ	—	36	BLQ	—
羊水	3 084	—	—	1 238	—	—
胎儿血清	9 083	BLQ	1 855	1 913	BLQ	38
羊水/母体	7.68%	—	—	8.23%	—	—
胎儿/母体	22.62%	—	61.08%	12.72%	—	7.44%

注：—，无此项。其中 1F01 和 3F01 的胎仔出生后死亡，母体和胎儿的血清均为分娩时采集，2F01 的胎仔出生后第 5 天采集的血液，其母体血液也是在分娩后第 5 天时采集

（7）药物的血乳屏障通过性研究：为观察血乳屏障情况，2F01 在 D_{50}（生产后第 15 天）皮下给予了 TQ002 0.5 mg/kg，3F01 在 D_{50}（生产后第 5 天）皮下给予了 TQ002 3 mg/kg，乳汁和母体血清的采样点设计为：第二次给药前（0 h），给药后 1 h，6 h，24 h（D_2），48 h（D_3），72 h（D_4），120 h（D_6），168 h（D_8），240 h（D_{11}），336 h（D_{15}）和 408 h（D_{18}）。对 TQ001 和 TQ002 母猴血清和乳汁中的药物浓度进行了检测，结果表明，仅少量药物可以通过血乳屏障进入成熟乳汁中（表 8 - 4 - 27）。

表 8-4-27 食蟹猴皮下注射给予 TQ001 和 TQ002 分娩后动物血清和乳汁中的药物浓度

时间(h)	TQ001				TQ002			
	乳 汁		血 清		乳 汁		血 清	
	2F01	3F01	2F01	3F01	2F01	3F01	2F01	3F01
0	BLQ	BLQ	439	2 422	BLQ	BLQ	288	164
1	BLQ	BLQ	402	2 251	34	BLQ	898	325
6	—	BLQ	410	1 966	BLQ	BLQ	1 643	3 184
24	BLQ	BLQ	329	1 758	BLQ	BLQ	2 023	15 312
48	BLQ	BLQ	316	1 613	32	31	2 155	13 970
72	BLQ	BLQ	296	1 593	BLQ	30	2 091	18 076
120	BLQ	BLQ	243	1 645	BLQ	72	2 003	20 674
168	BLQ	BLQ	210	1 566	BLQ	124	1 859	18 945
240	BLQ	BLQ	BLQ	1 044	BLQ	221	1 139	14 352
336	BLQ	BLQ	BLQ	BLQ	BLQ	66	389	218
408	BLQ	BLQ	BLQ	BLQ	BLQ	BLQ	98	40

注:—,未采集到样本。BLQ,检测的药物浓度低于定量下限。2F01 在分娩后第 15 天,皮下给予 TQ002 0.5 mg/kg,3F01 在分娩后第 5 天,皮下给予 TQ002 3 mg/kg,TQ001 血清中的药物浓度为首次给药后存留的药物,0 h 为 D_{50} 给予 TQ002 受试物的时刻

(8) 食蟹猴血清中针对 TQ001 和 TQ002 的抗药抗体产生情况:血清中针对 TQ001 和 TQ002 的抗体滴度汇总表见表 8-4-28。2F01 和 3F01 动物针对 TQ001 产生了抗药抗体,2M01、1F01、2F01 和 3F01 动物均对 TQ002 产生了抗药抗体,TQ002 的免疫原性略强于 TQ001。

表 8-4-28 食蟹猴皮下注射给予 TQ001 和 TQ002 后动物血清中的抗药抗体

时间	TQ001						TQ002					
	1M01	2M01	3M01	1F01	2F01	3F01	1M01	2M01	3M01	1F01	2F01	3F01
D_1	1	—	—	<1	—	—	—	—	—	—	—	—
D_{15}	—	—	—	—	58	<1	—	6	—	51	123	—
D_{22}	—	—	—	—	187	—	—	14	—	27	209	4
D_{25}	—	NA	NA	—	NA	NA	—	NA	NA	14	NA	NA
D_{29}	NA	—	—	NA	50	—	NA	27	—	NA	60	11
D_{39}			—		NA	NA				6	NA	NA
		NA						NA				
分娩时				—	21	11				22	32	231

注:—,筛选为阴性,数字代表筛选为阳性后,滴度检测的结果;NA,无此项。1F01 的分娩时间为 D_{42},2F01 的分娩时间为 D_{35},3F01 的分娩时间为 D_{45}

(9) 各组织中针对 TQ001 和 TQ002 的抗药抗体产生情况:针对各组织匀浆液,检测了针对 TQ001 和 TQ002 的抗药抗体,雄性动物的检测结果表明,1M01 的睾丸、附睾、精囊腺和肾上腺中,均未检测出针对 TQ001 和 TQ002 的抗药抗体。当母体产生针对 TQ001 或针对 TQ002 的抗药抗体时,胎盘和胎儿血清中均可检测到抗药抗体,且胎儿血清中的抗药抗体滴度强于母体,但目前尚不清楚胎儿血清中的抗药抗体是否均来自于母体。具体结果见表 8-4-29。

表 8-4-29　食蟹猴皮下注射给予 TQ001 和 TQ002 后
分娩时各组织中的抗药抗体

组织类型	TQ001			TQ002		
	1F01	2F01	3F01	1F01	2F01	3F01
母体	—	21	11	13	15	231
胎盘	—	19	12	8	12	9
脐带	NA	—	NA	—	—	NA
羊水	—	NA	NA	2	NA	NA
胎儿	—	245	8	45	637	589
乳汁	NA	—	2	NA	—	—

注：—，筛选为阴性，数字代表筛选为阳性后，滴度检测的结果；NA，无此项。2F01 的乳汁为分娩后第 15 天的乳汁，3F01 的乳汁代表分娩后第 5 天的乳汁

10. 讨论　所有动物首次皮下给予受试物 TQ001 5 mg/kg 和 TQ002 3 mg/kg 后，妊娠期动物和雄性动物的主要药代动力学参数 $T_{1/2}$、C_{max}、AUC_{0-t}、$AUC_{0-\infty}$、Vd、Cl、MRT_{0-t} 和 $MRT_{0-\infty}$ 的雌雄差异均无统计学差异（$P>0.05$），比值均大于 0.5 且小于 2，未见统计学差异，但妊娠期雌性动物的 T_{max} 均比雄性动物大，且药物暴露小于雄性动物。在未妊娠雌性动物和雄性动物中未见该趋势。该现象可能与妊娠动物的血容量增大有关。

1M01 在 D_1、D_{18} 和 D_{25} 分别同时给予了 TQ001 5 mg/kg 和 TQ002 3 mg/kg 后，D_{30} 动物死亡，对睾丸、附睾、精囊腺、肾上腺和血清进行采样后，检测雄性生殖器官组织匀浆液中的药物浓度，结果表明，有少量的药物分布到雄性生殖器官中。

1F01 在 D_{42} 分娩后，采集胎盘、脐带、羊水和胎儿血清；2F01 在 D_{35} 分娩后，采集胎盘和脐带，在分娩后第 5 天，采集母体和胎儿血清；3F01 在 D_{45} 分娩后，采集胎盘和胎儿血清。结果表明，药物可以通过胎盘屏障进入胎盘，羊水及胎儿体内，但在脐带组织中的分布较少。

为观察血乳屏障情况，2F01 在 D_{50}（生产后第 15 天）皮下给予了 TQ002 0.5 mg/kg，3F01 在 D_{50}（生产后第 5 天）皮下给予了 TQ002 3 mg/kg，乳汁和母体血清的采样点设计为：第二次给药前（0 h），给药后 1 h、6 h、24 h（D_2）、48 h（D_3）、72 h（D_4）、120 h（D_6）、168 h（D_8）、240 h（D_{11}）、336 h（D_{15}）和 408 h（D_{18}）。对 TQ001 和 TQ002 母猴血清和乳汁中的药物浓度进行了检测，结果表明，仅少量药物可以通过血乳屏障进入成熟乳汁中。

血清中针对 TQ001 和 TQ002 的抗药抗体结果显示，2F01 和 3F01 动物针对 TQ001 产生了抗药抗体，2M01、1F01、2F01 和 3F01 动物均对 TQ002 产生了抗药抗体，TQ002 的免疫原性略强于 TQ001。

针对各组织匀浆液，检测了针对 TQ001 和 TQ002 的抗药抗体，雄性动物的检测结果表明，1M01 的睾丸、附睾、精囊腺和肾上腺中，均未检测出针对 TQ001 和 TQ002 的抗药抗体。当母体产生针对 TQ001 或针对 TQ002 的抗药抗体时，胎盘和胎儿血清中均可检测到抗药抗体，且胎儿血清中的抗药抗体滴度强于母体，但目前尚不清楚胎儿血清中的抗药抗体是否均来自于母体。

11. 结论　在本试验条件下，可以看到，妊娠期动物因为血容量的增大，可能会导致抗体药物达峰时间延迟、峰浓度降低。抗体药物可通过胎盘屏障分布到胎盘、羊水和胎儿体内。极少量抗体药物可通过血乳屏障进入到成熟乳汁中。少量抗体药物可分布到雄性生殖器官中。动物产生的抗药抗体液可通过胎盘屏障转移至胎盘和羊水，胎儿体内的抗药抗体滴度高于母体，但无法确定胎儿血清中的抗药抗体是来自母体还是自身免疫系统产生。

（李兴霞）

第五节　生殖系统常见毒性的发生机制

食蟹猴生殖生理和胚胎发育特征与人类高度相似，因此被视为发育和生殖毒性研究中最理想的非人灵长类动物模型。食蟹猴具有与人相似的下丘脑-垂体-卵巢轴，雄性生殖系统的激素调控、雌性维持月经周期的激素水平、月经周期的长度、绒毛膜促性腺激素的生成、胎盘的结构及孕期的胚胎发育等方面均表现出与人类十分相似的特征，因而能够有效地模拟人类的生殖生理特征。

在发育和生殖毒性研究中，食蟹猴的应用具有独特的优势。其繁殖周期相对短，生育能力强，为研究毒性

影响的长期效应提供了可行性。此外,食蟹猴的胚胎发育过程与人类相似,尤其是在胚胎早期的器官形成和胚胎膜发育方面,为评估潜在的胚胎毒性提供了重要线索。生殖系统常见毒性表现可能涉及性腺功能障碍、精子或卵子质量下降、月经周期紊乱等方面。在研究毒性的发生机制时,可以考虑细胞水平的影响,如基因表达的变化、细胞凋亡和细胞周期的调控等。此外,对于生殖系统的毒性,还需关注激素水平的紊乱、细胞信号通路的变化及可能涉及的炎症反应等多个方面。

综合而言,食蟹猴作为生殖毒性研究的理想模型,不仅有助于深入理解人类生殖生理的复杂性,同时为评估潜在的环境毒性提供了重要的工具和数据。本节将主要阐述食蟹猴生殖系统常见毒性表现及其发生机制(表 8-5-1)。

表 8-5-1　食蟹猴生殖系统及其发育常见毒性及反应机制汇总

药　物	生殖发育毒性反应	类别	反应机制
乙二醇单甲醚	早熟精母细胞和圆形精子的减少	雄	下调 miR-34b-5p 和 miR-449a
铅	生精细胞损伤,睾丸支持细胞的持续超微结构改变,精液上皮细胞表现出总体结构扭曲,高度明显下降;睾丸支持细胞含有更多脂滴和溶酶体元素,基底层通常是分层的	雄	精子染色质结构的改变
西多福韦	睾丸(生精功能低下和无精症)和附睾(严重的少精症和无精症)变化的发生率和严重程度都有所提高	雄	睾丸毒性
硝基咪唑类和烷基化抗癌化合物 CI-1010	睾丸精管变性	雄	—
吗啡	雄性猴的自发性溢乳	雄	吗啡诱导催乳素水平短暂上升伴随着睾酮水平下降导致
六氯代苯	干扰卵巢类固醇调节,抑制黄体期 E_2、P_4 水平,月经周期延长,卵巢功能下降;表现卵质疝出、卵泡细胞退化和卵泡细胞间出现异常空间;卵巢细胞呈高大柱状,轮廓高度不规则,显示出变性迹象。细胞质中含大量溶酶体和囊泡	雌	脂质过氧化增强,影响细胞膜渗透性
四环素和多西环素	引起子宫内膜和输卵管壁内部分形态学损伤(包括坏死、炎症或瘢痕)	雌	生殖道形态学损伤
铅	抑制 LH、FSH、E_2 水平	雌	干扰月经周期
苹果酸舒尼替尼	可逆地抑制进入骺板的新生血管,以及发情期黄体形成和子宫发育受损	雌	多靶点受体酪氨酸激酶(RTK)抑制剂
4-乙烯基环己烷二环氧乙烷	几乎完全消除了原始、中间、初级和次级卵泡	雌	—
PD132301-2(胆固醇酰基转移酶抑制剂)	一些卵巢黄体中黄体细胞的粗大空泡增加,细胞变性的病灶增加	雌	—
2,3,7,8-四氯二苯并对二噁英	诱导宫颈内膜上皮细胞病变	雌	通过改变生长因子受体信号、其他细胞信号蛋白、肿瘤抑制蛋白和细胞周期蛋白诱导宫颈内膜细胞发生病变
米非司酮	抑制了循环中雌二醇-17 和孕酮水平的周期性增加,并伴有月经的消失,子宫内膜厚度减小	雌	
PEG-IFNα2b/IFNα2b	月经周期延长,雌二醇和孕酮达峰时间延长	雌	干扰月经周期
rhEGF(1-48)重组人类表皮生长因子	乳腺、前列腺、精囊、附睾、子宫、宫颈、阴道剂量依赖的上皮肥厚和增生	雌/雄	促进上皮细胞有丝分裂
Onartuzumab	妊娠期缩短,出生体重下降,胎儿和围产期死亡率增加,胎盘梗塞、绒毛板、绒毛膜和(或)蜕膜板有出血现象	胎儿	胎盘损伤
醋酸炔诺酮和炔雌醇	母猴胎儿男性化表现为阴蒂增大,肛门距离增大,阴道口缩小;同时高剂量有母体毒性,治疗结束时致母体死亡	胎儿	—

续　表

药　　物	生殖发育毒性反应	类别	反 应 机 制
醋酸甲羟孕酮	女婴外生殖器畸形,有部分或完全的阴唇融合,突出的正中剑突和阴蒂肥大。男婴阴茎短小,阴囊肿胀没有或不太明显	胎儿	机制不明确
己酸羟孕酮或与戊酸雌二醇联合用药	非特异性畸形和发育变异	胎儿	—

一、雄性生殖系统毒性的发生机制

关于雄性食蟹猴性腺相关疾病的文献报道相对较少。非人灵长类动物,如食蟹猴,在其生殖周期中呈现生理性的季节性变化。例如,在交配季节,精囊的大小可能会增加,显微镜检查显示精子活跃;相反,在非交配季节,精子可能发生退化。这种生理性变化需要与病理性变化区分开来,如隐睾、垂体功能减退、分泌雌激素的肿瘤、营养不良、输精管阻塞或某些遗传疾病引起的精子发生停滞现象。

食蟹猴常见的病理性疾病包括睾丸腺癌、前列腺纤维肌肉增生和溢乳症等。值得注意的是,对于雄性食蟹猴性腺相关问题的研究,需要仔细区分生理性季节性变化和病理性变化,以便更准确地诊断和治疗相关疾病。

(一) 对睾丸的影响

乙二醇单甲基醚(EGME)被广泛用作工业溶剂,用于印刷油墨、涂料、染料及作为航空燃料的低温保护添加剂。然而,有报道指出 EGME 在一些哺乳动物种属中具有诱导睾丸毒性的作用,包括小鼠、大鼠、仓鼠、豚鼠、兔和人类。

EGME 的主要作用靶点是粗线期精母细胞。这是因为在精原细胞经历分裂、分化、初级精母细胞、次级精母细胞、精子细胞等阶段后,最终形成精子并进入管腔。研究表明,睾丸病变最初在初级精母细胞阶段发生,而氧化应激诱导的细胞凋亡被普遍认为是与睾丸毒性相关的机制。

Sakura 等建立了 EGME 诱导的食蟹猴睾丸毒性模型,通过给予性成熟的雄性食蟹猴连续口服 0 或 300 mg/kg EGME,进行了为期 4 天的实验。研究采用 miRNA 芯片和实时定量反转录 - PCR 方法对该模型的睾丸 microRNA(miRNA)谱进行了深入探讨。实验结果显示,300 mg/kg EGME 导致所有食蟹猴出现睾丸毒性,主要表现为早熟精母细胞和圆形精子的减少,然而,一般症状观察和临床病理表现未出现明显变化。

在 miRNA 芯片分析中,首先鉴定了在食蟹猴中血浆和睾丸中优先表达的 miRNA。在对照组猴的睾丸中,最丰富的 30 种 miRNA 包括 miR - 34 - b - 5p 和 miR - 34c - 5p。而在 EGME 给药组的猴睾丸中,有 10 个 miRNA,包括 miR - 1228 和 miR - 2861,显示出更高的表达。研究结果揭示,miR - 2861 的高表达通过下调组蛋白脱乙酰酶 5 促进细胞分化,提示 miR - 1228 和 miR - 2861 可能是潜在的睾丸生物标志物。

此外,在睾丸中检测到 16 个下调和 347 个上调的 miRNA,而在血浆中检测到 326 个下调的 miRNA,未检测到上调的 miRNA。值得注意的是,EGME 处理导致睾丸中富含的减数分裂细胞,如早熟精母细胞的 miR - 34b - 5p 和 miR - 449a 明显下调,表明这些生精细胞受到 EGME 处理的损害。这一研究表明 EGME 诱导了食蟹猴的睾丸毒性,该模型有助于深入研究 EGME 引起的睾丸毒性机制,并有望确定睾丸损伤的生物标志物。

Foster 和 Singh 等进行了一项关于慢性铅暴露对食蟹猴睾丸超微结构的研究,涵盖了从出生到 10 岁(终身暴露)、出生后 300 天到 10 岁(婴儿期后)及出生后 0~400 天(婴儿期)三个不同年龄段的食蟹猴。在该研究中,食蟹猴口服醋酸铅(每日 1 500 μg/kg),而对照组动物则仅接受溶媒(95% 甘油和 5% 蒸馏水)。实验结果表明,在婴儿期和终身给药组中,食蟹猴的生精细胞表现出受损;同时,在一项为期 9 年的试验中,食蟹猴口服醋酸铅(每日 1 500 μg/kg)后,生精上皮高度明显下降,总体结构发生扭曲。特别值得注意的是,支持细胞富含大量脂滴和溶酶体成分,基底层常分层。这些结果表明铅是一种强有力的睾丸毒素。

在职业接触甲基汞和乙基汞的工人中,有报道出现精子减少和畸形精子症(异常精子增加)的情况。研究表明,甲基汞可引起大鼠精子发生紊乱,并且能够透过小鼠的血睾丸屏障。甲基汞降低了雄性大鼠的有效交配次数和平均产仔数,并削弱了睾丸激素的分泌。此外,体外试验证明甲基汞是一种有效的微管组装抑制剂。鉴于微管是精子的运动器官,发育中的精子很可能成为甲基汞作用的目标。

睾丸的一个重要功能是产生运动的精子,这需要下丘脑、垂体、睾丸及其他几种腺性分泌物的相互作用。甲基汞对这些器官功能的任何不良影响都会反映在精液质量和(或)睾酮分泌上。然而,由于接触量、接触时间和心理变量难以控制,因此获取关于人类睾丸功能可靠数据较为困难。该研究结果强调了职业接触甲基汞可能对生殖系统产生不良影响的可能性,并提示睾丸是其作用的潜在目标。然而,为了更全面地了解这种影响,还需要更多对人类的相关研究和控制试验。

有研究确定了亚神经毒性水平的甲基汞暴露对雄性食蟹猴生殖系统的影响,明确了甲基汞对精子产生、活力、形态和睾酮分泌的影响特征。在两种不同剂量水平(每日 50 pg/kg 和 70 pg/kg)的甲基汞给药后,所有动物未显示出明显的神经毒性表现。然而,所有动物的精子运动百分率、精子速度和精子前进百分率均较低,而畸形精子尾,尤其是弯曲和扭结尾的百分率较高。在给药结束时,5/6 的动物的睾丸活检中的汞水平升高,与甲基汞摄入总量呈正相关。在恢复期内,甲基汞对精子活力的影响似乎是可逆的。然而,对精子形态的影响未显示出恢复的趋势。值得注意的是,研究中存在一些困难,解释精子形态恢复数据的困难可能是由于解剖取材过程导致精子尾部异常增加。因此,对于这一方面的研究结果需要谨慎解释。这项研究强调了即使在亚神经毒性水平下,甲基汞对食蟹猴生殖系统产生了不可逆的影响,特别是对精子的形态。

甲基汞给药后引起的睾丸毒性与甲基汞摄入量、血液、精液和睾丸汞水平之间存在显著相关性。在甲基汞处理过程中,精子运动百分率、精子速度和前进进展评分降低,而精子尾部畸形形态显著增加。值得注意的是,甲基汞引起的精液异常增加并没有伴随着血清睾酮水平的任何显著变化。这些发现强调了甲基汞对生殖系统的不良影响,特别是对精子的运动和形态。

Lacy 等的研究探讨了口服西多福韦对食蟹猴睾丸和附睾的毒性。在研究中,给予 2.5 mg/kg 西多福韦剂量后,观察到睾丸生精功能低下、无精症的发生率增加,以及附睾严重的少精症和无精症的发生率和严重程度都有所提高。这一研究结果表明,西多福韦对食蟹猴的生殖系统产生了不良影响,特别是对睾丸和附睾的功能。生精功能低下和无精症发生率的增加可

能暗示了西多福韦对精子的形成和功能产生了负面影响。附睾中少精症和无精症的增加则表明了西多福韦可能对辅助生殖功能产生了显著的影响。这项发现强调了在使用西多福韦时需要谨慎,尤其是在考虑到其对生殖系统的潜在毒性的情况下。对于使用该药物的个体,应该密切监测其生殖系统的功能,并在必要时采取适当的预防和干预措施。

(二)溢乳症

Malaivijitnond 等的研究探讨了每天注射盐酸吗啡对雄性食蟹猴溢乳症的影响。研究结果显示,在整个给药期间,并未观察到催乳素(PRL)和睾酮(T)水平方面的任何统计学上的差异。然而,在每日用 3.0 mg/kg 和 6.0 mg/kg 剂量给药的猴中,给药后早期显示出了睾酮水平下降和 PRL 水平上升的趋势,尽管未见到统计学上的差异。在给药和给药后期,有 7 只猴在乳腺中产生了类似乳汁的分泌物,表现出溢乳症的症状。在吗啡注射后的几个月里(平均 6.75 个月),研究者监测了所有猴在给药期间注射相同剂量的吗啡后 10 h 的 PRL 和睾酮水平的时间过程变化。研究发现,吗啡引起了 PRL 水平突然升高(在 30 min 内达到峰值)和睾酮水平逐渐下降(在 6.5~10 h 内趋于平缓),然后恢复到基础水平。本研究结果表明,吗啡不会对激素变化产生长期影响。吗啡诱导的催乳素水平的短暂上升伴随着睾酮水平的下降,可能导致雄性猴的自发性溢乳。这一发现对于理解吗啡对生殖系统的短期影响具有重要意义,尤其是在涉及催乳素和睾酮水平的调节方面。

(三)对精子发生的影响

1. 铅暴露 Foster 等的研究探讨了铅的慢性暴露与各种不良生殖结果,如自然流产、生育能力受损和不育的关系。尽管在职业性铅暴露的男性中发现了精子数量和血清睾酮水平下降的情况,但动物实验表明,即使在对生殖激素水平或精子浓度尚未产生明显影响的血铅水平下,慢性铅暴露仍然可以改变与人群相关的血铅水平对精子染色质结构的影响,从而可能影响生育能力。

为了进一步了解这一问题,该研究调查了慢性铅治疗对 15~20 岁健康食蟹猴精液质量的影响,这些食蟹猴的平均血铅水平为 10 μg/dL ± 3 μg/dL(范围 6~20 μg/dL,$n = 4$)和 56 μg/dL ± 49 μg/dL(范围 22~148 μg/dL,$n = 7$)。每只猴在不同时间点采集了 1 次血液和精液。通过放射免疫法测定血清睾酮水平,并利用流式细胞术分析铅对染色质结构的影响。研究结

果显示,给药组动物的睾酮水平或精液质量参数(如精子计数、活力和形态)没有受到影响。然而,组间比较显示慢性铅暴露的影响有统计学差异($P<0.05$)。结论是,慢性铅暴露改变了与人群相关的血铅水平的精子染色质结构,尽管对内分泌功能和传统的精液质量测量没有产生明显影响。

2. 雷公藤内酯　雷公藤内酯(triptolide)是从一种名为雷公藤的中草药中提取的化合物,于1983年首次报道。雷公藤中包含数百种化合物,如雷公藤甲素、雷公藤二内酯、雷公藤甲酚、雷公藤氯内酯、16-羟基雷公藤甲素、雷公藤内酯等。研究表明,男性长期服用这种草药混合物(3个月)会导致精子畸形、精子数量和活力降低,从而引起不孕。

在小鼠和猴中,雷公藤内酯表现出可逆的雄性避孕效果。每日单次口服雷公藤内酯可以诱导畸形精子,导致小鼠和食蟹猴在3～4周和5～6周内雄性不育。停止服用雷公藤内酯后,雄性生殖能力在4～6周内恢复。研究结果表明,雷公藤内酯短期或长期给药没有可识别的系统性毒副作用。

雷公藤内酯可能通过破坏精子与SPEM1(精子细胞成熟蛋白1抗体)的相互作用,导致睾丸特异性基因SPEM1突变来发挥作用。系统发育分析表明,小鼠和食蟹猴的SPEM1蛋白有69%的氨基酸序列相似性,表明SPEM1的功能在从小鼠到猴的进化过程中得以保留。

雷公藤内酯给药的小鼠和食蟹猴的睾丸组织学改变没有明显区别,但在食蟹猴中,雷公藤内酯导致的精子数量减少更为显著,可能反映了这两个种属在精子发生方面的差异。此外,雷公藤内酯不会对主要激素水平产生不利影响,且一旦停止给药,雄性小鼠和猴在3～4周和5～6周内即可恢复生育能力。

综合而言,在小鼠和非人类灵长类动物试验中,雷公藤内酯被证明是一种有效且安全的非激素雄性避孕药。这一研究成功地验证了通过干扰精子形成过程中的特定步骤,使所有精子失效的想法,为开发男性避孕药提供了一种新的思路。

3. 棉酚　孙晓梅等成功建立了食蟹猴口服醋酸棉酚诱导的少精、弱精症动物模型。实验中,选取了6只成年雄性食蟹猴,其中2只作为对照组,另外4只分别口服醋酸棉酚,剂量分别为每日4 mg/kg、8 mg/kg、12 mg/kg、20 mg/kg,连续给药90天。每隔15天进行一次阴茎电刺激,采集精液并进行精液分析。在90天后进行剖检,对睾丸和附睾进行了组织病理学检查。

实验结果显示,所有动物在给药30天后,精子总数、密度和活动度开始明显下降。给药90天后,精子密度均低于正常范围,除了4 mg/kg剂量组的动物外,其余三个剂量组的动物精子活动度均在50%以下,达到了少精弱精症的标准。8～20 mg/kg剂量组的动物精子的发生和成熟受到抑制,尤其是20 mg/kg给药对猴的睾丸产生了明显的损伤作用。

这一研究表明,一定剂量的醋酸棉酚给药能够成功诱导食蟹猴形成不同程度的少精弱精动物模型,而且这种少精弱精的程度与给药剂量和时间长短有关。这个模型的建立有望为相关疾病的研究提供重要的实验基础。

(四) 其他改变

AMG2519493是一种高选择性和强效的PI3K δ小分子抑制剂,目前正在开发用于治疗炎症性疾病。在对食蟹猴进行1 000 μg/kg AMG2519493处理后,观察到前列腺上皮细胞的明显增生。这种增生表现为形成乳头状叶,延伸到前列腺的腺泡和导管腔。

在精囊腺泡和精囊管中,可以观察到多层的增生和增生性上皮,而周围薄壁内腔隙不太明显。此外,前列腺和精囊上皮细胞核基底极性降低,导管和腺泡上皮细胞的有丝分裂也明显增加。在前列腺尿道内还可见增生的转化细胞上皮。上述观察结果提示,AMG2519493的处理导致了食蟹猴前列腺和精囊组织中的异常细胞增生和结构改变。这些发现可能对于了解该药物在治疗炎症性疾病时对生殖系统的影响提供了重要信息。

二、雌性生殖系统毒性的发生机制

已有研究报道与雌性非人灵长类生殖系统相关的各种障碍和疾病,其中包括月经问题、不孕、流产、死胎、死产、产科并发症、子宫内膜异位症和肿瘤形成等。通过对雌性猕猴的研究发现,最常见的异常是子宫黏附(占31%),其次是不规则的子宫形状和轮廓(占11%)及子宫内膜异位症(占4%)。其他发现还包括子宫内膜增生、子宫内膜炎、子宫腺炎、子宫肌瘤、卵巢和宫颈囊肿。

子宫轮廓的不规则性通常与子宫破裂和黏附破裂有关,有时可能是手术操作和先前子宫植入物的结果。此外,保留的缝合线和局灶性结缔组织变化可能在子宫回声灶中可见。未来的研究将更详细地探讨雌性动物生殖系统疾病的发生机制,以增进对这些问题的理解。这有望为改善雌性灵长类动物的生殖健康提供更深入的信息。

(一)子宫内膜异位症

子宫内膜异位症在食蟹猴中是最为常见的生殖疾病之一。其特征在于异位子宫内膜组织的存在,子宫肌层的异常生长则被称为子宫腺肌病或内部子宫内膜异位症。通常,子宫内膜异位组织包含上皮和基质成分,并在雌激素和孕酮的调控下经历周期性的变化,类似于正常子宫内膜。

临床上,子宫内膜异位症的体征通常模糊且不具体,但一些指导性症状可能包括周期性的抑郁、厌食、体重减轻、月经过多、月经周期不规则、腹胀、便秘、无粪便、生育力下降和(或)贫血。在体检中,通过直肠或腹部触诊可能发现肿块、子宫扭曲或其他骨盆异常,这些可能有助于初步诊断子宫内膜异位症。然而,轻度的子宫内膜感染通常不会引起明显的临床体征。大体上,子宫内膜异位组织最常见于骨盆内脏和腹膜表面,同时也可能影响到子宫浆膜、膀胱、网膜、远端结肠和子宫韧带。

异位的子宫内膜组织可能呈坚硬、白色至褐色,以点状、皱缩病灶或柔软的红棕色隆起的肿块形式附着在浆膜表面。含有不同大小的囊肿,其中包含棕色液体,通常被称为"巧克力囊肿"。这些囊肿的包囊有一个粗糙的、不规则的棕色到黄褐色的壁。

异位的子宫内膜组织可能导致纤维黏连,进而影响胃肠和泌尿生殖功能。其并发症可能包括肠梗阻、穿孔和腹膜炎,不孕症、尿崩症及血细胞减少等。组织学上,子宫内膜异位症的特征包括异位的子宫内膜腺体和间质,通常累及盆腔脏器的浆膜表面,可观察到对周围组织的穿透。腺腔中通常含有血液和细胞碎片。此外,子宫内膜异位病灶周围可能伴有纤维化、不同数量的淋巴细胞和浆细胞,以及在巨噬细胞内的高铁血红素积聚。

在非人灵长类动物中,子宫内膜异位症的发展受到多种危险因素的影响。一些研究指出子宫切除术可能与子宫内膜异位症的发病率增加有关。然而,其他研究却未发现食蟹猴中子宫切除史与子宫内膜异位症发病率之间存在明显差异。此外,狒狒的研究结果显示子宫内膜异位症的发病率可能随着圈养时间的增加而增加。

关于子宫内膜异位症的病因和发病机制目前尚不清楚。有几种关于子宫内膜植入物起源及其影响随后着床和增殖的理论。逆行月经(输卵管回流)是其中最广泛接受的理论之一,但没有一个理论能够解释所有情况。其他理论包括体腔化生、米勒管起源的胚胎残余物的转化及淋巴和血管转移。

子宫内膜异位症在非人灵长类雌性动物中的发生率相对较低,这表明该疾病的发展可能涉及其他因素。输卵管反流后的病变发展可能包括子宫内膜碎片的受损吸收、子宫内膜细胞存活和附着、间皮的侵袭、炎症细胞的募集、巨噬细胞的活化、血管生成、子宫内膜异位植入物的增殖和瘢痕形成。

医学治疗可以使用达那唑、亮丙瑞林或甲羟孕酮,手术治疗包括卵巢子宫切除术。在一些病例中,黏连的存在可能妨碍手术治疗,使切除所有卵巢组织变得困难,从而导致术后临床症状的持续。在极端病例中,如果泌尿膀胱或肠子被膜黏附和(或)狭窄包裹,可能需要考虑对动物进行安乐死。

(二)子宫内膜瘤/癌

如果发现充满液体的囊性结构,可能涉及多种疾病,包括卵巢囊肿、子宫内膜瘤/癌或肠系膜囊肿。在鉴别过程中,可以考虑以下方面:① 边界特征,子宫内膜瘤的边界通常是光滑的,而癌症可能呈不规则形状;② 液体性质:复杂的囊性结构可能是子宫内膜瘤、囊肿、异位妊娠或畸胎瘤。

Baskin 等在猕猴中的研究表明,复杂的囊性结构可能是子宫内膜瘤、囊肿、异位妊娠或畸胎瘤。而在食蟹猴中,Lowenstine 等报道了子宫内膜瘤、平滑肌瘤(肌瘤)或癌的情况。通常,腹水的存在可能会提示有问题,但确定肿瘤是否已扩散到其他区域可能会面临一些挑战。因此,在诊断过程中,需要对其他区域进行广泛检查,包括肝脏、肾脏等器官,以确定是否存在转移性病灶。

Schild 等的研究聚焦于食蟹猴子宫内膜癌的发生机制,特别是通过使用抗雌激素他莫昔芬(TAM)诱导的子宫内膜癌。该研究揭示了 TAM‐DNA 加合物在灵长类动物中的形成和暴露情况,推测发生机制可能涉及基因毒素介导的途径。研究采用了两种主要方法来确定 TAM‐DNA 加合物的存在,包括 TAM‐DNA 化学发光免疫测定法(CLIA)和高效液相色谱法的电喷雾离子化串联质谱法(ESI‐MS/MS)。研究结果表明,食蟹猴可以代谢 TAM 为遗传毒性的中间产物,并在多个组织中形成 TAM‐DNA 加合物,从而引发子宫内膜癌的发生。这一发现强调了 TAM 的代谢途径可能在子宫内膜癌发生中发挥关键作用,为理解雌激素受体调节剂与癌症发生之间的关系提供了有益的见解。

Enan 等的研究发现,经过单次口服 2 μg/kg 和 4 μg/kg 2,3,7,8-四氯二苯并对二噁英(TCDD)处理后,食蟹猴宫颈内膜鳞状化生的发生率出现剂量依赖性的增加。同时,研究了 TCDD 诱导灵长类动物宫颈内膜上皮细胞转分化的机制。

与对照组相比,经 TCDD 处理的动物细胞中的表皮生长因子受体(EGFR)结合活性显著下降。在经 TCDD 处理的动物细胞中,H-Ras 的蛋白量明显增加,c-Src 酪氨酸激酶、蛋白酪氨酸激酶(PTK)和细胞外调节蛋白激酶(Erk2)的活性也显著增加。与此同时,核酪蛋白激酶Ⅱ(CKⅡ)的活性和 p53、wafl/p21 和 Cdc2 p34 的蛋白量明显下降。在 TCDD 处理过的动物细胞中,Cdk4 的蛋白量和 AP-1 的 DNA 结合活性大幅增加。这些数据表明,TCDD 通过改变生长因子受体信号、其他细胞信号蛋白、肿瘤抑制蛋白和细胞周期蛋白,诱导宫颈内膜细胞发生病变。

(三) 干扰月经周期

Foster 等的研究探讨了六氯苯(HCB)对食蟹猴月经周期中雌二醇(E_2)和孕酮浓度的影响,研究涵盖了卵泡期(第 1~9 天)、围排卵期(第 10~14 天)和黄体期(第 15 天至下次月经开始)。经过 10 周的适应性饲养后,食蟹猴接受了为期 13 周的六氯苯给药观察。结果显示,在黄体期,六氯苯对血清孕酮浓度产生了剂量依赖性的抑制。然而,在月经周期的卵泡期和围排卵期,孕酮水平未受到影响。此外,血清 E_2 浓度、动物体重、月经周期长度和月经持续时间未受到六氯苯给药的影响。值得注意的是,高剂量组的月经周期长度和月经持续时间范围更广,这可能是由于六氯代苯干扰了调节卵巢类固醇生成的机制,并抑制了食蟹猴黄体期的孕酮水平。

此外,Foster 等还进行了关于慢性铅(Pb)暴露对雌猴月经功能及 LH、FSH、E_2 和孕酮浓度影响的研究。研究结果表明,虽然未观察到铅引起的毒性反应,但在月经周期中,Pb 处理的动物组显示了对 LH($P<0.042$)、FSH($P<0.041$)和 E_2($P<0.000\,1$)水平的明显抑制,而对血浆中孕酮浓度没有影响。这些数据表明,慢性铅暴露可能会抑制 LH、FSH 和 E_2 的浓度,尽管未表现出明显的月经不调症状。

米非司酮是一种口服活性合成类固醇,具有抗孕酮和抗糖皮质激素活性,通常用于早期终止妊娠,因此被称为卵巢毒物。Taketa 等的研究通过密切监测月经体征和循环性类固醇激素水平,评估了米非司酮诱

导的食蟹猴卵巢毒性的详细组织病理学特征。研究结果显示,在米非司酮给药后,食蟹猴的月经周期被阻断,表现为月经末期时雌激素 E_2 水平激增和孕酮水平升高。这与之前的研究结果相一致,说明米非司酮可以阻断非人灵长类动物的正常月经周期。此外,通过采用 LC-MS/MS 血浆分析,研究阐明了在食蟹猴体内循环雌激素 E_2 和孕酮水平的时间过程。这个研究有助于更详细地了解米非司酮对生殖系统的影响,为该药物的安全性评估提供了重要信息。

研究发现,在接受米非司酮给药的动物中,尽管子宫内膜厚度减少,但卵巢的组织学特征与正常卵巢的卵泡期相一致,且不影响闭锁腔卵泡的比例。这说明,即使月经周期停止,给药期间仍保留了一定程度的窦卵泡发育。在单卵泡科属中,如食蟹猴,优势卵泡的选择通常在卵泡早期到中期阶段发生一次。研究指出米非司酮可能抑制了食蟹猴的优势卵泡的选择或发育。

关于闭锁的前庭卵泡的比例,研究表明 FSH 不足或缺乏可能导致食蟹猴的卵泡闭锁。然而,在这项研究中,2 个月的米非司酮给药对前庭卵泡闭锁没有产生影响,因此推测整个给药期间一定水平的卵泡刺激素似乎一直维持着。

在非人灵长类动物中,窦卵泡的数量因个体差异而有很大变化,取决于多种因素,包括年龄、月经周期和卵巢大小。研究发现溶媒对照组与米非司酮组之间的窦卵泡数差异在个体差异范围内。而与啮齿类动物不同,米非司酮对非人灵长类动物的影响主要体现在抑制月经周期和卵泡的选择,而非在增加闭锁卵泡。上述发现强调了米非司酮在不同动物类群中的生殖系统影响的差异,这可能是由于米非司酮对垂体-卵巢轴(HPG 轴)的不同作用或在月经或发情周期中对生殖器官控制的不同。

研究指出,米非司酮给药导致食蟹猴子宫内膜功能层的缺失。这种抗增殖作用是由于米非司酮抑制了 E_2 和孕酮的作用,而这两种激素对子宫内膜的生长、分化和增殖至关重要。与啮齿类动物不同,啮齿类动物没有表现出孕酮拮抗剂的子宫内膜抗增殖作用,而是通过雌激素的效应表现出子宫内膜增生。

食蟹猴和啮齿类动物对米非司酮的子宫反应差异可能是由于孕酮及其受体在控制子宫上皮对雌激素反应性方面的作用不同。此外,子宫内膜的生理特征也可能对反应产生影响,例如是否有周期性出血和螺旋动脉、子宫内膜血管床的类型及肌体壁的厚度等因素。上述发现凸显了不同物种在米非司酮影响下生殖系统

反应的复杂性,这可能与它们生理学和生殖生物学的差异有关。

非人灵长类动物卵巢毒性的检测建议包括通过检查卵巢横截面,特别是含有黄体或大卵泡的卵巢,来观察潜在的毒性效应。此外,测量循环性激素水平,尤其是 E_2 和孕酮,以了解其对卵巢周期的调节作用。观察月经周期中的体征,并选择月经周期规律的动物进行研究。进行相对较长时间的研究,以确保有足够的时间观察潜在的效应。最好在固定的月经期开始给药,以更好地模拟自然的生理周期,确保对生殖系统影响的准确评估。这些建议有助于提高研究的准确性和可重复性。

米非司酮给药的动物卵巢和子宫在组织学上与正常月经期不一致,没有月经和荷尔蒙的变化与关系。这些结果提示生殖器官详细的组织病理学检查的重要性,包括卵巢的双侧检查以及了解每个月经阶段的组织学特征。

此外,循环 E_2 和孕酮的时间过程分析为研究非人灵长类动物卵巢毒性机制提供了证据和有用的数据。对于月经周期的监测,阴道涂片的每日评估是一种方便、可靠和微创的方法。人类米非司酮诱导 E_2 下降,伴随优势卵泡的消退,并诱导抑制腺分泌活性、腺细胞变性改变、基质水肿减少及子宫基质外渗。这些变化与上述研究中食蟹猴和非人灵长类动物的结果一致,因此认为是评价米非司酮卵巢毒性的合适种属。与啮齿类动物相比,为了检测非人灵长类动物的卵巢毒性,似乎需要更长的给药期,因为食蟹猴的月经/发情周期间隔比啮齿类动物长得多,而且已知大多数卵巢毒性至少需要几个周期才能准确检测。在非人灵长类动物的卵巢毒性评估中,需要在适当的给药期间进行额外的证据和检查。

根据描述,对照组在卵泡期晚期呈现子宫内膜增厚、子宫内腺细胞肿胀增殖的现象,而在月经期观察到子宫内膜出血、子宫内膜层表面脱落、腺体结构薄弱。与此相比,米非司酮给药组的子宫内膜呈现显著的减厚和功能层缺失,间质压实增强,同时腺体缺乏增殖。以上观察结果表明,米非司酮给药引起了对子宫内膜结构和功能的明显影响。对照组的子宫内膜在正常周期内呈现生理性的增生和脱落过程,而米非司酮的作用导致了子宫内膜层的减薄和功能缺失。这可能是由于米非司酮对激素水平的调节,特别是对雌激素和孕激素的抑制,从而影响了正常的子宫内膜生长和维持。

总的来说,这些观察结果提供了对米非司酮对非人灵长类动物生殖系统影响的重要见解,尤其是在子宫内膜结构和功能方面的改变。

（四）卵巢肿瘤

卵巢肿瘤在非人灵长类动物中相对较为罕见,其中包括多种类型的肿瘤,如表面上皮-间质和浆液性肿瘤、性索-间质肿瘤、生殖细胞肿瘤、间质肿瘤等。在这些类型中,颗粒细胞瘤和畸胎瘤是最为常见的。

Toyosaw 等的研究发现,在食蟹猴中存在卵巢畸胎瘤,这些畸胎瘤的特点包括大小不一、有包膜、切面可能渗出黏液性、浆液性或出血性液体,同时可能含有毛发、骨头、软骨或牙齿。在显微镜下观察,畸胎瘤由分化的组织组成,通常代表至少两层,包括外胚层、中胚层和内胚层。

Scully 等的观点是,人类中含有成熟组织的畸胎瘤被认为是良性的,而含有未成熟组织的畸胎瘤可能是未成熟的,并有潜在发展为恶性的可能性。此外,Moore 等在 2 只食蟹猴中发现了成熟畸胎瘤。

Babinea 等的研究探讨了六氯苯对食蟹猴卵巢表面上皮细胞(SE)的影响,同时测试了卵巢卵泡的存活率。研究中,16 只食蟹猴被分为不同的给药组,分别接受每天 0、0.1 mg/kg、1.0 mg/kg 或 10.0 mg/kg 的六氯苯,持续 90 天。对比的溶媒对照组动物的卵巢表面上皮细胞由单层的鳞状至立方体细胞组成,这些细胞具有微绒毛,含有丰富的细胞器,而细胞核位于细胞的中间。

各给药组的动物卵泡中观察到一些变化,包括卵质的疝出、卵泡细胞的退化及卵泡细胞之间异常的空间。其中,与线粒体相关的改变最为显著,低剂量组中线粒体被凝结,出现异常的线粒体内空间,细胞呈高大的柱状,轮廓高度不规则,同时细胞核向顶端表面迁移。此外,细胞质中含有大量的溶酶体和许多囊泡,可能是肿胀的内质网的迹象。在 10 mg/kg 组中,线粒体明显发生退化。

研究结果表明,六氯苯对食蟹猴的生殖能力产生了破坏性影响,这可能是由于脂质过氧化作用的增强,特别是在初级卵泡中,导致异常地影响细胞膜从而损害其渗透性。这对于了解六氯苯对生殖系统的毒性机制提供了有价值的信息。

（五）平滑肌瘤

雌性生殖系统的增生性病变在非人灵长类动物中相对常见,其中包括子宫肿瘤、卵巢肿瘤、平滑肌瘤和子宫内膜息肉等。这些病变可能对动物的生殖健康产生影响。

子宫内膜息肉是由增生的子宫内膜组成,它们在临床体征上可能不明显,或者可能引起异常子宫出血。它们对不孕症的影响目前尚不清楚。

平滑肌瘤通常是多发性、界限分明、肉质或坚硬的肿块,可能会扭曲子宫的正常轮廓。在显微镜下观察,平滑肌瘤由交错的平滑肌细胞束和不同数量的胶原蛋白组成。临床体征经常不存在,但可能会引起异常出血。对于较大的肿瘤,还可能导致尿失禁、便秘、下肢静脉曲张、流产和难产。

平滑肌瘤是非人灵长类雌性动物中最常见的良性肿瘤之一,通常较为严重,可能伴随不适和子宫出血。这些肿瘤可能分为黏膜下、壁内或子宫腔内的不同类型。平滑肌瘤也可能发生一些次要的变化,如变性、钙化、出血或坏死。超声检查的外观取决于瘤体的位置,可能呈现多种不同的形态。

(六) 生殖道形态学损伤

Dubin 等的研究探讨了宫内注射四环素(100 mg)对食蟹猴生殖道形态的影响。研究结果表明,宫内注射四环素和多西环素引起了子宫内膜和输卵管壁内部分的形态学损伤,包括坏死、炎症或瘢痕。这些损伤的频率和严重程度与临床上的奎宁引起的形态学变化相似。

这一研究的目的可能是为了探讨四环素和多西环素对生殖道内部结构的影响,特别是在子宫内膜和输卵管方面。研究结果表明,这些抗生素可能对这些生殖道组织造成了一定的损害,可能包括细胞坏死、炎症反应或瘢痕形成。这些效应的严重程度可能会影响生育能力和生殖健康。

(七) 其他改变

血管生成是发育和成人生理过程中至关重要的生物学过程,涉及胚胎中血管系统的发育、成人伤口愈合和生殖功能。血管内皮生长因子(VEGF)和血小板衍生生长因子(PDGF)等生长因子通过其相应的受体(受体酪氨酸激酶,RTK)在正常发育和病理条件下调节血管生成。VEGF 和 PDGF 信号通路的异常表达或突变与多种疾病,尤其是癌症的发生和转移有关。许多抗癌疗法针对肿瘤相关的血管生成,主要包括抑制 VEGF 和 PDGF 信号的治疗方法。目前已经开发和使用的抗癌药物中,包括贝伐单抗等针对 VEGF 或其受体的单克隆抗体,以及伊马替尼、索拉非尼和舒尼替尼等小分子 RTK 抑制剂,通过阻止下游的生长促进信号级联的激活,起到抑制血管生成的作用。研究表明,同时抑制 VEGF 和 PDGF 通路相较于单独抑制其中一个靶点,具有更强的抗肿瘤效果。

食蟹猴接受舒尼替尼口服给药,分为不同剂量组(0、2 mg/kg、6 mg/kg 和 20 mg/kg),连续每日给药 13 周或间断每日给药 39 周。在给药/恢复期后进行解剖并进行组织学检查。研究结果表明,在未观察到不良反应的水平(每日 1.5 mg/kg)以下,除了子宫/卵巢体重变化和皮肤苍白外,其他结果均可恢复。数据表明,舒尼替尼对多种受体 RTK 通路的抑制可能对非临床种属的器官系统产生药理作用。主要的药理作用包括对骨骺生长板新生血管的可逆性抑制,以及对发情期黄体形成和子宫发育的损害。研究还观察到在每日 6 mg/kg 剂量下,卵巢和子宫重量减少,发育卵泡数量减少,卵巢闭锁卵泡数量增加,子宫内膜变薄,子宫海绵层密度增加。

在大鼠和食蟹猴的研究中,使用舒尼替尼高剂量可能导致卵巢和子宫的变化,这些变化与毒性体征无关,且在不同剂量水平上持续存在,暗示舒尼替尼的直接作用可能导致这些变化。类似的观察结果在其他受体 RTK 信号抑制剂中也被发现,与预期分子靶点相关的生理/血管生成过程的药学干扰一致。

滴滴涕(DDT)是一种氯化烃,最早在 1939 年被发现具有杀虫性能。它被广泛用于世界各地的病媒控制和农业,用于防治疟疾、斑疹伤寒、鼠疫等疾病。DDT 及其代谢物具有极高的稳定性,可以在脂肪组织中积累。此外,DDT 也可在母乳中被检测到,并且已证明可以通过胎盘传递到胎儿。高剂量的滴滴涕接触会导致人体出现急性毒性反应,包括恶心、呕吐、共济失调和瘫痪症状。长期接触可能导致神经系统损害,引起多动、颤抖和抽搐等症状。1972 年,美国禁止使用 DDT,随后许多其他国家也限制了其使用。

在动物实验中,有报道表明滴滴涕可能对不同动物物种产生致癌作用。1969 年,研究者对 24 只食蟹猴和恒河猴进行了长达 130 个月的滴滴涕饮食影响评估。观察期间,滴滴涕组中检测到 2 例恶性肿瘤,包括 233 个月雄性的转移性肝细胞癌和 212 个月的高分化前列腺腺癌。此外,DDT 组还检测到 3 例良性肿瘤,包括平滑肌瘤。对照组未观察到肿瘤。滴滴涕组中有 52.9%的猴群和对照组中有 29.4%的猴群出现了肝脏脂肪性改变。此外,滴滴涕组中的 6 只猴群观察到了严重的震颤及中枢神经系统和脊髓异常的组织学证据。这些研究结果表明,长期使用滴滴涕对食蟹猴和恒河猴的肝脏和中枢神经系统产生了明显的毒性影响。

三、发育毒性表现的发生机制

非人灵长类动物中自发性胎盘疾病可能对母体和胎儿产生不良后果。在前置胎盘病例中,胎盘植入宫颈内口附近或上方,可能在妊娠中期或晚期出现阴道出血。在妊娠后期,宫颈的变薄可能导致胎盘过早分离,伴随着胎儿缺氧;母体通常在分娩时或分娩后死于出血。大体观察下,胎盘呈圆锥形,并带有血凝块。胎盘早剥或从子宫壁脱离可能是部分或完全的。如果影响的区域较小,胎盘的剩余部分可能足以提供足够的血氧供应给胎仔。然而,如果大部分胎盘剥离,胎仔可能会迅速死亡。临床表现可能包括母体抑郁、黏膜苍白、腹痛、可能的阴道出血及胎儿窘迫。在大体观察中,胎盘和子宫壁之间可能存在血凝块,并且有出血浸润到子宫壁。在非人灵长类动物中,胎盘滞留并不少见。临床表现可能包括子宫松弛,可能导致败血症,与功能障碍性子宫收缩、胎盘黏连或子宫内翻等问题有关。其中,胎盘黏连是指胎盘异常黏附于子宫壁。

(一)胚胎毒性

Hendrickx 等进行的研究探讨了单独给药己酸羟孕酮(HPC)或与戊酸雌二醇(EV)联合用药对妊娠的恒河猴和食蟹猴的胚胎毒性影响。在妊娠 20～146 天期间,动物每隔 7 天接受一次肌内注射,随后在 150 天±2 天进行剖腹产,检查胎儿的情况。在两个种属中,单独给药 HPC 的剂量范围从 0.01×到 10×人类剂量相当量(HDE)不等;而只有恒河猴接受 HPC + EV 联合用药,剂量范围从 0.1×到 10×HDE。

研究结果显示,恒河猴单独服用 HPC 和与 EV 联合服用 1×和 10×HDE 后,导致了胚胎的完全死亡。在食蟹猴中,仅接触 HPC(0.1×至 1×HDE)的情况下,其流产水平与对照组相当;同时,在食蟹猴胎儿中暴露于 HPC 后,观察到了少量非特异性畸形和发育变异。然而,在 HPC + EV 联合用药的恒河猴胎儿中没有发现异常。结论是,恒河猴和食蟹猴在剂量达到人类给药剂量的 10 倍时,子宫内长期暴露于己酸羟孕酮(HPC)或 HPC 与戊酸雌二醇(EV)联合用药,会导致胚胎死亡但不会引起畸形。

(二)胎儿毒性

Hendrickx 等对醋酸炔诺酮和炔雌醇(NEA + EE)及孕酮和苯甲酸雌二醇(P + EB)在猕猴和狒狒妊娠阶段的影响进行了调查。实验中,恒河猴和食蟹猴在妊娠第 20～50 天分别接受 1～1 000 倍人类剂量相当的

NEA + EE 和 0.1～25 倍人类剂量相当的 P + EB,进行了剖宫产胎儿检查。研究结果表明,在 NEA + EE 组的 100～1 000 倍 HDE 和 P + EB 组的 10～25 倍 HDE 剂量水平下,胚胎死亡率显著高于对照组。此外,在这两种激素组合用药后,仅在猴群中观察到一些胎儿生长迟缓和轻微非生殖器畸形的孤立案例,主要发生在胚胎致死剂量水平,被认为是自发性的。在 NEA + EE 组的 300 倍 HDE 实验中,观察到胎儿的男性化现象,包括 2 例阴蒂增大;而在 1 000 倍 HDE 组,有 2 例肛门距离增大和阴道口缩小。高剂量 NEA + EE 还表现出母体毒性,给药期结束时有 2 例母体死亡。此外,P + EB 组的 10 倍 HDE 在雌性食蟹猴中表现出胎儿外生殖器的男性化。这些发现强调了在动物模型中使用激素时,剂量和组合选择的重要性,同时也提醒我们关注可能存在的母体和胎儿的不良影响。

Prahalada 等的研究表明,妊娠猴单次肌内注射醋酸甲羟孕酮(MPA)在不同剂量下(25 mg/kg 或 100 mg/kg)对胎儿产生选择性的胚胎毒性。低剂量组的雌性仔猴表现为部分或完全的阴唇融合、正中剑突突出和阴蒂肥大;而高剂量组的雌性仔猴则表现为完全的阴唇融合和明显的阴茎尿道。相反,MPA 对雄性仔猴的外生殖器产生相反的影响,表现为阴茎短小,没有阴囊肿胀或不太明显。这些结果表明,妊娠早期一次性注射 MPA 可能在特定的生殖器发育时期导致生殖器缺陷。然而,MPA 引起这些矛盾的生殖器畸形的确切机制尚不清楚。这一发现强调了在使用激素治疗时对胎儿潜在毒性的关注,尤其是在关键的生殖器发育时期。

Prell 等在食蟹猴中进行的研究发现,Onartuzumab,一种单臂单价的单克隆抗体,给药后导致妊娠期缩短、出生体重下降及胎儿和围产期死亡率增加。具体剂量为 75/50 mg/kg(低剂量组)和 100/100 mg/kg(高剂量组)。剖宫产结果显示,Onartuzumab 组动物的胎盘出现梗塞,伴有绒毛板、绒毛膜和蜕膜板的出血。存活的后代表现出部分发育延迟,但未观察到明显的致畸性。研究结果表明,Onartuzumab 诱导的胎盘损伤可能导致胎盘血液灌注不良,解释了不良妊娠结局、胎儿生长受限和相对较低胎儿暴露的原因。

近年来,非人灵长类动物模型在生殖与发育毒性研究中的应用呈现出显著增长,为更全面地了解潜在毒性机制和评估药物或化学物质的安全性提供了有力工具。主要采用的非人灵长类模型包括食蟹猴、恒河猴等,这些模型更接近人类生物学特征,为研究提供了

更具预测性的数据。

　　在生殖毒性方面,这些研究不仅关注于母体的生育过程,还特别关注对胚胎和胎儿的影响。通过在妊娠期间暴露非人灵长类动物模型于不同药物和化合物,研究者能够评估其对胎儿发育的潜在影响。

　　虽然这些研究为非人灵长类动物模型在生殖与发育毒性研究中的重要性提供了证据,但同时也面临一些挑战。成本较高、实验周期长、道德考量及样本数量的限制等问题仍然存在。因此,在未来的研究中,需要进一步优化实验设计和加强数据可重复性,以更好地利用这一模型的潜力。

　　总的来说,通过使用非人灵长类动物模型进行生殖与发育毒性研究,我们更深入地了解了潜在的毒性机制,为药物和化合物的安全性评估提供了更可靠的数据。这不仅有助于保障人类健康,也推动了毒理学领域的发展。在未来,我们可以期待更多针对非人灵长类动物模型的深入研究,为生物医学研究和临床实践提供更全面的支持。

（郭　隽　马爱翠）

参考文献

[1] 宫新江,邵雪,张旻,等,王海学等.抗体类药物超敏反应研究进展[J].中国新药杂志,2018,28(21):507-520.

[2] 魏敏吉,赵明.创新药物药代动力学研究与评价[M].北京:北京大学医学出版社,2008.

[3] 迈博姆.生物技术药物药代动力学与药效动力学[M].北京:人民军医出版社,2010.

[4] 魏敏吉,李可欣.符合法规和指南要求的生物样本分析[J].药物分析杂志,2014,34(1):12.

[5] 孙立,等.重组人源化抗人IL-6R单克隆抗体BAT-1806注射液单次给药药代动力学研究[J].药物分析杂志,2018,38(10):1775-1780.

[6] 刘昌孝,蔡永明,韩慧蓉.治疗性抗体药物的药代动力学研究的思考[J].中国药学杂志,2014,49(04):257-264.

[7] 周炯,黄雁舟,郑敏.泛发性脓疱型银屑病的生物制剂研究进展[J].皮肤科学通报,2020,37(05):472-476.

[8] Appt S, Kaplan J, Clarkson T, et al. Destruction of primordial ovarian follicles in adult cynomolgus macaques after exposure to 4-vinylcyclohexene diepoxide: a nonhuman primate model of the menopausal transition[J]. Fertility and Sterility, 2006, 86(4): 1210-1216.

[9] Blair Hannah A, Dhillon Sohita. Secukinumab: a review in ankylosing spondylitis.[J]. Drugs, 2016, 76(10): 1023-1030.

[10] Bourque A C, Singh A, LakhanpaL N, et al. Ultrastructural-changes in ovarian follicles of monkeys administered hexachlorobenzene[J]. American Journal of Veterinary Research, 1995, 56(12): 1673-1677.

[11] Bowman C J, Breslin W J, Connor A V, et al. Placental transfer of Fc-containing biopharmaceuticals across species, an industry survey analysis[J]. Birth Defects Res B Dev Reprod Toxicol, 2013, 98(6): 459-485.

[12] Brcider M A, Ulloa H M, Pegg D G, et al. Nitro-imidazole radiosensitizer-induced toxicity in cynomolgus monkeys [J]. Toxicologic Pathology, 1998, 26(5): 651-656.

[13] Catlin N R, Mitchell A Z, Potchoiba M J, et al. Placental transfer of 125 iodinated humanized immunoglobulin G2Δa in the cynomolgus monkey[J]. Birth Defects Res, 2020, 112(1): 105-117.

[14] Chucri T M, Monteiro J M, Lima A R, et al. A review of immune transfer by the placenta[J]. J Reprod Immunol, 2010, 87(1-2): 14-20.

[15] Luetjens C M, Weinbauer G F. Functional assessment of sexual maturity in male macaques (Macaca fascicularis)[J]. Regulatory Toxicologic Pharmacology, 2012, (63): 391-400.

[16] Emiko Haruyama, Masakazu Suda, Yuki Ayukawa. Testicular development in cynomolgus monkeys[J]. Toxicologic Pathology, 2012 (40): 935-942.

[17] Emiko Haruyama, Yuki Ayukawa, Koshiro Kamura. Morphometric examination for development of reproductive organs in male cynomolgus monkeys[J]. Toxicologic Pathology, 2012(40): 918-925.

[18] Enright B P, Compton D R, Collins N, et al. Comparative effects of interferon alpha-2b and pegylated interferon alpha-2b on menstrual cycles and ovarian hormones in cynomolgus monkeys[J]. Birth Defects Research Part B: Developmental and Reproductive Toxicology, 2009, 86(1): 29-39.

[19] Foster W G, McMahon A, Rice D C. Sperm chromatin structure is altered in cynomolgus monkeys with environmentally relevant blood lead levels[J]. Toxicology and Industrial Health, 1996, 12(5): 723-735.

[20] Foster W G, McMahon A, YoungLai E V, et al. Reproductive endocrine effects of chronic lead exposure in the male cynomolgus monkey[J]. Reproductive Toxicology, 1993, 7(3): 203-209.

[21] Foster W G, Singh A, McMahon A, et al. Chronic lead exposure effects in the cynomolgus monkey (Macaca fascicularis) Testis[J]. Ultrastructural pathology, 1998, 22(1): 63-71.

[22] Fujimoto K, Terao K, Cho F, et al. The placental transfer of IgG in the cynomolgus monkey[J]. Jpn J Med Sci Biol, 1983, 36(3): 171-176.

[23] ICH. S6(R1): Preclinical Safety Evaluation of Biotechnology-Derived Pharmaceuticals [EB/OL]. (2011-06-12). https://www.cde.org.cn/ichWeb/guideIch/downloadAtt/2/6830b4148ba442d75378ae7c0e160777.

[24] ICH. M3(R2) Guidance on nonclinical safety studies for the conduct of human clinical trials and for pharmaceuticals [EB/OL]. (2009-06-11). https://www.cde.org.cn/ichWeb/guideIch/downloadAtt/2/2c8ffc7b2f2ade324bf083f3372b5cc0.

[25] ICH. S5(R3): Guidance on Detection of Reproductive and Developmental Toxicity for Human Pharmaceuticals [EB/OL]. (2020-02-18). https://www.cde.org.cn/ichWeb/guideIch/downloadAtt/1/ad236edc7b83a68721fb4aeacd93a61e.

[26] Ishida K, Werner J A, Lafleur M, et al. Phosphatidylinositol 3-kinase δ-specific inhibitor-induced changes in the ovary and testis in the sprague dawley rat and cynomolgus monkey[J]. Int J Toxicol, 2021, 40(4): 344-354.

[27] Iwasaki K, Uno Y, Utoh M, et al. Importance of cynomolgus monkeys in development of monoclonal antibody drugs [J]. Drug Metab Pharmacokinet, 2019, 34(1): 55-63.

[28] Jeffrey D F, Terry A H, Lisa C H. The Laboratory Nonhuman Primate[M]. 2nd ed. New York: CRC Press, 2002: 198.

[29] Jeffrey D F, Terry A, Taylor Bennett, et al. The Laboratory Nonhuman Primate[M]. New York: CRC Press, 2002: 105.

[30] Joerg Bluemel, Sven Korte, Emanuel Schenck, Gerhard Weinbauer. The Nonhuman Primate in Nonclinical Drug Development and Safety

Assessment[M]. London: Elsevier Academic Press, 2015: 252.

[31] Justin D Vidal, Karyn Colman, Manoj Bhaskaran. Scientific and regulatory policy committee best practices: Documentation of sexual maturity by microscopic evaluation in nonclinical safety studies[J]. Toxicologic Pathology, 2021: 1-13.

[32] Kiskova T, Mytsko Y, Schepelmann M, et al. Expression of the neonatal Fc-receptor in placental-fetal endothelium and in cells of the placental immune system[J]. Placenta, 2019, 78: 36-43.

[33] Lacy S. Effect of Oral Probenecid Coadministration on the chronic toxicity and pharmacokinetics of intravenous cidofovir in cynomolgus monkeys[J]. Toxicological Sciences, 1998, 44(2): 97-106.

[34] Lars Mecklenburg, C Marc Luetjens, Gerhard F. Weinbauer. Toxicologic pathology forum*: Opinion on sexual maturity and fertility assessment in long-tailed macaques (macaca fascicularis) in Nonclinical Safety Studies[J]. Toxicologic Pathology, 2019, 47(4): 444-460.

[35] Lynda L Lanning, Dianne M Creasy, Robert E. Chapin. Recommended approaches for the evaluation of testicular and epididymal toxicity[J]. Toxicologic Pathology, 2002, 30(4): 507-520.

[36] Malaivijitnond S, Varavudhi P. Evidence for morphine-induced galactorrhea in male cynomolgus monkeys[J]. Journal of Medical Primatology, 1998, 27(1): 1-9.

[37] Mark Cline, Charles E. Wood, Justin D. Vidal. Selected background findings and interpretation of common lesions in the female reproductive system in macaques[J]. Toxicologic Pathology, 2008(36): 142S-163S.

[38] Martin P L, Weinbauer G F. Developmental toxicity testing of biopharmaceuticals in nonhuman primates: previous experience and future directions[J]. Int J Toxicol, 2010, 29(6): 552-568.

[39] Meric Ovacik, Kedan Lin. Tutorial on monoclonal antibody pharmacokinetics and its considerations in early development[J]. Clinical and Translational Science, 2018, 11(6): 540-552.

[40] Moffat GJ, Davies R, Kwon G, et al. Investigation of maternal and fetal exposure to an IgG2 monoclonal antibody following biweekly intravaginal administration to cynomolgus monkeys throughout pregnancy[J]. Reprod Toxicol, 2014, 8: 132-137.

[41] Moffat GJ, Retter MW, Kwon G, et al. Placental transfer of a fully human IgG2 monoclonal antibody in the cynomolgus monkey, rat, and rabbit: a comparative assessment from during organogenesis to late gestation[J]. Birth Defects Res B Dev Reprod Toxicol, 2014, 101(2): 178-188.

[42] Patyna S, Arrigoni C, Terron A, et al. Nonclinical safety evaluation of sunitinib: a potent inhibitor of VEGF, PDGF, KIT, FLT3, and RET receptors[J]. Toxicologic Pathology, 2008, 36(7): 905-916.

[43] Pereira Bacares M E, Vemireddi V, Creasy D. Testicular fibrous hypoplasia in cynomolgus monkeys (Macaca fascicularis): An Incidental, Congenital Lesion[J]. Toxicologic Pathology, 2017, 45(4): 536-543.

[44] Pereira Bacares M E, Vemireddi V, Creasy D. Testicular fibrous hypoplasia in cynomolgus monkeys (Macaca fascicularis): An incidental, congenital lesion[J]. Toxicologic Pathology, 2017, 45(4): 536-543.

[45] Peter P, Gillian B, Linda J L, et al. The Handbook of Experimental Animals — The Laboratory Primate[M]. London: Elsevier Academic Press, 2005.

[46] Prell R A, Dybdal N, Arima A, et al. Placental and fetal effects of onartuzumab, a Met/HGF signaling antagonist, when administered to pregnant cynomolgus monkeys[J]. Toxicological Sciences, 2018, 165(1): 186-197.

[47] Ramaswamy S, Walker W H, Aliberti P, et al. The testicular transcriptome associated with spermatogonia differentiation initiated by gonadotrophin stimulation in the juvenile rhesus monkey (Macaca mulatta)[J]. Hum Reprod, 2017, 32(10): 2088-2100.

[48] Reindel J F, Gough A W, Pilcher G D, et al. Systemic proliferative changes and clinical signs in cynomolgus monkeys administered a recombinant derivative of human epidermal growth factor[J]. Toxicologic Pathology, 2001, 29(2): 159-173.

[49] Reindel J F, Gough A W, Pilcher G D, et al. Systemic proliferative changes and clinical signs in cynomolgus monkeys administered a recombinant derivative of human epidermal growth factor[J]. Toxicol Pathol, 2001, 29(2): 159-173.

[50] Rocca M, Morford L L, Blanset D L, et al. Applying a weight of evidence approach to the evaluation of developmental toxicity of biopharmaceuticals[J]. Regul Toxicol Pharmacol, 2018, 98: 69-79.

[51] Rojo J L, Evans M G, Price S A, et. al. Formation, clearance, deposition, pathogenicity, and identification of biopharmaceutical-related immune complexes: review and case studies[J]. Toxicologic Pathology, 2014, 42(4): 725-764.

[52] Sakurai K, Mikamoto K, Shirai M, et al. MicroRNA profiling in ethylene glycol monomethyl ether-induced monkey testicular toxicity model[J]. The Journal of Toxicological Sciences, 2015, 40(3): 375-382.

[53] Sakurai K, Mikamoto K, Shirai M, et al. MicroRNA profiling in ethylene glycol monomethyl ether-induced monkey testicular toxicity model[J]. J Toxicol Sci, 2015, 40(3): 375-382.

[54] Sanford M, McKeage K. Secukinumab: first global approval[J]. Drugs, 2015, 75(3): 329-338.

[55] Schmidt A, Schmidt A, Markert U R. The road (not) taken — Placental transfer and interspecies differences[J]. Placenta, 2021, 115: 70-77.

[56] Takayama S, Renwick A G, Johansson S L, et al. Long-term toxicity and carcinogenicity study of cyclamate in nonhuman primates[J]. Toxicol Sci, 2000, 53(1): 33-39.

[57] Takayama S, Sieber S M, Dalgard D W, et al. Effects of long-term oral administration of DDT on nonhuman primates[J]. J Cancer Res Clin Oncol, 1999, 125(3-4): 219-225.

[58] Taketa Y, Horie K, Goto T, et al. Histopathologic characterization of mifepristone-induced ovarian toxicity in cynomolgus monkeys[J]. Toxicologic Pathology, 2018, 46(3): 283-289.

[59] Tarantal A F, Hartigan-O'Connor D J, Noctor S C. Translational utility of the nonhuman primate model[J]. Biol Psychiatry Cogn Neurosci Neuroimaging, 2022, 7(5): 491-497.

[60] Timothy K Cooper, Kathleen L Gabrielson. Spontaneous lesions in the reproductive tract and mammary gland of female non-human primates[J]. Birth Defects Research, 2007(80): 149-170.

[61] Wang H, Schuetz C, Arima A, et al. Assessment of placental transfer and the effect on embryo-fetal development of a humanized monoclonal antibody targeting lymphotoxin-alpha in non-human primates[J]. Reprod Toxicol, 2016, 63: 82-95.

第九章

食蟹猴生殖与发育毒理学研究常见技术和方法

第一节　主要概念和术语

1. 性成熟　即雌性食蟹猴可见规律的月经周期，具有分叶良好的乳腺，雄性食蟹猴性器官的发育状态良好或者精液中可见精子。

2. 宫外增重　剖检母猴的平均体重及孕期体重增长值或母体增重。母猴宫外增重＝（GD_{100}－GD_{20}－子宫连胎重）×100%。

3. 致畸敏感期　即器官形成期，从着床到硬腭闭合。此期间的胚胎对外源性物质最敏感，容易形成畸形，所以称为致畸敏感期。

4. 致畸原　父母双方妊娠前或母体妊娠期间接触后，或者发育个体直接接触后，能引起胚胎和发育个体结构或功能畸形的物质，或可使各种出生缺陷发生率明显增加的物质。有时泛指能引起各种胚胎发育异常的物质，故又称为发育毒物。致畸原可能是各种环境因素，如药物、某些病毒及放射线等；突变的基因、畸变的染色体也是致畸原。致畸原本身所具有的引起胚胎发育畸形的性质称为致畸性，胚胎发育中各种畸形形成的过程和方式称为畸形发生。

5. 母体毒性　药物作用于母体动物所引起的一系列器质性和功能性异常。主要表现为增重减慢、功能异常，甚至死亡。

6. 胚胎毒性　药物选择性地作用于胚胎而产生的毒性作用，可表现为胚胎死亡、发育迟缓、畸形和功能不全。引起胚胎毒性表现的物质即胚胎毒物。

7. 胎盘毒性　药物作用于胎盘而产生的毒性作用，主要表现为胎盘损伤、胎盘血流量改变、胎盘对营养物质的转运能力降低、胎盘功能（如内分泌和代谢功能）异常。

8. 妊娠判别　有几种方式可以判定食蟹猴妊娠。①通过测量在整个妊娠期间排泄的绒毛膜促性腺激素（CG）的存在，可以诊断怀孕。在妊娠第8～9周可检测到最大浓度。妊娠早期，子宫和胎盘产生的松弛素明显增加，使松弛素和 CG 成为早期妊娠标志物；此时，血清中松弛素浓度约为 1 ng/mL；在妊娠中期，当孕酮浓度下降时，血清中松弛素浓度增加到 15 ng/mL。在妊娠晚期，松弛素减少，孕酮再次增加。② GD_{20} 左右使用 B 超仪，B 超图像可观察到孕囊，子宫内可见椭圆形亮光区，子宫壁与发育完全的孕囊之间存在低回声区，即胚胎，可判断动物受孕。胎仔心率可在第 50 天左右检测到。

9. 卵巢周期　即从青春期开始到绝经前，卵巢在形态上、功能上发生周期性变化。

10. 性皮肤　通常位于尾巴的基部，当动物进入青春期时，会阴部和腿后部的皮肤会水肿。当肿胀消退时，受影响的皮肤会呈现红色。成年动物的这种皮肤的颜色会随着动物月经周期的激素波动而改变，在月经期间最苍白。在一些动物中，当动物接近排卵时，皮肤会变得轻微肿胀。

11. 月经周期　即食蟹猴两次月经第 1 天的间隔时间，通常以天数来计算，包括月经来潮的时间。

12. 着床指数　即着床数占黄体数的百分率。着床指数＝着床数/黄体总数×100%。

13. 着床前丢失率　即未着床数占着床总数的百分率。早期发育过程的中断可能会明显减少受精率，并增加着床前的早期胚胎死亡。胚胎着床前丢失率是黄体数减去着床数，再与黄体数的比值。着床前丢失率＝（黄体数－着床数）/着床数×100%。

14. 着床后丢失率　即总着床数中包含的未存活胎仔数的百分率。在全程式生殖功能研究中，着床后丢失率在分娩胎仔后确定，即胎仔断乳后母体剖检时检查子宫和着床数。胚胎着床后丢失率等于着床数减去足月分娩存活的胎仔数，再除以着床数。着床后丢失率＝（着床数－存活胎仔数）/着床数×100%。

15. 平均妊娠期长度　指妊娠当日（GD_0，即成功交配当日）到分娩之日这个时间段。如果在分娩当日最后一次观察与第二日第一次观察期间，分娩了所有幼仔，这个间隔（GD_0 到观察分娩当日）即可以减去 0.5 日。

16. 出生存活率　指总体子代中出生时存活子代的百分率。

17. 生存指数　也称生存能力指数，即在指定时间点统计时总体子代中存活子代的百分率。

18. 最高非严重毒性剂量（highest non-severely toxic dose, HNSTD）　对于非啮齿类动物，抗肿瘤药物不会导致危及生命的毒性或不可逆结果的最高剂量水平。当某种物质对非靶生物产生高于某一特定浓度时，有可能产生不可逆或不可耐受的毒性效应，这一特定浓度就是该物质的最高非严重毒性剂量。

19. 10%动物出现严重毒性反应剂量(severely toxic dose in10%,STD10)　对于啮齿类,抗肿瘤药物导致10%动物出现严重毒性反应剂量。

第二节　常见实验技术和操作方法

(一) 食蟹猴交配、判定妊娠和动情周期检查

食蟹猴生殖生理和胚胎发育与人类非常相似,且交配和妊娠均不受季节限制,是研究药物发育毒性的理想模型动物。食蟹猴交配必须达到性成熟,以达到体成熟为佳,建议雄性动物年龄≥5岁,雌性动物年龄≥3.5岁或4岁以上。在胚胎-胎仔发育(EFD)毒性和围产期发育(PPND)毒性研究中,雄猴仅用作种猴与雌性动物进行交配。

1. 自然交配法　雌、雄动物的性成熟通过生物终点确认,例如雌性动物可见规律的月经周期,雄性动物通过性器官的发育状态观察确认,或者精液中可见精子等。雌猴的月经周期规律有利于选择合适的交配时间,最大化保证受孕率。将雌雄动物按比例1∶1(1雌1雄)、2∶1(2雌1雄),甚至6∶1(6雌1雄)等比例放入交配笼中,通过视频录像确认动物交配行为及情况。

由于食蟹猴交配率和受孕率较低,且妊娠雌猴至GD$_{100}$可见自发流产,流产率10%～15%,参照2020版ICH S5(R3)指导原则《人用药品生殖与发育毒性检测》,EFD毒性试验中,妊娠雌性动物最小数量16只,应产生足够数量的胎仔,以便于评估对形态学发育的潜在不良影响;增强的围产期发育毒性试验中,妊娠雌性约16只,组的大小应能保证生产出足够数量的幼仔,以便于对妊娠结局的潜在不良影响,以及畸形和出生后发育,并在必要时提供进行特异性评价的机会(如免疫系统),大多数增强的围产期发育毒性试验的妊娠动物是在几个月内获得的。故需使用较多的雌猴进行交配,以满足试验需要的孕猴数量。

2. 人工授精法　非人灵长类的人工授精法是一种通过人工手段将雄性猴的精子注入雌性猴的生殖道内,以实现受精和妊娠的方法。

人工授精技术包括采集精液和授精2个步骤,采集精液首先需要收集雄性的精子样本,通常是通过手动刺激或者电刺激的方式进行,然后将精子样本通过特殊的设备或者工具(注射器)注入雌性的生殖道内,通常使用注射器前端放入雌性动物的阴道内,使其处于"尾部向上"位置,推注的精液沿着雌性动物的子宫颈方向进入雌性动物体内,完成人工授精。

采集的精液在注射前,应在适当的温度下保存,通常温度为37℃左右。温度过高或过低都会对精子的活力和质量造成影响。此外采集的精子避免冻存。

3. 妊娠判别

(1) B超检查:食蟹猴于月经期的第10～12天开始同笼交配,以观察到交配行为确认动物完成交配。在交配的第18～20天使用B超检查,当B超图像观察到孕囊,在子宫内可见椭圆形亮光区,里面可见暗色无回声区域,即胚胎,判断动物受孕。B超检查法准确率高,是食蟹猴早孕诊断的金标准。

食蟹猴B超检查,观察雌性子宫内妊娠囊的发展,从妊娠GD$_{14-15}$开始观察,妊娠囊在GD$_{16-18}$天出现,而胚胎、卵黄囊和心脏运动在GD$_{21-25}$出现,则证实动物妊娠;胚胎出现后,可以开始评估生长或预测胎龄。胚胎期的各种生长参数有助于评估胎儿生长情况,在GD$_{70-75}$时可以准确地判定胎儿性别,观察胚胎和胎儿的心率,以及身体的大体运动来确定胎儿的生存能力和状况。具体操作见图9-2-1。

图9-2-1　雌性食蟹猴B超检查

(2) 触诊法:触诊法是一种通过触摸和按摩动物腹部/直肠来检查其生殖器官状态的方法,此方法既方便又经济,适用于繁殖生产中的大批量妊娠动物诊断。在猴繁殖基地,要求操作人员具有相当丰富的经验。

此外,直肠触诊法在牛和羊为最常见的妊娠诊断方法。子宫和卵巢的直肠触诊为猕猴和狒狒等非人灵长类常见的妊娠诊断方法。

腹部触诊法:可以通过经腹触诊的方式在猕猴身上进行妊娠诊断。操作人员对猴进行身体检查,将待检雌猴固定,使动物保持在一个垂直的位置上,腿部完全向尾部伸展。操作人员穿戴轻薄的手套,以确保手的触感度清晰。一只手放在髂骶部以支撑动物的耻骨下部,另一只手的拇指和示指,经腹对子宫和卵巢触摸。将拇指和示指放在子宫外围测量子宫大小。用两个手指作为"卡尺"来测量子宫大小。如果可能,由两名操作者分别进行测量。当操作者从腹部移开时,手指会稍微闭合。因此在实际中,能够被触摸到的尺寸是在1~2 mm之间。

未经生育的动物子宫是一个坚固的长为1~5 cm、宽4~5 mm的棍状。卵巢最初是摸不到的,随着动物的性成熟,可以在子宫前观察到直径为3~4 mm的坚固的卵圆形结构。初产雌性动物中,子宫处于靠近直肠的背侧位置,多胎妊娠的子宫在腹部的耻骨前部比较容易触摸到。妊娠期间的子宫和卵巢变化,通常在交配后15~20天疑似妊娠,25~30天之间可被证实,首先可观察到子宫形状的变化,子宫从棍状结构变成一个坚固的球形结构,在这个阶段,子宫的大小略有增加,大约一个或两个卵巢大小的增加。

(3)孕激素水平:食蟹猴胚胎-胎仔发育毒性评价模型,通常是在妊娠 GD_{20}~GD_{50}(器官形成期)给药,妊娠 GD_{100} 终末解剖进行胎仔评价,对孕猴进行血清激素水平的评价,是评估药物对母体毒性的重要指标之一。

孕酮值检测法可作为早孕诊断的辅助方法。食蟹猴维持月经的激素模式与人相似,GD_0(雌雄动物同笼交配第2天)是雌猴月经第13天,黄体已形成但尚未成熟,孕酮水平较低;GD_{20} 时未孕雌猴黄体萎缩,孕酮值恢复至排卵前的低水平,妊娠雌猴则由于妊娠黄体继续分泌孕酮,孕酮水平升高,可通过比较 GD_0 和 GD_{20} 的孕酮变化来辅助诊断雌猴是否妊娠。但是孕酮水平在动物个体间差异较大,可能受月经周期长短或其他性激素分泌的影响,需要结合该个体动物的背景激素水平综合考虑,帮助提高诊断的准确率。

食蟹猴妊娠期雌二醇和孕酮的生成情况亦与人相似,妊娠黄体在妊娠早期产生雌激素和孕激素,用以维持妊娠,妊娠后期黄体该功能则由胎盘取代。此外,由于雌激素的作用,促使垂体催乳素细胞的数量增加、体积增大,可在 GD_{48} 左右催乳素水平上升。

检测未孕和妊娠食蟹猴 GD_0、GD_{20} 的孕酮水平及妊娠食蟹猴 GD_0~GD_{100} 血清孕酮、雌二醇和催乳素水平的变化情况,可以为食蟹猴胚胎-胎仔发育毒性评价试验的早孕诊断及激素检测积累背景数据,为开展食蟹猴胚胎-胎仔发育毒性试验提供数据支持。

(4)猴绒毛膜促性腺激素:据报道猴绒毛膜促性腺激素(mCG)亦可作为食蟹猴早孕诊断的辅助方法。mCG 自妊娠 GD_{18} 左右开始迅速上升,在 GD_{22} 左右形成峰值后又迅速下降,至第32天左右几乎检测不到。通过使用人的人绒毛膜促性腺激素(hCG)早孕试纸测定妊娠雌猴 GD_{20} 尿液,反应结果均为阴性。阴性结果的原因可能是:① hCG 和 mCG 的亚单位的结构不同,导致 hCG 的检测方法无法检出 mCG;② 妊娠食蟹猴尿中的 mCG 含量低于最低可检出值下限。

猴绒毛膜促性腺激素(mCG)是灵长类动物早期妊娠的第一个明确胚胎信号,绒毛膜促性腺激素在结构和功能上与垂体黄体生成素相似,垂体黄体生成素由促性腺激素释放激素(GnRH)调节。

胎盘、血液和尿液中的 mCG 可通过放射免疫法和生物测定法进行测量。整个妊娠期中,猴胎盘、血液和尿液中的 mCG 在妊娠早期的短暂时间内很容易检测到,但在妊娠 GD_{40} 至足月,胎盘提取物、血清或40倍的尿液浓缩物中均检测不到,表明妊娠 GD_{40} 后明显缺乏 mCG。猕猴成为妊娠研究模型需要进行绒毛膜促性腺激素检测。猕猴不同于人类和一些高等灵长类动物,胎儿、胎盘和母体的内分泌功能状态研究,可以在没有绒毛膜促性腺激素的情况下进行。

4. 月经周期 非人灵长类月经周期一般是28天,大约有77%的月经周期为23~33天,需要注意的是,圈养猕猴的月经规律和生育能力是受季节性变化影响的。目前研究的动物中,月经规律的季节性变化已经得到证实,这些动物被圈养在温度恒定的环境中,不存在对月经规律的季节性影响,种属的性腺功能已被证实不受明暗变化的影响。

半自然环境中的恒河猴表现出明显的季节性交配周期,受孕时间仅限于秋、冬季,虽然全年都有月经周期变化,但只在秋、冬季观察到雌猴排卵,春、夏季的月经不规律性,亦与无排卵周期有关。这些雌性动物在繁殖季节排卵总数为2~6次,与体重、正常周期的平均黄体期孕酮水平和社会支配地位等级呈正相关。在季节限定的排卵期内,雌性动物在排卵的质量和数量方面在一定的范围内,可预测一些特异性的身体和行为特征。

胚胎的死亡是由大多数动物的月经周期活动的恢复引起的，多胎雌性动物没有很强的能力来适应应激引起的身体生理活动紊乱的能力。在一些非人灵长类动物中可以观测到，肾上腺皮质类固醇的分泌，可能会减少雌激素诱导的 LH 排卵前激增。垂体-性腺轴的紊乱可以延迟排卵，从而影响使卵子受精的时间，引发胚胎和子宫内膜的发育不同步，降低胚胎的存活率。

食蟹猴的卵巢周期是促进卵泡成熟的生理事件，在黄体期先生成黄体，然后黄体退缩和月经期。卵泡期持续时间 12～14 天；排卵期间隔约 3 天，而黄体期持续 14～16 天。雌二醇是卵泡期的主要激素，随着雌二醇水平增加，LH 和 FSH 水平保持低位，甚至下降，而孕酮水平较低，卵巢周期的中期高峰开始于雌二醇水平急剧上升，随后 FSH 和 LH 水平升高，而孕酮水平几乎没有变化。据 Weinbauer 等提供的数据，猴的雌二醇水平在周期的第 12 天达到峰值，然后是 LH（第 12.5 天）和 FSH（第 13 天）；抑制素 B 的水平在卵泡期较高，而抑制素 A 水平在黄体期较高。孕酮水平在卵巢周期（黄体期）第 22 天达到峰值，而促性腺激素水平恢复到与卵泡期水平。

抑制素是猴和人类卵巢功能的重要生物标志物，在雌性生育力检测中，需要按月经周期来安排研究，特别是在评估生殖激素水平。在月经周期的第 1 天开始给药，可以提供更全面的数据、更好的诠释数据。在月经周期的不同阶段从雌性身上采集血样，如 Chellman 等建议在卵泡期每两天采集一次血样，以确保捕捉到雌性激素和 LH 峰值，在黄体期每三天采集一次，约 6 周可覆盖较长的周期持续时间。

5. 食蟹猴阴道涂片的动态观察　在开展人工养殖食蟹猴的实践中发现，食蟹猴与其他非人灵长类动物一样存在性皮肤呈现周期变化的现象，但部分食蟹猴的性皮肤变化不太明显，因此不能仅凭性皮肤变化来准确判断其发情周期。在食蟹猴的繁殖生物技术及胚胎工程研究中，准确判定食蟹猴的发情、排卵时间是进行适时配种和实施人工授精等生物技术的基础。

（1）性皮肤体征观察：每天观察并记录食蟹猴性周期变化过程中明显存在性皮肤变化的尾基部、胼胝部、外阴肛门区、大腿、背部和面部等区域的颜色和肿胀程度的变化情况，同时观察记录阴道分泌物和月经情况。

（2）阴道涂片法：用消毒脱脂棉签插入食蟹猴阴道轻轻转动取样，然后将阴道内容物均匀地涂在载玻片上，每次均涂 2 片，涂片阴干后，瑞氏-吉姆萨复合染液染 1 min 后，再以 1∶1 或 1∶2 加缓冲液，继续染 5～10 min，最后用水缓缓冲洗，自然干燥。选择其中一张染色较好的涂片放到 400 倍生物显微镜下观察，统计细胞数目（白细胞、角化细胞、中层基底细胞）和细胞碎片，每片涂片随机选择 5 个视野进行各类细胞计数并拍照，共计数 200 个细胞。

每只雌猴均隔天做阴道涂片，当发现有发情征兆则每天做阴道涂片，试验天数为一个月经周期，从月经（阴道出血）结束起至下一次月经结束止。每个月经周期的分期依据曾中兴等关于猕猴和狒狒的月经周期，将其分为月经期、月经后期、排卵前期、排卵期、排卵后期、黄体期和月经前期等 7 个期。根据每天观察记录性皮肤的变化，选择其中月经周期能明显地被分为以上各期的雌猴的数据进行统计分析。

（3）性皮肤变化的特征：主要是颜色深浅的变化和肿胀程度的变化。根据观察和统计分析，雌性食蟹猴皮肤的正常颜色是鼠灰色，其性皮肤颜色的深浅大致可分淡红色、浅红色、红色和深红或紫红色。雌性食蟹猴常见的性皮肤肿胀的部位是在尾基部、外阴肛门部和胼胝部，颜色主要为鲜红或紫红色，性皮肤的颜色深浅及肿胀和消退随月经周期而呈周期性变化。从月经期到发情前期，尾基部和外阴肛门部性皮肤开始逐渐变红，之后开始出现水肿、皱褶，并形成具有弹性的红色皮肤。在发情期达到最高峰，性皮肤最肿，颜色也最鲜艳，这时 4～5 岁的雌猴性皮肤肿胀明显地出现于大腿和背部，并产生明显的皮肤皱褶，但在 6 岁以上雌猴大腿仅变红而无明显的肿胀。在发情中后期，性皮肤肿胀变红现象开始减退，到了黄体期性皮肤便恢复到了静止状态。不同阶段雌性食蟹猴性皮肤的变化，尾基部、外阴肛门部在月经期表现浅红色，变为月经后期的微肿、浅红色，排卵前期的肿胀、红色、出现皱褶，排卵期的大面积肿胀、深红或紫红、大量皱褶，排卵后期肿胀减退、浅红色、皱褶减少，黄体期的鼠灰色、皱褶很少，月经前期的淡红色、皱褶消失；在这 7 个期的性皮肤变化时，面部分别为淡红色、浅红色、红色、深红色、鼠灰色、鼠灰色、淡红色。

根据观察和记录性皮肤和月经出血的情况，一个性周期内 30 只雌猴中有 13 只（约 43.33%）的性皮肤变化能够明显地划区分为 7 个期，另有 12 只（约 40%）雌猴性皮肤表现为尾根部和胼胝部颜色一直为鲜红或紫红色，其余有 5 只（约 16.67%）雌猴性皮肤无明显变化，可见，性皮肤观察法对于测定部分食蟹猴的排卵期有一定帮助，但不能作为食蟹猴发情排卵日的准确测定方法。

（4）食蟹猴阴道涂片的细胞形态：食蟹猴阴道涂片主要可见到以下几种细胞成分。

白细胞：主要为多形核白细胞。细胞质着色很淡，核染成粉红色，常可见到白细胞核为肾形，或分4叶或更多。角化细胞：体积最大，一般为多角形，边缘不规则，核较小多居中，染色质固缩。胞质丰富，有的薄而透明，边缘易卷曲。

角化上皮细胞：按照角质化程度不同，着色情况也不一样。刚开始角化的细胞，核膜界限模糊，核周围着色较胞质边缘深。完全角化的细胞核消失，整个细胞质呈均匀的淡红色。

中层基底细胞：多呈圆、椭圆形或不规则形。胞质丰富，细胞质淡染。细胞核相对较小，染成深紫红色，位于细胞中央，轮廓清晰。细胞碎片是一些杂乱分布，大小不一的无核细胞质片和碎屑，一般染成粉红色。可能是由于月经后期上皮细胞破碎所产生。在排卵前期和排卵期涂片可见到一道道黏液干燥后形成的痕迹。

（5）不同情期细胞成分的变化：选择月经周期基本相似，即30～34天，并根据对食蟹猴性皮肤和月经出血的观察记录。

月经期：可看到较多的红细胞，角化上皮细胞染成鲜明的粉红色，含有原生质，可见到少数基底型角化上皮细胞。白细胞数目较多，约占各种细胞成分总数的48%；中层基底细胞占7%；角化上皮细胞数约占37%；有相当数量（7%）的细胞碎片，黏液很少。行经期一般持续3～5日。

月经后期：红细胞消失，角化上皮细胞逐渐增多，约占细胞成分的58%，黏液和白细胞略为减少，基底型角化上皮细胞也逐渐消失。

排卵前期：角化上皮细胞达76%，黏液急剧增加。

排卵期：细胞成分中有96%是角化上皮细胞，中层基底细胞和白细胞减少或者消失，细胞碎片减少或消失，黏液明显增多。

排卵后期：白细胞增多，细胞有群集的倾向，看不到中层基底细胞，黏液几乎完全消失。

黄体期：角化上皮细胞急剧减少，仅占27%。白细胞数量增多，约占41%。

月经前期：角化上皮细胞稍有增多，约达到37%。

三种细胞成分中，角化上皮细胞所占比例最高，排卵期其数目占比例最大达96%，而且其所占比例的变化范围也最大，即1%～96%；其次为白细胞，其所占比例的变化范围为2%～48%；中层基底细胞则仅为1%～14%。各时期细胞成分变化规律是，白细胞、中层基底细胞和细胞碎片从月经期到排卵期呈逐渐减少至最低，然后从排卵期到月经期则逐渐上升；而角化上皮细胞则恰好相反。食蟹猴在排卵期，阴道内中层基底细胞、白细胞大幅度减少，角化细胞所占比例升高，平均达到96%，最高可达99%。大多数雌猴在角化细胞达到最高时，性皮肤表现为颜色最鲜艳、肿胀程度及面积最大等发情征兆，并且喜欢和雄猴接近，有雄猴出现时常表现不安、低鸣等，并愿意接受交配，说明性皮肤的变化和阴道角化上皮细胞数目的变化与性周期的变化具有一致性。同时，我们注意到当角化上皮细胞升高达76%，并且黏液急剧增加，此时应为排卵前期，预示排卵期的到来。

食蟹猴阴道角化上皮细胞在排卵期最多，达96%以上，显著多于其他各周期，白细胞和中层基底细胞则相反。这说明了可以根据阴道角化上皮细胞的数目变化来确定食蟹猴的排卵期。总之，通过对食蟹猴性皮肤的变化观察，结合阴道涂片细胞变化，是判断雌性食蟹猴发情排卵的有效方法。图9-2-2～图9-2-5为雌性食蟹猴不同时期的阴道涂片。

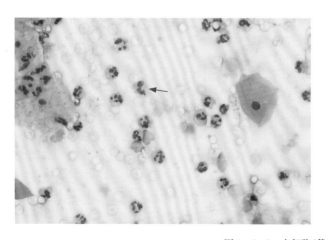
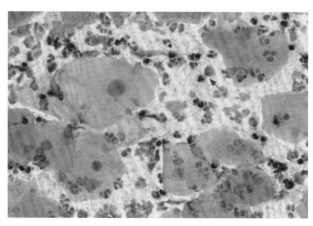

图9-2-2　白细胞(箭头)(HE染色，×200)

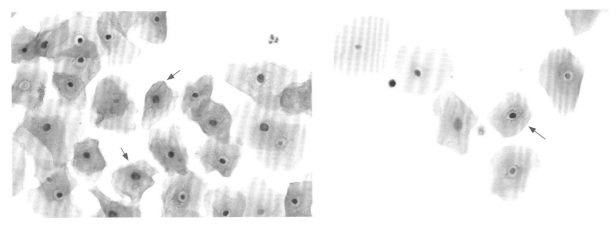

图9-2-3 角化上皮细胞(箭头)(HE染色,×200)

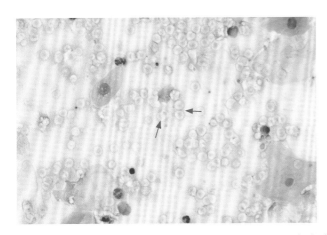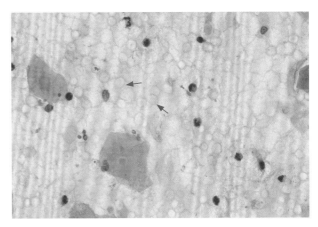

图9-2-4 红细胞(箭头)(HE染色,×200)

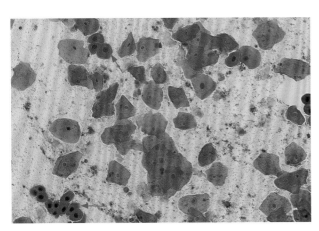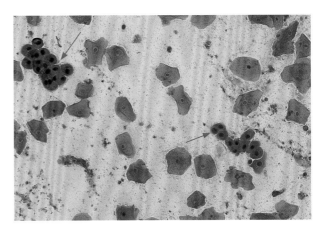

图9-2-5 中层基底细胞(箭头)(HE染色,×200)

(二)亲代动物观察和终末检查

1. 亲代动物观察

(1)NHP中的微生物质量控制包括对来源菌落和动物进行适当的采购前评估、严格的检疫措施、传染病预防健康计划、特定感染因子的根除和控制,以及动物饲养员的职业健康和安全计划。符合标准的动物被挑选出来后,可以转移到检疫机构。健康测试通常包括多项真皮内结核(TB)测试,任何反应呈阳性或可疑的

动物均将被移除。

(2)亲代动物接收后至检疫期结束前,每日观察动物外观体征、行为活动、动物姿势、饮食、被毛、刺激反应、腺体分泌物、呼吸状态、排泄物、死亡情况和其他等情况。

(3)亲代动物交配前、交配期和交配后应每日观察动物1次,观察动物行为活动、阴道出血和死亡情况。亲代动物给药期结束后至解剖前应观察动物是否出现异常

体征,记录异常体征出现的时间及持续消失的时间。

（4）围产期毒性试验中,母代在分娩前每日观察动物1次,观察动物行为活动、阴道出血和死亡情况;母代在分娩期应观察是否有分娩异常如难产、流产等情况;母代在分娩后应观察授乳本能、抚育幼仔等有无异常;母代在断乳后解剖;分娩前、分娩期和分娩后至解剖前应观察动物是否出现异常体征,记录异常体征出现的时间及持续消失的时间。

2. 亲代动物终末检查

（1）亲代动物麻醉、采血后,腹股沟放血处死,将动物使腹部向上置于解剖台上,用75%乙醇腹部消毒;用手术刀从下巴沿着腹部中线的皮肤划开,打开胸腔和腹腔,暴露内脏。检查亲代动物的内脏是否有异常。必要时需要专业的病理人员和兽医核对。

（2）用镊子抬起腹壁皮肤,并用手术刀沿腹侧中线开始切口并延伸到耻骨。

（3）检查腹部器官和腹膜表面是否有任何异常、记录肉眼可见的异常并进行检查。对腹腔中存在的异常液体或异常颜色进行了采样,以进行细胞学和细菌培养,并记录液体的体积和外观。

（4）胸腔通过切开隔膜并通过使用肋骨或沿肋骨的软骨连接处切割开,暴露胸腔。

（5）检查胸肌器官和胸膜表面是否有任何异常,并记录了检查结果。对胸腔腔中存在的液体过多或异常颜色应采样以进行细胞学和细菌培养,并记录液体的体积和外观。

（6）为了检查大脑,需要在颅骨上正中处进行中线皮肤切口。颅骨上的皮肤和肌肉横向切开。使用骨切割锯,沿嘴侧、侧面和尾端切割颅骨。

（7）最后检查生殖器官,雄猴着重检查睾丸、附睾、精囊和前列腺等组织,雌猴着重检查子宫、卵巢及阴道有无器质性病变。

（8）在解剖的每个步骤中,要确定研究方案中特定收集的组织。应将小型器官(如甲状腺、肾上腺和淋巴结)放在标记的组织盒中,以便在处理过程中易于识别。

（9）尸检结束后,将尸体放入塑料袋中,所有仪器和手术器械均应该被彻底清洁。将装有尸体的塑料袋放置在冰箱中,直到可以与合规的废弃物处理机构处置。

3. 剖宫检查

（1）检查时间:胚胎-胎仔发育毒性试验于 GD_{100},围产期毒性试验于哺乳期结束(哺乳期约6个月)时,必要时处死母代动物,进行终末解剖检查(图9-2-6～图9-2-12)。

图 9-2-6 食蟹猴 GD_{100},妊娠母猴侧面

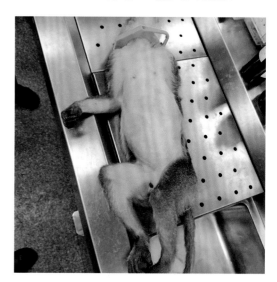

图 9-2-7 食蟹猴 GD_{100},妊娠母猴正面

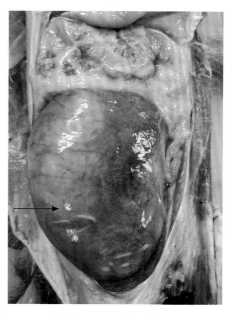

图 9-2-8 食蟹猴 GD_{100},妊娠子宫,可见胚胎(箭头)

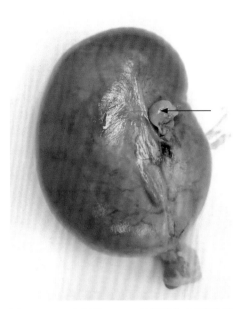

图 9-2-9　食蟹猴 GD$_{100}$，妊娠子宫，可见卵巢（箭头）

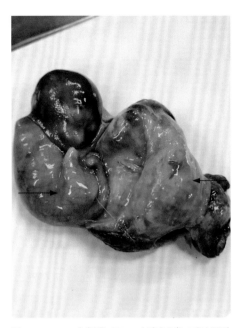

图 9-2-10　食蟹猴 GD$_{100}$，妊娠子宫，可见胚胎（箭头）

图 9-2-11　食蟹猴 GD$_{100}$ 卵巢（箭头）

图 9-2-12　食蟹猴 GD$_{134}$ 流产胚胎

（2）一般 GD$_{100}$ 剖宫产，进行评估包括对羊水的评估（体积、清晰度）；胎盘（重量、胎盘数和胎盘直径）、胎儿的外观和体重，脐带插入的位置和脐带（长度）。

（3）解剖前用 75% 乙醇将母体腹部浸湿，防止解剖时掉毛影响子宫切除。

（4）沿腹中线打开母体腹腔后，暴露子宫，保存肉眼观察有异常的组织，对照组保留相对应的组织，所有异常组织均摘取放入 10% 中性福尔马林中，以便做进一步的组织病理学检查。

（5）称取子宫连胎重。

（6）沿子宫颈开始，切口，暴露植入体，检查子宫、胎仔的情况，轻轻撕破胚胎的胎膜，剪断脐带，取出胎仔。擦干附在胎仔体表的羊水，记录胎仔体重、外观、顶臀长、尾长。

（7）如果需要检查羊水的量和颜色，切开子宫后，尽量不要损伤胎膜，用注射器吸取羊水并记录，在取羊水前，记录羊水颜色。

（三）胎仔外观、内脏和骨骼检查

1. 胎仔外观检查

（1）观察内容：要注意形状、大小、数量、颜色，眼、耳廓和四肢要进行左右比较。

(2) 检查顺序:首先仰卧从上往下,顺序按照前额、耳部、面部、口部、舌和腭、颈部、胸腹部、外生殖器和肛门、尾部和四肢。其次俯卧从上往下检查,顺序按照头顶、颈背、后躯干部和脊柱。

(3) 外观检查:包括评估动物的身体状况(胎猴体重、头围和长骨长)、皮肤、眼睛、耳朵、鼻子、嘴、肛门和泌尿生殖器的开口。

(4) 观察步骤

1) 头部观察:观察头盖骨是否完整、是否有隆起和凹陷;眼睛、耳朵、鼻子、嘴巴和嘴唇的大小、形状和位置是否有异常。

2) 躯干检查:检查身体是否对称,有无血肿、腹裂、脐疝、脊柱异常等。

3) 四肢检查:检查四肢是否对称,指趾数量、形状和长短等。

4) 尾部检查:检查尾部的长短、形状等。

5) 外生殖器和肛门检查:检查外生殖器的形状、大小、位置、开口等。

6) 检查结果记录:外观检查过程中,记录发现的任何异常情况并拍照。

(5) 胎仔性别:通过胎仔的外生殖器直接检查胎仔性别,首先检查尿道开口,雌性动物有较大的阴蒂,其腹侧形成沟状通向尿道口,而雄性动物的尿道开口在阴茎头上。

2. 胎仔内脏检查 将胎仔从子宫内取出,外观检查后,胎猴新鲜内脏(除心脏固定后)检查。

(1) 肺:是否有倒位、少叶、多叶等(肺左 2～3 叶,右 3～4 叶)。

(2) 心:位置、中隔缺损、单房心室。

(3) 肝:是否有异位、少叶、多叶(肝脏 6 叶)。

(4) 胃肠:是否有肠疝。

(5) 肾:是否有马蹄肾、肾积水、肾缺损、不对称、异位。

(6) 输尿管:是否有积水、膀胱缺损。

(7) 生殖器官:是否有子宫缺损、隐睾、发育不全。

(8) 脑:在不破坏头部骨骼的情况下,可在前囟与后囟之间的缝隙中取出脑组织,固定后检查。

3. 骨骼检查 胎猴经阿利新蓝和茜素红双染色处理后用于骨骼检查,若剖宫产在妊娠晚期进行,可采用 X 线检查骨骼发育情况。若发现有骨骼异常,应拍照并记录异常情况。

(1) 颅骨:由上枕骨、枕外骨、顶间骨、顶骨、额骨、鼻骨、切牙骨、上颌骨、颧骨、颞骨和下颌骨组成。应检查骨头大小、形状和骨化程度,标明并记录骨化不全、未骨化或畸形等异常表现。

(2) 胎儿在宫内的 B 超测量,如身长、长骨的长度、腹部围、头围、双顶径和枕额径。

(3) 胸骨节:正常时胸骨有 6 块。检查胸骨节有无融合、增减、排列紊乱(表现胸骨节长度至少错位 1/3,或 6 块胸骨节都错位)、骨化不全等。

(4) 脊椎:猴的脊椎骨共约 41 块,包括颈椎 7 块、胸椎 12～13 块、腰椎 7 块、荐椎 1～3 块、尾椎 13～15 块。

(5) 肋骨:正常肋骨 12 对,与胸椎数目相一致。检查是否少肋、短肋、分叉肋、波状肋、融合肋等。

(6) 腕骨:9 块。

(7) 四肢骨:胎猴的四肢骨包括肩胛(成对的锁骨和肩胛骨)、前(上)肢骨(肱骨、桡骨、尺骨、掌骨)、后(下)肢骨(股骨、胫骨、腓骨、跖骨)、骨盆骨(髂骨、坐骨、耻骨)。检查有无缺失、多骨、骨化程度、形状及大小有无异常。

(四) 仔猴的发育、反射、学习、记忆和神经行为活动检查

1. 仔猴发育检测 包括:① 体格发育检测:从出生 PND_0 开始对仔猴进行体格检查,包括体重、胫骨长、头围、尾长和冠臀长和肛门生殖器距离等;② 抓握力检测:检测仔猴抓握绳索的时间,坚持 30 s 为合格。

猕猴的生殖生理学和内分泌学与人类相似。猕猴有定期的月经周期,与人类相似(28 天)。精子生成的时间为 40～46 天,而人类为 64～74 天。人类和猕猴的器官发育也很相似(妊娠期的 GD_{20}～GD_{50}),在胚胎期器官形成之后,猕猴经历了一个相对于人类的加速发展过程,猕猴出生时的发育和人类一样,甚至超过人类。因此对猕猴新生仔(这在某些类型的啮齿动物发育中是必须的)进行的发育研究涵盖了人类胚胎-胎儿发育的所有阶段。

食蟹猴胚胎发育的时间与其他猕猴和狒狒非常相似,肢芽在妊娠 GD_{25}～GD_{27} 天形成。恒河猴、帽猴和狒狒的肢芽也在妊娠的同一时间段发育。据相关研究表明,沙利度胺必须在肢体芽形成之前或形成期间给予妊娠的非人灵长类动物,可以产生肢体畸形。恒河猴胚胎的四肢发育在妊娠 GD_{25}～GD_{30} 敏感,狒狒 GD_{25}～GD_{29} 敏感,帽猴 GD_{25}～GD_{28} 敏感,与食蟹猴相同。短尾猴和日本猴胚胎的肢体缺陷发生率分别为

在妊娠 GD_{25}～GD_{27} 和 GD_{24}～GD_{26}。可以通过增加剂量,恒河猴和狒狒延长敏感期,在妊娠第 24 天或之前给药,恒河猴、食蟹猴和狒狒子代出生正常。

食蟹猴胎儿发育异常可导致胎儿死亡,多种原因的结构和功能紊乱亦可导致终身残疾。虽然人类胎儿生物学研究兴起,但只有极少数情况才有正常的人类胎儿可供分析。因此,各种各样的实验动物用作正常胎儿生物学的研究"模型"。许多动物胎儿的生长过程和胎盘的形态与高等灵长类动物有很大的不同,产生的这些数据对人类胚胎不一定适用。

猕猴的发育情况与人比较相近,食蟹猴胚胎期的器官发育具有研究意义。在 GD_{50}、GD_{75}、GD_{100}、GD_{125}、GD_{150} 和 GD_{175},同健康成年食蟹猴数据进行比较,发现每个器官在生化方面的"成熟"速度、每个器官的相对水含量显示出不同。随着胎儿和产后发育,肝脏在每个年龄段都显示出最低值,肺部的相对水含量无变化,胎儿相对含水量在结构成熟和宫外娩出呼吸之前无变化。胎儿肌肉的数值大小随着妊娠期的延长而下降,肺部的相对氮和蛋白质含量妊娠晚期增加。

肺是唯一一个在出生和成年之间没有明显增加的器官。肌肉在胎儿期的相对蛋白质含量增长速度最快,肝脏的数值在 75～100 天内下降。每个胎儿的相对脂质含量影响胎儿生长,胎儿器官的相对脂质含量显示特征性的变化,妊娠足月。肝脏的相对脂肪含量高于其他器官,胎儿期变化不大,出生后至成年期间,仔猴的脂肪含量大幅增加。

大脑的相对脂质含量高于所有其他器官,胎儿期结束时,大脑的相对脂质含量高于所有其他器官的相对脂质含量,在妊娠晚期,其水平在妊娠晚期明显增加,并在出生后继续增加。肾脏和大脑的相对糖原含量在所有研究的年龄段都较低,肺部的糖原含量水平在妊娠早期比较高,随着结构的发育成熟而下降。胎儿肌肉的数值逐渐升高,直到胎龄 150 天达到最高,然后下降到成人的水平。

2. 记忆和神经行为　出生 3 个月之后的仔猴可以进行行为学及神经功能评价。具体操作方法和评分标准见表 9-2-1。

表 9-2-1　行为学及神经功能评价操作方法及评分标准

类　别	项　　目	标准分值(分)	操作方法及评分标准
定位能力	视觉空间定位	1	眼睛朝向婴儿外围四个位置的物体(0 分＝未朝向;1 分＝短暂直视;2 分＝长期直视)
	视觉跟随	1	眼睛在水平和垂直方向上跟随移动物体(0 分＝接触但没有跟随;1 分＝初始跟随;2 分＝完整跟随)
	注视时长	1	视觉定向和跟随的注视时长(0 分＝没有注视;1 分＝短暂的注视;2 分＝1～2 s 的注视)
	注意力	1	对前项的注意力的评分[0 分＝无关注;1 分＝少量关注(1/4 时长);2 分＝明确关注(3/4 时长)]
	伸手和抓握	2	尝试抓住视觉定向/跟随玩具(0 分＝没有尝试;1 分＝笨拙地挥打;2 分＝意图抓取并屈曲手指)
	易怒	1	整个检查过程中注意到的痛苦程度(0 分＝极端,持续痛苦;1 分＝轻微,有几次痛苦;2 分＝没有,没有痛苦)
状态评价	发声	3～5 次	将婴儿单独放置在封闭树脂玻璃中 1 min 内发出"喔"声的次数
	测试期间挣扎	2	扭动的程度(0 分＝少量,25%的时间扭动;1 分＝中等,偶尔发生;2 分＝操作困难,持续扭动)
	安抚性	2	当婴儿在痛苦时,抚慰婴儿的轻松程度(0 分＝无法安抚婴儿;1 分＝难以通过抱抱、用襁褓包裹、摇晃或轻拍来安抚婴儿;2 分＝只需抱起婴儿即可轻松安抚)
	安抚必要性	1	检查期间安抚婴儿的必要性和频率(0 分＝比平均水平少,很少需要干预;1 分＝中等,经常需要干预;2 分＝比平均水平更难,需要持续干预)
	主要状态	0	检查时婴儿的状态(0 分＝警觉、醒着、知道自己在做什么;1 分＝警觉但有些烦躁;2 分＝非常激动不安)

续　表

类　别	项　目	标准分值（分）	操作方法及评分标准
活动性	响应强度	0	在 1 min 发声测试期间声音反应质量（0 分 = 轻微"悠闲"；1 分 = 中等；2 分 = 高度应激，反应强烈）
	运动行为	1	在 1 min 发声测试期间观察运动活动（0 分 = 轻微，25%的时间移动；1 分 = 正常，50%的时间移动；2 分 = 过度，连续运动）
	协调性	2	在 1 min 发声测试期间运动质量评级（0 分 = 较差，运动笨拙；1 分 = 勉强达到要求；2 分 = 优秀，运动灵活）
	自发爬行	2	爬行运动质量（0 分 = 无爬行；1 分 = 弱尝试，不协调；2 分 = 爬行协调）
	消极抵抗	2	对肢体被动屈曲和伸展的抵抗程度（0 分 = 几乎看不见的阻力；1 分 = 中度阻力；2 分 = 强阻力）
	平衡力	2	婴儿保持坐姿并收回支撑（0 分 = 婴儿跌倒；1 分 = 将手臂伸出但跌倒；2 分 = 使用手臂支撑，不跌倒）

目前已有研究表明，下丘脑神经激素在非人灵长类的高等神经活动中起调节作用，对老年动物高等神经功能紊乱具有代偿作用，老年动物的神经激素效应在遗传行为形式和简单神经活动上更为明显。这些效应在老年动物中更加持久，与年轻动物相比，它们在总体上是相似的，但更为显著。神经激素对记忆过程的影响，呈现了不同的规律。抗利尿激素、促甲状腺素释放因子（TRF）和促肾上腺皮质激素（ACTH）对不同的记忆类型产生不同的代偿作用，老年猴的体内平衡系统与青年猴不同。

老年猴的高等神经功能紊乱的神经激素补偿特性的研究，与幼龄动物存在一定差异影响，这些差异主要源于促甲状腺素。抗利尿激素的代偿作用在老年猴中较短，在使用超小的抗利尿激素剂量时，表现明显的镇静作用。老年猴使用抗利尿激素，影响神经细胞代谢，促进恢复神经功能活动，大脑不同部位之间新的连接，改善大脑的综合功能。Jolles 的数据也证实了这一结论，表明抗利尿激素对中枢神经系统有直接影响，同时刺激运动活动、记忆、学习和情绪动机领域，作用于皮质下中心，实现了这些过程的完全控制和启动。镇静、抗应激的抗利尿激素作用似乎是由于大脑神经元中 γ-氨基丁酸和血清素水平的增加。许多实验也表明，抗利尿激素是大脑的一种神经调节剂，也就是说，它会增加或减少单个神经递质系统的活动。它刺激儿茶酚胺能神经元的冲动活动已被证实。特别值得注意的是，在生物活性血管加压素水平降低的动物中，儿茶酚胺水平也较低，但在血管升高后，它会增加抗利尿激素调节。

痕迹条件反应是指条件刺激先出现，消失一段时间后非条件刺激才开始出现的反射反应。老年猴的条件反射记忆明显受到干扰，难以形成痕迹条件反射，只有在很短的延迟间隔时间内才能实现。长时间延迟（可达 30 s）的痕迹条件反射，常常伴随着高神经活动的衰弱，出现刻板印象、紧张性反应及病理脑电图变化。根据大脑的形态学和细胞结构研究表明，猴在老年时，大脑皮质发生变化，额叶和颞叶皮质的毛细管腔狭窄，以及代谢物的运输紊乱。海马体神经元的兴奋降低，会伴有脑认知功能紊乱。人们曾试图评估不同大脑结构对不同记忆参数的不同作用。需要考虑的是，实验数据大多是关于低等哺乳动物——缺乏新皮质分化联想区的大鼠和兔。根据一些学者提供的数据，灵长类动物的记忆过程和紊乱（失忆症和痴呆症）与人类相似。研究数据表明，在老年猴和低等动物形成的痕迹条件反射相似。很早就发现，刺猬和兔体内比较难达成痕量条件反应试验，刺猬的短延迟间隔可达 15 s，兔的短延迟间隔可达 25 s。

（五）采集羊水

羊水是羊膜腔中的液体，由羊膜上皮分泌而来；当羊膜壁上出现血管后，部分羊膜液来自血管渗透；当胚胎出现吞咽和泌尿功能后，羊膜液便开始了动态循环。妊娠后期，胎儿的胎脂、脱落上皮和胎便等也进入羊膜液。胎儿被其包围并在其中发育，可减缓外来的冲击，分娩时有润滑产道的作用。足月胎儿的羊水量为 1 000 mL 左右。羊水量在妊娠后期可通过超声诊断。羊水穿刺术是最常见的产前诊断技术，即用针从子宫腔内抽取羊水。需在连续的超声引导下，通过经腹用针从子宫腔抽出羊水，以获得羊水样本，即获取胎儿的脱落细胞、渗出物、尿液或分泌物的样本。羊水含有羊膜细胞和胎儿上皮细胞。羊水可以直接检测，或在培养液中培养出各种染色体、生物化学、分子和微生物研究。

临床上,用于基因检测的羊水穿刺术一般在胎龄16～20周之间进行。诊断性羊水穿刺通常用于产前染色体异常、单基因疾病的产前诊断胎儿感染和羊膜腔内炎症。在进行羊膜穿刺前,应进行术前设计和超声筛查。整个过程是在超声引导下进行,并在适当的无菌条件下持续,在超声引导下完成的手术,持续观察针头的情况。手术后立即用超声波记录胎儿的生存能力。

临床数据记录和相关的检查是检查前必不可少的前提条件。筛查超声在手术前的超声评估是基于对宫内胎儿的扫描。手术前的超声评估是基于对子宫腔的连续扫描,孕猴腹部的横切面,以全面了解胎盘位置、胎儿的位置和确定多胎妊娠的绒毛膜性、胎儿位置和胎儿运动、估算胎龄和存活率、估算羊水、宫颈长度的确定、无绒毛膜羊水分离现象。

羊膜腔穿刺采集羊水操作方法应注意以下几点:① 探针应与孕猴腹面保持垂直腹部表面;② 根据孕猴的体型选择正确的针头长度;③ 应在腹部横切面上采取最大的垂直液池,避免斜切面和侧面进入;④ 应适当放大超声图像,完整观察孕猴皮肤直至羊水池。记录胎盘穿刺只应在手术有失败风险的情况下进行。胎位不正的情况下,才可以尝试经胎盘穿刺;⑤ 在多胎妊娠的情况下,应该用两个不同的针头分别进行穿刺。以抽取羊水并进行造影,以避免识别样本时出现错误;⑥ 腹部用消毒液进行准备,传感器以无菌方式包扎好,以便于对针头轨迹进行实时成像。

超声引导下的羊膜穿刺术采用自由操作技术,由进行该手术的专业人员来操作,进行手术的专业人员可以用一只手操纵超声换能器,另一只手操纵针头。整个手术是在超声引导下进行的,并持续观察针头的情况。针头植入有4个阶段:腹部皮肤穿刺、子宫穿刺、进入羊膜腔,以及进针。针头从腹部进入时,与孕猴中轴线成45°,与探针成90°对侧。探针应注意观察整个轨迹,以避免损伤相邻的肠道环。子宫穿刺可能会因疼痛或局灶性子宫收缩而引起惊吓。子宫肌层收缩而引起惊吓,为此需要重新调整针的方向。需要重新调整。

羊膜腔的插入需要一个"刺"的动作,以避免羊膜被撑破或抽吸失败。胎膜或羊水抽吸失败。在出现胎膜绷紧的情况下,可尝试刺入或扭转针头,以使羊水抽吸成功。建议在完全可视的情况下将针推进羊膜腔。正确放置在羊膜腔内后腔,拔出针头,吸出所需采集的羊水量,丢弃前2 mL羊水后。羊水应收集在2个或3个无菌管中。如果最初有血,则应将最初2～3 mm羊水丢弃。

针头可在羊膜腔内停留约1 min。1 min之后如果尝试仍不成功,应将其拔出。应选择一个新的穿刺点,并更换针头,以避免污染。选择新的穿刺部位,并更换针头以避免污染。建议最多进行2次尝试,如果不能获得满意的样本,建议一周后再重复一次。

另外,剖宫检查时,用无菌注射器刺入羊膜腔内即可抽取羊水,操作过程中注意避免污染。

(六) 精液收集

精子生成是一个复杂的过程,特别是生殖细胞的发育。在此过程中,生精细胞在 Sertoli 细胞的支持下,进行有丝分裂和减数分裂的分裂和分化,以产生细长的精子。猴的精子生成时间为40～46天,精子通过附睾的运输时间和精子通过附睾的运输时间为5～10天。雄性生殖系统被分为从"不成熟"到"成熟"的6级(见第八章)。6级时,雄性动物的附睾中出现了大量的成熟精子。

生物医学研究中获得精子最常见的方法是电刺激射精和振动刺激。电刺激射精是使用电流产生射精的过程。最常用的电刺激射精方法是直肠探针电刺激和阴茎探针电刺激。

直肠探针电刺激产生的样本精子浓度低,因此,通常被认为不太适合精液样本的定量评价,但对于定性分析非常有效,例如可检测射精中是否存在精子以确认性成熟并评价精子细胞的形态。阴茎电刺激最常用于收集精子进行定量分析,因为精液量较大,并且是体外受精(IVF)或卵胞质内单精子注射的推荐精液收集方法。大多数精液参数在评价生殖功能方面具有较低的统计功效,只有精子活力和较小程度的精子形态具有更高的统计功效(在70%～90%),从而使它们在评价生殖功能方面更有用。

1. 直肠探头电刺激(RPE)　RPE方法是NHP中精液收集一直以来使用的方法。射精的机制是通过直接刺激周围神经肌肉接头,导致盆腔器官的收缩和松弛。这种刺激导致这些器官内容物的释放。

该过程需要镇静以轻度麻醉,但不需要对动物进行训练。然而,操作员的技能和培训是操作成功不可或缺的一部分。轻度麻醉后,将动物置于侧卧位。或者,可以使用吊带将动物悬挂在腹侧卧位,这提供了良好的阴茎通道并改善了精液收集的位置。探针的大小取决于种属。它应该很容易进入直肠,探针电极足迹应该直接朝向前列腺。使用前,对电极进行轻微打磨、冲洗和消毒。阴茎从包皮轻轻地向外部拉动,并在必要时清洁以去除颗粒物(如无菌盐水)。在收集过程中用无粉手套握住阴茎。轻轻触诊前列腺以确定深度,并促进将探针电极直接放置在前列腺上。在插入之前,在探头上涂上一层薄薄的无菌水溶性润滑凝胶。为了确保电极与前列腺接触,通过抬起探头的另一端轻轻向下按压探头的尖端。通过缓慢增加电压来激活探头,直到动物通过伸展腿部对刺激做出反应,有或没有扣紧。动物响应的电压设置成为动物的电压设定点(将引起响应的最低电压)。每个刺激都由一个缓慢增加的响应电压组成,短暂保持(最长约 5 s),然后降低电压。当施加刺激时,观察阴茎的伸展、僵硬、充血和射精前状态。多次重复构成一组刺激。平均而言,三组刺激会产生射精。在整个刺激过程中,阴茎尖端被放在预热的玻璃烧杯上,用于生殖目的或其他收集容器(如 15 mL 锥形管)。

动物福利注意事项:这个过程比其他技术更具侵入性,定期检查动物和探头以确保没有血液是很重要的。轻轻手动触诊直肠,以检查血液证据并确定前列腺上方组织的内部温度是否升高。如果存在血液或前列腺上方的主观温度升高,则立即停止手术,并允许动物恢复。术后护理取决于兽医的判断。该程序应限制为每周不超过 2 次收集。

2. 阴茎电刺激方法(PEP) PEP 包括刺激阴茎传入神经末梢,刺激交感神经完成阴茎勃起和射精相关的传出通路。

选择雄性食蟹猴年龄≥5 岁,采用改良的阴茎电射精法收集精液。将猴固定在椅上进行精液收集,必要时由实验人员辅助固定,以最大限度地减轻试验动物的压力。该程序传统的束缚方法包括使用杆子和项圈技术,将动物放在开放式束缚椅上,以进行有意识的样本收集。但是研究表明,训练动物直接从其家庭笼子进入封闭式箱子中的椅子,是开放式椅子束缚的可行替代方案,可能体现出动物福利、精液质量(增加样本量和精子浓度)的重大改变,并节约训练时间,因此这可能是一种首选的束缚方法。有关 NHP 约束的其他指南可供参考。

首先,轻轻地取出阴茎,将带有润滑凝胶的凝胶除颤器垫包裹在阴茎上,并将电极连接到凝胶垫上,然后连接到电射精刺激器装置。施用刺激电流,在低电压(适合动物的种类和大小)下给予第一次脉动不超过 10～15 s,缓慢增量增加到预定的最大值。一般来说,一次尝试不超过 3 次试验(取决于具体程序和动物反应)。种属特异性的电压参数因许多变量而异,很多文献对此进行了描述。例如,在食蟹猴中,试验可以从 10～30 V 开始,持续时间为 1～3 ms。如果需要,以 5～10 V 的增量增加,最高可达 50 V 以上。在每次刺激时,仔细观察动物的生理反应和射精。如果没有射精,让动物休息至少 1 min,不断刺激动物,直到射精或尝试达到最后一次射精。如果 10 min 内没有射精,则将其放回笼子。将收集管放置在阴茎尖端以收集射出的精液样本,然后将其进一步操作处理以进行精评价,精液收集可以在几天/几周内连续多次进行,而不会产生不良影响。精子数量通过几次电射精来维持但最终会随着多次收集而减少。考虑到动物福利和精子生产率,该操作频率通常不会比每周(如通过 2 周的预实验确定基准线)和每月/每季度(如在研究的给药阶段)更多。如果进行定量评价的采样持续时间较长,则频次更密集的间隔(如每隔一周)采样可能也是合适的;第一次取精成功率为 80%,第 2 天内取精成功率为 100%。根据研究要求,收集频率可能会增加。为体外受精保存配子或遗传学保种而收集时,动物应在采样之间休息约 48 h。一旦动物经历了该操作的适应性训练,在应用电刺激之前,应仔细观察它们是否可能自发射精。

与直肠探头法相比,大多数关于阴茎直接电刺激的报告表明,每次射精的精子数量更多,且精子质量更高(基于精子在体外与卵母细胞受精的能力)。已经证明,阴茎直接刺激法可以更好地刺激整个生殖道,并且由于未进行麻醉而导致的尿液污染和精液样本稀释的问题会更少。此外,与直肠探头方法相关的逆行射精进入膀胱的可能性,在阴茎电刺激中会降至最低。这种非侵入性技术确实需要训练动物并控制实验环境(如安静的房间、熟悉动物的工作人员)。与使用直肠探头电刺激相比,使用这种方法获取样本可能需要更长的时间,但通常不超过几分钟。阴茎电刺激的潜在缺点是一些动物对阴茎刺激没有反应,也就不会提供精液样本。此外,由于这种方法涉及与有意识的、被椅子束缚的动物一起工作,因此应考虑动物健康状况,如内源性和外源性病毒状态,以及其中的职业风险。

将采集的精液封存在试管或采集管中,并在 4℃下保存 30 min 平衡。最后,冷冻 10 min 并储存在液氮中。精液解冻在液氮中储存 2～180 天后,将冻存管迅速放入 37℃的水浴中。用冷冻精子进行人工授精繁衍食蟹猴。

动物福利注意事项:阴茎电刺激是一种非侵入性手术。使用除颤器垫和凝胶,向阴茎施加刺激电流可增加动物在操作过程中的舒适度,并消除了旧方法带来的问题(如金属箔电极法会损坏动物皮肤)。在阴茎电刺激过程中,动物未被麻醉,而是通过适应和训练。小心控制刺激电流。即使对于经历过该过程的动物,短时间内也不应尝试超过 3 次。无论操作结果如何,动物都要因其参与而获得奖励。

3. 振动刺激(PVS)　振动刺激是一种涉及自然反射序列的过程,引发正常的发射和射精反应,产生自然射精。该技术使用配备有收集容器的、改进的人体振动装置。玻璃收集管具有适当的内径,以实现与阴茎良好接触和所需的刺激水平。它通常用于清醒动物和椅子束缚时,提供新颖的奖励以鼓励参与,同时在黑暗的房间里工作,以减少动物的兴奋。为了收集精子,将阴茎从包皮鞘中轻轻挤出,并将振动玻璃管翻过阴茎尖端并靠上包皮孔上。使用的振动参数取决于动物对刺激的反应,随着间歇期的变化而逐渐增加。如果在 15～20 min 没有射精,则停止刺激。

动物福利注意事项:PVS 可能不是食蟹猴等猕猴种属精液收集的首选方法。

动物选择:无论精液收集方法如何,都应仔细考虑用于此操作的动物的生理情况。明确精子发生(通过检测精液中的精子)是确认 NHP 性成熟的最可靠方法。在某些非人灵长类种属中,精液收集的时间应考虑季节性。在进行此类确认之前,可以通过应用常规选择标准(如年龄、体重和睾丸体积)来优化动物的选择。睾酮不是非常可靠的指标,因为它的脉动/昼夜节律波动及动物间变异性很大。这些参数都不能明确预测性成熟,成熟的具体标准取决于动物的种属甚至地理来源。例如,已经证明,来自毛里求斯的食蟹猴在 3～4 岁性成熟(精液中的精子),而来自亚洲大陆的食蟹猴需要再有一年(>4 岁)才能成熟。关于食蟹猴和恒河猴的文献表明,小于 4 岁和体重小于 4 kg 的动物不太可能性成熟。

操作前对动物进行体格检查,包括仔细检查直肠是否有异常,如瘢痕、狭窄或痔疮等。此外,排除具有可能引起动物胁迫和(或)可能会有干扰操作成功的行为特征(如紧张或焦虑)的动物。不适应椅子束缚或电极放置的动物也应排除。

所选择的收集方法应与动物的大小相匹配,因为小动物,如新世界非人灵长类动物(松鼠猴和狨猴),更适合 PVS,而不是上述讨论的其他两种方法,目前没有关于这种技术在猕猴中取得成功的报道。

4. 自然采集法　在用 2%的苯扎氯铵溶液清洗雌猴外生殖器后,用注射器吸出阴道内的黏液,并用消毒棉签擦拭,然后将其引入到一个雄猴笼子里进行交配。

收集精液:15 min 后或确认射精后。将雌性动物与雄性动物分离,并将动物尾部向上固定,用吸管小心翼翼地插入阴道,然后用吸管慢慢收集射出的精液。

冷冻保存精液:将收集到的精液放在一个小试管中,在 37℃ 的水浴中放置约 10 min。然后,按 1∶5 稀释精液。在 37℃ 下培养 10 min 后,将约 0.1 mL 稀释的精液直接滴入放置在冰盒中的干冰块表面的孔中。这个过程命名为"小球冷冻法"。或者将稀释的精液装在一个小的试管中,稀释后的精液装在小试管中,放在装有约 50 mL 37℃ 温水的烧杯中,先在深冷器中逐渐冷却到 4℃。

在 30 min 或更长时间内逐渐适应低温。此外,这 30 min 可能有助于使精子与甘油平衡,而甘油在保护精子免受冷冻损害方面起着非常重要的作用。Rousse 等使用的扩展剂中的甘油浓度约为 14%。

此采集和保存技术能够保证足够数量的优质液体精液。从交配后的阴道内收集精液的方法比较简单,猕猴在射精时或射精后会立即形成精液凝结物,因此可以很容易地获得含有少量凝结物的液体精液(图 9-2-13)。与电刺激法相比,电刺激法通常采集到的精液由液体和凝固物部分组成,并且用这种方法收集的精液比其他用电刺激法收集的精液存活率高(图 9-2-14)。

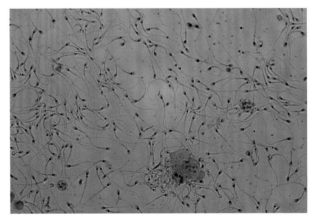

图 9-2-13　食蟹猴精子(吉姆萨染色,×400)

(七)雌性非人灵长类动物腹腔镜生殖操作

在生殖医学研究中,腹腔镜手术技术在雌性 NHP 生殖操作中的使用越来越普遍。腹腔镜方法通常被认为是一类次要手术,因此减少了动物在其一生中将经历的主要外科手术的数量。推荐在可能的情况下用微创腹腔镜方法取代开放手术技术,以最大程度地减少疼痛和痛苦,同时减少术后恢复时间。用腹腔镜检查

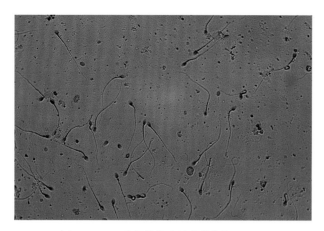

图 9-2-14　食蟹猴精子(吉姆萨染色,×400)

代替剖腹手术满足了 3R 的细化部分。追求、批准和使用腹腔镜技术的决定取决于机构动物护理和使用委员会(如 IACUC)、动物外科医生的腹腔镜检查技能、可用设备及在兽医和研究人员之间建立密切的工作关系。

腹腔镜检查是一种借助相机或腹腔镜在腹腔内通过小切口(通常为 3～10 mm)进行的外科手术。腹腔镜检查已用于人类和 NHP 医学的各种生殖方法操作。在 NHP 中,通过腹腔镜检查进行的常见生殖操作包括卵巢卵泡抽吸以进行卵母细胞采集、卵巢切除术、子宫活检、诊断性腹腔镜检查和胚胎移植等。腹腔镜检查还用于更专业的生殖检测、疾病模型诱导和 NHP 的治疗干预。

与开放式剖腹手术相比,腹腔镜检查切口较小,因此通常组织炎症较少,术后切口相关疼痛也就减少,且出血通常减少,术后感染风险降低。此外,术后黏连形成的风险降低。与人类患者类似,这些益处相结合可减少总体的兽医看护时间,可能减少对延长术后镇痛的需求,并且在 NHP 中,缩短返回社会性住房的时间。

动物选择:选择用于腹腔镜检查计划的雌性 NHP 通常要性成熟,注意是否有活跃的生殖史或进行过生殖调控的手术操作。如果近期未进行过血液检查,则对涉及腹腔镜检查计划的候选动物需要进行常规筛查,应包括完整的病史回顾及全血细胞计数和生化检查的体格检查。既往史回顾应包括对既往分娩和生殖调控操作的评价,并特别注意与这些事件相关的任何并发症或后遗症。在以前的生殖调控操作的手术过程中所注意到的异常,包括异常的解剖结构、黏连或囊肿,可能会排除将该动物纳入包括腹腔镜检查在内的研究中。根据研究目的,正常月经周期的历史也可能很重要。体格检查应包括双合诊(直肠和腹部)进行触

诊子宫结构的生殖评价,子宫结构通常在尾腹部自由移动,不受限制。在选择涉及腹腔镜生殖手术的动物进行研究时,如果预计会出现生理损伤(如生殖功能损伤),则可能需要考虑动物在未来研究和繁育育种中的用途。

手术注意事项:腹腔镜技术、设备和术前评价将根据所执行的研究目标和手术内容而有所不同。该手术可以针对某些种属或先前操作的动物进行修改。对于经常出现腹部黏连的种属,如类人猿,可能需要术前超声检查,从而选择通过旁中线还是脐上中线进入以避免现有的组织附着。以前接受过生殖手术或剖腹手术的动物可能有腹中线组织粘连,手术中需要使用中线旁腹腔镜端口以允许适当的可视化。

人类和动物的各种术中并发症与腹腔镜操作有关。并发症可能与进入腹部、形成气腹、定位和(或)可视化/操作有关。太大的端口切口可能导致吹气丢失和难以维持生殖道的适当可视化。切口应尽可能小,以便在不损伤周围组织的情况下放置端口,以尽量减少一氧化碳渗漏。穿刺器可能导致机械创伤,包括大血管或胃肠道损伤、腹壁血肿、膀胱穿孔、疝气和(或)输尿管损伤。如果在处理组织时不小心或可视化效果差,难以识别腹部结构,则在腹腔镜器械操作腹部内容物期间,这些结构也可能受损。气腹是将二氧化碳注入腹腔以改善对腹部内部的可视化和操作,也与术中并发症有关,如呼吸性酸中毒、深静脉血栓形成、皮下肺气肿、气体栓塞、动态肺顺应性降低及吸气峰值和平台压力增加等。临床上,腹腔镜手术后也注意到由于横膈膜刺激和(或)膈神经拉伸引起的肩部疼痛。处于特伦德伦堡体位(仰卧位倾斜 15°～30°,双脚高过头部;女性腹腔镜操作的标准体位)的动物与腹部注入二氧化碳的动物相比,可能会增加对肺充气的机械阻抗,因此建议进行机械通气。

术后注意事项:术后应持续进行术后监测,直到患者能够始终保持直立姿势。此外,术后 3～7 天应每天进行术后监测,包括评价基本的 NHP 生理和行为参数。应至少在手术后 48～72 h 内提供常规腹腔镜操作的术后镇痛,并可通过阿片类药物、非甾体抗炎药或基于兽医判断的组合来完成。

与腹腔镜检查相关的短期并发症通常与手术切口有关;然而,术后腹部不适,特别是吹气时腹压升高或出血。术后应密切监测切口的红斑、炎症和分泌物,这可能提示切口部位感染。筋膜裂开和通过切口部位的腹部内容物疝也是可能的;虽然由于切口尺寸小,网膜

通常是腹腔镜切口疝中唯一存在的腹部组织。切口部位的水肿可能被误认为是疝,然而水肿会自发消退。

与腹腔镜手术相关的长期并发症集中在生育能力受损、子宫内膜异位症和黏连形成上。在腹腔镜手术过程中,卵巢、输卵管、子宫或相关脉管系统的创伤或损伤可能会损害生育能力。黏连形成是非人灵长类患者腹腔镜生殖操作的常见后遗症。黏连通常轻微,涉及与卵巢、子宫或腹腔端口部位的小网膜附着。更广泛的黏连是可能的,并可能扭曲正常的生殖解剖结构。

在随访的身体检查期间,可通过使用双手触诊和生殖超声来评价黏连的存在。严格注意切口/套管进入部位的止血,并在腹腔镜操作以清除血液和外来液体后彻底冲洗腹部,可能会降低黏连形成的风险。在经宫腔镜引导下操作(如子宫活检)的情况下,腹部潮红也可能降低子宫内膜异位症发生的风险。总体而言,如果在健康动物中正确执行,术后并发症的风险非常低。

（毛闪闪　庞　聪　龚夏实）

参考文献

[1] 曾中兴,陈元霖,白寿昌.关于猕猴的性周期[J].野生动物学报,1982,000(002)：30 - 35.

[2] Amann R P, Johnson L, Thompson Jr D L, et al. Daily spermatozoal production, epididymal spermatozoal reserves and transit time of spermatozoa through the epididymis of the rhesus monkey[J]. Biol Reprod, 1976, 15：586 - 592.

[3] Aslam H, Rosiepen G, Krishnamurthy H, et al. The cycle duration of the seminiferous epithelium remains unaltered during GnRH antagonist-induced testicular involution in rats and monkeys[J]. J Endocrinol, 1999, 161：281 - 288.

[4] Ausderau K K, Dammann C, Mcmanus K, et al. Cross-species comparison of behavioral neurodevelopmental milestones in the common marmoset monkey and human child[J]. Developmental Psychobiology, 2017, 59(4)：807 - 821.

[5] Bhehre H M, Nashan D, Nieschlag E. Objective measurement of testicular volume by ultrasonography：Evaluation of the technique and comparison with orchidometer estimates[J]. Int J Androl, 1989, 12, 395 - 403.

[6] Boot R, Leussink A B, Vlug R F. Influence of housing conditions on pregnancy outcome in cynomolgus monkeys (Macaca fascicularis)[J]. Laboratory Animals, 1985, 19(1)：42.

[7] Buse E, Habermann G, Osterburg I. et al. Reproductive/developmental toxicity and immune toxicity assessment in the nonhuman primate model[J]. Toxicology, 2003, 185(3)：221 - 227.

[8] Chellman G J, Bussiere J L, Makori N, et al. Developmental and reproductive toxicology studies in nonhuman primates[J]. Birth Defects Res B Dev Reprod Toxicol, 2009, 83, 1 - 17, 446 - 46.

[9] Cruz-Lemini M, Parra-Saavedra M, Borobio V, et al. How to perform an amniocentesis[J]. Ultrasound Obstet Gynecol, 2014, 44：727 - 731.

[10] Dimri N, Baijal A. Amniocentesis[J]. Fetal Med, 2016, 3, 131 - 135.

[11] Ehmcke J, Wistuba J, Schlatt A S. Spermatogonial stem cells：questions, models and perspectives[J]. Human Reproduction Update, 2006, 12(3)：275 - 282.

[12] Fraser H M, Lunn S F. Nonhuman primates and female reproductive medicine[J]. Reproduction in Nonhuman Primates：a Model System for Human Reproductive Physiology and Toxicology, 1999, 27 - 59.

[13] Gould K G, Mann D R. Comparison of electrostimulation methods for semen recovery in rhesus monkey (Macaca mulatta)[J]. J Med Primatol, 1988, 17, 95 - 103.

[14] Hearn J P, Hodges J K, Gems S. Early secretion of chorionic gonadotrophin by marmoset embryos in vivo and in vitro[J]. J Endocrinol, 1988, 119：249 - 255.

[15] Henck J W, Hilbish K G, Serabian M A, et al. Reproductive toxicity testing of therapeutic biotechnology agents[J]. Teratology, 1996, 53(2)：185 - 195.

[16] Holsapple M P, West L J, Landreth K S. Species comparison of anatomical and functional immune system development[J]. Birth Defects Res B, 2003, 68：321 - 334.

[17] Makori N, Rodriguez C G, Cukierski M A, et al. Development of the brain in staged embryos of the long-tailed monkey (Macaca fascicularis)[J]. Primates, 1996, 37：351 - 361.

[18] Meyer J K, Fitzsimmons D, Hastings T F, et al. Methods for the prediction of breeding success in male cynomolgus monkeys (Macaca fascicularis) used for reproductive toxicology studies[J]. J Am Assoc Lab Anim Sci, 2006, 45：31 - 36.

[19] Roland K M. Chorionic gonadotrophin corpus luteum function and embryo implantation in the rhesus monkey：In the use of non-human primates in research on human reproduction[J]. Sukhumi：WHO Symposiums, 1991：214 - 217.

[20] Roussel J D, Austin C R. Preservation of primate spermatozoa by freezing[J]. J Reprod Fertil, 1967, 13：333 - 335.

[21] Sankai T, Terao K, Yanagimachi R, et al. Cryopreservation of spermatozoa from cynomolgus monkeys (Macaca fascicularis)[J]. J Reprod Fertil, 1994, 101：273 - 278.

[22] Smedley J V, Bailey S A, Perry R W, et al. Methods for predicting sexual maturity in male cynomolgus macaques on the basis of age, body weight, and histologic evaluation of the testes[J]. Contemp Top Lab Anim Sci, 2002, 41, 18 - 20.

[23] Testard C, Tremblay S, Platt M. From the field to the lab and back：neuroethology of primate social behavior — ScienceDirect[J]. Current Opinion in Neurobiology, 2021, 68：76 - 83.

[24] Walthall K, Cappon G D, Hurtt M E, et al. Postnatal development of the gastrointestinal system：a species comparison[J]. Birth Defects Res B, 2005, 74：132 - 156.

[25] Weinbauer G F, Frings W, Fuchs A, et al. Reproductive/Developmental Toxicity Assessment of Biopharmaceuticals in Nonhuman Primates[M]. John Wiley & Sons, Inc. 2007.

[26] Wood S L, Beyer B K, Cappon G D. Species comparison of postnatal CNS development：functional measures[J]. Birth Defects Res B, 2003, 68：391 - 407.

[27] Zoetis T, Hurtt M E. Species comparison of anatomical and functional renal development[J]. Birth Defects Res B, 2003, 68：111 - 120.

[28] Zoetis T, Hurtt M E. Species comparison of lung development[J]. Birth Defects Res B, 2003, 68：121 - 124.

[29] Zoetis T, Tassinari M S, Bagi C, et al. Species comparison of postnatal bone growth and development[J]. Birth Defects Res B, 2003, 68：86 - 110.

第十章

食蟹猴生殖与发育毒理学研究案例

本章主要展示了食蟹猴生育力评价伴随毒代动力学研究（Ⅰ段）、重复给药伴随生育力评价研究、胚胎-胎仔发育毒性伴随毒代动力学研究（Ⅱ段）及增强的围产期毒性伴随毒代动力学研究。这些试验的开展主要是遵循 ICH S5（R3）《人用药品生殖与发育毒性检测》（2020 年 2 月）。

每一个研究案例内容的编排形式，遵循国家食品药品监督管理总局（CFDA）于 2017 年 8 月 2 日发布的《药物非临床研究质量管理规范》中"总结报告主要内容"的原则。

特别说明一下，本章中出现的研究案例均来自主编实验室近几年工作的累积，属于原创性素材，其真实性毋庸置疑，其科学性和规范性基本上符合当今最先进和最前沿的科技水平及相关法规指南，但是由于该类试验的复杂性，难免会有一些考虑不周之处。本章的报告内容中，我们在建立食蟹猴生殖与发育非临床评价研究体系的同时，也在总结不足并反思，相信这些经验具有一定的参考价值。

为了保密，特地隐去了受试物的名称，用"AAA""BBB""CCC"等代替，其他不方便表露的信息，如公司名称、药物名称和机构代码等，将统一用"×××"代替。

第一节　食蟹猴生育力评价伴随毒代动力学研究（Ⅰ段）

（一）试验目的

根据 ICH S5（R3），食蟹猴生育力与早期胚胎发育毒性试验的设计是评价雄性和（或）雌性动物在交配前开始给药，并在交配中和着床后持续给药所产生的副作用。其试验目的是评价配子的成熟、交配行为、生育力、胚胎的着床前发育和着床；对于雌性动物，包括对动情周期、输卵管转运的影响；对于雄性动物，包括检测不能通过雄性生殖器官组织学检查所获得的功能性影响（如附睾精子成熟）。

本试验为导致雄性和雌性生殖系统损伤的阳性药物的系统验证性试验。因此受试物选用已知具有生殖毒性的阳性药：环磷酰胺和十一酸睾酮。考虑到阳性药物毒性作用发挥迅速且敏感，故仅在特定时间段给药。

以环磷酰胺和十一酸睾酮作为阳性药，连续给药 7 天后观察 60 天以上，观察其对亲代动物配子形成、交配行为、生育力、胚胎着床前及着床后生长发育的影响。同时测定不同时间点动物的血药浓度、睾丸组织内药物浓度（透过血睾屏障情况）等，描述食蟹猴给予上述两药后给药剂量、给药时间和生育力评价试验结果之间的关系，评价其对动物生殖力的毒性或干扰作用，为临床用药风险评估提供参考信息。

（二）受试物一

（1）名称：环磷酰胺。

（2）缩写名：CP（cyclphosphamide）。

（3）受试物编号：H1927。

（4）批号：602200401 和 220201CD。

（5）成分：$C_7H_{17}Cl_2N_2O_3P$。

（6）含量：99.5% 和 99.8%，与上述批号一一对应。

（7）提供单位：×××科技公司和×××药业公司，与上述批号一一对应。

（8）有效期至：开封后 3 年。

（9）贮存条件：常温。

（10）配制方法：用 0.9%氯化钠注射液配制。

（11）留样：档案室负责受试物的留样，留样的受试物存放于本机构留样室内。

（12）剩余受试物的处理：待本试验结束后，剩余受试物用于后续研究。

（三）受试物二

（1）名称：十一酸睾酮。

（2）缩写名：TU（testosterone undecanoate）。

（3）受试物编号：H1927。

（4）批号：HH20210816。

（5）成分：$C_{30}H_{48}O_3$。

（6）含量：99.4%。

（7）提供单位：×××药业公司。

（8）有效期至：开封后 3 年。

（9）贮存条件：常温。

（10）配制方法：用橄榄油配制。

（11）留样：档案室负责受试物的留样，留样的受试物存放于本机构留样室内。

（12）剩余受试物的处理：待本试验结束后，剩余受试物用于后续研究。

（四）溶媒一

（1）名称：氯化钠注射液。

（2）批号：220103522 和 220411D03。

（3）规格：100 mL∶0.9 g。

（4）成分：本品主要成分为氯化钠,辅料为注射用水。

（5）提供单位：×××药业公司,与上述批号一一对应。

（6）使用浓度：0.9%。

（7）有效期至：××××年 07 月 02 日和××××年 04 月 10 日,与上述批号一一对应。

（8）贮存条件：密闭保存。

（9）配制方法：无需配制,直接使用。

（五）溶媒二

（1）名称：×××特级初榨橄榄油。

（2）批号：20210318。

（3）规格：1 L。

（4）提供单位：×××公司。

（5）保质期：24 个月。

（6）贮存条件：阴凉及干燥处,避光保存。

（7）配制方法：无需配制,直接使用。

（六）其他主要试剂

（1）名称：舒泰50（注射用盐酸替来他明盐酸唑拉西泮）。

（2）批号：8KM7 和 8V8K。

（3）配方/成分：替来他明 125 mg + 唑拉西泮 125 mg + 辅料（Q.S.1 瓶）。

（4）使用浓度：50 mg/mL。

（5）有效期至：××××年 10 月和××××年 03 月,与上述批号一一对应。

（6）贮存条件：常温、密闭、遮光。

（7）配制方法：使用前用包装内无菌注射用水（批号×××和×××）溶解固体瓶内粉末即浓度为 50 mg/mL。

（8）配制日期：××××年 11 月 02 日、××××年 01 月 05 日、××××年 01 月 06 日、××××年 02 月 23 日和××××年 02 月 27 日。

（9）提供单位：×××有限公司。

（10）剩余麻醉品的处理：剩余麻醉药经登记后返还给毒麻品室进行统一处理。

（七）实验系统

（1）种属、品系及级别：食蟹猴,普通级。

（2）性别和数量：申请 30 只备用动物（雌雄各半）,用于试验 30 只（雌雄各半）。

（3）年龄范围：3.6～5.7 岁;健康、性成熟的食蟹猴。

（4）体重范围：接收时雌猴体重 2.42～3.48 kg;雄猴体重 3.42～5.98 kg。

（5）动物来源：申请本机构备用动物开展研究,备用动物购于×××公司。

（6）实验动物生产许可证号及发证单位：SCXK（X）2018－0043,由××省科委颁发。SCXK（桂）2018－0006,由×××科技厅颁发。

（7）实验动物质量合格证号：44818300000306、44818300000310、0005078、0005079、0005080、0005086、0005088、0005095、0005098 和 0005113。

（8）实验动物使用许可证号及发证单位：SYXK（X）2021－0090,由××省科技厅颁发。

（9）研究系统选择说明：食蟹猴是毒理学生殖毒性研究中公认的标准动物之一。ICH S5（R3）《人用药品生殖与发育毒性检测》推荐使用该动物,委托方同意使用该种动物,因此本试验采用食蟹猴。

（10）动物标识：按照本机构实验动物编号与分组程序对动物进行编号,以项圈和笼卡（每只动物均自带唯一的项圈号,分组后动物编号与项圈号一一对应）作为动物识别标记。

（11）动物接收日期：实验动物分 10 批（××××年 08 月 12 日、××××年 09 月 30 日、××××年 10 月 29 日、××××年 12 月 23 日、××××年 02 月 26 日、2022 年 04 月 12 日、××××年 06 月 07 日、××××年 08 月 09 日、××××年 08 月 18 日和××××年 09 月 22 日）到达,进入设施后,按本机构相关 SOP 要求进行检疫,检疫合格后转入本机构备用动物库,本试验动物于××××年 06 月 08 日、××××年 10 月 24 日和××××年 11 月 09 日分 3 次转入本专题。

（12）饲料和饮用水

1）饲料：普通级猴维持饲料为×××饲料有限公司生产,批号 22088221、22118211 和 22048211 等,饲料供应商委托有资质的单位对饲料营养成分、化学污染物和微生物指标进行检测,并向本机构提供检测报告,检测指标符合 GB 14924.3－2010 和 GB 14924.2－2001;本机构每年委托×××对饲料化学污染物和微生物指标进行检测,检测指标符合 GB 14924.2－2001;本机构每季度对菌落总数进行检测,检测指标符合 GB 4789.2－2016,饲料检测结果均符合要求。

2) 饮用水：为本机构经纯化后的实验动物饮用水，本机构每年委托×××对动物饮用水中微生物、化学物质、有毒物质等指标进行检测，检测指标符合 GB 5749-2006；本机构每季度对菌落总数进行检测，检测指标符合 GB 4789.2-2016，饮用水检测结果均符合要求。

（13）动物饲养条件和环境：动物在普通级动物房饲养，饲养于 900 mm×1 000 mm×2 080 mm 不锈钢笼内，适应性训练期间 1～2 只/笼，分组后单笼饲养，自由饮水和摄食。室温 19.6～25.5℃，相对湿度 15.5%～100%，换气≥8 次/h，工作照度≥200 lx，动物照度 100～200 lx，自动光照，每 12 h 明暗交替。

（14）动物福利：本试验涉及的动物福利均遵循×××公司动物福利指导原则。试验期间动物管理和使用遵循 *Guide for the Care and Use of Laboratory Animals*（2011 年）、国家科学技术委员会 2017 年修订的《实验动物管理条例》。本试验所涉及的动物管理、使用和相关操作均经过×××公司实验动物管理和使用委员会批准，批准文号：IACUC（准）-××××-161。

（15）兽医护理：试验期间动物未出现需要兽医进行治疗的情况。

（八）分组和剂量设置

（1）分组：随机分组，分为溶媒对照组（生理盐水）、环磷酰胺皮下组和十一酸睾酮皮下组，共 3 组，每组 10 只，雌雄各半。

（2）剂量设置依据：根据文献。

（3）剂距：无。

（4）剂量：见表 10-1-1。

表 10-1-1　剂量分组

组　别	剂量 (mg/kg)	动 物 编 号	
		♂	♀
溶媒对照组（生理盐水）	—	1M01～1M05	1F01～1F05
环磷酰胺(sc)	15	2M01～2M05	2F01～2F05
十一酸睾酮(sc)	20	3M01～3M05	3F01～3F05

（九）给药方法

（1）给药途径：环磷酰胺皮下注射(sc)；十一酸睾酮皮下注射。

（2）给药体积：1 mL/kg。

（3）给药时间：08:53～15:59。

（4）给药频率及期限

1) 雄性食蟹猴：环磷酰胺或十一酸睾酮均给药 1 次/天，连续给药 7 天后观察 60 天以上（考虑到食蟹猴的精子发生持续期和精子通过附睾转运的时间，评价对生殖细胞产生的影响时给药期不得少于 60 天，即雄性食蟹猴的精子发生时间为 40～46 天，精子通过附睾转运的时间为 5～10 天）。

2) 在雌性食蟹猴月经开始后第 2 天，按组别开始给予环磷酰胺或十一酸睾酮，均给药 1 次/天，连续给药 7 天后观察 2 个月经周期以上。

（5）给予受试物的途径说明：与临床拟用途径相同，环磷酰胺皮下注射，十一酸睾酮皮下注射。

（6）受试物和对照品配制方法：临用前，按受试物配制要求，用生理盐水（环磷酰胺）和橄榄油（十一酸睾酮）将受试物配制成不同浓度。给药前一次性配制，具体配制方法见表 10-1-2，剩余受试物制剂由实验人员返给受试物配制室按 SOP 进行操作。

表 10-1-2　受试物配制

组　别	剂量 (mg/kg)	受试物量 (mg)	溶液量至 (ml)	目标浓度 (mg/ml)
溶媒对照组（生理盐水）	—	—	—	—
环磷酰胺(sc)	15	750	50	15
十一酸睾酮(sc)	20	1 000	50	20

注：各剂量组配制的总药量随给药动物数量和体重的变动而改变，本表表示的是第 1 次给药时的配制方法

（7）受试物和对照品的给予方法：按猴的给药方法 SOP 进行操作。

（十）试验方法

（1）动物检疫：动物接收后，根据实验动物检疫 SOP 要求检疫，接收后检疫 14 天。

（2）适应性饲养：检疫期同时进行适应性饲养观察，根据体重增长情况决定适应性饲养时间，每天观察 1 次动物的一般状况。

（3）雄猴给药：根据体重变化调整给药体积，环磷酰胺、十一酸睾酮和溶媒对照组给药 7 天后观察 60 天。

（4）采集精子：借助电刺激仪人工采集精液，先将食蟹猴保定在猴椅上，实验员（采精员）将备好的集精杯夹于右手中指与无名指指尖（杯口向外），右手持电极棒插入食蟹猴肛门内，插入深度 15～20 cm，由另一

人打开采精器开关通电刺激,同时采精员右手持电极绕直肠壁做圆周运动。重复通电刺激 3～5 次,每次通电持续 1 s,断电 1 s,并根据动物反应,不断升高电压,至排精。动物有排精表现时,采精员右手迅速反转,立即将集精杯口移至阴茎口下方,接取精液。

(5) 雄猴采集血液:给药前 2 次采血(间隔 7 天),给药后雄猴每 2 周采血 2 mL 左右,分离血清,采用双抗体夹心法(ELISA 法)测定雄猴双氢睾酮(DHT)、雌二醇(E_2)和睾酮(T)激素水平,根据试剂盒检测说明书,利用酶标仪在 450 nm 波长下测定吸光度(OD 值),通过标准曲线计算样品中待测激素的水平。

(6) 雄猴睾丸体积检测:采用超声仪测量睾丸体积大小,先将食蟹猴保定在猴椅上,实验员将动物后肢分开,将动物阴囊暴露出来,检测人员调整好超声仪后,先将阴囊皮肤表面涂抹耦合剂,然后用探头在阴囊皮肤表面来回移动,直到屏幕上出现完整的睾丸图像,然后采集左右两侧睾丸图像并保存,使用超声仪中自带工具计算左右两侧睾丸体积大小(图 10-1-1)。

(7) 雌猴月经周期监测:用棉签插入阴道,查看棉签是否带血,以判断是否来月经,并记录。

(8) 雌猴采集血液:给药前 2 次采血(间隔 7 天),给药后直至解剖雌猴每 2 周采血 2 mL 左右,采用双抗体夹心法(ELISA 法)测定雌猴体内黄体生成素(LH)、卵泡刺激素(FSH)、睾酮、E_2 和孕酮(P)激素水平,根据试剂盒检测说明书,利用酶标仪在 450 nm 波长下测定吸光度(OD 值),通过标准曲线计算样品中待测激素的水平。

(9) 毒代动力学:血药浓度、睾丸组织药物浓度检测,以判断受试物透过血睾屏障情况。

1) 根据文献提供的毒代动力学检测方法,以及本实验室预试验中建立的检测方法,拟采用甲苯磺丁脲作为内标建立猴毒代动力学检测方法,并进行方法学验证。

2) 血样处理:四肢静脉采血不少于 1 mL,收集全血至含肝素钠的采血管中,充分混匀后静置 0.5～1 h,2～8℃,1 800×g,离心 10 min,吸取上层血浆分装置于 -80℃ 超低温冰箱暂存留样待测。

3) 采血时间:① 雄猴:首次给药(D_1)与末次给药时,均在给药前及给药后 10 min、30 min、45 min、1 h、2 h、4 h、6 h 和 24 h 采集血液;② 雌猴:首次给药(D_1)与末次给药时,均在给药前及给药后 10 min、

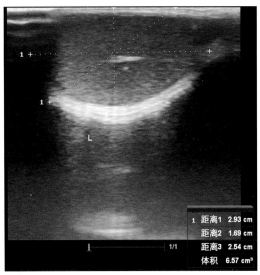

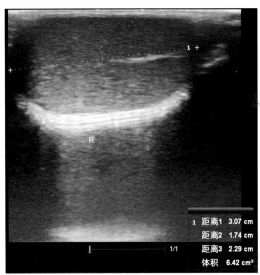

图 10-1-1　超声仪测量睾丸图像。上图为左侧睾丸图像;下图为右侧睾丸图像

30 min、45 min、1 h、2 h、4 h、6 h 和 24 h 采集血液。

4) 采集样本:① 采集精子时,备份出毒代样本;称量精液重量(先称量 EP 管),加入定量孵育液(称取 0.05 g 牛血清白蛋白 BSA,加入 10 mL 膏糖 DMEM 混匀即得孵育液)稀释(稀释比为 1∶9 或 1∶99),EP 管分装置 -80℃ 冻存待测;② 雄猴组织:考虑到采集样本的需要,各组 5 只雄猴在解剖前可再次给药,在达到血药浓度峰值时间点时,雄猴(至少 4 只有效数据)取睾丸和附睾组织进行匀浆,3 000 r/min 离心 10 min,EP 管分装置 -80℃ 冻存待测。

(10) 安乐死:雄猴于末次给药后,舒泰 50(0.1 mL/kg)麻醉后急性失血安乐死,打开腹部暴露两侧睾丸、附睾和内脏器官;雌猴连续给药 7 天,并观察 2 个月经周期后,舒泰 50(0.1 mL/kg)麻醉后急性失血安乐死,打开腹部暴露卵巢、子宫和内脏器官。雌

雄猴进行大体剖检。

（十一）观察指标

（1）一般状况观察：每天观察 1 次动物的一般状况，记录动物外观、行为或异常体征；发现死亡或濒死动物应及时剖宫检查。

（2）体重：每 2 周测一次体重。

（3）摄食量：每天记录动物饮食，摄食剩余量小于 1/3 为正常，摄食剩余量 1/3～2/3 为一般，摄食剩余量多余 2/3 为不良。

（4）体温：每 2 日测一次体温。

（5）精子检查：给药前采集 2 次，从给药开始，直至解剖时，每 2 周收集精子一次，取出精子放入 DMEM 培养液中孵育，通过 TOX IVOSⅡ精子分析仪检测精子数量、密度和活动度等。

（6）检测睾丸体积：采用超声仪测量睾丸体积大小，给药前检测 1 次，给药后雄猴每 2 周检测 1 次。

（7）雌猴月经周期监测：给药前 2 个月和给药后 2 个月对雌性食蟹猴检查月经周期，确定周期长度和变化。

（8）雌雄性猴终末检查：① 取卵巢、子宫、睾丸、附睾、前列腺、精囊腺、提肛肌和括约肌并称重，并计算脏器系数；② 保存卵巢、子宫、一侧睾丸、一侧附睾、前列腺、精囊腺、提肛肌和括约肌及肉眼观察有异常的脏器，放入 10% 福尔马林中固定，并进行组织病理学检查。

（9）激素检测：雄猴体内 DHT、E_2 和睾酮；雌猴体内 LH、FSH、E_2、睾酮和孕酮水平。

（10）毒代动力学：① 雌猴和雄猴各采血点的血药浓度；② 检测精液、睾丸和附睾组织药物浓度及药物透过血睾屏障的情况。

（十二）数据统计分析

试验计量数据用 $\overline{X} \pm SD$ 表示。

（十三）结果与讨论

（1）一般状况观察：① 动物死亡情况：试验 D_9，环磷酰胺组 2M04 动物自发死亡，死亡前观察到该动物活动减少、摄食量减少、体温低、精神萎靡、俯卧、呼吸缓慢、黏膜苍白及呕吐物和粪便带血；大体剖检及组织病理学检查未见明显异常，未见明显死亡原因；② 症状观察：试验期间，除十一酸睾酮组 3F01 动物在 D_{56}～D_{59} 期间出现稀便/水样便外，其余各组动物的外观体征、行为活动、动物姿势、饮食、被毛、刺激反应、腺体分泌物、排泄物和呼吸状态等均未见异常。

上述环磷酰胺组 2M04 动物自发死亡，结合该动物死亡前观察到的症状及环磷酰胺本身的特点（恶心、呕吐和胃肠道刺激），认为与环磷酰胺的毒性作用有关；十一酸睾酮组 3F01 动物在 D_{56}～D_{59} 期间出现稀便/水样便，持续时间较短，认为与给予的十一酸睾酮无关，考虑为动物个体差异。

（2）体重及增重：汇总数据见表 10-1-3 和表 10-1-4。给药前后自身对照比较，各剂量组雌雄动物体重及增重均未见明显趋势性改变，认为皮下注射给予环磷酰胺或十一酸睾酮，不会对食蟹猴的体重及增重产生明显影响。

表 10-1-3 体重与增重数据汇总（雄性，kg，$\overline{X} \pm SD$）

时间（天）	动物数（只/组）	溶媒对照组	环磷酰胺组[a]	十一酸睾酮组
D_{-9}	5	3.91±0.48	4.39±0.94	3.96±0.82
D_{-1}	5	3.95±0.49	4.35±0.94	3.96±0.86
D_{15}	5	3.92±0.43	3.95±0.32	4.02±0.71
D_{29}	5	3.90±0.47	3.85±0.23	3.94±0.68
D_{43}	5	3.80±0.39	3.85±0.26	3.98±0.75
D_{57}	5	3.62±0.21	3.90±0.25	4.03±0.84
D_{-9}～D_{-1}	5	0.04±0.07	-0.04±0.11	0.01±0.07
D_{-1}～D_{15}	5	-0.03±0.16	-0.02±0.18	0.06±0.17
D_{15}～D_{29}	5	-0.02±0.08	-0.10±0.12	-0.08±0.07
D_{29}～D_{43}	5	-0.10±0.11	-0.01±0.07	0.03±0.11
D_{43}～D_{57}	5	-0.18±0.43	0.05±0.04	0.06±0.08

注：[a] 环磷酰胺组 2M04 于 D_9 死亡，D_{15}～D_{57} 动物数为 4，D_{-1}～D_{15} 及 D_{43}～D_{57} 动物数为 4

表 10-1-4 体重与增重数据汇总（雌性，kg，$\overline{X} \pm SD$）

时间（天）	动物数（只/组）	溶媒对照组	环磷酰胺组	十一酸睾酮组
D_{-9}	5	3.07±0.41	2.64±0.11	2.60±0.10
D_{-1}	5	3.00±0.31	2.68±0.16	2.56±0.08
D_{15}	5	2.88±0.20	2.64±0.20	2.60±0.07
D_{29}	5	2.94±0.19	2.74±0.21	2.63±0.09
D_{43}	5	2.96±0.13	2.76±0.20	2.60±0.11
D_{57}	5	2.99±0.17	2.76±0.19	2.64±0.11
D_{-9}～D_{-1}	5	-0.07±0.15	0.04±0.08	-0.05±0.08
D_{-1}～D_{15}	5	-0.12±0.17	-0.04±0.08	0.05±0.02

时间（天）	动物数（只/组）	溶媒对照组	环磷酰胺组	十一酸睾酮组
$D_{15} \sim D_{29}$	5	0.06 ± 0.07	0.10 ± 0.09	0.02 ± 0.03
$D_{29} \sim D_{43}$	5	0.02 ± 0.11	0.03 ± 0.02	-0.02 ± 0.05
$D_{43} \sim D_{57}$	5	0.03 ± 0.09	0.00 ± 0.03	0.04 ± 0.06

（3）摄食量：试验期间各剂量组雌雄动物饲料剩余均在 $1/3 \sim 2/3$ 之间或 $1/3$ 以下，均未出现摄食量明显减少情况，认为皮下注射给予环磷酰胺或十一酸睾酮，不会对食蟹猴的摄食量产生明显影响。

（4）体温：汇总数据见表 $10-1-5$、表 $10-1-6$。给药前后自身对照比较和与溶媒对照组比较，各剂量组雌雄动物体温未见明显趋势性改变，认为皮下注射给予环磷酰胺或十一酸睾酮，不会对食蟹猴的体温产生明显影响。

表 $10-1-5$ 体温汇总（雄性，℃，$\bar{X} \pm SD$）

时间（天）	动物数（只/组）	溶媒对照组	环磷酰胺组[a]	十一酸睾酮组
D_{-1}	5	36.4 ± 0.3	36.2 ± 0.2	36.2 ± 0.2
D_3	5	36.4 ± 0.3	36.7 ± 0.3	36.5 ± 0.3
D_6	5	36.3 ± 0.3	36.3 ± 0.1	36.4 ± 0.3
D_9	5	36.6 ± 0.2	35.8 ± 1.6	36.6 ± 0.2
D_{12}	5	35.9 ± 0.2	36.0 ± 0.2	36.1 ± 0.2
D_{15}	5	36.6 ± 0.4	36.5 ± 0.2	36.7 ± 0.2
D_{18}	5	36.6 ± 0.4	36.7 ± 0.3	36.5 ± 0.3
D_{21}	5	36.3 ± 0.2	36.1 ± 0.1	36.3 ± 0.2
D_{24}	5	36.3 ± 0.2	36.6 ± 0.3	36.3 ± 0.3
D_{27}	5	36.4 ± 0.4	36.3 ± 0.5	36.5 ± 0.2
D_{30}	5	36.6 ± 0.3	36.4 ± 0.1	36.6 ± 0.3
D_{33}	5	36.7 ± 0.1	36.6 ± 0.2	36.4 ± 0.1
D_{36}	5	36.6 ± 0.2	36.7 ± 0.1	36.4 ± 0.3
D_{39}	5	35.7 ± 0.4	35.9 ± 0.5	35.8 ± 0.6
D_{42}	5	36.5 ± 0.2	36.7 ± 0.2	36.5 ± 0.2
D_{45}	5	36.5 ± 0.2	36.4 ± 0.1	36.5 ± 0.2
D_{48}	5	36.5 ± 0.2	36.6 ± 0.2	36.6 ± 0.2
D_{51}	5	36.4 ± 0.3	36.5 ± 0.2	36.3 ± 0.1
D_{54}	5	36.4 ± 0.1	36.5 ± 0.2	36.4 ± 0.1
D_{57}	5	36.3 ± 0.2	36.3 ± 0.4	36.4 ± 0.3
D_{60}	5	35.9 ± 0.4	35.9 ± 0.2	35.9 ± 0.5

注：[a] 环磷酰胺组 2M04 于 D_9 死亡，$D_{12} \sim D_{60}$ 动物数为 4

表 $10-1-6$ 体温汇总（雌性，℃，$\bar{X} \pm SD$）

时间（天）	动物数（只/组）	溶媒对照组	环磷酰胺组	十一酸睾酮组
D_{-1}	5	36.4 ± 0.3	36.2 ± 0.1	36.5 ± 0.2
D_3	5	36.5 ± 0.3	36.2 ± 0.7	36.2 ± 0.2
D_6	5	36.5 ± 0.3	36.5 ± 0.4	36.5 ± 0.2
D_9	5	36.4 ± 0.4	36.6 ± 0.3	36.6 ± 0.3
D_{12}	5	36.2 ± 0.4	36.6 ± 0.3	36.3 ± 0.3
D_{15}	5	36.2 ± 0.5	36.4 ± 0.2	36.6 ± 0.2
D_{18}	5	36.3 ± 0.2	36.2 ± 0.2	36.4 ± 0.3
D_{21}	5	36.5 ± 0.1	36.6 ± 0.2	36.2 ± 0.2
D_{24}	5	36.3 ± 0.2	36.3 ± 0.3	36.5 ± 0.3
D_{27}	5	36.4 ± 0.4	36.4 ± 0.1	36.4 ± 0.2
D_{30}	5	36.5 ± 0.2	36.4 ± 0.2	36.5 ± 0.1
D_{33}	5	36.2 ± 0.2	36.4 ± 0.1	36.4 ± 0.4
D_{36}	5	36.6 ± 0.2	36.4 ± 0.3	35.7 ± 0.8
D_{39}	5	36.3 ± 0.2	35.7 ± 0.3	36.3 ± 0.3
D_{42}	5	36.3 ± 0.2	36.4 ± 0.3	35.5 ± 1.0
D_{45}	5	36.5 ± 0.2	36.1 ± 0.5	36.3 ± 0.3
D_{48}	5	36.4 ± 0.2	36.3 ± 0.1	36.4 ± 0.3
D_{51}	5	36.6 ± 0.3	36.6 ± 0.2	36.6 ± 0.3
D_{54}	5	36.3 ± 0.2	36.5 ± 0.1	36.5 ± 0.3
D_{57}	5	36.0 ± 0.6	36.5 ± 0.2	36.3 ± 0.5
D_{60}	5	36.2 ± 0.3	36.4 ± 0.1	36.4 ± 0.4

（5）雄猴精子分析：汇总数据见表 $10-1-7 \sim$ 表 $10-1-9$。给药前后自身对照比较和与溶媒对照组比较，环磷酰胺组给药后 D_{43} 精液重量、精子密度、活动精子密度、向前运动精子密度、精子活动百分率、快速

活动百分率、精子运动分布等均有明显降低趋势，给药后 D_{57} 所有指标均有恢复趋势；十一酸睾酮组在整个给药期间精子分析各指标未见明显降低或升高趋势，与溶媒对照组变化趋向一致。

表 10-1-7　雄猴精子活力指标汇总（$\bar{X}\pm SD$）（溶媒对照组）

项　　目	D_{-8}	D_{-1}	D_{15}	D_{29}	D_{43}	D_{57}
动物数（n）	5	5	5	5	5	5
精液重量（g）	0.06±0.04	0.02±0.02	0.07±0.04	0.05±0.03	0.07±0.08	0.03±0.01
精子密度（mol/mL）	313.8±333.7	139.3±162.2	118.6±175.3	325.9±316.6	155.4±193.8	246.3±241.8
活动精子密度（mol/mL）	270.4±323.8	81.6±82.4	74.6±136.7	277.6±276.8	106.2±148.6	193.5±228.3
向前运动精子密度（mol/mL）	142.5±188.5	39.1±42.1	53.0±105.4	143.5±173.1	64.0±117.6	49.6±60.8
精子活动百分率（%）	73±17	65±28	49±22	78±16	47±29	60±37
快速活动百分率（%）	50±30	36±34	29±26	51±25	27±30	18±16
运动发布						
快速（mol/mL）	204.3±276.1	51.1±52.8	64.2±127.2	196.3±247.4	86.1±149.3	73.7±87.4
中等（mol/mL）	39.6±49.0	23.7±37.6	6.9±11.4	47.8±46.6	8.6±6.7	76.7±97.8
慢速（mol/mL）	51.4±46.9	29.6±47.4	12.6±18.5	56.9±50.8	19.8±15.8	66.7±56.7
静止（mol/mL）	18.5±17.4	34.9±43.7	34.9±31.0	24.9±29.6	41.0±32.0	29.2±39.5
平均路径速度（μm/s）	125.9±61.7	91.8±55.5	94.6±49.0	108.8±43.0	66.9±62.0	44.3±33.6
直线运动速率（μm/s）	114.8±59.5	80.5±50.9	84.3±47.8	96.6±41.3	56.4±52.8	37.7±29.6
曲线运动速率（μm/s）	172.7±70.2	135.3±75.1	156.4±53.4	167.0±53.9	113.3±103.8	70.1±49.3
精子头侧摆幅度（μm）	6.4±0.8	4.7±2.8	7.2±3.5	6.1±0.8	4.3±4.0	4.4±2.6
鞭打频率（Hz）	34.6±3.4	30.9±6.1	34.5±7.2	34.8±3.6	21.3±15.9	23.7±13.7
前向行（%）	86±5	84±6	85±7	84±5	67±38	65±37
直线性（%）	59±10	55±7	50±16	54±9	41±24	40±24
伸张度（%）	59±7	63±5	57±9	60±4	51±30	45±25
区域（μmsq）	4±1	4±0	4±0	4±0	3±2	4±2

表 10-1-8　雄猴精子活力指标汇总（$\bar{X}\pm SD$）（环磷酰胺组）

项　　目	D_{-8}	D_{-1}	D_{15}	D_{29}	D_{43}	D_{57}
动物数（n）	4	4	4	4	3	4
精液重量（g）	0.14±0.10	0.10±0.12	0.12±0.07	0.05±0.04	0.04±0.01	0.05±0.02
精子密度（mol/mL）	394.3±497.8	243.3±262.6	247.8±373.5	231.8±393.3	10.9±17.4	55.5±64.1
活动精子密度（mol/mL）	295.5±495.8	234.3±260.8	225.1±380.4	222.0±389.6	8.0±13.9	31.3±40.7
向前运动精子密度（mol/mL）	191.9±342.9	80.7±99.7	90.5±179.5	64.6±117.8	0.6±1.0	1.1±0.7
精子活动百分率（%）	52±32	69±47	53±41	58±44	26±45	55±31
快速活动百分率（%）	40±29	43±45	20±35	22±26	5±9	21±23
运动发布						
快速（mol/mL）		231.7±404.4	100.8±118.0	146.8±286.6	112.2±201.3	1.7±2.9	1.7±1.3

续　表

项　目	D$_{-8}$	D$_{-1}$	D$_{15}$	D$_{29}$	D$_{43}$	D$_{57}$
中等(mol/mL)	38.7±43.9	95.4±183.9	31.6±44.7	72.9±132.7	0.9±1.6	20.1±23.3
慢速(mol/mL)	45.4±44.4	38.2±67.3	52.0±52.4	37.0±56.1	5.5±9.5	31.3±41.3
静止(mol/mL)	78.5±73.9	9.0±8.3	17.4±15.5	9.8±6.6	2.9±3.5	2.4±3.0
平均路径速度(μm/s)	116.3±44.3	110.3±116.1	48.6±64.7	49.4±58.1	27.0±46.8	72.3±60.9
直线运动速率(μm/s)	101.4±41.5	101.6±107.0	40.4±56.2	39.3±45.6	19.3±33.4	65.9±57.1
曲线运动速率(μm/s)	181.6±73.2	132.8±130.6	77.4±83.2	83.6±101.9	49.3±85.4	128.6±105.7
精子头侧摆幅度(μm)	8.5±2.8	4.3±2.8	2.8±3.3	4.0±5.0	2.5±4.3	8.6±5.6
鞭打频率(Hz)	31.8±6.3	23.3±15.8	25.9±17.6	16.8±19.4	8.4±14.5	37.6±6.1
前向行(%)	82±6	67±45	61±40	39±45	25±44	91±6
直线性(%)	53±4	52±36	34±25	23±27	16±28	52±11
伸张度(%)	62±9	47±31	40±29	29±34	18±31	70±10
区域(μmsq)	4±0	3±2	3±2	2±3	1±2	5±1

表 10-1-9　雄猴精子活力指标汇总($\bar{X}$±SD)(十一酸睾酮组)

项　目	D$_{-8}$	D$_{-1}$	D$_{15}$	D$_{29}$	D$_{43}$	D$_{57}$
动物数(n)	5	5	5	4	5	5
精液重量(g)	0.03±0.02	0.07±0.12	0.12±0.09	0.09±0.07	0.02±0.01	0.10±0.10
精子密度(mol/mL)	440.1±772.4	266.0±360.5	52.2±32.1	539.0±588.4	303.9±250.2	304.1±368.2
活动精子密度(mol/mL)	339.3±640.8	259.3±358.3	36.0±22.7	356.8±367.9	279.3±254.4	286.9±354.4
向前运动精子密度(mol/mL)	238.5±456.0	185.3±261.2	23.0±18.8	73.3±64.5	181.1±197.1	121.7±162.8
精子活动百分率(%)	54±32	83±36	68±24	57±32	67±43	72±41
快速活动百分率(%)	30±28	35±43	44±35	25±14	47±36	35±34
运动发布						
快速(mol/mL)	280.4±544.1	211.0±291.1	26.6±20.2	132.7±116.2	215.5±235.6	169.9±232.0
中等(mol/mL)	53.1±100.4	31.8±55.0	5.8±7.4	79.6±74.1	33.9±29.1	52.9±82.6
慢速(mol/mL)	51.4±88.9	16.6±19.6	7.2±7.0	145.0±191.2	38.7±28.0	64.5±78.1
静止(mol/mL)	55.3±64.6	6.6±6.5	12.6±13.9	181.7±248.9	15.8±9.9	16.7±15.6
平均路径速度(μm/s)	95.9±80.9	90.6±82.0	107.4±85.5	75.9±27.4	106.3±76.4	83.8±75.5
直线运动速率(μm/s)	88.2±77.4	84.4±76.4	99.0±80.7	62.6±27.1	97.7±70.6	75.2±67.7
曲线运动速率(μm/s)	124.8±96.3	127.5±109.1	152.0±108.0	124.2±44.1	142.8±99.5	114.8±94.8
精子头侧摆幅度(μm)	4.3±2.5	4.0±3.6	5.0±2.8	5.3±0.5	4.7±2.8	3.3±3.2
鞭打频率(Hz)	28.8±16.4	28.1±17.3	30.0±16.8	30.1±4.8	18.6±11.9	29.4±17.2
前向行(%)	70±39	72±41	70±39	78±8	70±39	67±38
直线性(%)	50±30	50±29	48±29	49±7	51±30	44±27
伸张度(%)	46±27	55±33	48±28	55±12	55±31	48±27
区域(μmsq)	3±2	3±2	3±2	4±0	3±2	4±2

环磷酰胺在临床上有降低男性精子质量的副作用,综合分析认为,环磷酰胺组雄性动物精子分析各指标的变化可能与环磷酰胺的毒性作用有关,也可能与动物性成熟度和动物数量有关,故在进行非人灵长类动物生殖毒性试验时,需选择性成熟动物,样本量可能多一些,尽量排除由于实验系统的问题,而导致的对试验结果的判断。

(6)雄猴睾丸体积:汇总数据见表10-1-10。给药前后自身对照比较,各剂量组雄性动物睾丸体积大小未见明显趋势性改变,认为皮下注射给予环磷酰胺或十一酸睾酮,不会对食蟹猴睾丸体积产生影响。

表10-1-10　雄猴睾丸体积数据汇总(cm³, $\bar{X} \pm SD$)

时间 (天)	动物数 (只/组)	溶媒 对照组	环磷酰 胺组[a]	十一酸 睾酮组
D_{-1}	5	6.90 ± 2.52	4.99 ± 1.74	6.61 ± 5.19
D_{15}	5	3.95 ± 1.44	3.49 ± 0.65	6.09 ± 6.34
D_{29}	5	4.08 ± 1.20	3.14 ± 0.62	5.63 ± 3.75
D_{43}	5	4.39 ± 1.70	3.24 ± 0.84	6.00 ± 4.80
D_{57}	5	4.73 ± 1.26	4.05 ± 1.30	5.48 ± 3.76

注:[a] 环磷酰胺组 2M04 于 D_9 死亡,$D_{-1} \sim D_{57}$ 动物数为4;睾丸体积为动物左右两侧睾丸体积平均值

(7)雌猴月经周期监测:汇总数据见表10-1-11。与溶媒对照组比较,环磷酰胺组和十一酸睾酮组,各雌性动物月经周期数和月经持续总天数均有明显降低趋势。

表10-1-11　雌猴月经周期数据汇总($\bar{X} \pm SD$)

检测指标	动物数 (只/组)	溶媒 对照组	环磷酰 胺组	十一酸 睾酮组
月经周期数(个)	5	2.4 ± 1.5	1.6 ± 0.6	1.6 ± 0.6
月经期持续总天数(天)	5	12.8 ± 10.2	10.4 ± 4.7	9.0 ± 5.3

环磷酰胺或十一酸睾酮在临床上有影响女性月经紊乱的副作用,综合分析认为,环磷酰胺组和十一酸睾酮组雌性动物月经周期指标的变化可能与给予的环磷酰胺或十一酸睾酮有关,也可能与动物性成熟度和动物数量有关,故在进行非人灵长类动物生殖毒性试验时,建议选择性成熟动物,在给药前需要观察雌性动物月经周期,选择月经规律的雌性动物进行试验,样本量可能多一些,尽量排除由于实验系统的问题,而导致的

对试验结果的判断。

(8)雌雄动物脏器重量与系数:汇总数据见表10-1-12、表10-1-13。与溶媒对照组比较,各剂量组雌雄动物生殖器官重量与系数未见明显趋势性改变,认为皮下注射给予环磷酰胺或十一酸睾酮,不会对食蟹猴的生殖器官重量与系数产生显影响。

表10-1-12　脏器重量和系数数据汇总(雄性, $n=5$, $\bar{X} \pm SD$)

检测指标		溶媒 对照组	环磷酰 胺组[a]	十一酸 睾酮组
睾丸	重量(g)	15.40 ± 5.63	13.19 ± 2.38	18.24 ± 13.18
	脏体系数(%)	0.004 ± 0.001	0.003 ± 0.001	0.004 ± 0.002
附睾	重量(g)	2.81 ± 0.72	2.34 ± 0.58	3.07 ± 1.81
	脏体系数(%)	0.001 ± 0.000	0.001 ± 0.000	0.001 ± 0.000
前列腺	重量(g)	1.62 ± 0.60	1.78 ± 0.48	1.77 ± 1.12
	脏体系数(%)	0.000 ± 0.000	0.000 ± 0.000	0.000 ± 0.000
精囊腺	重量(g)	5.52 ± 2.57	4.39 ± 1.00	5.17 ± 2.76
	脏体系数(%)	0.001 ± 0.001	0.001 ± 0.000	0.001 ± 0.000
括约肌	重量(g)	0.70 ± 0.20	0.86 ± 0.21	0.95 ± 0.13
	脏体系数(%)	0.000 ± 0.000	0.000 ± 0.000	0.000 ± 0.000
提肛肌	重量(g)	2.23 ± 0.53	2.88 ± 0.85	2.56 ± 1.04
	脏体系数(%)	0.001 ± 0.000	0.001 ± 0.000	0.001 ± 0.000

注:[a] 环磷酰胺组 2M04 于 D_9 死亡,动物数为4

表10-1-13　脏器重量和系数数据汇总(雌性, $n=5$, $\bar{X} \pm SD$)

检测指标		溶媒 对照组	环磷酰 胺组	十一酸 睾酮组
卵巢	重量(g)	0.29 ± 0.07	0.19 ± 0.05	0.19 ± 0.09
	脏体系数(%)	0.000 ± 0.000	0.000 ± 0.000	0.000 ± 0.000
子宫	重量(g)	5.53 ± 1.56	5.23 ± 1.74	4.42 ± 1.48
	脏体系数(%)	0.002 ± 0.000	0.002 ± 0.001	0.002 ± 0.001

(9)激素指标:汇总数据见表10-1-14、表10-1-15。给药前后自身对照比较和与溶媒对照组比较,各剂量组雌雄动物激素各指标未见明显趋势性改变,均在同一个数量级上变化。

表 10-1-14 激素指标汇总(雄性,$\bar{X} \pm SD$)

检测指标	试验阶段	动物数(只/组)	溶媒对照组	环磷酰胺组[a]	十一酸睾酮组
E₂(pg/mL)	药前第一次	5	172.261±49.597	249.224±123.131	266.613±73.150
	D₋₁	5	195.202±36.253	284.638±136.471	219.985±102.950
	D₁₅	5	192.428±46.293	239.412±97.624	223.310±81.435
	D₂₉	5	221.984±50.313	305.739±173.707	227.898±87.052
	D₄₃	5	216.826±60.889	254.644±114.353	299.842±121.151
	D₅₇	5	216.157±67.325	193.896±25.211	310.955±145.066
T(ng/mL)	药前第一次	5	1.125±0.331	1.357±0.552	0.983±0.571
	D₋₁	5	0.971±0.749	0.953±0.473	0.947±0.333
	D₁₅	5	0.929±0.467	0.855±0.358	1.154±0.723
	D₂₉	5	1.130±0.869	0.900±0.723	0.827±0.353
	D₄₃	5	0.796±0.262	0.795±0.220	0.848±0.470
	D₅₇	5	0.740±0.283	0.822±0.434	0.632±0.315
DHT(pg/mL)	药前第一次	5	222.988±105.358	231.492±130.404	193.059±167.635
	D₋₁	5	168.970±59.451	157.420±35.643	172.178±77.900
	D₁₅	5	159.634±35.205	142.854±44.706	173.070±135.718
	D₂₉	5	118.223±38.855	123.818±38.753	149.726±73.077
	D₄₃	5	147.123±45.294	139.445±42.459	97.924±30.498
	D₅₇	5	94.182±26.121	75.828±26.855	79.238±45.067

注：[a] 环磷酰胺组 2M04 于 D₉ 死亡,D₁₅~D₅₇ 动物数为 4

表 10-1-15 激素指标汇总(雌性,$\bar{X} \pm SD$)

检测指标	试验阶段	动物数(只/组)	溶媒对照组	环磷酰胺组	十一酸睾酮组
E₂(pg/mL)	药前第一次	5	266.673±78.413	464.055±321.791	440.970±195.278
	D₋₁	5	267.842±116.599	558.628±393.941	351.438±202.065
	D₁₅	5	270.076±121.492	376.837±206.598	339.752±180.977
	D₂₉	5	306.591±137.228	629.315±513.598	386.774±203.776
	D₄₃	5	287.707±118.065	630.745±415.297	371.504±205.348
	D₅₇	5	259.263±102.509	678.589±479.531	361.226±176.495
T(ng/mL)	药前第一次	5	0.948±0.501	1.295±0.583	1.170±0.375
	D₋₁	5	0.840±0.214	0.805±0.194	0.976±0.160
	D₁₅	5	0.863±0.321	1.477±1.085	1.039±0.249
	D₂₉	5	1.074±0.292	1.113±0.174	1.454±0.759
	D₄₃	5	0.876±0.458	1.636±0.544	0.856±0.093
	D₅₇	5	1.274±0.404	0.682±0.114	0.861±0.036

续　表

检测指标	试验阶段	动物数(只/组)	溶媒对照组	环磷酰胺组	十一酸睾酮组
FSH(mIU/mL)	药前第一次	5	362.424 ± 287.611	324.737 ± 186.286	473.847 ± 253.680
	D_{-1}	5	381.219 ± 184.241	400.147 ± 166.998	474.346 ± 231.058
	D_{15}	5	449.587 ± 202.306	378.294 ± 143.012	511.620 ± 262.262
	D_{29}	5	347.909 ± 258.907	321.566 ± 176.183	406.716 ± 220.511
	D_{43}	5	324.791 ± 246.944	251.873 ± 157.270	400.419 ± 224.103
	D_{57}	5	307.902 ± 223.675	362.076 ± 207.855	443.164 ± 240.438
P(pg/mL)	药前第一次	5	1 426.529 ± 511.216	4 209.169 ± 2 330.863	3 972.163 ± 2 610.302
	D_{-1}	5	1 154.553 ± 473.832	5 885.031 ± 4 725.422	2 957.982 ± 2 126.566
	D_{15}	5	2 116.475 ± 2 347.238	4 812.777 ± 2 940.052	2 752.287 ± 2 671.395
	D_{29}	5	922.829 ± 408.396	6 910.558 ± 4 412.893	2 924.631 ± 2 887.070
	D_{43}	5	1 532.930 ± 1 389.028	6 802.842 ± 6 903.580	2 284.695 ± 1 635.271
	D_{57}	5	831.390 ± 357.054	6 929.862 ± 4 757.037	2 653.449 ± 2 019.053
LH(mIU/mL)	药前第一次	5	32.964 ± 2.962	32.103 ± 6.536	35.923 ± 7.517
	D_{-1}	5	32.945 ± 3.892	34.139 ± 6.649	30.972 ± 7.969
	D_{15}	5	39.156 ± 12.003	34.815 ± 7.100	33.528 ± 6.013
	D_{29}	5	34.302 ± 9.088	31.653 ± 10.848	28.422 ± 9.839
	D_{43}	5	23.471 ± 5.160	26.270 ± 5.662	26.182 ± 5.430
	D_{57}	5	24.081 ± 3.444	38.507 ± 17.348	26.212 ± 4.430

由于本试验采血频次少及间隔时间较长(每2周采血1次),故不能很好监测激素指标的变化情况,亦不能很好判断给予环磷酰胺或十一酸睾酮是否对雌雄动物的激素指标有影响,故在进行非人灵长类动物生殖毒性试验时,建议需着重考虑采血频次及间隔时间。雌性动物最好在卵泡期每2天进行1次血液采样(以确保捕获雌激素和LH的峰值),在黄体期每3天进行1次;雄性动物每3天进行1次血液采样。

(10) 毒代动力学:见"附件一　毒代分析报告"。

1) 雌猴和雄猴各采血点的血药浓度:① D_1给药后,环磷酰胺皮下组食蟹猴血药浓度达峰时间为0.17~0.5 h;达峰浓度 C_{max} 为(7 641.29 ± 1 351)ng/mL,AUC_{0-t} 为(10 329 ± 1 895) h·ng/mL。② D_7给药后,环磷酰胺皮下组食蟹猴血药浓度达峰时间为0.5 h;达峰浓度 C_{max} 为(8 020.35 ± 798.01)ng/mL,AUC_{0-t} 为(10 728 ± 1 636)h·ng/mL。③ 十一酸睾酮皮下组,食蟹猴雄性组给药20 mg/kg,血药浓度数据接近溶媒对照组,食蟹猴雌性组给药20 mg/kg血药浓度均低于定量下限,故睾酮未计算毒代动力学参数。

2) 检测精液、睾丸和附睾组织药物浓度及药物透过血睾屏障的情况:经检测,精液、睾丸和附睾组织药物浓度均低于定量下限,考虑精液、睾丸和附睾组织样本采集后放置时间较长或未加入稳定剂保护,有可能导致药物降解,故药物透过血睾屏障无法评价。

(11) 组织病理学检查:见"附件二　病理学检查报告"。试验 D_6 环磷酰胺组 2M04 动物自发死亡,大体剖检及组织病理学检查未见明显异常,未见明显死亡原因。给药期结束,与溶媒对照组动物相比,大体剖检查各受试物组动物各脏器均未见与受试物相关的大体异常改变;组织病理学检查,各脏器未见与受试物相关病理改变。

(十四) 结论

在本试验设定条件下,食蟹猴重复皮下注射给予环磷酰胺(15 mg/kg)7 天后观察 60 天。1 只动物出现非计划死亡;所有动物一般状况观察、体重及增重、摄食量、体温、雄猴睾丸体积、雌雄动物生殖器官重量与系数等及各生殖脏器的镜下组织形态学均未见与受试物相关的明显改变;可能与受试物相关的不良反应见于雄猴精子分析各指标变化（D_{43} 精液重量、精子密度、活动精子密度、向前运动精子密度、精子活动百分率、快速活动百分率、精子运动分布等均有明显降低趋势）和雌猴月经周期紊乱；由于本试验采血频次少及间隔时间较长（每 2 周采血 1 次），故不能很好监测激素指标的变化情况，亦不能很好判断给予环磷酰胺是否对雌雄动物的激素指标有影响。综合分析，在本试验设定条件下，认为食蟹猴皮下注射给予环磷酰胺（15 mg/kg）可能会对食蟹猴生育力产生有害作用。但上述结论需排除由于实验系统的问题而导致的对试验结果的误判，故建议在进行正式试验时，需选择性成熟动物，雌性动物在给药前需观察月经周期，选择月经规律的雌性动物进行试验，雄性动物在给药前需进行采集精液，选择可以正常射精的性成熟动物进行试验，适当增加动物数量，排除动物个体差异对试验结果的评价。

在本试验设定条件下，食蟹猴重复皮下注射给予十一酸睾酮（20 mg/kg）7 天后观察 60 天。未见动物非计划死亡；所有动物一般状况观察、体重及增重、摄食量、体温、雄猴精子分析各指标、雄猴睾丸体积、雌雄动物生殖器官重量与系数等及各生殖脏器的镜下组织形态学均未见与受试物相关的明显改变；可能与受试物相关的不良反应见于雌猴月经周期紊乱；由于本试验采血频次少及间隔时间较长（每 2 周采血 1 次），故不能很好监测激素指标的变化情况，亦不能很好判断给予十一酸睾酮是否对雌雄动物的激素指标有影响。综合分析，在本试验设定条件下，认为食蟹猴皮下注射给予十一酸睾酮（20 mg/kg）可能会对雌性食蟹猴生育力产生有害作用。但上述结论需排除由于实验系统的问题而导致对试验结果的误判，故在建议进行正式试验时，需选择性成熟动物，雌性动物在给药前需观察月经周期，选择月经规律的雌性动物进行试验，雄性动物在给药前需进行采集精液，选择可以正常射精的性成熟动物进行试验，适当增加动物数量，排除动物个体差异对试验结果的评价。

（十五）记录保存

除计算机自动化仪器直接采集的数据外，其他所有实际研究的数据均直接、及时、准确地用中性笔记录在事先准备好的表格或记录纸上，并随时整理装订，所有数据记录都应注明记录日期，并由记录人签字。对原始记录进行更改时按要求进行。记录的所有数据都进行核查、签字，保证数据可靠。研究结束后，递交最终报告时，所有原始资料、文件等材料均交档案室保存。具体管理内容、程序和方法按本机构制订的标准操作规程执行。

（十六）资料归档时间和地点

（1）归档时间：×××年 12 月 31 日。

（2）归档地点：×××公司档案室。

（3）保存时间：5 年。

（十七）附件

附件一　毒代分析报告

1. 目的　本试验采用以环磷酰胺和十一酸睾酮作为阳性药，食蟹猴连续给药 7 天后观察 60 天以上，通过检测食蟹猴体内的血浆药物浓度，分析给药后体内的血浆药物浓度-时间动态变化过程，考察在所设剂量范围内药物的体内毒代动力学特征，为后续临床研究试验设计提供参考依据。

2. 试验材料

（1）标准品：见表 10-1-16。

表 10-1-16　标准品

名称	睾酮	环磷酰胺
批号	F2206482	100234-201604
规格	1 g/瓶	100 mg/支
含量	98%	93.5%
校正因子	88.78%（含量×盐系数）	无
稳定性	在贮存条件和有效期内稳定	在贮存条件和有效期内稳定
有效期至	具体到××××年 06 月 07 日	中检院发布停用前有效
贮存条件	常温密封避光保存	遮光，密封，2～8℃ 冷藏保存
提供单位	×××	中国食品药品检定研究院

（2）内标：见表 10-1-17。

表 10-1-17　内标

名称	甲苯磺丁脲
批号	K2125618
规格	1 g/瓶
纯度	99.73%
有效期至	××××年 02 月 09 日
贮存条件	−20℃
稳定性	在贮存条件和有效期内稳定
生产/提供单位	×××

(3) 主要软件/数据系统: 见表 10-1-18。

表 10-1-18 软件及数据系统

软件/数据系统	版本号	用途
Analyst	1.7.2	LC-MS/MS 法分析血药浓度
WinNonlin	8.3.2	毒代参数计算

(4) 基质: 空白食蟹猴血浆来源于本机构空白基质库,于超低温冰箱保存备用,具体信息见空白基质库相关原始资料。空白血浆使用前,平衡至室温。本试验检测中使用的食蟹猴空白血浆批号见表 10-1-19。

表 10-1-19 食蟹猴空白血浆

使用日期	基质编号
×××.01.31	食蟹猴 Plasma-20211027-006
×××.02.02	食蟹猴 Plasma-20211027-002
×××.02.03	食蟹猴 Plasma-20211027-002

注: 基质的 ID 号为 X-Y-Z 三段式,X 代表动物种属及基质类型,Y 代表采血日期;Z 代表流水号,空白基质混合并分装的流水号以 M 和 4 位数字命名,M 代表混合(mix),前两位数字代表混合的批次,后两位数字代表混合后分装的流水号

3. 试验设计

(1) 动物分组: 本试验十一酸睾酮组给药剂量为 20 mg/kg,环磷酰胺组给药剂量为 15 mg/kg,进行毒代动力学研究。给药剂量与分组信息见表 10-1-20。

表 10-1-20 给药剂量与分组

组别	剂量 (mg/kg)	动物编号 ♂	动物编号 ♀
溶媒对照组	0	1M01~1M05	1F01~1F05
环磷酰胺组	15	2M01~2M05	2F01~2F05
十一酸睾酮组	20	3M01~3M05	3F01~3F05

(2) 给药方法: 给药途径为皮下注射(sc);给药体积 1 mL/kg;给药时间 08:00~12:00。

给药频率及期限: ① 雄性食蟹猴:环磷酰胺或十一酸睾酮均给药 1 次/天,连续给药 7 天后观察 60 天以上(考虑到食蟹猴的精子发生持续期和精子通过附睾转运的时间,评价对生殖细胞产生的影响时给药期不得少于 60 天,即雄性食蟹猴的精子发生时间为 40~46 天,精子通过附睾转运的时间为 5~10 天);② 在雌性食蟹猴月经开始后第 2 天,按组别开始给予环磷酰胺或十一酸睾酮,均给药 1 次/天,连续给药 7 天后观察 2 个月经周期以上;③ 本试验采用皮下注射,给药频率为重复给药,1 次/天,共 7 次,给药第一天定义为试验第 1 天(D_1),雌雄动物分 2 天给药。

(3) 样品采集及处理

1) 采集时间点和采集方法: ① 雄猴:首次给药(D_1)与末次给药时,均在给药前以及给药后 10 min、30 min、45 min、1 h、2 h、4 h、6 h 和 24 h 采集血液;② 雌猴:首次给药(D_1)与末次给药时,均在给药前以及给药后 10 min、30 min、45 min、1 h、2 h、4 h、6 h 和 24 h。

2) 样品的处理/储存: 四肢静脉采血不少于 1 mL,收集全血至含肝素钠的采血管中,充分混匀后静置 0.5~1 h,2~8℃,1 800×g,离心 10 min,吸取上层血浆分装置于 -80℃ 超低温冰箱暂存留样待测。

3) 样品检测: 采用通过方法学验证(专题编号为 ××-H-1927-3)的方法检测血浆样品中的环磷酰胺和睾酮血药浓度。

4. 分析方法

(1) 样品接收与检测: ××××年 01 月 31 日开始检测待测样品,于 ××××年 02 月 03 日完成样品检测,共 540 个待测样品,检测结束后剩余血浆样品根据本机构相关 SOP 规定进行处理。

(2) 系统适用性: 系统适用性样品含分析物和内标时,分析物与内标保留时间的 RSD%≤5.00%,分析物和内标峰面积比的 RSD%≤15.00%;若系统适用性样品中只含分析物不含内标,则分析物的保留时间的 RSD%≤5.00%,分析物峰面积的 RSD%≤15.00%。

(3) 标准曲线: 每一分析批中两条标准曲线,每条标准曲线包含 8 个浓度,对理论浓度与实际响应值进行线性回归,采用最小二乘法对标准曲线点进行线性拟合,权重因子为 $1/X^2$。校正标样(除定量下限外)准确度偏差在 ±15.00% 范围内,定量下限准确度偏差在 ±20.00% 范围内,至少 75% 的校正标样且至少 6 个浓度的校正标样应满足标准曲线的相关性 $r \geqslant 0.9900$,否则拒绝该分析批。

(4) 质控样品: 每个分析批均需随行测定低、中、高 3 个浓度的质控样品,可接受标准为每个浓度水平的平均相对误差(%RE)[平均%RE =(平均实测浓度 - 理论浓度)/理论浓度×100]不超过 ±15.0%,67% 的质控样品通过则认为满足接受标准,且每个浓度至少 50% 的质控样品的 %RE 在 ±15.0% 范围内;若分析批中有超限样品,则需制备稀释质控样品,接受标准为至少有 50% 的稀释质控样品准确度偏差在 ±15.0% 范围内。

（5）残留：高浓度样品之后在双空白样品分析物保留时间区内存在的分析物峰面积不得高于同批次校正样品定量下限浓度样品中分析物峰面积均值的 20.00%，内标的保留时间区内存在的内标峰面积不得高于同批次校正样品定量下限浓度样品中内标峰面积均值的 5.00%。

5．生物分析结果

（1）分析批结果统计：分析批信息见表 10－1－21。

（2）系统适用性：系统适用性样品含分析物和内标时，分析物和内标峰面积比的 RSD%≤5.55%，分析物保留时间的 RSD%≤0.32%，内标保留时间的 RSD%≤0.34%，结果见表 10－1－22。

表 10－1－21 分析批信息概要

分 析 批	分 析 时 间	分析批内容	备 注
System Suitability－××××0106－1	××××.01.16	系统适用性	IN－21－09－105
SA－Batch001	××××.01.06	环磷酰胺储备液检查	IN－21－09－105
System Suitability－××××0110－1	××××.01.10	系统适用性	IN－21－09－105
SA－Batch002	××××.01.10	环磷酰胺储备液检查	IN－21－09－105
System Suitability－××××0131－1	××××.01.31	系统适用性	IN－21－09－105
SA－Batch003	××××.01.31	环磷酰胺样本检测	IN－21－09－105
System Suitability－××××0201－1	××××.02.01	系统适用性	IN－21－09－105
SA－Batch004	××××.02.01	睾酮储备液检查	IN－21－09－105
System Suitability－××××0202－1	××××.02.02	系统适用性	IN－21－09－105
SA－Batch005	××××.02.02	环磷酰胺样本检测	IN－21－09－105
System Suitability－××××0203－1	××××.02.03	系统适用性	IN－21－09－105
SA－Batch006	××××.02.03	睾酮样本检测	IN－21－09－105
SA－Batch007	××××.02.03	睾酮样本检测	IN－21－09－105
System Suitability－××××0203－2[①]	××××.02.03	系统适用性	IN－19－09－057
SA－Batch003[②]	××××.02.03	环磷酰胺样本检测	IN－19－09－057
SA－Batch005[②]	××××.02.03	环磷酰胺样本检测	IN－19－09－057

备注：分析批名称为进样序列表名称。因仪器响应饱和，更换仪器重新进样分析。[①] 为 System Suitability－××××0202－1 重新进样分析批，[②]、[③] 为 SA－Batch003 和 SA－Batch005 的重新进样分析批

表 10－1－22 系统适用性

分析批名称	SST	分析物峰面积	内标峰面积	分析物与内标峰面积比值	分析物保留时间（min）	内标保留时间（min）
System Suitability－××××0106－1	1	3.02E＋05	N/A	N/A	0.92	N/A
	2	2.99E＋05	N/A	N/A	0.92	N/A
	3	3.02E＋05	N/A	N/A	0.92	N/A
	4	3.01E＋05	N/A	N/A	0.92	N/A

续　表

分析批名称	SST	分析物峰面积	内标峰面积	分析物与内标峰面积比值	分析物保留时间（min）	内标保留时间（min）
System Suitability-××××0106-1	5	3.01E+05	N/A	N/A	0.92	N/A
	6	2.97E+05	N/A	N/A	0.92	N/A
	平均值	3.00E+05	N/A	N/A	0.92	N/A
	SD	1 966.38	N/A	N/A	0.00	N/A
	RSD%	0.65	N/A	N/A	0.14	N/A
System Suitability-××××0110-1	1	2.34E+05	N/A	N/A	1.65	N/A
	2	2.32E+05	N/A	N/A	1.65	N/A
	3	2.38E+05	N/A	N/A	1.65	N/A
	4	2.33E+05	N/A	N/A	1.64	N/A
	5	2.31E+05	N/A	N/A	1.65	N/A
	6	2.30E+05	N/A	N/A	1.64	N/A
	平均值	2.33E+05	N/A	N/A	1.65	N/A
	SD	2 828.43	N/A	N/A	0.01	N/A
	RSD%	1.21	N/A	N/A	0.31	N/A
System Suitability-××××0131-1	1	1.36E+04	3.72E+05	3.65E-02	1.99	2.36
	2	1.24E+04	3.78E+05	3.28E-02	1.99	2.36
	3	1.32E+04	3.49E+05	3.78E-02	1.99	2.36
	4	1.25E+04	3.45E+05	3.62E-02	1.99	2.36
	5	1.22E+04	3.68E+05	3.32E-02	2.00	2.36
	6	1.26E+04	3.59E+05	3.52E-02	1.98	2.35
	平均值	1.28E+04	3.62E+05	3.53E-02	1.99	2.36
	SD	535.72	13 105.98	0.00	0.01	0.00
	RSD%	4.20	3.62	5.55	0.32	0.17
System Suitability-××××0201-1	1	2.32E+05	N/A	N/A	1.50	N/A
	2	2.31E+05	N/A	N/A	1.50	N/A
	3	2.31E+05	N/A	N/A	1.50	N/A
	4	2.29E+05	N/A	N/A	1.50	N/A
	5	2.31E+05	N/A	N/A	1.50	N/A
	6	2.26E+05	N/A	N/A	1.50	N/A
	平均值	2.30E+05	N/A	N/A	1.50	N/A
	SD	2 190.89	N/A	N/A	0.00	N/A
	RSD%	0.95	N/A	N/A	0.00	N/A
System Suitability-××××0202-1	1	1.67E+04	4.17E+05	4.00E-02	1.82	2.22
	2	1.75E+04	4.29E+05	4.07E-02	1.82	2.22

分析批名称	SST	分析物峰面积	内标峰面积	分析物与内标峰面积比值	分析物保留时间（min）	内标保留时间（min）
System Suitability - ××××0202 - 1	3	1.69E + 04	4.25E + 05	3.97E - 02	1.82	2.23
	4	1.72E + 04	4.35E + 05	3.94E - 02	1.82	2.22
	5	1.74E + 04	4.24E + 05	4.11E - 02	1.81	2.21
	6	1.67E + 04	4.24E + 05	3.93E - 02	1.81	2.21
	平均值	1.71E + 04	4.26E + 05	4.00E - 02	1.82	2.22
	SD	350.24	5 988.88	0.00	0.01	0.01
	RSD%	2.05	1.41	1.81	0.28	0.34
System Suitability - ××××0203 - 1	1	1.89E + 04	9.70E + 04	1.95E - 01	1.45	1.33
	2	1.88E + 04	9.86E + 04	1.90E - 01	1.45	1.33
	3	1.91E + 04	9.34E + 04	2.05E - 01	1.45	1.32
	4	1.85E + 04	9.55E + 04	1.93E - 01	1.45	1.33
	5	1.91E + 04	9.68E + 04	1.97E - 01	1.45	1.33
	6	1.90E + 04	9.28E + 04	2.05E - 01	1.45	1.33
	平均值	1.89E + 04	9.57E + 04	1.98E - 01	1.45	1.33
	SD	228.04	2 238.23	0.01	0.00	0.00
	RSD%	1.21	2.34	3.17	0.00	0.31
System Suitability - ××××0203 - 1(仪器 IN - 19 - 09 - 057)	1	1.43E + 04	6.69E + 05	2.13E - 02	1.60	2.02
	2	1.32E + 04	6.56E + 05	2.02E - 02	1.61	2.03
	3	1.31E + 04	6.52E + 05	2.01E - 02	1.60	2.02
	4	1.30E + 04	6.78E + 05	1.92E - 02	1.60	2.03
	5	1.32E + 04	6.81E + 05	1.94E - 02	1.60	2.03
	6	1.37E + 04	6.44E + 05	2.12E - 02	1.61	2.03
	平均值	1.34E + 04	6.63E + 05	2.02E - 02	1.60	2.03
	SD	495.65	14 935.42	0.00	0.01	0.01
	RSD%	3.69	2.25	4.34	0.32	0.25

备注：N/A，无相关数据。E + 05 表示 10 的 5 次方，E + 04 表示 10 的 4 次方，E - 02 表示 10 的负 2 次方，E - 01 表示 10 的负 1 次方

（3）标准曲线：环磷酰胺标准曲线定量范围为 10～10 000 ng/mL，共 8 个浓度，标准曲线上的校正标样浓度的相对误差在 - 11.23%～7.37%，各分析批标准曲线的相关系数均≥0.998 3；睾酮标准曲线定量范围为 2～80 ng/mL，共 8 个浓度，标准曲线上的校正标样浓度的相对误差在 - 9.91%～8.34%，各分析批标准曲线的相关系数均≥0.997 7；符合通过标准，具体

结果见表 10 - 1 - 23、表 10 - 1 - 24。

（4）质控样品：环磷酰胺低、中和高质控样品的浓度分别为 30 ng/mL、800 ng/mL 和 8 000 ng/mL，测得浓度值准确度相对误差介于 - 0.72%～12.23%；睾酮低、中和高质控样品的浓度分别为 5 ng/mL、12 ng/mL 和 60 ng/mL，测得浓度值准确度相对误差介于 - 14.00%～13.82%；具体结果见表 10 - 1 - 25、表 10 - 1 - 26。

表 10-1-23 环磷酰胺血浆药物浓度测定(标准曲线)

分析批名称	理论浓度	C8(10)	C7(20)	C6(100)	C5(500)	C4(1500)	C3(5000)	C2(9000)	C1(10000)	斜率	截距	r
SA-Batch003	实际浓度	9.83	20.73	97.53	529.38	1481.46	5117.45	8523	9882.31			
	准确度(%)	98.32	103.64	97.53	105.88	98.76	102.35	94.7	98.82	0.00188	0.000628	0.9992
	RE%	-1.68	3.64	-2.47	5.88	-1.24	2.35	-5.30	-1.18			
SA-Batch005	实际浓度	9.8	20.69	100.98	536.85	1529.14	5026.39	7989.02	9893.78			
	准确度(%)	98.04	103.44	100.98	107.37	101.94	100.53	88.77	98.94	0.00198	0.00227	0.9983
	RE%	-1.96	3.44	0.98	7.37	1.94	0.53	-11.23	-1.06			

表 10-1-24 睾酮血浆药物浓度测定(标准曲线)

分析批名称	理论浓度	C8(2)	C7(4)	C6(8)	C5(20)	C4(30)	C3(50)	C2(70)	C1(80)	斜率	截距	r
SA-Batch006	实际浓度	2.01	*3.08*	7.73	20.43	*24.59*	51.09	63.06	86.67			
	准确度(%)	100.62	*76.99*	96.62	102.16	*81.98*	102.17	90.09	108.34	0.0724	0.0404	0.9977
	RE%	0.62	*-23.01*	-3.38	2.16	*-18.02*	2.17	-9.91	8.34			
SA-Batch007	实际浓度	2.07	3.78	7.81	19.29	29.09	49.81	72.16	86.47			
	准确度(%)	103.60	94.54	97.63	96.46	96.98	99.61	103.09	108.08	0.0578	0.022	0.9985
	RE%	3.60	-5.46	-2.37	-3.54	-3.02	-0.39	3.09	8.08			

备注:"斜体加粗"表示未在接受范围内

表 10-1-25 血浆药物浓度测定(环磷酰胺质控样品)

分析批名称	理论浓度	LQC(30)		MQC(800)		HQC(8000)	
SA-Batch003	实际浓度	*35.41*	32.37	847.92	830.77	8114.90	7942.35
	准确度(%)	*118.02*	107.90	105.99	103.85	101.44	99.28
	RE%	*18.02*	7.90	5.99	3.85	1.44	-0.72
SA-Batch005	实际浓度	30.47	31.90	870.20	897.82	8499.64	7984.09
	准确度(%)	101.58	106.34	108.78	112.23	106.25	99.80
	RE%	1.58	6.34	8.78	12.23	6.25	-0.20

备注:统计的数据来源于 IN-19-09-057;"斜体加粗"表示不在接受范围内

表 10-1-26 血浆药物浓度测定(睾酮质控样品)

分析批名称	理论浓度	LQC(5)		MQC(12)		HQC(60)	
SA-Batch006	实际浓度	5.69	*4.22*	13.57	10.32	*71.29*	54.03
	准确度(%)	113.82	*84.37*	113.10	86.00	*118.82*	90.05
	RE%	13.82	*-15.63*	13.10	-14.00	*18.82*	-9.95

续　表

分析批名称	质控样品浓度(ng/mL)						
	理论浓度	LQC(5)		MQC(12)		HQC(60)	
SA‑Batch007	实际浓度	N/A	5.21	N/A	12.41	N/A	61.67
	准确度(%)	N/A	104.24	N/A	103.45	N/A	102.78
	RE%	N/A	4.24	N/A	3.45	N/A	2.78

备注:"N/A"表示该组质控未加复溶液,未采到样;"斜体加粗"表示不在接受范围内

(5)残留:① 环磷酰胺:校正标样定量上限样品之后在双空白样品分析物保留时间区内存在的分析物峰面积≤同批次校正标样定量下限浓度样品中分析物峰面积均值的1.45%,内标的保留时间区内存在的内标峰面积≤同批次校正标样定量下限浓度样品中内标峰面积均值的0.00%;② 睾酮:校正标样定量上限样品之后在双空白样品分析物保留时间区内存在的分析物峰面积≤同批次校正标样定量下限浓度样品中分析物峰面积均值的13.49%,内标的保留时间区内存在的内标峰面积≤同批次校正标样定量下限浓度样品中内标峰面积均值的0.05%具体结果见表10‑1‑27、表10‑1‑28。

表10‑1‑27　环磷酰胺残留

分析批名称	C8 样品峰面积		残留百分比(%)		C8 样品峰面积	
	分析物	内标	分析物	内标	分析物	内标
SA‑Batch003	1.91E+02	0.00E+00	1.32E+04	6.91E+05	1.45	0.00
SA‑Batch005	3.85E+03	0.00E+00	1.25E+07	6.41E+05	0.03	0.00

注:E+07 表示 10 的 7 次方,E+05 表示 10 的 5 次方,E+04 表示 10 的 4 次方,E+03 表示 10 的 3 次方,E+02 表示 10 的 2 次方,E+00 表示 10 的 0 次方

表10‑1‑28　睾酮残留

分析批名称	C8 样品峰面积		残留百分比(%)		C8 样品峰面积	
	分析物	内标	分析物	内标	分析物	内标
SA‑Batch006	2.55E+03	5.23E+01	1.89E+04	1.01E+05	13.49	0.05
SA‑Batch007	2.44E+03	5.95E+01	1.81E+04	1.28E+05	13.48	0.05

注:E+05 表示 10 的 5 次方,E+04 表示 10 的 4 次方,E+03 表示 10 的 3 次方,E+01 表示 10 的 1 次方

6. 毒代动力学结果和评价　食蟹猴皮下给药环磷酰胺后相应的毒代动力学参数见表10‑1‑29;采用 Excel 对蓄积情况、剂量‑暴露量 AUC_{0-t} 线性关系等数据进行统计分析,结果见表10‑1‑30。

表10‑1‑29　环磷酰胺毒代动力学参数及统计分析数据

动物编号	性别	首 次 给 药			末 次 给 药			蓄 积 情 况 末次/首次	
		T_{max} (h)	C_{max} (ng/mL)	AUC_{0-t} (h·ng/mL)	T_{max} (h)	C_{max} (ng/mL)	AUC_{0-t} (h·ng/mL)	C_{max}	AUC_{0-t}
2F01	雌性	0.5	5 775.58	7 847.369 45	0.5	7 593.13	10 375.427 7	1.31	1.32
2F02	雌性	0.5	7 592.98	9 630.211 7	0.5	8 521.90	11 537.921	1.12	1.20
2F03	雌性	0.5	6 571.44	9 118.626 35	0.5	7 678.10	8 529.381 5	1.17	0.94
2F04	雌性	0.5	6 866.28	9 941.963 7	0.5	8 473.43	12 452.880 95	1.23	1.25
2F05	雌性	0.5	6 040.23	7 724.321 7	0.5	7 042.05	8 467.300 75	1.17	1.10
2M01	雄性	0.17	9 956.35	10 840.242 9	0.5	8 978.20	11 869.954 25	0.90	1.09

动物编号	性别	首次给药			末次给药			蓄积情况 末次/首次	
		T_{max} (h)	C_{max} (ng/mL)	AUC_{0-t} (h·ng/mL)	T_{max} (h)	C_{max} (ng/mL)	AUC_{0-t} (h·ng/mL)	C_{max}	AUC_{0-t}
2M02	雄性	0.5	9 028.86	12 316.276 9	0.5	9 055.59	11 942.597 35	1.00	0.97
2M03	雄性	0.5	7 656.05	10 389.087	0.5	8 393.15	10 853.032 25	1.10	1.04
2M04	雄性	0.5	8 440.97	13 594.065 05	0.5	6 662.66	8 676.918 9	0.79	0.64
2M05	雄性	0.5	8 484.19	11 882.876 35	0.5	7 805.25	12 569.855	0.92	1.06
雌性均值		0.5	6 569.30	8 852.50	0.5	7 861.72	10 272.58	1.20	1.16
雌性标准差		—	715.20	1 018.05	—	630.03	1 779.27	0.88	1.75
雄性均值		0.17~0.5	8 713.28	11 804.51	0.5	8 178.97	11 182.47	0.94	0.95
雄性标准差		—	849.88	1 265.29	—	986.40	1 529.84	1.16	1.21
总体均值		0.17~0.5	7 641.29	10 328.50	0.5	8 020.35	10 727.53	1.05	1.04
总体标准差		—	1 351.00	1 895.47	—	798.01	1 636.20	0.59	0.86
n		10	10	10	10	10	10	—	—
雌雄比		—	0.8	0.7	—	1.0	0.9	—	—

表 10-1-30 环磷酰胺平均毒代动力学参数

给药周期	参数	单位	环磷酰胺 15 mg/kg
首次给药	T_{max}	h	0.17~0.5
	C_{max}	ng/mL	7 641.29±1 351
	AUC_{0-t}	h·ng/mL	10 329±1 895
末次给药	T_{max}	h	0.5
	C_{max}	ng/mL	8 020.35±798.01
	AUC_{0-t}	h·ng/mL	10 728±1 636
蓄积情况: 末次/首次	C_{max}		1.07±0.16
	$AUC_{0-72 h}$		1.06±0.19

D_1 给药后,环磷酰胺皮下组食蟹猴血药浓度达峰时间为 0.17~0.5 h;达峰浓度 C_{max} 为(7 641.29±1 351)ng/mL,AUC_{0-t} 为(10 329±1 895)h·ng/mL;D_7 给药后,环磷酰胺皮下组食蟹猴血药浓度达峰时间为 0.5 h;达峰浓度 C_{max} 为(8 020.35±798.01)ng/mL,AUC_{0-t} 为(10 728±1 636)h·ng/mL。

十一酸睾酮皮下组,食蟹猴雄性组给药剂量 20 mg/kg,血药浓度数据接近溶媒对照组,食蟹猴雌性组给药剂量 20 mg/kg 血药浓度均低于定量下限,故十一酸睾酮未计算毒代动力学参数。

7. 结论 环磷酰胺在食蟹猴体内血药浓度 0.17~0.5 h 达到峰值,皮下注射给药 7 天重复给药无

蓄积。十一酸睾酮组动物给药前后,雄性动物血药浓度无显著差异,雌性动物血药浓度均低于定量下限。

附件二 病理学检查报告

1. 目的 以环磷酰胺和十一酸睾酮作为阳性药,连续给药 7 天后观察 60 天以上,观察其对亲代动物配子形成、交配行为、生育力、胚胎着床前及着床后生长发育的影响;判断可能潜在的毒性靶器官或靶组织。本病理报告对试验中发现的大体及显微镜下病理改变进行陈述。

2. 材料、方法

(1)实验动物分组:30 只食蟹猴,随机分为 3 组,分别为溶媒对照组、环磷酰胺(15 mg/kg)和十一酸睾酮(20 mg/kg),每组 10 只,雌雄各半,经皮下注射给药,连续给药 7 天后观察 60 天以上。给药结束后,安乐死每组所有动物,进行大体观察和脏器采集;各期实验动物剖检分组情况详见表 10-1-31。

表 10-1-31 动物剖检分组表

病理编号	试验阶段	组别	M 动物编号	F 动物编号
374	给药结束 ($n=5$ 只/ 性别/组)	1	1M01~1M05	1F01~1F05
		2*	2M01~2M03、2M05	2F01~2F05
		3	3M01~3M05	3F01~3F05

注: * 表示该组别存在自发死亡动物(试验 D_9 动物 2M04 自发死亡)

（2）病理学检查：大体剖检所有动物进行系统解剖，肉眼观察各器官和组织有无异常变化，记录病变情况；采集卵巢、子宫、一侧睾丸、一侧附睾、前列腺、精囊腺、提肛肌和括约肌及肉眼观察有异常的脏器于 10% 福尔马林内固定。溶媒对照组、环磷酰胺组和十一酸睾酮组，对所需组织进行组织病理学检查。脏器脱水后常规石蜡包埋、切片 3～5 μm，HE 染色，进行光学显微镜观察。显微镜检查结果按两种方式叙述，其一为"病变存在，不给予级别划分"，其二为按病变程度分级为 4 级，分别为轻微（＋）、轻度（2＋）、中度（3＋）、重度（4＋）。

3. 死亡率　试验 D，环磷酰胺组 2M04 动物自发死亡，大体剖检未见大体异常，组织病理学检查未见异常。

4. 大体观察结果　给药期结束，给药组计划安乐死动物未见与受试物相关的大体病理改变，部分动物大体观察可见一些常见的背景性大体异常，例如，3 例动物出现子宫体积小，可能与个体发育有关；1 例动物出现肺表面弥漫性黑色小点；2 例动物出现卵巢色泽改变等，1 例动物出现子宫色泽改变等；大体异常与组织病理学联系汇总见表 10-1-32。

表 10-1-32　大体异常病变与组织学观察联系汇总

动物编号	大 体 异 常	光学显微镜观察
1F02	子宫底部呈红色改变	未见异常
1F05	子宫体积小	未见异常
2F02	卵巢局灶呈红色改变	未见异常
2F05	子宫体积小	未发育成熟
3F02	肺表面呈弥漫性黑色小点	双侧肺中度弥漫性色素沉积
3F03	卵巢可见一肉色改变，大小约 1 cm×0.5 cm×0.5 cm；子宫呈红色改变	未见异常
3F05	子宫体积小	未见异常

5. 组织病理学检查与讨论

（1）与给药相关病理改变：给药期结束，与溶媒对照组相比，环磷酰胺或十一酸睾酮给药组动物均未见与给药相关的病变（表 10-1-33～表 10-1-39）。

表 10-1-33　病理改变阅片记录表中符号说明

符号	说　　　明
1	动物组别为溶媒对照组
2	动物组别为受试物 1（环磷酰胺 15 mg/kg）
3	动物组别为受试物 2（十一酸睾酮 20 mg/kg）
♀	动物性别为雌性

续　表

符号	说　　　明
♂	动物性别为雄性
－	动物脏器组织未见明显异常
＋	动物脏器组织的病变程度轻微
2＋	动物脏器组织的病变程度轻度
3＋	动物脏器组织的病变程度中度或明显
4＋	动物脏器组织的病变程度重度或严重
P	动物脏器组织发生某种病变，病变程度不分级
S，S′	成对/取材双侧脏器组织单侧发生病变
B	成对/取材双侧脏器组织双侧发生病变
/	动物无此脏器组织或不适合病变描述
×	动物该脏器组织在制片过程中缺失
T1	动物解剖时间：××××.11.02
T2	动物解剖时间：××××.01.06
T3	动物解剖时间：××××.02.27

表 10-1-34　给药结束雄性病理镜下观察个体数据（溶媒对照组雄性动物）

动物编号		1M01	1M02	1M03	1M04	1M05
组别		1	1	1	1	1
性别		♂	♂	♂	♂	♂
解剖时间		T1	T2	T2	T2	T2
睾丸	空泡化，上皮，多灶	－	－	－	－	＋
附睾						
	萎缩	－	－	－	－	3＋
	空泡化，弥漫性	－	－	－	－	2＋
前列腺	炎症细胞浸润，局灶	－	＋	－	－	－
	炎症细胞浸润，多灶	－	－	－	－	＋
精囊腺	矿化，多灶	－	2＋	2＋	－	－
括约肌		×				
提肛肌		－	－	－	－	－

表 10-1-35　给药结束雌性病理镜下观察个体数据（溶媒对照组雌性动物）

动物编号	1F01	1F02	1F03	1F04	1F05
组别	1	1	1	1	1
性别	♀	♀	♀	♀	♀

续　表

动物编号		1F01	1F02	1F03	1F04	1F05
解剖时间		T1	T3	T3	T3	T3
卵巢	矿化,局灶,皮质区	×	+,S	-	+,S	-
	矿化,多灶,皮质区	-	-	+,S	+,S	-
	矿化,弥漫性,皮质区	-	-	-	+,S	-
	卵泡囊肿,局灶	-	-	-	+,S	-
子宫	炎症细胞浸润,局灶	-	-	-	+	-
宫颈	单个核炎症细胞浸润,多灶	-	-	-	+	+

表 10-1-36　给药结束雄性病理镜下观察个体数据(受试物1组雄性动物,环磷酰胺 15 mg/kg)

动物编号		2M01	2M02	2M03	2M04	2M05
组别		2	2	2	2	2
性别		♂	♂	♂	♂	♂
解剖时间		T1	T2	T2	T2	T2
睾丸		-	-	-	-	-
附睾	间质多灶单形核细胞浸润	-	+,S	-	-	-
前列腺	间质多灶单形核细胞浸润	-	+	-	-	-
精囊腺		-	-	-	-	-
括约肌		-	-	-	×	-
提肛肌	出血,弥漫性	+	-	-	-	-

表 10-1-37　给药结束雌性病理镜下观察个体数据(受试物1组雌性动物,环磷酰胺 15 mg/kg)

动物编号		2F01	2F02	2F03	2F04	2F05
组别		2	2	2	2	2
性别		♀	♀	♀	♀	♀
解剖时间		T1	T3	T3	T3	T3
卵巢	矿化,皮质区,局灶	-	-	+,B	+,B	-
	矿化,皮质区,多灶	-	-	-	-	+,B
	炎症细胞浸润,局灶	-	-	-	+	-

续　表

动物编号		2F01	2F02	2F03	2F04	2F05
子宫	炎症细胞浸润,多灶	-	+	+	-	-
子宫颈	单个核炎症细胞浸润,局灶	-	+	-	-	-

表 10-1-38　给药结束雄性病理镜下观察个体数据(受试物2组雄性动物,十一酸睾酮 20 mg/kg)

动物编号		3M01	3M02	3M03	3M04	3M05
组别		3	3	3	3	3
性别		♂	♂	♂	♂	♂
解剖时间		T1	T2	T2	T2	T2
睾丸	未发育成熟	-	P, B	-	-	-
附睾	未发育成熟	-	P, B	-	-	-
前列腺	炎症细胞浸润,多灶	+	+	+	-	-
精囊腺		-	-	-	-	-
括约肌		-	-	-	-	-
提肛肌		-	-	-	-	-

表 10-1-39　给药结束雌性病理镜下观察个体数据(受试物2组雌性动物,十一酸睾酮 20 mg/kg)

动物编号		3F01	3F02	3F03	3F04	3F05
组别		3	3	3	3	3
性别		♀	♀	♀	♀	♀
解剖时间		T1	T3	T3	T3	T3
肺	色素沉积,弥漫性	-	3+	-	-	-
卵巢		-	-	-	-	-
子宫		-	-	-	-	-

(2) 自发性病变:给药期结束,溶媒对照组、环磷酰胺给药组和十一酸睾酮给药组动物均可见实验动物常见背景性改变,如附睾间质、前列腺及其间质、卵巢、子宫及宫颈的炎症细胞浸润;睾丸、前列腺、括约肌的空泡化;精囊腺、卵巢矿化;前列腺萎缩,括约肌弥漫性出血,肺弥漫性色素沉积,卵巢囊肿等,各组间病变程度及发病率未见明显差别,认为与环磷酰胺或十一酸睾酮无关。动物自发性病变汇总见表 10-1-40。

表 10 - 1 - 40 自发性病变总结表

自发性病变	病变程度	给药期结束(n=5 只/性别/组) ♂			给药期结束(n=5 只/性别/组) ♀		
		组 1	组 2*	组 3	组 1	组 2	组 3
睾丸上皮空泡化,多灶	+	1	0	0	0	0	0
附睾间质多灶性单形核细胞浸润	+	0	1	0	0	0	0
前列腺间质多灶性单形核细胞浸润	+	0	1	0	0	0	0
前列腺萎缩	3+	1	0	0	0	0	0
前列腺弥漫性空泡化	2+	1	0	0	0	0	0
前列腺局/多灶性炎症细胞浸润	+	1	0	3	0	0	0
精囊腺多灶性矿化	2+	2	0	0	0	0	0
睾丸/附睾未发育成熟	P	0	0	1	0	0	0
卵巢皮质区局灶性矿化	+	0	0	0	2	2	0
卵巢皮质区多灶性矿化	+	0	0	0	2	1	0
卵巢皮质区弥漫性矿化	+	0	0	0	1	0	0
卵巢卵泡囊肿,局灶	+	0	0	0	1	0	0
卵巢局灶性炎症细胞浸润	+	0	0	0	0	1	0
子宫局灶性炎症细胞浸润	+	0	0	0	1	0	0
子宫多灶性炎症细胞浸润	+	0	0	0	0	1	0
子宫宫颈多灶性单个核炎症细胞浸润	+	0	0	0	0	0	0
子宫颈局灶性单个核炎症细胞浸润	+	0	0	0	0	1	0
肺弥漫性色素沉积	3+	0	0	0	0	0	1

注：* 表示该组别存在自发死亡动物(试验 D$_9$ 动物 2M04 自发死亡)

6. 结论 在本试验设定条件下,环磷酰胺或十一酸睾酮皮下注射给予食蟹猴 1 周,与溶媒对照组动物相比,各受试物组未见与受试物相关病理改变。

（方 攀 周 莉 孙祖越）

第二节 食蟹猴皮下重复给予单抗 AAA 注射液 26 周伴随生育力评价试验

(一) 目的

采用食蟹猴经皮下重复注射给予单抗 AAA 注射液 26 周,停药恢复观察 8 周;通过观察其可能引起的生育力毒性反应,评估受试物对雄性和雌性生育能力的潜在影响及对生殖系统(包括组织病理学评价)的作用。

(二) 受试物

(1) 名称：AAA 注射液。

(2) 受试物编号：2021 - 032。

(3) 批号：BQ20200802。

(4) 规格：210 mg(1.75 mL)/瓶。

(5) 含量或浓度：119.0 mg/mL。

（6）稳定性：在贮存条件和有效期内稳定。

（7）有效期：2023 年 02 月 23 日。

（8）贮存条件：2～8℃,避光。

（9）运输环境：2～8℃,避光,冷链运输。

（10）提供单位：×××有限公司。

（11）配制方法：无需配制。

（三）辅料对照品

（1）名称：AAA 安慰剂。

（2）批号：BQ20201004、BQ20211101。

（3）规格：1.75 mL/瓶。

（4）含量或浓度：119.0 mg/mL。

（5）稳定性：在贮存条件和有效期内稳定。

（6）有效期：2022 年 10 月 17 日和 2023 年 11 月 09 日。

（7）贮存条件：2～8℃,避光。

（8）运输环境：2～8℃,避光,冷链运输。

（9）提供单位：×××有限公司。

（10）配制方法：无需配制。

（四）其他主要试剂

（1）名称：舒泰 50(注射用盐酸替来他明盐酸唑拉西泮)。

（2）批号：8EZG 和 8G4V。

（3）配方/成分：替来他明 125 mg + 唑拉西泮 125 mg + 辅料(Q.S.1 瓶)。

（4）使用浓度：50 mg/mL。

（5）有效期：×××年 04 月。

（6）贮存条件：遮光,密闭。

（7）运输环境：避光。

（8）提供单位：×××有限公司。

（9）配制方法：使用前用包装内无菌注射用水(批号为 8EZGA 和 8G4VA)溶解固体瓶内粉末使浓度为 50 mg/mL。

（五）实验系统

（1）种属、品系及级别：食蟹猴,普通级。

（2）性别和数量：申请 46 只备用动物,雌雄各半,试验用 40 只,雌雄各半,多余 6 只动物返还动物饲养管理部。

（3）体重及年龄范围：接收时雄性动物体重 4.025～5.875 kg,雌性动物体重 2.160～3.460 kg,给药前雄性动物体重为 4.110～5.260 kg,雌性动物体重 2.485～3.325 kg,接收时体重仅供参考,主要以给药前分组体重为标准;申请当天的备用动物为 3～5 岁;开始给药时动物年龄为 3～5 岁。

（4）动物来源：申请本机构备用动物开展研究,备用动物购于×××公司。

（5）实验动物生产许可证号及发证单位：SCXK (桂)2018 - ×××,由×××科技厅颁发。

（6）实验动物质量合格证号：NO.0005085、NO.0005084 和 NO.0005113。

（7）实验动物使用许可证号及发证单位：SYXK (鄂)2021 - ×××,由×××科技厅颁发。

（8）研究系统选择说明：猴与人类亲缘性高,是生物制品进行临床前试验常用非人灵长类实验动物,历史背景数据丰富。根据国家食品药品监督管理总局(CFDA)制订的《药物重复给药毒性研究技术指导原则》和《治疗用生物制品非临床安全性技术审评一般原则》,以及人用药品技术要求国际协调理事会(ICH)制定的《生物制品的临床前安全性评价》和《人用药品安全药理学研究指导原则》,使用相关动物种属。委托方提供的相关研究资料,使用动物均为食蟹猴。综上,本试验选择食蟹猴,委托方同意使用该种动物。

（9）动物标识：按照本机构 SOP 标记。以项圈和笼卡(每只动物均自带唯一的项圈号,分组后动物编号与项圈号一一对应)作为动物识别标记。

（10）动物接收日期：2021 年×××月×××日。

（11）饲料和饮用水：① 饲料：普通级食蟹猴维持饲料,为×××公司生产,批号 21088211、21108211、21128211 等。饲料供应商委托有资质的单位对饲料营养成分、化学污染物和微生物指标进行检测,并向本机构提供检测报告,检测指标参考 GB 14924.3 - 2010 和 GB 14924.2 - 2001;本机构每年委托具有资质的检测机构对饲料化学污染物和微生物指标进行检测,检测指标参考 GB 14924.2 - 2001;本机构每季度对菌落总数进行检测,检测指标参考 GB 4789.2 - 2016;试验期间,所用饲料各检测结果均符合要求;② 饮用水：为本机构经纯化后的实验动物饮用水。本机构每年委托有资质的检测机构对动物饮用水中微生物、化学物质和有毒物质等指标进行检测,检测指标参考 GB 5749 - 2006;本机构每季度对菌落总数进行检测,检测指标参考 GB 4789.2 - 2016;试验期间,所用饮用水各检测结果均符合要求。

（12）动物饲养条件和环境：动物在普通级动物房饲养,饲养于 900 mm×1 000 mm×2 080 mm 不锈钢笼内,检疫期/适应期 1～2 只/笼和试验期单笼饲养,自由饮水和摄食。温度 17.5～24.2℃,湿度 37.4%～

91.4%,换气≥8 次/h,工作照度≥200 lx,动物照度 100～200 lx,自动光照,每 12 h 明暗交替;试验期间,除部分时间段温湿度偏离(详见本报告正文影响研究可靠性和造成研究工作偏离试验方案的异常情况)外,上述参数均符合 GB 14925‑2010 要求。

(13)动物福利:本试验涉及的动物福利均遵循《×××动物福利指导原则》。研究提交实验动物使用和管理委员会(IACUC)审核和批准。试验期间动物管理和使用遵循 *Guide for the Care and Use of Laboratory Animals*(2011 年)、国家科学技术委员会 2017 年修订的《实验动物管理条例》。本试验所涉及的动物管理、使用和相关操作均经过相关实验动物管理和使用委员会批准,批准文号:IACUC(准)‑2021‑190。

(14)兽医护理:本试验未出现需要兽医治疗和(或)护理等情况。

(六)分组和剂量设置

(1)分组方法:设辅料对照组、AAA 低、中和高剂量组,共 4 组,按体重分层随机分组,每组 10 只,雌雄各半,共计 40 只。分组后所有动物体重偏差在平均体重的 ±20% 之间。

(2)剂量设置依据

1)委托方提供的功能主治:临床拟用于成人重症哮喘控制不佳者。

2)委托方提供的临床拟给药途径:皮下注射。

3)委托方提供的临床拟用剂量:临床试验拟定的健康受试者单剂量递增试验起始剂量为 12 mg/人,给药一次,后续按照剂量递增方案进行剂量爬坡,暂定最高剂量组为 630 mg/人。如果在最高剂量下药物的耐受性及安全性良好,不排除进行更高剂量组(>630 mg)的试验。

4)临床试验拟定的健康受试者多次给药研究剂量为每次 420 mg/人,每 28 天给药一次,共计 3 次。重症哮喘患者多次给药研究为低(每次 70 mg/人)、中(每次 210 mg/人)、高(每次 280 mg/人)三个剂量组,皮下注射。综上并与委托方协商,确定临床试验拟定剂量为每次 280 mg/人,人平均体重以 70 kg 计,则临床拟用剂量为 4 mg/kg。

5)委托方提供的食蟹猴药效学试验结果:起效剂量为 10 mg/kg。

6)委托方提供的食蟹猴单次皮下注射给药毒性试验结果:食蟹猴单次皮下注射 100 mg/kg 和 600 mg/kg 本品,临床观察、体重、摄食、心电图、临床病理及大体解剖均未见受试物相关异常。

7)委托方提供的食蟹猴重复皮下注射给药毒性试验结果:食蟹猴每周 1 次皮下注射 30 mg/kg、100 mg/kg 和 300 mg/kg,连续给药 5 周,停药恢复 4 周。评价食蟹猴的临床观察、体重摄食、眼科检查、心电图、临床病理、细胞因子、脏器系数和组织病理学等,均未见给药相关的毒性改变。各剂量组均未检出抗药抗体;雌雄动物未见毒性反应剂量(NOAEL)均为 300 mg/kg。

8)委托方提供的食蟹猴重复皮下注射给药毒代试验结果:食蟹猴每周 1 次皮下注射 30 mg/kg、100 mg/kg 和 300 mg/kg,连续给药 5 周,停药恢复 4 周。末次给药(D_{29})后食蟹猴 C_{max} 为 ($3\,384 \pm 620$) $\mu g/mL$,$AUC_{0-168\,h}$ 为 ($464\,198 \pm 71\,861$) $h \cdot \mu g/mL$。雌雄动物之间毒代动力学参数无明显差异。除 300 mg/kg 组 D_{29} 暴露量(C_{max} 和 $AUC_{0-168\,h}$)增加比例低于剂量增加比例,其他组别 D_1 和 D_{29} 暴露量(C_{max} 和 $AUC_{0-168\,h}$)增加比例与剂量增加比例基本一致。与首次给药(D_1)相比,末次给药(D_{29})后各组动物可见血浆暴露量升高,食蟹猴皮下注射给予 AAA 后,平均血清消除半衰期 $T1/2$ 平均为 256 h。

9)综上,本试验设计剂量为 15 mg/kg、50 mg/kg 和 150 mg/kg,每周/次,皮下注射给药,分别相当于药效学起效剂量的 1.5 倍、5 倍和 15 倍。

(3)剂距:3.0～3.3 倍。

(4)剂量:15 mg/kg、50 mg/kg 和 150 mg/kg(表 10‑2‑1)。

表 10‑2‑1　剂量与分组信息表

组　别	剂量 (mg/kg)	药效起效剂量倍数	临床等效剂量倍数	临床拟用量倍数	动物编号 ♀	动物编号 ♂
辅料对照组	–	–	–	–	1F01～1F05	1M01～1M05
低剂量组	15	1.5	1.25	3.75	2F01～2F05	2M01～2M05
中剂量组	50	5.0	4.17	12.50	3F01～3F05	3M01～3M05
高剂量组	150	15.0	12.50	37.50	4F01～4F05	4M01～4M05

注:–,不适用;表中"药效学起效剂量倍数"按 10 mg/kg 计算;临床拟用剂量以 4 mg/kg 计,折算成食蟹猴的等效剂量为 12 mg/kg

（七）试验方法

（1）给药频率与期限：1 次/周，连续给药 26 周，共给药 27 次，每次分 2 天完成给药，对任一指定动物，定义首次给药日为 D_1。

（2）给药途径：背部皮下注射。按 SOP 中背部皮下注射给药方法进行操作。

（3）给药量：0.1～1.3 mL/kg，等浓度不等体积给药；辅料对照组、低剂量组、中剂量组和高剂量组给药量分别为 150/119 mL/kg、15/119 mL/kg、50/119 mL/kg 和 150/119 mL/kg，多点注射，每个点为给药体积不超过 1 mL，每只动物的理论给药体积精确到小数点后一位（0.1 mL），按动物最近称量的体重计算；根据注射器刻度抽取实际给药体积，与理论给药体积一致，并记录在试验原始记录中。

（4）给药时间：08:20～13:00。

（5）给予受试物的途径说明：与临床拟用途径相同。

（6）受试物和对照品制剂配制：受试物和对照品无需配制，使用前将受试物摇匀后使用。

（八）试验方法和观察指标

本部分仅展示与生育力评价相关的内容。

（1）激素检测：采用市售试剂盒检测，样本来源于专题编号 AAA－××××－032－02 的检测血液生化后又冻存的样本。检测的样本采集时间为该专题的药前（D_{-9}）、给药中期（D_{92}）、给药期结束（D_{184}）和恢复期结束（D_{240}）。雌性检测 LH、FSH、E_2、孕酮（P）和睾酮（T）激素水平；雄性检测 DHT、E_2 和 T 水平。

（2）睾丸生精周期分期：PAS 法染色睾丸生精小管上皮精子发生周期的分期，描述受试物对生精小管上皮各级生精细胞的毒理学变化。

（3）卵巢：将固定后的组织进行系列乙醇脱水、二甲苯透明、石蜡包埋、连续切片（切片厚度为 3～5 μm）、烤片及 HE 染色等，显微镜下观察连续 5 个切片计算出各级卵泡数量（包括原始卵泡、初级卵泡、次级卵泡、成熟卵泡和黄体等；含有能够观察到细胞核的

卵母细胞的卵泡才计入数），计算总数作为整个卵巢中卵泡的数量。

（4）子宫内膜厚度：将固定后的子宫，做石蜡切片、HE 染色，于显微镜下观察子宫内膜的形态，观察动情各期子宫内膜 HE 染色表现的结构特点，在显微镜下测量各子宫（12 点、3 点、6 点和 9 点）4 个位置的内膜厚度均值。

（5）同行评议：睾丸生精周期分期、卵巢和子宫内膜厚度由本机构内部病理诊断人员诊断，且由本机构另一位病理诊断人员进行同行评议，并出具同行评议报告。

（九）数据统计分析

采用 SPSS（17.0 版本或更高版本）对激素数据进行录入和统计分析。$P<0.05$ 和 $P<0.01$ 表示具有统计学差异。当样本量≤2 时，仅列出平均值或个体数据，不进行统计。进行组间比较时采用单因素方差分析，进行组内比较时采用配对 t 检验。单因素方差分析方法如下：

（1）首先用 Shapiro－Wilk 检验法检验数据是否符合正态分布，$P>0.05$，则用方差齐性检验方法进行数据均一性检验，$P\leq0.05$，则进行 Kruskal－wallis 检验。

（2）经方差齐性检验的数据均一（检验 $P>0.05$），则进行方差分析检验（f 检验）；方差齐性检验的结果 $P\leq0.05$，则进行 Kruskal－wallis 检验。

（3）方差分析检验结果 $P\leq0.05$，则进一步用 Dunnett 参数检验法进行多重比较检验；方差分析结果 $P>0.05$，则统计结束。

（4）Kruskal－wallis 检验结果 $P\leq0.05$，则进一步用 Mann－Whitney U 两组群非参数检验法进行多重比较检验；Kruskal－wallis 检验结果 $P>0.05$，则统计结束。

（十）结果与讨论

（1）激素检测：给药期和恢复期激素结果汇总数据见表 10-2-2 和表 10-2-3。

表 10-2-2　激素数据汇总（雄性，$\bar{X}\pm SD$）

检测指标	试验阶段	动物数（只/组）	辅料对照组	AAA		
				低剂量组	中剂量组	高剂量组
DHT(pg/mL)	D_{-9}	5	179.748±46.549	131.923±49.328	168.670±86.806	130.414±33.617
	D_{92}	5[a]	132.765±77.307	126.096±62.834	114.232±72.474	89.403±14.591
	D_{184}	5	174.587±8.778	188.141±86.617	127.943±20.340**	96.080±24.500**
	D_{240}	2	104.864	114.322	117.936	140.500

on

续　表

检测指标	试验阶段	动物数(只/组)	辅料对照组	AAA		
				低剂量组	中剂量组	高剂量组
E₂(pg/mL)	D₋₉	5	700.577±402.215	385.218±97.055	487.192±293.046	620.660±276.272
	D₉₂	5	551.706±186.263	584.416±78.337	522.024±167.893	517.843±60.297
	D₁₈₄	5	851.970±258.682	537.217±62.723	695.296±278.174	528.651±152.182
	D₂₄₀	2	356.684	337.004	347.739	408.712
T(ng/mL)	D₋₉	5	1.092±0.146	0.962±0.238	1.271±0.780	1.025±0.479
	D₉₂	5	1.238±0.485	0.818±0.350	0.814±0.370	0.752±0.237
	D₁₈₄	5	1.453±0.073	1.462±0.650	1.436±0.538	0.981±0.231
	D₂₄₀	2	0.885	1.268	0.722	0.992

注：与辅料对照组比较，** $P<0.01$；ª 表示 1M04 和 4M03 因样本量不足,未检测出结果

表 10-2-3　激素数据汇总(雌性, $\bar{X}\pm SD$)

检测指标	试验阶段	动物数(只/组)	辅料对照组	AAA		
				低剂量组	中剂量组	高剂量组
LH(mIU/mL)	D₋₉	5	27.528±5.203	21.649±12.381	16.985±4.358	25.137±4.942
	D₉₂	5	20.705±2.303	21.403±10.175	21.015±1.550	18.333±7.264
	D₁₈₄	5	30.763±8.450	29.335±13.618	24.116±5.066	29.139±10.281
	D₂₄₀	2	23.308	24.724	19.833	28.654
FSH(ng/mL)	D₋₉	5	263.845±64.753	135.747±27.207	204.591±73.087	188.336±36.216
	D₉₂	5	219.362±78.846	175.542±72.169	232.107±76.313	207.918±30.180
	D₁₈₄	5	230.576±73.408	222.931±71.982	252.126±79.372	226.509±64.134
	D₂₄₀	2	364.903	261.144	231.565	243.338
P(ng/mL)	D₋₉	5	6 138.575±4 509.387	5 167.684±7 224.723	6 557.194±7 346.622	3 472.511±3 837.113
	D₉₂	5	3 314.924±3 145.730	6 318.366±11 982.220	4 284.392±5 478.669	1 337.326±442.592
	D₁₈₄	5	2 936.144±2 473.652	4 964.419±8 724.298	6 706.638±5 441.406	1 989.152±1 780.204
	D₂₄₀	2	4 517.391	2 330.449	2 228.731	8 691.292
E₂(pg/mL)	D₋₉	5	1 125.717±227.710	1 012.528±249.302	1 169.142±298.267	942.775±206.142
	D₉₂	5	756.396±109.881	858.494±244.162	963.359±307.305	641.164±156.091
	D₁₈₄	5	915.461±214.973	774.767±157.939	1 103.661±279.016	722.536±93.417
	D₂₄₀	2	933.450	718.501	817.133	785.271
T(ng/mL)	D₋₉	5	1.007±0.376	1.122±0.376	1.215±0.095	1.076±0.366
	D₉₂	5	0.541±0.073	0.632±0.242	0.783±0.172	0.603±0.124
	D₁₈₄	5	0.853±0.210	0.813±0.229	1.036±0.251	1.229±0.656
	D₂₄₀	2	0.594	0.925	0.967	0.969

雄激素和雌激素：与同期辅料对照组比较,给药期结束(D_{184})中和高剂量组雄性 DHT 降低($P\leqslant$ 0.01),其余各阶段各剂量组各指标均未见明显变化,且无统计学差异($P>0.05$)。

分析认为：与同期阴性对照组比较，给药期结束（D$_{184}$）中和高剂量组雄性 DHT 降低，降低幅度为 26.7%～45.0%，DHT 是由 T 转化而来，T 未见明显异常，且恢复期结束 DHT 恢复，辅料对照组药前 DHT 个体数据变化差异约 2 倍（最高比最低），认为上述 DHT 变化属动物正常激素水平波动，受试物对雌雄性动物激素无相关性影响。

（2）睾丸生精周期分期：给药期和恢复期精子发生周期的生精细胞分类计数结果汇总数据见表 10-2-4。

表 10-2-4 生精周期数据汇总($\bar{X} \pm$ SD)

试验阶段	生精周期阶段	动物数（只/组）	辅料对照组	AAA		
				低剂量组	中剂量组	高剂量组
给药期结束（D$_{184}$）	I	3	5.67±1.15	16.00±13.45	12.33±5.03	5.33±3.06
	II	3	4.00±2.00	10.33±8.08	6.67±1.53	4.33±3.51
	III	3	5.33±1.15	5.00±4.58	5.67±2.08	4.33±2.52
	IV	3	5.67±1.53	5.00±4.58	5.33±2.52	5.00±3.61
	V	3	4.33±1.53	4.33±4.04	8.33±4.51	8.67±6.51
	VI	3	6.33±2.08	4.67±1.53	8.67±4.51	12.33±8.62
	VII	3	14.00±1.73	6.67±2.89	8.00±4.00	16.67±4.51
	VIII	3	21.33±1.53	33.00±13.89	27.00±16.09	41.33±11.50
	IX	3	10.33±4.16	15.00±2.65	21.33±4.51	15.33±4.51
	X	3	9.33±2.08	13.00±5.00	12.67±3.06	11.67±3.79
	XI	3	13.00±4.58	16.33±7.64	9.33±2.52	12.33±4.93
	XII	3	9.00±1.73	11.33±4.04	9.00±4.36	9.33±1.15
恢复期结束（D$_{240}$）	I	2	10.00	14.00	13.00	18.50
	II	2	8.00	9.50	9.50	12.00
	III	2	6.50	8.50	8.00	9.50
	IV	2	5.00	7.50	7.00	9.00
	V	2	6.00	9.00	8.00	7.50
	VI	2	10.00	9.50	13.50	12.00
	VII	2	14.00	10.00	12.50	9.50
	VIII	2	32.00	23.00	22.00	24.50
	IX	2	6.50	14.00	26.00	11.00
	X	2	7.50	12.00	11.50	11.50
	XI	2	11.00	12.50	10.00	12.50
	XII	2	4.50	13.50	10.50	7.50

食蟹猴生精小管横截面中生精周期的 12 个形态阶段。切片用 PAS/苏木精染色。数字 I～XII 表示 12 个形态阶段。

与同期辅料对照组比较，给药期结束（D$_{184}$）和恢复期结束（D$_{240}$）各剂量组显微镜下从睾丸切片中心沿一个方向观察，连续观察 5 个以上高倍镜视野，切片中各期生精细胞数量均值均未见明显变化，且无统计学差异（P＞0.05），认为受试物对雄性睾丸无相关性影响。

（3）卵巢：给药期和恢复期卵泡汇总数据见表 10-2-5。

表 10-2-5 各级卵泡数据汇总($\bar{X} \pm$SD)

试验阶段	卵泡分类	动物数（只/组）	辅料对照组	AAA		
				低剂量组	中剂量组	高剂量组
给药期结束（D$_{184}$）	初级卵泡	3	1.00 ± 0.53	1.13 ± 0.95	0.67 ± 0.42	0.40 ± 0.35
	次级卵泡	3	0.00 ± 0.00	0.20 ± 0.20	0.07 ± 0.12	0.00 ± 0.00
	成熟卵泡	3	0.00 ± 0.00	0.00 ± 0.00	0.00 ± 0.00	0.00 ± 0.00
	黄体	3	3.33 ± 3.51	1.00 ± 1.73	0.87 ± 0.90	0.67 ± 1.15
恢复期结束（D$_{240}$）	初级卵泡	2	1.00	0.50	0.40	1.20
	次级卵泡	2	0.00	0.20	0.00	0.20
	成熟卵泡	2	0.10	0.40	0.00	0.00
	黄体	2	3.50	0.60	1.50	2.00

与同期辅料对照组比较,给药期结束(D$_{184}$)和恢复期结束(D$_{240}$)各剂量组显微镜下观察连续 5 个切片卵泡数量(初级卵泡、次级卵泡、成熟卵泡和黄体)均值均未见明显变化,且无统计学差异($P>0.05$),认为受试物对雌性卵巢无相关性影响。

(4)子宫内膜厚度:给药期和恢复期子宫内膜厚度汇总数据见表 10-2-6。

与同期辅料对照组比较,给药期结束(D$_{184}$)和恢复期结束(D$_{240}$)各剂量组显微镜下观察连续 5 个切片子宫内膜厚度(12 点、3 点、6 点和 9 点)均值均未见明显变化,且无统计学差异($P>0.05$),认为受试物对雌性子宫内膜厚度无相关性影响。

表 10-2-6 子宫内膜厚度数据汇总($\bar{X} \pm$SD)

试验阶段	子宫内膜厚度位点	动物数（只/组）	辅料对照组	AAA		
				低剂量组	中剂量组	高剂量组
给药期结束（D$_{184}$）	12 点	3	$4\,533.21 \pm 1\,233.12$	$4\,155.75 \pm 514.63$	$6\,258.03 \pm 1\,255.57$	$2\,588.81 \pm 1\,220.76$
	3 点	3	$2\,254.33 \pm 645.57$	$1\,964.34 \pm 186.60$	$2\,739.34 \pm 726.41$	$2\,683.54 \pm 1\,583.87$
	6 点	3	$4\,502.12 \pm 1\,556.30$	$3\,680.48 \pm 267.74$	$5\,730.76 \pm 1\,441.77$	$2\,692.21 \pm 1\,132.15$
	9 点	3	$2\,351.26 \pm 1\,198.77$	$1\,794.73 \pm 344.50$	$3\,022.36 \pm 947.99$	$2\,782.52 \pm 1\,510.73$
恢复期结束（D$_{240}$）	12 点	2	$7\,725.302$	$5\,319.438$	$5\,308.63$	$5\,840.752$
	3 点	2	$4\,232.466$	$2\,133.228$	$3\,431.615$	$3\,712.943$
	6 点	2	$8\,409.060$	$4\,738.023$	$5\,965.927$	$5\,915.277$
	9 点	2	$4\,555.631$	$2\,211.781$	$3\,828.949$	$3\,684.345$

(5)同行评议:本试验中,雌性动物卵泡计数及子宫腔的厚度原始资料均已复核,并达成一致;雄性动物生精周期中出现的任何差异都已经由专题病理学家和同行评议的病理学家进行了讨论,相应的原始数据已经进行了修正。最终的结果是专题病理学家和同行评议病理学家意见的一致反映。

(十一)结论

食蟹猴连续 26 周经皮下注射 15 mg/kg、50 mg/kg和 150 mg/kg 的单抗 AAA 注射液,以皮下注射给予高剂量等体积的安慰剂作为辅料对照。各剂量组动物性激素、睾丸生精周期、卵泡数量和子宫内膜厚度均未见与受试物相关的明显改变。综合提示,在本试验条件下,食蟹猴连续 26 周皮下注射给予 AAA 注射液,无生育毒性反应剂量(NOAEL)为 150 mg/kg。

(十二)参考文献

略。

(毛闪闪 周 莉 孙祖越)

第三节 食蟹猴皮下注射环磷酰胺或灌胃给予沙利度胺的胚胎-胎仔发育毒性伴随毒代动力学试验及增强的围产期发育毒性伴随毒代动力学试验

（一）目的

食蟹猴增强的围产期发育（ePPND）毒性试验是将胚胎-胎仔发育毒性和围产期发育毒性试验结合在一起的试验，根据 ICH S5（R3），其给药周期为确认妊娠（约 GD20）至分娩，即覆盖胚胎着床至幼仔分娩（GD20～PND0）。

本试验为伴随致畸阳性药物的系统验证性试验。因此受试物选用已知具有生殖毒性的阳性药：环磷酰胺和沙利度胺。考虑到阳性药物毒性作用有一定的致畸敏感期，故仅在特定时间段给药。

以环磷酰胺和沙利度胺为致畸阳性药，分别在 GD24-28 皮下注射（sc）和 GD24～GD30 灌胃（ig）给药，评价其对妊娠动物、胚胎及胎仔发育和子代发育的影响，包括妊娠动物的毒性情况，胚胎及胎仔的死亡、生长、发育和结构变化，出生前和出生后子代死亡情况、生长发育的改变及子代的功能缺陷；同时测定不同时间点动物体内的血药浓度（透过胎盘屏障情况）。主要目的在于建立食蟹猴增强的围产期发育毒性试验方法，为后续研究药物对妊娠猴、胚胎和胎仔发育及围产期发育的影响提供方法参考。

（二）受试物一

（1）名称：环磷酰胺。

（2）缩写名：CP（cyclphosphamide）。

（3）批号：602200401。

（4）成分：$C_7H_{17}Cl_2N_2O_3P$。

（5）含量：97%～103%。

（6）提供单位：×××公司。

（7）有效期至：×××年 03 月 31 日。

（8）贮存条件：常温。

（9）配制方法：用 0.9%氯化钠注射液配制。

（三）受试物二

（1）名称：沙利度胺。

（2）缩写名：反应停（thalidomide）。

（3）批号：20190606。

（4）成分：$C_{13}H_{10}N_2O_4$。

（5）含量：按干燥品计算，应为 98.5%～102.0%。

（6）提供单位：×××公司。

（7）有效期至：×××年 05 月。

（8）贮存条件：常温。

（9）配制方法：用橄榄油配制。

（四）对照品（生理盐水组）

（1）名称：生理盐水。

（2）批号：202127521、202145971。

（3）成分：本品主要成分为氯化钠，辅料为注射用水。

（4）规格：100 mL∶0.9 g。

（5）稳定性：常温下稳定。

（6）提供单位：×××公司。

（7）有效期至：×××年 09 月 26 日。

（8）贮存条件：密闭保存。

（9）配制方法：无需配制。

（五）动物资料

（1）种属、品系及级别：食蟹猴，普通级。

（2）性别和数量：本试验申请雌猴 60 只；雄猴 15 只（不给药），试验期间怀孕 35 只雌猴。

（3）年龄范围：雄性 6～8 岁，雌性 4～6 岁，健康、性成熟、且未经交配生育的食蟹猴（为动物交配时年龄）。

（4）体重范围：交配时雌猴 2.65～3.98 kg，雄猴 5.8～7.8 kg。

（5）动物接收：实验动物分 2 批到达本机构，经 14 天检疫合格后转入本机构备用动物群，本试验使用实验动物于×××年 01 月 05 日从本机构备用动物群转入本专题。

（6）动物来源：×××公司。

（7）实验动物生产许可证号及发证单位：SCXK（粤）20××-0043，由×××省科委颁发。

（8）实验动物使用许可证号及发证单位：SYXK（鄂）20××-0090，由×××省科技厅颁发。

（9）研究系统选择说明：食蟹猴是毒理学生殖毒性研究中公认的标准动物之一。根据国家药品监督管理局（NMPA）制订的《药物生殖毒性研究技术指导原则》及 ICH S5(R3),推荐使用该动物,委托方同意使用该种动物,故本试验使用食蟹猴。

（10）动物标识：以项圈和笼卡（每只动物均自带唯一的项圈号,分组后动物编号与项圈号一一对应）作为动物识别标记,试验期间每只动物均有唯一的动物编号。

（11）饲料和饮用水

1）饲料：猴维持饲料,为×××饲料有限公司生产；批号分别为 21048211、21058231、21078211 等。饲料供应商向本机构提供检测报告,检测指标符合中华人民共和国国家标准 GB14924.3-2010 和卫生标准 GB14924.2-2001 的要求；本机构每年委托具有资质的检测机构对饲料微生物、重金属及有毒物质进行检测,检测指标符合 GB14924.2-2001；本机构每季度对菌落总数进行检测,检测指标符合 GB4789.2-2022。试验期间,动物所用饲料各检测指标均符合要求。

2）饮用水：为本机构经纯化后的实验动物饮用水。本机构每年委托有资质的检测机构对动物饮用水中微生物、化学物质和有毒物质等指标进行检测,检测指标符合 GB5749-2022；本机构每季度对菌落总数进行检测,检测指标符合 GB4789.2-2022；试验期间,动物所用饮用水上述各检测指标均符合要求。

（12）动物饲养条件和环境：动物在猴观察室内饲养,饲养于 900 mm×1 000 mm×2 080 mm 或 4 200 mm×2 400 mm×2 200 mm 笼内或群养笼,交配前为 1 只/笼或交配时群养（1 雄,1～3 雌）,待交配成功后,孕猴可在妊娠期单笼饲养,自由饮水、摄食,温度 19.12～25.15℃,湿度 42%～68%,换气次数≥8 次/h,工作照度≥200 lx,动物照度 100～200 lx；自动光照,每 12 h 明暗交替。

（13）动物福利：本试验涉及的动物福利均遵循×××公司动物福利指导原则。试验期间动物管理和使用遵循 *Guide for the Care and Use of Laboratory Animals*（2011 年）、国家科学技术委员会 2017 年修订的《实验动物管理条例》。本试验所涉及的动物管理、使用和相关操作均经过×××公司实验动物管理和使用委员会（IACUC）审核与批准,批准文号：IACUC（准）-20××-165。

（六）分组和剂量设置

（1）分组

1）雌猴按照妊娠顺序和随机数字随机分组,分别为第 1 组（生理盐水组）、环磷酰胺组和沙利度胺组,共 3 组。

2）保证生理盐水组不少于 6 只孕猴,环磷酰胺和沙利度胺每组不少于 12 只。

（2）剂量设置依据：根据预试验结果及国内外文献报告,选择生殖试验用常用有致畸作用的沙利度胺和环磷酰胺作为受试物,剂量根据预试验结果选择沙利度胺灌胃组和环磷酰胺皮下注射组,剂量分别为 20 mg/kg 和 15 mg/kg。

（3）剂量：具体剂量见表 10-3-1。

表 10-3-1 分组信息及剂量设计

组 别	给药途径	剂量(mg/kg)	孕猴数量(胚胎-胎仔)	孕猴数量(围产期)
第 1 组（生理盐水）	灌胃	—	6	3
第 2 组（环磷酰胺）	皮下	20	7	6
第 3 组（沙利度胺）	灌胃	15	7	6

（七）给药方法

（1）给药途径：灌胃（ig）,皮下注射（sc）。

（2）给药体积：按 1 mL/kg 进行灌胃或皮下注射,每只动物的给药体积精确到小数点 1 位（0.1 mL）,按动物最近称量的体重计算。

（3）给药时间：08:50～09:42。

（4）给药频率及期限

1）生理盐水组：孕猴 GD24 开始给药,连续给药 7 天,在 GD30 给药结束。

2）环磷酰胺皮下组：孕猴 GD24 开始给药,连续给药 5 天,在 GD28 给药结束。

3）沙利多胺灌胃组：孕猴 GD24 开始给药,连续给药 7 天,在 GD30 给药结束。

（5）给予受试物的途径说明：与临床拟用途径相同,环磷酰胺的临床拟用途径为口服或静脉注射,现增加皮下注射,为考察不同给药途径的致畸作用。

（6）受试物和对照品配制方法：给药当天,按受试物配制要求,用动物饮用水（环磷酰胺）和橄榄油（沙利多胺）将受试物配制成不同浓度。每天临用前配制,具体配制方法如表 10-3-2,剩余受试物制剂由实验人员确认剩余量后返给受试物配制室,由机构统一处理。

（7）受试物和对照品的给予方法

1）灌胃给药：按照本机构 SOP 要求,使用胃管经鼻插管灌胃给药。在给完药液取出胃管前,取约 5 mL

表 10 - 3 - 2 受试物配制方法

组号(组别)		给药途径	剂量(每日 mg/kg)	受试物量(mg)	溶液量至(mL)	目标浓度(mg/mL)
1	生理盐水组	灌胃给药	—	—	—	—
2	环磷酰胺组	皮下给药	20	1 000	50	20
3	沙利多胺组	灌胃给药	15	750	50	15

注：—,不适用;各个剂量组配制的总药量随动物体重的增加而相应改变,本表表示的是第一次给药时的配制方法举例

饮用水经胃管灌入,确保胃管中的所有药液进入到动物体内。

2) 皮下给药：给药日前一天对背部给药区域剃毛,按照本机构 SOP 要求,在动物的背部肩胛骨区域进行注射给药,注射完成后,拔出针头、用干棉球轻压针孔处 5 s 左右,防止药物流出。

(八)试验方法

(1) 动物检疫：本试验申请本机构备用动物进行试验;备用动物进入专题前已经过 14 天检疫,且均检疫合格。

(2) 适应性饲养：进入专题至交配成功前,这段期间对所有动物进行适应性饲养观察,每天观察 2 次(上、下午各 1 次)一般症状观察。

(3) 采血

1) 交配前、妊娠期间的每个阶段均进行一次全面的激素测定,即交配前、GD_{20}、GD_{50}、GD_{100} 和 GD_{150} 采集孕猴血液。

2) 采血方法：四肢静脉采血约 2 mL,分离血清,$-80℃$ 冻存以备激素检测。

3) 孕猴处死：雌猴孕期约为 160 天。本试验分两部分解剖,第一部分主要考察胚胎-胎仔发育试验,在 GD_{100} 对孕猴行安乐死,切开腹部暴露子宫和内脏器官,发现任何内脏有异常时做好记录,并取所有异常组织,做好标记放入 10% 福尔马林中固定,并进行组织病理学检查。第二部分主要考察围产期发育试验,不处死孕猴。

(4) 动物交配

1) 选择性成熟的雌雄动物,雄猴与雌猴(1∶3 或者 1∶4)放入装有监控的群养笼内,雌性动物在月经周期 D_{12}~D_{14}(处于排卵期)与雄性动物连续合笼交配 3~7 天。

2) 合笼交配后第 18~20 天,进行超声检查(设备为 Mindray, M7 Vet)以判断是否妊娠。如果在超声检查中发现子宫腔呈一条黑色间隙,则认为孕猴妊娠。当动物确认妊娠,交配日第 2 天被指定为妊娠第 0 天(GD_0)。在确认动物妊娠后,每月不定期进行 B 超检测,确认胎仔的存活和发育情况(图 10 - 3 - 1)。

(5) 给药：雌猴一旦确认妊娠,将通过随机数字表分配到各剂量组。具体给药时间如下：① 生理盐水组：孕猴 GD_{24}~GD_{30} 灌胃给药,连续给药 7 天;② 环磷酰胺皮下组：孕猴 GD_{24}~GD_{28} 皮下注射给药,连续给药 5 天;③ 沙利度胺灌胃组：孕猴 GD_{24}~GD_{30} 灌胃给药,连续给药 7 天。

(6) 体重和摄食量：定期称体重和观察摄食量。

(7) 孕猴剖宫检查：① 取出胎仔,检查胎重(连子宫)、胎盘重量、胎仔存活情况、胎仔性别、重量、顶臀长、尾长及外观,内脏和骨骼;② 将胎仔内脏放入 10% 福尔马林溶液固定并进行内脏检查,将取出内脏的胎仔进行骨骼检查。

(8) 制备骨骼标本：测量胎猴顶臀长、尾长;胎猴去皮、去脂、去内脏后,放入 95% 乙醇中,进一步采用阿利新蓝和茜素红染液对骨骼标本双染色,染 2~7 天(视染色深浅而调整),透明液Ⅰ和透明液Ⅱ透明分别透明约 30 天(视透明深浅而调整)。

(9) 观察母猴：母猴有无分娩或哺乳异常情况。

(10) 毒代动力学：血药浓度检测及本实验室预试验中建立的检测方法,拟采用谷氨酸和磷酰胺作为内标,以建立猴毒代动力学检测方法并进行方法学验证。

1) 采集血液：对环磷酰胺组和沙利度胺组的孕猴采集 TK 血样,采集部位为上肢静脉(头静脉),采血约 1.5 mL,收集全血至 EDTA - K2 的采血管中,具体采集时间见表 10 - 3 - 3 和表 10 - 3 - 4。

2) 血样处理：上肢静脉采集约 1 mL 血液,血样用含有肝素钠的抗凝管收集,充分混匀后静置 0.5~1 h,4℃ 条件下 3 000 r/min 离心 10 min,吸取上层血浆分装置于 EP 管,放入 $-80℃$ 冻存留样待测。

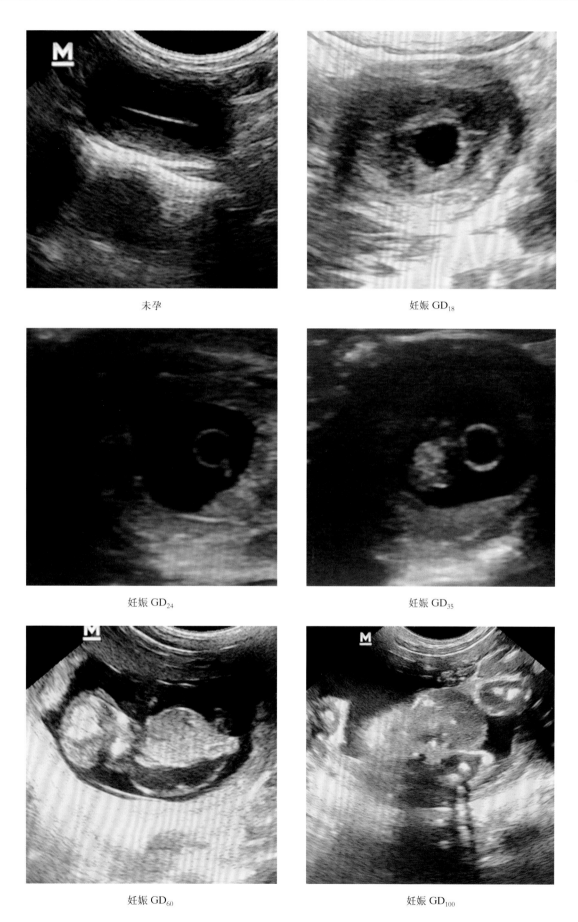

未孕

妊娠 GD_{18}

妊娠 GD_{24}

妊娠 GD_{35}

妊娠 GD_{60}

妊娠 GD_{100}

图 10 - 3 - 1 妊娠期 B 超结果

表 10-3-3　毒代动力学采血时间点

天　数	组别	时间点[a]
GD$_{24}$	2,3	给药前、给药后 0.5 h、1 h、2 h、4 h、8 h、24 h
GD$_{28}$/GD$_{30}$	2,3	给药前、给药后 0.5 h、1 h、2 h、4 h、8 h、24 h

注：[a]为每个采血点可接受的时间范围，见表 10-3-4；TK 采血时间从给药结束后开始计算

表 10-3-4　采血点可接受的时间范围

时间点	可接受的时间范围	时间点	可接受的时间范围
0～2 h	±1 min 内	4～8 h	±2 min 内
24 h 及以上	±30 min 内	—	—

（九）观察指标

（1）一般状况观察：每日观察 2 次（上、下午各一次）动物的一般状况，记录动物外观、行为或异常体征；发现死亡或濒死动物及时剖宫检查。

（2）体重和摄食量：交配成功后，在 GD$_0$、GD$_{20}$、GD$_{28}$、GD$_{42}$、GD$_{56}$、GD$_{70}$、GD$_{84}$、GD$_{98}$、GD$_{112}$、GD$_{126}$、GD$_{140}$ 和 GD$_{154}$ 对孕猴进行体重测量；每日上午观察孕猴摄食情况（定性），即每日记录动物饮食，摄食剩余量小于 1/3 为良好，摄食剩余量 1/3～2/3 为一般，摄食剩余量多余 2/3 为不良。

（3）剖宫检查：GD$_{100}$ 孕猴从子宫颈开始侧切开子宫，取出胎仔，检查胎重（连子宫）、胎盘重量、胎仔存活情况、胎仔性别、重量、顶臀长、尾长及外观、内脏和骨骼。

（4）检查胎仔畸形

1）外观检查：对每只胎仔先经肉眼检查，如果肉眼不能确定某种畸形时，将胎仔放在立体显微镜下进一步确定。

2）头部畸形检查：有无脑积水、露脑、脑疝、脑膜膨出、无眼、小眼、无耳和腭裂。

3）四肢畸形检查：有无多趾、并趾、少趾、无趾、足内翻和短趾。

4）躯干畸形检查：有无脐疝、腹裂、脊髓膨出、脊柱裂和脊柱侧凸。

5）尾巴畸形检查：有无短尾、卷尾、无尾和尾分叉。

6）肛门畸形检查：有无肛门闭锁。

7）骨骼畸形检查：头颅是否完整及骨化程度；有无胸骨节缺失、骨化不全、双骨化点、胸骨节错位、多肋、少肋、肋骨分叉、肋融合和波状肋；有无四肢骨骨化不全、粗短、畸形、多趾和少趾等。

8）器官畸形检查：有无腭裂、舌异常、鼻道扩大、单鼻道、脑水肿和肾积水；眼球是否正常；心、肝、脾、肺、肾和子宫等脏器大小和位置是否异常。

（5）激素检测：采用双抗体夹心法（ELISA 法）测定孕猴体内抗米勒管激素（AHM）、FSH、LH、孕酮（P）、E$_2$、催乳素（PRL）、睾酮（T）、DHT 的水平；根据试剂盒检测说明书，利用酶标仪在 450 nm 波长下测定吸光度（OD 值），通过标准曲线计算样品中待测激素的浓度。

（6）毒代动力学

1）检测环磷酰胺组和沙利度胺组孕猴各采血点的血药浓度，检测各组 GD$_{100}$ 时孕猴的羊水和胎盘。

2）血药浓度峰值 C_{max}、T_{max} 和 AUC 值；毒代动力学数据通过描述性统计学，如平均值、标准差和样本量进行描述。

（7）仔猴的评价指标

1）每天两次观察一般体征。

2）每周一次或每月一次测定体重。

3）出生后 PND$_1$、PND$_{21}$、PND$_{58}$、PND$_{88}$ 和 PND$_{178}$ 进行外观检查，测量胫骨长、头围、尾长、冠臀长和肛门生殖器距离等。

4）出生后 PND$_1$、PND$_{14}$ 和 PND$_{28}$ 进行抓握力评价，考察仔猴抓握绳索至少 30 s 的能力。

5）新生猴神经行为学评价：在 PND$_{100}$、PND$_{125}$、PND$_{150}$ 和 PND$_{178}$ 对各组仔猴进行评价，评价标准见表 10-3-5。

表 10-3-5　新生食蟹猴行为学及神经功能评价操作方法及评分标准

类　别	项　目	标准分值（分）	操作方法及评分标准
定位能力	视觉空间定位	1	眼睛朝向婴儿外围四个位置的物体（0 分＝未朝向；1 分＝短暂直视；2 分＝长期直视）
	视觉跟随	1	眼睛在水平和垂直方向上跟随移动物体（0 分＝接触但没有跟随；1 分＝初始跟随；2 分＝完整跟随）
	注视时长	1	视觉定向和跟随的注视时长（0 分＝没有注视；1 分＝短暂的注视；2 分＝1～2 s 的注视）
	注意力	1	对前项的注意力的评分[0 分＝无关注；1 分＝少量关注（1/4 时长）；2 分＝明确关注（3/4 时长）]
	伸手和抓握	2	尝试抓住视觉定向/跟随玩具（0 分＝没有尝试；1 分＝笨拙地挥打；2 分＝意图抓取并屈曲手指）

续　表

类　别	项　目	标准分值（分）	操作方法及评分标准
状态评价	易怒	1	整个检查过程中注意到的痛苦程度（0 分 = 极端,持续痛苦;1 分 = 轻微,有几次痛苦;2 分 = 没有,没有痛苦）
	发声	3～5 次	将婴儿单独放置在封闭树脂玻璃中 1 min 内发出"喔"声的次数
	测试期间挣扎	2	扭动的程度（0 分 = 少量,25% 的时间扭动;1 分 = 中等,偶尔发生;2 分 = 操作困难,持续扭动）
	安抚性	2	当婴儿在痛苦时,抚慰婴儿的轻松程度（0 分 = 无法安抚婴儿;1 分 = 难以通过抱抱、用襁褓包裹、摇晃和/或轻拍来安抚婴儿;2 分 = 只需抱起婴儿即可轻松安抚）
	安抚必要性	1	检查期间安抚婴儿的必要性和频率（0 分 = 比平均水平少,很少需要干预;1 分 = 中等,经常需要干预;2 分 = 比平均水平更难,需要持续干预）
	主要状态	0	检查时婴儿的状态（0 分 = 警觉、醒着、知道自己在做什么;1 分 = 警觉但有些烦躁;2 分 = 非常激动不安）
	响应强度	0	在 1 min 发声测试期间声音反应质量（0 分 = 轻微"悠闲";1 分 = 中等;2 分 = 高度应激,反应强烈）
活动性	运动行为	1	在 1 min 发声测试期间观察运动活动（0 分 = 轻微,25% 的时间移动;1 分 = 正常,50% 的时间移动;2 分 = 过度,连续运动）
	协调性	2	在 1 min 发声测试期间运动质量评级（0 分 = 较差,运动笨拙;1 分 = 勉强达到要求;2 分 = 优秀,运动灵活）
	自发爬行	2	爬行运动质量（0 分 = 无爬行;1 分 = 弱尝试,不协调;2 分 = 爬行协调）
	消极抵抗	2	对肢体被动屈曲和伸展的抵抗程度（0 分 = 几乎看不见的阻力;1 分 = 中度阻力;2 分 = 强阻力）
	平衡力	2	婴儿保持坐姿并收回支撑（0 分 = 婴儿跌倒;1 分 = 将手臂伸出但跌倒;2 分 = 使用手臂支撑,不跌倒）

6）眼科检查,在 PND_{100}、PND_{150} 和 PND_{178} 对各组仔猴进行眼科检查,内容包括肉眼观察、检眼镜检查（眼底）及裂隙灯检查。

（8）临床病理学:在 PND_7、PND_{30}、PND_{60}、PND_{120}、PND_{150} 和 PND_{178} 时,对各组仔猴进行血液采集,采集前需禁食 12～18 h,血液样本通过股静脉/四肢静脉采集,采集的血液样本放置常温转移盒/试管架内,并在室温条件下送至本机构临床检验室进行处理和分析。

血液学和血凝检测的血样,在采血后将采血管轻柔地上下颠倒数次,以确保血样与抗凝剂充分混匀。用于血液生化/免疫指标和血凝检测的血样在常温,3 500 r/min 条件下离心 10 min,分别获取血清和血浆样本,具体检测指标见表 10 - 3 - 6～表 10 - 3 - 8。

表 10 - 3 - 6　血液学

项　目	单位	方　法
白细胞（WBC）计数	$\times 10^9/L$	流式细胞计数
白细胞分类计数（NEU♯、LYM♯、MONO♯、EO♯、BASO♯）	$\times 10^9/L$	流式细胞计数
白细胞分类计数百分比（NEU%、LYM%、MONO%、EO%、BASO%）	%	流式细胞计数
红细胞计数（RBC）	$\times 10^{12}/L$	鞘流 DC 检测方法

续　表

项　目	单位	方　法
血红蛋白（HGB）	g/L	SLS 血红蛋白检测法
血细胞比容（HCT）	%	RBC 累积脉冲高度检测法
平均红细胞体积（MCV）	fL	由 RBC 和 HCT 算出
平均红细胞血红蛋白含量（MCH）	pg	由 RBC 和 HGB 算出
平均红细胞血红蛋白浓度（MCHC）	g/L	由 HCT 和 HGB 算出
网织红细胞计数（RET）	$\times 10^9/L$	流式细胞计数
网织红细胞计数百分比（RET%）	%	流式细胞计数
血小板计数（PLT）	$\times 10^9/L$	鞘流 DC 检测方法

表 10 - 3 - 7　血液生化、免疫指标

项　目	单位	方　法
丙氨酸转氨酶（ALT）	U/L	IFCC 推荐方法
天冬氨酸转氨酶（AST）	U/L	IFCC 推荐方法
碱性磷酸酶（ALP）	U/L	AMP 为底物 IFCC 优化法
尿素（UREA）	mmol/L	脲酶动态紫外法
肌酐（CREA）	$\mu mol/L$	酶法
白蛋白（ALB）	g/L	溴甲酚绿法

续 表

项　目	单位	方　法
总蛋白(TP)	g/L	双缩脲法
总胆红素(TBIL)	μmol/L	改良重氮法
葡萄糖(GLU)	mmol/L	己糖激酶法
甘油三酯(TRIG)	mmol/L	GPO - PAP 法
胆固醇(TCHO)	mmol/L	CHOD - PAP 法
谷氨酰转肽酶(GGT)	U/L	IFCC 酶法
肌酸激酶(CK)	U/L	酶法
乳酸脱氢酶(LDH)	U/L	酶法
球蛋白(GLO)	g/L	计算
白蛋白/球蛋白(A/G)	N/A	计算
钠(Na^+)	mmol/L	离子选择电极法
钾(K^+)	mmol/L	离子选择电极法
氯(Cl^-)	mmol/L	离子选择电极法
免疫球蛋白(IgA、IgG 和 IgM)	mg/dL	免疫比浊法
补体(C3 和 C4)	mg/dL	免疫比浊法
循环免疫复合物(CIC)	μg/mL	ELISA 法

表 10 - 3 - 8　凝血功能

项　目	单位	方　法
凝血酶原时间(PT)	s	凝固法
部分凝血酶原时间(APTT)	s	凝固法
纤维蛋白原(FIB)	g/L	凝固法

（十）数据统计分析

采用 SPSS 软件对数据进行录入和统计分析。试验数据用 Mean ± SD 表示，平均体重、平均摄食量、平均活胎数、平均活胎重、母体增重、仔猴体重、生理发育指标、反射发育指标和激素水平等资料采用 SPSS 统计学软件进行单因素方差分析；活胎率、死胎率、畸胎率、交配率等资料用百分比表示。

（十一）结果

1. 雌猴交配情况　交配雌猴共计 60 只，B 超确认妊娠动物共计 47 只。其中生理盐水组 11 只孕猴，环磷酰胺组 20 只孕猴，沙利度胺组 16 只孕猴，交配成功率为 78%（47/60 只）。

2. 孕猴整体情况（妊娠期 $GD_0 \sim GD_{178}$）

（1）一般状况观察

1）环磷酰胺：在整个妊娠期间，除有 7 只（7/20）孕猴在给药后陆续出现阴道出血和（或）流产外（$GD_{32} \sim GD_{56}$），其他孕猴的外观体征、行为活动、动物姿势、饮食、被毛、刺激反应、腺体分泌物和呼吸等状况均未见异常。

2）沙利度胺：在整个妊娠期间，除有 3 只（3/16）孕猴在给药后陆续出现阴道出血和（或）流产外（$GD_{41} \sim GD_{53}$），其他孕猴的外观体征、行为活动、动物姿势、饮食、被毛、刺激反应、腺体分泌物和呼吸等状况均未见异常。

3）关于妊娠期间孕猴的流产情况：其中生理盐水组 2 只孕猴（2/11）流产，环磷酰胺组 7 只孕猴（7/20）流产，沙利度胺组 3 只孕猴（3/16）流产，流产率分别为生理盐水 18%、环磷酰胺 35%、沙利度胺 19%（表 10 - 3 - 9 及图 10 - 3 - 2、图 10 - 3 - 3）。

表 10 - 3 - 9　各组孕猴在妊娠期流产情况（GD_{0-168}）

组　别		动物编号	流产率(%)	妊娠天数	原　因
第 1 组 (生理盐水组)	胚胎-胎仔发育毒性	1F06	18%(2/11)	GD_{37}	阴道出血(少量)、流产，孕猴未死亡
	围产期发育毒性	1F10		GD_{134}	流产，孕猴未死亡
第 2 组 (环磷酰胺组)		2F03	35%(7/20)	GD_{32}	阴道出血(大量)、流产，孕猴未死亡
	胚胎-胎仔发育毒性	2F07		GD_{34}	流产，孕猴未死亡
		2F09		GD_{47}	流产，孕猴未死亡
		2F14		GD_{42}	阴道出血(大量)、流产，孕猴未死亡
		2F18		GD_{46}	流产，孕猴未死亡
	围产期发育毒性	2F13		GD_{38}	流产，孕猴未死亡
		2F17		GD_{56}	流产，孕猴未死亡

续 表

组 别		动物编号	流产率(%)	妊娠天数	原 因
第3组 (沙利度胺组)	胚胎-胎仔发育毒性	3F02		GD_{41}	流产,孕猴未死亡
	围产期发育毒性	3F13	19%(3/16)	GD_{47}	阴道出血(少量)、流产,孕猴未死亡
		3F16		GD_{53}	流产,孕猴未死亡

图 10-3-2 生理盐水组 1F14 GD_{134} 流产

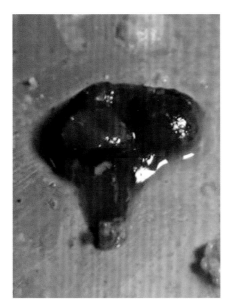

图 10-3-3 环磷酰胺组 2F07 GD_{34} 流产

（2）体重及宫外增重

1）环磷酰胺 ① 体重:在妊娠期间(GD_{0-156}),与生理盐水组比较,环磷酰胺组在 GD_{44}～GD_{156} 时体重降低,具有统计学差异($P\leq0.05$),故认为环磷酰胺对妊娠期孕猴体重有影响(表 10-3-10 和图 10-3-4);② 宫外增重:在妊娠期间(GD_{0-100}),与生理盐水组比

较,环磷酰胺组在宫外增重减少,具有统计学差异($P\leq0.01$)。表明环磷酰胺能导致孕猴宫外增重降低(表 10-3-11 和图 10-3-5)。

表 10-3-10 妊娠期孕猴体重(kg,GD_{0-156})

天 数	第1组 (生理盐水组)	第2组 (环磷酰胺)	第3组 (沙利度胺)
孕猴数(n)	9	13	13
GD_0	3.08±0.26	3.13±0.25	3.00±0.35
GD_{20}	3.22±0.32	3.19±0.25	3.08±0.37
GD_{36}	3.29±0.29	3.24±0.25	3.13±0.35
GD_{44}	3.40±0.32	3.28±0.30*	3.36±0.40
GD_{52}	3.52±0.34	3.32±0.30*	3.46±0.34
GD_{60}	3.64±0.24	3.35±0.31*	3.52±0.35
GD_{68}	3.73±0.26	3.38±0.35*	3.61±0.37
GD_{76}	3.85±0.23	3.44±0.40*	3.67±0.35
GD_{84}	3.90±0.19	3.50±0.38*	3.89±0.36
GD_{100}	3.99±0.23	3.60±0.41*	3.86±0.37
GD_{132} [a]	3.98±0.13	3.40±0.39*	3.89±0.22
GD_{156} [a]	4.05±0.16	3.41±0.37*	3.93±0.18

注:[a] 仅含有围产期发育毒性动物(第1组 3 只;第2组 6 只;第3组 6 只)。* 与生理盐水组比较,$P\leq0.05$

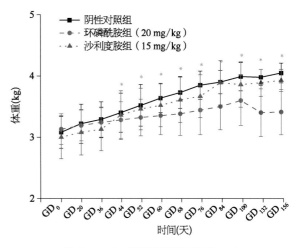

图 10-3-4 妊娠期孕猴体重(GD_{0-156})

表10-3-11 孕猴妊娠期宫外增重(kg,GD0-100)

天　数	第1组 (生理盐水组)	第2组 (环磷酰胺)	第3组 (沙利度胺)
孕猴数(n)	6	7	7
GD0 体重	3.08 ± 0.26	3.13 ± 0.25	3.00 ± 0.35
GD100 体重	3.99 ± 0.23	3.60 ± 0.41	3.86 ± 0.37
宫外增重	0.54 ± 0.17	$0.28 \pm 0.29^{**}$	0.50 ± 0.27

注:宫外增重计算方法:GD100 - GD20 - 子宫连胎重。** 与生理盐水组比较,$P \leqslant 0.01$

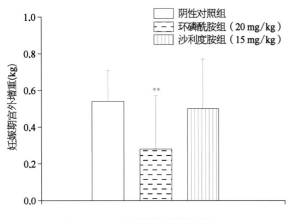

图10-3-5 妊娠期宫外增重(GD0-100)

2) 沙利度胺:① 体重:在妊娠期间(GD0-156),与生理盐水组比较,沙利度胺体重未见明显变化,无统计学差异($P > 0.05$)。故认为沙利度胺对孕猴体重无明显影响(表10-3-10 和图10-3-4)。② 宫外增重:在妊娠期间(GD0-100),与生理盐水组比较,沙利度胺组宫外增重未见明显变化,无统计学差异($P > 0.05$)。故认为沙利度胺对孕猴宫外增重无明显影响(表10-3-11 和图10-3-5)。

(3) 摄食量评估:整个妊娠期间(GD20~GD178),生理盐水组、环磷酰胺组和沙利度胺组动物摄食评估均为"良好"(每天摄食剩余量小于1/3)。各组摄食量评估均未见异常。

3. 妊娠结局(GD100)　在妊娠第100天(GD100),解剖每组前一半的孕猴,其中生理盐水组6只孕猴,环磷酰胺7只孕猴,沙利度胺组7只孕猴(表10-3-12)。

(1) 生理盐水组:活胎6个,0个死胎,活胎率为100%,死胎率为0%。

(2) 环磷酰胺组:活胎6个,1个死胎,活胎率为86%,死胎率为14%。

(3) 沙利度胺组:活胎7个,0个死胎,活胎率为100%,死胎率为0%。

表10-3-12 各组妊娠结局(GD100)

组　别	孕猴数 (只)	活胎数 (只)	活胎率 (%)	死胎数 (只)	死胎率 (%)
生理盐水组	6	6	100%	0	0%
环磷酰胺组	7	6	86%	1	14%
沙利度胺组	7	7	100%	0	0%

4. 剖宫检查(GD100)

(1) 胎仔体重、体格发育检查:指标汇总见表10-3-13 和表10-3-14。

1) 环磷酰胺:环磷酰胺组的胎仔体重、胸围、胫骨和前臂长度均低于生理盐水组($P \leqslant 0.05$)。

2) 沙利度胺:沙利度胺组的胎仔体重、胸围、尾长、胫骨和前臂长度均低于生理盐水组($P \leqslant 0.05$ 或 $P \leqslant 0.01$)。

表10-3-13 剖宫检查中胎仔体格发育指标(GD100,$\bar{X} \pm SD$)

天　数	第1组 (生理盐水组) $n=6$	第2组 (环磷酰胺) $n=7$	第3组 (沙利度胺) $n=7$
体重(g)	134.12 ± 13.25	$125.12 \pm 15.23^*$	$119.95 \pm 9.23^*$
顶臀长(mm)	168 ± 11	163 ± 5	162 ± 7
胸围(mm)	123 ± 23	$112 \pm 14^*$	$115 \pm 9^*$
尾长(mm)	229 ± 18	211 ± 12	$175 \pm 23^*$
胫骨长(mm)	45 ± 18	$39 \pm 6^*$	$13 \pm 2^{**}$
前臂长(mm)	43 ± 16	34 ± 12	$9 \pm 3^{**}$
肛殖距(mm) 雄性[a]	23~33	19~31	23~37
肛殖距(mm) 雌性[a]	6~13	8~12	9~11

注:[a]由于个别组动物数小于3只,用个体值范围统计。与生理盐水组比较,* $P \leqslant 0.05$,** $P \leqslant 0.01$

表10-3-14 胎仔体重及脏器重量(GD100,g,$\bar{X} \pm SD$)

天数	第1组 (生理盐水组) $n=6$	第2组 (环磷酰胺) $n=7$	第3组 (沙利度胺) $n=7$
性别	3F/3M	3F/4M	3F/4M
脑	15.831 ± 32.15	14.461 ± 52.15	15.231 ± 24.15
心脏	0.72 ± 0.11	0.56 ± 0.25	0.67 ± 0.41
肝脏	4.03 ± 0.88	4.21 ± 1.49	3.93 ± 0.67
脾脏	0.31 ± 0.55	0.33 ± 0.51	0.32 ± 0.45
肺脏	3.25 ± 0.77	2.86 ± 1.20	3.01 ± 0.34

续　表

天数	第 1 组 （生理盐水组） $n=6$	第 2 组 （环磷酰胺） $n=7$	第 3 组 （沙利度胺） $n=7$
肾脏	0.82 ± 0.64	0.73 ± 0.41	0.75 ± 0.42
卵巢	0.027 ± 0.027	0.023 ± 0.017	0.022 ± 0.005
睾丸	0.029 ± 0.057	0.024 ± 0.061	0.026 ± 0.035

注：F，雌性；M，雄性

（2）胎仔的脏器重量：胎仔脏器重量汇总数据见表 10-3-15。

1）环磷酰胺：与生理盐水组比较，环磷酰胺组主要脏器重量（心脏、肝脏、脾脏、肺脏、肾脏、卵巢和睾丸）无明显变化（$P>0.05$）。

2）沙利度胺：与生理盐水组比较，环磷酰胺组主要脏器重量（心脏、肝脏、脾脏、肺脏、肾脏、卵巢和睾丸）无明显变化（$P>0.05$）。

表 10-3-15　胎仔骨骼检查结果

检 测 项 目	生理盐水组（第 1 组）	环磷酰胺组（第 2 组）	沙利度胺组（第 3 组）
检查胎仔数	6	7	7
骨化不全			
顶骨	0/6	2/7	0/7
额骨	0/6	4/7	0/7
枕骨	0/6	1/7	0/7
下颌骨	1/6	0/7	0/7
胸骨柄处	0/6	1/7	0/7
第 2 胸骨	1/6	2/7	1/7
第 5 胸骨	0/6	1/7	0/7
第 6 胸骨	0/6	3/7	1/7
双肱骨	0/6	0/7	1/7
双尺骨	0/6	0/7	1/7
双桡骨	0/6	0/7	1/7
双跗骨	0/6	0/7	1/7
双后肢股骨	0/6	0/7	2/7
双后肢股骨	0/6	0/7	1/7
双后胫骨	0/6	0/7	3/7
双后腓骨	0/6	0/7	4/7
双后跗骨	0/6	0/7	5/7
右后肢股骨	0/6	0/7	3/7
右侧第 2 跖骨	0/6	0/7	1/7
右侧第 1 趾骨（从左往右数）	0/6	0/7	1/7
尾椎弯曲/异形			
第 9～17 尾椎骨化不全且排列杂乱	0/6	0/7	1/7
10～14 尾椎弯曲	0/6	0/7	2/7
尾椎形状异形	0/6	0/7	1/7
趾骨缺失			
左后肢第 4 趾骨缺失（从左往右数）	0/6	0/7	1/7

检 测 项 目	生理盐水组(第1组)	环磷酰胺组(第2组)	沙利度胺组(第3组)
右后肢第2趾骨缺失(从左往右数)	0/6	1/7	1/7
趾骨(多指)			
左右后肢趾骨多指(6指)	0/6	3/7	0/7
骨化点			
胸骨3~4个	0/6	1/7	0/7
胸骨5~6个	0/6	6/7	2/7
胸骨7~9个	6/6	0/7	5/7
肋骨(短肋)			
第14肋左侧	0/6	2/7	4/7
第12肋右侧	0/6	1/7	3/7
肋骨／肋软骨(融合)			
第3、4肋骨(双侧)	0/6	1/7	0/7
第1、2肋软骨在第1胸骨处融合(双侧)	0/6	1/7	0/7
第1、2肋软骨左侧在胸骨处融合(双侧)	0/6	0/7	1/7
第6、7肋骨、肋软骨右侧融合	0/6	0/7	1/7
第7肋软骨未与胸骨融合(双侧)	0/6	0/7	1/7
第8肋软骨与胸骨融合(双侧)	0/6	1/7	5/7
第1、2肋软骨在胸骨处融合(双侧)	0/6	0/7	3/7
第3、4肋软骨不对称错位(双侧)	0/6	1/7	0/7
第1、2、4、5肋软骨融合(左侧)	0/6	1/7	0/7
骨融合			
第2、3骶骨融合	0/6	1/7	0/7
第2、3、4骶骨融合	0/6	2/7	1/7
第1、2腰椎融合,第5、6腰椎融合	0/6	1/7	0/7
第7腰椎和第1、2、3骶骨融合	0/6	1/7	0/7
第13、14尾椎融合	0/6	3/7	3/7
第11、12尾椎融合	0/6	2/7	3/7
第7、8尾椎融合	0/6	3/7	2/7
骨缺失			
桡骨	0/6	0/7	5/7
掌骨	0/6	0/7	5/7
指骨	0/6	0/7	5/7
股骨	0/6	0/7	5/7
胫骨	0/6	0/7	5/7
长骨不规则			
	0/6	0/7	3/7

5. 畸形检查（GD$_{100}$）

（1）外观检查

1）环磷酰胺：有 3 只（3/7）胎仔出现面部畸形（口裂、鼻裂），故认为环磷酰胺对胎仔外观均具有影响（图 10-3-6）。

2）沙利度胺：有 5 只（5/7）胎仔出现四肢发育畸形（前/后肢缺失、未发育或变短），故认为沙利度胺对胎仔外观具有影响（图 10-3-7）。

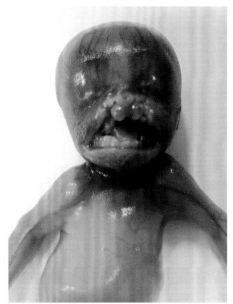

图 10-3-6　剖宫检查环磷酰胺组（面部畸形）

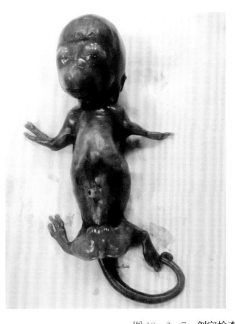
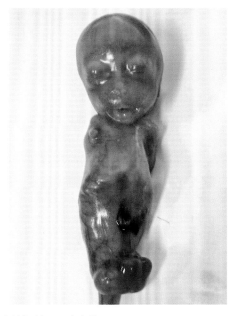

图 10-3-7　剖宫检查沙利度胺组（四肢畸形）

（2）骨骼检查：对 GD$_{100}$ 解剖的 20 只胎仔（生理盐水组 6 只，环磷酰胺 7 只，沙利度胺 7 只）进行骨骼检查，具体检查结果见表 10-3-15 和图 10-3-8。

1）环磷酰胺：检查 7 只胎仔骨骼，其中骨化不全：头骨（4 例）、胸骨（3 例）、枕骨（1 例）；胸骨骨化点减少（7 例）、肋骨（短肋 1 例）、趾骨（多指，3 例）、肋骨/肋软骨（融合，1 例）等骨畸形发生率明显增加。

2）沙利度胺：检查 7 只胎仔骨骼，主要是四肢骨骼畸形率升高，表现为尾椎弯曲/异形（4 例）、桡骨、掌骨、指骨、股骨、胫骨缺失（各 5 例）和长骨不规则（3 例）等。

（3）内脏检查：共检查 20 只胎仔，其中阴性 6 只、环磷酰胺组 7 只和沙利度胺组 7 只。与生理盐水组比较，各组胎仔内脏未见明显的异常改变。

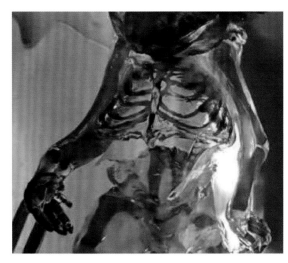

图 10-3-8　环磷酰胺组肋骨骨骼畸形（杂乱、融合、异位、奇形）

6. 激素检测　包括抗米勒管激素（AMH）、FSH、LH、孕酮（P）、E_2、催乳素（PRL）、睾酮（T）、DHT。激素汇总结果见表 10-3-16。

（1）AMH：生理盐水组、环磷酰胺组和沙利度胺组从 GD_0 开始至 GD_{150}，各组的 AMH 激素水平整体呈缓慢降低的趋势。环磷酰胺组和沙利度胺组与生理盐水组之间的变化趋势和幅度基本一致。

（2）FSH：生理盐水组、环磷酰胺组和沙利度胺组从 GD_0 开始至 GD_{150}，各组的 FSH 激素水平整体呈缓慢降低的趋势。环磷酰胺组和沙利度胺组与生理盐水组之间的变化趋势和幅度基本一致。

（3）LH：生理盐水组、环磷酰胺组和沙利度胺组在 GD_0 至 GD_{50} 的时候，各组的 LH 激素水平整体呈升高的趋势，在 GD_{50}～GD_{150} 呈现下降的趋势，整体变化规律为在妊娠前期呈升高趋势、到了妊娠期中后期呈下降的趋势。环磷酰胺组和沙利度胺组与生理盐水组之间的变化趋势和幅度基本一致。

（4）孕酮：生理盐水组、环磷酰胺组和沙利度胺组从 GD_0 开始至 GD_{150}，各组的孕酮的激素水平整体呈升高趋势。在 GD_0～GD_{50} 时升高较缓慢，在 GD_{100}～GD_{150} 时升高趋势明显。环磷酰胺组和沙利度胺组与生理盐水组之间的变化趋势和幅度基本一致。

（5）E_2：生理盐水组、环磷酰胺组和沙利度胺组从 GD_0 开始至 GD_{150}，各组的雌二醇的激素水平整体呈升高趋势。在 GD_0～GD_{50} 时升高趋势较明显，在 GD_{100}～GD_{150} 时升高趋势放缓，但整体水平高于 GD_0。环磷酰胺组和沙利度胺组与生理盐水组之间的变化趋势和幅度基本一致。

（6）PRL：生理盐水组、环磷酰胺组和沙利度胺组从 GD_0 开始至 GD_{150}，各组的催乳素的激素水平整体呈升高趋势。在 GD_0～GD_{50} 时升高趋势较明显，在 GD_{100}～GD_{150} 时升高趋势放缓，但整体水平高于 GD_0。环磷酰胺组和沙利度胺组与生理盐水组之间的变化趋势和幅度基本一致。

（7）睾酮：生理盐水组、环磷酰胺组和沙利度胺组从 GD_0 开始至 GD_{150}，各组的睾酮的激素水平呈先平稳后轻微下降的变化趋势。在 GD_{100}～GD_{150} 时各组睾酮水平呈轻微的下降趋势。环磷酰胺组和沙利度胺组与生理盐水组之间的变化趋势和幅度基本一致。

（8）DHT：生理盐水组、环磷酰胺组和沙利度胺组从 GD_0 开始至 GD_{150}，各组 DHT 水平无明显变化。与生理盐水组比较，环磷酰胺组和沙利度胺组的双氢睾酮变化趋势和幅度基本一致。

表 10-3-16　妊娠期孕猴的激素水平结果

检测指标	时　间	氯化钠组	环磷酰胺组	沙利度胺组
动物数（n）	—	9	13	13
AMH（pg/mL）	GD_0	1 589.861±412.373	2 381.674±399.142	1 625.401±318.028
	GD_{20}	1 581.783±609.309	1 983.567±431.762	1 521.829±312.772
	GD_{50}	1 463.788±419.458	2 071.674±399.142	1 581.829±312.772
	GD_{100}	1 440.453±267.690	1 878.786±392.645	1 484.657±285.332
	GD_{150}[a]	1 317.574±278.949	1 778.786±392.645	1 284.657±285.332
FSH（IU/L）	GD_0	11.537±1.615	12.015±1.616	10.015±1.575
	GD_{20}	9.711±3.570	9.364±1.957	8.061±2.619
	GD_{50}	6.687±1.156	6.293±2.036	7.714±4.916

续　表

检测指标	时　间	氯化钠组	环磷酰胺组	沙利度胺组
FSH （IU/L）	GD_{100}	4.268 ± 4.485	4.142 ± 1.145	5.137 ± 3.940
	GD_{150} [a]	3.615 ± 1.489	5.118 ± 3.840	3.840 ± 2.587
LH （ng/L）	GD_0	50.764 ± 8.940	42.827 ± 17.594	32.298 ± 12.617
	GD_{20}	65.173 ± 10.361	53.278 ± 18.566	45.583 ± 8.360
	GD_{50}	100.768 ± 8.615	80.962 ± 17.231	75.973 ± 13.878
	GD_{100}	42.827 ± 17.594	61.741 ± 30.424	65.173 ± 10.361
	GD_{150} [a]	32.298 ± 12.617	49.852 ± 32.398	33.165 ± 14.982
孕酮 （pmol/L）	GD_0	723.535 ± 81.757	753.463 ± 209.504	886.502 ± 108.500
	GD_{20}	999.270 ± 169.628	831.164 ± 202.831	$1\,000.808 \pm 218.226$
	GD_{50}	965.605 ± 128.170	902.347 ± 187.088	$1\,271.255 \pm 146.228$
	GD_{100}	$1\,199.980 \pm 144.003$	$1\,283.420 \pm 202.146$	$1\,157.874 \pm 106.506$
	GD_{150} [a]	$1\,330.390 \pm 112.016$	$1\,271.074 \pm 228.208$	$1\,240.817 \pm 90.398$
E_2 （ng/L）	GD_0	84.596 ± 22.946	78.607 ± 23.267	66.955 ± 16.334
	GD_{20}	250.330 ± 10.011	198.387 ± 23.048	234.450 ± 18.421
	GD_{50}	380.221 ± 8.059	345.785 ± 22.459	367.104 ± 31.799
	GD_{100}	328.522 ± 22.522	367.413 ± 13.260	323.128 ± 16.030
	GD_{150} [a]	299.031 ± 10.265	310.201 ± 25.440	303.501 ± 24.021
PRL （ng/L）	GD_0	923.542 ± 131.997	926.677 ± 179.270	802.476 ± 73.432
	GD_{20}	897.998 ± 329.205	716.127 ± 250.579	794.755 ± 97.784
	GD_{50}	778.601 ± 165.581	922.934 ± 159.411	685.409 ± 100.316
	GD_{100}	$1\,398.984 \pm 281.239$	$1\,447.939 \pm 320.725$	$1\,365.005 \pm 92.714$
	GD_{150} [a]	$1\,494.102 \pm 190.857$	$1\,542.076 \pm 150.759$	$1\,412.521 \pm 87.462$
睾酮 （nmol/L）	GD_0	20.905 ± 1.396	17.421 ± 5.304	23.911 ± 7.846
	GD_{20}	19.083 ± 3.824	19.723 ± 4.762	26.146 ± 2.903
	GD_{50}	24.054 ± 4.236	23.286 ± 2.853	23.277 ± 5.971
	GD_{100}	10.152 ± 9.789	15.823 ± 6.382	14.199 ± 7.165
	GD_{150} [a]	14.573 ± 11.637	16.490 ± 12.195	11.914 ± 9.651
DHT （nmol/L）	GD_0	8.743 ± 0.421	7.879 ± 0.977	6.861 ± 0.704
	GD_{20}	8.385 ± 4.419	7.890 ± 0.986	6.546 ± 1.154
	GD_{50}	7.487 ± 3.439	7.815 ± 1.087	6.729 ± 0.921
	GD_{100}	8.272 ± 0.783	7.901 ± 0.643	6.867 ± 0.565
	GD_{150} [a]	8.089 ± 3.267	7.698 ± 4.272	6.221 ± 3.103

注：[a] GD_{150} 动物数为生理盐水组 3 只、环磷酰胺组为 6 只、沙利度胺组 6 只

7. 毒代动力学

（1）分析批

1）环磷酰胺：毒代血浆样本检测共进行 5 个分析批，4 个样本分析批，1 个 ISR 分析批；5 个分析批满足要求。

2）沙利度胺：毒代血浆样本检测共进行 3 个分析

批,2 个样本分析批,1 个 ISR 分析批,3 个分析批满足要求。

(2) 标准曲线

1) 环磷酰胺:标准曲线定量范围为 10.00～10 000.00 ng/mL,共 8 个浓度。环磷酰胺的标准曲线回算浓度的准确度偏差在 -9.84%～10.06%,

各分析批标准曲线的线性系数 $R^2 \geqslant 0.992\,8$(表 10 - 3 - 17)。

2) 沙利度胺:标准曲线定量范围为 50.00～10 000.00 ng/mL,共 8 个浓度。沙利度胺的标准曲线回算浓度的准确度偏差在 -9.68%～9.21%,各分析批标准曲线的线性系数 $R^2 \geqslant 0.995\,0$(表 10 - 3 - 18)。

表 10 - 3 - 17　环磷酰胺标准曲线结果

分析批名称	理论浓度	C8 (10.00)	C7 (20.00)	C6 (100.00)	C5 (500.00)	C4 (1 500.00)	C3 (5 000.00)	C2 (9 000.00)	C1 (10 000.00)	斜率	截距	R^2
		标准曲线浓度(ng/mL)										
SA-Batch001	实际浓度	9.65	21.32	99.95	547.58	1 405.44	5 502.94	8 114.54	9 345.56	0.001 930	-0.001 940	0.992 8
	准确度(%)	96.55	106.62	99.95	109.52	93.70	110.06	90.16	93.46			
	RE%	-3.45	6.62	-0.05	9.52	-6.30	10.06	-9.84	-6.54			
SA-Batch002	实际浓度	9.72	10 064.90	101.25	517.54	5 299.08	21.07	1 387.16	8 424.04	0.001 9	-0.000 664	0.996 8
	准确度(%)	97.16	100.65	101.25	103.51	105.98	105.37	92.48	93.60			
	RE%	-2.84	0.65	1.25	3.51	5.98	5.37	-7.52	-6.40			
ISR-Batch001-r2-Reinjection-1	实际浓度	9.85	10 074.13	97.67	527.18	5 340.64	20.67	1 400.38	8 473.56	0.001 85	0.000 164	0.997 0
	准确度(%)	98.49	100.74	97.67	105.44	106.81	103.34	93.36	94.15			
	RE%	-1.51	0.74	-2.33	5.44	6.81	3.34	-6.64	-5.85			
SA-Batch004	实际浓度	10.1	19.5	100.98	542.87	1 536.36	4 933.47	8 497.82	9 645.13	0.003 71	0.000 749	0.997 8
	准确度(%)	100.97	97.51	100.98	108.57	102.42	98.67	94.42	96.45			
	RE%	0.97	-2.49	0.98	8.57	2.42	-1.33	-5.58	-3.55			
SA-Batch005	实际浓度	10.08	19.75	97.12	526.61	1 510.41	5 161.06	8 584.41	9 872.35	0.003 34	0.001 73	0.998 8
	准确度(%)	100.81	98.73	97.12	105.32	100.69	103.22	95.38	98.72			
	RE%	0.81	-1.27	-2.88	5.32	0.69	3.22	-4.62	-1.28			
SA-Batch006	实际浓度	9.91	20.51	95.18	530.66	1 488.33	5 036.97	8 844.78	9 881.88	0.003 22	-0.002 04	0.998 8
	准确度(%)	99.1	102.53	95.18	106.13	99.22	100.74	98.28	98.82			
	RE%	-0.90	2.53	-4.82	6.13	-0.78	0.74	-1.72	-1.18			
ISR-Batch002	实际浓度	9.91	20.43	96.97	524.16	1 442.14	5 241.63	8 770.58	9 846.2	0.003 2	-0.001 02	0.998 6
	准确度(%)	99.14	102.16	96.97	104.83	96.14	104.83	97.45	98.46			
	RE%	-0.86	2.16	-3.03	4.83	-3.86	4.83	-2.55	-1.54			

表 10 - 3 - 18　沙利度胺标准曲线结果

分析批名称	理论浓度	C8 (50.00)	C7 (100.00)	C6 (400.00)	C5 (1 000.00)	C4 (3 000.00)	C3 (6 000.00)	C2 (9 000.00)	C1 (10 000.00)	斜率	截距	R^2
					标准曲线浓度(ng/mL)							
SA - Batch001 - r1	实际浓度	48.27	106.41	418.73	956.46	2 856.46	5 419.40	9 350.73	10 729.78			
	准确度(%)	96.53	106.41	104.68	95.65	95.22	90.32	103.90	107.30	0.001 100	− 0.009 430	0.995 2
	RE%	− 3.47	6.41	4.68	− 4.35	− 4.78	− 9.68	3.90	7.30			
SA - Batch002 - r2	实际浓度	50.93	96.25	404.75	977.88	2 953.91	5 497.19	9 590.62	10 626.29			
	准确度(%)	101.86	96.25	101.19	97.79	98.46	91.62	106.56	106.26	0.001 0	0.008 580	0.996 8
	RE%	1.86	− 3.75	1.19	− 2.21	− 1.54	− 8.38	6.56	6.26			
ISR - Batch001 - r1	实际浓度	52.21	92.75	366.33	1 038.62	3 081.36	6 020.86	8 959.37	10 478.46			
	准确度(%)	104.41	92.75	91.58	103.86	102.71	100.34	99.55	104.78	0.001 16	− 0.003 530	0.996 6
	RE%	4.41	− 7.25	− 8.42	3.86	2.71	0.34	− 0.45	4.78			
SA - Batch004	实际浓度	47.87	107.19	411.79	1 092.15	2 847.77	5 504.01	9 275.37	9 519.21			
	准确度(%)	95.74	107.19	102.95	109.21	94.93	91.73	103.06	95.19	0.001 21	0.007 48	0.995 0
	RE%	− 4.26	7.19	2.95	9.21	− 5.07	− 8.27	3.06	− 4.81			
ISR - Batch002	实际浓度	48.13	105.68	432.22	982.67	3 091.34	6 005.09	8 234.62	9 712.46			
	准确度(%)	96.25	105.68	108.05	98.27	103.04	100.08	91.5	97.12	0.001 57	0.011 2	0.996 4
	RE%	− 3.75	5.68	8.05	− 1.73	3.04	0.08	− 8.50	− 2.88			

（3）质控样品

1）环磷酰胺：低、中、高质控样本浓度分别为：30 ng/mL、800 ng/mL、8 000 ng/mL；3 个不同浓度质控样本准确度介于−8.72%～14.77%（表 10 - 3 - 19）。

2）沙利度胺：低、中、高质控样本浓度分别为：150 ng/mL、1 200 ng/mL、8 000 ng/mL；3 个不同浓度质控样本准确度介于 − 7.03%～14.27%（表 10 - 3 - 20）。

表 10 - 3 - 19　环磷酰胺质控样品结果

分析批名称	理论浓度	LQC(30.00)		MQC(800.00)		HQC(8 000.00)	
				质控样品浓度(ng/mL)			
SA - Batch001	实际浓度	32.54	34.43	772.75	853.33	8 591.26	8 631.07
	准确度(%)	108.46	114.77	96.59	106.67	107.39	107.89
	RE%	8.46	14.77	− 3.41	6.67	7.39	7.89
SA - Batch002	实际浓度	35.08	34.09	778.86	730.25	8 178.48	8 264.88
	准确度(%)	*116.92*	113.62	97.36	91.28	102.23	103.31
	RE%	*16.92*	13.62	− 2.64	− 8.72	2.23	3.31

续　表

分析批名称	理论浓度	质控样品浓度(ng/mL)					
		LQC(30.00)		MQC(800.00)		HQC(8 000.00)	
ISR - Batch001 - r2 - Reinjection - 1	实际浓度	33.57	35.30	829.76	784.28	8 455.62	8 294.23
	准确度(%)	111.88	*117.66*	103.72	98.04	105.70	103.68
	RE%	11.88	*17.66*	3.72	−1.96	5.70	3.68
SA - Batch004	实际浓度	31.63	30.22	833.75	813.14	7 968.17	7 731.53
	准确度(%)	105.44	100.74	104.22	101.64	99.6	96.64
	RE%	5.44	0.74	4.22	1.64	−0.40	−3.36
SA - Batch005	实际浓度	31.5	28.36	868.73	802.25	8 164.33	7 625.21
	准确度(%)	105.01	94.54	108.59	100.28	102.05	95.32
	RE%	5.01	−5.46	8.59	0.28	2.05	−4.68
SA - Batch006	实际浓度	30.95	30.75	844.64	820.74	7 965.45	7 888.29
	准确度(%)	103.16	102.51	105.58	102.59	99.57	98.6
	RE%	3.16	2.51	5.58	2.59	−0.43	−1.40
ISR - Batch002	实际浓度	30.5	30.37	875.27	783.48	8 385.36	7 566.44
	准确度(%)	101.68	101.23	109.41	97.94	104.82	94.58
	RE%	1.68	1.23	9.41	−2.06	4.82	−5.42

注：加粗斜体数据表示未在接受标准范围内

表 10 - 3 - 20　沙利度胺质控样品结果

分析批名称	理论浓度	质控样品浓度(ng/mL)					
		LQC(150.00)		MQC(1 200.00)		HQC6(8 000.00)	
SA - Batch001 - r1	实际浓度	156.22	147.10	1 226.14	1 133.81	9 141.45	9 951.93
	准确度(%)	104.15	98.06	102.18	94.48	114.27	*124.40*
	RE%	4.15	−1.94	2.18	−5.52	14.27	*24.40*
SA - Batch002 - r2	实际浓度	151.02	141.40	1 191.58	1 145.92	8 597.44	9 715.82
	准确度(%)	100.68	94.27	99.30	95.49	107.47	*121.45*
	RE%	0.68	−5.73	−0.70	−4.51	7.47	*21.45*
ISR - Batch001 - r1	实际浓度	155.03	158.90	1 141.26	1 119.18	8 491.30	8 469.47
	准确度(%)	103.35	105.93	95.10	93.27	106.14	105.87
	RE%	3.35	5.93	−4.90	−6.73	6.14	5.87
SA - Batch004	实际浓度	150.24	144.99	1 123.69	1 121.65	8 341.29	8 164.78
	准确度(%)	100.16	96.66	93.64	93.47	104.27	102.06
	RE%	0.16	−3.34	−6.36	−6.53	4.27	2.06
ISR - Batch002	实际浓度	140.47	164.08	1 115.66	1 301.41	8 655.31	9 352.84
	准确度(%)	93.64	109.39	92.97	108.45	108.19	116.91
	RE%	−6.36	9.39	−7.03	8.45	8.19	16.91

注：加粗斜体数据表示未在接受标准范围内

（4）毒代动力学结果（表 10 - 3 - 21）

1）环磷酰胺：① 第 1 次给药后（GD₂₄）食蟹猴血药浓度达峰时间为 0.5 h；达峰浓度 C_{max} 为（5 160.91 ± 960.02）ng/mL，AUC_{0-t} 分别为（6 167.46 ± 1 161.82）h·ng/mL；② 第 5 次给药后（GD₂₈）食蟹猴血药浓度达峰时间为 0～0.5 h；达峰浓度 C_{max} 为（4 822.83 ± 1 837.59）ng/mL，AUC_{0-t} 分别为（6 065.23 ± 2 307.81）h·ng/mL。

2）沙利度胺：① 第 1 次给药后（GD₂₄）食蟹猴血药浓度达峰时间为 4～24 h；达峰浓度 C_{max} 为（1 231.86 ± 389.07）ng/mL，AUC_{0-t} 分别为（19 601.53 ± 7 243.93）h·ng/mL；② 第 7 次给药后（GD₃₀）沙利度胺灌胃组食蟹猴血药浓度达峰时间为 2～24 h；达峰浓度 C_{max} 为（2 277.09 ± 826.98）ng/mL，AUC_{0-t} 分别为（37 949.53 ± 13 612.97）h·ng/mL。

3）组织样本（羊水、胎盘）：① 环磷酰胺：各动物中羊水和胎盘中的药物浓度均低于定量下限浓度（表 10 - 3 - 22）；② 沙利度胺：各动物中羊水和胎盘中的药物浓度均低于定量下限浓度（表 10 - 3 - 23）。

表 10 - 3 - 21　各组毒代动力学参数

给药天数	TK 参数（单位）	环磷酰胺（第 2 组）	沙利度胺（第 3 组）
	动物数	$n=13$	$n=13$
GD₂₄	T_{max}（h）	0.5	4～24
	C_{max}（ng/mL）	5 160.91 ± 960.02	1 231.86 ± 389.07
	$AUC_{0-24 h}$（h·ng/mL）	6 167.46 ± 1 161.82	19 601.53 ± 7 243.93
GD₂₈/GD₃₀	T_{max}（h）	0～0.5	2～24
	C_{max}（ng/mL）	4 822.83 ± 1 837.59	2 277.09 ± 826.98
	$AUC_{0-24 h}$（h·ng/mL）	6 065.23 ± 2 307.81	37 949.53 ± 13 612.97

注：第 2 组末次给药日为 GD₂₈，第 3 组末次给药日为 GD₃₀

表 10 - 3 - 22　食蟹猴组织中环磷酰胺浓度（ng/mL）

动物编号	羊水	胎盘	胎盘中	胎盘边
2F01	BLQ	BLQ	BLQ	BLQ
2F02	BLQ	BLQ	BLQ	BLQ
2F03	BLQ	BLQ	BLQ	BLQ
2F04	BLQ	BLQ	BLQ	BLQ

续　表

动物编号	羊水	胎盘	胎盘中	胎盘边
2F05	BLQ	BLQ	BLQ	BLQ
2F06	BLQ	BLQ	BLQ	BLQ
2F07	BLQ	BLQ	BLQ	BLQ

注：BLQ，低于定量下限

表 10 - 3 - 23　食蟹猴组织中沙利度胺浓度（ng/mL）

动物编号	羊水	胎盘	胎盘中	胎盘边
3F01	BLQ	BLQ	BLQ	BLQ
3F02	BLQ	BLQ	BLQ	BLQ
3F03	BLQ	BLQ	BLQ	BLQ
3F04	BLQ	BLQ	BLQ	BLQ
3F05	BLQ	BLQ	BLQ	BLQ
3F06	BLQ	BLQ	BLQ	BLQ
3F07	BLQ	BLQ	BLQ	BLQ

注：BLQ，低于定量下限

8. 仔猴的评价（围产期发育毒性）

（1）仔猴外观形态检查：各组另一半孕猴在 GD₁₆₀～GD₁₇₈ 分娩仔猴，共计分娩活仔猴 15 只，其中生理盐水组 3 只、环磷酰胺 6 只和沙利度胺 6 只。未见死仔。

1）生理盐水组所有动物外观未见异常。

2）环磷酰胺：有 3 只（3/6）胎仔面部畸形、（口裂、鼻裂）、有 1 只（1/6）后肢脚趾并趾、趾短，有 1 只（1/6）外耳道天然闭合（图 10 - 3 - 9～图 10 - 3 - 11）。

图 10 - 3 - 9　出生后环磷酰胺组面部畸形（口裂、鼻裂）

图 10-3-10 出生后环磷酰胺组
脚趾畸形(并趾、趾短)

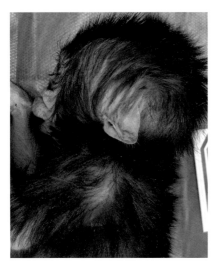

图 10-3-11 出生后环磷酰胺组外耳道天
然闭合

3)沙利度胺:有 5 只(5/6)胎仔四肢发育畸形
(前/后肢缺失、未发育或变短)(图 10-3-12)。

图 10-3-12 出生后沙利度胺组四肢发育畸形

(2)体重:各组之间仔猴体重数据见表 10-3-24
和图 10-3-13。

1)环磷酰胺:环磷酰胺组仔猴从 PND_0 开始体重
增长缓慢,并持续到离乳后 PND_{182};与生理盐水组比
较,在 PND_{28} 至 PND_{182} 时体重降低,具有统计学差异
($P \leqslant 0.05$ 或 $P \leqslant 0.01$)。

2)沙利度胺:环磷酰胺组仔猴从 PND_{84} 开始体
重增长缓慢,并持续到离乳后 PND_{182};与生理盐水组
比较,在 PND_{133} 至 PND_{182} 时体重减少,具有统计学差
异($P \leqslant 0.05$)。

表 10-3-24 仔猴体重变化(kg, $\bar{X} \pm SD$, PND_{0-182})

天 数	第 1 组 (生理盐水组)	第 2 组 (环磷酰胺组)	第 3 组 (沙利度胺组)
孕猴数	3	6	6
PND_0	0.39 ± 0.02	0.24 ± 0.05	0.34 ± 0.05
PND_7	0.40 ± 0.02	0.26 ± 0.06	0.36 ± 0.08
PND_{14}	0.39 ± 0.06	0.30 ± 0.07	0.38 ± 0.06
PND_{28}	0.44 ± 0.06	$0.34 \pm 0.07^*$	0.42 ± 0.07
PND_{35}	0.42 ± 0.04	$0.35 \pm 0.06^*$	0.44 ± 0.07
PND_{42}	0.49 ± 0.06	$0.37 \pm 0.05^*$	0.46 ± 0.06
PND_{49}	0.53 ± 0.05	$0.39 \pm 0.05^*$	0.49 ± 0.08
PND_{56}	0.54 ± 0.04	$0.40 \pm 0.05^*$	0.51 ± 0.09
PND_{63}	0.55 ± 0.02	$0.43 \pm 0.06^*$	0.52 ± 0.09
PND_{70}	0.58 ± 0.03	$0.44 \pm 0.07^*$	0.55 ± 0.09
PND_{77}	0.61 ± 0.02	$0.44 \pm 0.06^*$	0.57 ± 0.09
PND_{84}	0.64 ± 0.03	$0.47 \pm 0.08^*$	0.58 ± 0.10
PND_{91}	0.64 ± 0.04	$0.49 \pm 0.07^*$	0.59 ± 0.08
PND_{98}	0.68 ± 0.03	$0.52 \pm 0.07^*$	0.61 ± 0.07
PND_{105}	0.70 ± 0.03	$0.53 \pm 0.07^*$	0.61 ± 0.07
PND_{112}	0.71 ± 0.03	$0.54 \pm 0.07^{**}$	0.62 ± 0.07
PND_{119}	0.75 ± 0.03	$0.53 \pm 0.05^{**}$	0.62 ± 0.04
PND_{126}	0.79 ± 0.03	$0.54 \pm 0.04^{**}$	0.62 ± 0.06
PND_{133}	0.81 ± 0.03	$0.53 \pm 0.05^{**}$	$0.62 \pm 0.05^*$
PND_{140}	0.83 ± 0.03	$0.54 \pm 0.04^{**}$	$0.64 \pm 0.05^*$
PND_{147}	0.86 ± 0.04	$0.54 \pm 0.05^{**}$	$0.66 \pm 0.05^*$
PND_{154}	0.88 ± 0.06	$0.57 \pm 0.04^{**}$	$0.68 \pm 0.05^*$
PND_{161}	0.90 ± 0.07	$0.56 \pm 0.05^{**}$	$0.69 \pm 0.06^*$
PND_{175}	0.91 ± 0.04	$0.58 \pm 0.04^{**}$	$0.71 \pm 0.07^*$
PND_{182}	0.93 ± 0.04	$0.59 \pm 0.05^{**}$	$0.72 \pm 0.07^*$

注:与生理盐水组比较,* $P \leqslant 0.05$,** $P \leqslant 0.01$

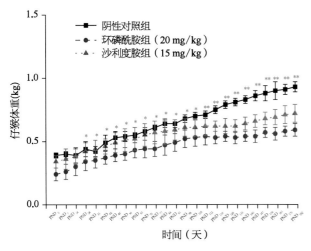

图 10-3-13　仔猴体重变化（$PND_0 \sim PND_{182}$）

（3）体格发育：各组仔猴的体格发育汇总数据见表 10-3-25 及图 10-3-14～图 10-3-17。

1）环磷酰胺组：与生理盐水组比较，胫骨长、头围、尾长和冠臀长在 PND_1、PND_{21}、PND_{58}、PND_{88}、PND_{178} 呈减少趋势，上述变化具体统计学差异（$P \leqslant 0.01$）。

2）沙利度胺组：与生理盐水组比较，胫骨长和尾长在 PND_1、PND_{21}、PND_{58}、PND_{88}、PND_{178} 呈减少趋势，上述变化具体统计学差异（$P \leqslant 0.05$）。

表 10-3-25　仔猴体格发育指标（$PND_1 \sim PND_{178}$，$\bar{X} \pm SD$）

参数	天数	第1组（生理盐水组）	第2组（环磷酰胺组）	第3组（沙利度胺组）
胫骨长（cm）	PND_1	5.33 ± 0.76	$4.00 \pm 0.18^{*}$	$0.53 \pm 0.21^{**}$
	PND_{21}	6.03 ± 0.74	$3.87 \pm 0.52^{*}$	$1.28 \pm 0.15^{**}$
	PND_{58}	6.50 ± 0.70	$4.32 \pm 0.55^{*}$	$1.57 \pm 0.21^{**}$
	PND_{88}	6.90 ± 0.61	$4.70 \pm 0.58^{*}$	$1.87 \pm 0.26^{**}$
	PND_{178}	7.63 ± 0.64	$5.28 \pm 0.45^{*}$	$2.63 \pm 0.22^{**}$
头围（cm）	PND_1	18.17 ± 1.53	$12.47 \pm 0.65^{**}$	16.17 ± 1.34
	PND_{21}	18.90 ± 1.40	$13.05 \pm 0.53^{**}$	16.60 ± 1.31
	PND_{58}	19.43 ± 1.27	$14.00 \pm 0.45^{**}$	16.87 ± 1.00
	PND_{88}	19.87 ± 1.40	$14.52 \pm 0.43^{**}$	17.35 ± 1.03
	PND_{178}	20.87 ± 1.44	$15.58 \pm 0.39^{**}$	18.05 ± 1.03
尾长（cm）	PND_1	23.50 ± 0.89	$17.08 \pm 2.61^{**}$	20.93 ± 1.23
	PND_{21}	26.07 ± 2.35	$17.82 \pm 2.49^{**}$	$21.78 \pm 1.44^{*}$
	PND_{58}	26.40 ± 2.31	$18.33 \pm 2.40^{**}$	$22.45 \pm 1.36^{*}$
	PND_{88}	26.80 ± 2.17	$18.70 \pm 2.26^{**}$	$23.02 \pm 1.44^{*}$
	PND_{178}	27.23 ± 2.12	$19.28 \pm 2.36^{**}$	$23.73 \pm 1.21^{*}$

续　表

参数	天数	第1组（生理盐水组）	第2组（环磷酰胺组）	第3组（沙利度胺组）
冠臀长（cm）	PND_1	17.80 ± 0.78	$15.02 \pm 1.22^{*}$	17.37 ± 1.68
	PND_{21}	18.73 ± 0.68	$15.68 \pm 1.09^{*}$	18.00 ± 1.68
	PND_{58}	19.13 ± 0.58	$16.27 \pm 1.14^{*}$	18.52 ± 1.59
	PND_{88}	19.73 ± 0.49	$16.83 \pm 1.11^{*}$	19.17 ± 1.69
	PND_{178}	20.50 ± 0.26	$17.60 \pm 0.96^{*}$	19.97 ± 1.74
肛殖距[a]（cm）	PND_1	M：3.2 F：1.8～1.9	M：2.9～3.0 F：1.8～2.3	M：3.1～3.3 F：2.0～2.1
	PND_{21}	M：4.2 F：2.3～2.9	M：3.9 F：2.3～2.9	M：3.9～4.2 F：2.3～2.7
	PND_{58}	M：4.7 F：2.7～2.8	M：4.2～4.3 F：2.7～3.1	M：4.3～4.8 F：2.7～3.1
	PND_{88}	M：5.3 F：3.1～3.2	M：4.9～5.1 F：3.2～3.9	M：5.1～5.6 F：3.3～3.5
	PND_{178}	M：5.6 F：3.3～3.4	M：5.1～5.6 F：3.5～4.0	M：5.6～6.1 F：3.4～3.6

注：[a]由于个别组动物数≤3只，用个体值范围统计；M，雄性；F，雌性。与生理盐水组比较，$^{*}P \leqslant 0.05$，$^{**}P \leqslant 0.01$

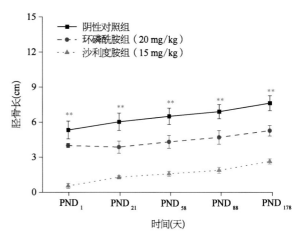

图 10-3-14　仔猴胫骨长

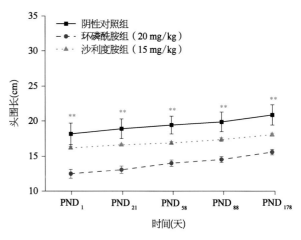

图 10-3-15　仔猴头围长

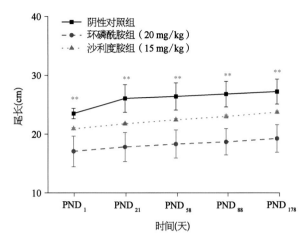

图 10-3-16　仔猴尾长

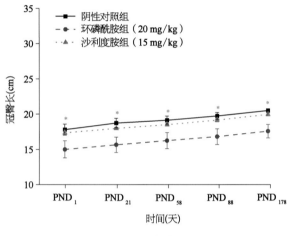

图 10-3-17　仔猴冠臀长

（4）抓握力检测：检测仔猴抓握绳索的时间，坚持 30 s 为合格，各组抓握力汇总结果见表 10-3-26。

1）环磷酰胺组：与生理盐水组比较，在 PND$_1$、PND$_{14}$ 和 PND$_{28}$ 时，环磷酰胺组的仔猴抓握力测试无明显差异，均能坚持 30 s。

2）沙利度胺组：与生理盐水组比较，在 PND$_1$、PND$_{14}$ 和 PND$_{28}$ 时，沙利度胺组的仔猴抓握时间减少，具有统计学差异（$P \leqslant 0.05$ 或 $P \leqslant 0.01$）。

表 10-3-26　仔猴抓握力汇总（s，$\bar{X} \pm SD$）

时间	指　标	第1组 （生理盐水组） $n=3$	第2组 （环磷酰胺组） $n=6$	第3组 （沙利度胺组） $n=6$
PND$_1$	抓握时间(s)	30.0±0.0	29.5±1.2	3.5±0.5**
	跌落率(%)	0%(0/3)	83%(5/6)	100%(6/6)
PND$_{14}$	抓握时间(s)	30.0±0.0	30.0±0.0	17.0±7.2**
	跌落率(%)	0%(0/3)	0%(0/6)	83%(5/6)
PND$_{28}$	抓握时间(s)	30.0±0.0	30.0±0.0	20.5±6.9*
	跌落率(%)	0%(0/3)	0%(0/6)	67%(4/6)

注：与生理盐水组比较，* $P \leqslant 0.05$，** $P \leqslant 0.01$

（5）行为学及神经功能评价：各组动物神经行为学评价结果见表 10-3-27~表 10-3-30。

1）环磷酰胺组：与生理盐水组比较，环磷酰胺组 6/6 只仔猴（4 雌 2 雄）在 PND$_{100}$、PND$_{125}$ 和 PND$_{150}$ 时动物的协调性和平衡力评分均不及格，在 PND$_{178}$ 时协调性和平衡力评分合格。其他评价指标如动物的定位能力、注意力、伸手和抓握、易怒、发声、测试期间挣扎、安抚性、活动性、运动行为能力在检测期间均未见异常。

2）沙利度胺组：与生理盐水组比较，沙利度胺组 6/6 只仔猴（2 雌 4 雄）在 PND$_{100}$、PND$_{125}$、PND$_{150}$ 和 PND$_{178}$ 时动物的协调性、自发爬行和平衡力评分均不及格。其他评价指标如动物的定位能力、注意力、伸手和抓握、易怒、发声、测试期间挣扎、安抚性、活动性、运动行为能力在检测期间均未见异常。

表 10-3-27　行为学及神经功能评分汇总（PND$_{100}$；单位：分）

类别	检测指标	观察者	标准分值	第1组 （生理盐水组） $n=3$	第2组 （环磷酰胺组） $n=6$	第3组 （沙利度胺组） $n=6$
定位能力	视觉空间定位	1	1	1	1	1
		2		1	1	1
	视觉跟随	1	1	1	1	1
		2		1	1	1
	注视时长	1	1	1	1	1
		2		1	1	1
	注意力	1	1	1	1	1
		2		1	1	1

续　表

类别	检测指标	观察者	标准分值	第1组 （生理盐水组） $n=3$	第2组 （环磷酰胺组） $n=6$	第3组 （沙利度胺组） $n=6$
定位能力	伸手和抓握	1	2	2	2	1
		2		2	2	1
状态评价	易怒	1	1	1	1	1
		2		1	1	1
	发声	1	3~5次/min	4	3	4
		2		3	4	4
	测试期间挣扎	1	2	2	2	2
		2		2	2	2
	安抚性	1	2	2	2	2
		2		2	2	2
	安抚必要性	1	1	1	1	1
		2		1	1	1
	主要状态	1	0	0	0	0
		2		0	0	0
	响应强度	1	0	0	0	0
		2		0	0	0
活动性	运动行为	1	1	1	1	1
		2		1	1	1
	协调性	1	2	2	1	1
		2		2	1	1
	自发爬行	1	2	2	2	1
		2		2	2	1
	消极抵抗	1	2	2	2	2
		2		2	2	2
	平衡力	1	2	2	1	1
		2		2	1	1

注：n 为动物数

表 10-3-28　行为学及神经功能评分汇总（PND_{125}；单位：分）

类别	检测指标	观察者	标准分值	第1组 （生理盐水组） $n=3$	第2组 （环磷酰胺组） $n=6$	第3组 （沙利度胺组） $n=6$
定位能力	视觉空间定位	1	1	1	1	1
		2		1	1	1
	视觉跟随	1	1	1	1	1
		2		1	1	1

续　表

类别	检测指标	观察者	标准分值	第1组 （生理盐水组） $n=3$	第2组 （环磷酰胺组） $n=6$	第3组 （沙利度胺组） $n=6$
定位能力	注视时长	1	1	1	1	1
		2		1	1	1
	注意力	1	1	1	1	1
		2		1	1	1
	伸手和抓握	1	2	2	2	1
		2		2	1	1
状态评价	易怒	1	1	1	1	1
		2		1	1	1
	发声	1	3～5 次/min	3	4	3
		2		3	3	5
	测试期间挣扎	1	2	2	2	2
		2		2	2	2
	安抚性	1	2	2	2	2
		2		2	2	2
	安抚必要性	1	1	1	1	1
		2		1	1	1
	主要状态	1	0	0	0	0
		2		0	0	0
	响应强度	1	0	0	0	0
		2		0	0	0
活动性	运动行为	1	1	1	1	1
		2		1	1	1
	协调性	1	2	2	1	1
		2		2	1	1
	自发爬行	1	2	2	2	1
		2		2	2	1
	消极抵抗	1	2	2	2	2
		2		2	2	2
	平衡力	1	2	2	2	2
		2		2	1	1

注：n 为动物数

表 10 - 3 - 29　行为学及神经功能评分汇总（PND$_{150}$；单位：分）

类别	检测指标	观察者	标准分值	第 1 组 （生理盐水组） $n=3$	第 2 组 （环磷酰胺组） $n=6$	第 3 组 （沙利度胺组） $n=6$
定位能力	视觉空间定位	1	1	1	1	1
		2		1	1	1
	视觉跟随	1	1	1	1	1
		2		1	1	1
	注视时长	1	1	1	1	1
		2		1	1	1
	注意力	1	1	1	1	1
		2		1	1	1
状态评价	伸手和抓握	1	2	2	2	1
		2		2	2	1
	易怒	1	1	1	1	1
		2		1	1	1
	发声	1	3~5 次/min	3	5	3
		2		4	3	4
	测试期间挣扎	1	2	2	2	2
		2		2	2	2
	安抚性	1	2	2	2	2
		2		2	2	2
	安抚必要性	1	1	1	1	1
		2		1	1	1
	主要状态	1	0	0	0	0
		2		0	0	0
	响应强度	1	0	0	0	0
		2		0	0	0
活动性	运动行为	1	1	1	1	1
		2		1	1	1
	协调性	1	2	2	1	1
		2		2	1	1
	自发爬行	1	2	2	2	1
		2		2	2	1
	消极抵抗	1	2	2	2	2
		2		2	2	2
	平衡力	1	2	2	1	1
		2		2	1	1

注：n 为动物数

表 10 - 3 - 30 行为学及神经功能评分汇总（PND$_{178}$；单位：分）

类别	检测指标	观察者	标准分值	第 1 组 （生理盐水组） $n=3$	第 2 组 （环磷酰胺组） $n=6$	第 3 组 （沙利度胺组） $n=6$
定位能力	视觉空间定位	1	1	1	1	1
		2		1	1	1
	视觉跟随	1	1	1	1	1
		2		1	1	1
	注视时长	1	1	1	1	1
		2		1	1	1
	注意力	1	1	1	1	1
		2		1	1	1
	伸手和抓握	1	2	2	2	1
		2		2	2	1
	易怒	1	1	1	1	1
		2		1	1	1
状态评价	发声	1	3～5 次/min	5	4	5
		2		3	4	5
	测试期间挣扎	1	2	2	2	2
		2		2	2	2
	安抚性	1	2	2	2	2
		2		2	2	2
	安抚必要性	1	1	1	1	1
		2		1	1	1
	主要状态	1	0	0	0	0
		2		0	0	0
	响应强度	1	0	0	0	0
		2		0	0	0
活动性	运动行为	1	1	1	1	1
		2		1	1	1
	协调性	1	2	2	2	1
		2		2	2	1
	自发爬行	1	2	2	2	1
		2		2	2	1
	消极抵抗	1	2	2	2	2
		2		2	2	2
	平衡力	1	2	2	2	1
		2		2	2	1

注：n 为动物数

（6）眼科检查：在 PND_{100}、PND_{150} 和 PND_{178} 对各组动物进行眼科检查，与生理盐水组比较，环磷酰胺组和沙利度胺组各组动物（眼睑、结膜、角膜、瞳孔、虹膜和眼底等）均未见异常。

（7）临床病理学：在 PND_7、PND_{30}、PND_{60}、PND_{120}、PND_{150} 和 PND_{178} 时。环磷酰胺组和沙利度胺组临床病理学指标（血液学、血液生化、凝血指标、免疫指标）均未见明显差异（表10-3-31～表10-3-34）。

表10-3-31 生化指标汇总（$\bar{X} \pm SD$，雄性）

检测指标	试验阶段	第1组（生理盐水组）$n=3$	第2组（环磷酰胺组）$n=6$	第3组（沙利度胺组）$n=6$
ALB (g/L)	PND_7	46.8±2.5	46.2±4.8	47.1±2.1
	PND_{30}	43.9±3.1	41.4±4.7	44.7±3.5
	PND_{60}	44.3±2.8	44.4±4.9	45.8±3.1
	PND_{120}	44.2±2.7	46.9±2.9	45.7±2.3
	PND_{150}	43.3±7.1	46.7±2.9	44.7±2.7
	PND_{178}	43.4±6.5	43.4±7.3	45.9±2.4
ALT (U/L)	PND_7	57±13	71±40	76±41
	PND_{30}	66±18	81±42	90±23
	PND_{60}	35±4	47±19	46±10
	PND_{120}	47±20	51±24	53±11
	PND_{150}	35±11	35±10	36±7
	PND_{178}	36±7	32±33	41±11
CK (U/L)	PND_7	320±52	345±70	238±17
	PND_{30}	236±51	464±49	276±82
	PND_{60}	180±57	271±60	244±15
	PND_{120}	230±11	252±15	275±61
	PND_{150}	337±15	331±76	315±67
	PND_{178}	195±46	254±74	225±83
GGT (U/L)	PND_7	69±22	81±12	69±24
	PND_{30}	60±18	68±3	63±23
	PND_{60}	57±15	70±5	61±25
	PND_{120}	53±14	68±8	55±21
	PND_{150}	62±25	79±7	61±21
	PND_{178}	68±29	84±34	61±17

续　表

检测指标	试验阶段	第1组（生理盐水组）$n=3$	第2组（环磷酰胺组）$n=6$	第3组（沙利度胺组）$n=6$
AST (U/L)	PND_7	66±22	72±31	102±84
	PND_{30}	76±24	81±48	92±50
	PND_{60}	34±1	40±6	36±10
	PND_{120}	50±13	52±15	52±5
	PND_{150}	40±10	44±11	39±8
	PND_{178}	45±15	75±57	45±7
ALP (U/L)	PND_7	572±65	522±142	618±243
	PND_{30}	652±60	669±152	671±184
	PND_{60}	605±78	569±144	651±228
	PND_{120}	595±91	561±115	619±191
	PND_{150}	718±205	528±173	646±154
	PND_{178}	735±200	705±270	669±209
TCHO (mmol/L)	PND_7	2.54±0.53	2.84±0.86	2.70±0.45
	PND_{30}	2.93±0.54	3.12±0.76	2.73±0.22
	PND_{60}	3.10±0.81	3.07±0.88	3.00±0.20
	PND_{120}	3.08±0.99	3.23±0.76	2.93±0.43
	PND_{150}	3.21±0.60	3.30±0.90	3.04±0.53
	PND_{178}	2.84±0.35	3.44±1.57	2.84±0.71
TG (mmol/L)	PND_7	0.3±0.1	0.3±0.1	0.3±0.1
	PND_{30}	0.5±0.2	0.4±0.1	0.4±0.1
	PND_{60}	0.4±0.1	0.3±0.2	0.3±0.1
	PND_{120}	0.4±0.1	0.4±0.1	0.4±0.1
	PND_{150}	0.5±0.1	0.4±0.1	0.5±0.1
	PND_{178}	0.4±0.1	0.6±0.4	0.3±0.1
CREA (μmol/L)	PND_7	73±11	69±6	77±11
	PND_{30}	66±12	62±10	64±11
	PND_{60}	65±11	65±6	67±11
	PND_{120}	64±10	63±11	67±10
	PND_{150}	73±14	77±11	77±17
	PND_{178}	66±15	73±15	72±12

续　表

检测指标	试验阶段	第1组（生理盐水组）n=3	第2组（环磷酰胺组）n=6	第3组（沙利度胺组）n=6
UREA（mmol/L）	PND$_7$	7.27±1.33	7.89±0.59	7.82±1.33
	PND$_{30}$	5.62±0.71	7.15±1.12	5.47±0.78
	PND$_{60}$	6.69±1.09	7.81±0.81	6.52±0.77
	PND$_{120}$	5.83±0.71	7.10±0.61	5.79±0.76
	PND$_{150}$	5.86±0.85	6.91±0.42	5.66±0.88
	PND$_{178}$	5.57±0.96	7.19±0.58	6.01±0.45
T-BIL（μmol/L）	PND$_7$	3.3±1.7	3.2±1.0	4.2±2.6
	PND$_{30}$	3.3±1.7	2.3±1.0	3.6±3.0
	PND$_{60}$	2.1±0.3	2.3±0.6	2.3±0.9
	PND$_{120}$	2.1±0.6	1.8±0.4	2.1±0.5
	PND$_{150}$	1.9±0.4	2.1±0.9	2.3±0.6
	PND$_{178}$	3.3±0.8	3.0±2.6	2.8±1.2
TP（g/L）	PND$_7$	74.4±2.0	75.3±7.0	72.8±2.7
	PND$_{30}$	73.4±2.9	71.1±6.2	71.8±1.7
	PND$_{60}$	74.8±4.1	75.2±4.5	74.2±2.3
	PND$_{120}$	74.2±4.8	76.1±2.6	73.0±4.0
	PND$_{150}$	76.9±4.0	74.1±5.2	70.5±3.8
	PND$_{178}$	80.2±5.9	75.3±5.1	75.8±1.7
GLU（mmol/L）	PND$_7$	4.72±0.52	4.25±0.73	4.18±0.56
	PND$_{30}$	3.46±0.46	3.47±0.39	3.39±0.46
	PND$_{60}$	4.01±0.64	3.59±0.25	4.02±0.43
	PND$_{120}$	3.30±0.60	2.98±0.55	3.31±0.53
	PND$_{150}$	3.58±0.77	3.77±0.85	3.72±0.79
	PND$_{178}$	3.48±0.42	3.19±0.33	4.01±0.25
LDH（μmol/L）	PND$_7$	385±96	384±76	519±274
	PND$_{30}$	522±116	535±191	533±74
	PND$_{60}$	327±60	356±65	309±65
	PND$_{120}$	685±180	773±160	697±163
	PND$_{150}$	425±87	469±96	375±63
	PND$_{178}$	347±57	538±146	365±58

续　表

检测指标	试验阶段	第1组（生理盐水组）n=3	第2组（环磷酰胺组）n=6	第3组（沙利度胺组）n=6
Na$^+$（mmol/L）	PND$_7$	152.2±2.6	151.2±2.4	151.9±1.5
	PND$_{30}$	149.0±1.4	149.6±1.5	149.6±1.2
	PND$_{60}$	149.2±2.3	148.0±2.0	150.0±2.0
	PND$_{120}$	149.7±2.9	147.0±2.4	149.2±2.8
	PND$_{150}$	145.2±1.8	145.2±1.7	145.7±1.1
	PND$_{178}$	148.9±2.8	150.3±4.2	150.3±1.4
K$^+$（mmol/L）	PND$_7$	5.11±0.38	5.31±0.62	4.58±0.59
	PND$_{30}$	4.55±0.33	4.99±0.30	4.57±0.54
	PND$_{60}$	4.91±0.49	5.24±0.37	4.94±0.28
	PND$_{120}$	5.50±0.54	4.91±0.43	4.77±0.31
	PND$_{150}$	4.87±0.57	4.64±0.57	4.41±0.48
	PND$_{178}$	5.37±0.68	5.71±0.56	5.48±0.68
Cl$^-$（mmol/L）	PND$_7$	107.9±1.0	106.1±0.9	107.0±2.5
	PND$_{30}$	107.2±1.2	105.6±1.3	106.7±2.2
	PND$_{60}$	105.7±1.4	103.3±1.2	105.0±2.0
	PND$_{120}$	106.7±1.9	103.0±2.3	106.1±1.7
	PND$_{150}$	103.9±1.0	103.5±1.6	105.0±1.9
	PND$_{178}$	108.1±0.6	106.9±1.6	108.7±1.7
GLO（g/L）	PND$_7$	27.6±2.9	29.0±5.6	25.7±1.1
	PND$_{30}$	29.5±3.7	29.7±6.9	27.1±2.7
	PND$_{60}$	30.5±3.3	30.8±5.0	28.4±2.5
	PND$_{120}$	30.0±5.5	29.3±4.3	27.3±3.1
	PND$_{150}$	33.5±7.1	27.4±4.8	25.8±2.7
	PND$_{178}$	36.8±11.7	31.9±7.2	29.8±2.4
A/G	PND$_7$	1.71±0.24	1.65±0.45	1.84±0.09
	PND$_{30}$	1.51±0.30	1.47±0.45	1.67±0.27
	PND$_{60}$	1.47±0.20	1.49±0.42	1.63±0.25
	PND$_{120}$	1.53±0.38	1.64±0.38	1.69±0.20
	PND$_{150}$	1.38±0.51	1.75±0.34	1.75±0.20
	PND$_{178}$	1.29±0.44	1.44±0.44	1.55±0.19

表 10-3-32　血液指标汇总($\bar{X} \pm SD$)

续　表

检测指标	试验阶段	第1组（生理盐水组）$n=3$	第2组（环磷酰胺组）$n=6$	第3组（沙利度胺组）$n=6$
WBC（$\times 10^9$/L）	PND_7	13.05±1.92	12.60±5.18	14.89±3.57
	PND_{30}	15.24±2.21	12.71±4.40	13.94±3.82
	PND_{60}	12.95±4.10	12.01±5.01	11.87±1.69
	PND_{120}	13.69±5.34	16.38±6.64	15.15±2.88
	PND_{150}	16.94±4.47	19.41±4.11	20.42±6.10
	PND_{178}	14.19±1.92	11.23±3.56	12.95±2.90
RBC（$\times 10^{12}$/L）	PND_7	5.98±0.55	6.14±0.27	5.88±0.30
	PND_{30}	5.49±0.51	5.51±0.35	5.55±0.43
	PND_{60}	5.50±0.44	5.66±0.32	5.65±0.37
	PND_{120}	5.11±0.53	5.29±0.66	5.12±0.21
	PND_{150}	5.47±0.66	5.71±0.45	5.47±0.16
	PND_{178}	5.21±0.22	5.46±0.73	5.08±0.25
HGB（g/L）	PND_7	144±9	141±14	137±6
	PND_{30}	131±9	126±7	128±9
	PND_{60}	130±7	129±10	130±7
	PND_{120}	123±11	121±6	121±5
	PND_{150}	130±16	131±5	129±7
	PND_{178}	120±11	121±13	115±6
HCT（%）	PND_7	45.2±2.2	45.7±2.3	44.1±1.8
	PND_{30}	41.9±2.6	41.6±0.7	42.0±2.2
	PND_{60}	42.6±2.3	43.0±0.9	43.2±2.1
	PND_{120}	40.4±2.5	41.0±2.7	40.2±1.0
	PND_{150}	42.0±4.2	43.2±1.0	41.6±1.5
	PND_{178}	39.8±3.0	41.5±4.0	39.2±1.4
MCV（fL）	PND_7	75.8±3.5	74.5±4.3	74.9±1.7
	PND_{30}	76.5±2.8	75.7±4.4	75.7±2.3
	PND_{60}	77.5±2.5	76.1±4.6	76.6±2.2
	PND_{120}	79.3±3.5	77.9±4.8	78.6±2.6
	PND_{150}	76.9±3.4	75.9±4.5	76.1±2.5
	PND_{178}	76.4±3.5	76.4±4.4	77.4±3.1
MCH（pg）	PND_7	24.2±1.1	23.1±2.4	23.3±1.0
	PND_{30}	23.8±0.9	23.0±2.3	23.1±0.8
	PND_{60}	23.7±1.0	22.9±2.6	23.0±0.8
	PND_{120}	24.2±0.9	23.2±2.3	23.6±1.1
	PND_{150}	23.7±0.5	23.0±2.2	23.6±1.1
	PND_{178}	22.9±1.3	22.3±2.0	22.6±1.1
MCHC（g/L）	PND_7	319±11	309±17	311±7
	PND_{30}	312±8	303±14	306±6
	PND_{60}	307±9	300±18	300±4
	PND_{120}	305±12	297±12	300±6
	PND_{150}	308±11	303±14	309±6
	PND_{178}	300±11	292±14	292±9
PLT（$\times 10^9$/L）	PND_7	332±82	305±84	293±51
	PND_{30}	397±96	400±88	402±120
	PND_{60}	489±130	492±105	475±133
	PND_{120}	427±56	439±115	451±86
	PND_{150}	413±148	392±101	405±121
	PND_{178}	396±146	445±69	424±182
NEU[#]（$\times 10^9$/L）	PND_7	6.63±1.01	5.16±2.55	9.24±3.60
	PND_{30}	9.83±2.30	5.49±1.84	8.23±4.13
	PND_{60}	6.18±3.91	4.16±1.29	4.93±1.91
	PND_{120}	7.49±3.46	9.12±7.12	8.68±3.90
	PND_{150}	10.83±5.25	14.04±2.32	15.75±7.00
	PND_{178}	6.78±1.93	6.23±1.92	8.01±3.09
LYM[#]（$\times 10^9$/L）	PND_7	5.46±2.05	6.31±3.06	4.60±1.33
	PND_{30}	4.24±1.71	6.04±3.83	4.59±1.51
	PND_{60}	5.69±1.71	6.70±3.67	5.96±1.97
	PND_{120}	4.81±1.24	6.02±3.14	5.53±2.61
	PND_{150}	4.73±1.56	3.83±2.06	3.58±1.34
	PND_{178}	6.29±1.45	3.86±3.06	4.09±2.39

续 表

检测指标	试验阶段	第1组（生理盐水组）n＝3	第2组（环磷酰胺组）n＝6	第3组（沙利度胺组）n＝6
MONO$^{\#}$（×10^9/L）	PND$_7$	0.85±0.37	0.92±0.23	0.86±0.18
	PND$_{30}$	1.01±0.53	0.97±0.40	1.00±0.46
	PND$_{60}$	0.91±0.35	0.91±0.27	0.84±0.22
	PND$_{120}$	1.22±0.74	1.04±0.21	0.82±0.25
	PND$_{150}$	1.24±0.54	1.34±0.91	0.98±0.26
	PND$_{178}$	1.03±0.37	1.03±0.28	0.78±0.35
EO$^{\#}$（×10^9/L）	PND$_7$	0.10±0.08	0.20±0.15	0.17±0.09
	PND$_{30}$	0.14±0.15	0.19±0.13	0.11±0.05
	PND$_{60}$	0.15±0.09	0.22±0.13	0.14±0.11
	PND$_{120}$	0.15±0.08	0.18±0.14	0.11±0.06
	PND$_{150}$	0.12±0.11	0.17±0.15	0.09±0.08
	PND$_{178}$	0.08±0.03	0.11±0.10	0.06±0.04
BASO$^{\#}$（×10^9/L）	PND$_7$	0.01±0.01	0.01±0.01	0.01±0.01
	PND$_{30}$	0.02±0.02	0.02±0.01	0.01±0.00
	PND$_{60}$	0.02±0.02	0.01±0.01	0.01±0.01
	PND$_{120}$	0.02±0.01	0.02±0.01	0.01±0.01
	PND$_{150}$	0.02±0.01	0.02±0.01	0.02±0.01
	PND$_{178}$	0.01±0.01	0.00±0.01	0.01±0.00
NEU%	PND$_7$	52.1±12.0	41.2±9.8	60.8±12.5
	PND$_{30}$	64.6±13.3	45.1±15.0	57.1±16.7
	PND$_{60}$	45.6±16.7	36.9±11.1	41.7±16.1
	PND$_{120}$	53.3±6.2	50.8±20.1	56.2±21.9
	PND$_{150}$	60.6±17.1	73.2±9.7	73.4±17.6
	PND$_{178}$	47.6±10.8	58.0±17.6	62.1±20.6
LYM%	PND$_7$	40.8±10.8	49.2±10.4	31.8±11.0
	PND$_{30}$	27.9±11.5	45.5±16.8	34.9±15.4
	PND$_{60}$	45.8±13.8	53.2±10.9	50.1±16.4
	PND$_{120}$	36.9±6.4	39.9±17.6	37.6±21.2
	PND$_{150}$	31.0±16.4	19.1±7.2	20.9±16.2
	PND$_{178}$	44.5±10.3	31.5±16.7	31.5±19.8

续 表

检测指标	试验阶段	第1组（生理盐水组）n＝3	第2组（环磷酰胺组）n＝6	第3组（沙利度胺组）n＝6
MONO%	PND$_7$	6.3±2.1	7.7±1.7	6.1±1.8
	PND$_{30}$	6.5±2.7	7.8±2.5	7.1±2.7
	PND$_{60}$	7.2±2.4	8.0±1.6	7.0±1.2
	PND$_{120}$	8.6±2.0	7.6±4.8	5.4±1.1
	PND$_{150}$	7.4±2.9	6.6±3.1	5.1±1.5
	PND$_{178}$	7.2±2.1	9.5±2.4	5.9±1.6
EO%	PND$_7$	0.7±0.6	1.8±1.8	1.2±0.6
	PND$_{30}$	0.9±0.9	1.5±0.9	0.8±0.4
	PND$_{60}$	1.2±0.8	1.9±1.0	1.1±0.8
	PND$_{120}$	1.1±0.3	1.5±1.7	0.7±0.4
	PND$_{150}$	0.9±0.9	0.9±0.8	0.5±0.5
	PND$_{178}$	0.5±0.2	1.0±0.7	0.4±0.3
BASO%	PND$_7$	0.1±0.0	0.1±0.0	0.1±0.0
	PND$_{30}$	0.2±0.1	0.1±0.1	0.1±0.0
	PND$_{60}$	0.2±0.1	0.1±0.1	0.1±0.0
	PND$_{120}$	0.1±0.0	0.1±0.0	0.1±0.0
	PND$_{150}$	0.1±0.0	0.1±0.0	0.1±0.0
	PND$_{178}$	0.1±0.0	0.0±0.1	0.1±0.0
RET（×10^9/L）	PND$_7$	28.2±7.2	31.5±13.3	40.4±30.9
	PND$_{30}$	81.8±30.0	94.3±39.3	107.1±63.9
	PND$_{60}$	70.1±13.3	80.8±22.9	95.3±44.9
	PND$_{120}$	154.8±60.1	151.7±31.1	160.2±62.5
	PND$_{150}$	55.7±14.8	43.9±21.4	56.6±11.6
	PND$_{178}$	67.5±13.3	89.9±43.5	108.3±47.4
RET%	PND$_7$	0.48±0.16	0.52±0.22	0.68±0.50
	PND$_{30}$	1.54±0.67	1.69±0.60	1.98±1.34
	PND$_{60}$	1.29±0.31	1.42±0.34	1.72±0.91
	PND$_{120}$	3.09±1.29	2.87±0.50	3.15±1.29
	PND$_{150}$	1.03±0.29	0.75±0.31	1.04±0.22
	PND$_{178}$	1.29±0.21	1.73±0.99	2.16±1.00

表 10-3-33 凝血指标汇总($\overline{X} \pm SD$)

检测指标	试验阶段	第1组（生理盐水组）$n=3$	第2组（环磷酰胺组）$n=6$	第3组（沙利度胺组）$n=6$
APTT（s）	PND_7	19.0 ± 1.3	18.6 ± 1.6	17.5 ± 1.9
	PND_{30}	19.1 ± 1.9	18.4 ± 1.8	17.3 ± 2.4
	PND_{60}	18.7 ± 1.4	18.6 ± 1.9	17.7 ± 1.8
	PND_{120}	20.0 ± 2.0	19.8 ± 1.5	18.2 ± 2.3
	PND_{150}	20.0 ± 3.1	18.8 ± 1.9	17.5 ± 1.3
	PND_{178}	20.7 ± 2.5	21.0 ± 2.9	18.6 ± 2.3
FIB（g/L）	PND_7	2.07 ± 0.59	1.96 ± 0.25	1.95 ± 0.22
	PND_{30}	2.92 ± 1.00	2.29 ± 2.17	2.33 ± 0.31
	PND_{60}	2.07 ± 0.59	2.01 ± 0.29	1.80 ± 0.28
	PND_{120}	2.34 ± 0.83	2.44 ± 0.42	2.18 ± 0.24
	PND_{150}	2.45 ± 1.77	2.34 ± 0.18	1.74 ± 0.13
	PND_{178}	2.55 ± 1.07	2.13 ± 2.16	1.86 ± 0.42
PT（s）	PND_7	9.0 ± 0.4	9.0 ± 0.2	9.4 ± 0.2
	PND_{30}	8.8 ± 0.5	9.1 ± 0.6	8.8 ± 0.3
	PND_{60}	9.0 ± 0.3	9.3 ± 0.1	9.1 ± 0.4
	PND_{120}	8.6 ± 0.6	9.0 ± 0.3	8.8 ± 0.3
	PND_{150}	8.6 ± 0.4	8.9 ± 0.3	9.0 ± 0.4
	PND_{178}	9.0 ± 0.3	9.3 ± 0.9	8.9 ± 0.5

表 10-3-34 免疫指标汇总表($\overline{X} \pm SD$)

检测指标	试验阶段	第1组（生理盐水组）$n=3$	第2组（环磷酰胺组）$n=6$	第3组（沙利度胺组）$n=6$
C3（mg/dL）	PND_7	141.4 ± 23.6	130.8 ± 32.8	132.9 ± 7.0
	PND_{30}	135.2 ± 28.4	122.6 ± 12.7	132.7 ± 8.5
	PND_{60}	143.7 ± 22.4	130.6 ± 8.2	130.5 ± 8.9
	PND_{120}	149.8 ± 36.2	119.2 ± 6.5	120.0 ± 9.6
	PND_{150}	144.4 ± 42.9	146.4 ± 42.0	142.2 ± 21.8
	PND_{178}	23.5 ± 5.2	20.2 ± 3.2	19.0 ± 6.4
C4（mg/dL）	PND_7	21.8 ± 5.1	19.1 ± 2.7	19.6 ± 6.0
	PND_{30}	23.6 ± 4.6	23.9 ± 2.1	20.6 ± 5.5
	PND_{60}	25.6 ± 6.9	18.9 ± 4.0	17.2 ± 5.0
	PND_{120}	24.5 ± 6.9	28.2 ± 11.6	25.1 ± 8.0

检测指标	试验阶段	第1组（生理盐水组）$n=3$	第2组（环磷酰胺组）$n=6$	第3组（沙利度胺组）$n=6$
IgG（mg/dL）	PND_{150}	969.6 ± 233.1	991.6 ± 269.0	921.6 ± 55.8
	PND_{178}	$1\,057.1 \pm 249.8$	$1\,069.9 \pm 216.0$	994.6 ± 53.1
	PND_7	$1\,101.4 \pm 267.0$	$1\,140.8 \pm 202.3$	$1\,027.1 \pm 85.1$
	PND_{30}	$1\,273.5 \pm 212.7$	980.3 ± 216.8	956.2 ± 56.1
	PND_{60}	$1\,306.2 \pm 456.6$	943.3 ± 156.0	$1\,090.0 \pm 123.6$
IgA（mg/dL）	PND_{120}	137.6 ± 78.5	180.8 ± 79.7	141.7 ± 53.6
	PND_{150}	139.8 ± 79.1	197.6 ± 95.2	140.3 ± 50.9
	PND_{178}	141.9 ± 78.1	180.8 ± 104.1	136.1 ± 53.6
	PND_7	157.0 ± 85.8	168.1 ± 101.6	129.9 ± 57.5
	PND_{30}	166.7 ± 115.3	148.0 ± 83.6	127.7 ± 51.3
	PND_{60}	149.1 ± 25.5	152.8 ± 75.2	118.0 ± 38.2
IgM（mg/dL）	PND_{120}	144.5 ± 21.3	176.5 ± 122.1	120.3 ± 45.0
	PND_{150}	156.2 ± 21.3	173.2 ± 117.9	121.0 ± 42.0
	PND_{178}	190.8 ± 45.9	167.1 ± 94.3	124.0 ± 43.2
	PND_7	184.2 ± 107.3	163.6 ± 113.0	125.5 ± 36.2
	PND_{30}	20.056 ± 8.836	18.620 ± 9.092	14.012 ± 10.873
	PND_{60}	18.651 ± 9.730	15.520 ± 2.322	11.734 ± 5.209
CIC（μg/mL）	PND_{120}	10.274 ± 5.261	12.472 ± 3.178	10.438 ± 4.109
	PND_{150}	16.016 ± 11.166	16.553 ± 3.189	11.599 ± 4.877
	PND_{178}	17.003 ± 7.333	20.588 ± 5.727	11.159 ± 1.802

（十二）讨论

1. 孕猴整体情况（妊娠期）

（1）一般状况观察：妊娠期间（$GD_{0\text{-}168}$），主要的异常表现为阴道出血、胎仔流产。与生理盐水组比较，环磷酰胺组的妊娠期流产率升高（生理盐水组 18% *vs* 环磷酰胺组 35%），沙利度胺组流产率跟生理盐水组相当（对照组 18% *vs* 沙利度胺组 19%）。综上，有可能环磷酰胺能导致孕猴的流产率升高，而沙利度胺组则无明显影响。

（2）体重及宫外增重

1）环磷酰胺：在妊娠期间（$GD_{0\text{-}156}$），与生理盐水组比较，环磷酰胺组体重和宫外增重均降低（$P \leqslant 0.05$ 或 $P \leqslant 0.01$），故认为环磷酰胺能导致孕猴体重和宫外增重降低。

2）沙利度胺：在妊娠期间（GD$_{0-156}$），沙利度胺组孕猴的体重和宫外增重与生理盐水组变化趋势基本一致，故认为沙利度胺对孕猴的体重和宫外增重无明显影响。

（3）摄食评估：妊娠期间（GD$_{0-168}$），与生理盐水组比较，环磷酰胺组和沙利度胺组孕猴摄食评估基本一致。表明环磷酰胺/沙利度胺对孕猴摄食无明显影响。

2. 妊娠结局（GD$_{100}$）

（1）环磷酰胺：有 7 只孕猴进行解剖，其中有 6 个活胎，1 个死胎，活胎率为 86%，死胎率为 14%。环磷酰胺活胎率低于生理盐水组（100%），故认为环磷酰胺对孕猴的妊娠结果有影响。

（2）沙利度胺：有 7 只孕猴进行解剖，其中有 7 个活胎，无死胎，活胎率为 100%，死胎率为 0。磷酰胺活胎率与生理盐水组一样均为 100%，故认为沙利度胺对孕猴的妊娠结果无影响。

3. 剖宫检测（GD$_{100}$）

（1）胎仔体重、体格发育及外观形态检查：与生理盐水组比较，环磷酰胺组和沙利度胺组胎仔体重、顶臀长、胸围、尾长、胫骨和前臂长度均低于生理盐水组。另外，外观检查中环磷酰胺组有 3 只（3/7）胎仔面部畸形（口裂、鼻裂）。沙利度胺组有 5 只（5/7）仔猴四肢发育畸形，其外观畸形的发生率较高。故认为环磷酰胺/沙利度胺对胎仔具有致畸作用。

（2）脏器重量：与生理盐水组比较，环磷酰胺组和沙利度胺组主要脏器重量（心脏、肝脏、脾脏、肺脏、肾脏、卵巢和睾丸）未明显变化（$P>0.05$），故认为环磷酰胺/沙利度胺对胎仔脏器重量无明显影响。

4. 畸形检查

（1）骨骼检查

1）环磷酰胺：检查 7 只胎仔骨骼，其中骨化不全：头骨（4 例）、胸骨（3 例）、枕骨（1 例）；胸骨骨化点减少（7 例）、肋骨（短肋 1 例）、趾骨（多指，3 例）、肋骨/肋软骨（融合，1 例）等骨畸形发生率明显增加。故认为环磷酰胺可引起胎仔骨骼发育迟缓和畸形。

2）沙利度胺：检查 7 只胎仔骨骼，主要是四肢骨骼畸形率升高，表现为尾椎弯曲/异形（4 例）、桡骨、掌骨、指骨、股骨、胫骨缺失（5 例）和长骨不规则（3 例）等。故认为沙利度胺可引起胎仔四肢畸形。

（2）内脏检查：与生理盐水组比较，环磷酰胺组和沙利度胺组胎仔的内脏发育无明显异常。考虑环磷酰胺/沙利度胺对胎仔的内脏发育无明显影响。

5. 激素检测 孕猴妊娠期间，与生理盐水组比较，环磷酰胺组和沙利度胺组各孕猴的雌激素和性激素偶有波动，但组间无明显差异，考虑为动物正常的生理波动。表明环磷酰胺/沙利度胺对孕猴雌激素和性激素无明显影响。

6. 毒代动力学 孕猴妊娠期间，环磷酰胺在孕猴体内血药浓度很快达到峰值，皮下重复给药 5 天无蓄积。沙利度胺在孕猴体内血药浓度较慢达到峰值，灌胃给药 7 天重复给药有蓄积。环磷酰胺或沙利度胺在羊水和胎盘中药物浓度均低于定量下限浓度。考虑到环磷酰胺或沙利度胺均为小分子化合物，半衰期较短（小于 24 h），2 种药物给药周期在 GD$_{24}$～GD$_{30}$，采集羊水和胎盘在 GD$_{100}$ 时，所以该时间点的药物浓度低于定量下限浓度。

7. 仔猴的评价（围产期）

（1）外观检查：环磷酰胺组：有 3 只（3/6）胎仔面部畸形、（口裂、鼻裂），有 1 只后肢脚趾并趾、趾短，有 1 只外耳道天然闭合。沙利度胺组：有 5 只（5/6）胎仔四肢发育畸形（前/后肢缺失、未发育或变短）。故认为环磷酰胺/沙利度胺能导致仔猴外观畸形。

（2）体重及体格发育：与生理盐水组比较，环磷酰胺组和沙利度胺组仔猴的体重、胫骨长、头围、尾长和冠臀长均低于生理盐水组。在部分时间点具有统计学差异（$P\leqslant0.05$ 或 $P\leqslant0.01$），故认为环磷酰胺/沙利度胺对仔猴的体重增长和体格发育有影响。

（3）抓握力检测：与生理盐水组比较，环磷酰胺组和沙利度胺组仔猴在 PND$_1$ 时均未达标（坚持 30 s 为达标），在 PND$_{14}$ 时环磷酰胺组仔猴均能达标。在 PND$_{28}$ 时沙利度胺组动物仍未达标。考虑到沙利度胺组仔猴四肢畸形，因前肢发育不良导致无法正常完成抓握动作，故认为环磷酰胺/沙利度胺对仔猴的抓握能力无直接影响。由于早期影响仔猴的体格发育，从而间接导致抓握力暂时不达标。

（4）行为学及神经功能评价

1）环磷酰胺：与生理盐水组比较，在 PND$_{100}$、PND$_{150}$ 时，协调性（评级：运动笨拙）和平衡力（评级：跌倒）2 项目暂时不达标，在发育到 PND$_{178}$ 时，上述指标达标。故认为环磷酰胺对仔猴的协调性和平衡力具有一定影响。

2）沙利度胺：与生理盐水组比较，在 PND$_{100}$、PND$_{150}$ 和 PND$_{178}$ 时，协调性（评级：运动笨拙）、自发爬行（评级：无爬行）和平衡力（评级：跌倒）均未达标。沙利度胺组动物由于先天四肢畸形，无法评价协调性、自发爬行和平衡力。

（5）眼科检查：在 PND_{100}、PND_{150} 和 PND_{178} 对各组仔猴进行眼科检查，各组动物（眼睑、结膜、角膜、瞳孔、虹膜和眼底等）均未见异常。表明环磷酰胺/沙利度胺对仔猴眼部发育无明显影响。

（6）临床病理学（血液学、血液生化、凝血）：与生理盐水组比较，环磷酰胺组和沙利度胺组临床病理学各参数指标偶尔波动，但变化幅度较小，且均在本机构成年食蟹猴背景范围内或附近波动，认为环磷酰胺/沙利度胺对仔猴的临床病理学指标无明显影响。

（十三）结论

在本试验条件下，对孕食蟹猴皮下注射给予剂量为每日 20 mg/kg 环磷酰胺或灌胃给予剂量为每日 15 mg/kg 沙利度胺，试验结果表明，① 环磷酰胺：具有明显母体毒性、胚胎-胎仔和仔猴毒性；导致孕猴流产率升高、活胎率降低、胎仔/仔猴的外观及骨骼畸形，以及仔猴发育迟缓；② 沙利度胺：未见母体毒性和胎仔毒性，但可导致胎仔体重、胸围、尾长、胫骨和前臂长度降低，以及外观和骨骼畸形。

综上，环磷酰胺和沙利度胺均具有致畸作用。

GD_{24}～GD_{30} 给药期间的伴随毒代动力学结果表明，首次给药和末次给药，环磷酰胺连续皮下注射给药5天无蓄积；沙利度胺连续灌胃给药 7 天有蓄积，环磷酰胺或沙利度胺在羊水和胎盘中药物浓度均低于定量下限浓度。

（十四）记录保存

除计算机自动化仪器直接采集的数据外，其他所有实际研究的数据均直接、及时、准确地记录在表格或记录纸上，并随时整理装订，所有数据记录都应注明记录日期，并由记录人签字。对原始记录进行更改时按要求进行。记录的所有数据都进行核查、签字，保证数据可靠。研究结束后，递交最终报告时，所有原始资料、文件等材料均交档案室保存。具体管理内容、程序和方法按本机构制定的标准操作规程执行。

（十五）资料归档时间和地点

（1）归档时间：××××年 12 月。

（2）归档地点：×××档案室。

（3）保存时间：结题后 5 年。

（庞　聪　周　莉　孙祖越）

第四节　幼龄食蟹猴口腔喷雾给予 BBB 多肽类药物 4 周重复给药毒性试验

（一）目的

幼龄食蟹猴口腔破损黏膜喷雾给予多肽 BBB，每天上、下午各给药 1 次，连续给药 4 周，停药恢复 2 周，观察该受试物可能引起毒性反应的性质、程度、量效和时效关系及可逆性，判断毒性靶器官或靶组织，同时研究其毒代动力学特征和免疫学指标，了解毒性研究中暴露剂量与毒理学结果之间的关系，为后期临床试验设计和安全用药提供参考。

（二）试验材料

1. 受试物

（1）基本信息

1）名称/代号：BBB 原液/BBB。

2）本机构代号：W2018003。

3）性状：白色粉末。

4）净含量：96.3%（批号 201803001，含量更正后为 68.72%，更正日期 2018 - 09 - 10）、96.1%（批号 201804002，含量更正后为 69.03%，更正日期 2018 -

09 - 10）、96.6%（批号 201805003，含量更正后为 71.16%，更正日期 2018 - 09 - 10）。

5）批号：201803001、201804002、201805003。

6）有效期至：2019 - 03 - 28。

7）保存条件：≤ - 15℃。

8）生产厂家：××× 有限公司。

9）提供单位：××× 有限公司。

（2）受试物配制

1）配制方法：根据幼龄食蟹猴最近体重、给药剂量及药物净含量计算所需受试物的量，准确称取一定数量的 BBB 原液，在无菌环境下，将称量好的受试物转移至标定好的容器中，加灭菌注射用水至标定刻度，用无菌滤膜过滤，即得所需浓度的受试物给药制剂；配制好的给药制剂全部转移至专用喷瓶中用于动物给药。

配制方法举例（表 10 - 4 - 1）：以 100 mL 给药制剂配制举例（以批号 201803001 受试物举例）。

表 10-4-1　配制方法

组别	剂量* (mg/kg)	浓度* (mg/mL)	配 制 方 法
BBB 低剂 量组	6.48	3.6	准确称取 519 mg BBB 原液,在无菌环境下,将称量好的受试物转移至标定好的容器中,加灭菌注射用水至标定刻度,用无菌滤膜过滤,即得 5 mg/mL 的 BBB 低剂量组给药制剂 100 mL
BBB 中剂 量组	19.26	10.7	准确称取 1 558 mg BBB 原液,在无菌环境下,将称量好的受试物转移至标定好的容器中,加灭菌注射用水至标定刻度,用无菌滤膜过滤,即得 15 mg/mL 的 BBB 中剂量组给药制剂 100 mL
BBB 高剂 量组	38.52	21.4	准确称取 3 115 mg BBB 原液,在无菌环境下,将称量好的受试物转移至标定好的容器中,加灭菌注射用水至标定刻度,用无菌滤膜过滤,即得 30 mg/mL 的 BBB 高剂量组给药制剂 100 mL

注:* 根据委托方后期更正的含量进行重新计算所得的给药剂量和给药浓度

2) 配制条件:无菌环境。

3) 标识方法:所配制的 BBB 低、中和高剂量组给药制剂分别用绿色、蓝色和红色标签标识,并注明专题编号、名称、浓度、数量、配制日期、配制者、贮存条件、有效期至、成品编号。

4) 配制后暂存条件及有效期:2~8℃保存,配制后 3 天内使用。

(3) 给药制剂分析:受试物的含量和稳定性材料由委托方提供。分析方法已通过"BBB 给药制剂分析方法学验证试验(专题编号:×××××-FA01)",在该专题中已进行了受试物稳定性分析,结果表明给药制剂配制后的稳定性能满足试验要求。

对首次和末次给药的给药制剂进行含量分析。从待测给药制剂的中层取 2 份样,1 份用于分析,另 1 份 2~8℃保存备用(溶媒对照组室温保存备用)。分析样品编号为给药制剂成品编号-位置缩写 + 2 位流水号(例如,给药制剂成品编号-R01)。取样体积及处理方法见"幼龄食蟹猴口腔喷雾给予 BBB 多肽类药物 4 周重复给药毒性试验给药制剂分析方法(方法编号:×××××-FA02)"。

受试物更换新批号时,首次使用时,增加一次针对新批号受试物的制剂分析,接受标准不变。

剩余样品的处理:分析后剩余样品返还受试物管理部,按药物/化学废弃物要求进行处理。

(4) 留样及剩余给药制剂/受试物的处理

1) 受试物留样:按相关 SOP 进行受试物留样。

2) 剩余给药制剂处理:返还受试物管理部,按药物/化学废弃物要求进行处理。

3) 留样受试物处理:项目结束后按 SOP 规定进行归档,储存于本机构档案管理部留样档案室。

4) 剩余受试物处理:待本项目全部专题结束后与委托方沟通后处理。

2. 溶媒

(1) 溶媒信息

1) 名称:灭菌注射用水。

2) 性状:无色澄明液体,无臭。

3) 规格:500 mL。

4) 批号:M18010213。

5) 有效期至:2019-12-31。

6) 保存条件:密闭。

7) 生产厂家:××××药业股份有限公司。

8) 药物配制结束后剩余溶媒处理:退回受试物管理部,按药物/化学废弃物要求进行处理。

(2) 溶媒配制

1) 配制方法:无需配制,在无菌条件下直接分装取用。

2) 配制条件:室温。

3) 标识方法:白色标签标识,并注明专题编号、名称、浓度、数量、配制日期、配制者、贮存条件、有效期至、成品编号。

4) 配制后暂存条件及有效期:室温,配制后 3 天内有效。

(3) 留样及剩余溶媒的处理

1) 溶媒对照品留样:按相关 SOP 进行溶媒对照品留样。

2) 剩余溶媒对照品给药制剂处理:返还受试物管理部,按药物/化学废弃物要求进行处理。

3) 留样溶媒对照品处理:项目结束后按 SOP 规定进行归档,储存于本机构档案管理部留样档案室。

4) 剩余溶媒对照品处理:待本项目全部专题结束后交予受试物管理部处理。

3. 操作/安全措施　研究机构按照《职业卫生安全与防护手册》来操作。在配制、处理受试物制剂和给药时,穿戴合适的个人防护设备(PPE)。

4. 给药制剂在试验机构内的转移　受试物给药制剂在冰袋条件下从受试物管理部转移到动物饲养间和试验室,从受试物管理部领取的受试物给药制剂在不使用时贮存于冰袋条件;溶媒对照品给药制剂在室温条件下从受试物管理部转移到动物饲养间和试验室,从受试物管理部领取的溶媒对照品给药制剂在不使用时贮存于室温条件。

5. 其他主要试剂　见表10-4-2。

表10-4-2　其他试剂

名　　称	等　　级
戊巴比妥钠	NA
舒泰50	NA
复方托吡卡胺滴眼液	NA

6. 主要仪器设备　见表10-4-3。

表10-4-3　主要仪器和设备

设 备 名 称	型　　号
全自动血液分析仪	ADVIA 2120i
全自动生化分析仪	cobas6000
全自动血凝分析仪	CA-7000
尿液分析仪	Clinitek STATUS®+
流式细胞仪	BD FACS Calibur
多道心电图机	ECG-1150
智能数字测温仪	TH-212
智能无创血压计	BP-98E
双目间接检眼镜	YZ25B
封片机	Leica CV5030
染色机	Leica ST5020
组织包埋机	Leica EG1150C+EG1150H
全自动脱水机	Leica ASP300S

（三）试验系统

（1）品种/品系/级别：食蟹猴,普通级(五阴猴)。

（2）性别和数量：① 进入适应期动物数量和性别：42 只,雌、雄各半;② 使用动物数量和性别：40 只,雌、雄各半;③ 剩余动物的处理：本试验分组剩余动物于给药开始后 1 周内移交毒理运行部。

（3）来源：提供单位为×××动物养殖有限公司;生产许可证号：SCXK(X)2013-0005;动物质量合格证号：×××。

（4）体重和年龄：① 体重：进入本试验时 1.08~1.52 kg,分组时体重：雄性为 1.12~1.50 kg,雌性为 1.19~1.56 kg,分组时个体体重应在同性别平均体重±20%范围内;② 年龄：进入本试验时 6~7.5 月龄,试验分组时约 6~8 月龄。

（5）动物标识：根据研究机构的 SOP 制订笼卡,每只动物通过文身和笼卡作为动物识别标记。

（6）实验动物选择依据和数量

1）实验动物选择理由：参照《药物重复给药毒性试验技术指导原则》,长期毒性试验需用啮齿类和非啮齿类两种动物进行,食蟹猴是国际公认用于生物分子药物安全性评价的模式动物,BBB 为多肽类药物,临床拟用于治疗 3 岁以上儿童手足口病、疱疹性咽峡炎引起的口腔溃疡,故选用 6~8 月龄的幼龄食蟹猴进行试验,6~8 月龄的幼龄食蟹猴发育特点接近 3 岁左右的儿童,其遗传、生物学背景(包括解剖、生理、临床病理等各种数据的正常范围)比较清楚。

2）动物数量选择理由：根据《药物重复给药毒性试验技术指导原则》,重复给药毒性试验非啮齿类一般每个性别不少于 5 只/组(本次试验给药期每个性别 5 只/组,每个性别恢复期 2 只/组)。为确保在满足研究目的和科学标准的前提下,使用尽可能少的动物。本次试验选用 40 只食蟹猴,可满足获取足够试验数据的最低动物数目要求。为防止所购实验动物由于未知原因导致不能满足试验需求的情形发生,额外多申购 1 只动物/性别。

（四）动物的饲养和管理

（1）动物管理和使用：本试验涉及的与动物试验相关的内容和程序都遵从实验动物使用和管理的相关法律法规和本机构实验动物使用和管理委员会(IACUC)的相关规定。动物数量、试验设计及动物的处理都已通过本机构 IACUC 审批(审批号：IACUC-×××××-T014-01),并严格按 IACUC 批准的内容执行。

（2）检疫和适应环境：入室幼龄食蟹猴试验前检疫及适应环境约 5 周,选择健康幼龄猴作为受试动物。适应期主要检查动物的一般状态,所有动物均检查合格,纳入本试验。

（3）动物饲养：本机构实验动物使用许可证号×××;饲养地点：×××公司猴房普通环境区;饲养笼具空间：不锈钢猴笼(80 cm×90 cm×100 cm);饲养密度：1 只/笼,2 笼/架。

（4）饲养环境：饲养环境条件标准依据中华人民共和国国家标准 GB14925-2010;饲养环境控制系统：MSEA-MVE 6.0×××动物房环境监测系统;温度 20.3~26.0℃(日温差 0.5~5.4℃);相对湿度 49.7%~61.9%;人工照明,12 h 明暗交替;每小时空气更换不少于 8 次。

（5）环境改善：为实验动物提供玩具,作为环境改善措施,参照实验动物的环境丰富相关 SOP。

(6) 饲料:猴生长繁殖饲料,饲料批号 18038111、18048121、18038121,×××饲料有限公司生产,生产许可证号为 SCXK(×)2014-0010。上、下午各一次(试验有特殊要求时除外,每次给予不少于 10 粒饲料)。供应商提供饲料的质量合格证明,合格证号×××。

1) 营养成分:具有××××提供的营养成分检测报告,报告编号×××,检测指标包括水分、粗蛋白、粗脂肪、粗纤维、粗灰分、钙、总磷。检测结果符合 GB14924.3-2010。

2) 化学污染物:具有××××提供的化学污染物检测报告,报告编号×××,检测指标包括砷、铅、镉、汞、六氯化苯(BHC)、双对氯苯基三氯乙烷(DDT)、黄曲霉毒素 B₁。检测结果符合 GB14924.2-2001。

3) 微生物指标:具有×××技术有限公司检测室提供的微生物检测报告,报告编号×××,检测指标包括菌落总数、大肠菌群、真菌和酵母菌计数、沙门菌。检测结果符合 GB14924.2-2001、GB4789.2-2016、GB/T 13091-2002、GB 4789.4-2016、GB 4789.15-2016、GB 4789.3-2016、GB 13078-2017。

(7) 水果或蔬菜:新鲜水果(或蔬菜),每次给予约 1/4 个苹果或其他等量水果或蔬菜,水果需去皮后切成薄片,每天 1 次,必要时根据实际情况调整次数。

(8) 牛奶:牛奶粉(市售×××全脂甜奶粉),将 50 勺奶粉加至 1 500 mL 温水(约 50℃)中冲开即可,上、下午各一次(试验有特殊要求时除外,每只幼猴每次给予约 30 mL 牛奶)。

(9) 饮水:反渗透水(生活饮用水),饮水瓶盛装,自由摄取。

水质常规指标的检测:委托×××公司进行水质常规指标检测(检测报告编号×××)。检测项目包括:砷、镉、铬(六价)、铅、汞、硒、铝、铁、锰、铜、锌、氰化物、氟化物、硝酸盐(以 N 计)、色度、浑浊度、臭和味、肉眼可见物、pH、氯化物、硫酸盐、溶解性总固体、总硬度(以 CaCO₃ 计)、耗氧量、挥发酚、阴离子合成洗涤剂、三氯甲烷、四氯化碳、总大肠菌群、菌落总数、耐热大肠菌、大肠埃希菌、溴酸盐、甲醛、亚氯酸盐、氯酸盐、总 α 放射性、总 β 放射性。检测结果符合 GB 5749-2006。

(10) 动物选择:① 选择健康幼龄食蟹猴动物作为受试动物;② 给药前对所有进入试验的猴进行体温、Ⅱ导联心电图、呼吸频率、血压、血液学、血凝、血生化及尿液指标检查各 2 次。挑选符合要求的动物纳入试验;③ 在进行首次生理数据(血压、呼吸频率和心电图)采集前,需对每只动物进行至少 3 次保定适应,每只动物每次适应时长不少于 10 min。

(五) 试验设计

设溶媒对照组及 BBB 低、中和高剂量组;每组 10 只动物,共计 40 只,雌、雄各半;分组方法:自适应期合格动物中挑选 40 只体重较均匀的动物,雌、雄各半,分性别根据体重分层随机分组,且根据血液学、血生化等指标进行调整,确保各组动物齐同可比;具体见表 10-4-4。

表 10-4-4 分组与剂量

组 别	受试物/溶媒	剂量*(mg/kg)	给药浓度*(mg/mL)	动 物 编 号	
				雌	雄
溶媒对照组	灭菌注射用水	0	0	1F001-1F005	1M001-1M005
BBB 低剂量组	BBB	6.48～6.66	3.6～3.7	2F001-2F005	2M001-2M005
BBB 中剂量组	BBB	19.26～19.80	10.7～11.0	3F001-3F005	3M001-3M005
BBB 高剂量组	BBB	38.52～39.78	21.4～22.1	4F001-4F005	4M001-4M005

注:① 动物编号的首位数字代表组别(1、2、3、4 分别代表溶媒对照组、BBB 低剂量组、BBB 中剂量组、BBB 高剂量组)。第二位字母代表性别(M 为雄性,F 为雌性),后 3 位数字代表动物序列号;② * 根据委托方后期更正的含量进行重新计算所得的给药剂量和给药浓度

(1) 给药信息

1) 给药剂量:溶媒对照组及 BBB 低、中和高剂量组剂量分别为 0 mg/kg、6.48～6.66 mg/kg、19.26～19.80 mg/kg 和 38.52～39.78 mg/kg,溶媒对照组给予灭菌注射用水。

2) 给药体积:每次 0.9 mL/kg,给药当天 24 h 内给予 2 次受试物,总给药体积为 1.8 mL/kg,每只动物的给药量根据最近一次测量的体重进行调整,每喷相当于 0.15 mL±0.02 mL(不足一喷按一喷计),口腔左右两侧尽量保持均一,第二次给药至少间隔 4 h,每次给药后禁食禁水约 1 h。

3) 给药浓度:溶媒对照组及 BBB 低、中和高剂量

组给药浓度分别为 0 mg/mL、3.6～3.7 mg/mL、10.7～11.0 mg/mL 和 21.4～22.1 mg/mL。

4) 给药途径：口腔喷雾给药；第一次给药前用酒精消毒的粗头锉刀对口腔黏膜两侧进行破损，每侧破损面积约 1 cm×1 cm，破损程度以黏膜出现轻度渗血为宜，之后每周破损一次。

5) 给药频率及周期：每天上、下午各给药 1 次，连续给药 4 周；停药后恢复 2 周。

6) 计划解剖动物：给药期结束解剖日（D_{30}）解剖 6 只/组，雌雄各半，共计 24 只；恢复期结束解剖日（D_{43}）解剖剩余 4 只/组，雌雄各半，共计 16 只。注：首次给药当天定义为给药期第 1 天（D1），首次给药前 1 天定义为第 0 天（D0）。

(2) 剂量设计依据：BBB 为多肽类药物，临床拟用于治疗儿童手足口病、疱疹性咽峡炎引起的口腔溃疡，临床上拟进行口腔喷雾给药，喷雾液浓度为 0.5 mg/mL，每次 2～3 喷，每喷相当于 0.15 mL ± 0.02 mL，一日 3～4 次，3～5 天一个疗程，临床拟用最大疗程为 14 天。根据以上资料可推算出临床给药剂量为 0.064 mg/kg（以儿童体重 15 kg 计）。根据 ICH M3(R2) 及《药物重复给药毒性试验技术指导原则》建议重复给药毒性试验高剂量原则上使动物产生明显的毒性反应或达较高暴露量，低剂量原则上相当或高于动物药效剂量或临床使用剂量的等效剂量。BBB 大鼠药效学起效剂量 1.2 mg/kg，结合口腔喷雾给药特点，故本试验原方案设计 BBB 低、中、高剂量组剂量分别为 9 mg/kg，27 mg/kg 和 54 mg/kg，相当于临床拟用剂量的 46.9 倍、140.6 倍和 281.2 倍（以人与猴 1∶3 等效剂量折算），分别相当于药效学有效剂量（大鼠有效剂量折算到猴为 0.667 mg/kg）的 13.5 倍、40.5 倍和 81.0 倍。同时设置溶媒对照组。

根据委托方后期更正的含量进行重新计算所得 BBB 低、中、高剂量组口腔喷雾给药剂量分别为 6.48～6.66 mg/kg、19.26～19.80 mg/kg 和 38.52～39.78 mg/kg，分别相当于临床拟用剂量的 34～35 倍、100～103 倍和 201～207 倍（以人与猴 1∶3 等效剂量折算），分别相当于药效学有效剂量的 9.7～10.0 倍、28.9～29.7 倍和 57.8～59.6 倍。其剂量倍数依然满足重复给药试验相关指导原则的要求。

（六）观察与检查

1. 一般状态观察 观察所有存活试验动物，试验期间每天观察 2 次（上、下午各一次），包括但不限于一般表现、行为状态、眼睛、口腔、鼻口部、耳、毛发及皮肤、粪便、尿、生殖器等毒性症状；在观察时关注给药部位观察（见专题"幼龄食蟹猴口腔喷雾给予 BBB 局部刺激试验报告"）。

2. 体重 测定所有存活试验动物（解剖当天仅测定待解剖动物），适应期测定 2 次（其中最后一次用于分组和首次给药量计算），给药期和恢复期每周测定 2 次，计划解剖动物解剖前称重 1 次（该体重用于计算脏体比，不纳入对体重指标的统计分析中）。

3. 耗食量 试验期间每天估测 1 次，测定所有存活试验动物。测定方法：每只幼龄食蟹猴每天饲喂 2 次猴生长繁殖饲料，喂食至少间隔 4 h，第 2 次给食 2 h 后估测耗食量。给药当天须在每次给药 1 h 后饲喂。

4. 体温 测定所有存活试验动物。适应期测定 2 次；首次给药（D1）伴随安全药理学试验时于上午给药的给药前和给药后 0.5 h（±2 min）、1 h（±10 min），下午给药的给药后 0.5 h（±10 min）、1 h（±10 min）及第 1 次给药后 24 h（±30 min）分别测定 1 次；给药期结束（D_{29}）和恢复期结束（D_{42}）各测定 1 次。测定方法：采用非接触红外线额温仪测定清醒状态下猴体温。

5. 呼吸 检测所有存活试验动物。适应期测定 2 次；首次给药（D1）伴随安全药理学试验时于上午给药的给药前和给药后 0.5 h（±2 min）、1 h（±10 min），下午给药的给药后 0.5 h（±10 min）、1 h（±10 min）及第 1 次给药后 24 h（±30 min）分别测定 1 次；给药期结束（D_{29}）和恢复期结束（D_{42}）各测定 1 次。测定方法：食蟹猴清醒状态下，人工测定 60 s 呼吸频率，并观察呼吸节律有无异常。

6. 心电图检查（ECG） 检测所有存活试验动物。适应期测定 2 次；首次给药（D1）伴随安全药理学试验时于上午给药的给药前和给药后 0.5 h（±2 min）、1 h（±10 min），下午给药的给药后 0.5 h（±10 min）、1 h（±10 min）及第 1 次给药后 24 h（±30 min）分别测定 1 次；给药期结束（D_{29}）和恢复期结束（D_{42}）各测定 1 次。测定方法：食蟹猴清醒状态下，采用心电图机检测 Ⅱ 导联心电图。

检测指标见表 10 - 4 - 5。

表 10 - 4 - 5 心电图检查指标

Ⅱ导联心电图相关指标		
心率	QRS 间期	P 波电压
P - R 间期	R 波电压	Q - T 间期
T 波电压	ST 段	

注：Q - T 间期未见延长，未进行校正

7. 血压　检测所有存活试验动物。适应期测定 2 次；首次给药(D1)伴随安全药理学试验时于上午给药的给药前和给药后 0.5 h(±2 min)、1 h(±10 min)，下午给药的给药后 0.5 h(±10 min)、1 h(±10 min)及第 1 次给药后 24 h(±30 min)分别测定 1 次；给药期结束(D₂₉)和恢复期结束(D₄₂)各测定 1 次。测定方法：食蟹猴清醒状态下，把无创血压计袖带绑至猴尾部，测试开始之前安抚动物情绪，待其安静后开始测量动脉血压，测量 1 次，如动物挣扎或者结果异常则复测 2 次，取结果相近的 2 次测量结果的平均值；检测指标为收缩压(SBP)、舒张压(DBP)和平均压(MBP)。

8. 眼科检查　测定所有存活试验动物，其中 D₃₀ 为待解剖动物(若待解剖动物出现眼科检查异常，则对进入恢复期的试验动物也进行眼科检查)。适应期测定 1 次，给药期结束解剖日(D₃₀)和恢复期结束解剖日(D₄₃)各测定 1 次。测定方法：动物经 2.5 mg/kg 舒泰肌内注射麻醉后，用双目间接检眼镜进行眼科检查。检查内容：眼睑、结膜、角膜、虹膜、瞳孔、巩膜、晶状体、玻璃体、眼底(视乳头、黄斑、视网膜和视网膜血管)。

9. 生长发育指标检查

(1) 雌性动物性皮肤的变化：试验期间，每天观察雌性食蟹猴性皮肤的变化，主要观察期生殖部位和臀部的颜色变化及肿胀反应等。若未出现变化，则标记"-"；若出现变化，则标记"+"。

(2) 雄性动物包皮腺裂开检查：试验期间，每天观察雄性食蟹猴包皮腺裂开情况，若包皮腺未裂开，则标记"-"；若包皮腺裂开，则标记"+"。

10. 临床检验　检测所有存活试验动物。

(1) 检测时间及样本采集方法

1) 血液样本：于适应期测定 2 次，给药期结束(D₂₉)及恢复期结束(D₄₂)各测定 1 次。采集方法：动物采集样本前禁食过夜，血液采用静脉采血。处理方法：凝血和血液生化样本 4 000 r/min，室温离心 10 min 后上机检测；血液学样本直接上机检测。

2) 尿液样本：于适应期测定至少 2 次，给药期结束前 3 天及恢复期结束前 3 天各测定 1 次。采集方法：尿液收集采用底盘采集法进行，收集约 4 h 尿液，如果 4 h 未采集到，则以 4 h 为周期依次顺延，如当日采集失败，可于次日继续收集，如动物解剖前仍未采集到，可在动物解剖时采集膀胱尿。处理方法：直接上机检测。

3) 样本用途：表 10-4-6。

表 10-4-6　样本收集量和收集管类型

检测项目	样本收集量	收集管类型
血液学检查	约 1 mL	EDTA-K₂ 抗凝管
凝血功能检查	约 1.8 mL	枸橼酸钠抗凝管
血生化检查	约 2 mL	惰性分离胶促凝管
尿液检查	0.5 mL	普通样品管

(2) 临床检验指标与方法

1) 血液学指标：表 10-4-7。

表 10-4-7　血液学指标检测方法

检测项目	检测方法
红细胞计数(RBC)	二维激光扫描法
血红蛋白(HGB)	氰化血红蛋白法
血细胞比容(HCT)	计算：MCV×RBC
平均红细胞体积(MCV)	二维激光扫描法
平均红细胞血红蛋白含量(MCH)	计算：HGB/RBC
平均红细胞血红蛋白浓度(MCHC)	计算：HGB/(MCV×RBC)×1 000
网织红细胞计数(♯RETIC)	Oxazine 750 染色法
网织红细胞百分比(%RETIC)	计算：(RET/RBC)×100
白细胞计数(WBC)	过氧化物酶染色/二维激光扫描法
中性粒细胞计数(♯NEUT)及百分比(%NEUT)	过氧化物酶染色法
淋巴细胞计数(♯LYMPH)及百分比(%LYMPH)	过氧化物酶染色法
单核细胞计数(♯MONO)及百分比(%MONO)	过氧化物酶染色法
嗜酸性粒细胞计数(♯EOS)及百分比(%EOS)	过氧化物酶染色法
嗜碱性粒细胞计数(♯BASO)及百分比(%BASO)	过氧化物酶染色法
血小板计数(PLT)	二维激光扫描法

2) 凝血指标：表 10-4-8。

表 10-4-8　凝血指标检测方法

检测项目	检测方法
凝血酶原时间(PT)	凝固法
活化部分凝血活酶时间(APTT)	凝固法

3）血液生化指标：表10-4-9。

表10-4-9　生化指标检查方法

检 测 项 目	检 测 方 法
总胆红素（TBIL）	重氮法
总蛋白（TP）	比色法
白蛋白（ALB）	比色法
谷丙转氨酶（ALT）	IFCC法
谷草转氨酶（AST）	比色法
碱性磷酸酶（ALP）	比色法
γ-谷氨酰转肽酶（GGT）	酶比色法
乳酸脱氢酶（LDH）	比色法
肌酸激酶（CK）	比色法
尿素（UREA）	比色法
肌酐（CREA）	酶法
葡萄糖（GLU）	己糖激酶法
甘油三酯（TG）	比色法
胆固醇（CHOL）	酶比色法
钠离子浓度（Na^+）	ISE法
钾离子浓度（K^+）	ISE法
氯离子浓度（Cl^-）	ISE法
钙（Ca）	比色法
磷（P）	比色法

4）尿液指标：表10-4-10。

表10-4-10　尿液指标检测方法

检 测 项 目	检 测 方 法
颜色	肉眼观察
透明度	肉眼观察
葡萄糖（GLU）	比色法
胆红素（BIL）	比色法
酮体（KET）	比色法
比重（SG）	比色法
潜血（BLO）	比色法
酸碱度（pH）	比色法
蛋白（PRO）	比色法
尿胆原（URO）	比色法
亚硝酸盐（NIT）	比色法
白细胞（LEU）	比色法

（3）样本的保存与运输：血液学、血液生化、凝血和尿液样本在采集后放入样品运输箱，室温保存，2 h内送检。

11. 性成熟内分泌检查　检测所有存活试验动物。检测的采集时间点：于适应期检测1次，给药期解剖日（D_{30}）和恢复期解剖日（D_{43}）各检测1次。采集和处理方法：同临床检验血液样本采集方法，雌二醇（E_2）、睾酮共用血液生化样本，其中生长激素（GH）、类胰岛素生长因子-1采用ELISA方法检测，需单独采血，每只动物采集血液约1 mL，收集于含促凝剂和分离胶管。

12. 免疫毒性/免疫原性　参见报告"幼龄食蟹猴口腔喷雾给予BBB免疫毒性试验"。有临检采集血样或内分泌检查时，则样本采集在临检采集中合并进行。

白细胞计数分类、免疫球蛋白 IgG、IgA、IgM、补体 C3、C4、CIC、淋巴细胞表型分析 $CD3^+$ T 细胞比例、$CD3^+CD4^+$ T 细胞比例、$CD3^+CD8^+$ T 细胞比例、$CD3^+CD4^+/CD3^+CD8^+$ T 细胞比值，采血时间点同血液学和血生化，适应期1次，给药期结束（D_{29}）、恢复期结束（D_{42}）各测定1次。

细胞因子（IL-2、IL-6、TNF-α 和 IFN-γ）检测的采集时间点：适应期1次，给药期结束（D_{29}）、恢复期结束（D_{42}）各采集血样测定1次。

抗药抗体（ADA）采血时间：适应期1次、D14给药前、给药期结束解剖日（D_{30}）、恢复期结束解剖日（D_{43}）各采集血样测定1次；样本收集量约0.5 mL，收集管类型为含促凝剂和分离胶管。

13. 骨髓检查
骨髓涂片时间：计划解剖当日。
骨髓涂片动物：各组计划解剖动物。
骨髓涂片制备方法：解剖时取胸骨，挤压出骨髓制备骨髓涂片，采用刘氏染色液染色，晾干后备检。
骨髓检查指标：粒细胞系统、红细胞系统、淋巴细胞、单核细胞及其他细胞百分比，粒红比及巨核细胞计数等。

14. 毒代动力学
（1）毒代血样采集：各给药剂量组：BBB各给药组首次给药及末次给药。上午给药前和给药后10 min（±1 min）、1 h（±5 min），下午给药后10 min（±1 min）、1 h（±5 min）、2 h（±5 min）和第2天给药前［前一天上午给药后24 h（±10 min）］各采血1次；末次给药毒代血样采集增加第2天［前一天下午给药后24 h（±10 min）］采集时间点。溶媒对照组：首次给药及末次给药的给药前及给药后1 h（±5 min）。若采样误差超出上述所设范围,则如实记录,并通知检测部门或单位。

采样方法:前肢静脉采血约 0.5 mL 全血。

血样处理:收集的全血至 EDTA - K₂ 抗凝管(含 10 μL 10%的甲酸水溶液,甲酸终浓度约为 0.2%)中,全血采集完后置于碎冰上,1 h 内于 4℃ 离心(约 4 000 r/min,10 min),分离血浆,分 2 管保存(1 号 EP 管 100 μL,剩余分装至 2 号 EP 管),于 -60℃ 及以下冻存。剩余血样试验结束后销毁或寄送委托方。EP 管标签格式举例如下:

```
×××-T014-01
D1-2M001-10 min
180330-TK(plasma-1)
```

```
×××-T014-01
D1-2M001-10 min
180330-TK(plasma-2)
```

其中"plasma-1"为首份检测样品,分装血浆体积为 100 μL,剩余血清样品作为备份保存于"plasma-2"管中。置于 ≤ -60℃ 保存,通过冷链运输公司(≤-60℃,全程温度监控)运送至×××生物技术股份有限公司进行毒代样品分析。

(2)毒代样品分析

1)试验场点基本信息:毒代样品分析按照多场所管理,研究将由××××生物技术股份有限公司完成。

2)主要研究者:姓名×××,电话××××,传真××××,手机××××,电子邮件××××。

3)试验场点质量保证人员:姓名××××;电话××××;邮件××××。

4)试验场点主要研究者的研究任务:主要研究者负责完成毒代样品分析研究,生物分析方法编号为××××-BA-002,并负责毒代样品分析数据质量和完整性。生物分析与毒代评价结果将及时汇报给专题负责人和(或)委托方。分场所的试验方案及研究报告初稿送专题负责人和(或)委托方代表审核。分场所所有试验操作遵循分场所 SOP 执行。

5)样品保存、运输及处理:用于毒代分析研究的样品保存于 ≤ -60℃ 环境,于密闭干冰盒中运输至××××生物技术股份有限公司进行检测。分析结束后剩余样品由负责该试验阶段的主要研究者自行处理。

6)沟通方式:试验期间试验机构和试验场点的人员主要通过电子邮件方式进行正式沟通,紧急时采用电话沟通。

7)报告方式:主要研究者单独撰写毒代动力学研究报告,专题负责人将上述报告作为本试验总结报告的附件,并将试验数据和结果摘录到总结报告正文中。

8)归档方式:在该试验场点完成的试验原始数据和报告归档于该试验场点档案室。

(七)大体解剖、脏器称量和组织病理学检查

1. 解剖时间 给药期结束解剖日(D₃₀)和恢复期结束解剖日(D₄₃),待解剖动物禁食过夜。

2. 解剖动物 所有计划解剖试验动物。

3. 麻醉及安乐死方法 采用戊巴比妥钠静脉注射麻醉,注射剂量为 30 mg/kg,浓度为 20 mg/mL,注射体积为 1.5 mL/kg,麻醉后股动脉放血处死。

4. 大体解剖观察 先进行一般检查,检查动物外观,包括体型,营养状况,被毛,皮肤和给药局部,外生殖器及各腔道等;打开腹腔,盆腔,胸腔并检查各腔内脏器,观察各脏器在体位置,颜色,大小,硬度,有无出血及粘连等;并记录剖检所见。

5. 脏器称量 称量并记录组织/器官的绝对重量,并计算脏体比和脏脑比:脏体比 = 脏器重量(g)/体重(g)×100%;脏脑比 = 脏器重量(g)/脑重量(g)×100%。

6. 体长、胫骨长度检测 ① 动物体长检测:将动物摆放平整,用长度测量工具测量其顶臀长;② 胫骨长度检测:取动物右侧胫骨,75%乙醇固定不少于 7 天,然后取出胫骨,剔除胫骨多余肌肉组织,测量胫骨长度,测量后胫骨继续保存于 75%乙醇,送样至骨密度检测单位进行骨密度检测。

(1)沟通方式:试验期间试验机构和试验场点的人员主要通过电子邮件、传真或普通邮件等书面方式进行正式沟通,紧急时可采用电话沟通。主要研究者需及时将试验实施过程中出现的试验方案和(或)SOP(该试验场所)的偏离、各种意外情况及时通知专题负责人。

(2)报告方式:主要研究者提供相应指标检测数据,专题负责人将上述数据进行分析汇总,并将试验数据和结果摘录到总结报告正文中。

(3)归档方式:在该试验场点完成的试验原始数据和报告归档于该试验场点档案室。

7. 组织固定 双侧眼球和视神经保存于 3%戊二醛溶液中;睾丸及附睾保存于改良的 Davidson 固定液中,其余组织/器官均保存于 10%中性缓冲福尔马林固定液中。

8. 组织病理学检查 所有解剖动物组织/器官均

进行固定、取材、脱水、包埋、切片和 HE 染色等常规组织学处理,并进行组织病理学检查。需要摘取、称量、固定和进行组织病理学检查的组织/器官见表 10-4-11。

表 10-4-11 病理学检查

组 织 名 称	称量	固定液	保留	组织病理学
动物标识		F	√	—
主动脉		F	√	√
肾上腺	√	F	√	√
骨和骨髓(胸骨)		F	√	√
骨(股骨,远端)		F	√	√
脑(大脑,小脑,脑干)	√	F	√	√
睾丸	√	MD	√	√
附睾	√	MD	√	√
眼球和视神经		3%G	√	√
食管		F	√	√
心脏	√	F	√	√
肾脏	√	F	√	√
大肠(结肠)		F	√	√
大肠(盲肠)		F	√	√
大肠(直肠)		F	√	√
肝脏和胆囊	√	F	√	√
肺脏和主支气管		F	√	√
淋巴结(肠系膜)		F	√	√
胰腺		F	√	√
前列腺		F	√	√
垂体		F	√	√
坐骨神经		F	√	√
骨骼肌(股二头肌)		F	√	√
脾脏	√	F	√	√
胃		F	√	√
小肠(十二指肠)		F	√	√
小肠(空肠)		F	√	√
小肠(回肠)		F	√	√
皮肤和乳腺(胸部)		F	√	√
精囊		F	√	√
唾液腺(颌下腺)		F	√	√
脊髓(颈、胸、腰)		F	√	√

续 表

组 织 名 称	称量	固定液	保留	组织病理学
胸腺(或胸腺区域)	√	F	√	√
甲状腺和甲状旁腺*	√	F	√	√
气管		F	√	√
膀胱		F	√	√
卵巢	√	F	√	√
输卵管		F	√	√
子宫(包括宫颈)	√	F	√	√
阴道		F	√	√
给药部位(口腔黏膜和舌)		F	√	√
给药部位引流淋巴结(颌下淋巴结)		F	√	√
肉眼病变		F	√	√

注:F 指 10% 的中性缓冲福尔马林固定液;MD 指改良 Davidson 固定液;3% G 指 3%戊二醛溶液;* 代表至少镜检单侧

9. 濒死动物的处置　本试验无濒死动物产生。

10. 死亡动物的处置　本试验所有动物均存活至计划解剖,无意外死亡动物产生。

(八) 数据采集和分析

设施内的所有原始数据根据试验方案和 BBB 技术有限公司的 SOP 手动收集或用数据采集系统收集。手动收集的数据可以转录到 Excel 表格中用来分析和报告。收集和报告电子数据的采集系统如下。

系 统	版 本	用 途
Johnson Control	MSEA-MVE 6.0	动物房的环境控制和检测
Pristima	7.0.0	试验数据收集

(九) 统计分析

计量指标采用均数±标准差表示。样本数小于 3 时,该组数据不纳入统计比较。

数据经 Excel 2010 和 SPSS 22.0 软件进行录入与统计分析。计量指标先采用 LEVENE 方差齐性检验,当方差齐时($P>0.05$),可直接引用方差分析的结果判断总体差异是否有统计学意义,总体差异有统计学意义时($P<0.05$),用 Dunnett-t 检验对组间差异进行比较,总体差异无统计学意义时($P \geqslant 0.05$),统计分析结束;当 LEVENE 方差齐性检验显示方差不齐时($P \leqslant 0.05$),则采用非参数检验(Kruskal-Wallis H 检验),Kruskal-Wallis H 检验显示总体差异有统计学意

义时($P<0.05$),用 Mann‐Whitney U 检验进行组间差异的比较,当 Kruskal‐Wallis H 检验显示总体差异无统计学意义时($P\geq0.05$),统计分析结束。

所有检验均为双侧检验 $\alpha=0.05$。尿液、病理等资料进行详细描述。

(十)试验结果与讨论

1. 试验结果(具体数据略)

(1)给药制剂分析:结果表明,经检测,系统适应性、储备液对比、标准曲线线性范围、定量下限和质量控制均符合分析方法要求。BBB 各剂量组的准确度在 94.09%~103.11%;溶媒对照组给药制剂在参考品保留时间处无干扰峰。以上分析结果表明配制的给药制剂浓度符合试验要求。

(2)一般状态观察:本试验所有试验动物均存活至计划解剖,整个观察期内未出现濒死、死亡。

结果显示:试验期间,溶媒对照组及 BBB 低、中、高剂量组给药期分别有 0/10、2/10、1/10、2/10 可见嘴角溃疡,均仅持续 1~4 天,由于该症状未见明显量效关系,且本试验是黏膜破损方式喷雾给药,喷雾过程中会牵拉嘴角,其溃疡的产生可能与反复牵拉嘴角有关,与药物的相关性可在后续试验中关注。

试验期间,溶媒对照组及 BBB 低、中、高剂量组给药期分别有 3/10、3/10、1/10、1/10 偶见粪便异常,包括软便、稀便、便溏等症状,且症状不连续,部分动物适应期同样出现该症状,考虑到本试验动物为幼龄食蟹猴,其对环境的适应能力相对较弱,且症状发生率未见明显量效关系,因此考虑该症状与药物不相关。

除此之外,溶媒对照组个别动物出现手部创伤、肿胀、结痂、生殖器肿胀等症状,考虑由于活动过多导致意外受伤;BBB 高剂量组 4F003 D_{29} 发现腹部圆形凸起,质软,考虑脐疝,恢复期结束大体观察和病理学检查发现同样脐疝,与动物生长发育有关,非药物相关。

其余动物均未见明显异常。

(3)体重及耗食量:试验期间,溶媒对照组动物体重未见明显异常,均在正常范围内波动;与溶媒对照组相比,BBB 各剂量组体重未见受试物相关异常改变。试验期间,包括溶媒对照组在内的所有组别均有部分动物出现耗食量低等情况,结合动物体重变化未见明显差异,考虑与耗食量观察时间段动物饮食习性有关,与受试物无关。

(4)体温:试验期间,溶媒对照组动物体温无明显异常。与溶媒对照组相比,BBB 各剂量组各检测日体温均未见明显异常。

(5)呼吸:试验期间,溶媒对照组动物呼吸频率和呼吸节律无明显异常,与溶媒对照组相比,BBB 各剂量组各检测日呼吸频率和呼吸节律未见药物相关性改变。

(6)心电图:试验期间,溶媒对照组动物心电指标(心率、R 波、P 波、P‐R 间期、QRS 间期、Q‐T 间期、ST 段、T 波)无明显异常。与溶媒对照组相比,BBB 各剂量组所有动物心电指标均在正常范围内波动,未见与给药相关的明显异常变化。由于本试验 Q‐T 间期未见明显异常,未进行 QTc 校正汇总。

(7)血压:试验期间,溶媒对照组动物 SBP、DBP、MBP 均在正常范围内波动。与溶媒对照组相比,BBB 低剂量组、中剂量组、高剂量组动物血压指标未见明显异常。

(8)眼科检查:所有动物眼科检查指标(瞳孔、眼睑、结膜、角膜、虹膜、巩膜、晶状体、玻璃体、视乳头、黄斑、视网膜、视网膜血管)未见异常。

(9)生长发育指标检查:结果显示,整个试验期间,所有雌性动物生殖部位和臀部的颜色未见变化、未见肿胀反应;雄性动物未见包皮腺裂开。表明 BBB 对幼龄食蟹猴的生长发育未见明显影响。

(10)血液学指标:结果显示,试验期间,和对照组相比,给药期结束(D_{29})BBB 中、高剂量组雄性动物 RBC、HGB、HCT、% MONO 明显降低($P<0.05$ 或 $P<0.01$),但数值在正常范围内波动,且三个剂量组下降幅度接近,考虑与给药组动物毒代采血点多于对照组有关。BBB 中剂量组雄性动物 ♯EOS、%EOS 显著降低($P<0.05$),但与自身给药前相比增加,且在正常范围内波动,考虑非药物相关。其余各指标与溶媒对照组相比,未见明显差异,均在正常范围内波动。恢复期结束未见明显异常。

(11)凝血指标:结果显示,溶媒对照组及 BBB 各剂量组动物 PT 和 APTT 未见明显异常。

(12)血生化指标:结果显示,与溶媒对照组相比,给药期结束(D_{29})BBB 中、高剂量组雄性动物 TP 显著降低($P<0.05$ 或 $P<0.01$),且有一定的剂量效应关系,但降低幅度不大,其数值仍在正常范围内波动,与受试物的相关性有待进一步评估。

与溶媒对照组相比,给药期结束(D_{29})BBB 高剂量组雌性动物 CREA 明显升高($P<0.05$),BBB 中剂量组雌性动物 GLU 明显降低($P<0.05$);BBB 低剂量组

雄性动物 LDH 明显升高($P<0.05$);以上结果虽有统计学差异,但其结果仍在正常范围内波动,且无明显的量效关系,考虑与受试物不相关。

除此之外,其余各指标未见明显差异,均在正常范围内波动。恢复期结束未见明显异常。

(13)尿液指标:结果显示,所有试验动物尿液指标未见与受试物给药相关的异常变化。给药前后、各组均偶有发生指标波动,但波动幅度及发生率各组相似,未见量效和时效关系,故考虑与受试物无关。

(14)性成熟内分泌检查:结果显示,① 与溶媒对照组相比,BBB 各剂量组 E_2、睾酮、类胰岛素生长因子-1(IGF-1)均未见明显统计学差异,提示药物对 E_2、睾酮、IGF-1 无明显影响;② 包括溶媒对照组在内的所有剂量组雌、雄动物生长激素(GH)检测结果在各检测阶段均有检出(定量下限 0.781 ng/mL)。其中恢复期结束溶媒对照组有检出阳性率为 25%(1/4),BBB 低、中、高剂量组检出阳性率为 100%(4/4),文献报道,GH 为机体生长发育的主要调节因子之一,GH 通过诱导靶细胞产生 IGF 发挥促进生长发育的作用。在本试验中,尽管恢复期结束 GH 所有 BBB 给药组动物均有检出,但缺乏一定的规律性,甚至出现适应期检测出但是停药期未检测到的情况,量效关系也不明显,因此考虑上述指标的波动无实际生物学意义,与药物作用无关。

(15)免疫毒性指标:免疫复合物、补体及免疫球蛋白检测结果显示,与溶媒对照组相比,给药期结束(D_{29})BBB 低、高剂量组雌、雄动物 CIC 明显降低($P<0.05$ 或 $P<0.01$),BBB 低剂量组雄性动物 C4 显著升高($P<0.05$),以上指标无明显剂量效应关系,且数值仍在正常范围内波动,考虑与药物作用不相关。

淋巴细胞分型检查结果显示:与溶媒对照组相比,$CD3^+$ T 细胞比例、$CD3^+CD4^+$ T 细胞比例、$CD3^+CD8^+$ T 细胞比例、$CD3^+CD4^+/CD3^+CD8^+$ T 细胞比值均未见明显差异。

细胞因子检查结果显示:① 包括溶媒对照组在内的所有动物适应期、给药期结束和恢复期结束 IL-2、TNF-α、IFN-γ 均低于检测下限,提示 BBB 对 IL-2、TNF-α、IFN-γ 无影响;② 包括溶媒对照组在内的所有动物适应期、给药期结束和恢复期结束 IL-6 部分动物均有检出,检出率均低于 30%,且未见明显规律性变化,提示 BBB 对 IL-6 无影响。

(16)免疫原性(ADA)指标:结果显示,由于在血中未见药物暴露,故 ADA 只进行了血样采集,未进行检测。

(17)骨髓检查:结果显示,给药期结束和恢复期结束各试验组动物的粒/红均在正常范围内波动;溶媒对照组、BBB 低剂量组、BBB 中剂量组和 BBB 高剂量组的粒细胞分化比例和染色均无明显异常,细胞形态基本正常,细胞膜无破裂,胞质无毒性颗粒,胞核形态正常,无核溶解、核畸形等异常改变。溶媒对照组、BBB 低剂量组、BBB 中剂量组和 BBB 高剂量组,各试验组有核红细胞各阶段分化、细胞形态及染色均无明显异常,细胞核无固缩、碎裂,胞质内无嗜碱性点彩,成熟红细胞大小均一。试验各组均可看到不同分化阶段巨核细胞及散在血小板,细胞形态及染色均无明显异常。各个试验组淋巴细胞和单核细胞形态及染色均无明显异常,无异常增生。单核细胞形态比例无异常。其他细胞无异常。

(18)毒代动力学:结果显示,幼龄食蟹猴口腔喷雾给予低、中、高三个剂量组的 BBB,每天上、下午各给药 1 次,连续给药 4 周后,仅 3M001 和 4F005 两只动物在 D_{28} 下午给药后的 0.167 h(10 min)可检测到药物浓度,且均在定量下限(7.441 ng/mL)左右。其他动物各时间点血药浓度均在定量下限以下。综上表明,在 6.48~39.78 mg/kg 的剂量范围内,每天 2 次,幼龄食蟹猴连续 4 周口腔喷雾给予 BBB,在血中未见药物暴露。

(19)大体解剖观察、脏器称量及组织病理学检查

1)死亡或濒死状况:本试验全部受试动物均存活至计划解剖。

2)脏器重量:结果显示,与溶媒对照组相比,BBB 器绝对重量和相应脏脑比、脏体比结果与溶媒对照组相比均无明显差异或无明显变化趋势。

3)体长、胫骨长度和胫骨密度检查:结果显示,与溶媒对照组相比,BBB 中剂量组给药期结束(D_{29})雌性动物胫骨长度显著缩短($P<0.01$),但长度变化幅度仅 9.8%,且其胫骨骨矿含量和骨密度均无明显变化,考虑非药物相关。其余各组别体长、胫骨长度和胫骨密度检查结果与溶媒对照组相比均无明显差异或无明显变化趋势。

4)大体解剖观察:① 给药期结束,BBB 中剂量组 3M002 胃黏膜表面局灶红色改变;前列腺、精囊腺解剖过程中丢失。给药期结束其余计划解剖动物大体解剖观察均未见明显异常;② 恢复期结束,BBB 中剂量组 3M004 左侧甲状腺、甲状旁腺缺如。BBB 高剂量组

4F003脐部结节状隆起,直径2~3 cm,质软,切面可见部分腹腔内软组织于脐孔处部分进入隆起位置(脐疝)。恢复期结束其余计划解剖动物大体解剖观察均未见明显异常。

5)组织病理学检查:① 受试物相关的组织病理学变化:给药期结束、恢复期结束,未见与受试物相关的病理学改变;② 大体解剖肉眼病变的组织病理学检查:给药期结束,3M002胃未见明显组织病理学改变;恢复期结束,3M004组织病理学检查发现左侧甲状腺局灶萎缩。4F003组织病理学检查发现脐部结节状隆起部位的病变符合脐疝特征,与大体观察一致;③ 其他病变:其余病变(如大脑局灶胶质细胞聚集、垂体囊肿、甲状腺胸腺异位、心脏局灶单核细胞浸润、唾液腺局灶单核细胞浸润等)因散发和偶发,或在食蟹猴背景病变范围内,结合食蟹猴发育情况,认为系动物自发病变,非受试物作用相关;④ 给药部位:给药期结束,2M002、2F002给药部位(口腔黏膜)轻微局灶单核细胞浸润。恢复期结束,1M002给药部位中度肌层局灶炎症细胞浸润。由于以上病变散发或偶发,病变发生数量、病变程度未见明显剂量-效应关系,认为与受试物作用不相关,可能与给药时破损操作的机械性刺激有关,或为自发或偶发病变。

2. 讨论 在本试验条件下,BBB低剂量组、中剂量组和高剂量组幼龄食蟹猴分别口腔喷雾(黏膜破损)给予6.48~6.66 mg/kg、19.26~19.80 mg/kg和38.52~39.78 mg/kg的BBB,每天上、下午各给药1次,连续给药4周,停药后恢复2周。整个试验期间,所有试验动物未出现濒死、死亡。

试验期间,给药期结束(D_{29})BBB中、高剂量组雄性动物RBC、HGB、HCT、%MONO显著降低,其数值在正常范围内波动,但三个给药组降低的幅度接近,且网织红细胞和骨髓细胞学检查无异常,考虑和末次给药时给药组毒代采血点多于溶媒对照组有关。

本试验在给药期间,各试验组有核细胞各阶段分化、细胞形态及染色均无明显异常。由于实验动物为幼龄食蟹猴,个别动物红细胞增生活跃程度轻度增高,为正常现象,粒红比基本在正常范围内波动。

给药期结束、恢复期结束,未见与受试物相关的病理学改变。给药期结束,3M002胃未见明显组织病理学改变。恢复期结束,3M004组织病理学检查发现左侧甲状腺局灶萎缩。4F003组织病理学检查发现脐部结节状隆起部位的病变符合脐疝特征,与大体观察一致。其余病变(如大脑局灶胶质细胞聚集、垂体囊肿、

甲状腺胸腺异位、心脏局灶单核细胞浸润、唾液腺局灶单核细胞浸润等)因散发和偶发,或在食蟹猴背景病变范围内,结合食蟹猴发育情况,认为系动物自发病变,非受试物作用相关。给药期结束,2M002、2F002给药部位(口腔黏膜)轻微局灶单核细胞浸润。恢复期结束,1M002给药部位中度肌层局灶炎症细胞浸润。由于以上病变散发或偶发,病变发生数量、病变程度未见明显剂量-效应关系,认为与受试物作用不相关,可能与给药时破损操作的机械性刺激有关,或为自发或偶发病变。

除此之外,体重、耗食量、体温、呼吸(包括呼吸频率和呼吸节律)、心电(包括心率、R波、P波、P-R间期、QRS间期、Q-T间期、ST段、T波)、血压(包括SBP、DBP、MBP)、眼科检查(包括瞳孔、眼睑、结膜、角膜、虹膜、巩膜、晶状体、玻璃体、视乳头、黄斑、视网膜、视网膜血管)、凝血指标、血生化指标、尿液指标、免疫毒性指标(免疫复合物、补体及免疫球蛋白、淋巴细胞分型、细胞因子)、骨髓检查、脏器称重等均未见受试物相关的异常变化。

生长发育指标(雌性动物性皮肤变化和雄性动物包皮腺裂开)、性成熟内分泌检查(GH、E_2、睾酮和类胰岛素生长因子-1)和骨骼发育指标(体长、胫骨长度和胫骨密度)的检测结果均未发现受试物相关的影响,故BBB对幼龄食蟹猴的生长发育未见明显影响。

(十一)结论

在本试验条件下,BBB低剂量组、中剂量组和高剂量组幼龄食蟹猴分别口腔破损黏膜喷雾给予6.48~6.66 mg/kg、19.26~19.80 mg/kg和38.52~39.78 mg/kg的BBB,每天上、下午各给药1次,连续给药4周,停药后恢复2周。试验期间,各组别均未见动物濒死/死亡。体重、耗食量、体温、心电、呼吸、血压、眼科检查、凝血指标、血液学、血生化指标、尿液指标、免疫毒性指标、骨髓检查、组织病理学检查等均未见受试物相关的异常变化。受试物无明显局部刺激性。

因此,本次试验条件下幼龄食蟹猴口腔喷雾(黏膜破损)给予BBB多肽类药物4周重复给药毒性试验NOAEL为38.52~39.78 mg/kg,此给药剂量下,受试物不吸收,无全身暴露。

(十二)试验方案、变更及偏离

本试验进行过程中产生包括变更受试物分析时间和增加末次毒代时间点、变更体长、胫骨长度检测方式和胫骨密度检测相关信息、添加分场所QAU信息、变

更 TK 样品检测主要研究者信息,增加分析方法描述等在内的三个试验方案的变更。试验过程中产生了包括分组动物体重、耗食量、日温差等偏离在内的 3 个试验方案偏离并进行了如实记录,并对偏离进行了评估,认为本次研究所产生的试验方案偏离均未对试验的开展、数据准确性和结果科学性产生影响。

(十三)资料保存

(1)归档时间:专题结束后 2 周内,专题负责人将试验资料移交档案管理部归档。纸质资料至少保存至药品上市后 5 年,电子文档永久保存,湿标本及其他生物标本以不影响其质量的保存时间为限。

(2)保存场所与保存条件

保存场所:××××档案管理部。

保存条件:常规。

联系人:×××。

联系电话:×××。

(十四)主要参考文献

略。

（宗　英　陆国才）

参考文献

[1] 孙祖越,周莉.药物生殖与发育毒理学[M].上海:上海科学技术出版社,2015.

[2] 周莉,孙祖越.实验用兔和大鼠常见畸形图谱[M].上海:上海科学技术出版社,2015.

[3] 崔艳君,田义超,周莉.非人灵长类动物胚胎胎仔毒性实验阳性药物的选择[J].中国新药杂志,2021,30(14):1266-1273.

[4] 孙祖越,周莉.药物非临床生殖毒性实验中优选阳性对照药的探索[J].中南药学,2014,12(8):726-731.

第十一章

食蟹猴生殖与发育毒理学研究进展

在人用药品技术要求国际协调理事会（The International Council for Harmonisation of Technical Requirements for Pharmaceuticals for Human Use，ICH）2020 年发布的《S5（R3）：人用药品生殖与发育毒性检测》指导原则中，对发育和生殖毒性（developmental and reproductive toxicity，DART）研究所用动物种属进行了要求或建议，其中生育力与早期胚胎发育（fertility and early embryonic development，FEED）研究和围产期发育（pre-and post-natal development，PPND）研究首选动物种属为大鼠，胚胎-胎仔发育（embryo fetal development，EFD）研究则至少需包含啮齿类及非啮齿类两种动物，推荐使用大鼠和兔。作为 DART 评价中最常用的种属，大鼠和兔可满足大多小分子化学药物的评价，但蛋白质、多肽等大分子类生物技术药物所具有的种属特异性、免疫原性及 ADME 差异等，大多数并不能直接使用传统 DART 评价方法推荐的种属进行设计。《S6（R1）：生物制品的临床前安全性评价》中明确指出安全性评价方案中的种属应包括能产生药理学活性的相关种属。因此，当受试物只在非人灵长类（non-human primates，NHP）动物上具有药理学活性时，在 NHP 中进行生殖与发育毒性试验是首选做法。

虽然 ICH S5（R3）没有对生物制药的 DART 试验带来根本性的变化，但更新纳入了最新的其他 ICH 指南中有关 DART 试验的相关建议（如 ICH M3、S6 和 S9）：

（1）应确定妊娠是否会改变药物的毒代动力学特性。

（2）尽管强烈建议在 NHP 动物 ePPND 研究中测定婴猴的药物水平，但在胚胎或新生胎仔中测定药物水平仍是非强制的。

（3）必要时，可以通过取样乳汁或证明离乳前子代的暴露来获得母乳排泄的证据。

（4）普遍认为，在非人灵长类中，交配研究是不可行的。

（5）如果生育能力评价是基于重复给药研究中生殖器官的组织病理学检查，那么在研究中使用性成熟的动物就格外重要。除非是用于治疗晚期癌症的生物制品。对啮齿类动物具有药理活性的生物制药需要进行专门的生育力研究。

（6）对于仅在非人灵长类中具有药理活性的生物制药，非人灵长类中的 DART 试验应仅作为最后的手段进行。鼓励使用替代分子或转基因动物模型进行啮齿类动物的 DART 研究。如果生物制药在啮齿类动物（大鼠或小鼠）和非啮齿类动物（兔或迷你猪）中有一致的药理活性，则需要进行 EFD 研究，并在啮齿类动物中开展 PPND 研究。拟用于治疗晚期癌症的生物制品，通常仅需要在单一的药理学相关种属中进行评价。

（7）ePPND 研究可用于代替 EFD 和 PPND 研究，用于非人灵长类是唯一相关种属的生物制药，但只有在对危害识别有潜在影响的情况下才应进行。

（8）确定药物的暴露水平和暴露持续时间，并在 ePPND 研究中纳入幼龄动物的毒性终点，可以规避专门的幼龄研究的需求。

（9）所有关于疫苗试验的建议都遵循 FDA《传染病预防和治疗性疫苗发育毒性研究的注意事项》的指南。

（10）生物制药的 DART 试验的高剂量设计可以限制在临床最大推荐剂量的 10 倍暴露量（基于 AUC 或 C_{max}），前提是它会引起最大的生物效应。风险评估部分指出，对超过最大推荐剂量 10 倍暴露量时出现的发育毒性反应担忧较少，一过性的发现（如胎仔变异）比胎仔死亡或畸形更不值得关注。

与之前的 S5（R2）相比，S5（R3）引入了许多新的评价理念及技术要求，即让药品注册申请人、研究人员有了更加明确的指南，同时也在试验策略制定、技术方法设计、风险评估等方面带来了一系列的挑战。新的指导原则对药物生殖毒性研究产生了极大的影响，新思路、新理念、新方法、新挑战的出现也必将极大推进我国生殖与发育毒性研究的发展。

近年来，小分子药物的开发受限于新靶点发现，以及小分子库多样性增速的逐年降低，使得小分子药物的开发开始面临一些困境。与此同时，全球生物医药市场蓬勃发展。伴随生物技术快速发展，生物药的品种与治疗范围不断优化，安全、有效、用途广等优势特征凸显，市场规模及份额快速扩大，抗体药物更是成为全球最畅销且增速最快的药物，其他各种如 ADC、CAR－T 细胞疗法、基因疗法、RNA 药物、溶瘤病毒等创新生物技术疗法如雨后春笋般涌现。受生物技术新药研发需求激增及 COVID－19 的影响，全球对非人灵长类动物的研究需求增加，而现有的一些使用体外或计算机模型代替动物的研究方法，在研究人类和动物体内发生的所有复杂相互作用的能力方面受到限制，无法完全取代非人灵长类动物。仅就单克隆抗体来说，有 76%（13/17）的研究案例中涉及在非临床开发阶段使用食蟹猴。随着神经科学和神经退行性疾病、传染病、免疫疗法、生殖、衰老和慢性炎症性疾病等领域的深入研究,以及生物技术药的持续高速发展,应用非人灵长类动物对新药开展的药效及安全性评价研究

的需求在未来可能会持续增加。虽然在少数情况下,恒河猴或狨猴也是最相关的动物模型之一,但受制于繁殖特点,并未在DART研究中广泛使用。

第一节 NHP 用于药物 DART 研究的优势

在动物种属选择方面,除了由受试物的特性决定的种属考虑外,由于与人类相似,NHP比啮齿类动物和兔在DART方面拥有额外的优势,也存在一些限制因素(表11-1-1),例如,包括睾丸和卵巢功能的内分泌学、早期妊娠的内分泌学、胎盘形态学和生理学、着床时间、胚胎发育速率及对一些已知的人类致畸物质(如沙利度胺和维生素A)的反应。但另一方面,非人灵长类的使用也带来了伦理和实践上的限制。猕猴的后代通常仅有一个,双胞胎妊娠/分娩在

狨猴中极为罕见,总体双胞胎活产发生率约为0.1%。狨猴的生育率明显低于100%(通常每只动物约60%,但每个月经周期仅有35%～45%可能性),狨猴的着床前流产可能在25%左右。此外,与啮齿类动物或兔DART研究相比,NHP的总体研究持续时间长3～5倍,与之相应的高成本也应考虑。出于这些原因,与啮齿类动物/兔的模型相比,NHP的DART研究中的组内规模也在满足数据解释的条件下,尽可能地缩小。

表 11-1-1 非人灵长类动物用于发育与生殖
毒性试验的优势和劣势

NHP 优势	NHP 限制因素	啮齿动物/兔
● 种系发生和生理上通常较其他种属更接近人类 ● 与啮齿类动物相比,更可能显示出与人类相似的药理学作用 ● 胎盘形成与人类相似 ● 可获得重复给药毒性试验资料 ● 抗体的胎盘转运与人类相似	● 可用于检测的设备少 ● 历史对照数据和实验室经验/能力更少 ● 繁殖动物的获得并非很容易 ● 月经周期(30天)和妊娠期长(165天) ● 生育力(交配)试验不可行 ● 3～6年性成熟,无法进行F1代生殖功能评价 ● 群组规模小,因此统计效能较低,组间变异性大 "Ⅰ段":5～8只/组 ePPND:16～20只/组,ICH S5(R3)16只/组即可 ● 单胎 ● 妊娠丢失率背景值高(通常为10%～20%,最高可达40%) ● 低繁殖力(通常60%/只,35%～45%/月经周期) ● 单个试验中可评价的胎仔/幼仔少(10～16只/组) ● 研究周期长(12～30个月) ● 性成熟程度不能根据年龄和体重确定 ● 伦理学考虑 ● 试验开始时,年龄、体重和妊娠史差异大	● 可用于检测设备较多 ● 庞大的历史数据库 ● 较易获得性成熟动物 ● 2～3个月性成熟 ● 群组规模大,如想获得以下群组数量容易实现 Ⅰ段:20～25只/组 Ⅱ段:18～20只/组 Ⅲ段:20～25只/组 ● 生育率高(>90%) ● 流产/吸收胎率低(<1%) ● 多胎(每窝8～12只) ● 单个试验中有大量胎仔/幼仔进行评价(200+只/组) ● 研究周期短(4～6个月)

目前,仅有极少数非人灵长类种属适合建立药物检测模型,其中猕猴属是毒理学研究中最常用的非人灵长类品系。这个家族中,普通猕猴(恒河猴)和长尾猕猴(食蟹猴)是当今最常见和研究最好的非人灵长类动物模型。食蟹猴和恒河猴的生殖生理和胚胎发育特征都与人类十分类似,两者的胚胎-胎仔发育历程也有较多相似之处,背景数据也可互相参考,但恒河猴最大体重可达20 kg,繁育周期长、产量低,如今已不常用。此外绒猴也可用于动物实验,但其体型过小(体重范围250～500 g),血容量限制较大,与人类的生殖生理学

有较大差异,故很少应用于毒理学研究中。因此,食蟹猴是DART研究最理想的非人灵长类动物模型。

一般来说,食蟹猴表现出的生殖参数和反馈机制与人类非常相似(表11-1-2)。生殖生理学的许多特点在食蟹猴中都有很好的表征。食蟹猴的生殖内分泌学与人类男性和女性生殖系统都非常相似。例如,雌性中,人类月经周期内分泌控制的原理最初是用猕猴动物模型描绘的;对于雄性,食蟹猴和人和内分泌的精原细胞增殖(在细胞水平上)的激素依赖性是相同的。

表 11-1-2　人类与食蟹猴雌性生殖系统的比较

	食 蟹 猴	人 类
繁殖年龄表		
寿命	25～30 年	75～80 岁
青春期/性成熟	2.5～4 年	10～18 岁
经绝期	20～25 年	50 年
季节性	全年,无季节性	全年,无季节性
月经周期	28～32 天	28～30 天
排卵	月经周期第 11～14 天	月经周期第 13～15 天
着床窗口	妊娠第 9～15 天	妊娠第 6～13 天
妊娠时间	160 天(观察到的极端值:134～184 天)	280 天(范围 259～294 天)
器官发育	妊娠第 3～7 周(第 20～50 天)	妊娠第 3～8 周
足月后代的平均体重	平均 350 g(325～375 g)	平均 3 400 g
子代数量	单胎(双胎 0.1%)	单胎(双胎 1%)
卵巢		
平均大小(单个)	1.0 cm×0.8 cm×0.8 cm	2 cm×1.5 cm×0.5 cm～4 cm×2 cm×1 cm
平均重量(成对)	0.42 g±0.14 g	10～16 g
平均重量(单个)	右侧:0.21 g(最小 0.02 g,最大 0.57 g,$n=100$); 左侧:0.21 g(最小 0.08 g,最大 0.94 g,$n=100$)	单卵巢:5～8 g
卵母细胞总数	胎仔:500 万～700 万 出生时:100 万～200 万 月经初潮:20 万～45 万	胎仔:600 万～700 万(20 周) 出生时:100 万～200 万 月经初潮:30 万～50 万
发育时间(成熟卵泡初始募集)	215 天(30 周,7 个周期)	195 天(28 周,7 个周期)
卵泡大小	原始:30～40 μm 初级:70～100 μm 次级早期:150 μm 次级晚期:250 μm 三级早期:400～500 μm 三级晚期:1～2 mm 排卵期前:3～5 mm	原始:40～60 μm 初级:90～130 μm 次级:<300 μm 三级早期:2～5 mm 三级晚期:3～8 mm 排卵期前:16～25 mm
排卵	单排卵	单排卵
黄体大小	最大直径 10 mm	最大直径 20 mm
显微外观	由均匀的大黄体细胞组成	由大多数位于中心的大黄体细胞和少数位于周围的小黄体细胞组成
黄体寿命	14 天±2 天	14 天±2 天
常见病理情况	卵巢囊肿,颗粒细胞瘤,皮质(卵泡)矿化、多发	卵巢囊肿,表面/间质瘤
子宫		
解剖学分类	单子宫	单子宫
平均大小	40 mm 长(含子宫颈)×20 mm	75 mm 长,上部直径 50 mm,厚近 25 mm
平均重量/范围	7.42 g±2.98 g(范围 2.83～16.37 g)	40～80 g
腺体形态	排卵前功能性腺体中亚核(糖原)开始出现空泡;排卵后基底带上皮增殖加厚	明确在排卵前功能性腺体中亚核(糖原)开始出现空泡;排卵后基底带上皮维持静态
基质形态	假蜕膜化:不存在或非常少	假蜕膜化:适度的

续 表

	食 蟹 猴	人 类
基质雌激素受体(ER)表达	黄体期基质细胞中 ER 下调	在整个黄体期,基质细胞表达 ER
常见病理情况	子宫腺肌病、子宫内膜异位症、子宫内膜息肉、平滑肌瘤	子宫腺肌病、子宫内膜异位症、子宫内膜息肉、平滑肌瘤、子宫内膜增生、子宫内膜癌
胎盘		
足月时平均胎盘重量	150 g	540 g ± 100 g
胎盘分类	形状:双盘(70%)或盘状 结构:绒毛胎盘 母系关系:蜕化血脉胎盘	形状:盘状 结构:绒毛胎盘 母系关系:蜕化血脉胎盘
早期胎盘形成	中度基质蜕膜化,临时性上皮斑块	明显的基质蜕膜化,无上皮斑块
着床部位	主要和次要着床位置	单一着床位置
胚泡	内腔(部分囊胚暴露在管腔中)	间质(胚细胞嵌入子宫内膜)
滋养层侵袭	子宫内膜:浅表性 动脉:侵入性	子宫内膜:深入子宫内膜 动脉:略有侵入性
滋养层外层	规则、连续、相对较厚,与下层子宫内膜轮廓清晰,具有相对少量的松散滋养层	较多不规则外绒毛,侵袭滋养层
功能性子宫胎盘循环	受孕后第 3 周建立	受孕后第 6 周建立
持续性母体血管	常见,可持续数月甚至数年	未见描述
子宫肌层常见病理状况的变化	无妊娠时的上皮斑块	宫外孕
子宫颈		
平均尺寸	长 15 mm;直径约 18 mm	长 25～30 mm,直径 20～25 mm
宫颈管形状	S 形,无法进行经阴道子宫内膜活检	笔直
宫颈转化区	界限清晰	界限清晰
常见病理状况	鳞状细胞化生; CIN(宫颈上皮内瘤变),与人乳头瘤病毒相关	储备细胞和鳞状细胞化生; CIN,与人乳头瘤病毒相关;鳞状细胞癌
乳腺		
乳房初始发育	1.5～2.5 年	10～14 年
常见病理情况	导管增生和癌 局灶性小叶增生	导管增生和癌

雄性食蟹猴的精子形成周期为 40～46 天,人类为 64～74 天,两者由附睾转运精子的时间均为 5～10 天。食蟹猴精原细胞增殖与人有相近的激素依赖性,且初始内分泌激素不足对人与食蟹猴的精原细胞群分化皆有直接影响。此外,研究前列腺生长和功能状况时,食蟹猴也是较好的模型动物。

第二节　NHP DART 研究机构的发展现状

(一)国际食蟹猴 DART 研究机构的发展现状

欧美国家并无野生非人灵长类动物,2019 年美国研究中使用的 60% 的 NHP 来自中国,欧盟使用的 NHP 几乎全部进口于中国、印度尼西亚、越南、柬埔寨、菲律宾和毛里求斯等。因 NHP 固有的生理特性,例如青春期开始和发育及性成熟年龄(2.5～5 岁)的个体间差异很大,以及由于流产、死产和产后死亡率高而导致的低生育能力(每年<1个子代/雌性),非人灵长类动物一直是一种稀缺资源。受COVID-19大流行的影响,欧美可用于进行新药非临床毒性评价的非人灵长类供应更进一步减少。受此影响,行业和FDA都强烈希望减少药物非临床安全性评价中对非人灵长类的依赖。2021年FDA、临床前安全领导小组(DruSafe)、生物技术创新组织非临床安全专家组(BioSafe)年会确定了在当前监管框架内改善非人灵长类的使用。此外,鼓励制药业和监管机构合作,推进替代方法,但这是一个漫长的过程。

欧美等发达国家对NHP的研究起步较早,对NHP的研究也极为重视,经过21世纪初的高速发展,欧美国家在对NHP基因修饰、基因敲除、表观遗传学、精确基因编辑和实验灵长类动物局部基因表达的精细调控等医学研究和生物技术中遥遥领先。对于食蟹猴生殖与发育毒性评价的方法和指南也在加深研究、不断优化,从而提高了研究可靠性和转化价值,例如,优化NHP围产期试验设计、采样时间和数据分析方法

等。目前全球开展NHP生殖与发育毒性评价较为成熟且具备丰富经验的机构仍以国外为主。

1. 美国NHP生殖与发育研究现况 虽然美国并无野生NHP,但它拥有多家知名灵长类动物研究机构,据可查寻到的资料,其中包括由美国国家卫生研究院(National Institutes of Health,NIH)资助的7个国家灵长类研究中心(National Primate Research Centers,NPRC),这些中心为人类健康的基础和应用研究开发NHP模型。这7个NPRC共有20多个NHP物种,目前拥有18 000～20 000只NHP,其中大部分是猕猴(主要是为了实际应用和研究便利)。

随着使用灵长类动物模型的研究技术和方法的进步,投资大幅增加。在2018年财年至2022年财年之间,美国联邦政府对NHP研究的资助增加了12%,而7个NPRC的NHP总数从26 181只增加到27 067只。其他重点关注NHP研究的机构也获得联邦和州的资助,甚至一些NHP育种私人机构也获得政府拨款,以维持美国进行NHP研究的整体能力。欧美国家NHP生殖与发育相关的研究机构见表11-2-1。

表11-2-1 欧美非人灵长类生殖与发育相关研究机构

机 构	研 究 方 向	链 接
加州国家灵长类研究中心	所有发育阶段(胚胎、胎仔、新生儿、婴儿)、青少年、新成年期、绝经前/过渡性生殖阶段	https://cnprc.ucdavis.edu/
俄勒冈州国家灵长类动物研究中心	生殖健康及辅助生殖技术	https://www.ohsu.edu/onprc
西南国家灵长类动物研究中心	动物繁殖	https://snprc.org/
杜兰大学国家灵长类动物研究中心	传染性疾病	https://tnprc.tulane.edu/
埃默里(耶基斯)国家灵长类动物研究中心	神经发育	https://www.enprc.emory.edu/
华盛顿国家灵长类动物研究中心	神经生物学、艾滋病相关研究、生殖和发育科学、基因组学等	https://www.washington.edu/
威斯康星州国家灵长类动物研究中心	再生和生殖医学、神经科学	https://primate.wisc.edu/
卡罗林斯卡学院	发育生物学、生殖医学	https://ki.se/
明斯特大学生殖医学和男科中心	睾丸干细胞生理学、生育力保存和男性避孕	https://www.medizin.uni-muenster.de/en/cera/

2. 欧洲NHP生殖与发育研究现况 在欧洲,每年大约有1万只非人灵长类动物被用于药品和医疗器械的安全性评价,也有用于生物学的基础研究及医疗产品和器械的研发。欧盟资助的EUPRIM-Net(European Primate Network)将9个欧洲灵长类动物中心连接起来,以支持其广泛的生物和生物医学研发活动。从2011年至2015年,欧盟总计对EUPRIM-Net项目资助超900万欧元,在非人灵长类动物繁育

及科学研究中做出了较大贡献,尤其在NHP的3R原则的完善和推进中。

欧盟对非人灵长类动物使用的监管比较严格,只允许在特定的研究领域进行。以人用医疗产品为主的新药、新物质和新医疗器械的非临床安全性评价试验,约占所用非人灵长类总数的67%。几乎所有这些对灵长类动物的试验都是强制性的,并且是非临床安全性评价相关法规所要求的。在所有用于安全性评价的

非人灵长类动物中,大约一半参与了中、长期重复给药毒性研究,这需要反复给予被评价的受试物;1/3 动物用于单次给药研究;其余的用于研究对生殖与发育的影响,或其他试验。此外,灵长类动物还用于基础生物学研究(约占所有使用的非人灵长类的 14%)及人类医疗和牙科产品和器械的研究和开发(约占所有使用的非人灵长类的 13%)。

3. 东南亚地区 NHP 生殖与发育研究现况 虽然美国和欧洲是非人灵长类研究的主要中心,但拥有本土非人灵长类的东南亚国家最近开始更加关注这些资源。近年来,东南亚的 NHP 研究能力取得了快速发展,已建立了多个 NHP 研究机构和育种设施,其中一些 NHP 繁育设施已通过国际实验动物评估和认可管理委员会(AAALAC)认证。这些设施及其相应资源的存在极大地增强了整个地区的非人灵长类研究能力。

4. 跨国制药企业 NHP 生殖与发育研究现况 除了政府或非政府公共部门外,世界药企巨头及为其服务的合同研究组织(Contract Research Organization,CRO)企业在 NHP DART 的研究与实际应用中有着更为突出的地位。目前,有报告称开展 NHP 生殖与发育毒性研究的主要以全球一线制药企业为主。CRO 合同研究组织是制药企业在药物研发过程中提供专业化外包服务的一种学术性或商业性的科学机构,已成为全球医药研发产业链的中坚力量,在跨国医药企业、大型制药企业和生物技术企业产品早期开发和临床试验等方面占据不可或缺的位置,依靠其丰富的项目经验为众多制药公司节省了 30%~70% 的研发费用,将新药研发时间缩短了 1/4~1/3,成为药品研发中的关键组成部分。从全球药物安全性评价市场规模来看,据统计,2017 年全球非临床安全性评价市场规模为 40.8 亿美元,并于 2021 年增至 66.4 亿美元,预计 2026 年全球非临床安全性评价市场规模将达到 160.6 亿美元。表 11-2-2 中列出了部分在 NHP 中开展生殖与发育毒性研究的生物制品案例。

(1) Covance 实验室(现为 LabCorp):Covance 实验室在 ICH 提出 NHP 可考虑使用 ePPND 设计的前后,与阿斯利康合作开展了食蟹猴妊娠结局的背景数据研究,该研究基于实际的建模帮助分析和解释 NHP 发育毒性研究中的围产期丢失数据,并帮助优化食蟹猴 ePPND 试验的群组规模和研究设计。2020 年再次发布在受监管的 ePPND 研究中针对妊娠的长尾猴开发的新型增强型基准图(e-normograms),以支持最新的 ePPND 研究的设计和动物数量控制,新的基准图在妊娠后期、分娩间隔期等方面具有更高的分辨率,可更为准确地评价妊娠持续时间是否在预期范围内。近年来,Covance 实验室在雌雄生殖器官发育与病变、NHP 的 3R 优化等方面有着突出的贡献。目前,Covance 实验室已经在妊娠模型中完成了 120 多项 NHP-DART 研究,并进行了超过 25 项 ePPND/PPND 研究。

(2) Charles River 实验室:Charles River 实验室在 NHP 的特殊病理生理改变、围产期的眼发育等方面开展了大量工作;目前已完成了 100 多项复杂的 DART 研究。同时 Charles River 实验室还维护着一个大规模的 DART 研究背景数据库,涉及小鼠、大鼠、兔、仓鼠、豚鼠、迷你猪、大型动物(犬、NHP)的生殖、发育和幼龄毒理学研究背景数据,可供广大 DART 研究者使用。

(3) SNBL 实验室:SNBL 实验室是世界上少数几个有能力使用非人灵长类动物进行生殖与发育毒性研究的设施之一。可以对生物技术衍生的药物进行胚胎-胎仔发育、围产期发育和增强的围产期发育毒性研究,还可以进行幼龄毒性研究和睾丸毒性研究。同时 SNBL 还报道了较多 NHP 基因多态性、生物分子表征及遗传变异等方面的成果。

表 11-2-2 NHP 生殖与发育毒性研究举例

药 物 名 称	研 究 类 型	CRO	参 考 文 献
布西珠单抗	ePPND	Labcorp(德国)	Reprod Toxicol. 2023
奥法妥木单抗	PPND	Labcorp(德国)	Reprod Toxicol. 2022
^{125}碘化人源化免疫球蛋白 G2Δα	人源化 IgG 胎盘转移机制	Covance(德国)	Birth Defects Res. 2020
satralizumab	ePPND	Covance(德国)	Birth Defects Res. 2017
达利珠单抗	FEED、EFD、PPND	—	Neurol Ther. 2016
tanezumab	ePPND、EFD	SNBL(美国)	Reprod Toxicol. 2015

药 物 名 称	研 究 类 型	CRO	参 考 文 献
taltz	FEED、EFD、PPND	Charles River(美国)	Reprod Toxicol. 2015
地诺单抗	EFD、PPND	Charles River(美国)	Reprod Toxicol. 2013 Bone. 2014
AMG ZX.41	FEED	—	Regul Toxicol Pharmacol. 2013
布雷奴单抗	FEED、PPND	Covance(德国)	Birth Defects Res B Dev Reprod Toxicol. 2012
利妥昔单抗	EFD、PPND	Covance(德国)	Toxicol Sci. 2011
乌司奴单抗	EFD、ePPND	SNBL(日本)	Birth Defects Res B Dev Reprod Toxicol. 2010
聚乙二醇干扰素 α-2b	卵巢激素和月经周期	—	Birth Defects Res B Dev Reprod Toxicol. 2009
戈利木单抗	EFD（GD20-GD50）、PPND(GD50-PND33)	SNBL(美国)	Am J Reprod Immunol. 2007
onartuzumab(Ⅲ期失败)	ePPND	SNBL(日本)	Toxicol Sci. 2018
MAGE-A3(Ⅲ期失败)	FEED	Citoxlab(法国)	Reprod Toxicol. 2015
tabalumab(Ⅲ期失败)	ePPND	Charles River(美国)	Birth Defects Res B Dev Reprod Toxicol. 2015

注："/"表示未知

(二) 国内食蟹猴 DART 研究机构的发展现状

与美国和欧洲相比,中国非人灵长类动物资源丰富,发现了超过 24 种。约占全球灵长类动物种属的 6%。特别是云南省拥有最多的非人灵长类资源,并承担了大部分早期和现在关于非人灵长类的工作。虽然我国是非人灵长类资源的主要生产国,但在创新非人灵类长效模式研究方面却落后于其他国家,而我国的生殖与发育毒性研究起步相对较晚,发展却是非常迅速。

美国和欧洲发达国家,由于经济危机及之后预算的"紧缩",对非人灵长类动物研究的资金支持减少或停滞,同时这些国家动物权利活动家越来越多的批评所带来的巨大的动物保护压力,使得一些研究机构不得不限制,甚至废除非人灵长类动物的研究。由于深知使用非人灵长类动物进行研究所获得的益处和优势,发达国家的非人灵长类动物模型研究人员,越来越多地寻求与中国和东南亚其他发展中国家的灵长类研究机构合作,这些都有可能给中国的生命科学和生物医学研究带来前所未有的机遇和挑战。

为了支持中国从非人灵长类资源生产国向非人灵长类研究驱动国转变,中国政府增加了对实验灵长类动物和新药开发的投资。2010 年以来,实验灵长类动物的研究和创新取得了明显进展。

目前,国内的一些大学和研究机构已经建立了专门的实验动物中心、生殖毒理学研究团队或实验室,致力于食蟹猴生殖与发育毒性研究。建立的食蟹猴的繁殖和养殖基地,确保了大量且稳定的实验动物供给,满足研究需求。而国内科研人员在食蟹猴生殖与发育毒性研究方面的技术水平也不断提高,通过向国外学习、自主研发、应用新型检测技术、加强对试验设计的规范等手段,极大提高了 NHP 生殖与发育毒性研究的可靠性和准确性。但需要注意的是,由于涉及生物伦理和动物保护等问题,对食蟹猴等灵长类动物的使用受到严格的法律和法规限制。因此,在进行这方面的研究时,必须遵守相关的伦理和动物福利规定,并获得相应的监管许可。总体而言,国内外都在不断推动食蟹猴生殖与发育毒性研究的进展,以提高药物和化学物质的安全性评价,为人类健康和环境保护做出贡献。

2018 年,在国家"重大新药创制"科技重大专项"十三五"计划的支持下,上海市计划生育科学研究所(现更名为上海市生物医药技术研究院)(中国生育调节药物毒理检测中心)和湖北非人灵长类动物生殖与发育毒性研究平台联合申请获批"重大新药创制"科技重大专项"十三五"计划《药物非临床生殖与发育毒理学关键技术的建立及应用》(课题编号2018ZX09201017－002),其中子任务为《建立并完善实验用猴生殖与发育毒理学技术体系和推广应用》,已经顺利结题。在国家重大专项的支持下,湖北非人灵长类动物生殖与发育毒性研究平台完成了食蟹猴生殖与发育毒性平台的体系建设和验证工作,并开展了多个伴随食蟹猴重复给药毒性试验(性成熟)的生育力评价研究及某单抗给予食蟹猴伴随的血睾屏障、胎盘屏障和血乳屏障的 EFD 和 ePPND 研究,目前,正在开展以新药注册为目的的 GLP 食蟹猴生殖与发育毒性试验。此外,几家 CRO 企业也在构思建设 NHP 的生殖与发育毒性研究平台。除了 CRO 企业,中国科学院昆明灵长类动物研究中心、中国科学院脑科学与智能技术卓越创新中心非人灵长类研究平台等研究机构也在非人灵长类的发育、生理学、神经科学等方面,积极推进着我国非人灵长类动物研究的进程。

第三节　NHP 生殖与发育毒性试验的关注点

一、NHP 在 FEED 试验中的关注点

生育力和早期胚胎发育(Fertility and early embryonic developmental,FEED)毒性试验旨在确定从交配前(雄性和雌性)到交配和着床期间的给药所产生的毒性作用。这些研究还评价了雌性动物动情周期中的潜在变化,并通过对雄性生殖器官进行组织学检查,考察在单次给药和重复给药等毒性试验中可能检测不到的潜在功能影响。

(一)非人灵长类生育能力评价的临床病理指标

对于非人灵长类动物,通常无法通过合笼交配对生育力进行评价。ICH S5(R3)认为在给药期限至少 3个月以上的重复给药毒性试验中对生殖组织进行组织病理学检查,可作为生育力评价的一种替代方法。这种方法应包括对雌性和雄性动物的生殖器官进行详细全面的组织病理学检查。

此外,临床妇科医生和男科医生用于不孕症诊断的检查指标通常也用于 NHP,以评价对雄(男)性和雌(女)性生育力的影响。因此,有大量的参数可供选择(表 11－3－1)。NHP 生育力可以在特殊的男性和女性生育力研究中进行评价,也可以在标准毒性研究中进行评价。评价生殖道(器官重量和组织病理学评价)在至少持续 3 个月的重复剂量毒性研究中,如果没有出现不良发现,只要使用性成熟的动物。如果发现明显的不利结果或特殊问题,应使用更复杂的参数(如睾丸体积测定、精液分析和精子发生)对生育力进行更详细的调查。

表 11－3－1　雄性和雌性非人灵长类生育能力评价的临床指标

雄　　性	雌　　性
精子发生	卵子发生
组织学	组织学
生精阶段	月经周期性
精子成熟	拭子
附睾	激素水平
精子参数	子宫内膜变化
睾丸大小	活检
测径器	超声
超声	超声检查
睾丸活检	卵泡生长
内分泌学	囊肿
黄体生成素	内分泌学
卵泡刺激素	黄体生成素
催乳素	卵泡刺激素
雌激素	绒毛膜促性腺激素
孕激素	催乳素
雄激素	雌激素
抑制素 B	孕激素
性激素结合球蛋白	雄激素
前列腺状态	抑制素 A/B
体积	生育能力(交配)
尿流量	
生育能力(交配)	

特别要注意的是,睾丸和附睾应采用能保存生精上皮组织结构的方法进行取材和处理。对生精周期进行详细的显微镜定性评价是检测对精子发生是否受到影响的灵敏方法。尽管通常不是非常必要,但在试验设计中纳入附加的试验终点(如免疫组织化学、抗均质化的精子计数、流式细胞术和睾丸分期的定量分析),可用于进一步表征任何已确证的影响。对于雌性动物,应对卵巢(包括卵泡、黄体、基质、间质和脉管系统)、子宫和阴道进行详细的显微镜定性检查,并了解生殖周期及原始和初级卵泡的存在。

食蟹猴生殖器官生理参数可参考以下数据。

睾丸:成年后,平均左侧睾丸重量为 21.18 g ± 6.69 g,右侧睾丸重量为 20.98 g ± 5.47 g。左右侧差异无统计学意义。睾丸占体重的百分比从幼龄到成熟期会增加($P = 0.000\ 1$),并且成年期两个睾丸的体重百分比明显增加。在性成熟的动物中,睾丸重量占体重的 >0.25%。老龄动物的睾丸重量占体重的百分比没有下降。

前列腺:成年动物,前列腺的平均绝对重量为 5.30 g ± 1.66 g,约占体重的 0.08%。与年轻、成年和老龄动物相比,幼龄和围青春期动物的前列腺重量占体重的百分比明显降低($P < 0.000\ 1$)。相对于成龄动物,老龄动物的前列腺重量没有进一步增加。

卵巢:平均而言,成年左侧卵巢重 0.26 g ± 0.12 g,成年右侧卵巢重 0.24 g ± 0.12 g。从幼龄到成年生命阶段,卵巢占体重的百分比明显增加($P < 0.001$)。从成年早期开始,两个卵巢的重量占体重的百分比都趋于稳定。

子宫:在卵巢完整的雌性中,幼龄动物的子宫重量较低,为 0.25 g ± 0.13 g,而成年动物为 5.41 g ± 2.82 g($P < 0.021\ 8$)。成年后,卵巢切除的动物平均子宫重量为 1.60 g ± 1.25 g,而成年非卵巢切除子宫的平均重量为 5.41 g ± 2.82 g。青年子宫重量约为体重的 0.2%～0.3%,而卵巢切除受试动物的子宫重量为体重的 0.05%($P < 0.000\ 1$)。

(二)对精子评价的关注点

在临床研究中,男性生育力的试验设计始终处于一种进退两难的境地,使得非人灵长类动物在雄性生育力评价中有着特殊的不可替代性。例如,只要对药物在大鼠身上观察到的影响的可逆性存在任何疑问,那么年轻男性作为志愿者就会引起试验伦理问题的讨论,显而易见的是,老年男性作为志愿者在生育力评价中几乎没有帮助,此时非人类灵长类的作用就凸显了出来。

在非临床安全性评价研究中,生殖系统的组织病理学镜下观察是评价雄性和雌性生殖终点的关键组成部分。这些研究中,动物的年龄和生殖状态会对生殖系统的评价、受试物潜在相关发现的解释及最终的风险评价产生重大影响。非临床安全性试验中使用的动物年龄因研究设计、种属、试验设施的惯例和(或)动物可用性而异。在不同研究项目之间和单个内,群组内的动物可以向毒性病理学家呈现出各种年龄和生殖系统发育的不同阶段。这种变化性要求对不同年龄和不同种属生殖系统的正常解剖、生理和组织学有透彻的了解。

药物最常见的不良反应是精子数量减少(精子发生的减少或发育中及发育后的精子死亡),其次是精子活力降低、精子形态异常、睾丸萎缩和肿瘤形成(最常见的是啮齿类动物的良性间质细胞肿瘤)。其中一些药物在人类中也观察到和动物类似的精子数量减少、活力降低和精子形态异常等结果。美国国家医学图书馆(NLM)建立的 DailyMed 数据库包含超过 85% 的 FDA 批准药物的最新药品说明书信息,在该数据库中对可能导致精子数量/浓度减少或精子质量、生存力或受精能力下降的药物进行统计后,共汇集出了 235 种 FDA 批准且含有影响至少一种动物生精的活性成分的药物,占比为 17%(235/1 318)。其中大鼠是生殖毒性试验最常用的动物模型(共计 184 种/235 种),235 种药物中只有 34 种影响灵长类动物的精子发生。尽管目前用于评价生殖毒性的一般方法确实能够为临床推断提供有用的结果,且在自动化和分析(如精子活力的亚型)方面有所更新,但大多是在 20 世纪 60～70 年代开发的。

据估计,发达国家有 5%～10% 的男性受到由精子异常(数量、形态、运动能力等)或精液(体积、成分和黏度等)引起不孕的影响。在对不育男性的系统评价中,药物是一个常见的外源性因素,但是除了少数经过严格的生殖毒性试验的处方药外,大多数药物对雄性生殖功能(精子发生、精子参数和性功能)的影响通常不清楚。

目前众多关于精子毒性的研究表明,动物研究对人类毒性的预测价值可能并未达到预期。在药品标签中报告的对动物有不利影响的药物中,有记录表明会对人类精子造成负面影响的只占 27%(63/235)(在药物标签或文献中)。此外,亦有研究表明,只有不到一半的药物标签中表明它们对人类精子产生的不利影响在动物中也同样存在。因为没有进行测试或监测，或者因为结果未被报道，超过一半的对动物精子生成或精子不利的药物，其对人体的影响是不明确的（表11-3-2）。即使在明确报道了人类精子毒性类型和受影响人数的情况下，数据通常也不清楚这些影响是否可逆转及需要多长时间才能恢复功效。

表11-3-2　FDA批准的对精子有负面影响的药物（对比 NHP 与人）

类　别	通用名	动物毒性	研究种属	人类毒性	PubMed 中报告的对人类的影响
抗高血脂药	瑞舒伐他汀钙	睾丸可见精子巨细胞、输精管上皮空泡化	犬、NHP	有	可逆性无精子症
抗肿瘤药	醋酸阿比特龙	睾丸萎缩、无精/精子不足、精子数量和活力减少、形态改变	大鼠、NHP	无/不明确	异种移植胎仔睾丸模型中睾酮减少和雄激素反应器官重量减轻
	曲妥珠单抗	生精小管变性伴睾丸出血，附睾、前列腺、睾丸、精囊重量减轻	大鼠、NHP	不明确	无相关研究
	克拉屈滨	睾丸退化	NHP	不明确	无相关研究
	普纳替尼	睾丸上皮退化	大鼠、NHP	无/不明确	无相关研究
	阿柏西普	精子活力下降，精子形态改变	NHP	不明确	无相关研究
抗结核药/抗感染药	利福布汀	睾丸萎缩	大鼠、NHP	不明确	无相关研究
抗病毒药	西多福韦	抑制精子生成	大鼠、NHP	不明确	无相关研究
心血管药	盐酸普罗帕酮	精子生成减少	兔、犬、NHP	不明确	无相关研究
免疫因子	干扰素 γ-1b	精子发生和精子数量减少，异常精子增加（非常高剂量）	小鼠、NHP	不明确	局部或全身治疗的效果尚不清楚，但对体外治疗的精子没有影响
眼科药物	阿柏西普	精子形态和运动性的变化	NHP	不明确	无相关研究
抗菌剂	克拉霉素	睾丸萎缩	大鼠、NHP	无	在幽门螺杆菌治疗中可改善不育性精子无精子症男性的精子活力

（三）对卵巢评价的关注点

雌性卵巢发育和功能等各方面，都极易受到毒性损伤的影响，这种影响可能通过直接暴露、内分泌干扰和表观遗传机制的跨代遗传而引发，由于在 NHP 进行交配评价通常不可行，因此对雌性生殖器官进行全面的组织病理学检查，成为评价药物对雌性生殖功能潜在影响的重要方法之一。该检查基于包括卵巢在内的生殖道正常周期的基础形态学，以确定卵巢毒性的病理学发现（卵泡减少、闭锁卵泡增加和当前形成的黄体增加等）。可以是评价反映在雌性生育参数（不规则发情周期、着床前丢失）中效应的有用工具。当基于前期研究中的药理活性或发现生殖系统损伤的改变，如出现会潜在影响雌性生育能力的组织病理学变化，可能会需要更进一步开展专门的月经周期评价或在重复给药毒性试验中进行激素水平考察。

准确估计不同发育阶段的卵泡数量是卵泡发生过程的重要指标，与控制卵母细胞及其支持卵泡细胞生长和成熟的内分泌信号和旁分泌/自分泌机制有关。在生育力研究中，卵巢组织病理学可以作为一个有用的评价工具来评价卵巢内卵泡的发育。卵巢变化受到激素和生长因子的严格控制。卵泡生长的刺激和伴随的大多数卵泡发育停滞而导致哺乳动物雌性生殖的周期性变化，并最终释放有活力的卵母细胞。卵巢内发育卵泡的补充来源并依赖于未成熟的非生长性原始卵泡。这些卵泡协调进入生长期并控制着卵泡储备的消耗速度。

卵巢评价是毒理学评价的一个重要终点，因为卵原细胞、卵母细胞或支持体细胞的损失可能对生殖产生不利影响。正确进行卵泡计数可以补充卵巢的定性评价，以确定卵巢毒物的特征，了解其作用部位，并在卵巢病变轻微时评价原始卵泡的完整性。然而，应该认识到，卵泡计数产生的数据可能是高度可变的，从而使得解释有困难。当在定性组织学检查中明确发现小卵泡的减少或损伤时，卵泡计数可能很少增加或没有增加化学危害识别信息。卵巢毒性的评价应采用证据权重法，考虑定性组织病理学数据和其他可用数据（生育数据、临床观察、器官重量和雄性生殖毒性数据等）。检查应由熟悉该种属正常生殖周期的毒性病理学家进行,并应包括对卵巢所有主要组成部分(卵泡、黄体、间质、间质和脉管)的评价,特别注意原始卵泡和初级卵泡的定性评价。卵巢的定性评价应结合整个生殖道的显微镜下评价,并考虑所有辅助生殖数据(器官重量、发情周期等)。

当然,与雄性生育力中精子的毒性研究类似,在动物中发现的对卵巢发育及功能不利的药物,其对人体的影响也是不明确的(表 11-3-3)。

表 11-3-3　FDA 批准的部分对卵巢有负面影响的药物(对比 NHP 与人)

类　别	通用名	动　物　毒　性	研究种属	人类毒性	可能对人类的影响
性激素调节药	奥培米芬	卵巢和子宫重量减少,黄体数量减少,卵巢囊肿增加,子宫萎缩和周期中断	大鼠、NHP	有	阴道分泌物增加,子宫内膜增生,子宫内膜癌
抗肿瘤/雌激素拮抗剂	枸橼酸托瑞米芬	囊性卵巢和子宫内膜基质细胞减少	小鼠、大鼠、犬、NHP	有	子宫内膜癌、子宫内膜肥大、增生和子宫息肉
	依拉斯特兰	阴道、子宫颈和子宫萎缩及卵巢中的滤泡囊肿	大鼠、NHP	不明确	无相关研究
	仑伐替尼	卵巢滤泡闭锁,月经发生减少	大鼠、NHP	不明确	无相关研究
	戈沙妥珠单抗	子宫内膜萎缩、子宫出血、卵巢滤泡闭锁增加和阴道上皮细胞萎缩	NHP	不明确	无相关研究
抗肿瘤药	达沙替尼	子宫炎症和矿化	大鼠、NHP	不明确	子宫出血和阴道出血
	雷莫芦单抗	卵泡周期持续时间增加,卵巢卵泡矿化剂量依赖性增加	NHP	不明确	无相关研究
	曲妥珠单抗	卵巢中黄体出血和坏死,子宫的重量减少	大鼠、NHP	不明确	无相关研究
	阿柏西普	抑制卵巢功能和卵泡发育,卵巢重量降低,黄体组织数量减少,成熟卵泡数量减少,子宫内膜和子宫肌层萎缩,阴道萎缩,黄体酮峰值和月经出血的消除	NHP	不明确	无相关研究
降糖药	罗格列酮	降低卵泡期血清雌二醇水平,继而使黄体激素水平和黄体期孕酮水平下降,并出现闭经,可能与直接抑制卵巢甾体激素的生成有关	大鼠、NHP	不明确	可能存在排卵异常

(四) 食蟹猴月经周期的评价方法

食蟹猴的月经周期由 12~14 天的卵泡期、3 天的排卵期和 14~16 天的黄体期组成。食蟹猴和人类的排卵期和黄体期的长度是一致的,但是卵泡期的持续时间更易变化。常用的月经周期确认方法为通过棉签拭子轻柔采集雌猴阴道出血,根据拭子上的血液量建立主观分级标准,可划分 4~5 类:① 没有月经;② 轻微出血;③ 中等出血;④ 大量出血;⑤ 非常大量(可见)出血。月经出血的第一天被指定为月经周期的第一天,下一个周期开始的前一天被指定为周期的最后一天。

食蟹猴的月经周期从 1~8 天不等,85% 的周期平均为 3~5 天,在 2~3 岁时开始月经初潮,最早的阴道出血出现在 18 个月龄时。周期长度通常为 28~32 天,平均持续时间为 30.4 天 ±4.7 天(中位数为 30.0 天,范围为 19~69 天)。成对安置在一起的雌性动物未发现有周期同步性。对于长期单笼饲养的雌性可能会在改为群体饲养或经历运输后出现月经周期延长,建议进行 3~6 个月的饲养适应,以使雌猴适应饲养及社会化环境并形成稳定的月经周期。

文献表明,各个机构的研究人员对月经周期的计算方法并不一致。研究人员必须对确定月经周期开始和结束的标准进行培训,计算周期长度的人员更要严格培训,从而能始终如一地解释月经周期中发生的不规则出血或点状出血。例如,连续 2~3 天的大量月经可以轻易确定月经周期的开始,但如果只有一天轻微出血,或一天轻微出血后有 1 天或 2 天没有出血,接着又有 1 天轻微出血,这时数据会变得更加模糊。在这种情况下,很难准确知道周期开始的时间。如果所有研究人员使用一致的标准来解释月经数据,则可以最大程度地减少数据波动。

(五) 单笼饲养或群体饲养

NHP 是典型的群居性动物,对于一般和特殊毒性研究来说,单笼饲养(图 11-3-1)到群体饲养的转变在动物兼容性方面意义重大,对于性成熟动物更是涉及生殖毒性终点的评价。意识到这些,一些对于非人灵长类动物的使用规则要求在可能的情况下进行群体饲养。群体化明显改变了雄性动物的体重和睾丸大小,这些抑制性影响在大约 26 周内恢复正常。如果试验前允许至少进行 26 周的社交互动,就可以在很大程度上避免这些对生殖参数和体重的影响。在毒性研究中,成熟动物的群体饲养应考虑这些发现。

具体来说,与单笼饲养相比,雄性动物的群体饲养会暂时降低体重增加。这种体重效应被认为是与建立和维持社会地位相关的身体活动的结果。在地位较低的动物中,睾丸体积在 13 周内降至约为基线水平的 45%,然后在 21～26 周期间恢复至本底水平。但是,射精和内分泌参数并没有表现出相应的变化。如果将彼此先前接触和熟悉的动物形成群体饲养,可以防止对体重和睾丸大小的影响。对于雌性食蟹猴,平均月经周期持续时间在群体居住期间变得延长。周期持续时间从 31 天增加到 46 天,持续约 6 个月,但随后从第 6 个周期开始恢复到本底水平的持续时间。月经周期持续时间的延长,对应于第 3 个周期中排卵前雌二醇峰值的缺失/降低,以及正常黄体孕酮升高的丧失,而从第 6 个周期开始,激素模式似乎恢复正常。有趣的是,这些对月经周期的影响甚至在成对饲养的动物中也很明显。

二、NHP 在 EFD 试验中的关注点

胚胎-胎仔发育(embryo-fetal development,EFD)毒性试验旨在检测孕猴和胎仔在子宫内暴露后的不良影响,主要关注着床和硬腭闭合之间的时期。然而 NHP 的妊娠直到妊娠 GD_{18-20} 才能诊断出来。因此,只能涵盖着床和硬腭闭合之间的一部分时间段(大约至食蟹猴 GD_{50})。动物在 GD_{20-50} 给药,然后通过剖宫产取出胎仔进行检查。已经有充分的证据证实,食蟹猴是检测药物对胚胎-胎仔发育影响的相关模型。

(一)获取妊娠雌性食蟹猴的考虑点

虽然由几只雌性和一只雄性组成的群体繁殖系统(图 11-3-2),即所谓的"后宫"制度,是最常使用的繁殖模式,这种饲养模式的优点在于可以满足猴的社会属性,能在一定程度上减少妊娠丢失,但它也存在一些缺点,如无法确定胎仔的确切年龄或预产期。而在预计排卵日将一雌一雄放入同一笼中进行配对的交配模式中,可以更容易地估计年龄和预产日期,但这时社会化活动的缺失较易引起动物生理性变化,进而影响受孕或胎仔留存情况,此外,也无法满足 NHP 的动物福利要求。无论哪种交配模式,均需要对排卵日进行预估,而目前对食蟹猴排卵具体细节尚不明确,以往对食蟹猴排卵日的预估,是采用给药前期对月经多周期的记录,预计下一月经周期长度,选择月经中期作为最佳交配日(可能排卵日)的方式,但月经周期的中期会受到月经周期长短波动的影响而改变,极易判断错误,导致受孕率降低。

有研究表明,食蟹猴血清卵泡刺激激素(FSH)的浓度会在月经后 8～15 天明显增加,并在最后的 1～2 天排卵,故而通常认为的最佳交配时间是在月经后约 12 天。但食蟹猴的激素水平易受外界刺激的影响,例如将食蟹猴从单笼饲养调整为群体饲养后,可能会明显改变雄性食蟹猴的体重和睾丸大小,并短暂延长或抑制雌性食蟹猴的月经周期(约 26 周后恢复),因此,可

图 11-3-1　单笼个体饲养模式

图 11-3-2　社会化群体饲养模式

以通过建立激素水平背景数据库并每天检测激素水平来提高预测排卵的成功率。

一项针对食蟹猴繁殖效率、希望简化交配体系的研究中,比较了 3 天定时交配系统和 7 天定时交配系统的差异和年龄对生育力的影响(表 11-3-4)。其中3 天定时交配体系从月经后 11 天开始,将一雌一雄放在相互连接互通的笼子里共 3 天,7 天定时交配体系从月经后 9 天开始,将一雌一雄动物放在相互连接互通的笼子共 7 天,结果表明两种配对交配策略的妊娠率并无统计学差异($P>0.05$)。

表 11-3-4　两种配对策略及雌性年龄对妊娠率的影响(妊娠数/配对数)

年　龄	3 天交配体系		7 天交配体系		动物总数(n)	相对妊娠率(%)
	妊娠比	相对妊娠率(%)	妊娠比	相对妊娠率(%)		
20~24	0/21	0	0/17	0	12	0
19	0/13	0	1/2	50.0	5	20.0
18	3/4	75.0	3/8	37.5	5	80.0
17	3/45	6.7	5/26	19.2	22	36.0
16	4/20	20.0	2/30	6.7	14	43.0
15	9/37	24.3	6/46	12.2	30	53.0
14	9/57	15.8	4/34	11.8	28	46.0
13	9/48	18.8	6/36	16.7	33	45.0
12	5/26	19.2	8/37	21.6	26	54.0
11	7/33	21.2	6/32	18.8	27	48.0
10	6/36	16.7	6/34	17.6	23	52.0
9	7/43	16.3	15/44	34.1	37	54.0
8	4/24	16.7	6/32	18.8	23	43.0
7	2/46	4.2	11/56	19.6	40	33.0
6	5/44	11.4	12/48	25.0	44	36.0
5	2/43	4.7	1/47	2.1	35	9.0
4	4/57	7.0	4/43	9.3	51	16.0
总计	78/597	13.10	95/575	16.5	455	38.0(173/455)

当动物>20 岁时被视为丧失生育能力,小于 6 岁的雌性动物有规律的月经周期,但妊娠率低于年龄较大的动物。

此外,无论哪种交配体系的策略或哪一个年龄段的动物,在第一次相互配对交配后至少会有 50%的动物妊娠。随着循环配对的交配次数增加,妊娠率逐渐下降,3 次配对交配即可使约 90%的动物妊娠。在第 6 次配对交配后获得妊娠的可能性低至忽略,故而雌性食蟹猴在 6 次交配后仍未妊娠可被认为生育能力丧失(误判率<5%)(表 11-3-5)。

由于 NHP 天然的生育率低且有较高的自然流产率,每次配对可能仅有一小部分交配后成功妊娠,因此通过超声检查确认妊娠是非常必要的,这也是判断是

表 11-3-5　获得妊娠动物所需配对次数

配对交配次数(次)	3 天交配系统	7 天交配系统
1	41(0.53)	55(0.58)
2	17(0.22)	21(0.21)
3	10(0.13)	13(0.13)
4	5(0.06)	4(0.04)
5	5(0.06)	0(0.00)
6	0(0.00)	2(0.02)
总计(个)	78	95

否妊娠的金标准。为了避免对未妊娠动物给药而造成使用的动物超出研究所需,最好等到超声检查确认妊

娠后再开始给药。目前已知的妊娠确认方式有两种，即通过超声检查或在着床后 3 天测量血清猴绒毛膜促性腺激素（mCG≥1 ng/mL）。使用超声确定妊娠的优点是可以提供直接的实时结果，但对假孕无法明确界定，因为在超声检查中可能会观察到未进展到实质妊娠的动物出现着床类似的子宫变化。而回顾性测量 mCG 血清浓度（即给药后未能通过持续超声检查观察到妊娠），则可以明确，给药后发现未孕是来源于超声误诊，还是由于受试物作用而导致的早期妊娠丢失。

（二）胎盘转移的考虑

NHP 中 EFD 研究的关键点是新生胎仔和子代，而不是宫内胎仔。这是由于在灵长类动物在器官发生期间免疫球蛋白 IgG 的胎盘转移较低，因此不再需要专门的 EFD 研究。因此，以基于 IgG 的单克隆抗体为例，在整个器官发生期（GD$_{20-50}$）给药预计不会导致明显的胚胎暴露，经典的 EFD 研究设计不再适用于明确生物制品对 EFD 的潜在影响，即基于胎盘转移生物学，单克隆抗体对胚胎器官发育不太可能产生直接影响。

灵长类动物中，高分子量（>5 000D）的蛋白质不能通过简单的扩散穿过胎盘，对于分子量高至 150 000D 的单克隆抗体，胎盘转运是一个复杂的过程，在整个胚胎发生过程中，它与胎盘解剖学和生理学的动态变化同步发展。通过胎盘转移需要抗体上存在 Fc 结构域，并通过新生儿 Fc 受体（FcRn）和 FcγR Ⅲ b 介导。缺乏 Fc 区的抗体（如 IgA）不会穿过胎盘，而基于 IgM 和基于 IgG 的抗体是主动转运的。大多数开发用于治疗的单克隆抗体是 IgG，人类胎盘 IgG 转运的效率因亚类而异，表现为 IgG1＞IgG4＞IgG3＞IgG2，其中 IgG1 是人类中转运最活跃的亚类。在人类和 NHP 中，生物学意义上的抗体转移不会发生在器官形成期，而是在妊娠晚期达到高峰，具体表现为在器官形成期间胎盘转运率很低，在妊娠中期的初期开始增加，在妊娠晚期的后期达到最高水平。

包含免疫球蛋白 G（IgG）的 Fc 区域的生物制药（如单克隆抗体和抗体类生物制药）代表着一类已知以分子、种属和妊娠阶段特异性方式穿过胎盘的特殊药物类别。抗体是母体动物中一类天然存在的蛋白质，它们经过特殊的转移机制进入发育中的后代体内，从而在婴儿生命的最初脆弱日子至几个月内预防许多疾病。与小分子药物的转移相比，母体和治疗性单克隆抗体对发育中的后代的摄取和转运机制完全不同。了解胎盘转运的模式和时间非常重要，因为针对哺乳动物靶标改造的生物制药如单克隆抗体可能会中断或破坏关键的发育过程。

重要的是，虽然胎盘解剖结构存在明显的种属间多样性，时间上也可能存在重要差异，但 IgG 的胎盘转移是常见的生理现象。目前，评价含 Fc 生物药物在实验动物中的生殖与发育毒性，以及评价不同模型对人类的预测价值的经验仍然是有限的。至关重要的孕妇的临床数据通常要在药物批准上市后很长时间才能获得，因此，目前含 Fc 生物制药在妊娠和发育期间的人类风险主要是凭借经验。

考虑动物伦理等因素，在 NHP 是唯一的相关种属情况下，并不推荐单独的 EFD，而是使用 ePPND 毒性试验替代 EFD 试验。

三、NHP 在 PPND/ePPND 试验中的关注点

单独/增强的围产期发育（PPND/ePPND）毒性试验，传统的 EFD 和 PPND 研究需要两组妊娠动物暴露于受试的单克隆抗体，而目前更为推荐的 ePPND 研究设计，从本质上讲，ePPND 研究设计是一项结合了 EFD 和 PPND 两项试验终点指标的 NHP 发育毒性试验。

通常 ePPND 试验在孕早期，通过超声检查来评估胎儿在妊娠期特定时间点的存活和生长发育情况，然后在出生后定时对婴猴进行详细的外观检查，包括基本的对肢体长度、头部和胸围的测量，并有可能对所有子代进行骨骼检查，最后在试验终点时评估内脏器官的形态学改变。这种 ePPND 设计可以在一只动物中，观察妊娠期暴露对出生后子代外观、形态及各项功能的影响。因此，尽管未通过剖腹产评估胎儿形态，但仍可评估每只 F1 代动物的形态异常，包括孕晚期流产和死产（与啮齿类动物不同，食蟹猴不吃死产的子代，可以留下尸体用于形态学检查）。目前，ePPND 研究已成为单克隆抗体开发的首选的发育毒性研究类型。

食蟹猴的妊娠期约为 160 天，通常要到 GD$_{18-20}$ 才确认妊娠，因此，受试物的给药通常从 GD$_{20}$ 开始，到 GD$_{50}$ 时，食蟹猴的硬腭已经闭合，主要器官已经形成。在经典的 EFD 研究中，动物在 GD$_{20-50}$ 期间给药，以覆盖器官发生期，然后在稍后的时间点对胎仔进行剖宫产和检查。在经典的 PPND 研究中，给药通常也从 GD$_{20}$ 开始并一直持续到分娩，这种设计主要考虑使妊娠晚期时血药浓度可达到胎盘转移/平衡，因此也有一些 PPND 研究在 GD$_{120-150}$ 给药。在 ePPND 研究中，给

药周期固定为 GD$_{20}$ 至分娩(表 11 - 3 - 6),除覆盖常规的 EFD 和 PPND 研究外,对 GD$_{80}$ 开始发育的免疫系统基本功能也纳入了进来,在满足生殖毒性数据收集要求的同时,大大减少了动物使用量。

表 11 - 3 - 6 ePPND 毒性试验设计:食蟹猴

参 数	内 容
剂量组	至少 2 组(包含 1 个对照组)
给药期	从确认妊娠(约 GD$_{20}$)至分娩
亲代雌性	
临床观察/死亡率	至少每天 1 次
体重	至少每周 1 次
分娩观察	记录分娩完成日期
胎盘	如果可能,收集并保存
剖检、组织评价	仅在必要时
暴露评价	当合适时,应测定 TK 特征和(或)系统药物水平
子代(F1)	
临床观察/死亡率	从 PND$_0$ 开始每天 1 次
体重	每周 1 次
形态学/体格和(或)功能评价	当适当时,定期
神经行为学测试	出生后前 2 周内至少 1 次
握力	PND$_{28}$
母婴互动	至少在产后早期确认哺乳;之后在适当时
暴露评估	当适当时,应测定系统药物水平
外观检查	定期
骨骼检查	约 PND$_{28}$ 或之后
内脏检查	剖检时
剖检	至少在 1 月龄时,取决于评价的目的保存和保留组织以备可能的组织学评价

ePPND 研究中,"实用性"的终点是子代及其出生后发育。EFD 是通过子代的外观检查、骨骼检查的影像学检查方法(如 X 线)和子代尸检的特定内脏检查,这些检查可作为典型的 EFD 研究得出。

ePPND 研究设计的另一个关键点是出生后观察期。婴猴出生后所需监测的参数和持续时间取决于受试物的临床适应证。体重和临床病理学是常规的出生后考察参数,应定期进行评估。通常设置 3～6 个月的

出生后观察期,对基本免疫系统功能进行评估,特殊情况下,可延长至 12～18 个月。对于早期中枢神经系统评估,可以使用改良后适用于 NHP 的布雷泽尔顿新生儿行为评定量表(Brazelton test)。有时需要对幼猴进行学习和记忆测试,由于只有大于 6 月龄的动物才能成功训练并配合此类测试,这时出生后观察期必须延长到至少 9 个月,甚至最长 12 个月。在实际研究中,这些学习测试需要 9 个月或以上的食蟹猴,以确保动物在同一年龄进行测试,故而目前并不推荐开展此项评估。近年来,更多经典的标准毒理学评估评价参数也已添加到出生后评估参数范围内,如眼部和心血管检查,有时也会增加体成分分析和骨骼生长评估(图 11 - 3 - 3)。

相对于啮齿类动物和兔,猕猴种群中自然妊娠的失败率相对较高。因此,对于发育毒性研究来说,可用于评估的妊娠成功和胎仔/婴猴的数量明显低于进入研究的妊娠动物的数量。在猕猴繁殖群体中,恒河猴(季节性繁殖)每年出生前损失率在 13%～23%,食蟹猴(非季节性繁殖)的每年出生前损失率在 8.6%～28%。与总体损失率不同,在发育毒性评估背景下的单一研究中,溶媒对照组的出生前损失率可能变化很大,范围从 0～40%。同样,NHP 在足月时和之后也会经历婴猴死亡。据报道,食蟹猴的死产率为 12%～22%,出生前和出生后发育的总体损失率约为 30%,在一些研究中可能达到 50%。

由 Jarvis、Heiko 等为 ePPND 研究生成的增强列线图(e-normogram),用于预测和监测妊娠期间维持妊娠的数量及从出生至第 7 天(PND$_7$)的存活婴猴数量。列出了组内 16 只动物的列线图(图 11 - 3 - 4)。列线图类似于生存曲线,展示出生前阶段和出生后阶段的置信区间。对于出生阶段,在 GD$_{126-150}$,GD$_{151-160}$,GD$_{161-170}$ 和 GD$_{>170}$ 区间记录出生情况,这些区间在列线图中分产前(妊娠)阶段和分娩阶段列出了 2 次。对于出生后阶段,PND 间隔为 0、1、2～7、8～50 和 51～90,出生后观察期超过 90 天的婴猴数量太少,无法得出列线图。

表 11 - 3 - 7 显示了可用于评估在 PND$_7$ 和 PND$_{50}$ 之后达到至少 6～8 个活婴的概率与研究开始时的妊娠动物数量的关系。基于这些概率,ePPND 研究的组内动物数可以从 16～24 减少到 14～16,仍然可以按照 ICH S6(R1)的要求在 PND$_7$ 上实现 6～8 名活体婴猴。事实上,也有文献在 ePPND 研究方面的实践经验支持这一观点:14～24 只母体动物的组在 PND$_7$ 上始终出生超过 6～8 名婴猴,因此,组内动物数可以推荐

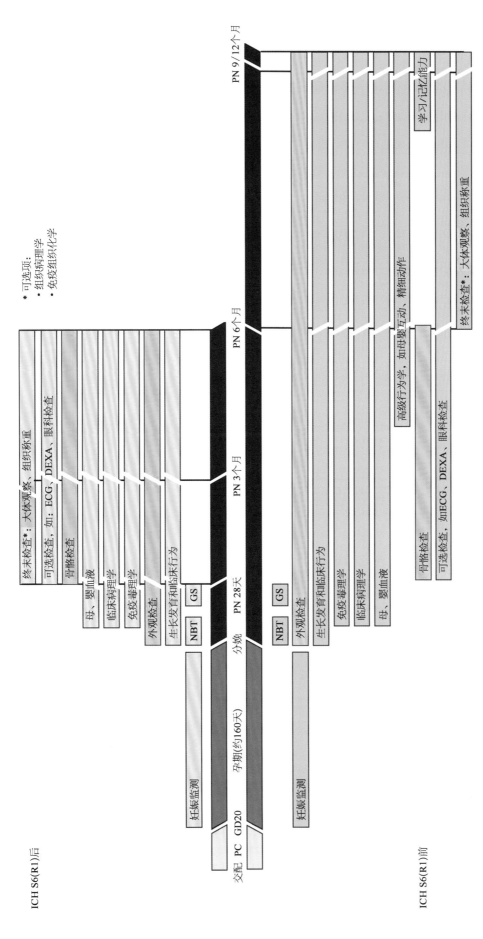

图 11-3-3 在 ICH S6(R1)ePPND 研究的"标准化"设计示意图。需要注意,根据 ICH S6(R1),不再需要进行仪器的学习检测。大多数情况下,在 ICH S6(R1)中规定的围产期观察期为 6 个月可能已经足够。最短的围产期观察期为 1 个月。ECG,心电图检查;DEXA,双能 X 线吸收法;NBT,神经行为测试组合;GS,握力;OW,器官重量;PC,交配后;PN,围产期。黄色框中的参数来自胚胎-胎仔发育毒性研究(增强型)

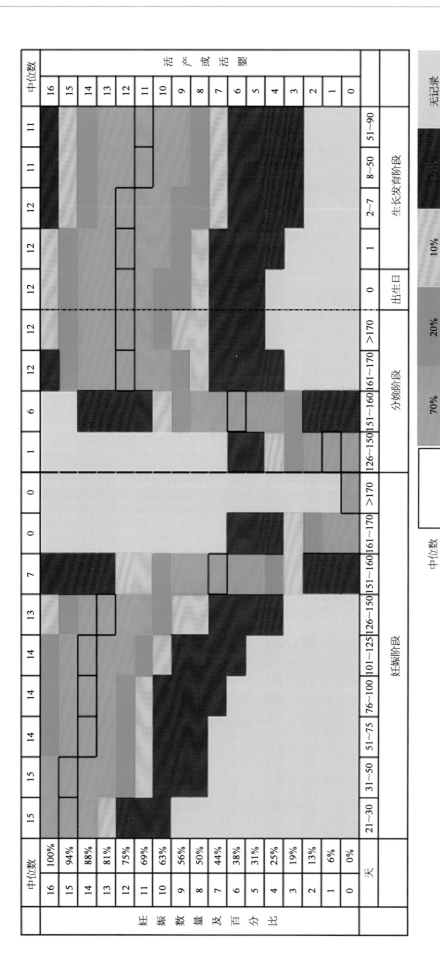

图 11-3-4 16 只妊娠长尾猕猴的团体规模列线图。"出生"阶段对应数量为累积出生数。左侧两垂直列代表妊娠动物的数量和相应的百分比。右侧垂直列代表活婴儿猴数量。图顶部空心矩形为分布中值,五个颜色编码类别,包括"可能"(70%)、"可能发生"(20%)、"不寻常"(10%)、"不太可能"(2%)和"未观察到"。图顶部空心矩形为分布中值

低至 14 只动物。ICH S5(R3)生殖毒性指导原则建议每组应至少 16 只母体动物。

表 11 - 3 - 7　研究开始时妊娠动物数量对应 PND_{2-7} 和 PND_{51-90} 时至少存活婴猴 6、7 或 8 名的估计概率(%)

妊娠动物数	PND_{2-7}			PND_{51-90}		
	活婴猴数(个)			活婴猴数(个)		
	6	7	8	6	7	8
10	87	69	43	86	67	40
12	97	91	77	96	89	74
14	99	97	93	99	97	91
16	99	99	98	99	99	97
18	99	99	99	99	99	99
20	100	100	100	100	100	100

在 DART 评价中,NHP 通常用于生物制品(如单克隆抗体、肽等)研究,这是因为这些药物具有针对人体靶点的选择性,与 NHP 具有交叉反应,而对啮齿类动物或兔通常缺乏交叉反应。2016 年以来,FDA 共批准新药 278 个,这些批准的新药中大约有 80% 开展了 EFD/ePPND(表 11 - 3 - 8),使用 NHP 开展 DART 的仅占约 10%(表 11 - 3 - 9)。除 Empaveli 等啮齿类动物或兔中没有药理活性的小分子化合物,NHP 在小分子的 DART 评价中使用的情况很少。

表 11 - 3 - 8　FDA 在 2016—2021 年批准的药物治疗类别(有或没有 EFD 研究)

	2016—2017 年		2018—2019 年		2020—2021 年	
	药品数量	有 EFD 数	药品数量	有 EFD 数	药品数量	有 EFD 数
批准总数	68	54	107	88	103	78
小分子非肿瘤药	36	28	58	51	55	45
小分子肿瘤药	13	12	22	18	21	17
生物非肿瘤药	14	11	19	16	16	13
生物肿瘤药	5	3	8	3	11	4

表 11 - 3 - 9　FDA 在 2016—2021 年批准的药物种属选择

	2016—2017 年	2018—2019 年	2020—2021 年
EFD 总数	78	88	54
大鼠/兔	68	81	47
NHP	10	7	7

选择 NHP 进行 EFD/ePPND 研究的新药主要为生物制品,生物制品许可申请(biologics license application,

BLA)中的 DART 评价中 2/3 没有使用 NHP 的 EFD 或 ePPND 数据。大体情况如下。

(1)啮齿类动物和兔中具有活性药物成分(active pharmaceutical ingredient,API)的 EFD/PPND 研究(28%)。

(2)基于作用机制指示风险的证据权重(weight of evidence,WoE)方法(23%)。

(3)基于作用机制(如酶替代疗法)或治疗人群的 WoE 方法,表明风险可忽略不计(10%)。

(4)使用对啮齿类动物具有活性的替代品的 EFD/PPND 研究(3%)。

(5)基因修饰啮齿类动物(该动物被修改以对 API 做出反应或针对 API 的靶标进行敲除)(3%)。

此外,在将 NHP 的 DART 研究用于标记发育毒性风险的 BLA 中,非抗肿瘤产品使用了更多的 NHP 的 DART 研究,非抗肿瘤产品 BLA 占识别出依赖于 NHP 数据的标签的 87%。治疗肿瘤产品的被批准的 BLA 中,大多数使用了 WoE 评价(75%),而非肿瘤 BLA 仅有 16% 使用了这种方法。近年 NHP DART 研究用于已批准新药的非抗肿瘤药有 adbury、enspryng、saphnelo、tezspire 等,抗肿瘤生物制剂有 margenza 等。

在审批用于治疗晚期癌症的生物制品时,大部分肿瘤药物的 BLA 中,成功地采用了 WoE 方法,因为可以预期这些产品通常是会造成胚胎死亡和(或)具有致畸作用的,而且通常不必确定治疗安全窗。对于非肿瘤适应证,使用 WoE 方法是基于患者人群(治疗 X 连锁障碍)或作用机制,来评价发育毒性风险综合评估认为可忽略不计。还有某个非肿瘤产品的标签通过对前期同靶点类似物的生殖毒性风险来开展 WoE 评价。

近年来,NHP 种属在发育毒性的安全性评价研究中的使用有所减少,而在啮齿类动物和(或)兔中检测的生物制品数量相应增加。COVID - 19 流行导致实验室使用的成熟 NHP 严重短缺。因此,寻找替代策略来替代 NHP 研究以进行生物药物的发育毒性试验的需求变得更加迫切。2022 年,FDA 发布了关于"减轻 COVID - 19 流行引起的非人类灵长类动物供应制约的非临床考虑"的指南。该指导原则基本上重申了当初 ICH S5(R3)指导原则中的建议,具体如下。

(1)FDA 认为 NHP 是小分子药物 DART 评价的非常规试验种属。FDA 强烈建议申请人不要使用非人灵长类来评价其小分子药物研发项目的 DART 终点。

(2)NHP 仅应用于生物制品的 DART 评价,前提是它们是唯一相关的种属。

（3）鼓励使用替代方法，例如种属特异性替代分子或转基因啮齿类动物。

（4）当有科学依据时，证据权重方法可以取代非临床研究，例如与药物作用方式相关的发育危害的有力证据。

（5）对于非传染性疾病适应证的疫苗以外的产品，鼓励申请人使用设计合理的 ePPND NHP 研究，可以考虑使用较少的试验组（如一个对照组和一个给药组）可能就足以评价风险，前提是给药组中所达到的暴露量达到了靶标饱和度，即达到完全抑制或激活靶标的情况下的最大暴露量，达到最大的药理作用和（或）足够的临床暴露安全窗。

同时，还建议申请人在启动任何替代 DART 评价之前，与相应的监管部门讨论评价 DART 终点的建议方法及其时间安排。表 11-3-10 列举了 2007—2023 年已公开的在 NHP 中开展 PPND/ePPND 研究的药物。

表 11-3-10   2007—2023 年已公开的在 NHP 中开展 PPND/ePPND 研究的药物

药物名称	作用机制	研究类型	动物毒性	人类毒性	参考文献
布西珠单抗	血管内皮生长因子 A 抑制剂	ePPND	无受试物相关的母体毒性或对胎仔和婴儿的不良影响	不明确	Reprod Toxicol. 2023
奥法妥木单抗	CD20 抑制剂	ePPND	母体动物及其婴儿 CD20$^+$ B 细胞的可逆耗竭，可能继发于药理学诱导的免疫抑制	数据有限，但 FDA 不推荐孕期用药	Reprod Toxicol. 2022
萨特利珠单抗	IL-6 受体家族拮抗剂	ePPND	无受试物相关的母体毒性或对胎仔和婴儿的不良影响	不明确	Birth Defects Res. 2017
pateclizumab	TNF-β 抗体	ePPND	高剂量组胎仔腹股沟淋巴结与体重比值降低，无微观异常	不明确，疗效不佳，临床研究终止	Reprod Toxicol. 2016
达利珠单抗	IL-2RA 抑制剂	FEED + EFD + PPND	无受试物相关的母体毒性或对胎仔和婴儿的不良影响	不明确，已退市	Neurol Ther. 2016
tanezumab	β 神经生长因子抑制剂	ePPND + EFD	受试物相关的死产增加，神经病理学和产后存活，生长和免疫功能降低	不明确，拒绝上市许可	Reprod Toxicol. 2015
依奇珠单抗	IL-17A 抑制剂	FEED + EFD + PPND	无受试物相关的母体毒性或对胎仔和婴儿的不良影响	不明确	Reprod Toxicol. 2015
人 IgG2 mAb	对人和食蟹猴新生儿 Fc 受体（FcRn）有相似的高亲和力	ePPND	通过雄性介导的 mAb 药物转移（阴道暴露），不会对雌性伴侣构成健康风险，并且对发育中的胚胎无生物效应	机制研究，无临床资料	Reprod Toxicol. 2014
地舒（诺）单抗	肿瘤坏死因子配体超家族成员 11 抑制剂	EFD + PPND	PPND：母婴中均观察到药理作用；死产和产后死亡率增加，在幼猴中，对生长发育、骨骼和淋巴结的影响	孕妇禁用，药后 5 个月内避孕	Reprod Toxicol. 2013 Bone. 2014
布雷奴单抗	IL-12/23p40 复合体抑制剂	FEED + PPND	无受试物相关的母体毒性或对胎仔和婴儿的不良影响	不明确，临床研究终止	Birth Defects Res B Dev Reprod Toxicol. 2012
利妥昔单抗	CD20 抑制剂	EFD + PPND	胎仔淋巴组织中 B 细胞耗竭，在婴儿期恢复，对婴儿 TDAR 的短暂功能性反应	婴儿的 B 细胞淋巴细胞减少症	Toxicol Sci. 2011
乌司奴单抗	IL-12/23p40 抑制剂	EFD*2 + ePPND	没有母体或胎仔影响，包括婴儿 TDAR 和 DTH 反应	不明确	Birth Defects Res B Dev Reprod Toxicol. 2010
戈利木单抗	TNF-α 抑制剂	EFD（GD20~GD50）+ PPND（GD50~PND33）	无受试物相关的母体毒性或对胎仔和婴儿的不良影响	可通过胎盘屏障，婴儿感染的风险可能增加	Am J Reprod Immunol. 2007
奥那妥组单抗	c-Met 调节剂（肝细胞生长因子受体调节剂）	ePPND	妊娠期缩短，出生体重降低，胎仔和围产期死亡率增加，诱导胎盘损伤，出现后代发育迟缓及肝窦扩张等改变	不明确，临床研究终止	Toxicol Sci. 2018

续 表

药物名称	作用机制	研究类型	动 物 毒 性	人类毒性	参 考 文 献
tabalumab	BAFF 抑制剂（B 细胞活化因子/B 淋巴细胞刺激因子抑制剂）	ePPND	存在胎盘和乳腺转移	不明确,临床研究终止	Birth Defects Res B Dev Reprod Toxicol. 2015
贝利尤单抗	BAFF 抑制剂（B 细胞活化因子/B 淋巴细胞刺激因子抑制剂）	EFD + ePPND	仅限于预期的药理学,主要是母亲和婴儿外周血及胎仔淋巴组织中 B 淋巴细胞的数量减少。婴儿在停止暴露后恢复	数据有限,暂未发现引起出生缺陷	Reprod Toxicol. 2009
甲巯咪唑	TPO 抑制剂（甲状腺过氧化物酶抑制剂）	孕晚期 PPND（GD$_{120}$ 至分娩）	妊娠后期给母体动物口服甲巯咪唑会导致其婴儿的行为发育迟缓	妊娠后期治疗可能导致新生儿甲状腺功能减退	Congenit Anom（Kyoto）. 2013
那他珠单抗	CD49d 拮抗剂	PPND	婴儿淋巴细胞和有核红细胞计数升高,符合药理作用	新生儿血小板减少症	Birth Defects Res B Dev Reprod Toxicol. 2009
soluble IL-4R	IL-4R 同源蛋白	EFD + PPND	堕胎/胚胎-胎仔死亡增加	不明确	Regul Toxicol Pharmacol. 2009
barusiban	OXTR 拮抗剂（催产素受体拮抗剂）	PPND	无受试物相关的母体毒性或对胎仔和婴儿的不良影响	未发现母婴不良反应,临床试验终止	Reprod Toxicol. 2007

因此,每个单克隆抗体研究或个体毒性研究能利用现有的灵活性和最佳实践显得至关重要,应遵循减少（reduction）、替代（replacement）和优化（refinement）（3R）原则,尽可能达到减少动物的使用的目的。

第四节 幼龄毒性试验与儿科用药设计的考虑

通常生育力和胚胎-胎仔发育研究的数据并不能直接用于支持青春期前的儿科人群,其研究目的也大多不在于此,但这些研究通常可能有助于确定发育敏感时期的靶点。PPND 研究中的妊娠晚期或哺乳早期的暴露可能为刚出生儿童的潜在影响提供"最坏情况"。这些研究可能对长半衰期药物支持儿科用药特别有帮助。了解胎盘和哺乳期的运输,以及妊娠母体给药后子代的暴露情况也至关重要。

NHP 在出生时的发育和行为早熟,以及一些出生前暴露可能适合模拟人类的围产期/新生儿期。例如,肺部、消化道、肾脏和骨骼在出生时发育相对良好,中枢神经系统的功能在出生时比人类发育更好。对于含 Fc 的生物药物等,这些药物在妊娠晚期通过胎盘主动转运,半衰期长,在子代中的暴露量可能很大,并持续到出生后,此时即便是简单的对子代的药理学和毒理学影响进行评估,都有助于儿科用药的风险识别。

尽管标准 DART 研究和专门的幼龄动物毒性研究都评估了对发育的潜在影响,但前者以母体动物给药为基础,后者采用出生后直接给药。由于幼龄动物毒性研究旨在支持药物的临床应用使用,因此通常会包括一般毒性研究的典型的、标准的、病理学指标。在对妊娠动物的给药研究中,重点更多地放在妊娠结局和一般生长发育上,目的是为人类生殖风险评估提供信息。根据药物的非临床试验计划的范围,如果研究数据也旨在支持儿科临床应用,那么在 PPND 研究中纳入子代的解剖病理指标以评估潜在的发育影响,可能也是至关重要的。

总之,来自一般毒理学研究和（或）DART 试验的信息可以避免对幼龄动物进行不必要的重复研究,以支持儿科临床用药。在设计用于支持新生儿和婴儿给药的研究方面也存在许多技术和可行性的挑战。与药物开发的许多方面一样,了解相关种属的特异性潜在发育生理学,对于实现这一目标至关重要。目前的发育毒性研究文献通常集中在功能检测指标,但这可能没法对应不同年龄动物在组织学上的发育关键阶段。幼龄动物毒性的非临床评估可以考虑来自许多方面的信息:成人的临床毒性评价项目（如果有）、作用机制、非临床毒性概况及来自幼龄人类和动物经验的发育信息。这需要通过对个案的特点进行分析来决定具体关注的领域,并可能需要额外的研究或指标。例如,可能会额外进行免疫功能评估或扩展的神经病理学研究。当存在着个体值出现变异或历史对照数据比较有限时,应谨慎解释各个终点指标的孤立结果。

毒理学研究中,不同年龄段食蟹猴的正常体重及器官重量是重要的背景参考值。食蟹猴从婴儿期到成年早期,肾上腺、大脑、肾脏、肺、肝脏、胸腺和甲状腺重量占体重的百分比下降,特别是婴儿期的大脑相对重量,相对于成年期来说增加很多。而胰腺、前列腺、睾丸和子宫的重量百分比增加(表 11 - 4 - 1～表 11 - 4 - 4)。

表 11 - 4 - 1 食蟹猴婴儿期(0～30 天)绝对体重(kg)和绝对器官重量(g)分布

| 体重/脏器重 | 雄 性 | | | | | | | 雌 性 | | | | | |
	n	最小值	25%	50%	75%	最大值	$\overline{X}\pm SD$	n	最小值	25%	50%	75%	最大值	$\overline{X}\pm SD$
体重	11	0.17	0.20	0.33	0.38	0.61	0.32±0.12	14	0.11	0.20	0.24	0.32	0.38	0.25±0.08
左肾上腺	6	0.04	0.10	0.17	0.31	0.35	0.19±0.12	12	0.02	0.08	0.13	0.17	0.26	0.13±0.07
右肾上腺	6	0.04	0.09	0.19	0.23	0.24	0.16±0.08	11	0.02	0.07	0.09	0.11	0.17	0.09±0.04
脑	7	38.86	41.82	44.00	45.70	45.76	43.27±2.53	13	19.69	29.92	33.44	39.20	49.20	33.65±7.81
心脏	11	0.86	1.42	1.76	2.96	4.10	2.21±1.06	13	0.70	1.35	1.69	2.13	3.24	1.80±0.63
左肾	9	0.65	0.69	1.03	1.39	1.75	1.05±0.41	12	0.31	0.61	0.79	0.92	1.09	0.77±0.21
右肾	9	0.64	0.70	1.00	1.26	1.63	1.01±0.34	14	0.32	0.62	0.74	0.84	1.06	0.74±0.19
肝脏	9	5.66	7.90	10.57	13.12	16.41	10.70±3.37	14	4.74	5.84	7.78	10.16	15.56	8.47±3.27
左肺	11	1.04	1.41	1.83	2.27	3.81	1.94±0.76	14	0.95	1.15	1.37	1.65	2.91	1.50±0.52
右肺	11	1.31	1.35	1.85	2.60	4.10	2.15±0.89	14	0.63	1.24	1.57	2.04	3.25	1.71±0.65
胰腺	3	0.31	0.31	0.4	0.46	0.46	0.39±0.08	11	0.11	0.17	0.21	0.38	0.61	0.28±0.16
垂体	2	0.01	0.01	0.01	0.01	0.01	0.01±0.00	6	0.01	0.01	0.01	0.01	0.01	0.01±0.00
脾脏	9	0.42	0.46	0.78	1.08	1.55	0.80±0.40	14	0.15	0.38	0.59	0.89	1.26	0.60±0.32
左睾丸	6	0.05	0.06	0.18	0.35	0.38	0.20±0.14	—	—	—	—	—	—	—
右睾丸	6	0.03	0.08	0.21	0.37	0.46	0.23±0.17	—	—	—	—	—	—
前列腺	1	0.14	0.14	0.14	0.14	0.14	0.14±0.00	—	—	—	—	—	—
左卵巢	—	—	—	—	—	—	—	7	0.02	0.02	0.03	0.05	0.06	0.03±0.02
右卵巢	—	—	—	—	—	—	—	7	0.01	0.02	0.04	0.04	0.05	0.03±0.01
子宫	—	—	—	—	—	—	—	2	0.07	0.13	0.13	0.18	0.18	0.13±0.08
胸腺	11	0.39	0.64	0.85	1.36	2.45	1.02±0.58	13	0.15	0.58	0.83	0.92	1.61	0.79±0.35
左甲状腺	6	0.02	0.04	0.06	0.07	0.11	0.06±0.03	11	0.03	0.03	0.04	0.06	0.13	0.05±0.03
右甲状腺	6	0.02	0.03	0.05	0.08	0.12	0.05±0.04	11	0.03	0.03	0.05	0.08	0.09	0.06±0.02

引自:Amato R,Gardin J F,Tooze J A,et al. Organ Weights in Relation to Age and Sex in Cynomolgus Monkeys (Macaca fascicularis)[J]. Toxicologic Pathology,2022,50(5):574 - 590.

表 11 - 4 - 2 食蟹猴幼龄期(31 天～2.5 岁)绝对体重(kg)和绝对器官重量(g)分布

| 体重/脏器重 | 雄 性 | | | | | | | 雌 性 | | | | | |
	n	最小值	25%	50%	75%	最大值	$\overline{X}\pm SD$	n	最小值	25%	50%	75%	最大值	$\overline{X}\pm SD$
体重	27	0.65	1.12	1.79	2.17	3.07	1.67±0.65	35	0.41	0.80	1.43	2.00	2.58	1.46±0.63
左肾上腺	27	0.10	0.18	0.20	0.24	0.33	0.21±0.06	32	0.11	0.18	0.21	0.26	0.37	0.23±0.06

续 表

体重/脏器重	n	最小值	25%	50%	75%	最大值	$\overline{X}\pm SD$	n	最小值	25%	50%	75%	最大值	$\overline{X}\pm SD$
				雄	性						雌	性		
右肾上腺	27	0.10	0.14	0.17	0.21	0.30	0.18±0.05	33	0.11	0.14	0.18	0.21	0.35	0.18±0.05
脑	27	59.22	62.29	65.17	70.84	80.65	66.97±5.82	34	51.75	57.70	60.55	65.96	71.85	61.57±5.50
心脏	23	3.28	5.13	6.85	10.01	11.89	7.35±2.66	34	2.64	4.48	6.86	9.59	12.01	7.08±2.82
左肾	23	1.44	2.61	3.59	4.63	6.29	3.66±1.40	34	1.41	2.07	4.10	5.47	11.59	4.08±2.11
右肾	23	1.42	2.54	3.91	4.77	6.41	3.71±1.48	34	1.40	2.11	3.92	5.51	11.47	4.01±2.09
肝脏	23	12.66	24.38	34.25	45.38	56.66	35.56±12.56	34	14.19	20.73	32.02	44.03	71.65	35.31±16.18
左肺	23	2.65	3.34	4.06	5.04	6.74	4.24±1.15	34	1.91	3.22	4.76	5.62	7.06	4.54±1.49
右肺	22	3.14	4.40	4.98	6.36	8.09	5.31±1.37	34	2.71	4.22	5.31	7.11	8.94	5.60±1.77
胰腺	23	0.77	1.34	2.78	4.08	4.85	2.89±1.42	34	0.45	1.63	2.86	4.35	5.28	2.91±1.43
垂体	14	0.01	0.03	0.03	0.04	0.05	0.03±0.01	18	0.01	0.02	0.03	0.04	0.05	0.03±0.01
脾脏	27	1.44	2.55	3.99	5.06	6.80	4.03±1.52	34	1.17	2.37	3.80	5.51	11.10	4.15±2.39
左睾丸	22	0.07	0.15	0.25	0.37	0.48	0.26±0.12	—	—	—	—	—	—	—
右睾丸	23	0.06	0.15	0.23	0.40	0.58	0.27±0.14	—	—	—	—	—	—	—
前列腺	17	0.11	0.17	0.20	0.23	0.26	0.20±0.04	—	—	—	—	—	—	—
左卵巢	—	—	—	—	—	—	—	31	0.02	0.04	0.07	0.11	0.23	0.08±0.05
右卵巢	—	—	—	—	—	—	—	31	0.03	0.04	7.00	0.11	0.17	0.08±0.04
子宫	—	—	—	—	—	—	—	26	0.09	0.14	0.23	0.35	0.51	0.25±0.13
胸腺	23	0.30	3.18	4.08	4.80	9.09	4.10±1.84	34	0.58	1.94	2.82	3.87	9.67	3.13±1.73
左甲状腺	23	0.04	0.14	0.18	0.21	0.27	0.17±0.06	32	0.05	0.12	0.15	0.22	0.37	0.17±0.07
右甲状腺	23	0.06	0.11	0.18	0.21	0.31	0.18±0.07	32	0.05	0.12	0.15	0.21	0.46	0.17±0.09

注：雄性年龄为(1.11±0.71)岁，雌性年龄为(1.16±0.75)岁。引自：Amato R，Gardin J F，Tooze J A，et al. Organ Weights in Relation to Age and Sex in Cynomolgus Monkeys (Macaca fascicularis)[J]. Toxicologic Pathology，2022，50(5)：574-590.

表11-4-3 食蟹猴围青春期(2.5~4岁)绝对体重(kg)和绝对器官重量(g)分布

体重/脏器重	n	最小值	25%	50%	75%	最大值	$\overline{X}\pm SD$	n	最小值	25%	50%	75%	最大值	$\overline{X}\pm SD$
				雄	性						雌	性		
体重	18	1.69	2.19	2.84	4.39	6.10	3.30±1.45	22	1.73	2.18	2.50	3.16	4.72	2.67±0.69
左肾上腺	18	0.18	0.25	0.31	0.37	0.52	0.32±0.10	17	0.22	0.28	0.29	0.36	0.40	0.31±0.06
右肾上腺	17	0.17	0.20	0.26	0.29	0.43	0.25±0.06	17	0.19	0.24	0.27	0.30	0.44	0.28±0.06
脑	18	56.02	61.95	70.00	73.13	77.89	67.83±6.96	18	52.06	60.17	64.21	66.38	75.05	64.01±5.20
心脏	18	6.44	11.18	14.11	15.90	26.50	14.05±4.67	19	8.10	10.30	11.57	13.57	19.98	12.22±3.06
左肾	18	3.90	5.45	6.50	9.08	14.39	7.28±2.72	19	4.43	5.50	6.21	6.97	9.12	6.46±1.41
右肾	18	3.81	5.44	6.56	9.08	14.13	7.24±2.59	18	4.17	5.69	6.22	6.78	9.15	6.36±1.28
肝脏	17	41.54	48.52	61.64	72.21	147.89	64.76±25.66	19	36.01	46.69	53.38	88.75	110.80	63.13±22.57
左肺	18	4.71	5.98	6.40	12.17	17.38	8.71±4.11	18	4.25	5.45	6.62	8.40	12.42	6.87±2.07
右肺	18	5.79	7.10	8.23	15.16	26.14	10.98±5.79	18	5.34	6.27	7.82	9.53	18.58	8.70±3.52

续 表

体重/脏器重	雄 性							雌 性					
	n	最小值	25%	50%	75%	最大值	$\bar{X}\pm SD$	n	最小值	25%	50%	75%	最大值	$\bar{X}\pm SD$
胰腺	18	3.11	4.50	4.95	7.28	9.40	5.82±1.83	19	3.66	4.49	4.86	6.43	10.67	5.64±1.86
垂体	18	0.02	0.03	0.05	0.06	0.07	0.05±0.02	17	0.03	0.04	0.05	0.05	0.09	0.05±0.01
脾脏	17	1.39	3.74	5.01	7.63	10.10	5.60±2.57	19	2.71	4.10	5.33	8.20	13.48	6.19±2.60
左睾丸	18	0.15	0.40	0.87	8.12	18.67	4.42±6.36	—	—	—	—	—	—	—
右睾丸	17	0.21	0.43	0.85	0.60	17.07	3.71±5.54	—	—	—	—	—	—	—
前列腺	17	0.17	0.24	0.32	1.20	3.84	0.96±1.18	—	—	—	—	—	—	—
左卵巢	—	—	—	—	—	—	—	16	0.07	0.10	0.12	0.19	0.36	0.15±0.08
右卵巢	—	—	—	—	—	—	—	16	0.06	0.09	0.12	0.20	0.45	0.17±0.12
子宫	—	—	—	—	—	—	—	15	0.23	0.70	0.89	5.39	6.46	2.11±2.36
胸腺	18	0.29	1.80	2.81	4.13	5.84	2.91±1.52	18	0.54	2.14	2.75	3.66	5.52	2.92±1.35
左甲状腺	18	0.09	0.14	0.18	0.28	0.55	0.22±0.12	18	0.10	0.13	0.18	0.25	0.30	0.19±0.07
右甲状腺	17	0.11	0.17	0.20	0.27	0.37	0.22±0.08	18	0.10	0.15	0.17	0.25	0.30	0.19±0.07

注：雄性年龄为(3.17±0.75)岁，雌性年龄为(3.29±0.90)岁。引自：Amato R，Gardin J F，Tooze J A，et al. Organ Weights in Relation to Age and Sex in Cynomolgus Monkeys (Macaca fascicularis)[J]. Toxicologic Pathology，2022，50(5)：574-590.

表 11-4-4　食蟹猴成年期(4~9.5 岁)绝对体重(kg)和绝对器官重量(g)分布

体重/脏器重	雄 性							雌 性					
	n	最小值	25%	50%	75%	最大值	$\bar{X}\pm SD$	n	最小值	25%	50%	75%	最大值	$\bar{X}\pm SD$
体重	26	3.49	5.57	6.27	7.73	11.40	6.60±1.79	38	2.07	2.78	3.06	3.66	6.18	3.34±0.92
左肾上腺	27	0.20	0.46	0.59	0.77	1.22	0.64±0.27	36	0.20	0.30	0.38	0.48	0.79	0.39±0.13
右肾上腺	26	0.16	0.35	0.55	0.66	1.42	0.55±0.26	38	0.12	0.25	0.29	0.42	0.67	0.34±0.13
脑	25	55.00	66.17	71.23	76.77	92.90	71.55±7.65	39	52.20	58.41	61.01	65.36	82.27	62.23±6.02
心脏	24	16.21	21.09	26.90	33.58	51.00	27.67±8.45	39	9.40	13.12	15.72	19.38	32.70	16.76±5.06
左肾	25	5.58	9.69	12.01	14.95	32.79	13.58±6.52	39	5.26	6.50	7.31	8.01	11.82	7.57±1.52
右肾	26	5.41	9.55	11.96	14.20	30.53	13.80±6.65	39	4.90	6.58	7.41	8.17	11.81	7.50±1.56
肝脏	27	72.50	105.88	119.10	172.10	251.18	137.82±50.90	40	53.81	69.05	76.42	94.72	149.31	83.06±20.62
左肺	26	8.44	11.89	13.81	22.75	55.64	19.04±11.89	34	5.28	6.58	7.36	8.41	13.24	7.95±2.11
右肺	26	7.73	14.18	16.75	24.14	63.38	21.83±14.01	35	6.17	7.55	8.90	11.77	21.40	10.08±3.45
胰腺	27	4.66	6.65	9.07	11.71	18.17	9.30±3.06	41	3.21	4.88	5.82	6.94	9.49	5.92±1.58
垂体	25	0.03	0.07	0.10	0.15	0.24	0.11±0.06	35	0.03	0.06	0.07	0.09	0.11	0.07±0.02
脾脏	24	2.69	5.56	7.30	8.70	18.83	7.97±4.14	40	2.26	4.59	5.85	9.03	15.04	6.94±3.28
左睾丸	26	9.36	15.87	22.61	26.07	32.20	20.99±6.91	—	—	—	—	—	—	—
右睾丸	26	8.94	14.98	22.51	26.38	30.69	20.57±6.71	—	—	—	—	—	—	—
前列腺	10	1.55	2.37	4.33	7.49	11.36	5.15±3.32	—	—	—	—	—	—	—
左卵巢	—	—	—	—	—	—	—	24	0.10	0.15	0.21	0.46	0.72	0.30±0.21
右卵巢	—	—	—	—	—	—	—	20	0.09	0.14	0.18	0.27	0.42	0.20±0.08

续 表

体重/脏器重	雄 性						雌 性					
	n	最小值	25%	50%	75%	最大值	$\bar{X}\pm SD$	n	最小值	25%	50%	75%	最大值	$\bar{X}\pm SD$
子宫[a]	—	—	—	—	—	—		8	0.46	0.66	0.98	1.99	5.19	1.55 ± 1.57
子宫[b]	—	—	—	—	—	—		21	0.90	3.05	4.70	6.06	14.87	5.36 ± 3.49
胸腺	12	0.73	1.33	2.07	3.06	3.62	2.19 ± 0.96	32	0.56	1.29	2.61	3.58	5.05	2.56 ± 1.40
左甲状腺	26	0.14	0.27	0.36	0.39	0.77	0.36 ± 0.14	39	0.11	0.19	0.24	0.33	0.74	0.27 ± 0.12
右甲状腺	26	0.17	0.29	0.37	0.44	0.79	0.38 ± 0.15	39	0.08	0.18	0.28	0.35	0.63	0.28 ± 0.12

注：雄性年龄为(6.78±1.07)岁，雌性年龄为(8.06±1.18)岁。[a]卵巢切除；[b]非卵巢切除。引自：Amato R，Gardin J F，Tooze J A，et al. Organ Weights in Relation to Age and Sex in Cynomolgus Monkeys（Macaca fascicularis）[J]. Toxicologic Pathology，2022，50(5)：574-590

第五节 食蟹猴性成熟的组织学判定

总体而言，食蟹猴的性成熟开始时间很难预测，并且个体差异较大。食蟹猴的性成熟开始时间受到多种因素的影响，包括遗传、环境、营养状况和个体经历等。因此，为了更准确地预测食蟹猴的性成熟开始时间，需要综合考虑这些因素，并进行更深入的研究。

（一）雄性

大多数一般毒性研究中，研究结束时啮齿类动物是性成熟的，而非啮齿类动物可能仍然是性不成熟的，或者是不成熟、青春期前后和（或）成熟的混合体（表11-5-1和表11-5-2）。因此，在研究非啮齿类动物时，最常遇到的是需要记录性成熟状态；另外，啮齿类动物生殖成熟度的记录也有助于分析幼龄动物毒性研究和（或）在预期的研究终止前的早期死亡

结果。在研究中，动物性成熟的状态，通常由毒性病理学家根据生殖器外观和镜下观察来评判，但根据研究设计和方案要求的终点，也可包括其他研究参数，如年龄、体重、精液分析、睾丸体积、发情/月经周期和（或）激素测量等。

在精子发生之前，通常认为雄性是性不成熟的，精子发生被认为是围青春期的开始。在第一波的精子发生启动时，病理学家可以观察到精原细胞有丝分裂活动的开始，早期精母细胞的首次出现，以及生精小管内腔的形成。这一青春期通常持续到精子发生完成（存在成熟的精子细胞和残余体），并穿过大多数生精小管，在附睾尾部有完整的精子出现、副性腺完全发育，此时雄性被认为性成熟。

表11-5-1 雄性生殖系统发育的一般特征

一般生理特征	大鼠	小鼠	兔	犬	小型猪	NHP
睾丸下降完成	约 PND_{21}	约 PND_{19}	12～16周	5～6周	出生时	约36个月[a]
包皮分离	PND_{39-45}	PND_{27-34}	约 PND_{72}	约7周	不明确	2.5年
血睾屏障形成	PND_{15-20}	PND_{15-25}	9～10周	20周	不明确	约3年
初始精原细胞增殖	PND_{4-12}	PND_{4-8}	7～8周	16周	＜4周	约3年
存在成熟的精子细胞	约 PND_{46}	约 PND_{30}	14～15周	8～12个月	最早8周	3.5～5年
精子发生的总持续时间(天)	51.6	34.5	44～52	54.4	35～40	42
附睾通过时间(天)	8～11	5	10～14	10	9～11	11

注：[a]出生时短暂下降，但出生后不久在腹股沟附近移动，青春期完全下降

表 11-5-2　雄性生殖系统性不成熟、青春期、性成熟的一般镜下特征

生殖器官或组织	不 成 熟	青 春 期	性 成 熟
睾丸	无精子发生;生精小管没有管腔,只含有支持细胞和精原细胞	早期:精原细胞明显增生,生精小管内管腔的形成 中期:精母细胞存在,减数分裂出现早期圆形精子细胞,生精小管内常见的凋亡和脱落的生殖细胞 晚期:圆形细长的精子细胞存在,存在残余尸体,生精小管内存在凋亡和脱落的生殖细胞 上述早期、中期和晚期特征始于一些小管,中间有未成熟小管的区域	所有曲细精管中活跃的精子发生,存在成熟的精子细胞和残余体
附睾	头部、体部或尾部没有精子,低立方上皮	存在不同数量的精子和(或)细胞碎片,上皮高度和管腔大小的总体增加	附睾尾部有大量的精子
前列腺	无活动的小腺体,无分泌活动	上皮高度、分叶程度和分泌活动增加,时间可能发生在睾丸发育之前或之后	具有分泌活性的全尺寸
精囊	无活动的小腺体,无分泌活动	上皮高度和分泌活性增加,时间可能发生在睾丸发育之前或之后	具有分泌活性的全尺寸
乳腺	一些导管从乳头延伸到脂肪垫	可能会出现短暂的乳腺发育	管道数量有限

在鉴定雄性猕猴是否性成熟时,体内参数是重要的参考依据。一般来说,体重大于 4.5 kg,年龄 4 至 5 岁的雄性猕猴可能已经达到了性成熟。此外,结合睾丸体积大于 10 mL,血清睾酮浓度在 15～20 nmol/L,能够提供含有精子的射精样本是判断的重要标准。但是,需要注意,除了含有精子的射精样本之外,上述标准并不能完全保证猕猴的性成熟状态。

睾丸体积也是非临床毒理学中经常使用的几个参数之一,用于在无法进行精液评价的情况下,帮助识别性成熟的雄性食蟹猴。由于青春期前后动物睾丸体积的可变性,采用相似的置信度,来区分成年和青春期前后的雄性的确是困难的。睾丸测量法在区分该群体与未成熟(睾丸测量法≥血清睾酮>体重>年龄)及围青春期(睾丸测量法≥体重>血清睾酮>年龄)动物方面具有一定的实用性(图 11-5-1),睾丸体积超过 10 mL 也能一定程度预示性成熟,也有文献认为,推荐睾丸总体积为 10～25 mL 作为鉴别性成熟雄性食蟹猕猴的一个标准。离体测量睾丸重量和睾丸切片

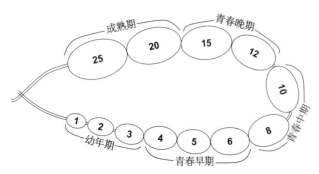

图 11-5-1　应用"睾丸体积测量器"所测量的睾丸体积与性成熟的关系。数字为睾丸体积测量值(mL)

直径也有助于区分成熟动物和未成熟或青春期前后的动物。

由于激素的分泌具有高敏感性,且半衰期短,因此自体不同时期和个体间存在较大的变异性。性成熟的可靠生物标志物并不是单次测量的黄体生成素(LH)、卵泡刺激素(FSH)、睾酮或抑制素 B 等激素,而且认为,抑制素 B 对于区分性成熟动物和性发育早期的动物没有价值。但是,通常当睾酮水平高于 20 nmol/L 时,可以反映出食蟹猴的性成熟状态。

(二) 雌性

当没有出现排卵的显微镜下证据(无黄体)及无生殖道的周期性腺体/上皮发育的证据时,通常认为雌性是性不成熟的。在围青春期,组织学特征不容易确定,并且可能与不成熟和成熟的动物重叠,因此不可能在所有情况下记录围青春期参数。可能存在黄体或黄体残余和(或)小管中腺体和上皮成分的发育,但这些特征也许是可变的,并且可能不会在动物个体的身体上与性发育的生理标志(如阴道口或月经初潮)很好地相关。第一次排卵后,有一个可变时期,其中发情/月经周期不规则,这可能会使生殖道的评价变得更加复杂,这种周期不规则的围青春期发生在所有种属中,但遇到变化的时间长短和类型因种属和动物个体而异(表 11-5-3)。

NHP 青春期前后的变化特别大,而且时间很长,无排卵期也很长(表 11-5-4)。理想情况下,确定某个雌性性成熟的关键性组织学特征包括多个月经周期的排卵证据(理想情况下为当前或先前月经周期的黄体)和生殖道的完全发育;然而,并非所有种属都能识别这

两种特征。由于雌性青春期前后和性成熟之间缺乏明确的区别,通常任何黄体的存在(通过镜下观察)成为性成熟的唯一明确判定。因此,出于大多数非临床安全性研究的实际目的,建议在没有黄体存在时将雌性视为不成熟,在有明确证据表明已经发生排卵且黄体存在时,将雌性视为性成熟。

表 11-5-3　雌性动物发情期或月经周期的一般特征

一般生理特征	大 鼠	小 鼠	兔	犬	小型猪	NHP
阴道张开	PND_{31-36}	PND_{25-32}	PND_{29}	PND_{21}	出生前	出生前
首次排卵时间	PND_{33-46}	PND_{35-45}	不适用(诱导排卵;4~5月龄即可繁殖)	8~14 个月	5~7.5 个月(因饲养条件和成熟公猪的存在与否而异)	2.5~3 年
出现规律性周期的年龄	约 PND_{65}	约 PND_{49}	不适用(诱导排卵)	不适用(动情间期易变)	在 1~2 个初始周期内(基于家猪)	约 4 年
周期类型	动情周期自发排卵多个卵泡排卵	动情周期自发排卵多个卵泡排卵	动情周期诱导排卵多个卵泡排卵	动情周期自发排卵多个卵泡排卵	动情周期自发排卵多个卵泡排卵	月经周期自发排卵单个卵泡排卵
周期长度	4~5 天	4~5 天	不适用(诱导排卵)	5~12 个月	17~22 天	28~32 天
卵泡生成的总时长	至少 60 天	至少 47 天	约 100 天	约 170 天	约 100 天(基于家猪)	约 215 天

表 11-5-4　雌性生殖系统性不成熟、青春期、性成熟的一般微观特征

生殖器官或组织	不 成 熟	青 春 期	性 成 熟
卵巢	小至中等大小的可变闭锁卵泡,无黄体	至少一个周期的黄体(发展中或退化)	多个周期的黄体
子宫	小且腺体发育有限;上皮薄,间质致密	可以看到周期性变化的证据,但无排卵动物可能有一个不活跃的子宫内膜和基于黄体存在的成熟度标志	可以看到周期性变化的证据,但无排卵的动物可能有一个不活跃的子宫内膜和基于黄体存在的成熟度标志
子宫颈部	薄的无活性上皮,有限的黏液产生,鳞柱交界位于子宫颈内管内	鳞柱交界外翻至颈外口	鳞柱交界外翻至颈外口
阴道	薄上皮,非角质化	增厚和严重角质化	增厚和严重角质化
乳腺	乳腺脂肪垫内存在导管,限制小叶发育	导管和小叶存在	导管和小叶存在

　　解剖时,生殖组织的光镜下检查是确定性成熟的主要方法,但是年龄、体重、活体观察、品系/遗传来源、宏观观察、器官重量和(或)其他非常规技术(如精液分析、睾丸体积、发情/月经周期或激素测量)等辅助数据也应被视为证据权重的一部分。在镜下判断动物是否处于性成熟,有着与常规的组织病理学不同的记录方式。首先,性成熟的报告是对组织正常特征的记录,而不是异常或与受试物相关的变化。因此,这些数据应与组织病理学的结果分开,但仍可以制成表格或者可以查询。其次,雄性和雌性性成熟的镜下判断是基于对整个生殖系统的多组织综合评价,不应孤立地评价单个生殖器官的成熟。因此为了报告多个器官的综合结果,建议在数据采集系统中使用"组织概要"(summary tissue)。"组织概要"仅是一个添加到数据录入系统中"病理学组织列表"中的额外条目,用以帮助记录多个组织的整体性成熟评价的综合结果。"组织概要"的概念可理解为一个"虚拟组织(或者伪组织)"。

　　当根据雄性和雌性生殖器官的镜下观察来记录性成熟程度时,建议在数据输入系统中使用"生殖系统,成熟度"(或类似描述)作为研究中所有动物的"组织概要",并使用以下术语之一进行记录:未成熟、青春期前后(或围青春期)、成熟、不确定。注意,应将单个生殖器官的病理学诊断与性成熟判断的记录相区分,例如当性发育不足但并无病理学改变时,可能会观察到睾丸较小等宏观层面的结果,此时对于睾丸组织应记录为"正常",对于"组织概要"应记录为"未成熟"。

　　使用"组织概要"进行记录在动物处于青春期时尤为重要,因为此时各个生殖器官可能不会以相同的速度从不成熟过渡到成熟,因此对单个组织分别记录成熟情况就会让人觉得互相矛盾,不够清晰明确。当然,

使用"组织概要"也会有单个生殖组织无法追溯的问题。

在基于显微镜下的评价记录性成熟的研究中,大多数不需要在病理学报告中进行总结或描述,因为性成熟状态的记录是正常特征的表征,而不是组织病理学诊断。在某些情况下,病理学报告的结果和(或)讨论部分可能需要更多详细信息,以解释成熟度状态对检测和(或)解释生殖系统潜在发现的能力的任何潜在影响。

在需要性成熟动物的研究中,应在研究方案/计划中提供足够的细节,以便研究者和病理学家能够清楚地了解如何确定和记录性成熟。

研究数据和(或)报告应包含清晰的性成熟文件,包括研究开始前的活体检查和(或)病理学家在任何研究中进行的光镜下检查,其中生殖系统的组织病理学检查评价是研究设计的一部分。

在 NHP 中,评判食蟹猴是否性成熟是一个综合的指标评价,不可仅靠单一的现象或因素来决定。仅使用年龄和(或)体重判定性成熟,通常不是可靠指标,因此当需要性成熟的动物时,性成熟的确认应作为研究前本底参数评价的一部分和(或)作为病理学家光镜下检查评价的一部分。

第六节　　NHP 在不同类型药物 DART 评价中的策略

(一)单克隆抗体非临床安全性评价的策略

21 世纪以来,以单克隆抗体(monoclonal antibody,mAb)和重组蛋白为主的生物制品越来越多地被批准用于人类。这些新型药物提供了全新的治疗手段并极大改善了患者生活质量,为患有严重且难治性疾病(如癌症、自身免疫/炎症性疾病和许多其他疾病)的患者带来了巨大的希望。特别是,mAb 在临床的成功意味着在未来,更多针对相同或新靶点和途径的 mAb 将进入临床开发或被批准用于人类。

了解单克隆抗体影响胚胎-胎仔发育的潜在作用方式是其非临床安全性评估的基础。这些研究的核心是了解胚胎在发育的关键阶段是否会暴露于药物的药理学浓度。一般来说,小分子化学药物(分子量<500Da)通过被动转运到胎盘上,因此可以认为在整个妊娠期间胚胎-胎仔的全身暴露与母体血液浓度是相匹配的。然而,对于分子量高至 150 kDa 的单克隆抗体存在特殊的转运机制,这种机制主要通过与目标细胞的表面抗原结合,介导了细胞对抗体分子的内吞作用,从而实现了单克隆抗体在细胞内的转运。研究发现,大分子药物在妊娠期间通过母体循环进入胚胎-胎仔体内的量明显低于母体血浆中的浓度。

胚胎-胎仔暴露于单克隆抗体的机制,与母体内源性免疫球蛋白(IgG)的胎盘转移类似。在包括人类在内的大多数哺乳动物种属中,母体 IgG 抗体穿过胎盘,为发育中的胚胎提供被动免疫保护。母体 IgG 中的 Fc 区域以酸性依赖的方式与新生儿 Fc 受体(FcRn)结合。生理 pH 环境下,FcRn 与 IgG 的亲和力较低。药物通过血管内皮细胞和(或)循环系统中单核细胞的内吞作用(胞饮或者受体介导的内吞)使血中的 IgG 与 FcRn 结合,通过形成核内体进入细胞。核内体的酸性环境使得 IgG 与 FcRn 的亲和力增加。一旦结合,FcRn-IgG 复合物就会被转移至细胞表面,此时又再次处于生理 pH 环境下,IgG 被释放回到血液循环系统中。因此,IgG 与 FcRn 的即能够避免被细胞内的溶酶体降解,又能促进其通过跨细胞膜运输至胚胎组织中。

单克隆抗体和其他含 Fc 的生物药物也可以通过 FcRn 穿过胎盘。修改 Fc 区域可以减少人 FcRn 结合,从而降低胎盘转移。除白蛋白外,没有 Fc 片段的生物大分子药物一般不会通过 FcRn 过程转移。

对于半衰期短的小分子,传统的 EFD 研究给药仅限于器官形成期,可以为孕早期的意外暴露提供风险评估依据。因此,根据 ICH M3(R2),允许仅根据 EFD 数据(无额外 PPND 研究信息),对具有生育潜力(统计上存在意外妊娠暴露可能)的女性进行大规模临床试验。通常可能也会因上市而推迟 PPND 研究,但这种推迟 PPND 研究的方法可能并非对所有长半衰期单克隆抗体都是最佳的,因为有关器官形成后所造成的胎仔伤害风险的信息,对于大规模Ⅲ期试验中意外暴露的孕妇的临床给药可能至关重要。因此,无论是在临床试验期间还是在上市后,在育龄妇女长期、大规模接触单克隆抗体之前,制药公司有责任考虑 PPND 信息的需求,这种需要将随着疾病状况而变化。

鉴于妊娠早期胎仔暴露于单克隆抗体的可能性有限,因此在器官形成过程中源于胎仔直接暴露而导致的畸形发生情况低于小分子所引起的关注度。然而，即使胚胎-胎仔的直接接触有限，母体内的单克隆抗体仍可能对妊娠产生不利影响，也许会导致流产。例如，抗 EGFR（表皮生长因子受体）的单克隆抗体——帕尼单抗除了在未妊娠的猴中引起预期的月经周期不规则外，还会引起流产。基于现有关于 EGFR 在卵巢生理学和胚胎-胎仔发育作用中的文献信息，在灵长类动物中开展抗 EGFR 的单克隆抗体 panitumamab 的研究可以认为是在已有毒性证据的基础上的再次确证。

mAb 的安全性几乎完全由药物的高度特异性药理学/作用机制驱动，由于 mAb 是由天然氨基酸组成，并且对其靶标具有出色的亲和力和特异性，因此很少出现新化学实体（new chemical entity，NCE）中常见的脱靶毒性。为了最好地预测对人类潜在的不良反应，必须使用药理学相关的动物种属，即单克隆抗体与该物种靶点结合并具有与人类预测相似的药理效应的种属。由于单克隆抗体对人类的高度特异性，非人灵长类通常是唯一与药理学相关的种属，最常选用食蟹猴或其他猕猴（如恒河猴）进行安全性评价。如果有第二个相关种属（如啮齿类动物），ICH S6（R1）建议对啮齿类动物（而不是 NHP）进行长期重复给药毒性研究，前提是短期毒性研究中结果类似。然而，啮齿类动物通常由于较高的免疫原性，而限制了它们用于长期重复给药毒性研究。

这时就会出现一些对非人灵长类在药物非临床安全性评估中价值的质疑。特别是对于 mAb，有人认为几乎所有不良事件都有很大概率能被预测，因为这些事件要么是由药物的药理学介导的（可能是剂量增大后的药理学放大作用），要么是由于对药物的免疫反应引起的。还有人认为，在许多情况下，人源化/人源单克隆抗体在非人灵长类中的免疫原性妨碍了安全性的充分评估。例如，抗 CD28 超激动剂 TGN‐1412 单抗在人类观察到严重的不良反应，就强调了明确毒理学和药理学相关敏感种属的重要性，这些反应在 NHP 研究中没有预测到，因为在临床试验之前没有充分研究靶点的生物学。现在已知，CD28 不会像在人类那样在食蟹猴的效应记忆 T 细胞上表达，因此 TGN‐1412 不会像在人类那样，在非人灵长类中引起广泛的 T 细胞活化。

的确，对于针对已在动物和人类中充分表征其药理作用和安全性靶点的标准 IgG 类的单克隆抗体，例如，针对可溶性细胞因子（如 TNF、IL‐6、IL‐17）或抗 CD20 B 细胞耗竭的 mAb，其下一代 "me-too"，或 "me-better" 药物或生物仿制药，在非人灵长类中广泛的非临床试验研究中不太可能为人类风险评估带来任何更多的收益。这时就应缩减不必要非临床研究计划，减少 NHP 的使用。

然而，对于针对新靶点或具有新药理机制的 mAb，以及新 mAb 支架和结构（如双/三功能 mAb 和其他构造物），其中许多药理学尚不清楚，因此不良反应是不可预测的，而评估非人灵长类动物中药理调节作用对安全性影响（前提是已经明确表明了与人类的药理相关性）就显得至关重要。

一些案例强调，尽管基因敲除（knock out，KO）小鼠可以突出潜在的毒性以进行进一步研究，但它们可能会高估人类毒性，因为这些小鼠在动物的整个生命中（包括发育期间）完全缺少靶标。KO 动物也可能低估了人类的风险（如抗 FGF19 mAb），因为 KO 动物是在缺少靶标的情况下发育而来的，并且在某些情况下可能会发展出不同于成年人类的代偿途径。因此，它们可能无法准确反映给予成年人类注射 mAb 的风险。下面的案例研究，可以说明 NHP 在 mAb 生殖与发育毒性研究中的重要作用。

BIO‐5 是一种针对细胞因子的 IgG4 单克隆抗体，正在开发用于炎症性疾病。基于与人类相似的下游信号通路活性、疾病模型中的体内效果及类似靶点的分布和功能的研究文献，确认食蟹猴是唯一可以进行非临床安全性评估的药理学相关种属。相比之下，BIO‐5 在啮齿类动物中没有活性。通过 KO 小鼠研究和注射同源 mAb 的小鼠给药试验，也未发现任何不良结果。临床拟用的单克隆抗体未在健康成年猴的一般毒性研究中表现出不良反应。由于接受治疗的人群将包括具有生育能力的妇女和幼儿，因此需要评估妊娠期间的毒性。在 ePPND 毒性研究中，对妊娠猴的给药从 GD_{20} 一直持续到分娩，并对婴猴进行 9 个月的监测。BIO‐5 给药在妊娠期间耐受性良好，未增加正常流产的发生率。然而，所有接受给药的妊娠动物的妊娠期明显延长，并且一些动物在分娩时出现死亡，在这之前没有发现任何的异常症状。病理学发现表明，难产大多是由胎盘潴留引起的，个别也与严重的生殖器官失血有关。还观察到继发于难产的幼仔死亡。在难产中幸存下来的婴猴发育正常，包括其免疫系统。由于啮齿类动物和高等哺乳动物之间的分娩生理学差异，在 KO 小鼠和用抗小鼠细胞因子受体 mAb 给药的妊娠小鼠中均未观察到该 ePPND 研究的任何结果。

基于这些发现，对研究分娩机制的相关文献进行深入回顾后,认为该靶点可能是涉及人类和高等哺乳动物分娩时相关炎症、宫颈成熟,以及胎盘和子宫之间间隙消失的众多相关因素之一;事实上,已经证明这种细胞因子是正常分娩不可或缺的。这项研究首次表明,这一因素在非人灵长类动物分娩中比以前认识到的更为关键,如果接受 BIO-5 给药,孕妇也可能面临难产、出血和婴儿损失的风险。

对于 BIO-5,研究表明该 mAb 通过抑制细胞因子的前所未知的作用,在妊娠母体身上产生了灾难性的影响。这在 KO 小鼠和注射同源 mAb 的小鼠中均未观察到。此前曾观察到 IL-4Ra 融合蛋白(抑制 IL-4,针对与 BIO-5 不同的通路)在 NHP 中流产率增加,但在小鼠中并未观察到。作为猴 ePPND 研究的结果,BIO-5 在自身免疫性疾病患者中继续开展临床试验,没有发现意想不到的安全性风险,但知情同意书特别警告不要在妊娠期间使用,并指示在接受 BIO-5 时妊娠的女性必须立即停止给药。

总之,评估生殖和发育毒性的唯一合适种属是食蟹猴。进行这项研究确定了在妊娠后期对妇女和婴儿可能造成的危及生命的危害,这是之前的文献和小鼠(KO 或 mAb 给药)都没有预测到的。

(二)在小儿麻醉神经毒性研究中的应用

全身麻醉剂(general anesthetics,GA)主要通过抑制兴奋性或增强抑制性突触传递对患者产生影响。在过去的 30 年中,已经在大量的大鼠、小鼠和非人灵长类动物研究中证实,在脑发育高峰期,长时间接触临床常用 GA 可引起未成熟大脑的神经毒性。动物实验中发现的神经发育毒性的证据引起了公共卫生对儿科全身麻醉安全的担忧。同时,对人类患者进行了回顾性和前瞻性研究,结果表明,3 岁以下儿童单次短暂全身麻醉,不太可能与其未来的神经发育负面结果有关系。由于儿科手术中干扰儿童神经发育的混杂因素较多,长时间或频繁进行儿科全身麻醉手术与儿科患者神经发育障碍之间的关系仍然是存在争议的。随着麻醉支持和术中监测的进步,现在为儿科患者甚至是宫内的胎仔提供了更多的外科手术干预,这些手术都在各种麻醉或镇静状态下进行,从而导致不断增加的、不成熟大脑长时间接触 GA 的可能性。此外,一些威胁生命的患者在 3 岁前的生命中,需要进行复杂的手术治疗和长时间的麻醉暴露。

非人灵长类动物模型的试验结果,对于描述早期生命期间麻醉的危险性至关重要。由于种属差异和动物 GA 暴露的情况不同,动物实验中获得的 GA 诱导

的神经发育毒性结果可能不能完全预测对人类患者的影响。但是,考虑到儿科临床研究的伦理问题,使用动物模型来研究 GA 引起的神经发育毒性的确是不可替代的。尽管将动物实验中获得的关于 GA 引起神经毒性的观点,转化为对儿科全身麻醉的管理存在困难,但动物模型仍然是探索 GA 对人类神经发育不良影响的有力工具。用于检查 GA 对神经发育的毒性作用的动物模型多种多样,包括线虫、斑马鱼、啮齿类动物和非人灵长类动物等。虽然各种动物模型已经用于研究报道中,但暴露于麻醉剂时动物年龄,被严格定义为与关键的脑发育时期,最常见的是突触生成期相一致。这是脑发育的关键阶段,当神经细胞对神经毒性药物敏感时,神经突触的形成旺盛。在使用新生大鼠进行研究时,与对照动物相比,从出生后第 3 天到第 14 天都可以引起 GA 诱导的大脑皮质和丘脑核神经元细胞死亡量明显增加,其中在 PND_7 时凋亡神经元数量增加最多。这表明,GA 诱导的细胞凋亡性神经退行性疾病的严重程度,可能与突触生成的快速性相关。尽管啮齿类动物模型广泛用于临床前麻醉研究,但由于麻醉状态,体格健康监测和生物流体(如血液和脑脊液)的收集存在实际问题,因此将大鼠用于儿科麻醉研究是存在一定问题的。恒河猴突触生成的高峰期从 GD_{122} 到 PND_5,PND_{35} 时大幅减少。在用于确定 GA 和其他药物或物质的神经毒性潜力的动物模型中(如甲基苯丙胺、尼古丁、可卡因和大麻等),NHP 模型被认为具有更强的预测性能,因为它们与人类在遗传学、繁殖、发育、神经解剖组织和认知能力方面有非常相似之处。对于 GA 研究,NHP 模型的特殊优点包括麻醉程序易于管理,在暴露期间监测身体健康,并可提供适量的血液和(或)脑脊液样本收集。没有其他常用的动物模型可与人类(具有功能性的胎盘单元、单个子代出生的倾向性,以及胎仔与母体体重比)相媲美。

已经有许多非临床的体内体外模型研究证明,GA 在单次给药或持续暴露时都可能会引起神经细胞死亡,包括但不限于 N-甲基-D-天冬氨酸受体(NMDAR)拮抗剂(如氯胺酮、笑气)、γ 氨基丁酸(GABA)受体激动剂(如七氟烷、丙泊酚)。发育中哺乳动物暴露于 NMDAR 激动剂或拮抗剂中,会扰乱内源性的 NMDAR 系统,并导致神经元细胞死亡增加。早期生命阶段/生长突增期是一个突触重塑和髓鞘形成的高峰期。有假说认为,在突触发生期间神经活动的过度抑制和(或)刺激会激活一个内部信号,使正在发育的神经元进入编程性细胞死亡状态。研究还表明,对于

24 h 接触氯胺酮(非竞争性的 NMDA 受体拮抗剂),可以明显提高大脑皮质神经元死亡率,表现为 PND_5 新生猴和 GD_{122} 胎仔(早期发育阶段)中 caspase-3 表达增加、退化神经元染色和银浸染的阳性神经元增多,这种变化未在 PND_{35} 猴中观察到。另一项研究表明,七氟烷麻醉 8 h 未对成年猴大脑造成损伤和(或)神经炎症反应。这些研究揭示了相对成熟和(或)成年猴大脑对于全身麻醉的神经毒性效应可能有一定的抗性,而在发育中的猕猴大脑,更容易受到全身麻醉的损害。这些数据还显示,神经元细胞死亡并非源自全身麻醉期间心脏和呼吸功能抑制,而是由于在发育过程中的大脑对全身麻醉剂有更高的敏感性。此外,在发育过程 NMDAR 的生理刺激对于神经元突触发生、分化和存活是必要的,干扰 NMDAR 的激活会减少神经元突触的发生和细胞相互作用。

非临床研究表明,在早期生命阶段,长时间或重复接触全身麻醉药物会在大脑皮质和亚皮质结构中引起广泛的凋亡性神经变性,导致迟发且持久的行为障碍,包括记忆和学习功能。在新生的麻醉动物模型中也对以前额叶皮质和纹状体连接的回路为基础的动机和抑制、序列学习及计数等心理过程的其他组成部分进行了评估。由于 NHP 和人类之间在行为复杂性和心理能力方面的相似性,GA 诱导的认知障碍的 NHP 模型对麻醉诱导的发育神经毒性的转化研究非常有价值。NCTR OTB(美国国家毒理学研究中心操作测试组合)是一种用于测试暴露于毒物或药物后 NHP 认知功能的操作性行为的工具,也可以适应于幼龄动物。PND_5(或 PND_6)的恒河猴经过氯胺酮麻醉 24 h 后,在 OTB 测试中的得分明显低于对照组动物,表现为在颜色和位置区分、动机、序列学习和概念形成方面存在明显的损伤。在另一项针对恒河猴的实验中,动物在暴露于 1% 异氟烷加 70% 笑气 8 h 后,其反应率(如按动按钮以获得奖励物的速率)明显低于对照组动物,表明在反应和激励学习方面都存在抑制。恒河猴与人在社交互动、基本情感及行为复杂性方面有着相似之处,因此也作为评估全身麻醉药物暴露后的社会情感的成熟度和运动技能发展的模型。结果显示,群养的恒河猴暴露于异氟烷(0.7%～1.5%,持续 5 h)后(在 PND_6、PND_9 和 PND_{12} 重复暴露),在 1 岁时出现了运动反射缺陷和更高的焦虑水平。同样,新生恒河猴多次接触七氟烷(第一次在 PND_{6-10},其后两次在 PND_{14} 和 PND_{28},维持在 2.5%,持续 4 h)后,在面对入侵者时产生了更多的焦虑行为。在各种动物模型中,NHP 模型似乎更适用

于儿科麻醉相关认知障碍的转化医学研究。

大多数神经毒性的非临床研究依赖于动物,包括 NHP 模型,使用 NHP 开展转化医学存在许多挑战和机遇。好的一面是 NHP 模型在遗传学、生理学和行为学方面是最接近人类的动物模型,但同时也要考虑到转化医学研究的复杂性及任何动物模型都无法完全复制人类状况,例如人类和 NHP 之间许多的药物代谢动力学差异。此外,相比于啮齿动物等其他模型,NHP 的许多类人特征导致其用于研究将面临很多动物伦理问题。

有理由怀疑,婴儿长时间接触常用的麻醉剂/镇痛药可能导致认知发育受损。但是,尚不确定神经发育缺陷是由全身麻醉本身,还是需要使用全身麻醉的手术方法/潜在条件引起的。越来越多的人认识到,遗传变异或其他因素(如个体恒河猴或食蟹猴的社会交往)可能会影响实验结果。此外,比较或实施多种药物/给药方案或高通量方法是不切实际的(缓慢且昂贵),因为在基于 NHP 的研究中,与每只动物相关的费用较高,以及获得足够数量的雌性、新生或幼年动物具有潜在的困难。

很难研究关于人体麻醉剂/镇痛剂引起的神经损伤的关键剂量反应和时程数据。由于能够更好地研究特定机制,并且更有可能应用在体内研究中不易使用的新兴技术,体外模型已经可以克服很多限制并得出更多的数据。比如,从 NHP 获得的神经干细胞(NSC)模型能够重现最关键的发育过程(包括增殖和分化),可作为评估麻醉相关神经毒性的有效替代方案。为了开发新的和改进的测试方法,以更好地预测人类对药物和(或)环境化学品的反应,可以使用 NHP NSC 培养系统来协助开展在动物模型中很难实现(新生猴太少)的机制研究,如麻醉剂神经毒性。但对围产期麻醉剂暴露的损害作用的了解和预防不能忽视。

近日,美国国家毒理学研究中心儿科麻醉研究团队成功创建了食蟹猴胚胎的 NHP NSC 模型。在这项初步研究中,成功地从 GD_{80} 胎猴大脑中提取了皮质和海马神经干细胞,并创建了可以模拟体内细胞发育的 NHP 神经干细胞。该 NSC 模型可以无限获取高产量分化神经元、星形胶质细胞和少突胶质细胞。因此,培养的 NSC 和(或)从它们分化的细胞可以在选定浓度(包括较低和较高剂量与阈值)和不同持续时间(包括短期和长期接触)下暴露于 GA,这能帮助建立分析的检测限度及预测潜在体内毒性的响应阈值。因此,NHP 主要的 NSC 培养模型的可用性将把密切模仿人

类状况的生物学模型带到实验室。这些 NHP 体外模型的应用不仅会最大限度地减少动物在发育神经毒性研究中的使用，而且还会提供更符合人类相关科学和监管兴趣的模型，以允许更多地探索麻醉剂引起的神经毒性背后的细胞和分子机制。麻醉研究领域的另一个重要或关键、一致的要素是进行非临床研究，使用临床相关剂量的麻醉剂（如氯胺酮）来模拟新生动物在手术压力下的临床情况。已经积累了支持手术和随后的生理变化之间相关性的数据，神经发育缺陷是否直接由全身麻醉引起仍不确定。因为很难将麻醉本身的影响与手术，或先前存在的病症的影响区分开来，有必要继续对新生 NHP 进行研究，以获得有关麻醉剂（如氯胺酮）和（或）氯胺酮诱导的神经变性的潜在神经保护作用的有价值信息。重要的是，NHP 与人类的生理相似性为检验这一理论提供了机会。

（三）评估寡核苷酸药物生殖与发育毒性的关注点

毒理学的基本原则适用于所有治疗药物和产品。但是，制定特定的毒理学试验策略的合理依据取决于产品的具体属性。化学合成小分子或新化学实体（NCE）（药物、制药产品）和生物大分子或新生物实体（NBE）（生物制剂、生物制药产品）本质上包含特定的产品属性（表 11-6-1）。药物和生物制药产品之间的差别，可以说是对产品分子结构大小和复杂性的划分。基于寡核苷酸的治疗药物具有 NCE 和 NBE 的属性（表 11-6-1）。历史上，寡核苷酸（oligonucleotides，ON）的非临床安全性评价遵守小分子非临床安全性评价指南，因为它们是化学合成的，并且通常包含生物系统中不存在的化学成分。然而，某些 ON 产品属性却更类似于生物制品，包括种属特异性、与内源分子（即 DNA 和 RNA）结构相似及半衰期和（或）药效动力学效应更长等。因此，鉴于小核酸药物既存在因药理作用放大而引起的 on-target 靶点毒性，也有来自与同源性 RNA 序列结合或本身理化性质产生的 off-target 脱靶毒性，对 ON 的生殖毒性评价考量因素，是在 ON 的独特产品属性的基础上，综合考虑了目前药品和生物制品评估指南中的观点。产品属性是支持生物制品非临床安全评价逐案原则的关键点，也是建议用于 ON 生殖和发育毒理学（DART）评价的方法。迄今为止，对生殖评价的经验主要来自硫代磷酸酯（PS）修饰的寡核苷酸普通盐溶液，长度在 18～22 个核苷酸之间，其中一些在核糖的 2′位置具有烷基修饰，因此可以将毒理学结果归因于 ON 的结构。然而，这些讨论

的原则同样适用于包含传递制剂或共轭/连接剂的 ON 药物产品。因此建议对所有的药物产品都进行评价。

表 11-6-1 不同类别产品的属性比较

	NCE	ON	NBE
分子量	小（<1 kDa）	中（>6 kDa）	大（>30 kDa）
制造方式	化学合成	化学合成	生物衍生物
结构	单一实体	单一实体	非均质
组织分布	细胞内/外广泛分布	细胞内/外特定分布	细胞外为主有限分布
PK/ADME	种属特异性代谢物半衰期短	分解代谢为核苷酸长效	分解代谢成氨基酸长半衰期
种属特异性	可能性较小	有可能	大多数
脱靶毒性	大多数	有时	罕见

对于 ON，存在许多不同的结构亚类和不同的生物学机制，可能需要生殖毒性研究时进行设计的特殊调整。结构亚类包括基于单链 DNA 和双链 RNA（dsRNA）的平台，具有不同程度的 PS、2-O-烷基、2-氟或其他修饰，可以对核糖进行修饰，例如用合成的吗啉环（morpholino），或者通过用 PS 或磷酸二酰胺部分的取代对单元间的连接进行修饰。这些化学结构的差异会对药代动力学（PK）、代谢稳定性、非特异性相互作用及复杂制剂的可能需求产生重大影响。主要的作用机制依赖于与核酸靶的相互作用，包括反义抑制作用（涉及与 mRNA 靶点的碱基互补配对和随后通过核糖核酸酶 H 介导的双链靶点降解）、RNA 干扰（依赖于 RNA 诱导的沉默复合物与靶 mRNA 的结合）、前体 mRNA 的剪切调控及通过 microRNA 途径调节多个 mRNA 的转录活性。另外，寡核苷酸药物也可以通过与特定蛋白质的相互作用发挥其药理作用。大多分子的其他化学修饰都是为了使免疫反应最小化，但也有特例，如 CpG 修饰就旨在增加刺激免疫反应。因此，与生物制品类似，单一研究设计不一定适合所有亚型的 ON。相反，ON 的各个亚型的产品属性将决定最科学有效的方法。

在设计生殖毒性评价时，应仔细考虑药理靶标的特殊作用，因为它可能与生殖功能有关，并可能对妊娠或胎仔发育产生夸大的药理作用。对于大多数 ON，这种评价通常集中于靶蛋白表达或功能降低的影响。对于微小 RNA 来说，重点可能是 RNA 家族表达增加

的影响。因此,如果 ON 的药理学目标在人类和用于生殖试验的标准种属之间没有很好的保守性,评价可能是具有挑战性的。如果特定靶标的功能是已知的,并且有关于相关基因敲除或转基因小鼠模型及缺乏或过量表达该靶标的人类群体生殖功能的文献,这将非常有益。如果可以进行这样的评价,那么就需要考虑在各个发育阶段的功能改变,包括系统性的和对生殖组织的影响。如果无法获得此类信息,则应考虑其他选择。

同时,也应该知道特定靶标的表达谱,以便评价关注程度。通常,睾丸暴露于 ON 的程度较低。如果胎仔暴露于 ON 的水平较低,则直接的靶作用于胚胎或胎仔的机会可能会受到限制。例如,硫代磷酸酯 ON 的胎盘转移非常有限;然而,在一些关于硫代磷酸酯 ON 的研究中,已经检测到可量化的 ON 浓度,正如胎仔中靶表达的调节。此外,虽然还不完全清楚 ON 到达胎仔的程度是否能对胎仔产生任何直接的影响,或在发育过程中的适当时间产生影响,但母体生理学的药理学相关变化不仅能影响胚胎的着床和妊娠的维持,而且有可能导致胎仔异常(如血管生成抑制剂或其药理作用导致低血糖的化合物)。当对生殖或发育有预期影响时,使用药理学相关模型尤其重要。

理想情况下,动物模型在药代动力学、代谢、毒性敏感性和药理作用方面应该能够代表人类。适配体和含 CpG 的 ON 被设计为通过与蛋白质的直接相互作用来发挥功能,通常表现出跨种属的强大活性,因此,其可能在至少一种常用于 EFD 研究的种属(大鼠和兔)中具有活性。相比之下,由于 mRNA 靶序列的种属差异,人类反义寡核苷酸在啮齿类动物和兔中通常没有活性。在这种情况下,可能需要在生殖毒性研究中使用对该种属有活性的类似物(替代分子)。

动物种属的选择应首先考虑临床候选药物在啮齿类动物和(或)兔中是否具有药理活性。对于在啮齿类动物和(或)兔中具有药理活性的临床候选药物,或者具有非任何动物种属内源性的靶标的临床候选药物(如抗菌 ON),可以进行标准的啮齿类动物和兔研究,正如通常对小分子进行的研究一样。根据寡核苷酸安全工作组药理作用放大小组委员会为一般毒性研究所提出的建议,使用一种药理学相关种属进行生殖毒性试验应该足够。如果临床候选药物在 EFD 研究中所使用的一种标准种属(大鼠或兔)中出现阳性,则仍需要在第二种种属中进行 EFD 研究,以彻底评价对化学物质的影响。如果临床候选药物在啮齿类动物和兔体

内均无药理活性,仍然会认为,这些标准种属的生殖毒性研究对于临床候选药物有价值,因为该化学结构尚未在生殖毒性研究中进行过检测。然而,当临床候选药物在大鼠或兔中缺乏活性时,申请人应考虑其他设计来评价药理作用放大产生的生殖和发育影响。

总的来说,在评价生殖毒性时,只有在有明确的原因需要关注,且临床候选药物仅在 NHP 中为相关种属的特殊情况下,才应考虑使用 NHP 进行 DART 研究。虽然这能评价临床候选药物因核苷酸序列、化学修饰和药效学产生的影响,但靶序列的差异仍然会限制绝对的药物交叉反应。此外,NHP 的研究通常具有局限性,因为动物数量太少,无法检测风险。当研究目的是描述一种相对确定的生殖毒性药物时,最好使用 NHP 中的 DART 研究。例如,RNA 靶点具有特定的生殖问题,无法通过啮齿类动物或在一般毒性研究中的特殊指标进行研究时,可能需要进行此类研究。

案例研究 1:反义 ON 通过口服途径给药

在一个靶向炎症途径,用于治疗炎症性肠病的反义 ON 项目中,该 ON 在小鼠(在大鼠中没有)和 NHP 中都有很好的药理活性。该药物由一种特殊的肠溶胶囊组成,可以将药物直接运送到下消化道中(疾病靶部位),从而最大限度地减少全身吸收。在使用临床拟用制剂的一般毒性研究中,高剂量组重复灌胃给药后全身暴露非常低。申请人将生殖毒性评价的重点放在了EFD 研究,并申请豁免生育力和围产期研究。为确保充分的全身暴露,EFD 研究选择静脉(IV)给药。

考虑到小鼠的药理活性资料(及该种属在一般毒性研究中的以往经验),选择小鼠(代替大鼠)作为主要的药理相关种属。虽然兔的药理相关性尚不确定(认为不太可能,未进行深入调查),但兔被用作 EFD 研究的第二个种属,以检测受试物对生殖和发育的影响。一项关于 NHP(一种药理学相关种属)的研究被认为是没有明确依据,因为总的来说,在小鼠和 NHP 中进行的毒性研究中,所有观察到的毒性反映了硫代磷酸酯 ON 常见的"类效应",没有任何与药理学作用相关的不良效应。采用每天给药以模拟临床方案;ON 是第一代 PS 结构,组织稳定性有限。在这两个种属中进行了常规的剂量探索性 EFD 研究,根据临床症状、体重增重减少、摄食量减少和肉眼可见的颈部病变(剖腹产后观察)结果,细致地描述了母体毒性。毒代动力学(TK)取样不包括在剂量探索试验中,但纳入了小鼠 EFD 研究(使用卫星组动物),随后对妊娠兔进行了专门的药代动力学研究,以获得第二个种属的暴露数据。

对兔的样本分析仅限于,在未观察到的有害作用剂量水平(NOAEL)的动物血浆。该分析表明,与口服给药患者的人体药代动力学数据相比,静脉给药途径的暴露倍数非常大(使用敏感的杂交型分析几乎无法检测)。不良发育的影响仅限于小鼠,表现为着床后丢失增加(胚胎-胎仔死亡)和胎仔体重下降,同时伴有严重的母体毒性。

案例研究 2:通过玻璃体内途径给予核酸适配体

哌加他尼(pegaptanib)是一种聚乙二醇化的修饰物,可与 VEGF 结合,被批准用于治疗湿性类型的年龄相关的黄斑变性(age-related macular degeneration, AMD)。它在小鼠、大鼠、兔、犬和 NHP 中均有药理学活性。临床上,macugen 通过玻璃体内注射(ivt)给药。非临床研究中的 ivt 给药证明了从玻璃体液缓慢进入体循环,全身暴露最小。采用皮下注射(sc)、静脉注射(iv)和 ivt 途径进行了 macugen 的非临床药代动力学和一般毒性研究。在急性、亚慢性和慢性研究中,采用小鼠、大鼠、兔、犬和 NHP 评价了 ivt 和静脉注射 macugen 的安全性。全身给药和 ivt 给药后,macugen 显示出非常高的耐受性,最大耐受剂量尚未确定。

对于 AMD 适应证,由于患者年龄较大(中位年龄超过 70 岁)和生殖潜力有限,进行了有限的生殖毒性设计(在兔和小鼠中进行了剂量探索 EFD 研究,在小鼠中通过静脉给药进行了正式的 EFD 研究)。除了 AMD 的初始适应证之外,糖尿病性黄斑水肿(DME)后来也被作为一种适应证进行研究,将对年轻患者群体进行治疗。根据两种可能的适应证(AMD 和 DME),与美国食品药品监督局讨论了生殖毒性研究设计,并同意生育力、生殖毒性、致畸和 PPND 研究可以推迟到 DME 适应证的Ⅲ期研究开始后进行。此外,还讨论了根据 EFD 研究的结果,豁免第二个种属可能是合理的。根据与其他监管机构的讨论,在Ⅲ期临床之前,进行了 iv 小鼠剂量探索和正式 EFD 和生育力研究,以及兔 ivt 的剂量探索 EFD 研究。

寡核苷酸(ON)的属性类似于新化学实体(NCE)和新生物实体(NBE),在规划生殖毒性研究时这两类药物的指导原则都可以参考。DART 的检测方法应考虑到化学结构的潜在影响及药物的预期药理作用。通常可以使用标准的生殖毒性种属(啮齿类动物/兔),因为大多数毒性与化学结构有关。替代分子(对试验种属有活性的类似物)可以评价与化学结构相关或与药理学相关的生殖潜在影响。相关动物种属、给药方案的选择,以及是否使用临床候选药物或替代分子,都需要根据 ON 的具体产品属性仔细考虑。来自一般毒性研究的信息和以前类似 ON 的经验也有助于为这些决定提供信息。出于上述各种原因,NHP 研究应该仅在需要回答特定问题,或替代方法不可行时使用。应订制给药方案,以确保在整个器官形成期有足够的暴露,而不损害评价 PD 和 PK 相关的效应。

(四)NHP 在 DART 中的失败案例

NHP 在生殖与发育毒性中的常规应用也并不完全能体现出其临床相关毒性。青蒿素联合疗法(artemisinin combination therapy,ACT)被世界卫生组织(WHO)推荐作为成人和儿童无并发症疟疾时的一线治疗。在妊娠期间,ACT 仅在妊娠中期和晚期被认为是安全的,动物研究表明,青蒿素衍生物可以在早期胚胎发生的狭窄时间窗口内导致胎仔死亡和先天性畸形。在此期间,青蒿素衍生物在实验模型中诱导有缺陷的胚胎红细胞生成和血管发生/血管新生。然而,关于 ACT 在孕妇中安全性的临床数据并未显示与妊娠早期的青蒿素暴露相关的流产、死产或先天性畸形的风险增加,也没有显示低出生体重的风险增加。

体内发育毒性研究表明,青蒿素只有在早期胚胎发生的狭窄窗口内暴露于胚胎后,才能诱发啮齿类动物的胎仔死亡和先天性畸形。而实际上,在 GD_{10-14} 之间单次灌胃给药青蒿琥酯后,大鼠中观察到胚胎死亡和畸形,而在 GD_9 给予相同剂量的药物或在 GD_{16} 或 GD_{17} 给予更高剂量的药物并不会诱导胚胎毒性。因此,GD_{10-14} 被确定为对青蒿素更敏感的发育期,GD_{10} 是对诱导畸形(主要是心血管缺陷和骨异常)最敏感的一天,GD_{11} 对诱导胚胎致死最敏感。在其他研究中,当 GD_{10} 给予不同的青蒿素衍生物,如双氢青蒿素(DHA)、青蒿琥酯、蒿乙醚和蒿甲醚时,可以观察到相同的致畸性模式,表明胚胎致死性和畸形可能与内过氧化物桥有关,该桥是该类别药物的特征,并负责抗疟活性。因此开发一种在减少胚胎毒性的同时还保持抗疟活性的青蒿素衍生物是不可能的。然而,与青蒿琥酯相比,含有过氧基团结构的 artefenomel(OZ439)显示出更高的安全边界。如果假设青蒿素的胚胎毒性是由于血红素生物合成的减少,artefenomel 可能由于其结构更低的毒性作用。降低青蒿素胚胎毒性的另一种方法是与其他可以预防毒性的药物进行联合。例如,小鼠给予叶酸可防止青蒿琥酯在心脏发育中诱导的室间隔缺损及室间隔和房间隔的厚度改变的损伤。动物研究与人类治疗之间的药物转换表明,这些动物研究中检测的药物浓度在人类治疗期间的暴露剂量范围内。

为了更好地评价与青蒿素胚胎毒性作用相关的致病机制，研究人员使用 WEC 方法表明，卵黄囊是青蒿素化合物高度敏感的主要部位：在整个培养期（$GD_{9.5-11.5}$）暴露于 DHA（不饱和脂肪酸）的大鼠胚胎中观察到循环成红细胞的严重消耗。当胚胎在培养开始时，暴露 1.5 h（$GD_{9.5}$）时观察到类似的结果，而在培养期结束时，暴露 1.5 h 后仅观察到对红细胞形态的影响（$GD_{11.5}$）。试验浓度是在给药后患者血浆中检测到的最大范围内的浓度（$0.01 \sim 2\ \mu g/mL$）。考虑到 WEC 方法涵盖了卵黄囊造血（原发性造血）的重要时期，该期发生在大鼠的 GD_9 至 GD_{14}，并且对应于人类从 GD_{15} 到第 6 周的妊娠期。子宫内单次暴露于 DHA（用 7.5 mg/kg 或 15 mg/kg 给予妊娠大鼠）后，同一研究表明，$GD_{9.5}$ 和 $GD_{10.5}$ 时，来自卵黄囊造血的原始红细胞受到影响，导致贫血和随之而来的缺氧。$GD_{11.5}$ 时，胚胎中的细胞明显损伤，随后发生了胚胎-胎仔死亡。在另一项研究中，WEC 模型用于分析诱导胚胎成红细胞耗竭的机制。胚胎给予 DHA 后，胚胎红细胞的异常细胞分裂和凋亡表现为对称和不对称双核细胞增加、TUNEL（末端脱氧核苷酸转移酶 dUTP 缺口末端标记）阳性细胞、Caspase - 3 阳性细胞及具有破碎细胞核的胚胎红细胞。

大多数关于青蒿素发育影响的研究都集中在啮齿类动物上，不过也会使用替代动物模型如 FETAX（爪蟾胚胎致畸实验）。非洲爪蟾胚胎在发育早期（受精后 24 h）暴露于 DHA（$0.01 \sim 5\ \mu g/mL$）后原始红细胞减少，而发育中后期的爪蟾幼体的红细胞仅受到轻微影响。这项研究中，没有发生胚胎致死，只有在最高剂量水平（$0.1 \sim 0.5\ \mu g/mL$）下才会诱导先天性异常。

斑马鱼模型也用于测试 DHA 的潜在胚胎毒性。在原始造血和造血干细胞分化过程中暴露于 DHA（$1 \sim 10\ \mu g/mL$）会导致与其他动物模型类似的异常胚胎表型（心包水肿、躯干轴异常和色素沉着异常）、发育迟缓或死亡。然而，与其他动物模型不同的是，斑马鱼中的 DHA 增加了血管发生和血管新生。这可能是由于斑马鱼与哺乳动物相比，养殖条件和药物递送途径具有差异，但也可能表明是通过不同的作用方式。必须考虑到斑马鱼与哺乳动物的造血部位不同这一事实。

还有一项在灵长类动物中进行的研究，青蒿琥酯在 GD_{20-50} 对 15 只/组妊娠食蟹猴给药不同天数（3 天、7 天、30 天），显示出剂量和时间依赖性的发育毒性。青蒿琥酯在器官发生开始时给药，当剂量 $\geqslant 12$ mg/kg 超过 12 日时，会引起胚胎致死，但较短的给药期则不会（$3 \sim 7$ 天）。需要注意的是，虽然 ACT 才是单纯性疟疾推荐的治疗方法，但与单独使用青蒿素衍生物相比，ACT 很少在体外开展发育毒性研究。

尽管多个动物实验（甚至是 NHP）结果表明青蒿素存在明确的胚胎毒性，但一项涉及 30 000 例人类妊娠的前瞻性观察的荟萃分析得出结论，在妊娠前 3 个月进行青蒿素治疗与流产或死产风险增加无关，先天性出生缺陷的发生率与世界卫生组织批准的其他抗疟疾疗法在妊娠期间的发生率相似。青蒿琥酯标签中总结的、可用的人类和动物数据，远远超过了符合 ICH S5 指导原则的 EFD 特定研究中所产生的数据量。

关于青蒿素衍生物在妊娠期间的安全性数据，动物研究和人类资料之间所观察到的差异，难以进行调和，可以归因于各种不同的原因。

首先，动物研究是在健康动物中进行的，而药物暴露的妇女则感染了疟疾寄生虫。当时的身体状况、妊娠和疟疾会影响几种药物（包括抗疟药）的药代动力学特性。口服青蒿素后，在患有疟疾的孕妇中，青蒿素原型药物和其主要代谢物 DHA 的血浆浓度比同一女性在健康状态下（即产后期）高。在疟疾患者和健康志愿者中，青蒿琥酯吸收及其转化为 DHA 是不同的。此外，过氧化物内膜药物在不同生理情况下的稳定性可能不同。DHA 在体外的降解受不同测定条件（pH、温度和溶血）的影响，表明与疟疾严重程度相关的发热、溶血或酸中毒等临床疾病均可能导致青蒿素不稳定。而妊娠可能会增加进一步的变异性。

疟疾患者中，青蒿素主要集中在感染的红细胞上。有人提出疟疾感染期间，青蒿素很少可传递到胚胎，因为更多的青蒿素被激活，从而降解，形成以碳为中心的自由基，结合寄生虫蛋白。

大鼠和猴胚胎中，青蒿素毒性的目标是循环的原始成红细胞。因此，原始红细胞前体在孕 3～6 周由卵黄囊形成，并在孕 4～9 周循环于胚胎中，可以认为这是人类对青蒿素衍生物毒性最敏感的时期。然而，在人类中使用 ACT 治疗的时间非常短暂（3～7 天），如果这些对青蒿素衍生物敏感的原始成红细胞是在更长的时间内形成，那么受损细胞将被新形成的细胞替代，后果可能不会那么严重。因此，给药暴露期的长短似乎变得至关重要。人类安全性的数据和动物模型中的胚胎毒性数据可能就会因暴露时间不同而产生偏差。

第七节 开展 NHP 生殖与发育毒性研究的进展趋势

目前,毒理学家开始逐步结合毒理基因组学、高科技无创诊断和分析、免疫毒理学、替代模型等特殊学科进行 DART 研究。

许多大型制药企业在基因组学、蛋白质组学及毒理基因组学等领域进行研究,希望产生真正替代传统体内试验的方案。如今,任何人都可以使用毒理基因组学工具生成数据,但我们知道,这需要更加大量的数据及不同学科的许多研究者来验证和解释它们。另外在数据库允许以足够的准确性识别遗传表达的正常变异和相关的典型变异模式之前,不可能通过体外研究解释受试物的体内实验结果,以及通过体外研究预测器质性病变。虽然为此所需的基础研究需要数年时间,但初步的且确实很有希望的结果已经出现。

即使是现阶段,长期开展非人灵长类动物药物毒理学研究的机构也可以为未来毒理基因组学等毒理学研究新技术的发展做出重大贡献。当常规的药物毒理学试验完成后,仅需很少的额外工作,就可以从试验动物的不同器官中获取组织样本,然后从这些样本中分离出 mRNA,并将其存储在核酸库中,以供将来验证和比较数据。目前,虽然只有小鼠和大鼠具有初步的毒理芯片数据库,但非人灵长类动物芯片的问世也只是时间问题。拥有大量化合物毒性数据的机构,可将不同化合物的毒理学数据与基因调节数据进行比对整合,这将在毒物基因组学领域产生巨大的研究优势。

一、NHP 的 3R 策略

NHP 的短缺已经严重限制了需要 NHP 进行 EFD 或 PPND 的生殖毒性研究中 NHP 的供应,何况本身性成熟的 NHP 就已经短缺。在此背景下,应该考虑对每个药物的开发计划进行评估,以确定 WoE 方法是否能够充分评估和传达风险,而不是默认在 NHP 中进行发育毒性评价。当然,应该认识到在评价新颖靶标或新疗法时,利用 WoE 方法必然受到限制。当前可行的方向大致分为 3 种:① 减少研究中的剂量组;② 替代分子;③ 替代方法。

由于在 NHP 中进行的发育毒性试验仅用于风险识别,只要对所选择剂量水平提出科学合理性依据,就可以使用一个对照组和一个给药组来进行这些研究。一个适当的科学合理性依据的例子是,在临床给药方案下,一个单克隆抗体与一种可溶性靶点的结合预期会达到饱和,如果在所选动物种属中可以证明靶点结合达到了饱和,并且达到了治疗药物水平的 10 倍暴露以上,则设计单一剂量组和对照组即可对胚胎-胎仔发育危害提供充分证据。

提倡对溶媒对照组的母体动物再利用。此外,如果存在作用机制可能导致对 EFD 的影响或流产的担忧,则可以在有限数量的动物中进行试验来确认危害。

对于 NHP 动物的另一种替代方法是使用在啮齿类动物或兔中具有活性的替代分子,或使用表达人类靶标的动物模型(如经过基因改造以表达人类靶标的小鼠)。这两种方法在用于 DART 评价之前都需要证明药理学相关性(即特征良好的模型)。在 DART 研究中已经产生并使用了几个替代分子的例子。具体来说,Wakefield 等利用聚乙二醇化 Fab、抗大鼠 TNF-α 抗体替代物来评价 certolizumab pegol 的发育与生殖毒性潜力,这是一种结合人 TNF-α 的人源化 IgG1 抗体的聚乙二醇化 Fab 片段。此外,Clarke 等利用抗小鼠 CD11a 单克隆抗体表征小鼠胎盘转移,用作依法利珠单抗的替代物。这些例子证明了使用啮齿类动物替代分子进行 DART 评价的可行性。至于利用基因工程啮齿类动物模型,鉴于生成可行且特征良好的模型所需的时间和资源,这种方法不太常用。这种方法的例子是 Bugelski 等利用人源化 CD4 转基因小鼠模型来表征凯利昔单抗在一般毒理学和 DART 研究中的安全性。为了利用替代分子或转基因啮齿类动物,药物开发团队需要尽早确定合适的替代分子和(或)生成合适的动物模型,因为这些方法的开发较为困难,且很难证明其可用于安全性评价的科学性。

生殖毒性评价的替代方法(如大鼠全胚胎细胞测序、胚胎干细胞、斑马鱼)是值得考虑的。目前普遍认为,这些试验通常在候选物选择或小分子的调查性研究中更有用,而不是作为体内试验的替代品。随着对导致不良妊娠结局的常见机制/通路的经验的积累,体外方法的价值可能会增加。

(一)胚胎干细胞试验

欧盟动物试验替代方法参考实验室描述的胚胎干细胞试验(embryonic stem cell test,EST)广泛用于体外筛选化学品和候选药物可能的胚胎毒性作用。小鼠胚胎干细胞(mESC)通过与白血病抑制因子(LIF)一起孵育,以多能细胞的形式在培养基中维持生长。测定3T3－A31成纤维细胞和ESC的细胞毒性,该试验评价ESC在暴露于受试物后是否可分化成为功能性收缩心肌细胞的能力,可以进一步评价干细胞在体外分化为胚胎所有成分的能力。该模型概括了建立各胚层(如外胚层、中胚层和内胚层)及这些胚胎细胞随后分化的过程。因此,该模型有能力评价许多与胚胎发生相关的事件。未来的发展之一可能是使用分子标记来评价表型分化。该系统的另一个优点是它在分化和细胞毒性/增殖之间进行直接比较。这种比较可能有助于我们最终将外源性物质定性为体内发育毒物。由于胚胎干细胞的性质,胚胎干细胞易于进行相对高通量的培养修饰(自动化、缩减规模)和物理结构的逐点视觉评价,以促进形态学评价(如细胞收缩动作、大量脂滴改变等)。此外,一旦获得,mESC不需要使用动物,这在某些情况下是一个非常重要的优势。相比之下,对于一些人类ESC细胞系,维持多能细胞的培养确实需要使用小鼠胚胎成纤维细胞作为饲养层,这需要额外使用动物。目前,不需要动物的异种人胚胎干细胞培养取得了很多进展。

通常以三个终点来评价受试物的胚胎毒性:① 抑制分化成搏动心肌细胞;② 对干细胞细胞毒性效应的副产物;③ T3成纤维细胞的分化。

使用20种已知胚胎毒性的受试物对该试验的各种变体进行了大量研究,以验证该方法。

EST实施起来相对简单,主要终点(搏动评分)不需要对表型和形态发育深入了解。增殖和细胞毒性的评价依赖于已经在许多实验室中所使用的标准的、成熟的测定法。因此,对于已经擅长细胞培养的实验室来说,只需要进行有限的额外培训就可以进行EURL-ECVAM方案中描述的EST。该分析更适合于相对高通量的改进(自动化、缩减规模)。EST似乎在活性谱的两端效果最好:如果一种化合物被归类为非发育毒物,则很有可能(>90%)这是真实的。对于强发育毒物,该类试验可以全部发现它们,但该测定也可以将一些弱无毒物归类为强发育毒物。目前对EST的预测模型在很大程度上取决于各种毒性的绝对浓度,即如果一个化合物在很低浓度时就会产生细胞毒性,即

使其在体内的活性很弱或较低,模型也会将化合物归为"强毒性"。而且,与体外全胚胎培养(WEC)一样,该类试验缺乏母体成分,并且代谢能力有限(尽管使用S9可在必要时增加这一成分),这既是优势,也是劣势。优点是可以单独检测代谢物和母体化合物并鉴定出真正的活性剂。相反,鉴定和获取代谢物可能也是一个挑战。

EST也有缺点。缺乏有意义的母体成分意味着该类试验目前在模拟化合物对发育系统的直接影响和预测剂量限制性母体毒性方面的能力有限。预测母体生理学改变(如酸中毒)产生的发育影响并非不可能,而这些变化反过来会改变体内发育。目前的EST模型有些过度敏感,导致许多发育中的非毒性物质被该类试验归类为毒物。有效分离无毒和弱毒化合物是该类试验面临的最大挑战之一。EST的另一个潜在责任是它依赖于评价中的一个差异化结果。将跳动细胞鉴定为心肌细胞分化的标志物可能会因受试物对心肌细胞收缩的影响(如改变的能量产生)或与直接的心肌细胞毒物产生混淆。此外,每孔10个跳动的细胞与每孔10 000个跳动的细胞在对分化进行评价时没有表现出差异,因此,这种难以对"分化"构成的区分特点,可能会降低测定方法的特异性。此外,拟胚体的随机分化以及分化细胞产生未知生长/保护因子和细胞类型,增加了另一层不确定性。一般而言,该类试验也不产生可在例如畸胎瘤中所看到的晚期分化细胞类型。

正在开发的使用分子标记来评价无定向分化后mESC中的多种分化表型是未来更有希望的方向。使用定量方法,可以评价特定分子标志物(如心肌细胞的α-MHC)的mRNA相对水平,以确定每种表型的分化以及与多种表型的相对分化(如外胚层与中胚层的比较)。使用谱系特异性标记物也可能有助于预测受试物作为发育毒物的靶组织效应。

(二)全胚胎培养

全胚胎培养(whole embryo culture,WEC)技术在评价发育中的啮齿类动物的胚胎毒性方面有着悠久的历史。对大鼠来说,大约妊娠日(GD)9.5或10天取出带有卵黄囊的啮齿类动物胚胎进行实验。然后将胚胎在血清和培养基及受试物(如果适用)的混合物中旋转培养44～48 h,同时,在气体覆盖层中增加氧气的比例。培养期结束时,评价孕体的各种终点指标的成熟程度,如体节的数量、视觉发育、前肢发育和神经管发育等。每一个都有一个分数,并将受试物每个浓度

的分数相加,还记录了任何畸形的存在和类型。试验的读数可以是:① 畸形体征开始明显出现的浓度;② 在给定浓度下,观察到的不同化合物之间,畸形类型和严重程度的比较;③ 使用 EURL - ECVAM 版本时,预测线性判断分析公式的结果。

啮齿类动物 WEC 被纳入 EURL - ECVAM 进行的胚胎毒性试验的验证研究。根据预先设定的性能标准,WEC 试验的可重复性及体外数据和体内数据得出的胚胎毒性潜力之间的一致性良好。预测模型对所有胚胎毒性类别(无胚胎毒性、弱胚胎毒性和强胚胎毒性)的 20 种测试化合物中的 80% 进行了正确分类。有关验证研究的更多信息,包括该方法的综合方案,可访问 EURL - ECVAM 网站。使用类似于为大鼠和小鼠 WEC 开发的技术,可以相对容易地培养兔胚胎。通常,每个受试物浓度分配一个兔胚胎,使用旋转培养箱连续流动充气。评价的终点是存活率、生长和形态学评分及生化测量(总蛋白和 DNA)。大鼠和兔胚胎之间的一个关键区别与卵黄囊有关:GD_9 大鼠胚胎通过倒置的内脏卵黄囊依赖组织营养,其中胚胎被包裹在卵黄囊内;兔胚胎没有倒置的卵黄囊,大约在 GD_{13} 前位于卵黄囊外。然而,卵黄囊介导的组织营养是啮齿类动物特有的,可能与人类(依赖血营养)不太相关。对于未来,与大鼠和小鼠 WEC 一样,预计功能终点(胞吞作用和蛋白水解)、基因表达(卵黄囊转运蛋白)和成像技术(显微 CT、磁共振成像、胚胎体积的形态测量或发育的特定标志)将成为兔 WEC 分析的有用终点。兔 WEC 还可以帮助解决发育毒性反应的种属差异。

对于许多实验室来说,生长参数(如冠-臀长度、蛋白质含量)是潜在胚胎毒性的良好预测指标,具有连续变量的额外优势(不同于基于形态学的参数)。因此,建议改变 WEC 用于评价胚胎毒性的标准,以便不仅仅依靠形态学评分。因此,化合物的无毒性反应抑制浓度(IC_{NOAEL})可能与总形态学评分有关,但通常存在陡峭的剂量-反应曲线,导致从非胚胎毒性到强胚胎毒性作用的快速过渡。在这些情况下,最大抑制浓度(IC_{max})相当于产生最高畸形发生率的浓度。此外,从不同物种获得的胚胎提供了不同的预测,在体内也是如此。目前不应将 WEC 用于人类风险评价目的,部分原因是缺乏母体间隔及暴露窗口非常有限。化合物类别特异性预测模型可提高药物或化学结构类别的预测能力。

用于 WEC 的物种(小鼠、大鼠和兔)与在整体动物生殖毒性试验中最常用的物种相同,因此可以在体外和体内发现之间建立直接关联,并与小鼠胚胎干细胞数据进行对比。WEC 可以再现长达 48 h 的体内胚胎发育。可以在与母体影响隔离的环境中处理胚胎,但是如果需要,可以将一些母体影响引入培养系统(如从处理的动物获得培养血清、向培养基中添加已知的母体代谢物及高温等)。WEC 可用于机制研究、化合物的优先排序/筛选、研究种属间的内在差异、为监管/风险评估目的提供辅助信息,或进一步研究体内发现以增加数据的可信度,同时尽量减少动物的使用。

目前,WEC 尚不能替代体内发育毒性研究,因为它不能概括母体-胎仔相互作用,也无法使胚胎暴露于受关注的妊娠期(着床到足月);WEC 还无法隔离母体的影响(新陈代谢和毒性等),而这些因素可能仅作用于体内产生效应;此外,仅限于相对狭窄的发育时间窗口,可能无法捕捉到某些发育毒性的表现;而且不同的血清样本或收集方式之间亦存在差异。由于 WEC 尚未经过验证,目前没有美国监管机构(美国食品药品管理局、美国环境保护局)将 WEC 用于监管决策。

(三) 斑马鱼胚胎毒性试验

斑马鱼胚胎毒性试验(zebrafish embryotoxicity test,ZET)已被开发为一种筛选工具,并验证了其预测化学品和候选药物致畸潜力的能力,这种试验非常有望应用于化合物的致畸潜力筛选评价。斑马鱼和哺乳动物胚胎中发现的大多数信号通路系统是相似的,且啮齿类动物和斑马鱼的心脏发育可能遵循相同的模式。斑马鱼是一种具有许多体外系统优点的体内发育模型,并且有很大的潜力来满足筛查致畸性所需的简单、廉价和快速检测的要求。斑马鱼易于养殖和繁殖,成本较低,而且它们的发育方式与人类相似,许多分子通路在斑马鱼和人类之间在进化上是类似的。已经证明,斑马鱼具有人类药物靶标的大部分(86%)同源基因。毒理学家多年来一直在使用斑马鱼胚胎来鉴定终点并阐明多种化学物质的发育毒性机制。此外,由于斑马鱼快速的外部发育,因此斑马鱼还提供了在整个器官发生期间测试化合物效应的独特优势。这一重要方面在其他一些常用的致畸性筛查试验,如 EST 或啮齿类动物全胚培养(WEC)中无法实现。此外,周围卵膜(绒毛膜)和胚胎组织的透明度能够直接观察整个胚胎期的发育过程。

最近关于"斑马鱼致畸试验"(DarT)研究证明了斑马鱼在筛选潜在致畸化合物方面的普遍效用。Brannen 等进行了一项回顾调查,旨在开发一种斑马鱼畸形毒性筛选方法,使其能够描述与特定异常和浓度-反应相关的畸形毒性,并评价该测定方法的一致性和预测性,这项回顾研究包含探索性和上市的药物在内的 34 种体内致畸物和非致畸物。这项工作开发了一种形态评分系统,也描述了该评价的特点。结果表明,用斑马鱼胚胎预测体内哺乳动物致畸性有很高的成功率。

34 种经过 EURL‑ECVAM 验证的化合物和具有体内致畸潜力的药物,使用 ZET 测试方案进行了评价。基本试验设计涉及在受精后 24 h 用化合物处理的去绒毛膜斑马鱼胚胎,此时胚胎正在快速进行器官发生。经典的暴露时间为 48 h,约在受精后 120 h(约受精后 4 天)开展形态评价。在预测模型中评价了一般毒性的 2 个测量值。第一项测量采用了 EURL‑ECVAM 先前在啮齿类动物全胚胎培养和小鼠胚胎干细胞测定的预测建模中使用的做法,其中在 NIH3T3 成纤维细胞中的剂量范围内评价了相应的化合物。第二个一般毒性测量涉及评价斑马鱼胚胎浓度范围内的化合物,并根据 25% 致死剂量浓度(LC$_{25}$)确定一般毒性浓度。该研究开发了一个形态评分系统,评价第五天斑马鱼幼仔中的各种结构和器官,其中包括畸变严重程度的评分。每个化合物的预测模型分类涉及基于总体形态学计算毒性浓度与未观察到不良效应浓度(NOAEC)之比。Brannen 等的比较综述的结果表明,预测模型结果与体内致畸性数据的累积一致性为 92%,在明确识别体内致畸原和识别体内非致畸原方面的成功率均为 94%,在明确识别体内形态学结果(无胎仔形态学不良效应或与化合物暴露相关的,至少一个受影响的结构/器官系统的明确识别)方面的成功率为 87.5%。此外,还可以成功地对体内形态学结果进行正面的描述。

尽管这项工作强调了斑马鱼试验在评价发育毒性方面的整体效用和预测性,但关于斑马鱼在预测致畸方面的广泛应用,仍有几个未解决的问题。我们对水溶性化合物在斑马鱼胚胎和幼体中的药代动力学和代谢知之甚少,探索这些特性并不是这项研究的目标。更好地理解斑马鱼暴露及药代动力学和代谢机制与哺乳动物的相关性,对于解释斑马鱼检测结果与人类和其他哺乳动物致畸性的关系非常有价值。此外,在这些实验中,为了提高化合物对胚胎的暴露程度,每个胚胎都去除了绒毛膜。

作为一种致畸筛选工具,斑马鱼提供了整个生物体和所有发育阶段,而不是有限发育部分或细胞培养中孤立细胞的概念。这种完整的模型允许所有细胞和组织层正常互动,并带来了其他模型所不具备的完整性。胚胎的小尺寸也意味着对化合物的需求最小,这对于需要合成新化合物的评价研究是非常有益的。此外,人们可以产生一系列亚效等位基因胚胎,通过逐渐降低基因表达来产生逐渐受影响的表型。初步迹象表明,该模型有潜力提供至少与现有模型一样好的预测能力,甚至可能更好。

二、应用证据权重法评价生物制品的发育毒性

历史上,评价人类胚胎发育毒性的潜在风险的方法,是基于对妊娠动物所进行的标准胚胎发育毒性研究。这些研究中确定的毒性信号被用于人类风险评估和产品标签的制订。随着对生殖与发育生物学相关的、不同种属的生物学和生理过程认识的不断进展,现在有其他的选择以针对特定分子、途径、细胞、组织和器官功能,以及靶标调控等潜在的有害影响,来开展靶点生物学研究。这些进展直接影响风险评估,并为发育毒性风险的安全评价提供了一种替代妊娠动物给药的方法。这种情况下,推动安全评价的问题就变为需要多少和什么类型的数据,才能对患者人群的潜在胚胎毒性进行合理评价。

目前,在一些晚期癌症适应证中,采用了一种替代方法来了解患者风险,这些方法也可以考虑用于其他患者群体。ICH S9 指南(抗肿瘤药物非临床评价指导原则)目前已经承认了预期药理作用在发育毒性风险评估中的作用。该指南明确指出,针对靶向快速分裂细胞(如 Crypt 细胞、骨髓)的药物,或者归属于明确可引起发育毒性的药物类别,不必进行生育力和早期胚胎发育毒性试验。ICH S9 提供了可能考虑的替代方法,包括充分的文献评估、胎盘转移评价、生物药物直接或间接作用及其他与发育有关的因素的评价。这些因素可以包括人类遗传表达、基因改变动物的数据及针对妊娠动物给予相同途径分子的数据。在有足够的数据可用于评价风险而不用开展妊娠动物研究的情况下,这类研究可能就不是必需的。

例如,ICH S9 指出,评价 EFD 的抗癌药物的毒理学研究应在提交上市申请时提供,且对支持晚期癌症患者的临床试验,不认为 EFD 是至关重要的。其实,EFD 研究可以在上市申请资料中完全省略,因为抗癌药物具有遗传毒性,靶向快速分裂的细胞,或者属于已

经被充分描述为引起发育毒性的一类。

此外,如果NHP是唯一与药理学相关的物种,并且作用机制预计将产生生殖毒性风险,和(或)在啮齿类动物中使用敲除(KO)动物或替代生物制剂已证明存在生殖风险,则可以提供具有生殖风险的证据权重(WoE)评估,而不是进行生殖毒性研究。事实上,不应该将评价EFD危害的NHP研究视为默认方法,如果WoE清楚地概述了风险,则并不总是必须进行NHP的EFD研究。

用WoE的生殖风险评估可通过对公共数据库和文献进行全面审核,以评估靶点的生物学、表达情况和药理学对EFD的潜在影响,审查相应或相关分子现有的重复给药毒性数据,并评价给药对非妊娠动物和患者的已明确的直接或间接影响,以及潜在的胎盘透过。已通过FDA批准的达雷妥尤单抗(daratumumab)的生殖风险评估主要是基于科学文献,并没有开展生殖与发育毒理学研究。这种方法特别适用于生物制品,如抗体、蛋白质和修饰蛋白质。生物制品的特异性和有限的非靶标活性,特别是单克隆抗体,增加了依据已建立的药理学靶点生物学数据来预测潜在胚胎毒性的信心。尽管ICH S9和S6允许替代方法,但足够的WoE评估的内容并没有得到清晰的描述。

可以介绍3个双特异性T细胞衔接器(BiTE)分子的案例研究以说明WoE方法,这些分子仅对非人灵长类具有交叉反应性。

(1)BiTE1分子已确认在EFD期间具有潜在的非肿瘤靶点表达。与发育过程中更广泛的表达模式一致,靶标中的基因突变与小鼠的畸形有关。因此,申请人得出结论,已发表的研究清楚地表明,该靶标在EFD期间表达并参与正常的骨骼形成,这表明胚胎暴露于BiTE1分子可能会导致胚胎-胎仔毒性,故而针对非人灵长类的EFD研究是不必要的,或者说NHP的EFD研究无法提供额外数据来明显改变基于WoE的人体风险评估。但FDA并不认可这一结论,认为BiTE1分子的靶标虽然在EFD中有着很高的重要性,但靶标表达的数据和KO小鼠本身的数据不足以告知BiTE1分子在发育过程中的风险。

(2)BiTE2分子靶向的肿瘤抗原仅限于特定的血液细胞类型或群体,并且在正常人体组织中未检测到脱靶结合。在重复给药毒性研究中观察到的所有效应都代表了预期的药效(PD)效应,并且是可逆的。在KO小鼠EFD试验中观察到,该靶标似乎对EFD不是必需的,子代KO小鼠外观正常并存活,没有异常并发症,并且所有主要器官都正常。因为这种特定的BiTE2分子缺乏Fc部分,而高分子量蛋白质(>5 kDa)不会通过简单扩散穿过胎盘,因此预计不会有大量的胎仔暴露,即使通过被动扩散运输非常少量的BiTE2分子,除了已知的PD效应外,即停止治疗后骨髓干细胞的靶细胞耗竭和再增殖,发育中的胚胎/胎仔的暴露预计不会引起任何影响。在所有这种疾病的癌症患者中,有生育能力的妇女人口估计仅约3%。此外,该药物很可能与不同的致畸和胚胎胎仔毒性药物联合使用。基于这项WoE评估,FDA和EMA授予豁免,允许申请人不对非人灵长类进行EFD研究。

(3)BiTE3分子靶向的癌症除非在极少数情况下,仅发生在成年人群中。重复给药数据表明,将BiTE3分子给予非人灵长类超过3周将引起很高的ADA发生率,随后暴露减弱。申请人提交了一份儿科调查计划(PIP),其中产品特定豁免的理由有两点:① 该疾病不会出现在任何指定的儿科群体中;② 一些在儿科人群中治疗该癌症的产品曾因"该病症仅发生在成年人群中"而获得产品特定豁免。然而,EMA不同意本案,考虑其作用机制及在其他适应证中的潜在治疗收益,要求申请人提供更全面的信息,以评估该产品在儿童人群中的潜在使用情况,并重点关注其他过度表达该靶点的儿科恶性肿瘤。

三、预测发育毒性的人工智能平台

近年来,利用人工智能(AI)方法揭示定量构效关系(QSAR)的应用日益重要。在预测毒理学、药物发现、分子优化和全新药物设计等方面都有成功的应用。而AI方法的可解释性是最需要关注的,特别是在处理高维数据和非线性关系时。在这种情况下,AI模型有可能变得非常复杂和不友好,从而影响算法的透明度和它们真正应用到实际案例研究的能力。因此,理想的模型应该是,一方面在信息量和不确定度估计方面权衡,另一方面,在泛化和透明度方面权衡。

历史上,从AI性能评价的角度来看,信息量的衡量及不确定性估计一直发挥着重要作用,因此,多年来它们是所有AI模型的基石。如今,人们越来越关注泛化能力,即一个人或一个系统在面对新的、未曾接触过的情境时,能够根据已有的知识和经验,快速地学习和适应的能力。针对AI,是指机器学习算法后对新鲜样本预测的可靠性及透明度,或者说模型的决策过程在多大程度上被人理解的能力。普遍认为机器学习问题中最受关注的挑战之一,就是应对泛化能力:准确的分类器通常能够完美地适应训练数据,而它们在未曾见过的数据上的表现差强人意。因此,对于生命科学来说,就要更加重视对精确的和通用模型的可解释性。

因此,"可解释人工智能"(XAI)被提出,旨在提供信息量、不确定度估计、泛化和透明度的统一视角和策略。尤其是在过去的 10 年中,受益于存储在公共可用数据库中的更大量数据,越来越多的研究在关注这些问题。目前已有研究尝试为发育毒性研究生成体外模型,这方面的研究很少,且可用的高质量数据非常有限。尽管发育毒性是最重要的毒理学终点之一,虽然强烈鼓励使用和开发替代方法,如体外测定和计算机模拟方法,但受制于模型的不通用、无法提供特定指标的评价及高昂的成本等问题,目前只有极少数模型可用。其中最流行的是 CAESAR 和 Consensus 模型,CAESAR 可从 VEGA 平台免费获取,而 Consensus 则通过取多种 QSAR 方法中预测毒性的平均值来估计。

2022 年有文献总结了从公共资料库和文献来源中所提取的 1 244 种化学物质的全面数据集。这项工作提供了基于生物测定聚类的预测早期发育毒性的策略,揭示了连接生物机制和结构特征的潜在关系。XAI 在生物医疗行业应用中可初步归纳如下:① 面向开发者,人工智能规范归纳信息和数据;② 面向监管者,模型符合伦理和法规要求的高可信度和高透明度;③ 面向使用者,模型结合医学知识图谱进行可视化、语义化;④ 面向应用用户,模型输出的合理性及可理解的诊断结果。

Togo 等提出了一种更为稳健且可重复预测发育毒性的 XAI 方法。在这项工作中,采用 234 种化学品构成的训练集进行模型学习,并用含有 585 种化学品的两个测试集开展验证和泛化。这一模型已在 TIRESIA 中公开提供,供广大独立研究工作者使用完善。

(王 春 周 莉 孙祖越)

参考文献

[1] 崔艳君,田义超,周莉,等.非人灵长类动物胚胎-胎仔毒性实验阳性药物的选择[J].中国新药杂志,2021,30(14):1266-1273.

[2] Ackley D, Birkebak J, Blumel J, et al. FDA and industry collaboration: Identifying opportunities to further reduce reliance on nonhuman primates for nonclinical safety evaluations[J]. Regulatory Toxicology and Pharmacology, 2023, 138: 105327.

[3] Barrow P, Clemann N. Review of embryo-fetal developmental toxicity studies performed for pharmaceuticals approved by FDA in 2018 and 2019[J]. Reproductive Toxicology, 2021, 99: 144-151.

[4] Barrow P. Review of embryo-fetal developmental toxicity studies performed for pharmaceuticals approved by FDA in 2016 and 2017[J]. Reproductive Toxicology, 2018, 80: 117-125.

[5] Barrow P. Review of embryo-fetal developmental toxicity studies performed for pharmaceuticals approved by FDA in 2020 and 2021[J]. Reproductive Toxicology, 2022, 112: 100-108.

[6] Barrow P. Review of embryo-fetal developmental toxicity studies performed for pharmaceuticals approved by FDA in 2020 and 2021[J]. Reproductive Toxicology, 2022, 112: 100-108.

[7] Bellot M, Luetjens C M, Bagger M, et al. Effect of of atumumab on pregnancy, parturition, and lactation in cynomolgus monkeys[J]. Reproductive Toxicology, 2022, 108: 28-34.

[8] Booler H, Delise A M, Nimz E, et al. Intravitreal RTH258 (brolucizumab) demonstrates no effect on pregnancy, parturition, embryofetal or postnatal development in cynomolgus monkeys[J]. Reproductive Toxicology, 2023, 121: 108468.

[9] Bowman C J, Breslin W J, Connor A V, et al. Placental transfer of Fc-containing biopharmaceuticals across species, an industry survey analysis: placental transfer of Fc biopharmaceuticals[J]. Birth Defects Research Part B: Developmental and Reproductive Toxicology, 2013, 98 (6): 459-485.

[10] Bowman C J, Evans M, Cummings T, et al. Developmental toxicity assessment of tanezumab, an anti-nerve growth factor monoclonal antibody, in cynomolgus monkeys (Macaca fascicularis)[J]. Reproductive Toxicology, 2015, 53: 105-118.

[11] Boyce R W, Varela A, Chouinard L, et al. Infant cynomolgus monkeys exposed to denosumab in utero exhibit an osteoclast-poor osteopetrotic-like skeletal phenotype at birth and in the early postnatal period[J]. Bone, 2014, 64: 314-325.

[12] Brennan F R, Cavagnaro J, Mckeever K, et al. Safety testing of monoclonal antibodies in non-human primates: Case studies highlighting their impact on human risk assessment[J]. mAbs, 2018, 10(1): 1-17.

[13] Brennan F R, Cavagnaro J, McKeever K, et al. Safety testing of monoclonal antibodies in non-human primates: Case studies highlighting their impact on human risk assessment[J]. mAbs, 2018, 10(1): 1-17.

[14] Cappon G D, Potter D, Hurtt M E, et al. Sensitivity of male reproductive endpoints in nonhuman primate toxicity studies: A statistical power analysis[J]. Reproductive Toxicology, 2013, 41: 67-72.

[15] Carlock L L, Cowan L A, Oneda S, et al. A comparison of effects on reproduction and neonatal development in cynomolgus monkeys given human soluble IL-4R and mice given murine soluble IL-4R[J]. Regul Toxicol Pharmacol, 2009, 53(3): 226-234.

[16] Catlin N R, Mitchell A Z, Potchoiba M J, et al. Placental transfer of 125 iodinated humanized immunoglobulin G2∆a in the cynomolgus monkey[J]. Birth Defects Research, 2020, 112(1): 105-117.

[17] Cavagnaro J, Berman C, Kornbrust D, et al. Considerations for assessment of reproductive and developmental toxicity of oligonucleotide-based therapeutics[J]. Nucleic Acid Therapeutics, 2014, 24(5): 313-325.

[18] Chellman G J, Bussiere J L, Makori N, et al. Developmental and reproductive toxicology studies in nonhuman primates[J]. Birth Defects Research Part B: Developmental and Reproductive Toxicology, 2009, 86 (6): 446-462.

[19] Clarke D O, Hilbish K G, Waters D G, et al. Assessment of ixekizumab, an interleukin-17A monoclonal antibody, for potential effects on reproduction and development, including immune system function, in cynomolgus monkeys[J]. Reproductive Toxicology, 2015, 58: 160-173.

[20] D'Alessandro S, Menegola E, Parapini S, et al. Safety of artemisinin derivatives in the first trimester of pregnancy: a controversial story [J]. Molecules, 2020, 25(15): 3505.

[21] Enright B P, Tornesi B, Weinbauer G F, et al. Pre- and postnatal development in the cynomolgus monkey following administration of ABT-874, a human anti-IL-12/23p40 monoclonal antibody[J]. Birth Defects Res B Dev Reprod Toxicol, 2012, 95(6): 431 - 443.

[22] Gold R, Stefoski D, Selmaj K, et al. Pregnancy experience: nonclinical studies and pregnancy outcomes in the daclizumab clinical study program[J]. Neurology and Therapy, 2016, 5(2): 169 - 182.

[23] Helmer H, Saleh L, Petricevic L, et al. Barusiban, a selective oxytocin receptor antagonist: placental transfer in rabbit, monkey, and human[J]. Biology of Reproduction, 2020, 103(1): 135 - 143.

[24] Inoue A, Arima A, Kato H, et al. Effects of maternal exposure to thiamazole on behavioral development in infant cynomolgus monkeys [J]. Congenital Anomalies, 2013, 53(4): 149 - 154.

[25] Ishihara-Hattori K, Barrow P. Review of embryo-fetal developmental toxicity studies performed for recent FDA-approved pharmaceuticals [J]. Reproductive Toxicology, 2016, 64: 98 - 104.

[26] Iwasaki K, Uno Y, Utoh M, et al. Importance of cynomolgus monkeys in development of monoclonal antibody drugs [J]. Drug Metabolism and Pharmacokinetics, 2019, 34(1): 55 - 63.

[27] Katagiri R, Ishihara-Hattori K, Frings W, et al. Effects of SA237, a humanized anti-interleukin-6 receptor monoclonal antibody, on pre- and postnatal development in cynomolgus monkey[J]. Birth Defects Research, 2017, 109(11): 843 - 856.

[28] Luetjens C M, Fuchs A, Baker A, et al. Group size experiences with enhanced pre- and postnatal development studies in the long-tailed macaque (Macaca fascicularis)[J]. Primate Biology, 2020, 7(1): 1 - 4.

[29] Ma Y, Li J, Wang G, Et al. Efficient production of cynomolgus monkeys with a toolbox of enhanced assisted reproductive technologies [J]. Scientific Reports, 2016, 6: 25888.

[30] Martin P L, Oneda S, Treacy G. Effects of an anti-TNF-alpha monoclonal antibody, administered throughout pregnancy and lactation, on the development of the macaque immune system[J]. American Journal of Reproductive Immunology, 2007, 58(2): 138 - 149.

[31] Martin P L, Sachs C, Imai N, et al. Development in the cynomolgus macaque following administration of ustekinumab, a human anti-IL-12/23p40 monoclonal antibody, during pregnancy and lactation[J]. Birth Defects Res B Dev Reprod Toxicol, 2010, 89(5): 351 - 363.

[32] Martin P L, Weinbauer G F. Developmental toxicity testing of biopharmaceuticals in nonhuman primates: previous experience and future directions[J]. International Journal of Toxicology, 2010, 29(6): 552 - 568.

[33] Mirsky M L, Portugal S, Pisharath H, et al. Utility of orchidometric parameters for assessing sexual maturation in male cynomolgus macaques (Macaca fascicularis)[J]. Comparative Medicine, 2016, 66(6): 480 - 488.

[34] Moffat G J, Retter M W, Kwon G, et al. Placental transfer of a fully human IgG2 monoclonal antibody in the cynomolgus monkey, rat, and rabbit: a comparative assessment from during organogenesis to late gestation[J]. Birth Defects Res B Dev Reprod Toxicol, 2014, 101(2): 178 - 188.

[35] Niethammer M, Burgdorf T, Wistorf E, et al. In vitro models of human development and their potential application in developmental toxicity testing[J]. Development, 2022, 149(20): dev200933.

[36] Prell R A, Dybdal N, Arima A, et al. Placental and fetal effects of onartuzumab, a Met/HGF signaling antagonist, when administered to pregnant cynomolgus monkeys [J]. Toxicol Sci, 2018, 165(1): 186 - 197.

[37] Rasmussen A D, Nelson J K, Chellman G J, et al. Use of barusiban in a novel study design for evaluation of tocolytic agents in pregnant and neonatal monkeys, including behavioural and immunological endpoints [J]. Reproductive Toxicology, 2007, 23(4): 471 - 479.

[38] Rayburn E R, Gao L, Ding J, et al. FDA-approved drugs that are spermatotoxic in animals and the utility of animal testing for human risk prediction[J]. Journal of Assisted Reproduction and Genetics, 2018, 35(2): 191 - 212.

[39] Rocca M, Morford L L, Blanset D L, et al. Applying a weight of evidence approach to the evaluation of developmental toxicity of biopharmaceuticals[J]. Regulatory Toxicology and Pharmacology, 2018, 98: 69 - 79.

[40] Scialli A R. The challenge of reproductive and developmental toxicology under REACH[J]. Regulatory Toxicology and Pharmacology, 2008, 51(2): 244 - 250.

[41] Shimozawa N, Ageyama N, Nakayama S, et al. Ultrasound-guided, Transabdominal, Intrauterine Artificial Insemination for Cynomolgus Macaques (Macaca fascicularis) Based on Estimated Timing of Ovulation[J]. Journal of the American Association for Laboratory Animal Science, 2021, 60(2): 125 - 132.

[42] Shimozawa N, Iwata T, Yasutomi Y. A controlled ovarian stimulation procedure suitable for cynomolgus macaques [J]. Experimental Animals, 2022, 71(4): 426 - 432.

[43] Srikulnath K, Ahmad S F, Panthum T, et al. Importance of Thai macaque bioresources for biological research and human health[J]. Journal of Medical Primatology, 2022, 51(1): 62 - 72.

[44] Stewart J. Developmental toxicity testing of monoclonal antibodies: an enhanced pre- and postnatal study design option[J]. Reproductive Toxicology, 2009, 28(2): 220 - 225.

[45] Togo M V, Mastrolorito F, Ciriaco F, et al. TIRESIA: An explainable artificial intelligence platform for predicting developmental toxicity [J]. Journal of Chemical Information and Modeling, 2023, 63(1): 56 - 66.

[46] Vaidyanathan A, Mckeever K, Anand B, et al. Developmental immunotoxicology assessment of rituximab in cynomolgus monkeys[J]. Toxicol Sci, 2011, 119(1): 116 - 125.

[47] Van Esch E, Cline J M, Buse E, et al. Summary Comparison of Female Reproductive System in Human and the Cynomolgus Monkey (Macaca fascicularis)[J]. Toxicologic Pathology, 2008, 36(7suppl): 171S - 172S.

[48] Vidal J D, Colman K, Bhaskaran M, et al. Scientific and regulatory policy committee best practices: documentation of sexual maturity by microscopic evaluation in nonclinical safety studies [J]. Toxicologic Pathology, 2021, 49(5): 977 - 989.

[49] Wang C, Liu S, Liu F, et al. Application of nonhuman primate models in the studies of pediatric anesthesia neurotoxicity [J]. Anesthesia and Analgesia, 2022, 134(6): 1203 - 1214.

[50] Wehner N G, Shopp G, Osterburg I, et al. Postnatal development in cynomolgus monkeys following prenatal exposure to natalizumab, an alpha4 integrin inhibitor[J]. Birth Defects Res B Dev Reprod Toxicol, 2009, 86(2): 144 - 156.

[51] Weinbauer G F, Fuchs A, Niehaus M, et al. The enhanced pre- and postnatal study for nonhuman primates: update and perspectives[J]. Birth Defects Res C Embryo Today, 2011, 93(4): 324 - 333.

[52] Weinbauer G, Fuchs A, Luetjens C M, et al. Nonhuman Primates as Preclinical Models for Developmental and Reproductive Toxicity Evaluation [M]. Third Edition. Developmental and Reproductive Toxicology: A Practical Approach, 2012: 464 - 478.

[53] Yoshida T, Hanari K, Fujimoto K, et al. Female reproduction characteristics in a large-scale breeding colony of cynomolgus monkeys (Macaca fascicularis)[J]. Experimental Animals, 2010, 59(2): 251 - 254.

[54] Zhang X L, Pang W, Hu X T, et al. Experimental primates and non-human primate (NHPs) models of human diseases in China: current status and progress[J]. Zoological Research, 2014, 35(6): 447 - 464.

附 录

附录一　生殖毒性相关指导原则

生殖毒性研究是药物非临床安全性评价的重要内容,是药物进入临床研究及上市的重要环节。

目前世界各国制订的生殖毒性试验指导原则大体上采用两种系列,一种是 OECD 等采用的一代生殖试验(必要时用多代生殖试验)加致畸试验,另一种是 ICH 等采用的三阶段生殖试验。ICH 关于人用药品生殖毒性的指导原则已有 20 多年,最早于 1993 年发布了 S5A,1995 年增加了附录"雄性生育力毒性"(S5B),2005 年整合重新命名为 S5(R2):*Detection of Toxicity to Reproduction for Medicinal Products and Toxicity to Male Fertility*。我国药监部门于 2006 年 11 月发布的《药物生殖毒性研究技术指导原则》主要参考 ICH S5(R2)等指导原则。2017 年 6 月我国正式加入人用药品技术要求国际协调理事会(ICH)。基于科学、技术和监管的不断发展和变化,以及对生殖毒性试验方法经验的积累,ICH 于 2020 年 2 月公布了其修订版本 S5(R3),本附录收录了相关指导原则的名称及链接,方便读者查找。

(一)ICH 生殖毒性相关指导原则

(1)《S5(R2):药品的生殖毒性和雄性生育力毒性检测》

https://www.cde.org.cn/ichWeb/guideIch/downloadAtt/2/869609b97bd2e89654c6667553944e0e.

(2)S5(R2):*Detection of Toxicity to Reproduction for Medicinal Products and Toxicity to Male Fertility*

https://www.cde.org.cn/ichWeb/guideIch/downloadAtt/1/869609b97bd2e89654c6667553944e0e.

(3)《S5(R3):人用药品生殖与发育毒性检测》

https://www.cde.org.cn/ichWeb/guideIch/downloadAtt/2/ad236edc7b83a68721fb4aeacd93a61e.

(4)S5(R3):*Detection of Reproductive and Developmental Toxicity for Human Pharmaceuticals*

https://www.cde.org.cn/ichWeb/guideIch/downloadAtt/1/ad236edc7b83a68721fb4aeacd93a61e.

(5)《S6(R1):生物制品的临床前安全性评价》

https://www.cde.org.cn/ichWeb/guideIch/downloadAtt/2/6830b4148ba442d75378ae7c0e160777.

(6)S6(R1):*Preclinical Safety Evaluation of Biotechnology-Derived Pharmaceuticals*

https://www.cde.org.cn/ichWeb/guideIch/downloadAtt/1/6830b4148ba442d75378ae7c0e160777.

(7)《S9:抗肿瘤药物非临床评价指导原则》

https://www.cde.org.cn/ichWeb/guideIch/downloadAtt/2/868b548a79d0c8291f939b9c4ebd75ad.

(8)S9:*Nonclinical Evaluation for Anticancer Pharmaceuticals*

https://www.cde.org.cn/ichWeb/guideIch/downloadAtt/1/868b548a79d0c8291f939b9c4ebd75ad.

(9)《S11:支持儿科用药开发的非临床安全性评价》

https://www.cde.org.cn/ichWeb/guideIch/downloadAtt/2/fd759a95550d8bd65833fd52ecaff364.

(10)S11:*Nonclinical Safety Testing In Support of Development of Paediatric Pharmaceuticals*

https://www.cde.org.cn/ichWeb/guideIch/downloadAtt/1/fd759a95550d8bd65833fd52ecaff364.

(11)《M3(R2):支持药物进行临床试验和上市的非临床安全性研究指导原则》

https://www.cde.org.cn/ichWeb/guideIch/downloadAtt/2/2c8ffc7b2f2ade324bf083f3372b5cc0.

(12)M3(R2):*Guideline on Nonclinical Safety Studies for the Conduct of Human Clinical Trials and Marketing Authorization for Pharmaceuticals*

https://www.cde.org.cn/ichWeb/guideIch/downloadAtt/1/2c8ffc7b2f2ade324bf083f3372b5cc0.

(二)肿瘤药物:生殖毒性试验和说明书建议行业指南

2019 年 5 月 FDA 发布了《肿瘤药物:生殖毒性试验和说明书建议行业指南》,对 ICH S9 抗肿瘤药物的非临床评价进行了补充。

指南名称：*Oncology Pharmaceuticals：Reproductive Toxicity Testing and Labeling Recommendations Guidance for Industry*

链接：https://www. fda. gov/regulatory-information/search-fda-guidance-documents/oncology-pharmaceuticals-reproductive-toxicity-testing-and-labeling-recommendations-guidance.

(三) OECD 生殖毒性相关指导原则

经济合作与发展组织(OECD)发布的化学品试验指南是评估化学品对人类健康和环境潜在影响的重要工具。该指南是国际上公认的安全测试标准方法，被从事化学品(工业化学品、农药、个人护理产品等)测试和评估的工业界、学术界和政府专业人士使用。其中关于生殖毒性研究的试验指南具体如下。

(1) Test No. 414：*Prenatal Developmental Toxicity Study*

https://www. oecd-ilibrary. org/environment/test-no-414-prenatal-development-toxicity-study_9789264070820-en.

(2) Test No. 416：*Two-Generation Reproduction Toxicity*

https://www. oecd-ilibrary. org/environment/test-no-416-two-generation-reproduction-toxicity_9789264070868-en.

(3) Test No. 421：*Reproduction/Developmental Toxicity Screening Test*

https://www. oecd-ilibrary. org/environment/test-no-421-reproduction-developmental-toxicity-screening-test_9789264264380-en.

(4) Test No. 422：*Combined Repeated Dose Toxicity Study with the Reproduction/Developmental Toxicity Screening Test*

https://www. oecd-ilibrary. org/environment/test-no-422-combined-repeated-dose-toxicity-study-with-the-reproduction-developmental-toxicity-screening-test_9789264264403-en.

(5) Test No. 426：*Developmental Neurotoxicity Study*

https://www. oecd-ilibrary. org/environment/test-no-426-developmental-neurotoxicity-study_9789264067394-en.

(6) Test No. 443：*Extended One-Generation Reproductive Toxicity Study*

https://www. oecd-ilibrary. org/environment/test-no-443-extended-one-generation-reproductive-toxicity-study_9789264185371-en.

（曹　敏）

附录二　食蟹猴生殖毒性研究背景数据汇总

表1　恒河猴/食蟹猴(MMF)[a]和橄榄狒狒(BA)[b]妊娠囊和最大长度估值

GD(天)	妊娠囊(cm)		最大长度(cm)	
	MMF	BA	MMF	BA
15	0.14	—	—	—
16	0.27	—	—	—
17	0.39	—	—	—
18	0.51	0.1	—	—
19	0.63	0.3	—	—
20	0.75	0.4	—	—
21	0.87	0.6	0.29	—
22	1.00	0.7	0.33	—
23	1.12	0.9	0.38	—
24	1.23	1.0	0.43	—
25	1.35	1.2	0.49	—
26	1.47	1.3	0.55	—
27	1.59	1.4	0.62	0.3
28	1.71	1.6	0.69	0.4
29	1.83	1.7	0.77	0.4
30	1.94	1.8	0.85	0.5
31	2.06	2.0	0.94	0.6
32	2.17	2.1	1.03	0.7
33	2.29	2.2	1.13	0.8
34	2.40	2.3	1.23	0.9
35	2.51	2.4	1.34	1.1
36	2.62	2.5	1.45	1.2
37	2.74	2.6	1.57	1.3
38	2.87	2.7	2.87	1.4
39	2.96	2.8	2.96	1.5
40	3.07	2.9	3.07	1.6
41	3.17	3.0	3.17	1.8
42	3.28	3.1	3.28	1.9
43	3.39	3.2	3.39	2.0
44	3.49	3.2	3.49	2.2

续　表

GD(天)	妊娠囊(cm)		最大长度(cm)	
	MMF	BA	MMF	BA
45	3.60	3.3	3.60	2.3
46	3.70	3.4	3.70	2.5
47	3.80	3.4	3.80	2.6
48	3.90	3.5	3.90	2.8
49	4.01	3.6	4.01	2.9
50	4.11[ND]	3.6	4.11[ND]	3.1
51	—	3.7[ND]	—	3.3
52	—	—	—	3.4
53	—	—	—	3.6
54	—	—	—	3.8
55	—	—	—	4.0
56	—	—	—	4.1
57	—	—	—	4.3
58	—	—	—	4.5
59	—	—	—	4.7
60	—	—	—	4.9

注：在器官发生过程中，恒河猴和食蟹猴的妊娠囊和最大长度大小相似。ND，在此妊娠日之后的数据未见报道。[a] Tardif et al. (2012)；[b] Herring et al. (1991)。引自：Fortman J D，Hewett T A，Halliday L C. The laboratory nonhuam primate[M]. CRC Press，2017.

表 2　恒河猴(RH)、食蟹猴(CN)和东非狒狒(BA)的双顶径估值

GD(天)	RH(cm)	CN(cm)	BA(cm)	GD(天)	RH(cm)	CN(cm)	BA(cm)	GD(天)	RH(cm)	CN(cm)	BA(cm)
51	1.3	1.3	1.2	65	2.0	2.0	2.0	79	2.7	2.6	2.8
52	1.4	1.4	1.3	66	2.1	2.0	2.1	80	2.7	2.7	2.8
53	1.4	1.4	1.3	67	2.1	2.1	2.1	81	2.8	2.7	2.9
54	1.5	1.5	1.4	68	2.2	2.1	2.2	82	2.8	2.7	2.9
55	1.5	1.5	1.5	69	2.2	2.2	2.2	83	2.8	2.8	3.0
56	1.6	1.6	1.5	70	2.3	2.2	2.3	84	2.9	2.8	3.0
57	1.6	1.6	1.6	71	2.3	2.3	2.3	85	2.9	2.9	3.1
58	1.7	1.7	1.6	72	2.4	2.3	2.4	86	3.0	2.9	3.1
59	1.7	1.7	1.7	73	2.4	2.4	2.4	87	3.0	2.9	3.2
60	1.8	1.8	1.7	74	2.4	2.4	2.5	88	3.1	3.0	3.2
61	1.8	1.8	1.8	75	2.5	2.4	2.6	89	3.1	3.0	3.2
62	1.9	1.8	1.9	76	2.5	2.5	2.6	90	3.1	3.1	3.3
63	1.9	1.9	1.9	77	2.6	2.5	2.7	91	3.2	3.1	3.3
64	2.0	1.9	2.0	78	2.6	2.6	2.7	92	3.2	3.1	3.4

续　表

GD(天)	RH(cm)	CN(cm)	BA(cm)	GD(天)	RH(cm)	CN(cm)	BA(cm)	GD(天)	RH(cm)	CN(cm)	BA(cm)
93	3.3	3.2	3.4	118	4.1	3.9	4.5	143	4.6	4.4	—
94	3.3	3.2	3.5	119	4.1	4.0	4.6	144	4.6	4.4	—
95	3.3	3.2	3.5	120	4.2	4.0	4.6	145	4.7	4.4	—
96	3.4	3.3	3.6	121	4.2	4.0	4.6	146	4.7	4.4	—
97	3.4	3.3	3.6	122	4.2	4.0	4.7	147	4.7	4.4	—
98	3.4	3.3	3.7	123	4.2	4.1	4.7	148	4.7	4.4	—
99	3.5	3.4	3.7	124	4.3	4.1	4.7	149	4.7	4.4	—
100	3.5	3.4	3.8	125	4.3	4.1	4.8	150	4.7	4.4	—
101	3.6	3.4	3.8	126	4.3	4.1	4.8	151	4.8	4.5	—
102	3.6	3.5	3.8	127	4.3	4.1	4.9	152	4.8	4.5	—
103	3.6	3.5	3.9	128	4.4	4.2	4.9	153	4.8	4.5	—
104	3.7	3.5	3.9	129	4.4	4.2	4.9	154	4.8	4.5	—
105	3.7	3.6	4.0	130	4.4	4.2	5.0	155	7.8	4.5[ADP]	—
106	3.7	3.6	4.0	131	4.4	4.2	5.0	156	4.8	—	—
107	3.8	3.6	4.1	132	4.4	4.2	5.0	157	4.8	—	—
108	3.8	3.7	4.1	133	4.5	4.2	5.1	158	4.8	—	—
109	3.8	3.7	4.1	134	4.5	4.3	5.1	159	4.8	—	—
110	3.9	3.7	4.2	135	4.5	4.3	5.1[ND]	160	4.8	—	—
111	3.9	3.8	4.2	136	4.5	4.3	—	161	4.8	—	—
112	3.9	3.8	4.3	137	4.5	4.3	—	162	4.8	—	—
113	4.0	3.8	4.3	138	4.6	4.3	—	163	4.8	—	—
114	4.0	3.8	4.4	139	4.6	4.3	—	164	4.8	—	—
115	4.0	3.9	4.4	140	4.6	4.4	—	165	4.8[ADP]	—	—
116	4.0	3.9	4.4	141	4.6	4.4	—				
117	4.1	3.9	4.5	142	4.6	4.4	—				

注：ADP，平均分娩日期；ND，在妊娠 135 天之后的数据未见报道。[a] Tardif et al.（2012）（values rounded to the nearest tenth）；[b] Herring et al.（1991）。引自：Fortman J D，Hewett T A，Halliday L C. The laboratory nonhuam primate[M]. CRC Press，2017.

表3　雌性食蟹猴(3～5 岁)AMH 参考值范围

月经期(天)	动物数(只)	均值(pg/mL)	标准差	参　考　值	
				下　限	上　限
1	21	1 515.840	478.843	812.717	2 383.200
4	18	1 558.714	308.075	1 103.303	2 122.850
7	21	1 376.779	444.131	597.199	2 347.710
10	21	1 589.296	478.424	847.672	2 753.646

月经期(天)	动物数(只)	均值(pg/mL)	标准差	参 考 值	
				下 限	上 限
13	24	1 759.205	465.685	1 080.579	2 906.113
16	21	1 365.153	344.988	838.667	2 255.316
19	22	1 383.338	421.438	710.689	2 267.224
22	20	1 440.978	425.353	735.738	2 359.772
25	18	1 479.743	323.595	1 025.481	2 093.152
28	20	1 429.739	352.328	885.712	2 088.271
31	20	1 391.551	464.131	808.943	2 474.210
34	14	1 386.898	484.736	781.813	2 576.456
37	12	1 535.080	356.494	1 045.708	2 336.263
40	8	1 650.572	576.883	896.895	2 714.611
43	5	1 695.183	86.059	1 620.441	1 823.764
46	6	1 795.646	548.064	1 071.375	2 539.331
49	4	1 286.842	302.915	1 044.476	1 715.877
52	3	1 362.842	287.883	1 042.623	1 600.226

注：数据来源于湖北非人灵长类动物生殖与发育毒性研究平台；应用 Bio‐Rad imark 酶标仪及 ELISA 试剂盒检测；AMH，抗米勒管激素

表 4　雌性食蟹猴(3～5 岁)DHT 参考值范围

月经期(天)	动物数(只)	均值(nmol/L)	标准差	参 考 值	
				下 限	上 限
1	21	5.837	1.661	3.492	8.880
4	20	6.001	1.464	3.847	9.248
7	22	6.069	1.648	3.778	9.144
10	21	6.393	1.682	3.857	9.827
13	24	6.496	1.570	3.813	9.144
16	23	6.257	1.452	3.456	8.479
19	22	6.283	1.805	3.986	10.754
22	20	6.329	1.734	4.114	9.778
25	19	6.713	1.791	3.564	8.987
28	21	6.106	1.648	3.564	8.582
31	20	6.115	1.629	4.053	9.376
34	15	6.611	1.770	4.353	10.118
37	12	6.439	2.076	3.986	9.900
40	7	6.255	0.853	4.650	7.004
43	7	6.938	1.323	5.328	8.691
46	6	6.640	1.376	4.336	7.773

续 表

月经期(天)	动物数(只)	均值(nmol/L)	标准差	参考值 下 限	参考值 上 限
49	4	6.452	1.643	4.493	8.330
52	3	6.048	1.412	4.548	7.352
55	3	6.381	1.905	4.740	8.471

注：数据来源于湖北非人灵长类动物生殖与发育毒性研究平台；应用 Bio - Rad imark 酶标仪及 ELISA 试剂盒检测；DHT，双氢睾酮

表 5 雌性食蟹猴(3～5 岁)E$_2$ 参考值范围

月经期(天)	动物数(只)	均值(ng/L)	标准差	参考值 下 限	参考值 上 限
1	21	92.759	14.881	74.378	123.382
4	20	94.141	19.014	67.407	130.791
7	20	93.058	16.318	68.164	126.350
10	21	96.821	19.860	63.132	128.942
13	24	96.752	15.878	68.540	129.682
16	23	91.205	16.680	62.733	118.918
19	22	92.037	11.434	75.086	109.177
22	20	96.220	14.874	76.489	126.720
25	18	92.176	9.526	74.136	113.688
28	20	94.787	14.899	71.134	124.867
31	18	93.545	10.926	74.378	119.234
34	15	92.612	26.132	62.332	147.122
37	11	91.168	10.164	75.430	105.781
40	6	88.710	8.092	77.046	99.713
43	6	89.450	9.362	78.339	104.643
46	6	97.416	28.202	72.843	147.802
49	4	101.835	19.268	81.894	119.234
52	3	71.839	9.862	64.095	82.942
55	3	87.131	13.640	76.076	102.374

注：数据来源于湖北非人灵长类动物生殖与发育毒性研究平台；应用 Bio - Rad imark 酶标仪及 ELISA 试剂盒检测；E$_2$，雌二醇

表 6 雌性食蟹猴(3～5 岁)FSH 参考值范围

月经期(天)	动物数(只)	均值(IU/L)	标准差	参考值 下 限	参考值 上 限
1	21	11.188	3.687	3.882	17.083
4	20	9.571	3.001	4.198	16.477
7	22	10.591	3.334	4.132	15.988
10	21	10.681	3.282	5.390	18.296

月经期(天)	动物数(只)	均值(IU/L)	标准差	参 考 值 下 限	上 限
13	23	10.167	4.375	4.949	20.264
16	23	11.088	4.196	3.075	16.896
19	22	10.961	4.568	3.572	19.560
22	20	10.925	3.718	5.145	16.966
25	19	9.984	3.752	4.394	17.014
28	21	9.956	3.102	5.438	15.521
31	20	9.885	3.563	5.438	15.779
34	15	9.421	3.188	4.492	14.313
37	12	9.512	3.955	3.407	15.360
40	8	8.102	3.640	2.807	13.754
43	7	6.833	2.892	3.241	11.446
46	5	6.457	1.149	5.210	8.311
49	4	9.532	4.286	6.446	15.867
52	3	9.239	4.889	4.034	13.734
55	3	10.791	4.101	6.544	14.729

注：数据来源于湖北非人灵长类动物生殖与发育毒性研究平台；应用 Bio‐Rad imark 酶标仪及 ELISA 试剂盒检测；FSH，卵泡刺激素

表7　雌性食蟹猴(3～5岁)LH参考值范围

月经期(天)	动物数(只)	均值(ng/L)	标准差	参 考 值 下 限	上 限
1	20	70.272	18.027	33.541	104.086
4	20	69.412	21.287	39.924	110.851
7	22	71.781	23.894	42.706	124.384
10	21	68.855	24.362	37.515	108.392
13	24	76.612	25.770	35.141	128.078
16	23	76.311	22.008	35.141	121.307
19	21	77.280	22.004	46.488	135.476
22	20	82.153	19.712	45.502	127.462
25	19	76.666	24.322	31.938	114.541
28	20	74.539	21.618	39.029	113.926
31	20	80.313	26.541	44.294	126.231
34	15	79.878	26.775	43.500	127.744
37	12	78.896	23.454	45.484	120.076
40	8	77.971	17.980	45.880	99.779

续 表

月经期(天)	动物数(只)	均值(ng/L)	标准差	参 考 值	
				下 限	上 限
43	7	77.241	18.134	45.995	92.741
46	6	93.812	23.861	66.251	126.342
49	4	85.046	9.274	76.470	97.932
52	3	68.864	4.412	65.308	73.802
55	3	66.556	18.974	54.994	88.454

注：数据来源于湖北非人灵长类动物生殖与发育毒性研究平台；应用 Bio‑Rad imark 酶标仪及 ELISA 试剂盒检测；LH，黄体生成素

表8 雌性食蟹猴(3～5 岁)PRL 参考值范围

月经期(天)	动物数(只)	均值(ng/L)	标准差	参 考 值	
				下 限	上 限
1	21	895.597	121.427	678.454	1 114.453
4	20	884.037	144.961	634.999	1 147.595
7	22	900.453	110.698	677.810	1 171.831
10	21	901.664	108.281	759.613	1 152.326
13	24	912.679	138.426	585.552	1 177.023
16	23	884.654	166.594	527.401	1 285.703
19	22	906.144	185.278	677.810	1 391.543
22	20	886.321	127.996	692.330	1 151.043
25	19	913.745	118.792	751.848	1 125.006
28	21	891.797	145.664	611.433	1 140.636
31	19	882.625	67.652	761.707	1 006.836
34	15	869.659	81.298	747.037	988.262
37	12	903.166	142.935	650.156	1 121.558
40	8	894.912	222.278	610.252	1 275.373
43	7	861.562	157.449	680.063	1 093.670
46	6	873.916	142.222	738.562	1 091.054
49	4	1 032.901	221.637	786.816	1 306.053
52	3	815.405	189.797	666.015	1 028.970
55	3	973.481	159.635	825.816	1 142.862

注：数据来源于湖北非人灵长类动物生殖与发育毒性研究平台；应用 Bio‑Rad imark 酶标仪及 ELISA 试剂盒检测；PRL，催乳素

表9 雌性食蟹猴(3～5 岁)孕酮参考值范围

月经期(天)	动物数(只)	均值(pmol/L)	标准差	参 考 值	
				下 限	上 限
1	19	1 051.274	167.764	679.723	1 407.491
4	17	993.565	131.027	719.915	1 280.330

续　表

月经期(天)	动物数(只)	均值(pmol/L)	标准差	参　考　值	
				下　限	上　限
7	22	1 012.812	222.535	562.406	1 407.491
10	21	1 065.931	205.289	693.222	1 490.682
13	24	1 070.143	228.748	737.500	1 498.192
16	23	1 034.943	258.940	502.134	1 422.700
19	22	1 018.044	259.623	481.287	1 483.164
22	20	1 008.142	277.918	454.602	1 407.491
25	19	997.909	217.042	633.911	1 280.330
28	19	966.063	189.207	643.180	1 376.949
31	20	1 000.951	250.269	581.846	1 437.871
34	15	1 001.251	229.234	572.163	1 384.600
37	12	1 039.511	314.834	542.659	1 531.890
40	8	956.602	263.587	596.239	1 229.281
43	7	873.990	307.178	522.579	1 299.808
46	6	928.721	311.819	633.911	1 464.331
49	4	1 080.466	345.765	629.255	1 453.005
52	3	870.234	242.667	591.458	1 034.124
55	3	873.004	188.009	656.981	999.670

注：数据来源于湖北非人灵长类动物生殖与发育毒性研究平台；应用 Bio‐Rad imark 酶标仪及 ELISA 试剂盒检测

表 10　雌性食蟹猴(3～5 岁)睾酮参考值范围

月经期(天)	动物数(只)	均值(nmol/L)	标准差	参　考　值	
				下　限	上　限
1	21	17.733	2.692	14.404	23.867
4	20	17.185	2.667	12.220	20.653
7	22	17.600	2.220	13.837	21.864
10	21	17.777	2.429	14.242	23.465
13	24	17.887	2.784	11.816	22.564
16	23	18.257	2.824	13.513	24.287
19	21	18.412	2.042	13.594	22.043
22	20	17.874	3.147	11.574	23.657
25	19	18.799	2.618	14.139	23.209
28	21	18.148	2.595	13.833	22.697
31	20	18.046	3.565	13.028	25.213
34	15	18.839	3.047	12.866	24.672

续 表

月经期(天)	动物数(只)	均值(nmol/L)	标准差	参考值 下限	参考值 上限
37	12	18.029	2.496	13.190	21.847
40	8	18.127	3.287	13.109	22.887
43	7	18.241	4.153	11.009	23.401
46	6	18.130	3.296	13.756	21.912
49	4	18.162	1.904	15.378	19.692
52	3	16.188	0.981	15.135	17.076
55	3	18.653	1.391	17.051	19.548

注：数据来源于湖北非人灵长类动物生殖与发育毒性研究平台；应用 Bio-Rad imark 酶标仪及 ELISA 试剂盒检测

表 11　雄性食蟹猴(3~5 岁)血液学参考值范围

指　标	动物数(只)	均　值	标准差	参考值 下限	参考值 上限
WBC($\times 10^9$/L)	1 783	12.60	3.49	5.76	19.44
RBC($\times 10^{12}$/L)	1 783	5.61	0.43	4.77	6.45
HGB(g/L)	1 783	132	9	114	150
HCT(%)	1 783	43.6	2.7	38.3	48.9
MCV(fL)	1 783	77.7	2.9	72.0	83.4
MCH(pg)	1 783	23.6	1.3	21.1	26.1
MCHC(g/L)	1 783	304	10	284	324
MPV(fL)	297	12.4	1.1	10.2	14.6
PLT($\times 10^9$/L)	1 783	377	92	197	557
NEUT#($\times 10^9$/L)	1 783	5.05	2.20	0.74	9.36
LYMPH#($\times 10^9$/L)	1 783	6.30	2.22	1.95	10.65
MONO#($\times 10^9$/L)	1 783	0.77	0.27	0.24	1.30
EO#($\times 10^9$/L)	1 783	0.09	0.08	0.00	0.25
BASO#($\times 10^9$/L)	1 783	0.01	0.01	0.00	0.03
NEUT%(%)	1 783	41.4	14.0	14.0	68.8
LYMPH%(%)	1 783	51.0	13.6	24.3	77.7
MONO%(%)	1 783	6.2	1.7	2.9	9.5
EO%(%)	1 783	0.7	0.6	0.0	1.9
BASO%(%)	1 783	0.1	0.0	0.1	0.1
RET#($\times 10^9$/L)	1 783	66.5	22.7	22.0	111.0
RET%(%)	1 783	1.19	0.42	0.37	2.01

注：数据来源于湖北非人灵长类动物生殖与发育毒性研究平台；应用 Sysmex XN-1000 全自动血液分析仪及配套试剂进行检测

表 12　雌性食蟹猴(3~5 岁)血液学参考值范围

指　标	动物数(只)	均　值	标准差	参　考　值	
				下　限	上　限
WBC($\times 10^9$/L)	1 733	12.89	3.74	5.56	20.22
RBC($\times 10^{12}$/L)	1 733	5.43	0.44	4.57	6.29
HGB(g/L)	1 733	128	9	110	146
HCT(%)	1 733	42.5	2.8	37.0	48.0
MCV(fL)	1 733	78.2	2.9	72.5	83.9
MCH(pg)	1 733	23.6	1.2	21.2	26.0
MCHC(g/L)	1 733	302	9	284	320
MPV(fL)	297	12.7	1.1	10.5	14.9
PLT($\times 10^9$/L)	1 733	393	95	207	579
NEUT#($\times 10^9$/L)	1 733	5.78	2.48	0.92	10.64
LYMPH#($\times 10^9$/L)	1 733	5.81	2.06	1.77	9.85
MONO#($\times 10^9$/L)	1 733	0.78	0.29	0.21	1.35
EO#($\times 10^9$/L)	1 733	0.09	0.07	0.00	0.23
BASO#($\times 10^9$/L)	1 733	0.01	0.01	0.00	0.03
NEUT%(%)	1 733	45.6	13.7	18.7	72.5
LYMPH%(%)	1 733	46.6	13.7	19.7	73.5
MONO%(%)	1 733	6.2	1.8	2.7	9.7
EO%(%)	1 733	0.7	0.5	0.0	1.7
BASO%(%)	1 733	0.1	0.0	0.1	0.1
RET#($\times 10^9$/L)	1 733	75.5	25.8	24.9	126.1
RET%(%)	1 733	1.39	0.50	0.41	2.37

注：数据来源于湖北非人灵长类动物生殖与发育毒性研究平台；应用 Sysmex XN-1000 全自动血液分析仪及配套试剂进行检测

表 13　雄性食蟹猴(3~5 岁)血清生化参考值范围

指　标	动物数(只)	均　值	标准差	参　考　值	
				下　限	上　限
ALT(U/L)	1 215	54	21	13	95
AST(U/L)	1 215	49	16	18	80
GGT(U/L)	1 215	75	22	32	118
ALP(U/L)	1 215	557	164	236	878
BIL(μmol/L)	1 215	2.3	0.8	0.7	3.9
TP(g/L)	1 215	76.8	4.9	67.2	86.4
ALB(g/L)	1 215	46.9	3.2	40.6	53.2
UREA(mmol/L)	1 215	6.04	0.94	4.20	7.88

续　表

指　标	动物数(只)	均　值	标准差	参　考　值	
				下　限	上　限
CREA(μmol/L)	1 215	64	11	42	86
GLU(mmol/L)	1 215	3.85	0.63	2.62	5.08
CK(U/L)	1 215	276	124	33	519
TRIG(mmol/L)	1 215	0.4	0.1	0.2	0.6
CHO(mmol/L)	1 215	3.17	0.69	1.82	4.52
K^+(mmol/L)	1 199	5.04	0.50	4.06	6.02
Na^+(mmol/L)	1 199	148.9	2.8	143.4	154.4
Cl^-(mmol/L)	1 199	105.8	2.8	100.3	111.3
CRP(mg/L)	193	2.67	2.04	0.00	6.67
PHOS(mmol/L)	180	1.83	0.32	1.20	2.46
Ca(mmol/L)	157	2.49	0.10	2.29	2.69
LDH(U/L)	354	467	139	195	739
GLO(g/L)	1 215	30.0	4.0	22.2	37.8
ALB/GLO	1 215	1.58	0.25	1.09	2.07

注：数据来源于湖北非人灵长类动物生殖与发育毒性研究平台；应用 Roche Cobas 6000 全自动生化分析仪及配套试剂进行检测

表 14　雌性食蟹猴(3～5 岁)血清生化参考值范围

指　标	动物数(只)	均　值	标准差	参　考　值	
				下　限	上　限
ALT(U/L)	1 198	52	20	13	91
AST(U/L)	1 198	46	14	19	73
GGT(U/L)	1 198	64	17	31	97
ALP(U/L)	1 198	416	131	159	673
BIL(μmol/L)	1 198	2.3	0.8	0.7	3.9
TP(g/L)	1 198	76.2	4.7	67.0	85.4
ALB(g/L)	1 198	45.9	3.4	39.2	52.6
UREA(mmol/L)	1 198	6.23	1.00	4.27	8.19
CREA(μmol/L)	1 198	57	8	41	73
GLU(mmol/L)	1 198	3.83	0.75	2.36	5.30
CK(U/L)	1 198	250	97	60	440
TRIG(mmol/L)	1 198	0.4	0.1	0.2	0.6
CHO(mmol/L)	1 198	3.19	0.62	1.97	4.41
K^+(mmol/L)	1 193	4.98	0.50	4.00	5.96
Na^+(mmol/L)	1 193	148.1	2.9	142.4	153.8
Cl^-(mmol/L)	1 193	106.3	2.7	101.0	111.6

续　表

指　标	动物数(只)	均　值	标准差	参　考　值	
				下　限	上　限
CRP(mg/L)	193	1.90	1.30	0.00	4.45
PHOS(mmol/L)	180	1.63	0.33	0.98	2.28
Ca(mmol/L)	157	2.47	0.08	2.31	2.63
LDH(U/L)	346	444	124	201	687
GLO(g/L)	1 198	30.1	3.7	22.8	37.4
ALB/GLO	1 198	1.53	0.24	1.06	2.00

注：数据来源于湖北非人灵长类动物生殖与发育毒性研究平台；应用 Roche Cobas 6000 全自动生化分析仪及配套试剂进行检测

表15　雄性食蟹猴(3～5 岁)凝血指标参考值范围

指　标	动物数(只)	均　值	标准差	参　考　值	
				下　限	上　限
APTT(s)	1 088	18.5	2.5	13.6	23.4
PT(s)	1 088	8.5	0.6	7.3	9.7
TT(s)	980	22.5	1.2	20.1	24.9
FIB(g/L)	1 027	2.24	0.42	1.42	3.06

注：数据来源于湖北非人灵长类动物生殖与发育毒性研究平台；应用 Sysmex CS‑2 400 全自动凝血分析仪及配套试剂进行检测

表16　雌性食蟹猴(3～5 岁)凝血指标参考值范围

指　标	动物数(只)	均　值	标准差	参　考　值	
				下　限	上　限
APTT(s)	1 077	18.3	2.4	13.6	23.0
PT(s)	1 077	8.2	0.7	6.8	9.6
TT(s)	969	22.4	1.3	19.9	24.9
FIB(g/L)	1 016	2.15	0.45	1.27	3.03

注：数据来源于湖北非人灵长类动物生殖与发育毒性研究平台；应用 Sysmex CS‑2 400 全自动凝血分析仪及配套试剂进行检测

表17　雄性食蟹猴(3～5 岁)免疫指标参考值范围

指　标	动物数(只)	均　值	标准差	参　考　值	
				下　限	上　限
C3(mg/dL)	604	127.5	16.6	95.0	160.0
C4(mg/dL)	604	19.3	5.6	8.3	30.3
IGG(mg/dL)	610	1 053.4	201.6	658.3	1 448.5
IGA(mg/dL)	610	175.4	64.3	49.4	301.4
IGM(mg/dL)	610	99.6	36.3	28.5	170.7
CIC(μg/mL)	314	22.496	10.790	1.348	43.644

注：数据来源于湖北非人灵长类动物生殖与发育毒性研究平台；应用 Roche Cobas 6000 全自动生化分析仪及配套试剂进行检测,其中 CIC 使用 Bio‑Rad imark 酶标仪及 ELISA 试剂盒检测

表18   雌性食蟹猴(3~5岁)免疫指标参考值范围

指 标	动物数(只)	均 值	标准差	参考值	
				下 限	上 限
C3(mg/dL)	582	125.3	16.6	92.8	157.8
C4(mg/dL)	582	18.9	5.4	8.3	29.5
IGG(mg/dL)	588	1 054.2	201.3	659.7	1 448.7
IGA(mg/dL)	588	158.0	62.6	35.3	280.7
IGM(mg/dL)	588	123.9	48.0	29.8	218.0
CIC(μg/mL)	314	22.185	8.085	6.338	38.032

注:数据来源于湖北非人灵长类动物生殖与发育毒性研究平台;应用 Roche Cobas 6000 全自动生化分析仪及配套试剂进行检测,其中 CIC 使用 Bio - Rad imark 酶标仪及 ELISA 试剂盒检测

表19   雄性食蟹猴(3~5岁)细胞因子参考值范围

指 标	动物数(只)	均 值	标准差	参考值	
				下 限	上 限
IL - 2(pg/mL)	478	BLQ	BLQ	BLQ	BLQ
IL - 4(pg/mL)	478	BLQ	BLQ	BLQ	BLQ
IL - 5(pg/mL)	478	BLQ	BLQ	BLQ	BLQ
IL - 6(pg/mL)	478	0.23	0.54	BLQ	1.29
TNF - α(pg/mL)	478	BLQ	BLQ	BLQ	BLQ
IFN - γ(pg/mL)	478	BLQ	BLQ	BLQ	BLQ
IL - 8(pg/mL)	6	535.3	624.1	83.02	1 611.08
IL - 10(pg/mL)	6	BLQ	BLQ	BLQ	BLQ

注:数据来源于湖北非人灵长类动物生殖与发育毒性研究平台;应用 BD FACSCalibur 流式细胞仪及 BD 流式抗体进行检测,并使用 BD FCAP 软件进行数据分析;BLQ,低于定量下限

表20   雌性食蟹猴(3~5岁)细胞因子参考值范围

指 标	动物数(只)	均 值	标准差	参考值	
				下 限	上 限
IL - 2(pg/mL)	481	BLQ	BLQ	BLQ	BLQ
IL - 4(pg/mL)	481	BLQ	BLQ	BLQ	BLQ
IL - 5(pg/mL)	481	0.03	0.18	BLQ	0.38
IL - 6(pg/mL)	481	0.46	0.84	BLQ	2.11
TNF - α(pg/mL)	481	BLQ	BLQ	BLQ	BLQ
IFN - γ(pg/mL)	481	BLQ	BLQ	BLQ	BLQ
IL - 8(pg/mL)	6	252.50	126.63	70.70	454.37
IL - 10(pg/mL)	6	BLQ	BLQ	BLQ	BLQ

注:数据来源于湖北非人灵长类动物生殖与发育毒性研究平台;应用 BD FACSCalibur 流式细胞仪及 BD 流式抗体进行检测,并使用 BD FCAP 软件进行数据分析;BLQ,低于定量下限

表 21　雄性食蟹猴(3～5 岁)血清生化参考值范围

指 标	动物数(只)	均 值	标准差	参 考 值	
				下 限	上 限
ALT(U/L)	572	61	25	17	137
AST(U/L)	572	48	13	23	87
GGT(U/L)	572	47	12	23	83
ALP(U/L)	572	532	152	183	954
T-BiL(μmol/L)	572	2.96	1.03	0.63	5.98
TP(g/L)	572	76.23	4.82	64.65	89.98
ALB(g/L)	572	44.19	3.32	35.19	3.32
BUN(mmol/L)	572	6.4	1.1	3.5	9.6
CREA(μmol/L)	572	52.90	11.69	26.38	84.69
GLU(mmol/L)	572	4.17	0.67	2.34	5.97
CK(U/L)	572	224	91	2	519
TG(mmol/L)	572	0.48	0.16	0.16	0.96
TCHO(mmol/L)	572	3.43	0.75	1.39	5.49

注：数据来源于湖北非人灵长类动物生殖与发育毒性研究平台；应用 Sysmex BX-3010 全自动生化分析仪及配套试剂进行检测

表 22　雌性食蟹猴(3～5 岁)血清生化参考值范围

指 标	动物数(只)	均 值	标准差	参 考 值	
				下 限	上 限
ALT(U/L)	590	49	18	21	104
AST(U/L)	590	61	22	14	125
GGT(U/L)	590	24	99	56	19
ALP(U/L)	590	78	845	401	102
T-BiL(μmol/L)	590	3.26	1.16	0.18	6.76
TP(g/L)	590	76.03	5.05	62.13	89.72
ALB(g/L)	590	42.91	3.38	34.03	51.95
BUN(mmol/L)	590	6.5	1.1	3.6	9.7
CREA(μmol/L)	590	47.03	8.25	26.38	69.34
GLU(mmol/L)	590	4.03	0.71	2.35	5.96
CK(U/L)	590	234	108	63	613
TG(mmol/L)	590	0.53	0.17	0.12	0.98
TCHO(mmol/L)	590	3.39	0.63	1.96	5.09

注：数据来源于湖北非人灵长类动物生殖与发育毒性研究平台；应用 Sysmex BX-3010 全自动生化分析仪及配套试剂进行检测

表 23 雄性食蟹猴(3～5 岁)血清电解质参考值范围

指 标	动物数(只)	均 值	标准差	参 考 值	
				下 限	上 限
K$^+$ (mmol/L)	97	5.20	0.63	3.99	7.17
Na$^+$ (mmol/L)	97	149.11	3.09	143.59	159.57
Cl$^-$ (mmol/L)	97	106.28	0.36	100.97	111.21

注：数据来源于湖北非人灵长类动物生殖与发育毒性研究平台；应用梅州康立 Kite8G 全自动电解质分析仪及配套试剂进行检测

表 24 雌性食蟹猴(3～5 岁)血清电解质参考值范围

指 标	动物数(只)	均 值	标准差	参 考 值	
				下 限	上 限
K$^+$ (mmol/L)	128	4.86	0.51	3.91	6.18
Na$^+$ (mmol/L)	128	148.01	2.27	144.48	153.44
Cl$^-$ (mmol/L)	128	105.82	1.86	101.38	110.31

注：数据来源于湖北非人灵长类动物生殖与发育毒性研究平台；应用梅州康立 Kite8G 全自动电解质分析仪及配套试剂进行检测

表 25 雄性食蟹猴(3～5 岁)凝血指标参考值范围

指 标	动物数(只)	均 值	标准差	参 考 值	
				下 限	上 限
APTT(s)	435(FIB.TT＝262)	22.1	2.3	16.6	28.1
PT(s)	435(FIB.TT＝262)	8.6	0.6	7.0	10.2
TT(s)	435(FIB.TT＝262)	16.4	1.0	13.7	19.0
FIB(mg/dL)	435(FIB.TT＝262)	252	49	146	378

注：数据来源于湖北非人灵长类动物生殖与发育毒性研究平台；应用 Werfen ACL TOP 300 CTS 全自动凝血分析仪及配套试剂进行检测

表 26 雌性食蟹猴(3～5 岁)凝血指标参考值范围

指 标	动物数(只)	均 值	标准差	参 考 值	
				下 限	上 限
APTT(s)	435(FIB.TT＝262)	22.0	2.4	16.6	28.2
PT(s)	435(FIB.TT＝262)	8.4	0.5	7.1	9.8
TT(s)	435(FIB.TT＝262)	16.5	1.3	13.0	19.6
FIB(mg/dL)	435(FIB.TT＝262)	236	46	131	353

注：数据来源于湖北非人灵长类动物生殖与发育毒性研究平台；应用 Werfen ACL TOP 300 CTS 全自动凝血分析仪及配套试剂进行检测

表 27 雄性食蟹猴(3～5 岁)免疫细胞表型参考值范围

指 标	动物数(只)	均 值	标准差	参 考 值	
				下 限	上 限
CD3$^+$ (%)	662	58.7	8.9	41.3	76.1
CD3$^+$CD4$^+$ (%)	662	55.5	8.0	39.8	71.2

续 表

指 标	动物数(只)	均 值	标准差	参 考 值	
				下 限	上 限
CD3$^+$CD8$^+$(%)	662	37.0	8.2	20.9	53.1
CD3$^+$CD4$^+$/CD3$^+$CD8$^+$	662	1.58	0.55	0.50	2.66
CD3$^-$CD20$^+$(%)	662	28.0	8.6	11.1	44.9
CD3$^-$CD16$^+$(%)	662	9.4	5.1	0.0	19.4

注:数据来源于湖北非人灵长类动物生殖与发育毒性研究平台;应用 BD Celesta 流式细胞仪及 BD 流式抗体进行检测,并应用 BD Folwjo 软件进行数据分析

表 28　雌性食蟹猴(3～5 岁)免疫细胞表型参考值范围

指 标	动物数(只)	均 值	标准差	参 考 值	
				下 限	上 限
CD3$^+$(%)	662	61.2	9.4	42.8	79.6
CD3$^+$CD4$^+$(%)	662	57.2	7.3	42.9	71.5
CD3$^+$CD8$^+$(%)	662	35.6	7.1	21.7	49.5
CD3$^+$CD4$^+$/CD3$^+$CD8$^+$	662	1.67	0.53	0.63	2.71
CD3$^-$CD20$^+$(%)	662	27.1	8.8	9.9	44.3
CD3$^-$CD16$^+$(%)	662	7.6	4.0	0.0	15.4

注:数据来源于湖北非人灵长类动物生殖与发育毒性研究平台;应用 BD Celesta 流式细胞仪及 BD 流式抗体进行检测,并应用 BD Folwjo 软件进行数据分析

表 29　雄性恒河猴(3～5 岁)血液学参考值范围

指 标	动物数(只)	均 值	标准差	参 考 值	
				下 限	上 限
WBC($\times 10^9$/L)	410	8.35	2.52	3.33	15.27
RBC($\times 10^{12}$/L)	410	5.46	0.50	4.02	6.89
HGB(g/L)	410	129	12	97	161
HCT(%)	410	41.9	3.4	33.5	50.3
MCV(fL)	410	76.9	3.0	68.4	84.3
MCH(pg)	410	23.8	1.3	20.2	27.3
MCHC(g/L)	410	309	9	284	334
PLT($\times 10^9$/L)	410	323	74	120	527
NEUT#($\times 10^9$/L)	410	3.70	1.96	0.64	10.06
LYMPH#($\times 10^9$/L)	410	4.11	1.31	1.51	7.96
MONO#($\times 10^9$/L)	410	0.43	0.17	0.12	0.92
EO#($\times 10^9$/L)	410	0.02	0.01	0.00	0.05
BASO#($\times 10^9$/L)	410	0.01	0.01	0.00	0.03
NEUT%(%)	410	44.3	15.3	8.0	84.6

续表

指　标	动物数(只)	均　值	标准差	参　考　值	
				下　限	上　限
LYMPH%(%)	410	49.9	15.0	10.4	87.8
MONO%(%)	410	5.1	1.3	2.1	8.8
EO%(%)	410	0.2	0.1	0.0	0.5
BASO%(%)	410	0.2	0.1	0.0	0.5
RET#(×10^9/L)	410	60.7	23.8	9.8	123.7
RET%(%)	410	1.12	0.47	0.15	2.46

注：数据来源于湖北非人灵长类动物生殖与发育毒性研究平台；应用 Sysmex XN－1000 全自动血液分析仪及配套试剂进行检测

表30　雌性恒河猴(3～5 岁)血液学参考值范围

指　标	动物数(只)	均　值	标准差	参　考　值	
				下　限	上　限
WBC(×10^9/L)	488	8.82	2.69	3.47	16.20
RBC(×10^{12}/L)	488	5.32	0.48	3.91	6.75
HGB(g/L)	488	126	10	104	152
HCT(%)	488	41.2	2.9	34.4	49.1
MCV(fL)	488	77.6	2.9	69.6	85.7
MCH(pg)	488	23.8	1.4	19.9	27.4
MCHC(g/L)	488	307	10	283	332
PLT(×10^9/L)	488	335	81	121	560
NEUT#(×10^9/L)	488	4.53	2.10	0.54	10.64
LYMPH#(×10^9/L)	488	3.64	1.20	0.99	7.14
MONO#(×10^9/L)	488	0.46	0.18	0.10	0.99
EO#(×10^9/L)	488	0.02	0.03	0.00	0.33
BASO#(×10^9/L)	488	0.02	0.01	0.00	0.05
NEUT%(%)	488	51.8	14.5	13.8	85.3
LYMPH%(%)	488	42.5	14.1	6.5	81.3
MONO%(%)	488	5.2	1.5	2.1	9.5
EO%(%)	488	0.1	0.2	0.0	0.7
BASO%(%)	488	0.2	0.1	0.0	0.5
RET#(×10^9/L)	488	70.8	26.9	12.6	149.1
RET%(%)	488	1.32	0.52	0.23	2.66

注：数据来源于湖北非人灵长类动物生殖与发育毒性研究平台；应用 Sysmex XN－1000 全自动血液分析仪及配套试剂进行检测

表 31　雄性恒河猴(3～5 岁)血清生化参考值范围

指　标	动物数(只)	均　值	标准差	参 考 值 下　限	参 考 值 上　限
ALT(U/L)	173	55	27	7	135
AST(U/L)	173	43	15	20	92
GGT(U/L)	173	76	18	32	124
ALP(U/L)	173	519	157	195	939
BIL(μmol/L)	173	3.1	1.1	0.8	6.3
TP(g/L)	173	74.7	5.0	64.1	86.2
ALB(g/L)	173	48.9	4.2	36.2	57.7
UREA(mmol/L)	173	5.92	1.13	3.46	9.37
CREA(μmol/L)	173	51	8	32	73
GLU(mmol/L)	173	4.01	0.72	1.92	5.76
CK(U/L)	173	221	129	74	672
TRIG(mmol/L)	173	0.5	0.2	0.2	0.8
CHO(mmol/L)	173	3.17	0.59	1.66	4.56
K^+(mmol/L)	173	4.42	0.46	3.36	5.64
Na^+(mmol/L)	173	147.8	3.3	139.7	155.8
Cl^-(mmol/L)	173	106.0	4.2	96.1	114.9
CRP(mg/L)	40	0.96	0.88	0.09	4.49
PHOS(mmol/L)	17	1.85	0.31	1.25	2.34
Ca(mmol/L)	17	2.45	0.09	2.33	2.63
LDH(U/L)	17	553	208	278	961

注：数据来源于湖北非人灵长类动物生殖与发育毒性研究平台；应用 Roche Cobas 6000 全自动生化分析仪及配套试剂进行检测

表 32　雌性恒河猴(3～5 岁)血清生化参考值范围

指　标	动物数(只)	均　值	标准差	参 考 值 下　限	参 考 值 上　限
ALT(U/L)	252	57	23	11	114
AST(U/L)	252	44	15	14	95
GGT(U/L)	252	73	16	34	116
ALP(U/L)	252	519	183	94	1 034
BIL(μmol/L)	252	3.0	1.1	1.0	6.7
TP(g/L)	252	73.0	4.3	61.5	82.5
ALB(g/L)	252	47.9	3.6	39.1	57.1
UREA(mmol/L)	252	5.59	1.03	3.49	8.44
CREA(μmol/L)	252	47	9	27	71
GLU(mmol/L)	252	3.84	0.77	1.94	5.78

续 表

指 标	动物数(只)	均 值	标准差	参 考 值	
				下 限	上 限
CK(U/L)	252	207	110	57	622
TRIG(mmol/L)	252	0.5	0.2	0.2	0.8
CHO(mmol/L)	252	3.05	0.54	1.74	4.59
K^+(mmol/L)	252	4.31	0.45	3.27	5.50
Na^+(mmol/L)	252	148.8	2.8	141.7	156.0
Cl^-(mmol/L)	252	106.5	4.1	98.3	116.8
CRP(mg/L)	40	0.74	0.52	0.11	2.39
PHOS(mmol/L)	17	1.71	0.19	1.40	2.05
Ca^{2+}(mmol/L)	17	2.46	0.04	2.40	2.54
LDH(U/L)	17	442	114	298	655

注：数据来源于湖北非人灵长类动物生殖与发育毒性研究平台；应用 Roche Cobas 6000 全自动生化分析仪及配套试剂进行检测

表33 雄性恒河猴(3～5 岁)凝血指标参考值范围

指 标	动物数(只)	均 值	标准差	参 考 值	
				下 限	上 限
APTT(s)	150	19.5	2.0	14.4	24.0
PT(s)	150	9.2	0.6	7.7	10.7
TT(s)	150	21.6	1.0	19.5	24.0
FIB(g/L)	150	1.92	0.50	0.57	3.29

注：数据来源于湖北非人灵长类动物生殖与发育毒性研究平台；应用 Sysmex CS-2400 全自动凝血分析仪及配套试剂进行检测

表34 雌性恒河猴(3～5 岁)凝血指标参考值范围

指 标	动物数(只)	均 值	标准差	参 考 值	
				下 限	上 限
APTT(s)	150	19.1	2.0	14.9	24.1
PT(s)	150	9.2	0.5	7.7	10.7
TT(s)	150	21.7	1.1	18.6	24.7
FIB(g/L)	150	1.90	0.41	1.12	3.02

注：数据来源于湖北非人灵长类动物生殖与发育毒性研究平台；应用 Sysmex CS-2400 全自动凝血分析仪及配套试剂进行检测

表35 雄性恒河猴(3～5 岁)免疫指标参考值范围

指 标	动物数(只)	均 值	标准差	参 考 值	
				下 限	上 限
C3(mg/dL)	69	115.0	15.1	80.7	144.0
C4(mg/dL)	69	17.7	5.5	5.0	37.6

续 表

指 标	动物数(只)	均 值	标准差	参 考 值	
				下 限	上 限
IGG(mg/dL)	69	876.4	151.8	614.9	1 221.1
IGA(mg/dL)	69	138.8	57.3	38.1	293.5
IGM(mg/dL)	69	89.1	40.4	28.3	204.6
CIC(ug/mL)	20	25.249	5.337	17.831	36.838

注：数据来源于湖北非人灵长类动物生殖与发育毒性研究平台；应用 Roche Cobas 6000 全自动生化分析仪及配套试剂进行检测，其中 CIC 使用 Bio‐Rad imark 酶标仪及 ELISA 试剂盒检测

表 36 雌性恒河猴(3～5 岁)免疫指标参考值范围

指 标	动物数(只)	均 值	标准差	参 考 值	
				下 限	上 限
C3(mg/dL)	69	107.9	15.5	71.3	156.6
C4(mg/dL)	69	16.8	5.6	6.4	32.3
IGG(mg/dL)	69	872.8	153.7	567.5	1 260.9
IGA(mg/dL)	69	122.9	61.2	34.0	284.8
IGM(mg/dL)	69	90.6	32.6	24.1	200.9
CIC(ug/mL)	20	22.921	3.972	17.349	30.156

注：数据来源于湖北非人灵长类动物生殖与发育毒性研究平台；应用 Roche Cobas 6000 全自动生化分析仪及配套试剂进行检测，其中 CIC 使用 Bio‐Rad imark 酶标仪及 ELISA 试剂盒检测

表 37 雄性恒河猴(3～5 岁)细胞因子参考值范围

指 标	动物数(只)	均 值	标准差	参 考 值	
				下 限	上 限
IL‐2(pg/mL)	60	BLQ	BLQ	BLQ	BLQ
IL‐4(pg/mL)	60	BLQ	BLQ	BLQ	BLQ
IL‐5(pg/mL)	60	BLQ	BLQ	BLQ	BLQ
IL‐6(pg/mL)	60	0.65	1.34	BLQ	4.88
TNF‐α(pg/mL)	60	0.01	0.08	BLQ	0.65
IFN‐γ(pg/mL)	60	BLQ	BLQ	BLQ	BLQ

注：数据来源于湖北非人灵长类动物生殖与发育毒性研究平台；应用 BD FACSCalibur 流式细胞仪及 BD 流式抗体进行检测，并使用 BD FCAP 软件进行数据分析；BLQ，低于定量下限

表 38 雌性恒河猴(3～5 岁)细胞因子参考值范围

指 标	动物数(只)	均 值	标准差	参 考 值	
				下 限	上 限
IL‐2(pg/mL)	60	BLQ	BLQ	BLQ	BLQ
IL‐4(pg/mL)	60	BLQ	BLQ	BLQ	BLQ
IL‐5(pg/mL)	60	BLQ	BLQ	BLQ	BLQ
IL‐6(pg/mL)	60	BLQ	0.01	BLQ	0.10

续　表

指　标	动物数(只)	均　值	标准差	参考值	
				下　限	上　限
TNF-α(pg/mL)	60	BLQ	BLQ	BLQ	BLQ
IFN-γ(pg/mL)	60	BLQ	BLQ	BLQ	BLQ

注：数据来源于湖北非人灵长类动物生殖与发育毒性研究平台；应用 BD FACSCalibur 流式细胞仪及 BD 流式抗体进行检测，并使用 BD FCAP 软件进行数据分析；BLQ，低于定量下限

表39　雄性恒河猴(3～5 岁)血清生化参考值范围

指　标	动物数(只)	均　值	标准差	参考值	
				下　限	上　限
ALT(U/L)	339	56	23	13	121
AST(U/L)	339	42	13	14	83
GGT(U/L)	339	67	14	36	105
ALP(U/L)	339	419	122	158	740
T-BiL(μmol/L)	339	3.39	1.09	0.86	6.29
TP(g/L)	339	74.31	4.39	52.30	87.96
ALB(g/L)	339	46.62	3.39	38.60	55.56
BUN(mmol/L)	339	6.5	1.3	3.5	9.9
CREA(μmol/L)	339	46.22	8.73	27.53	70.43
GLU(mmol/L)	339	4.20	0.74	2.54	6.04
CK(U/L)	339	182	88	42	478
TG(mmol/L)	339	0.48	0.15	0.22	0.91
TCHO(mmol/L)	339	3.46	0.56	2.10	4.82

注：数据来源于湖北非人灵长类动物生殖与发育毒性研究平台；应用 Sysmex BX-3010 全自动生化分析仪及配套试剂进行检测

表40　雌性恒河猴(3～5 岁)血清生化参考值范围

指　标	动物数(只)	均　值	标准差	参考值	
				下　限	上　限
ALT(U/L)	339	61	34	16	164
AST(U/L)	339	42	17	14	91
GGT(U/L)	339	65.8	16	35	104
ALP(U/L)	339	422	156	117	873
T-BiL(μmol/L)	339	3.47	1.34	0.72	6.76
TP(g/L)	339	74.05	4.63	60.37	86.66
ALB(g/L)	339	45.61	3.89	34.75	54.34
BUN(mmol/L)	339	5.9	1.1	3.7	8.8
CREA(μmol/L)	339	43.66	7.92	29.15	62.97
GLU(mmol/L)	339	4.17	0.77	2.17	6.38

续 表

指 标	动物数(只)	均 值	标准差	参 考 值	
				下 限	上 限
CK(U/L)	339	205	117	11	602
TG(mmol/L)	339	0.54	0.20	0.22	1.14
TCHO(mmol/L)	339	3.47	0.63	2.08	4.94

注：数据来源于湖北非人灵长类动物生殖与发育毒性研究平台；应用 Sysmex BX-3010 全自动生化分析仪及配套试剂进行检测

表 41　雄性恒河猴(3～5 岁)血清电解质参考值范围

指 标	动物数(只)	均 值	标准差	参 考 值	
				下 限	上 限
K⁺(mmol/L)	203	4.29	0.43	3.31	5.49
Na⁺(mmol/L)	203	151.65	2.18	146.52	159.09
Cl⁻(mmol/L)	203	104.64	2.11	99.34	109.85

注：数据来源于湖北非人灵长类动物生殖与发育毒性研究平台；应用梅州康立 Kite8G 全自动电解质分析仪及配套试剂进行检测

表 42　雌性恒河猴(3～5 岁)血清电解质参考值范围

指 标	动物数(只)	均 值	标准差	参 考 值	
				下 限	上 限
K⁺(mmol/L)	213	4.30	0.45	3.30	5.55
Na⁺(mmol/L)	213	151.46	2.15	145.61	157.35
Cl⁻(mmol/L)	213	104.39	2.57	96.64	110.46

注：数据来源于湖北非人灵长类动物生殖与发育毒性研究平台；应用梅州康立 Kite8G 全自动电解质分析仪及配套试剂进行检测

表 43　雄性恒河猴(3～5 岁)凝血指标参考值范围

指 标	动物数(只)	均 值	标准差	参 考 值	
				下 限	上 限
APTT(s)	165	22.7	2.0	18.6	28.8
PT(s)	165	9.3	0.6	7.8	11.0
TT(s)	165	16.4	1.2	13.4	19.4
FIB(mg/dL)	165	196	32	133	175

注：数据来源于湖北非人灵长类动物生殖与发育毒性研究平台；应用 Werfen ACL TOP 300 CTS 全自动凝血分析仪及配套试剂进行检测

表 44　雌性恒河猴(3～5 岁)凝血指标参考值范围

指 标	动物数(只)	均 值	标准差	参 考 值	
				下 限	上 限
APTT(s)	245	22.9	2.2	16.6	28.5
PT(s)	245	9.2	0.4	8.1	10.3

续　表

指　标	动物数(只)	均　值	标准差	参　考　值	
				下　限	上　限
TT(s)	245	15.9	1.40	12.4	19.5
FIB(mg/dL)	245	311	37	129	322

注：数据来源于湖北非人灵长类动物生殖与发育毒性研究平台；应用 Werfen ACL TOP 300 CTS 全自动凝血分析仪及配套试剂进行检测

表 45　雄性恒河猴(3～5 岁)免疫细胞表型参考值范围

指　标	动物数(只)	均　值	标准差	参　考　值	
				下　限	上　限
$CD3^+$(%)	126	64.1	9.8	39.4	87.4
$CD3^+CD4^+$(%)	126	52.4	8.6	29.2	73.0
$CD3^+CD8^+$(%)	126	38.2	7.1	20.7	55.9
$CD3^+CD4^+/CD3^+CD8^+$	126	1.40	0.44	0.45	2.73
$CD3^-CD20^+$(%)	126	23.0	10.4	5.7	53.7
$CD3^-CD16^+$(%)	126	10.5	6.6	0.7	31.1

注：数据来源于湖北非人灵长类动物生殖与发育毒性研究平台；应用 BD Celesta 流式细胞仪及 BD 流式抗体进行检测，并应用 BD Folwjo 软件进行数据分析

表 46　雌性恒河猴(3～5 岁)免疫细胞表型参考值范围

指　标	动物数(只)	均　值	标准差	参　考　值	
				下　限	上　限
$CD3^+$(%)	126	61.7	8.1	40.3	80.9
$CD3^+CD4^+$(%)	126	53.5	7.4	33.6	70.2
$CD3^+CD8^+$(%)	126	37.6	7.8	22.2	61.6
$CD3^+CD4^+/CD3^+CD8^+$	126	1.49	0.47	0.49	2.69
$CD3^-CD20^+$(%)	126	24.6	7.4	7.4	41.2
$CD3^-CD16^+$(%)	126	10.7	5.6	2.0	27.6

注：数据来源于湖北非人灵长类动物生殖与发育毒性研究平台；应用 BD Celesta 流式细胞仪及 BD 流式抗体进行检测，并应用 BD Folwjo 软件进行数据分析

（周　文）

附录三　食蟹猴生殖与发育毒理学图谱

（一）食蟹猴胎仔双染法骨骼标本的制备

1. 溶液配制　见表1。

表1　溶液配制方法

所 需 溶 液	配 制 方 法
固定液	95%乙醇
阿利新蓝染液	15 mg 阿利新蓝染料，加 95%乙醇 80 mL，再加 20 mL 冰醋酸
茜素红染液	0.1 g 茜素红染料，加 10 g 氢氧化钾，加超纯水至 1 000 mL
1%氢氧化钾溶液	10 g 氢氧化钾加超纯水至 1 000 mL
透明液Ⅰ	400 mL 甘油，加 70%乙醇 400 mL，再加 200 mL 苯甲醇
透明液Ⅱ	400 mL 甘油，加 70%乙醇 1 000 mL
保存液	纯甘油

2. 操作步骤　孕猴于 GD_{100} 剖宫检查，取出胎仔，剥皮去内脏，摘除颈部和背部脂肪组织后，用 95%乙醇固定至少 3 日，染色备用。3 日后，去 95%乙醇改用阿利新蓝染液染色。5～7 日后，再换用 95%乙醇。1～3 日后，去 95%乙醇，将猴胎仔浸入茜素红 2～4 日。去掉染液，用 1%氢氧化钾溶液处理 1～7 日。将胎仔移入透明液Ⅰ、Ⅱ中各 30 日，如果透明度不佳，可适当延长在透明液中的时间，然后更换 100%甘油保存。

（二）食蟹猴胎仔内脏标本的制备

（1）新鲜标本检查内脏。

（2）取猴胎仔内脏，于 10%福尔马林溶液固定至少 48 h 后进行内脏检查。

（三）实验用食蟹猴常见畸形图谱

1. 外观异常　见图1～图43。

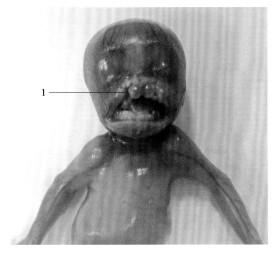

图1　口唇异常（正面观）。猴胎仔，环磷酰胺（CP），20 mg/kg，GD_{24-28} 皮下注射（sc），GD_{100} 剖宫检查。1. 口唇异常

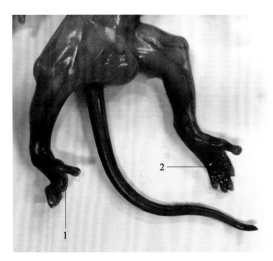

图2　右后趾外翻、正常脚趾（正面观）。猴胎仔，环磷酰胺（CP），20 mg/kg，GD_{24-28} 皮下注射（sc），GD_{100} 剖宫检查。1. 右后趾外翻；2. 正常脚趾

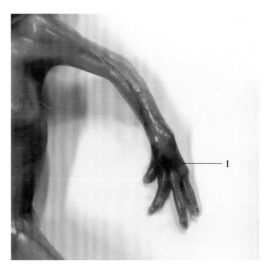

图 3　少指（正面观）。猴胎仔,环磷酰胺（CP）,20 mg/ kg, GD$_{24-28}$ 皮下注射（sc）,GD$_{100}$ 剖宫检查。1. 少指

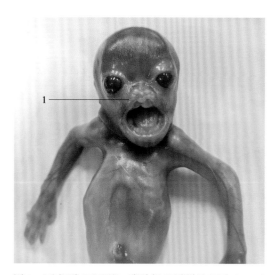

图 4　口唇异常（正面观）。猴胎仔,环磷酰胺（CP）,20 mg/ kg,GD$_{24-28}$ 皮下注射（sc）,GD$_{100}$ 剖宫检查。1. 口唇异常

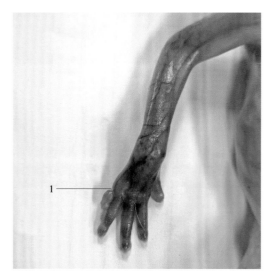

图 5　小指异常（正面观）。猴胎仔,环磷酰胺（CP）, 20 mg/ kg,GD$_{24-28}$ 皮下注射（sc）,GD$_{100}$ 剖宫检查。 1. 小指异常

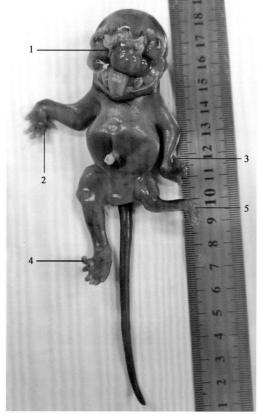

图 6　面部异常、指趾外翻（正面观）。猴胎仔,环磷酰胺 （CP）,20 mg/ kg,GD$_{24-28}$ 皮下注射（sc）,GD$_{100}$ 剖宫检查。1. 面部异常;2～5. 指、趾内翻或外翻

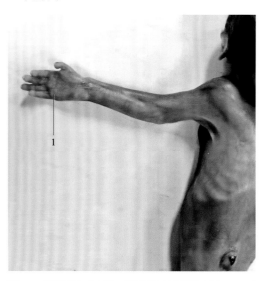

图 7　正常手指（正面观）。猴胎仔,氯化钠注射液,1 mL/ kg,GD$_{24-30}$ 灌胃（ig）,GD$_{100}$ 剖宫检查。1. 正常手指

图 8　正常胎仔（正面观）。猴胎仔,氯化钠注射液,
1 mL/kg,GD$_{24-30}$ 灌胃(ig),GD$_{100}$ 剖宫检查

图 9　正常胎仔侧面。猴胎仔,氯化钠注射液,1 mL/kg,
GD$_{24-30}$ 灌胃(ig),GD$_{100}$ 剖宫检查

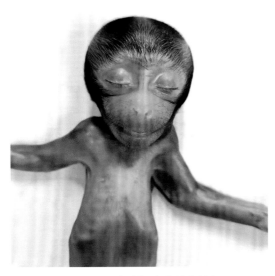

图 10　正常胎仔正面。猴胎仔,氯化钠注射液,1 mL/kg,
GD$_{24-30}$ 灌胃(ig),GD$_{100}$ 剖宫检查

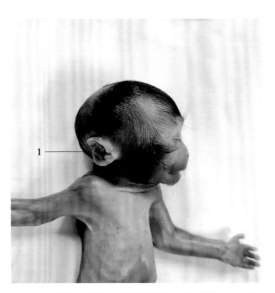

图 11　正常胎仔耳朵。猴胎仔,氯化钠注射液,1 mL/kg,
GD$_{24-30}$ 灌胃(ig),GD$_{100}$ 剖宫检查。1. 耳朵

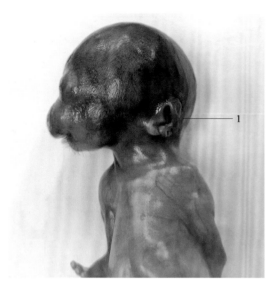
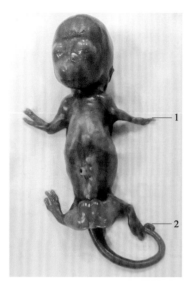

图 12　耳廓与脑部粘连（侧面观）。猴胎仔，沙利度胺，15 mg/kg，GD$_{24-30}$ 灌胃（ig），GD$_{100}$ 剖宫检查。1. 耳廓与脑部粘连

图 13　海豹肢、卷尾（正面观）。猴胎仔，沙利度胺，15 mg/kg，GD$_{24-30}$ 灌胃（ig），GD$_{100}$ 剖宫检查。1. 海豹肢；2. 卷尾

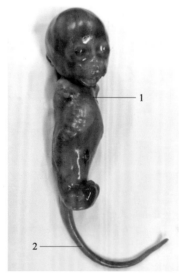
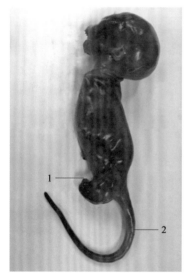

图 14　海豹肢、卷尾（背面观）。猴胎仔，沙利度胺，15 mg/kg，GD$_{24-30}$ 灌胃（ig），GD$_{100}$ 剖宫检查。1. 海豹肢；2. 卷尾

图 15　海豹肢、正常尾巴（正面观）。猴胎仔，沙利度胺，15 mg/kg，GD$_{24-30}$ 灌胃（ig），GD$_{100}$ 剖宫检查。1. 海豹肢；2. 正常尾巴

图 16　海豹肢、正常尾巴（侧面观）。猴胎仔，沙利度胺，15 mg/kg，GD$_{24-30}$ 灌胃（ig），GD$_{100}$ 剖宫检查。1. 海豹肢；2. 正常尾巴

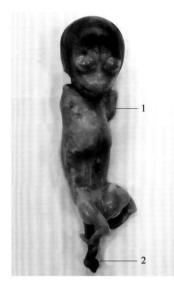

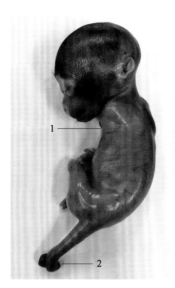

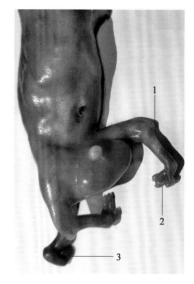

图 17 海豹肢、卷尾(正面观)。猴胎仔,沙利度胺,15 mg/kg,GD_{24-30} 灌胃(ig),GD_{100} 剖宫检查。1. 海豹肢;2. 卷尾

图 18 海豹肢、卷尾(侧面观)。猴胎仔,沙利度胺,15 mg/kg,GD_{24-30} 灌胃(ig),GD_{100} 剖宫检查。1. 海豹肢;2. 卷尾

图 19 海豹肢、卷尾、足内翻(正面观)。猴胎仔,沙利度胺,15 mg/kg,GD_{24-30} 灌胃(ig),GD_{100} 剖宫检查。1. 海豹肢;2. 足内翻;3. 卷尾

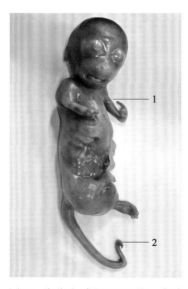

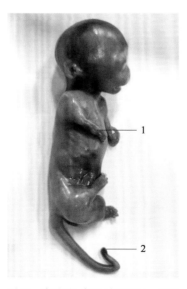

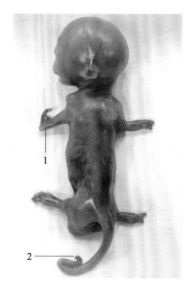

图 20 海豹肢、卷尾(正面观)。猴胎仔,沙利度胺,15 mg/kg,GD_{24-30} 灌胃(ig),GD_{100} 剖宫检查。1. 海豹肢;2. 卷尾

图 21 海豹肢、卷尾(侧面观)。猴胎仔,沙利度胺,15 mg/kg,GD_{24-30} 灌胃(ig),GD_{100} 剖宫检查。1. 海豹肢;2. 卷尾

图 22 海豹肢、卷尾(背面观)。猴胎仔,沙利度胺,15 mg/kg,GD_{24-30} 灌胃(ig),GD_{100} 剖宫检查。1. 海豹肢;2. 卷尾

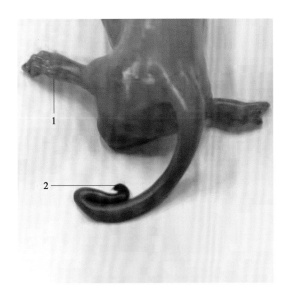

图 23　海豹肢、卷尾（背面观）。猴胎仔，沙利度胺，15 mg/kg，GD$_{24-30}$灌胃(ig)，GD$_{100}$剖宫检查。1. 海豹肢；2. 卷尾

图 24　左侧正常胎仔，右侧海豹肢（背面观）。左侧猴胎仔，氯化钠注射液，1 mL/kg，GD$_{24-30}$灌胃(ig)，GD$_{100}$剖宫检查。右侧猴胎仔，沙利度胺，15 mg/kg，GD$_{24-30}$灌胃(ig)，GD$_{100}$剖宫检查

图 25　右侧正常胎仔，左侧海豹肢（侧面观）。右侧侧猴胎仔，氯化钠注射液，1 mL/kg，GD$_{24-30}$灌胃(ig)，GD$_{100}$剖宫检查。左侧猴胎仔，沙利度胺，15 mg/kg，GD$_{24-30}$灌胃(ig)，GD$_{100}$剖宫检查

图 26　正常胎仔出牙（正面观）。猴胎仔，氯化钠注射液，1 mL/kg，GD$_{24-30}$灌胃(ig)，PND$_5$

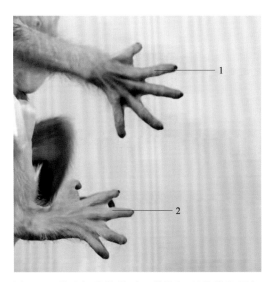

图 27 　脚趾短（侧面观）。猴胎仔，环磷酰胺（CP），20 mg/ kg，GD_{24-28} 皮下注射（sc），PND_5 死亡。1. 脚趾短-正面

图 28 　正常胎仔手指、脚趾。猴胎仔，氯化钠注射液，1 mL/ kg，GD_{24-30} 灌胃（ig），PND_0。1. 手指；2. 脚趾

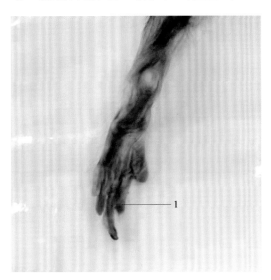

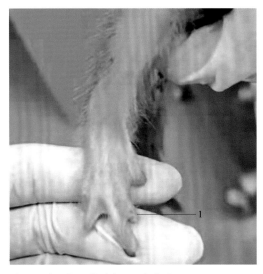

图 29 　脚趾短。猴胎仔，环磷酰胺（CP），20 mg/ kg，GD_{24-28} 皮下注射（sc），PND_5 死亡。1. 脚趾短（背面）

图 30 　脚趾短。猴胎仔，环磷酰胺（CP），20 mg/ kg，GD_{24-28} 皮下注射（sc），PND_0。1. 脚趾短（背面）

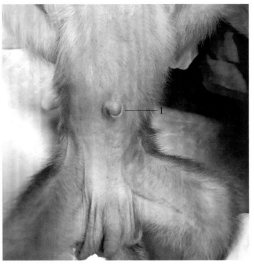

图 31 　正常胎仔（正面观）。猴胎仔，氯化钠注射液，1 mL/ kg，GD_{24-30} 灌胃（ig），PND_0

图 32 　正常胎仔脐带。猴胎仔，氯化钠注射液，1 mL/ kg，GD_{24-30} 灌胃（ig），1. PND_5 脐带

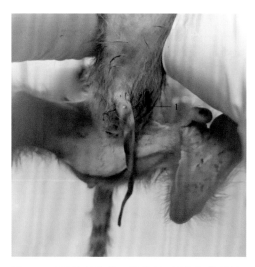

图33 正常胎仔脐带。猴胎仔,氯化钠注射液,1 mL/kg,GD$_{24-30}$灌胃(ig),1. PND$_0$脐带

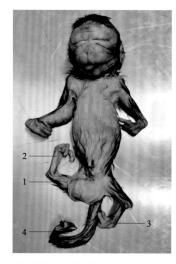

图34 海豹肢胎仔、少指、足内翻、短尾(正面观)。猴胎仔,沙利度胺,15 mg/kg,GD$_{24-30}$灌胃(ig),PND$_0$。1. 海豹肢胎仔;2. 少指;3. 足内翻;4. 短尾

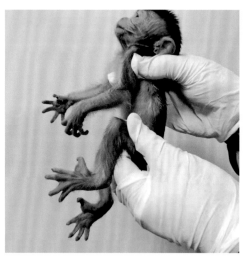

图35 正常胎仔(侧面观)。猴胎仔,氯化钠注射液,1 mL/kg,GD$_{24-30}$灌胃(ig),PND$_0$正常胎仔侧面

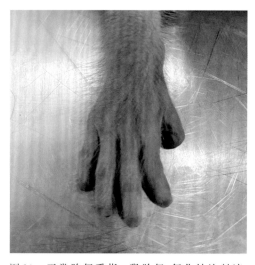

图36 正常胎仔手指。猴胎仔,氯化钠注射液,1 mL/kg,GD$_{24-30}$灌胃(ig),PND$_0$正常胎仔手指

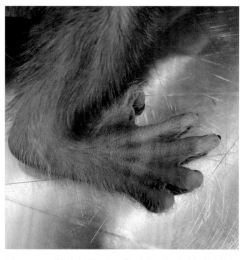

图37 正常胎仔脚趾。猴胎仔,氯化钠注射液,1 mL/kg,GD$_{24-30}$灌胃(ig),PND$_0$正常胎仔脚趾

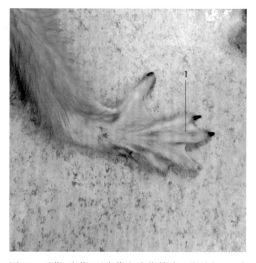

图38 示指、中指、无名指和小指粘连。猴胎仔,环磷酰胺(CP),20 mg/kg,GD$_{24-28}$皮下注射(sc),PND$_0$。1. 手指粘连

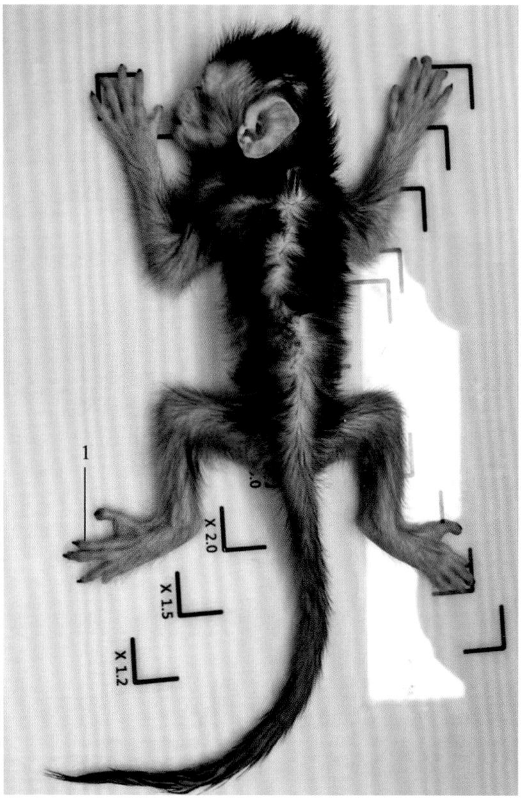

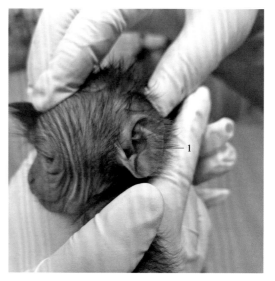

图 39　脚趾黏连(背面观)。猴胎仔,环磷酰胺(CP), 20 mg/ kg,GD$_{24-28}$ 皮下注射(sc),PND$_0$。1. 脚趾粘连

图 40　正常胎仔耳朵(侧面观)。猴胎仔,氯化钠注射液, 1 mL/ kg,GD$_{24-30}$ 灌胃(ig)。1. PND$_0$ 正常胎仔耳朵

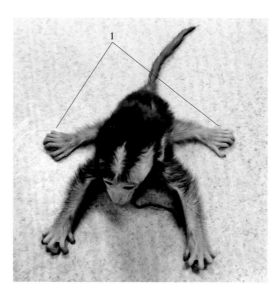

图 41　无名指弯曲(背面观)。猴胎仔,环磷酰胺(CP), 20 mg/ kg,GD$_{24-28}$ 皮下注射(sc),PND$_0$。1. 无名指弯曲

图 42　多趾(俯视图)。猴胎仔,沙利度胺,15 mg/ kg, GD$_{24-30}$ 灌胃(ig),PND$_0$。1. 多趾

图 43 多趾(背面观)。猴胎仔,沙利度胺,15 mg/kg,
GD$_{24-30}$ 灌胃(ig),PND$_0$。1. 多趾

2. 内脏异常 见图 44～图 51。

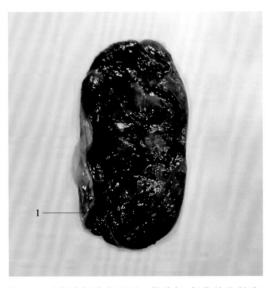

图 44 正常胎仔胎盘母面。猴胎仔,氯化钠注射液,
1 mL/kg,GD$_{24-30}$ 灌胃(ig),GD$_{100}$ 剖宫检查。1. 正常胎
仔胎盘母面

图 45 正常胎仔胎盘子面。猴胎仔,氯化钠注射液,
1 mL/kg,GD$_{24-30}$ 灌胃(ig),GD$_{100}$ 剖宫检查。1. 正常胎
仔胎盘子面

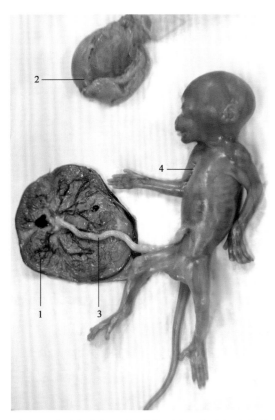

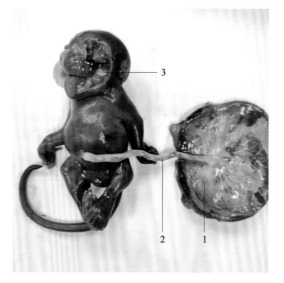

图46 正常胎仔胎盘、子宫、脐带、胎仔。猴胎仔,氯化钠注射液,1 mL/kg,GD$_{24-30}$灌胃(ig),GD$_{100}$剖宫检查。1. 正常胎仔胎盘;2. 子宫;3. 脐带;4. 胎仔

图47 环磷酰胺胎仔胎盘、脐带、胎仔。猴胎仔,环磷酰胺(CP),20 mg/kg,GD$_{24-28}$皮下注射(sc),GD$_{100}$剖宫检查。1. 胎仔胎盘;2. 脐带;3. 面部异常胎仔

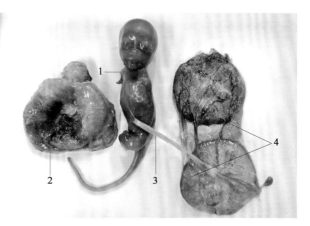

图48 环磷酰胺胎仔胎盘、子宫、脐带、胎仔。猴胎仔,环磷酰胺(CP),20 mg/kg,GD$_{24-28}$皮下注射(sc),GD$_{100}$剖宫检查。1. 胎仔胎盘;2. 子宫;3. 脐带;4. 眼球突出胎仔

图49 沙利度胺海豹肢胎仔、子宫、脐带、双胎盘。猴胎仔,沙利度胺,15 mg/kg,GD$_{24-30}$灌胃(ig),GD$_{100}$剖宫检查。1. 海豹肢胎仔;2. 子宫;3. 脐带;4. 双胎盘

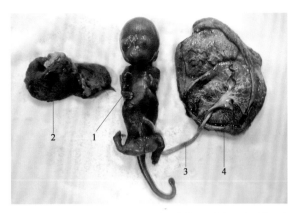

图 50 沙利度胺海豹肢胎仔、子宫、脐带、双胎盘。猴胎仔,沙利度胺,15 mg/kg,GD$_{24-30}$ 灌胃(ig),GD$_{100}$ 剖宫检查。1. 海豹肢胎仔;2. 子宫;3. 脐带;4. 双胎盘

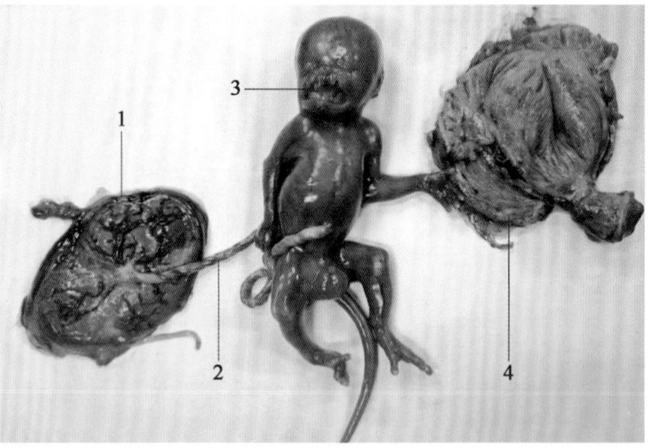

图 51 环磷酰胺胎仔胎盘、脐带、胎仔、子宫。猴胎仔,环磷酰胺(CP),20 mg/kg,GD$_{24-28}$ 皮下注射(sc),GD$_{100}$ 剖宫检查。1. 胎仔胎盘;2. 脐带;3. 面部异常胎仔;4. 子宫

3. 骨骼异常

(1)95%乙醇:见图 52~图 60。

图 52 正常胎仔(正面观)。猴胎仔,氯化钠注射液,1 mL/kg,GD$_{24-30}$ 灌胃(ig),GD$_{100}$ 剖宫检查

图 53 正常胎仔(侧面观)。猴胎仔,氯化钠注射液,1 mL/kg,GD$_{24-30}$ 灌胃(ig),GD$_{100}$ 剖宫检查

图 54 面部异常,上下肢外翻(正面观)。猴胎仔,环磷酰胺(CP),20 mg/kg,GD$_{24-28}$ 皮下注射(sc),GD$_{100}$ 剖宫检查。1. 面部异常;2. 上肢外翻

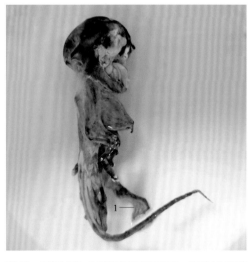

图 55 面部异常,上下肢外翻(侧面观)。猴胎仔,环磷酰胺(CP),20 mg/kg,GD$_{24-28}$ 皮下注射(sc),GD$_{100}$ 剖宫检查。1. 下肢外翻

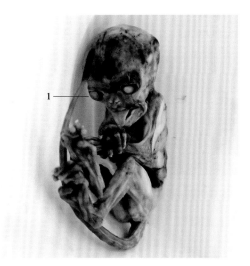

图 56　眼球突出（俯视图）。猴胎仔，环磷酰胺（CP），20 mg/kg，GD$_{24-28}$ 皮下注射（sc），GD$_{100}$ 剖宫检查。1. 眼球突出

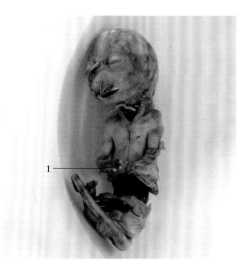

图 57　海豹肢、少指（正面观）。猴胎仔，沙利度胺，15 mg/kg，GD$_{24-30}$ 灌胃（ig），GD$_{100}$ 剖宫检查。1. 海豹肢、少指

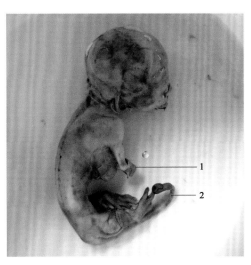

图 58　海豹肢、少指、卷尾（侧面观）。猴胎仔，沙利度胺，15 mg/kg，GD$_{24-30}$ 灌胃（ig），GD$_{100}$ 剖宫检查。1. 海豹肢；2. 卷尾

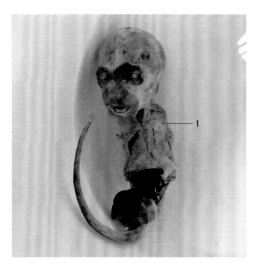

图 59　海豹肢（正面观）。猴胎仔，沙利度胺，15 mg/kg，GD$_{24-30}$ 灌胃（ig），GD$_{100}$ 剖宫检查。1. 海豹肢

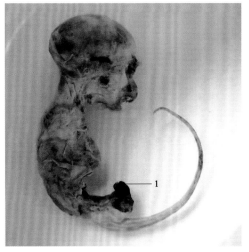

图 60　海豹肢（侧面观）。猴胎仔，沙利度胺，15 mg/kg，GD$_{24-30}$ 灌胃（ig），GD$_{100}$ 剖宫检查。1. 海豹肢

（2）阿利新蓝染色：见图61～图70。

图61 正常胎仔（正面观）。猴胎仔，氯化钠注射液，1 mL／kg，GD$_{24-30}$灌胃（ig），GD$_{100}$剖宫检查

图62 正常胎仔（侧面观）。猴胎仔，氯化钠注射液，1 mL／kg，GD$_{24-30}$灌胃（ig），GD$_{100}$剖宫检查

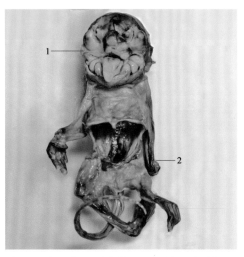

图63 面部异常，上下肢外翻（正面观）。猴胎仔，环磷酰胺（CP），20 mg／kg，GD$_{24-28}$皮下注射（sc），GD$_{100}$剖宫检查。1. 面部异常；2. 上肢外翻

图64 面部异常，上下肢外翻（侧面观）。猴胎仔，环磷酰胺（CP），20 mg／kg，GD$_{24-28}$皮下注射（sc），GD$_{100}$剖宫检查。1. 下肢外翻

图65 眼球突出（正面观）。猴胎仔，环磷酰胺（CP），20 mg／kg，GD$_{24-28}$皮下注射（sc），GD$_{100}$剖宫检查。1. 眼球突出

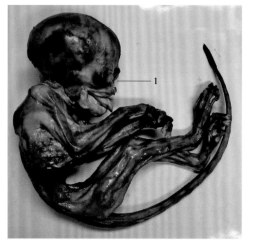

图66 眼球突出（侧面观）。猴胎仔，环磷酰胺（CP），20 mg／kg，GD$_{24-28}$皮下注射（sc），GD$_{100}$剖宫检查。1. 眼球突出

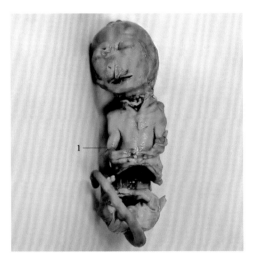

图 67　海豹肢、少指(正面观)。猴胎仔,沙利度胺, 15 mg/kg,GD_{24-30} 灌胃(ig),GD_{100} 剖宫检查。1. 海豹肢、少指

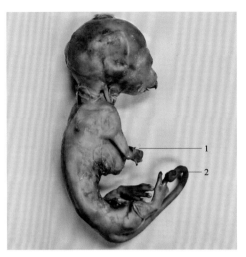

图 68　海豹肢、少指、卷尾(侧面观)。猴胎仔,沙利度胺,15 mg/kg,GD_{24-30} 灌胃(ig),GD_{100} 剖宫检查。1. 海豹肢;2. 卷尾

图 69　海豹肢(正面观)。猴胎仔,沙利度胺, 15 mg/kg,GD_{24-30} 灌胃(ig),GD_{100} 剖宫检查。1. 海豹肢

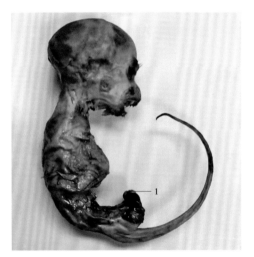

图 70　海豹肢(侧面观)。猴胎仔,沙利度胺, 15 mg/kg,GD_{24-30} 灌胃(ig),GD_{100} 剖宫检查。1. 海豹肢

(3) 茜素红染色:见图 71～图 77。

图 71　正常胎仔(正面观)。猴胎仔,氯化钠注射液, 1 mL/kg,GD_{24-30} 灌胃(ig),GD_{100} 剖宫检查

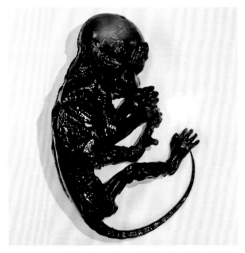

图 72　正常胎仔(侧面观)。猴胎仔,氯化钠注射液, 1 mL/kg,GD_{24-30} 灌胃(ig),GD_{100} 剖宫检查

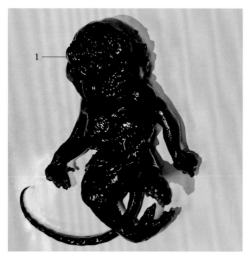

图 73 面部异常,上下肢外翻(正面观)。猴胎仔,环磷酰胺(CP),20 mg/kg,GD$_{24-28}$皮下注射(sc),GD$_{100}$剖宫检查。1. 面部异常

图 74 面部异常,上下肢外翻(侧面观)。猴胎仔,环磷酰胺(CP),20 mg/kg,GD$_{24-28}$皮下注射(sc),GD$_{100}$剖宫检查。1. 上肢外翻

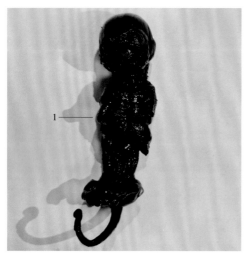

图 75 海豹肢、少指(正面观)。猴胎仔,沙利度胺,15 mg/kg,GD$_{24-30}$灌胃(ig),GD$_{100}$剖宫检查。1. 海豹肢、少指

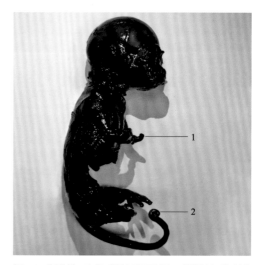

图 76 海豹肢、少指、卷尾(侧面观)。猴胎仔,沙利度胺,15 mg/kg,GD$_{24-30}$灌胃(ig),GD$_{100}$剖宫检查。1. 海豹肢;2. 卷尾

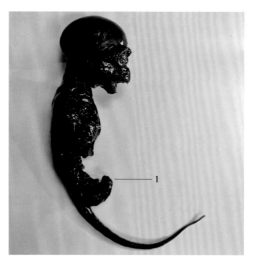

图 77 海豹肢(侧面观)。猴胎仔,沙利度胺,15 mg/kg,GD$_{24-30}$灌胃(ig),GD$_{100}$剖宫检查。1. 海豹肢

（4）透明液Ⅰ和透明液Ⅱ：见图 78～图 96。

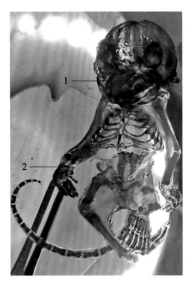

图 78　面部异常，上肢外翻（正面观）。猴胎仔，环磷酰胺（CP），20 mg／kg，GD$_{24-28}$ 皮下注射（sc），GD$_{100}$ 剖宫检查。1. 面部异常；2. 上肢外翻

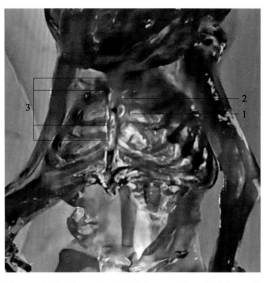

图 79　肋骨融合、H 肋、胸骨缺失（正面观）。猴胎仔，环磷酰胺（CP），20 mg／kg，GD$_{24-28}$ 皮下注射（sc），GD$_{100}$ 剖宫检查。1. 肋骨杂乱、融合、异位、奇形；2. 肋骨融合；3. 第 1、2、4、5 胸骨缺失

图 80　多趾。猴胎仔，环磷酰胺（CP），20 mg／kg，GD$_{24-28}$ 皮下注射（sc），GD$_{100}$ 剖宫检查。1. 多趾

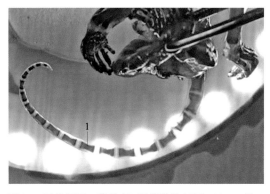

图 81　正常尾巴。猴胎仔，环磷酰胺（CP），20 mg／kg，GD$_{24-28}$ 皮下注射（sc），GD$_{100}$ 剖宫检查。1. 正常尾巴

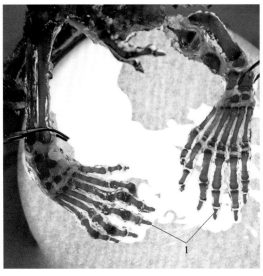

图 82　多趾。猴胎仔，沙利度胺，15 mg／kg，GD$_{24-30}$ 灌胃（ig），GD$_{100}$ 剖宫检查。1. 多趾

图 83　海豹肢（正面观）。猴胎仔，沙利度胺，15 mg／kg，GD$_{24-30}$ 灌胃（ig），GD$_{100}$ 剖宫检查。1. 海豹肢

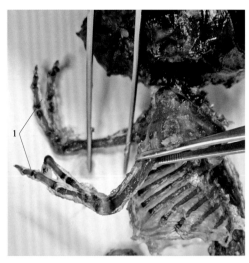

图 84　少指（侧面观）。猴胎仔，环磷酰胺（CP），20 mg/kg，GD$_{24-28}$ 皮下注射（sc），GD100。1. 少指

图 85　少指。猴胎仔，环磷酰胺（CP），20 mg/kg，GD$_{24-28}$ 皮下注射（sc），GD100。1. 少指

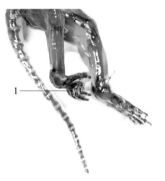

图 86　脚趾弯曲。猴胎仔，环磷酰胺（CP），20 mg/kg，GD$_{24-28}$ 皮下注射（sc），GD$_{100}$ 剖宫检查。1. 脚趾弯曲

图 87　卷尾（腹面观）。猴胎仔，沙利度胺，15 mg/kg，GD$_{24-30}$ 灌胃（ig），GD$_{100}$ 剖宫检查。1. 卷尾

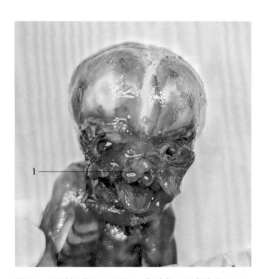

图 88　口唇异常（正面观）。猴胎仔，环磷酰胺（CP），20 mg/kg，GD$_{24-28}$ 皮下注射（sc），GD$_{100}$ 剖宫检查。1. 口唇异常

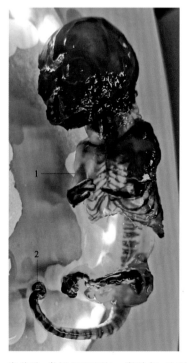

图 89　海豹肢、卷尾（正面观）。猴胎仔，沙利度胺，15 mg/kg，GD$_{24-30}$ 灌胃（ig），GD$_{100}$ 剖宫检查。1. 海豹肢；2. 卷尾

图90　少趾、卷尾（侧面观）。猴胎仔，沙利度胺，15 mg/kg，GD$_{24-30}$灌胃(ig)，GD$_{100}$剖宫检查。1. 少趾；2. 卷尾

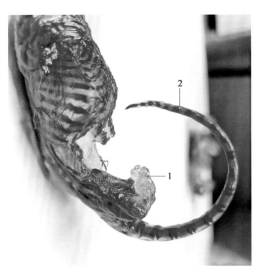

图91　海豹肢、正常尾巴(侧面观)。猴胎仔，沙利度胺，15 mg/kg，GD$_{24-30}$灌胃(ig)，GD$_{100}$剖宫检查。1. 海豹肢；2. 正常尾巴

图92　正常胎仔手指。猴胎仔，氯化钠注射液，1 mL/kg，GD$_{24-30}$灌胃(ig)，GD$_{100}$剖宫检查

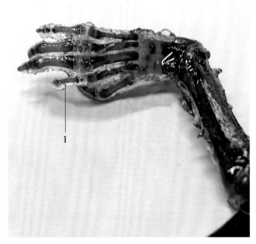

图93　示指短。猴胎仔，环磷酰胺(CP)，20 mg/kg，GD$_{24-28}$皮下注射(sc)，GD$_{100}$剖宫检查。1. 示指短

图94　正常胎仔手指、脚趾。猴胎仔，氯化钠注射液，1 mL/kg，GD$_{24-30}$灌胃(ig)，GD$_{100}$剖宫检查

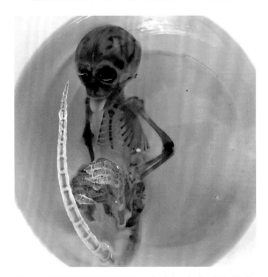

图95　正常胎仔(正面观)。猴胎仔，氯化钠注射液，1 mL/kg，GD$_{24-30}$灌胃(ig)，GD$_{160}$分娩检查

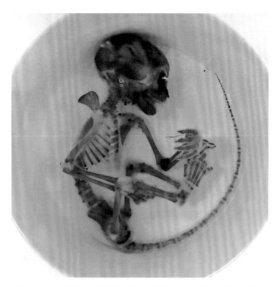

图 96　正常胎仔（侧面观）。猴胎仔,氯化钠注射液,
1 mL／kg,GD$_{24-30}$ 灌胃(ig),GD$_{160}$ 分娩检查

4. 骨密度异常　见图 97～图 110。

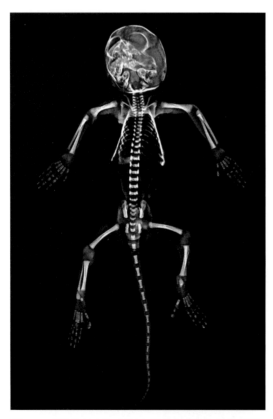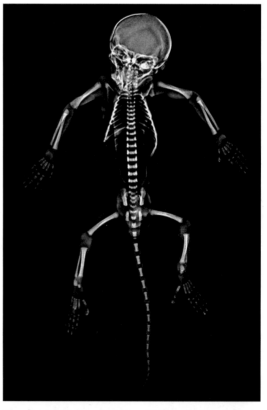

图 97　正常胎仔（背面观）。猴胎仔,氯化钠注射液, 　图 98　正常胎仔（正面观）。猴胎仔,氯化钠注射液,
1 mL／kg,GD$_{24-30}$ 灌胃(ig),GD$_{100}$ 剖宫检查　　1 mL／kg,GD$_{24-30}$ 灌胃(ig),GD$_{100}$ 剖宫检查

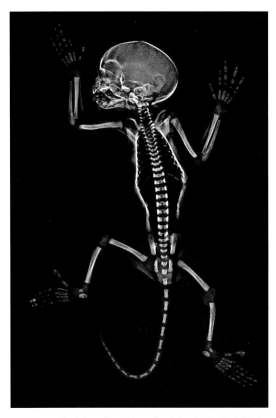

图 99　正常胎仔(背面观)。猴胎仔,氯化钠注射液,1 mL/kg,GD_{24-30} 灌胃(ig),GD_{100} 剖宫检查

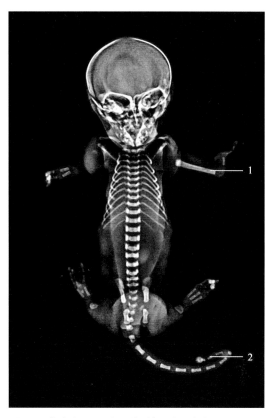

图 100　海豹肢(正面观)。猴胎仔,沙利度胺,15 mg/kg,GD_{24-30} 灌胃(ig),GD_{100} 剖宫检查。1. 海豹肢;2. 卷尾

图 101　海豹肢(背面观)。猴胎仔,沙利度胺,15 mg/kg,GD_{24-30} 灌胃(ig),GD_{100} 剖宫检查。1. 海豹肢;2. 卷尾

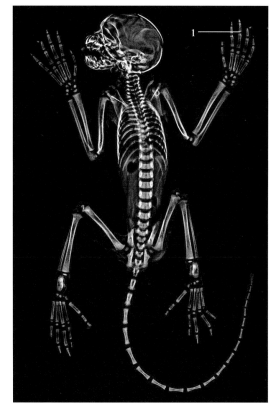

图 102　手指弯曲(背面面观)。猴胎仔,环磷酰胺(CP),20 mg/kg,GD_{24-28} 皮下注射(sc),GD_{100} 剖宫检查。1. 手指弯曲

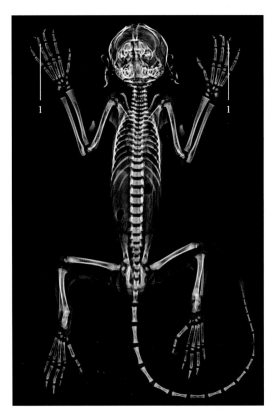

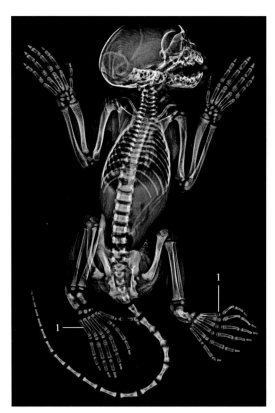

图 103　手指弯曲（正面观）。猴胎仔，环磷酰胺（CP），20 mg/kg，GD$_{24-28}$ 皮下注射（sc），GD$_{100}$ 剖宫检查。1. 手指弯曲

图 104　多趾（背面观）。猴胎仔，沙利度胺，15 mg/kg，GD$_{24-30}$ 灌胃（ig），GD$_{100}$ 剖宫检查。1. 多趾

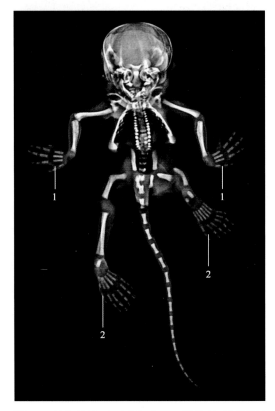

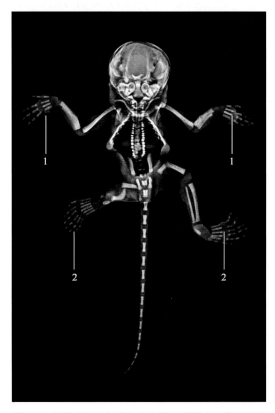

图 105　前肢外翻、多趾（背面观）。猴胎仔，环磷酰胺（CP），20 mg/kg，GD$_{24-28}$ 皮下注射（sc），GD$_{100}$ 剖宫检查。1. 前肢外翻；2. 多趾

图 106　前肢外翻、多趾（正面观）。猴胎仔，环磷酰胺（CP），20 mg/kg，GD$_{24-28}$ 皮下注射（sc），GD$_{100}$ 剖宫检查。1. 前肢外翻；2. 多趾

图 107 前肢外翻、多趾(正面观)。猴胎仔,环磷酰胺(CP),20 mg/kg,GD_{24-28} 皮下注射(sc),GD_{100} 剖宫检查。1. 前肢外翻;2. 多趾

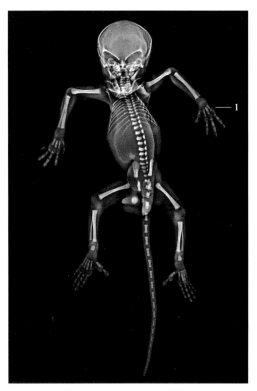

图 108 少指(背面观)。猴胎仔,环磷酰胺(CP),20 mg/kg,GD_{24-28} 皮下注射(sc),GD_{100} 剖宫检查。1. 少指

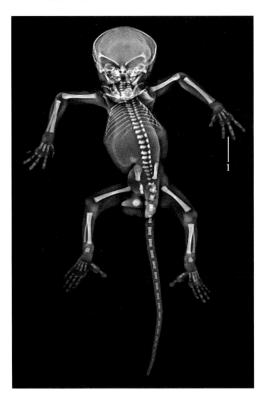

图 109 少指(正面观)。猴胎仔,环磷酰胺(CP),20 mg/kg,GD_{24-28} 皮下注射(sc),GD_{100} 剖宫检查。1. 少指

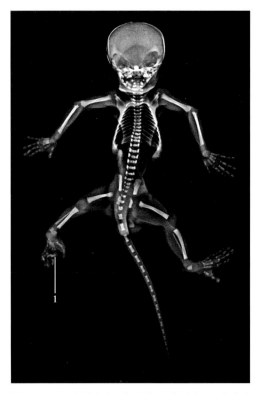

图 110 左后肢足内翻(背面观)。猴胎仔,环磷酰胺(CP),20 mg/kg,GD_{24-28} 皮下注射(sc),GD_{100} 剖宫检查。1. 左后肢足内翻

(毛闪闪 周 莉)

附录四 妊娠食蟹猴子宫和胎仔 B 超图片

妊娠食蟹猴不同妊娠时间子宫和胎仔的 B 超影像见图 1～图 18。

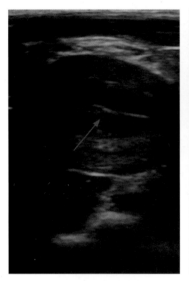

图 1 妊娠 GD_{15} 子宫壁

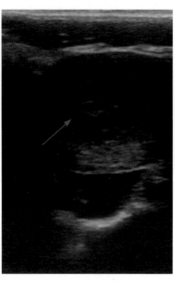

图 2 妊娠 GD_{17} 出现妊娠囊

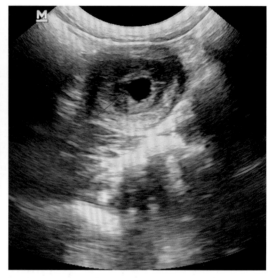

图 3 妊娠 GD_{18} 受精卵着床

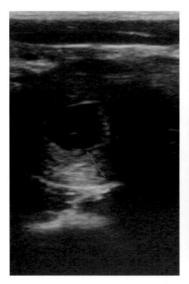

图 4 妊娠 GD_{20} 卵黄囊形成

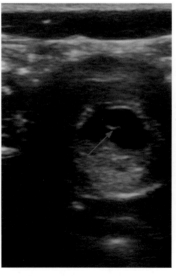

图 5 妊娠 GD_{22} 卵黄囊增大

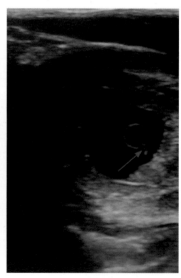

图 6 妊娠 GD_{25} 胎芽

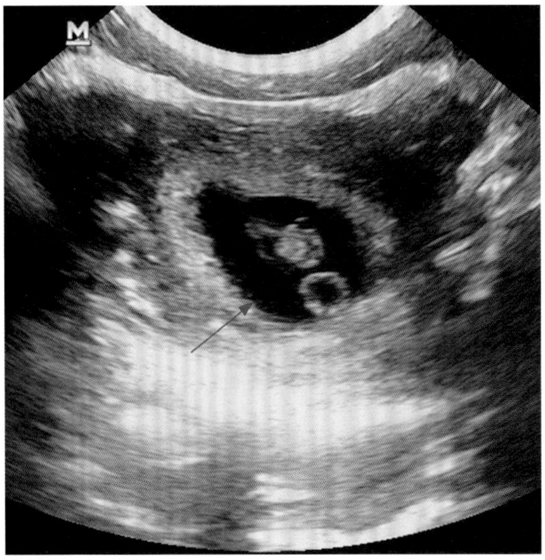

图 7　妊娠 GD_{30} 胚胎

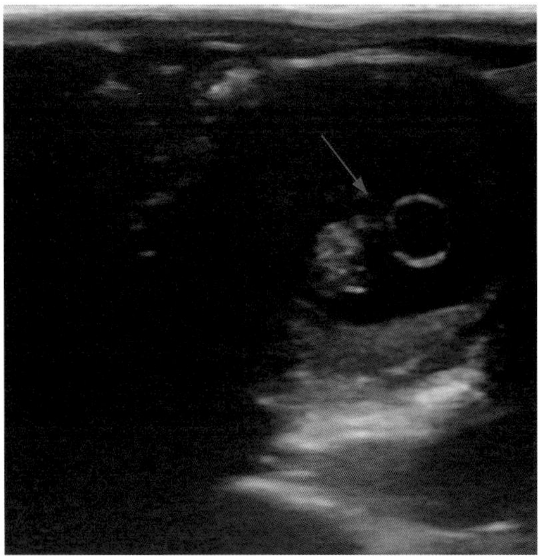

图 8　妊娠 GD_{35} 胚胎初具胎仔形状

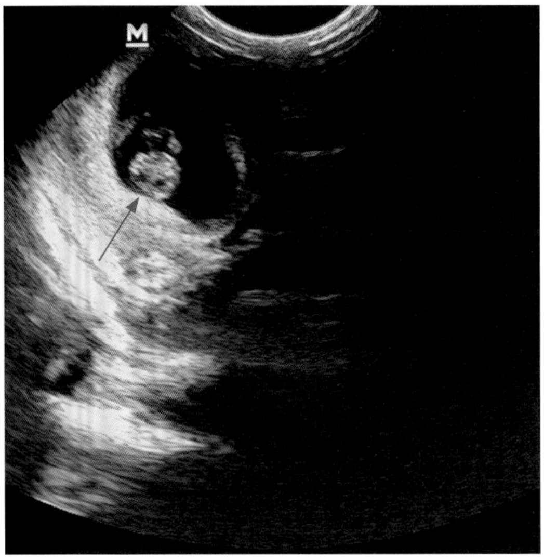

图 9　妊娠 GD_{40} 胚胎

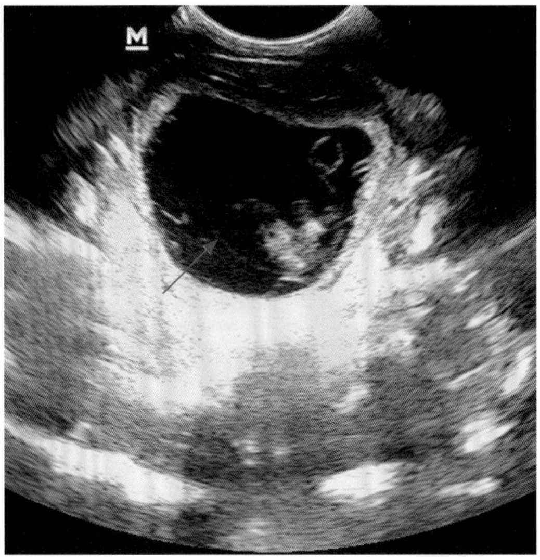

图 10　妊娠 GD_{50} 羊膜囊

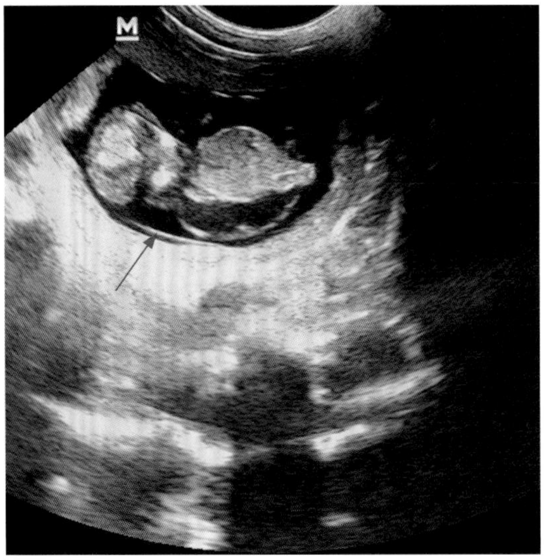

图 11　妊娠 GD_{60} 胚胎(外观像"小海马")

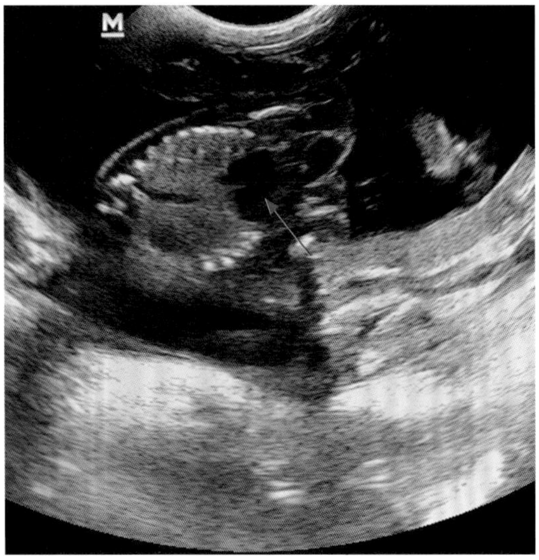

图 12　妊娠 GD_{70} 胎儿心脏

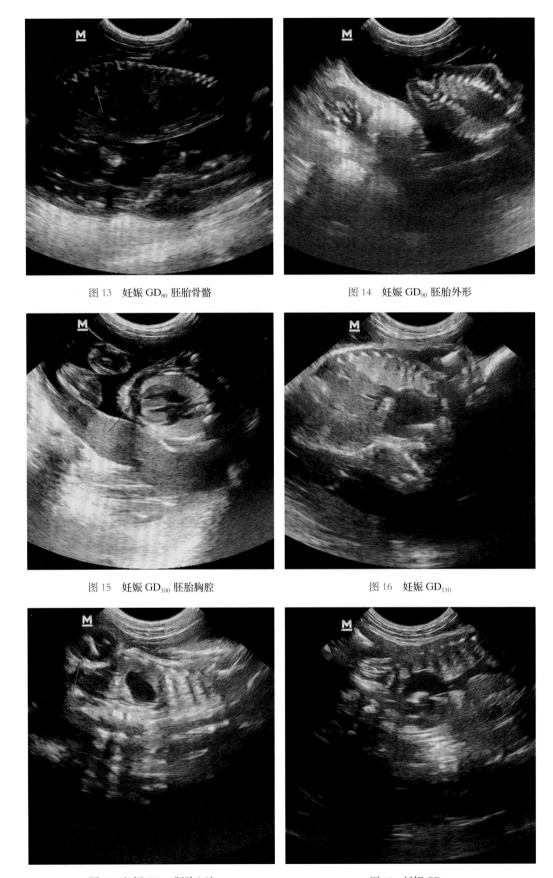

图 13　妊娠 GD_{80} 胚胎骨骼

图 14　妊娠 GD_{90} 胚胎外形

图 15　妊娠 GD_{100} 胚胎胸腔

图 16　妊娠 GD_{110}

图 17　妊娠 GD_{120} 胚胎心脏

图 18　妊娠 GD_{130}

（庞　聪　周　莉）